安徽省高等学校“十一五”省级规划教材
2023年度安徽省质量工程教材建设项目

高等学校规划教材·计算机专业系列

计算机网络

（第2版）

主　编　刘桂江
副主编　施赵媛　陈春生　汪文明　王远志
编　者　王远志　刘桂江　汪文明　陈春生
　　　　胡昊然　胡国庆　饶海笛　施赵媛

图书在版编目(CIP)数据

计算机网络 / 刘桂江主编. -- 2 版. -- 合肥 : 安徽大学出版社, 2024. 11.
-- (高等学校规划教材). ISBN 978-7-5664-2830-1

Ⅰ. TP393

中国国家版本馆 CIP 数据核字第 2024TQ7019 号

计算机网络(第2版)

JISUANJI WANGLUO

刘桂江 主编

出版发行: 北京师范大学出版集团
安徽大学出版社
(安徽省合肥市肥西路 3 号 邮编 230039)
www.bnupg.com
www.ahupress.com.cn
印　　刷: 安徽省人民印刷有限公司
经　　销: 全国新华书店
开　　本: 787 mm×1092 mm　1/16
印　　张: 24
字　　数: 676 千字
版　　次: 2024 年 11 月第 2 版
印　　次: 2024 年 11 月第 1 次印刷
定　　价: 72.00 元
ISBN 978-7-5664-2830-1

策划编辑: 刘中飞　宋　夏
责任编辑: 宋　夏
责任校对: 陈玉婷
装帧设计: 李　军　孟献辉
美术编辑: 李　军
责任印制: 赵明炎

计算机技术和通信技术的发展及相互渗透和结合，促进了计算机网络的诞生和发展。计算机网络对信息的收集、存储和传输都起着非常重要的作用。在21世纪，计算机网络无处不在，它已经渗透到我们日常生活的各个方面。因此，计算机网络对整个信息社会都有极其深刻的影响，已引起人们的高度重视和极大兴趣。

计算机网络涉及内容非常广泛，发展迅速并在信息社会中广泛应用，是计算机发展的重要方向之一。计算机网络是计算机及相关专业的一门重要课程，也是从事计算机研究和应用的人员必须掌握的重要知识。为了更好地促进计算机网络课程的教学，更快地促进计算机网络应用的发展，我们于2008年组织编写了本书第1版。

本书第1版出版至今已有十余年。在这十余年中，计算机技术和通信技术发生了很大变化，也产生了很多计算机网络新技术及应用，如物联网和云计算等。为适应这些新变化，紧跟技术前沿，对本书第1版进行修订显得尤为重要。本次修订根据计算机网络的最新发展，更新书中对网络发展现状和网络技术的介绍，删除部分章节内容，修改习题，引进企业网络案例，使用Wireshark软件截获实际网络中的分组包，根据相关协议的原理对分组包的格式及操作过程进行具体说明，对相关章节的内容准备了数字化在线视频(读者可扫描下方二维码观看)。经过修订，本书内容更加科学系统、简明扼要、丰富实用、知识性和指导性更强。

课程主要知识点微视频

全书内容分为10章。第1章主要介绍计算机网络的基本概念、类型、特点、体系结构，Internet的发展和应用，以及主要从事数据通信和计算机网络的国际标准化组织。第2章主要介绍数据通信基础知识、常用物理传输介质、数据传输技术以及物理层接口标准实例。第3章主要介绍数据链路层的基本功能、差错检测和校正方法、数据链路层协议的工作原理以及一些常用的数据链路层协议实例。第4章主要介绍局域网参考模型、以太网、无线局域网、高速局域网、虚拟局域网(VLAN)以及局域网组网的实用技术。第5章主要介绍网络层的路由算法、路由协议、IP协议及IPv6。第6章主要介绍网络互联的概念及作用、网络互联设备、广域网技术以及综合布线子系统的基本要求。第7章主要介绍传输层的基本概念及TCP协议的具体内容。第8章主要介绍域名系统(DNS)、万维网(WWW)及一些常用的Internet应用协议。第9章主要介绍网络管理与信息安全的基本概念和相关技术。第10章主要介绍网络发展中出现的一些新技术,包括虚拟专用网(VPN)、IP组播技术、移动IP技术、物联网与云计算等。

本书目录中带*号的章节对于非计算机专业本科和计算机及相关专业专科的学生来说难度有点大。教师在面向这些学生教学时,可适当省略该部分内容。

本书由安庆师范大学刘桂江担任主编,由施赵媛、陈春生、汪文明、王远志担任副主编,由饶海笛、胡昊然和胡国庆(新华三技术有限公司)参与编写。书中工程应用案例的编写得到了新华三技术有限公司任慧慧、任怀森等的大力帮助。在本书的编写过程中,编者参考了很多文献资料,在此也对这些文献资料的作者表示感谢!

本书是2023年度安徽省质量工程教材建设项目成果,并由安庆师范大学教材建设与出版基金资助。

由于编者水平有限,书中难免存在不足之处,敬请广大读者批评指正。

编　者

2024年9月

目 录

Contents

计算机网络概述

21 世纪是计算机网络的时代，随着计算机的普及以及计算机技术的高速发展，计算机的应用已渗透到社会生产的各个领域，单机操作的时代已经满足不了社会发展的需要。社会资源的信息化、数据的分布式处理、各种计算机资源共享等推动了计算机网络技术的迅猛发展。本章首先介绍计算机网络的基本概念及计算机网络的类型和特点，接着详细阐述计算机网络体系结构，然后简述 Internet 的发展和应用，最后介绍主要从事数据通信和计算机网络的国际标准化组织。

1.1 计算机网络

本节内容旨在让读者对计算机网络的概念有一个基本的认识，首先给出计算机网络的严格定义，接着回顾计算机网络发展的几个阶段，通过对计算机网络发展阶段进行介绍，加深对计算机网络的了解，最后系统介绍计算机网络的组成和功能。

1.1.1 计算机网络的定义

计算机网络是现代计算机技术和通信技术相结合的产物，是用通信线路和通信设备将分布在不同地点的具有独立功能的多个计算机系统互相连接起来，在功能完善的网络软件的支持下实现彼此之间的数据通信和资源共享的系统。

从计算机网络的定义可以看出计算机网络是通信技术与计算机技术的结合。在硬件设备上，计算机网络增加了通信设备，网络内的计算机通过一定的互联设备以及各种通信技术连接在一起，通信技术为计算机之间的数据传递和交换提供了必要的手段。因此，网络中的计算机之间能够进行互相通信。

计算机网络是多个计算机的集合系统。网络中的计算机最少是两台，大型网络可容纳几千甚至几万台主机。目前世界上最复杂的最大的网络就是国际互联网，即因特网(Internet)，它将全世界的计算机相互连接在一起，并且能够互相通信，实现全球范围内的资源共享。到目前为止，Internet 上的主机已达 6 亿多台。网络中的计算机又分为服务器和工作站两类。其中，服务器是为网络提供共享资源并对这些资源进行管理的计算机。服务器有文件服务器、异步通信服务器、打印服务器、远程访问服务器、文件传输服务器、远程登录服务器等。网络中的服务器一般为较高档的计算机。特别是对安全性要求很高的网络，作为服务器的计算机都是专用服务器，如 HP 公司生产的 HP 服务器，IBM 公司生产的 Netfinity 服务器等。它们不仅具有大容量的硬盘和内存，而且具有双硬盘和数据处理速度快的 SCSI 接口和 SSA 接口。这些总线接口的数据处理速度是一般计算机的几倍甚至几十倍。网络工作站是用户在网上操作的计算机，用户通过工作站可从服务器中取出程序和数据，并由工作站来处理。一般的微型计算机都可作为工作站。

联网的计算机都具有“独立功能”,即网络中的每台主机在没有联网之前,就有自己独立的操作系统,并且能够独立运行。联网以后,它本身是网络中的一个节点,可以平等地访问其他网络中的主机。

计算机网络的安装相当于“修路”,路修好以后,路上如何跑车,必须有一些规则来支持。同样,网络上的信息传输、处理和使用则依赖于网络软件。

1.1.2 计算机网络的发展

随着计算机的广泛使用,计算机之间联网已成为计算机发展的必然趋势。计算机网络的发展,经历了从简单到复杂的过程,大体上可分为远程终端联机阶段、计算机网络阶段、网络互联阶段和信息高速公路阶段。

1. 远程终端联机阶段

远程终端联机阶段是计算机网络发展的初级阶段,共经历了两个过程:远程终端联机阶段和具有通信控制功能的远程终端联机阶段。

最初的计算机具有两大特点:体积庞大,价格昂贵。这使得一般的单位和个人根本买不起计算机,一般的大专院校通常只有一两台大型计算机。但很多科技工作者由于科研工作的要求,都需要进行数据处理,因而就出现了一个称为“多重线路控制器”的硬件设备,它可以使一台计算机和许多终端相连接,这样很多用户就可以通过终端共享一台计算机。这里,计算机是数据处理的中心和控制者,中心计算机通过通信线路与远程终端连接起来,用户使用终端把自己的请求通过通信线路传给中心计算机,中心计算机把所有用户的任务进行成批处理,再把处理结果返回给各用户,这个阶段就是计算机网络的第一个阶段——远程终端联机阶段。

在最初的远程终端联机阶段,由一台中心计算机和若干终端通过通信线路连接起来,进行远程批处理业务。但是这种联机系统有两个缺点:一是主机系统的负荷太重,它既要承担数据处理任务,又要承担通信任务;二是对于远程终端来讲,一条通信线路只能与一个终端相连,通信线路的利用率很低。

为了减轻主机的负担,人们开发了一种称为通信处理机(FEP或CCU)的硬件设备。其中,FEP为前端处理机(front end processor),CCU为通信控制器(communication control unit)。通信处理机承担所有的通信任务,减少了主机的负荷,大大提高了主机处理数据的效率。另外,在远程终端较密集处,增加了一个集线器或复用器(即通信处理机)。它的一端用低速线路与多个终端相连,另一端则用一条较高速率的线路与计算机相连。这样就实现了多台终端共享一条远程通信线路,充分提高了通信线路的利用率。这个阶段就是具有通信控制功能的远程终端联机阶段。以单计算机为中心的远程联机系统如图1.1所示。

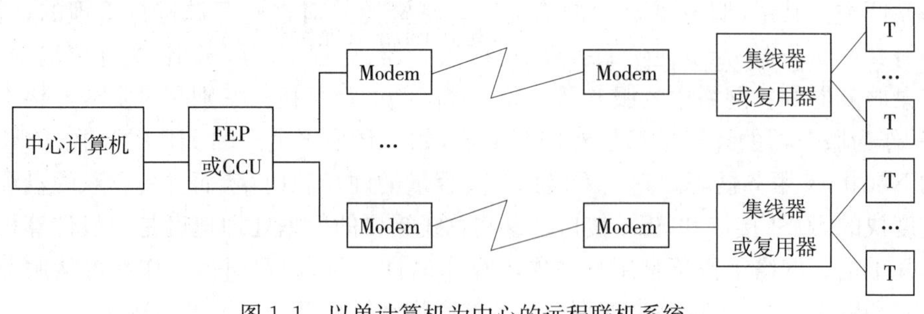

图1.1 以单计算机为中心的远程联机系统

1963年，在美国投入使用的飞机订票系统SABRAI，其中心是设在纽约的一台中央计算机，另有2 000个售票终端遍布全国，使用通信线路与中央计算机相连。这是较早期的远程联机系统。

2. 计算机网络阶段

随着计算机的普及及其价格的降低，一些大型的企事业单位和军事部门逐渐拥有了很多台计算机，且分布分散，往往需要将分布在不同地区的多台计算机用通信线路连接起来，彼此交换数据、传递信息，而每个相连的计算机都是具有独立功能的计算机。这种通信双方都是计算机系统的网络就是计算机网络。

连接服务器、打印机，以多台PC机为工作站的微型机网络系统，如图1.2所示。

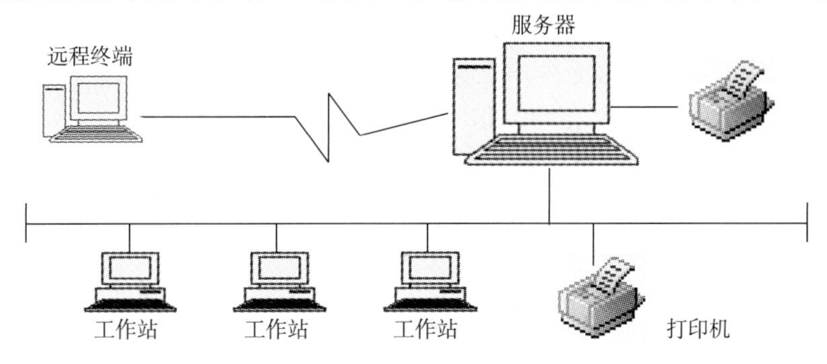

图1.2　典型的微型机网络系统示意图

微型机网络系统由网络硬件和网络软件两部分组成。在网络系统中，硬件对网络的性能起着决定性作用，是网络运行的实体；而网络软件则是支持网络运行、提高效益和开发网络资源的工具。

(1) 网络硬件。网络硬件是微型机网络系统的物质基础。构成一个微型机网络系统，首先要将微型机及其附属硬件设备与网络中的其他微型机系统连接起来，实现物理连接。不同的微型机网络系统，在硬件方面是有差别的。

随着计算机技术和网络技术的发展，网络硬件日趋多样化，且功能更强，结构更复杂。常见的网络硬件有微型机、网络接口卡、通信介质以及各种网络互联设备等。微型机又分为服务器和网络工作站。

① 服务器。服务器是具有较强的计算功能和丰富的信息资源的高档微型机。其主要功能是为网络工作站上的用户提供共享资源，管理网络文件系统，提供网络打印服务，处理网络通信，响应工作站上的网络请求等。它向网络客户提供服务，并负责对网络资源的管理，是网络系统的重要组成部分。一个微型机网络系统至少要有一台服务器，也可有多台，通常由专用PC服务器或高档微型机作为网络的服务器。

② 网络工作站。网络工作站是通过网络接口卡连接到网络上的微型机。它保持原有微型机的功能，作为独立的微型机为用户服务，同时又可以按照被授予的一定权限访问服务器。在网络中，工作站是一台客户站，它的主要功能是向各种服务器发送服务请求，从网络上接收传送给用户的数据。各工作站之间可以相互通信，也可以共享网络资源。有的网络工作站本身不具备计算功能，只提供操作网络的界面，如联网的终端机。

③ 网络接口卡。网络接口卡简称“网卡”,又称为“网络接口适配器”,是微型机与通信介质的接口,是构成网络的基本部件。每一台网络服务器和工作站都至少配有一块网卡,通过通信介质将它们连接到网络上。网卡的主要功能是实现网络数据格式与计算机数据格式的转换、网络数据的接收与发送等。在接收网络通信介质传送的信息时,网卡将传来的信息按照网络上信号编码的要求交给主机处理。在主机向网络发送信息时,网卡将发送的信息按照网络传送的要求用网络编码信号发送出去。

④ 通信介质。在一个网络中,网络连接的器件与设备是实现微型机之间数据传输的必不可少的组成部件,而通信介质更是其中重要的组成部分。在微型机网络中,要使不同的微型机能够相互访问对方的资源,必须有一条通路使它们能够互相通信。通信介质就是在微型机之间传输数据信号的重要媒介,它提供了数据信号传输的物理通道。通信介质按其特征可分为有线介质和无线介质两大类。有线介质包括双绞线、同轴电缆和光缆等,无线介质包括无线电、微波、卫星通信等。

(2) 网络软件。网络软件是实现网络功能所不可缺少的环境。网络软件通常包括网络操作系统、网络数据库软件和网络协议软件。

① 网络操作系统。网络操作系统是运行在网络硬件基础之上的,为网络用户提供共享资源管理服务、基本通信服务、网络系统安全服务以及其他网络服务的软件系统。网络操作系统是网络的核心,其他应用软件系统需要网络操作系统的支持才能运行。

在网络系统中,每个用户都可享用系统中的各种资源。所以,网络操作系统必须对用户进行控制,否则,就会造成系统混乱,引起信息数据的破坏和丢失。为了协调系统资源,网络操作系统需要通过软件工具对网络资源进行全面的管理,进行合理的调度和分配。运行在服务器上的网络操作系统有 Windows Server 2022、Unix、Linux 等。

② 网络数据库软件。网络数据库软件是基于网络操作系统的数据库软件。与一般的数据库软件不同,它可同时供多用户查询。最常见的大型网络数据库软件有 Oracle、Sybase、Informix、SQL Server 等。

③ 网络协议软件。连入网络的微型机依靠网络协议才能实现通信,而网络协议要靠具体的网络协议软件的运行支持才能工作。凡是连入微型机网络的服务器和工作站上都运行着相应的网络协议软件。

随着网络技术的不断发展和完善,网络结构、网络系统日趋成熟,计算机网络已渗透到当今信息社会的各个领域,其应用前景十分广阔。

3. 网络互联阶段

1984 年,国际标准化组织公布了开放系统互联参考模型(open system interconnection reference model,OSI/RM),使不同的网络之间互联、互相通信成为现实,实现了更大范围内的计算机资源共享。以 ARPANET 为主干发展起来的国际互联网已覆盖全世界。各种各样的计算机和网络都可以通过网络互联设备连入国际互联网,实现全球范围计算机之间的通信和资源共享。

4. 信息高速公路阶段

Internet 几乎覆盖了世界上所有的国家和地区,上网用户有几十亿,宽带接入成为主要的上网方式。Internet 是世界上信息资源最丰富的互联网络,被视为全球信息高速公路的雏形。

信息高速公路以光纤为传输媒体，传输速率高，集电话、数据、电报、有线电视、计算机网络等为一体。

信息高速公路是“网络的网络”，是由许多客户机、服务器和小型网络组成的大规模网络，能以每秒数兆位、数十兆位，甚至数千兆位的速率在其主干网上传输数据，是由通信网、计算机、数据库以及日用电子产品组成的所谓无缝网络，从纵向其可分为以下5个层次。

(1)物理层：包括对声音、数据、图形和图像等信息进行传输、计算、存取、检索和显示等操作的设备，如摄像机、扫描仪、键盘、传真机、计算机、交换机、光盘、声像盘、磁盘、电线、光纤、转换器、电视机、监视器、打印机等。

(2)网络层：将以上设备及其他设备物理地相互连接成一体化的、交互式的、用户驱动的无缝网络，其中包括各种网络协议标准、传输编码，以及保障网络的互联性、互操作性、隐私性、保密性、安全性与可靠性的运行体制。

(3)应用层：由各行各业的计算机应用系统与软件系统组成。

(4)信息库：包括电视、广播节目、科技和商业经济数据库、图书以及其他媒体信息。

(5)人：包括从事信息操作及其应用的各类各层次人员，还包括开发应用系统和服务系统的人员、设计与制造的人员以及从事培训的人员。

由上可知，信息高速公路已经包括了整个信息产业社会的诸多部分，涉及人、信息、机械制造等许多方面，是一个复杂的巨型社会系统工程。

世界上除了美、日、西欧的一些发达国家外，不少亚洲、南美洲的发展中国家也在积极规划、切实部署、分阶段实施这一计划。这种席卷全球的信息高速公路热，使得信息技术飞速发展。1995年2月，发达国家首次在布鲁塞尔召开“七国集团信息社会部长级会议”，第一次从政治上确立了建设全球信息社会的构想。如果说在二十世纪五六十年代发展起来的计算机数据处理是第一次信息革命，那么二十世纪九十年代初兴起的信息高速公路计划无疑是意义更为重大的第二次信息革命，它对人们的工作、生活、学习都产生了巨大影响。同时，信息高速公路的建设也大大促进了计算机、通信和网络技术的进一步发展。

5. 我国网络应用现状和前景

当世界步入信息时代，我国党和国家领导人高瞻远瞩地把握了信息化这一发展机遇，实施了一系列重大战略举措，将发展信息产业列为国家二十一世纪发展战略的重要组成部分。

(1) 我国网络应用现状。

我国实施了一系列国家级重大信息工程。

① 中国公用分组交换网、中国公用数字数据网和中国公用计算机互联网。

• 中国公用分组交换网(China public packet switched data network，CHINAPAC)。它于1993年9月建成开通，由国家骨干网和各省市网组成，覆盖全国所有地市和绝大部分县城。它的骨干网中继电路主要采用脉冲编码调制(pulse code modulation，PCM)数字电路(光缆、数字微波和卫星电路)和模拟电路，通信速率分别为64～256 kbps和9.6～19.2 kbps，现在已调至150 Mbps及以上。北京、上海、广州、武汉、沈阳、南京、成都、西安为汇接节点，汇接节点之间采用全网状结构，保证了高速度、高质量、大吞吐量、低延迟等网络性能指标，确保用户通信质量。目前，CHINAPAC已经实现与世界上23个国家和地区的44个数据网络互联。

• 中国公用数字数据网(China public digital data network,CHINADDN)。1994年10月,该网骨干网一期工程正式开通,通达22个直辖市和省会城市。该网通过模拟专线和调制解调器入网,通信速率受客户入网距离的限制,最高可达2.048 Mbps;通过光纤电路入网,通信速率可灵活选择。目前,该网络已覆盖全国所有省会城市、绝大部分地市和部分县城。其主要业务为点对点通信、帧中继、虚拟专用网。

• 中国公用计算机互联网(CHINANET)。该网于1995年6月正式开通。用户可通过CHINAPAC、CHINADDN等网络接入CHINANET,从而接入Internet,实现国际联网,享用Internet上的丰富资源及各种服务。CHINANET是国家经济信息化的骨干网,是中国的信息高速公路,覆盖全国各地。网络干线速率从初期64 kbps开始逐步升至2.5 Gbps,用户可利用已有的各种网络接入CHINANET,连接Internet,实现多媒体通信。目前,CHINANET的网络总带宽达到800 G,物理节点覆盖全国31个省市、自治区的230多个城市,能够在所有通电话的地区提供接入服务;国际出口带宽已经超过5 G。

② 金桥工程。金桥工程是为"金"字号工程提供服务的网络工程。其建设方针是"统筹规划、联合建设、统一标准、专通结合",建设的目标是"为国家宏观经济调控和决策服务"。

金桥网为"天地一体"的网络结构,其主干网采用"天网"(卫星网)与"地网"(光纤网),在统一网络管理系统下,互联互通,具有互操作性,互为补充,互为备用。

金桥网一期工程覆盖全国400多个城市,与各部门、地方专用网(现有100多个专用网)实行异构网互联,或依托金桥网建设虚拟网,利用金桥网的信息交换平台,与邮电部公用分组交换网、数字数据网以及公众电话网互联互通,与上万个信息源(大中型企业、重点工程、重点高校、科研基地等)相连,与国家综合管理部门信息中心相连,实现国际联网。

金桥工程主要为政府办公业务、"金"字号工程大宗业务和市场业务服务。市场业务包括各部门、地方专用网和国内企业、单位业务,外企和国外驻华商社业务,以及国际联网业务等。金桥网上信息的组织和传递是一个非常复杂的问题,涉及方方面面,要靠业务部门的通力协作,才有可能实现。

金桥工程传输数据、语音、文字、图像,提供廉价的综合业务数字网(integrated service digital network,ISDN),在起步阶段的传输速率为144 kbps～2 Mbps,为"信息中速国道"。金桥工程的发展目标是成为"信息高速公路"。

③ 中国国家计算机与网络设施工程(The national computing and networking facility of China,NCFC)。中国国家计算机与网络设施工程是以中关村地区的NCFC光缆主干网为核心,通过国际卫星专线、中国公用分组交换网、中国公用数字数据网连入Internet,可和160多个国家和地区互通电子邮件,共享网络信息。

• NCFC主干网:由路由器通过高速光纤网将清华大学和北京大学连接到中国科学院计算机网络信息中心,即构成NCFC的主干网。该网中有10多台小型机和工作站用于网络控制、网络服务和数据库服务,并有一台5亿～10亿次的超级计算机投入其中。

• NCFC院校网:分为核心院校网和外围院校网,核心院校网是指通过高速光纤网以10 Mbps或更高速率连接的院校网,包括中关村地区的30多个研究所的中国科研网、北京大学校园网、清华大学校园网,共有100多个以太网、2 000多台计算机。外围院校网是指用低于 10 Mbps(主要是 64 kbps 或更低)速率信道、远程连接的其他研究所或高校的院校网。

- NCFC 的特点：覆盖地域范围广、用户多；采用 TCP/IP 协议，保证多协议、多种应用的异种计算机都能入网；采用多种组网技术，如光纤通信技术、局域网技术、城域网技术、远程网互联技术、高层网络互联技术、多协议转换技术，以及用户端点入网的多种连接方法。

- 数据库：包括文献型数据库(科技文摘和科技全文库)、书目型数据库、科学数值型数据库、科学事实型数据库，以及一些混合型科学数据库，如工程化学、化合物命名与结构、稀土、微生物资源、经济植物、自然资源、能源、天文等数据库。除此之外，我国还建有一批科学文献库和书目库。

⑤ 中国教育和科研计算机网(China education and research network, CERNET)：由国家投资建设、教育部负责管理、清华大学等高等学校承担建设和运行的全国性计算机互联网络，是全国最大的公益性计算机互联网络。

CERNET 始建于 1994 年，截至 2003 年 12 月，CERNET 主干网传输速率已经达到 2.5 Gbps，地区网传输速率达到 155 Mbps，覆盖全国 31 个省市近 200 多座城市，自有光纤 20 000多千米，独立的国际出口带宽超过 800 M。

目前，CERNET 有清华大学、北京大学、北京邮电大学、上海交通大学、西安交通大学、东南大学、华南理工大学、东北大学、华中理工大学、成都电子科技大学 10 个地区中心，38 个省节点，全国中心设在清华大学。联网的大学、教育机构、科研单位超过 1 300 个，用户超过 1 500 万人，是我国教育信息化的基础平台。

CERNET 还是我国开展下一代互联网研究的试验基地。2000 年，中国下一代高速互联网交换中心在 CERNET 网络中心建成，并实现了与国际下一代互联网的互联。2004 年 3 月，世界上规模最大的纯 IPv6 主干网——CERNET2 试验网开通，为中国下一代互联网建设拉开了序幕。

(2) 我国网络应用前景。

20 世纪 90 年代以来，信息化已经成为全球普遍关注和竞争的焦点。随着信息技术的飞速发展和广泛应用，世界正面临一场深刻的经济和社会变革。这场变革将改变国际竞争格局，为我们带来难得的历史机遇和严峻的挑战。在机遇和挑战交织在一起的历史时刻，必须把握机遇，迎接挑战，制定符合中国国情和信息化发展的规划，采取强有力的措施，加快国家信息化进程，使我国在国际竞争中处于主动地位。

我国信息化建设无疑要加强国家信息基础设施，如国家信息化网络、重要信息应用系统和信息资源的建设，积极发展电子信息技术、产业和信息化人才队伍，完善信息化政策、法规和标准，初步形成一定规模的国家信息化体系。

显然，网络是信息化的重要内容之一。发展网络首先应该统一规划和设计国家信息化网络总体结构，制定统一的技术标准，建设有统一技术体制和标准的、具有自主权的国家传送主干网。

从“八五”计划开始，我国就提出建设以光纤为主体的“八纵八横”光缆通信网架构。到 2000 年底，我国已建成光缆总长度 125 万千米，各种数据通信网容量 60 万端口，大中型卫星地面站2 000个,数字微波干线17万千米。2023年8月28日,中国互联网络信息中心(China Internet Network Information Center,CNNIC)在北京发布第52次《中国互联网络发展状况统计报告》(以下简称《报告》)。《报告》显示,截至2023年6月,我国网民规模达10.79亿人,较2022年12月增长1 109万人,互联网普及率达76.4%。《报告》显示,在网络基础资源方面,截至2023年6月,我国域名总数为3 024万个;IPv6地址数量为68 055块/32,IPv6活跃用户数达7.67亿;互联网宽带接入端口数量达11.1亿个;光缆线路总长度达6 196万千米。在移动网络发展方面,截至2023年6月,我国移动电话基站总数达1 129万个,其中5G基站293.7万个,占移动基站总数的26%;移动互联网累计流量达1 423亿GB,同比增长14.6%;移动互联网应用蓬勃发展,国内市场上监测到的活跃APP达260万个,进一步覆盖网民日常学习、工作和生活。在物联网发展方面,截至2023年6月,三家基础电信企业发展蜂窝物联网终端用户21.23亿户,占移动网终端连接数的55.4%,万物互联基础不断夯实。《报告》显示,全国5G行业虚拟专网超过1.6万个。工业互联网标识解析体系覆盖31个省(区、市)。

由此可见,我国信息化建设的进程将会加快,计算机网络的应用前景也会越来越辉煌,一个古老的东方大国必将迅速进入人类向往的美好的信息化社会。

1.1.3 计算机网络的组成与功能

1. 计算机网络的组成

一般而言,计算机网络有三个主要组成部分:若干个主机,它们为用户提供服务;一个通信子网,它主要由节点交换机和连接这些节点的通信链路所组成;一系列的协议,这些协议可以保障主机和主机之间、主机和子网之间、子网中各节点之间的正常通信,它是通信双方事先约定好并且必须遵守的规则。计算机网络从逻辑上可分为通信子网与资源子网两大部分,如图1.3所示,虚线框内表示通信子网,虚线框外则表示资源子网。

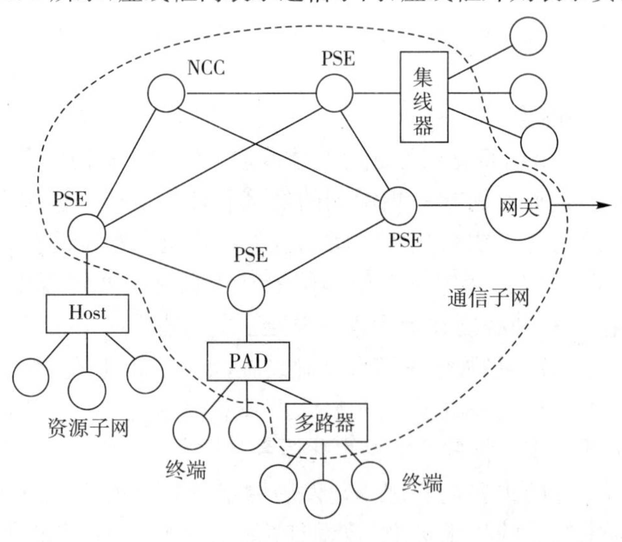

图1.3 计算机网络

(1) 通信子网。通信子网为资源子网提供信息传送服务,是支持资源子网上用户之间相互通信的基本环境。它的组成如下。

① 分组交换器(packet switching exchange,PSE)。它用于实现分组交换,即接收从一条物理链路上送来的分组,经过适当处理后,再根据分组中的目标地址选择一条最佳传输路径,将分组发往下一个节点。分组交换器通常就是计算机,又被称为节点交换机。

② 集线器或多路转换器。这两种设备的主要功能都是用于实现从多路到一路,或从一路到多路的转换,以便多个终端共享一条通信信道,提高信道的利用率。两者的主要区别在于前者以动态方式分配信道,后者以静态方式分配信道。

③ 分组组装/拆卸设备(packet assembly/disassembly,PAD)。它用于连接大量的同步和异步终端。其主要功能如下。

- 组装:PAD 接收从终端发来的字符流,将它们组装成适合于在网络中传输的分组,然后传入网络中。
- 拆卸:PAD 接收从网络传来的分组,再根据分组中的目标地址,将分组拆成字符流,传送到相应的终端。

④ 网络控制中心(network control center,NCC)。它管理整个网络的运行,为网络的用户注册、登记和记账,对网络中发生的故障进行检测。

⑤ 网关。它用于实现各网络之间的互联,是网络之间的硬件和软件接口,实现信息格式变换和规程变换。

(2) 资源子网。资源子网用于实现全网面向应用的数据处理和网络资源的共享,它由各种硬件和软件组成。

2. 计算机网络的功能

计算机网络的主要目标是实现资源共享,应具有下述功能。

(1) 数据通信。该功能用于实现计算机与终端、计算机与计算机之间的数据传输。这是计算机网络最基本的功能,也是实现其他几个功能的基础。

(2) 资源共享。计算机网络中的资源可分为数据、软件、硬件 3 类。同样,资源共享也分为以下三类。

① 数据共享。当今时代,数据资源的重要性越来越大,网络上的计算机中普遍设置若干专门数据库,如情报资料数据库、机械制造技术和产品数据库等,可供全国乃至全世界的网络用户使用。计算机网络中用两种方式实现数据共享。

- 当计算机系统 A 需要系统 B 中的数据 d 时,可将所需控制信息 c 和处理数据 d 的软件 s 传给计算机系统 B,由 B 处理后将结果返回 A,如图 1.4(a)所示。
- 计算机系统 A 请求对方把数据 d 传回本机,由 A 自己处理,如图 1.4(b)所示。

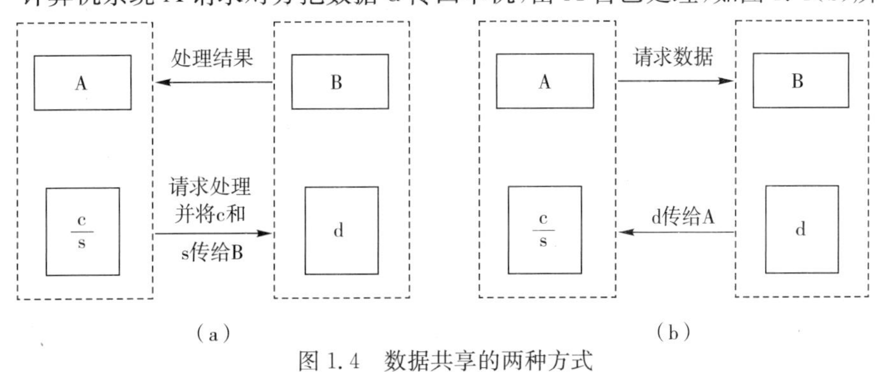

图 1.4　数据共享的两种方式

② 软件共享。各种语言处理程序和各式各样的应用程序是可供共享的软件。实现软件共享的方式也有两种。

• 计算机A需要利用计算机B中的软件 s_1 时,A将数据d传给B,由B利用 s_1 对d进行处理后,再将结果传回A,如图1.5(a)所示。

• A请求B把软件 s_1 传给A,由A自己处理,如图1.5(b)所示。

在选择数据及软件的共享方式时,应以尽量减少通信线路上的信息流量为目标。

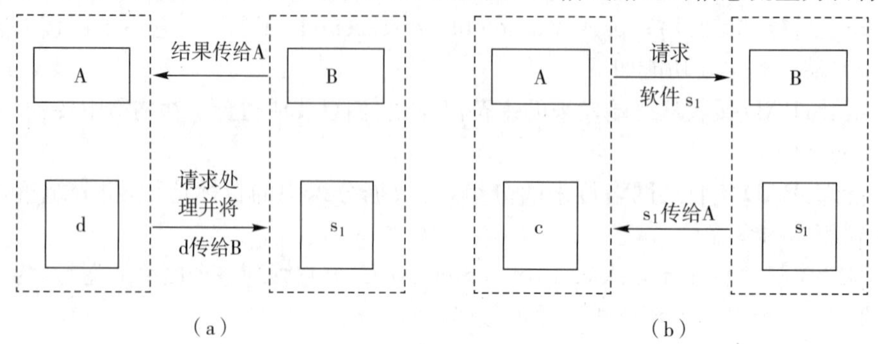

图1.5 软件共享的两种方式

③ 硬件共享。为发挥巨型机和特殊外围设备的作用,并满足用户要求,计算机网络也应具有硬件资源共享的功能。例如,当计算机系统A由于无特殊外围设备而无法处理某些复杂的问题时,它可将处理问题的有关数据连同有关软件,一起传给拥有这种特殊外围设备的系统B,由B利用该硬件对数据进行处理,处理完后再把有关软件及结果返回A。

(3) 负荷均衡和分布处理。

① 负荷均衡。负荷均衡指网络中的工作负荷被均匀地分配给网络中的各计算机系统。当某系统的负荷过重时,网络能自动将该系统中的一部分负荷转移至负荷较轻的系统中去处理。为此,网络必须具有把本地作业传送至其他计算机系统中的批处理系统,排队等待处理,处理完后又把结果返回源系统的功能。

② 分布处理。分布处理对一个作业的处理可分为3步:提供作业输入文件;对作业进行加工处理;把处理结果输出。在单机环境下,上述3步都在本地计算机系统中进行,在计算机网络环境下,根据分布处理的需要,可将作业分配给其他计算机系统进行处理。

1.2 计算机网络的类型与特点

计算机网络有各种各样的类型,分别有不同的用途,但它们具有某些共同的特征,以支持用户的需求。

1.2.1 计算机网络的类型

从不同的角度出发,可以有多种对计算机网络分类的方法。

1. 按信息传输距离的长短划分

根据网络信息传输距离的长短,可以把网络划分为局域网(local area network,LAN)、城域网(metropolitan area network,MAN)和广域网(wide area network,WAN)。

(1) LAN是在有限的地理范围内(方圆十几千米)将计算机、外部设备和网络互联设备连接在一起的网络系统,常见于在1幢大楼、1个学校或1个企业内。例如:在1幢教学楼里,将分布在不同教室或办公室的计算机连接在一起组成局域网。常见的局域网有令牌总线网、令牌环网、以太网(ethernet)等。LAN技术是专为短距离通信而设计的,目的在于通过它在短距离内使互联的多台计算机进行通信。LAN技术最直接、最显著的作用是资源共享。

(2) MAN是将不同的局域网通过网间连接构成一个覆盖城市的网络。它是比局域网规模大的一种中型网络。

(3) WAN是与局域网相对而言的。WAN的覆盖范围通常可以在方圆几十千米、几百千米,甚至更远,一般用来连接广阔区域中的LAN网络。WAN通常是租用电话线或用专线建造的,它覆盖了所有的城市、国家。

2. 按配置划分

按照服务器和工作站的配置不同,可以把网络划分为对等网、单服务器网和混合网。

(1)对等网。如果在网络系统中,每台计算机既是服务器,又是工作站,这样的网络系统就是对等网。在对等网中,每台计算机都可以共享其他计算机的资源。它要求每个用户必须掌握足够的计算机知识并对网络工作方式有深入了解,用户还要花费大量时间和精力来处理不同工作站用户之间的关系。所以,这类网络系统的规模仅局限在小系统范围内。

(2)单服务器网。如果在网络系统中只有一台计算机作为整个网络的服务器,其他计算机全部是工作站,那么这个网络系统就是单服务器网。在单服务器网中,每个工作站都通过服务器共享全网的资源,每个工作站在网络系统中的地位是一样的,而服务器在网中有时也可以作为一台工作站使用。单服务器网是一种最简单、最常用的网络。

(3)混合网。如果在网络系统中的服务器不止一个,但又不是每台工作站都可以当作服务器来使用,那么这个网就是混合网。混合网与单服务器网的差别在于网络中不只有一个服务器,混合网与对等网的差别在于每个工作站不能既是服务器又是工作站。

由于混合网中服务器有多个,从而避免了在单服务器网上工作的各工作站完全依赖于一台服务器,当服务器发生故障后全网处于瘫痪的状况。所以,对于一些大型的、信息处理工作繁忙的重要的网络系统,在设计时应采用混合网,考虑备用服务器方案,这一点非常重要。

3. 按对数据的组织方式划分

按对数据的组织方式不同,可以将计算机网络分为分布式网络系统、集中式网络系统和分布集中式网络系统。

(1)分布式网络系统。在分布式网络系统中,系统中的资源既是互联的,又是独立的。虽然系统要求对资源进行统一的管理,但系统中分布在独立的计算机工作站中的资源自主支配。系统只通过高层次的操作系统对分布的资源进行管理,系统对用户完全透明。分布式网络系统的特点是系统独立性强,用户使用方便、灵活;而对整个网络系统来说,管理复杂,保密性、安全性差。

(2)集中式网络系统。集中式网络系统是将网络系统中的资源进行统一管理。系统中的计算机独立性差,它们必须在主服务器支配下进行工作。其特点是对信息处理集中,系统响应时间短,可靠性高,便于管理,但整个系统适应性差。

(3)分布集中式网络系统。分布集中式网络系统是比较理想的网络系统,特别是局域网,通常采用分布与集中相结合的方式,即分布集中式网络系统。这种网络系统通常根据用户的需要和具体系统的特点,汇集分布式和集中式的优点进行设计。

4. 按通信传播方式划分

按通信传播方式的不同,可以将计算机网络分为点对点传播方式网和广播式传播结构网。

(1) 点对点传播方式网。点对点传播方式网是以点对点的连接方式,把各台计算机连接起来。这种传播方式主要用于广域网中。

(2) 广播式传播结构网。广播式传播结构网是用一个共同的通信介质把各个计算机连接起来,如以同轴电缆连接起来的总线型网。这种传播方式适用于局域网。

5. 按网络拓扑结构划分

拓扑学(topology)是一种研究与大小、距离无关的几何图形特性的方法。在计算机网络中常采用拓扑学的方法,分析网络单元彼此互联的形状与其性能的关系。

网络拓扑是由网络节点设备和通信介质构成的网络结构图。网络拓扑结构对网络采用的技术、网络的可靠性、网络的可维护性和网络的实施费用都有重大的影响。

在选择拓扑结构时,主要考虑的因素有安装的相对难易程度、重新配置的难易程度、维护的相对难易程度、通信介质发生故障时受到影响的设备的情况。

采用从图论演变而来的拓扑的方法,将网络中的具体设备,如工作站、服务器等网络单元抽象为“点”,把网络中的传输介质抽象为“线”,这样从拓扑学的观点看计算机网络系统,就形成了由点和线组成的几何图形,从而抽象出了网络系统的具体结构。称这种采用拓扑学方法抽象出的网络结构为计算机网络的拓扑结构。

由于把计算机和网络的结构抽象成了点、线组成的几何图形,借用图论拓扑的概念对网络结构进行分析,因此必须对要引用的术语进行解释。

- 节点。节点就是网络单元。网络单元是网络系统中的各种数据处理设备、数据通信控制设备和数据终端设备。常见的网络单元有服务器、网络工作站、集中器、交换机等。节点可分为两类:一类是转接节点,它的作用是支持网络的连接,它通过通信线路转接和传递信息,如集中器、交换机等;另一类是访问节点,它是信息交换的源点和目标,如服务器、网络工作站等。

- 链路。链路是两个节点间的连线。链路分“物理链路”和“逻辑链路”两种,前者是指实际存在的通信连线,后者是指逻辑上起作用的网络通路。链路容量是指每个链路在单位时间内可接纳的最大信息量。

- 通路。通路是从发出信息的节点到接收信息的节点的一串节点和链路,也就是说,它是一系列穿越通信网络而建立起的节点到节点的链路。

在计算机网络中,以计算机作为节点,通信线路作为连线,可构成不同的几何图形。网络拓扑结构研究网络图形的共同基本性质。按照不同的网络结构,将计算机网络分为总线型网络、环形网络、星形网络、树型网络和网状网络，网络的性能与网络拓扑结构有很大关系。

(1)总线结构。总线结构是普遍采用的一种网络拓扑结构，它将所有的入网计算机均接到一条通信线上，为防止信号反射，一般在总线两端会连有终结器匹配线路阻抗，如图 1.6所示。

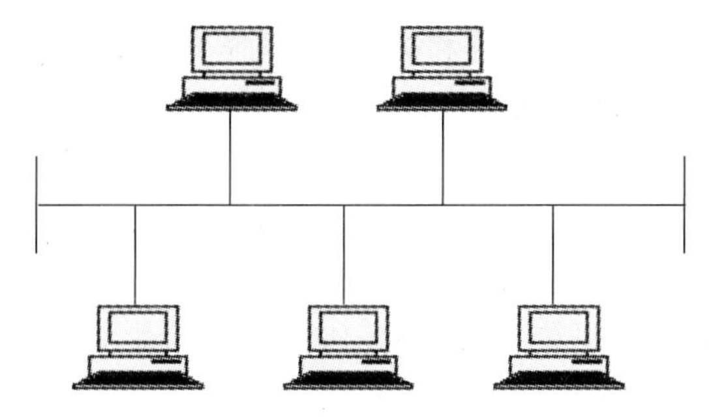

图 1.6　总线结构

总线结构的优点是信道利用率较高，结构简单，价格相对便宜；缺点是同一时刻只能有两个网络节点相互通信，网络延伸距离有限，网络容纳节点数有限。在总线结构中只要有一个点出现连接问题，就会影响整个网络的正常运行。

总线拓扑网络通常把短电缆(分支电缆)用电缆接头连接到一条长电缆(主干)上去。主干两端连有终结器匹配线路阻抗。

总线拓扑网络具有安装容易、配置简单、维护困难的特点。在安装时，总线拓扑网络只需敷设主干电缆，比其他拓扑网络使用的电缆要少。总线拓扑网络配置简单，很容易增加或删除节点，但当可接受的分支点达到极限时，就必须重新敷设主干电缆。其维护也相对困难，这是因为在排除介质故障时，要将错误隔离到某个网段比较困难。受故障影响的设备范围大，总线电缆出现故障或断开，整个网络的通信就无法进行了。

(2)环形结构。环形结构是将各台联网的计算机用通信线路连接成一个闭合的环，如图 1.7 所示。

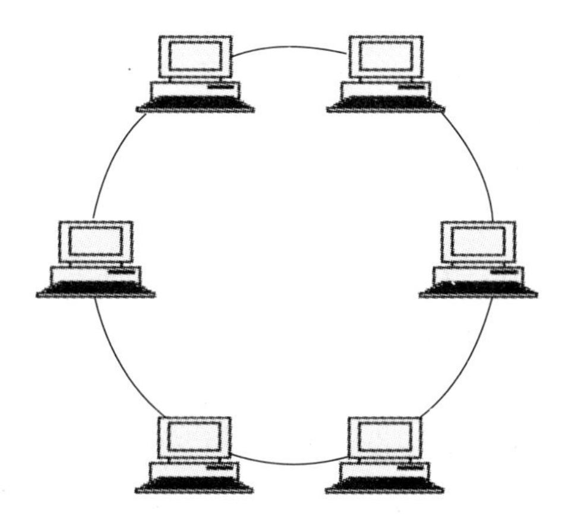

图 1.7　环形结构

在环形结构的网络中,信息按固定方向流动,或顺时针方向,或逆时针方向。

环形结构的优点是通信信息一次在网中传输的最大传输延迟是固定的,每个网上节点只与其他两个节点有物理链路直接连接,因此,传输控制机制较为简单,实时性强。缺点是一个节点出现故障可能会终止全网的运行,因此可靠性较差。为了克服可靠性差的缺点,有的网络采用具有自愈功能的双环结构,一旦一个节点不工作,会自动切换到另一环工作。此时,网络需对全网进行拓扑和访问控制机制的调整,因此较为复杂。

环形拓扑是一个点到点的环形结构。每台设备都直接连到环上,或通过一个接口设备和分支电缆连到环上。

在初始安装时,环形拓扑网络比较简单,随着网上节点的增加,重新配置的难度也增加,对环的最大长度和环上设备总数有限制。与总线型网一样,环形拓扑网络受故障影响的设备范围也比较大,在单环系统上出现的任何错误,都会影响网上的所有设备。与总线型网不同的是,环形拓扑网络可以很容易地找到电缆的故障点。

(3)星形结构。星形结构是以一个节点为中心的处理系统,各种类型的入网机器均与该中心节点有物理链路直接相连,其他节点间不能直接通信,其他节点间的通信需要通过该中心节点转发,因此中心节点必须有较强的功能和较高的可靠性。其结构如图1.8所示。

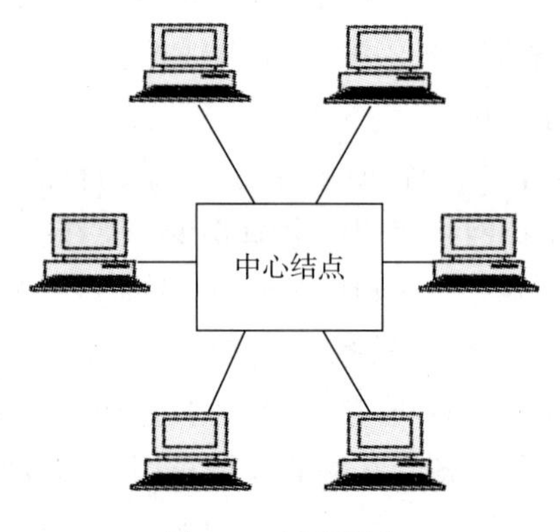

图1.8　星形结构

星形结构的优点是结构简单,建网容易,控制相对简单。其缺点是集中控制、主节点负载过重、可靠性低、通信线路利用率低。

星形拓扑使用一个中心设备,每个网络设备通过点到点的链路连到这个中心设备上,该中心设备被称为集线器。

星形拓扑网络相对于其他拓扑网络来说安装更加困难,比其他拓扑网络使用的电缆要多,容易进行重新配置,只需移去、增加或改变集线器某个端口的连接,就可进行网络重新配置。由于星形网络上的所有数据都要通过中心设备,并在中心设备汇集,因此星形拓扑维护起来比较容易。受故障影响的设备少,能够较好地处理通信介质故障,只需把故障设备从网上移去就可处理故障。目前,在局域网中多采用此种结构。

(4)树型结构。树型结构实际上是星形结构的一种变形，它将原来用单独链路直接连接的节点通过多级处理主机进行分级连接，如图 1.9 所示。

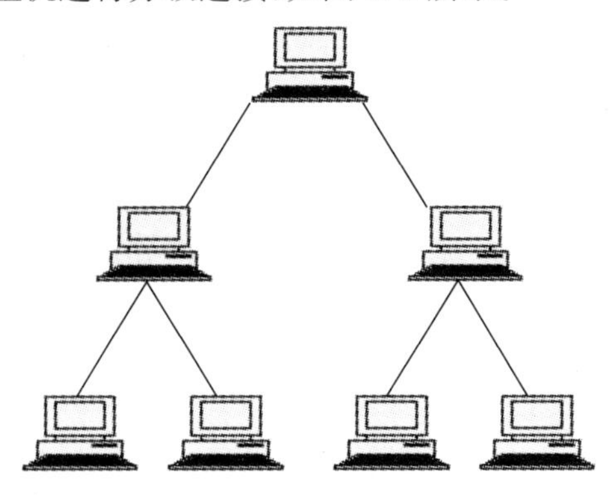

图 1.9　树型结构

这种结构与星形结构相比降低了通信线路的成本，但增加了网络的复杂性。网络中除最低层节点及其连线外，任一节点或连线的故障均影响其所在支路网络的正常工作。

(5)网状结构。网状结构可分为全连接网状和不完全连接网状两种形式。全连接网状中，每个节点和网中其他节点均有链路连接。不完全连接网中，两节点之间不一定有直接链路连接，它们之间的通信需依靠其他节点转接。这种网络的优点是节点间路径多，碰撞和阻塞可大大减少，局部的故障不会影响整个网络的正常工作，可靠性高；网络扩充和主机入网比较灵活、简单。但这种网络关系复杂，建网不易，网络控制机制复杂。广域网中一般用不完全连接网状结构，如图 1.10 所示。

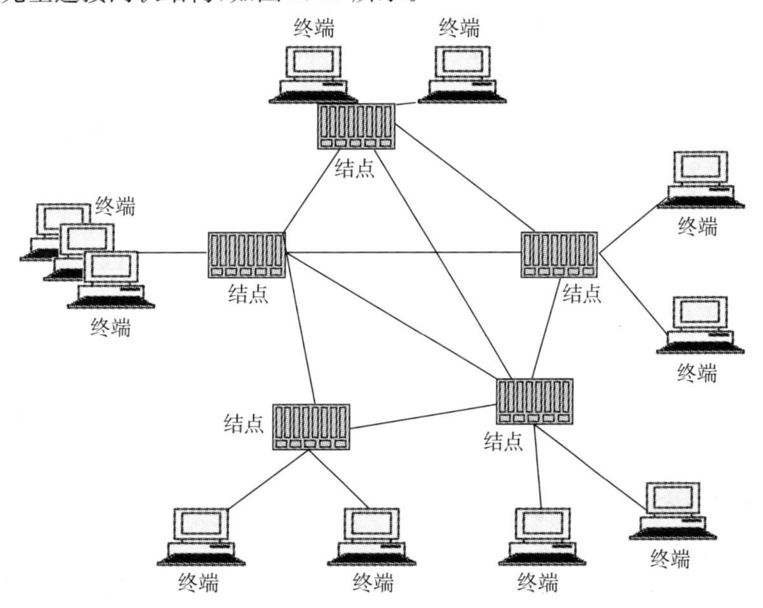

图 1.10　不完全连接网状结构

以上介绍的是最基本的网络拓扑结构。在组建局域网时常采用星形、环形和总线型结构，树型和网状结构在广域网中比较常见。实际的网络往往包含几种网络结构。

1.2.2 计算机网络的特点

虽然各种网络系统的具体用途、系统连接结构、数据传送方式各不相同,但各种网络系统都具有一些共同的特点。

(1) 数据通信。在计算机网络系统中,相连的各台计算机能够相互传送数据,使相距很远的人们之间能够直接交换信息。

(2) 自治性。在计算机网络系统中,各台相连的计算机是相对独立的,它们既相互联系又相互独立。

(3) 建网周期短。连接一个网络系统只需把各计算机与通信介质连接好,安装、调试好相应的网络软件、硬件即可。

(4) 成本低。计算机网络的使用,使得拥有微机的用户也能享受到过去只有大型计算机的用户才拥有的好处和丰富的资源,大大减少了用户的成本。

(5) 对技术要求不高。比起掌握大型计算机技术来说,掌握网络技术相对比较简单,并且也比较实用。

1.3 Internet 的发展及应用

时至今日,无论是谁,都不能不承认人类在 20 世纪最伟大的应用是 Internet,因为它改变了社会的认知结构。人们的思维方式和生活习惯随着 Internet 对社会生活方方面面的渗透而产生了巨大的改变。

21 世纪是一个计算机与网络的时代,每一个希望在这个时代有所作为的人都应该了解、学习、掌握和使用在 Internet 上"冲浪"的技巧和方法,这对每一个人来说既是一种机遇,也是一种挑战。

1.3.1 Internet 的定义

Internet 是由成千上万的不同类型、不同规模的计算机网络和成千上万一同工作、共享信息的主机组成的世界范围的巨大计算机网络,也称为国际互联网或因特网。Internet 使用的协议是传输控制协议/网络互联协议(transmission control protocol/internet protocol,TCP/IP)。

组成 Internet 的计算机网络包括小规模的局域网、城市规模的城域网以及大规模的广域网,主机则包括 PC 机、工作站、小型机、大型机,甚至巨型机。这些成千上万的网络和计算机通过电话线、高速专用线、卫星、微波和光缆连接在一起,在全球范围构成了一个四通八达的"网络的网络"。在这个网络中,其核心的几个主干网络组成了 Internet 的骨架,它们主要属于美国的 Internet 服务提供商(Internet service provider, ISP),如 GTE、MCI、Sprint、UUNET 和 AOL 的 ANS。通过相互连接,主干网络之间建立起一个非常快速的通信线路,它们承担了网络上大部分的通信任务。由于 Internet 最早是从美国发展起来的,所以这些线路主要在美国交织,并扩展到欧洲、亚洲和世界其他地方。每个主干网络间都有许多交汇的节点,这些节点将下一级较小的网络和主机连接到主干网络上,这些较小的网络则为该服务区域的公司或个人用户提供接入 Internet 的服务。

从另一个方面看，Internet 又是一个世界规模的、巨大的信息和服务资源网络，因为它能够为每一个入网的用户提供有价值的信息和其他相关的服务。换句话说，通过使用 Internet，人们既可以互通消息、交流思想，又可以从中获得各个方面的知识、经验和信息。

Internet 也是一个面向公众的社会性组织。世界各地成千上万的人们可以利用 Internet 进行信息交流和资源共享。同时又有成千上万的人自愿地花费自己的时间和精力为 Internet 辛勤工作，构造出人类所共同拥有的 Internet，丰富其资源，改善其服务，并允许他人去共享自己的劳动成果。Internet 反映了人类的友好合作精神和无私奉献精神。Internet 还是人类社会有史以来第一个世界性图书馆和第一个全球性论坛。任何人，在任何时候都可以加入 Internet。这里没有种族歧视，任何人绝不会由于职业、肤色、宗教信仰的不同而被排挤在外。

1.3.2　Internet 发展的三个阶段

Internet 的基础结构大体上经历了三个阶段的演进。但这三个阶段在时间划分上并非界限分明而是有部分重叠的，这是因为网络的演进是逐渐变化的，而不是突变的。

第一阶段是从单个网络 ARPANET(Advanced Research Project Agency network)向互联网发展。1969 年，美国国防部创建的第一个分组交换网 ARPANET，最初只是单个的分组交换网(不是互联的网络)。所有要连接在 ARPANET 上的主机都直接与就近的节点交换机相连。20 世纪 70 年代中期，人们已认识到不可能仅使用一个单独的网络来满足所有的通信问题。于是人们开始研究多种网络(如分组无线电网络)的互联技术，这就有了互联网，这样的互联网成为现在 Internet 的雏形。1983 年，TCP/IP(transmission control protocol/internet protocol)成为 ARPANET 上的标准协议，使得所有使用 TCP/IP 的计算机都能利用互联网相互通信，因而人们就把 1983 年作为因特网的诞生时间。1990 年，ARPANET 正式宣布关闭，因为它的实验任务已经完成。

需要注意，internet 和 Internet 是两个含义不同的词汇。

以小写字母 i 开始的 internet(互联网)是一个通用名词，它泛指由多个计算机网络互联而成的网络。在这些网络之间的通信协议(即通信规则)可以是任意的。以大写字母 I 开始的 Internet 则是一个专用名词，它指当前全球最大的、开放的、由众多网络相互连接而成的特定计算机网络，它采用 TCP/IP 协议簇作为通信的规则，且其前身是美国的 ARPANET。

第二阶段是建成了三级结构的 Internet。从 1985 年起，美国国家科学基金会(National Science Foundation，NSF)就围绕 6 个大型计算机中心建设计算机网络，即国家科学基金三级计算机网络。它覆盖了全美国主要的大学和研究所，并且成为 Internet 中的主要组成部分。1991 年，NSF 和美国的其他政府机构开始认识到，Internet 必将扩大其使用范围，不应局限于大学和研究机构。世界上的许多公司后来也纷纷接入 Internet，使网络上的通信量急剧增大，现有 Internet 的容量满足不了需要，于是美国政府决定将 Internet 的主干网转交给私人公司来经营，并开始向接入 Internet 的单位收费。1992 年，Internet 上的主机超过一百万台。1993 年，Internet 主干网的速率提高到 45 Mbps。

第三阶段是逐渐形成了多级互联网服务提供商结构的 Internet。从 1993 年开始，由美国政府资助的 NSFNET 逐渐被若干个商用的 Internet 主干网替代，而政府机构不再负责 Internet 的运营。这样就出现了 ISP。ISP 是一个进行商业活动的公司,拥有从因特网管理机构申请到的多个 IP 地址(因特网上的主机都必须有 IP 地址才能进行通信),同时拥有通信线路(大的 ISP 自己建设通信线路,小的 ISP 则向电信公司租用通信线路)以及路由器等联网设备。任何机构和个人只要向 ISP 交纳规定的费用,就可从 ISP 得到所需的 IP 地址,并通过该 ISP 接入因特网。IP 地址的管理机构不是把一个单个的 IP 地址分配给单个用户(不"零售"),而是把一批 IP 地址有偿分配给经审查合格的 ISP(只"批发")。图 1.11 说明了用户如何通过 ISP 接入因特网。

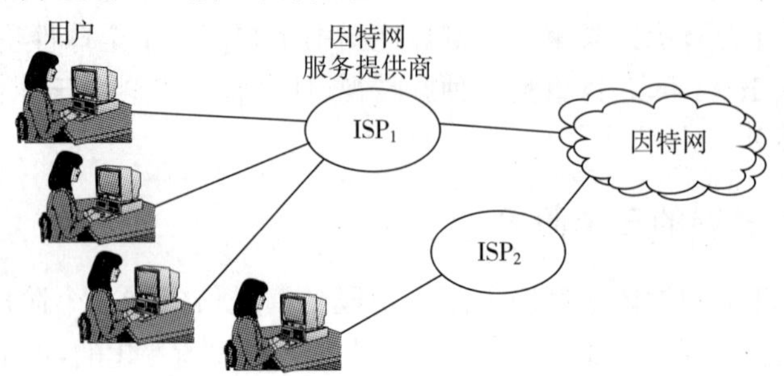

图 1.11　用户通过 ISP 接入 Internet

根据提供的服务覆盖面积不同,ISP 也可分成为不同的等级。因此,现在的 Internet 并不是某个组织所拥有的。图 1.12 是具有 3 级结构 ISP 的 Internet 的概念示意图,这个图并不表示 ISP 的地理位置的关系。

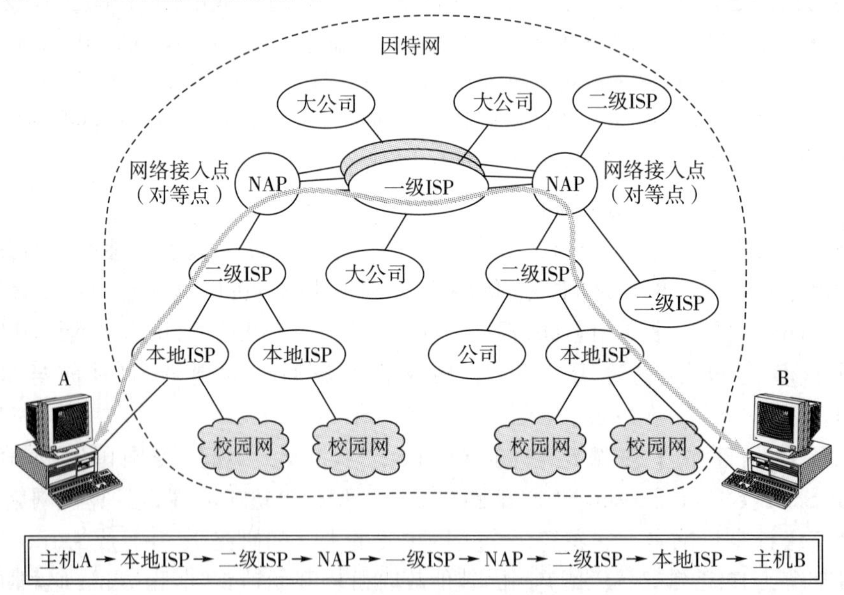

图 1.12　基于 ISP 的多级结构的 Internet 的概念图

在图 1.12 中,最高级别的一级 ISP 的服务面积最大(一般都能够覆盖国家范围),并且拥有高速主干网。二级 ISP 和一些大公司都是一级 ISP 的用户。三级 ISP 又称为本地 ISP,它们是二级 ISP 的用户,且只拥有本地范围的网络。一般的校园网或企业网以及拨号上网的用户,都是三级 ISP 的用户。为了使不同 ISP 经营的网络能够互通,4 个网络接入点(network access point,NAP)于1994年被创建,分别由4个电信公司经营。NAP用来交换因特网的流量。NAP中安装有性能很好的交换设施(如,异步传输模式交换技术),到21世纪初,美国NAP的数量已有十几个。NAP可以算是最高等级的接入点,其主要功能是向各ISP提供交换设施,使它们能够互相通信。NAP又称为对等点(peering point),表示接入的设备不存在从属关系,都是平等的。

从图1.12可看出,Internet逐渐演变成ISP和NAP的高级结构网络。

1.3.3　Internet的应用

有一句俗话:不怕办不到,只怕想不到。用这句话来描述Internet的本领是再合适不过了。可以这样说,只要是人类生活所涉及的领域,Internet都能找到其用武之地。Internet具有以下主要用途。

(1) 与世界范围的朋友、亲属和同事保持联系,互通消息。使用者可以使用电子化的信函(电子邮件),也可以使用网上电话或网上传真与亲友保持联系,甚至在使用网上电话与远在地球另一边的亲友通话时,还能实时地看到对方的动态图像,就像与使用者面对面交谈一样。这一切既迅速又省事,而费用只不过相当于打一次市内电话而已。

(2) 网上视频会议。参会者不需要千里迢迢到会议地点集中,而只要坐在办公室的计算机前即可进行讨论、解决问题。会议结束时,会议文件也会自动传送到参会者的计算机中,可在屏幕上浏览,也可以打印出来。

(3) 用户可以与世界上成千上万个信息数据库或图书馆连接并使用它们,检索和复制不可计数的文件、研究报告、期刊、杂志、书籍和计算机软件,再也不用为找不到所需的资料而烦恼。

(4) 使用者能通过Internet和世界各地的人联系,讨论各自所喜欢、感兴趣的问题或热门话题。使用者可以把自己的问题告诉别人,让别人帮助解决,使用者也可以帮助别人解决问题。

(5) 使用者可以从Internet上及时看到世界各地的新闻报道,了解和掌握各种政治事件、政府决策,获悉经济动态、金融形势、体育新闻、天气预报以及旅游交通情况等。

(6) 作为销售商,可以在Internet上发布商品信息,做广告,还可以建立网上商店来推销商品。作为消费者,也可以在网上进行购物,并通过网络银行进行电子化结算。

(7) 医院的医务人员可以使用建立在Internet基础上的“远距离网络医疗诊断系统”,通过远在世界其他地方的专家教授的指导,对患者进行手术。对于在门诊中碰到的疑难病症,可以通过Internet将病历发往世界各地的医疗机构,请那里的专家帮助确诊,并给出治疗方案。

(8) 休闲时,用户可以在网上进行电影、电视节目的点播,在网上听最新的流行音乐,与世界各地的围棋爱好者切磋棋艺,或与好友在网上玩实时对战游戏。

(9) 作家可以在网上进行写作与出版,学生可以通过在网上查阅资料完成论文,旅游者可以通过网络安排旅游行程并预订车票、机票,投资者可以通过网络完成股票交易,求职者可以通过网络寻求工作机会……

1.4 计算机网络的体系结构

计算机网络的主要功能是实现资源共享和数据通信，数据传输是实现其功能的基础。为了使数据可靠地传输到目的地，计算机网络需要进行复杂的处理。换言之，计算机网络是一个十分复杂的系统，为了方便实现数据传输，可以将其分解为若干个容易处理的子系统，分层就是系统分解的最好方法之一。

1.4.1 层次模型

计算机网络系统采用了层次化结构。在图 1.13 所示的一般分层(layer)结构中，n 层是 $n-1$ 层的用户，又是 $n+1$ 层的服务提供者。$n+1$ 层不仅直接使用了 n 层提供的服务，实际上它通过 n 层还间接地使用了 $n-1$ 层以及其下所有各层的服务。

层次结构一般以垂直分层模型来表示，如图 1.14 所示。层与层之间有一个接口，用于相邻层之间的信息交换；不同机器的同一层间的对话使用的规则，称为该层的协议。

协议主要由 3 个要素组成。

- 语法：规定用户数据与控制信息的结构与格式。
- 语义：规定需要发出何种控制信息，以及完成的动作与响应。
- 时序：对事件的实现顺序进行详细说明。

计算机网络体系结构就是计算机网络各层及其协议的集合。

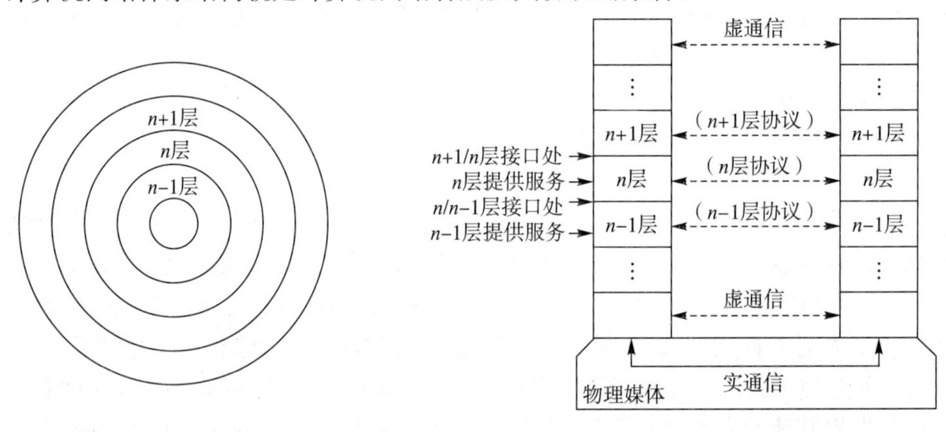

图 1.13 分层结构图

图 1.14 层次模型

网络主机之间的通信建立于物理媒体的实通信之上，在图 1.14 中，最低层就是实通信，其他各层之间都是虚通信，每层之间的通信遵循该层的协议。第 n 层的虚通信是通过 $n-1$ 层提供的服务和 $n-1$ 层的通信来实现的。

层次结构的好处在于每层功能明确且相互独立，所提供服务的具体实现细节对上一层完全屏蔽；当某一层的具体实现方法更新时，只要保持上下层的接口不变，便不会对邻居产生影响；层间接口清晰，有利于理解、研究和标准化。

网络分层体现了在许多工程设计中都具有的结构化思想。ISO 的 OSI 和 TCP/IP 参考模型都采用了分层的结构。

1.4.2　OSI 参考模型

国际标准化组织(International Organization for Standardization,ISO)于1981年提出了7层的开放系统互联/参考模型(open system interconnect/reference model,OSI/RM)。一台计算机与另一台计算机之间的通信过程一般包括从应用请求(在协议栈的顶部)到网络介质(底部)传输等一系列的动作。OSI参考模型将这一过程按功能分成7个层次,从低到高分别是:物理层(physical layer)、数据链路层(data link layer)、网络层(network layer)、传输层(transport layer)、会话层(session layer)、表示层(presentation layer)和应用层(application layer),如图1.15所示。其中物理层、数据链路层和网络层通常被称为媒体层,构成通信子网,是网络设计人员所研究的对象;传输层、会话层、表示层和应用层则被称作主机层,是网络用户所关心的内容。

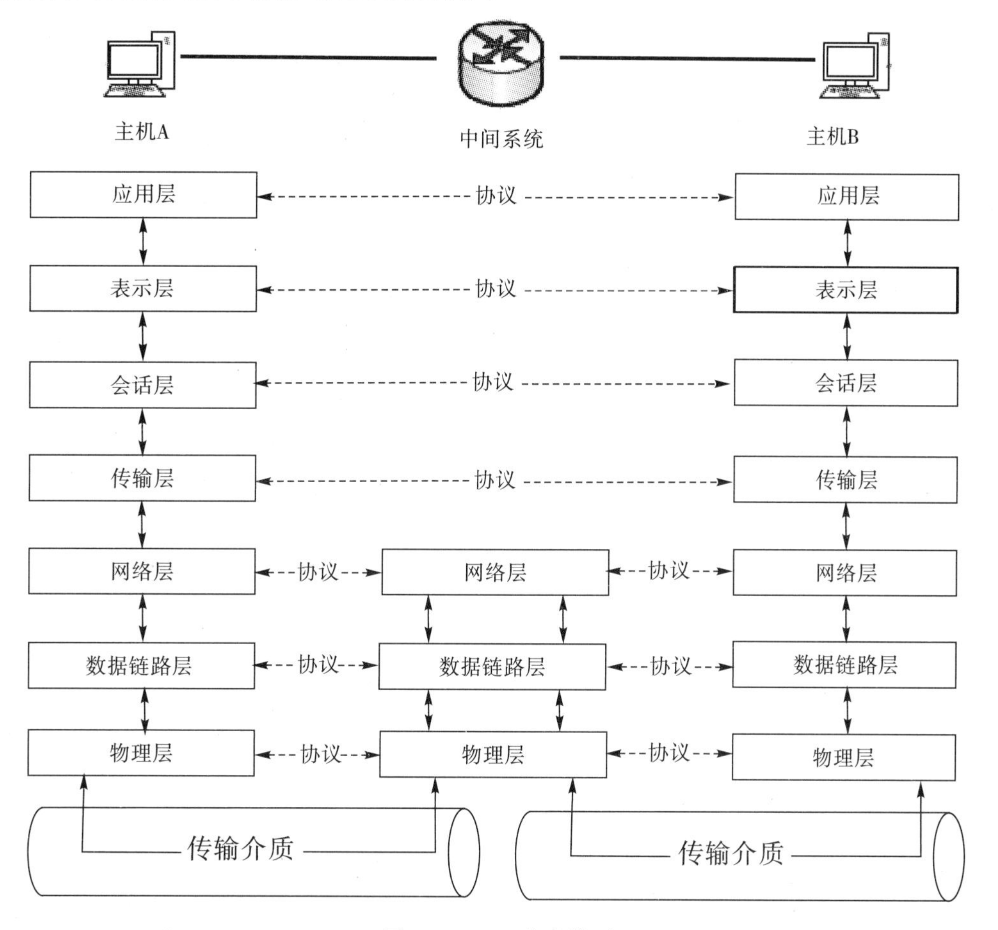

图1.15　OSI参考模型

建立7层模型的主要目的是解决异种网络互联时所遇到的兼容性问题。其最大优点是将服务、接口和协议3个概念明确地区分开来。7层的划分也是为了使网络的不同功能模块(不同层次)分担起不同的职责,从而减轻问题的复杂程度。一旦网络发生故障,可迅速定位故障所处层次,便于查找和纠错。同时,OSI参考模型不但可以作为以前的和后续的各种网络技术评判、分析的依据,也可以作为网络协议设计和统一的参考模型。

下面从低层到高层简单介绍网络7层的功能,后面章节将会对各层进行详细的讨论。

1. 物理层

物理层处于OSI参考模型的最低层,是整个网络系统的基础。物理层为设备之间的数据通信提供传输媒介及互联设备,为数据传输提供可靠的环境。物理层传输的是0、1比特流,通信介质要保证二进制信号的正确传输,并提供足够的带宽,以减少信道上的拥塞。这里比较典型的问题是二进制信号的获得,比如怎样将传输的数据表示为0、1代码;传输方式是单向还是双向的;数据传输两端的网络接插件的机械特性和电气特性如何规定;连接如何建立又如何终止等。因此,物理层是为了在物理媒介上建立、维持和终止传输数据比特流的物理连接,并为之提供机械、电气、功能和过程的手段。

2. 数据链路层

数据链路层可以粗略地理解为数据通道,主要任务是通过建立一条线路,确保物理层传输的原始的比特流无差错地递交给对方。在发送方,输入数据按一定的大小(通常为几百字节或几千字节)被分别封装在数据帧(data frame)里,然后按顺序传送。接收方收到数据帧后,回送给发送方确认。数据帧的边界通过加上特殊的二进制串识别。由于在物理媒体上传输的数据帧会受到各种不可靠因素的影响而产生差错,因此接收方通常不能收到正确的数据帧而需要发送方重传,但也可能导致接收重复帧而需要丢弃。同时,可能由于发送方数据的高速发送而使低速的接收方被"淹没",从而丢失部分数据,因此,需要有某种流量调节机制,使接收方能够完整地接收数据。

归结起来,数据链路层解决的主要任务是数据链路的建立与拆除,对数据的检错、纠错,进行流量调节,为网络层提供数据传送服务。

3. 网络层

网络层的主要任务是如何把网络协议数据单元(即分组,packet)从源端传送到目标端,这需要在通信子网中进行路由选择,为分组选择一条发送路径。如果在通信子网中出现过多的分组,将会导致拥塞,形成瓶颈,需要在网络层进行拥塞控制,以减少拥塞。由于网络层传递的分组会到达另一个不同类型的子网,在网络层中还需要解决异构网络互联的问题。

4. 传输层

传输层是网络进行数据通信时,第一个端到端的层次,即主机到主机的层次,传输的数据称为数据段(segment)。传输层只存在于端开放系统中,是介于低三层的通信子网系统和高三层之间的一层,是很重要的一层。传输层还可进行多路复用,即在一个网络连接上创建多个逻辑连接,进行网络分流,提高吞吐量。

此外,传输层还要具备流量控制、差错控制等功能,以提高网络层不完善的服务质量,确保网络分组按正确的顺序无误地到达对方。传输层面对的数据对象已不是网络地址和主机地址,而是和会话层的界面端口。传输层的服务一般要经历传输连接建立、数据传送和传输连接释放3个阶段,其最终目的是为两端主机之间的会话提供可靠无误的数据传输。

5. 会话层

会话层允许不同主机上各种进程之间进行会话,是进程到进程的层次。会话层提供的同步服务通过设置校验点,可使应用程序建立和维持会话,并使会话获得同步。会话层使用校验点使会话在通信失效时从校验点处恢复通信，否则要重新传输。会话层提供的另一种服务是令牌管理，会话层使用令牌管理一些活动，使会话双方中持有令牌的一方进行操作。

6. 表示层

表示层以下各层主要完成端到端的数据传送，并且是可靠无差错的传送。但是数据传送到对方，并不表明能实现对数据的使用。由于各种系统对数据的定义并不完全相同，例如，IBM主机使用EBCDIC编码，而大部分PC机使用的是ASCII码。在这种情况下，需要表示层来完成这种转换，即提供一种标准方法对数据编码，以便能进行互操作。因此表示层关心的是所传输信息的语法和语义。

7. 应用层

应用层是开放系统的最高层，是直接为应用进程提供服务的。其作用是在实现多个系统应用进程相互通信的同时，完成一系列业务处理所需的服务。应用层包含人们普遍需要的协议，这些协议涉及虚拟终端、文件传送及访问管理、远程数据访问以及开放系统互联管理等。

会话层、表示层和应用层构成开放系统的高三层，面向应用进程提供分布处理、对话管理、信息表示和差错控制等。OSI参考模型中数据的实际传送过程如图1.16所示。

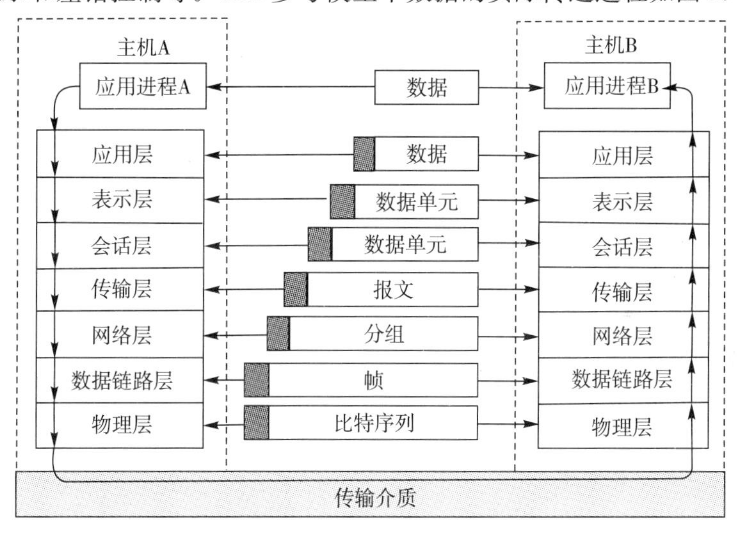

图1.16　OSI参考模型中数据的实际传送过程

(1)应用进程A的数据传送到主机A中的应用层，应用层为数据添加应用层的控制报头后，形成应用层服务数据单元，然后传送到表示层。

(2)表示层接收到这个数据单元，添加表示层的控制报头，形成表示层的服务数据单元，然后传送到会话层。表示层报头按协议要求进行数据格式变换或加密处理。

(3)会话层接收到这个数据单元，添加会话层的控制报头，形成会话层的服务数据单元，然后传送到传输层。会话层报头用于协调通信主机之间的进程通信。

(4)传输层接收到这个数据单元，添加传输层的控制报头，形成传输层的服务数据单元，然后传送到网络层。传输层的服务数据单元称为报文。

(5)网络层接收到这个数据单元，网络层数据单元的长度有限制，传输层报文被分解为多个较短的数据单元,添加网络层的控制报头,形成网络层的服务数据单元,然后传送到数据链路层。网络层的服务数据单元称为分组。

(6)数据链路层接收到这个数据单元,添加数据链路层的控制信息,形成数据链路层的服务数据单元,然后传送到物理层。数据链路层的服务数据单元称为帧。

(7)物理层接收到这个数据单元,形成物理层的服务数据单元,然后通过传输介质传送到下一个主机中的物理层。物理层的服务数据单元称为比特序列。

(8)主机B接收到这个数据单元后,从物理层逐层上传,每层拆除该层的控制报头,形成相应层的服务数据单元,直至到达应用层。最后,应用层将数据传送至应用进程B。

虽然实际的数据传输是纵向的,但对于接收方的某一层来说,低于它的各层的控制信息不会传给它,而高于它的各层的控制信息对于它来说是透明的数据,它只阅读和去除本层的控制信息,进行相应的协议控制。这样,发送方和接收方的对等实体看到的信息是相同的,就好像这些信息通过虚通信直接传给对方一样。因此在考虑有些问题时,可以不管实际的数据流向,而认为是对等实体在进行直接的通信。

1.4.3 TCP/IP 参考模型

TCP/IP 起源于 20 世纪 70 年代美国国防部高级研究规划署(Defense Advanced Research Project Agency,DARPA)的一项研究计划——实现若干台主机的相互通信,是在 TCP 和 IP 两个主要协议基础上建立的网络体系结构,于 1988 年被称作 TCP/IP 参考模型(TCP/IP reference model)。该模型分为 4 层,如图 1.17 所示。现在 TCP/IP 已成为 Internet 的通信标准。

<table>
<tr><td>应用层</td><td colspan="4">FTP,Telnet,HTTP</td><td>SNMP,TFTP,NNTP</td></tr>
<tr><td>传输层</td><td colspan="4">TCP</td><td>UDP</td></tr>
<tr><td>网络互联层</td><td colspan="5">IP</td></tr>
<tr><td rowspan="2">网络接口层</td><td rowspan="2">以太网</td><td rowspan="2">令牌环网</td><td rowspan="2">无线局域网</td><td rowspan="2">ATM</td><td>HDLC,PPP,帧中继</td></tr>
<tr><td>EIA/TIA-232,V. 35,V. 21</td></tr>
</table>

图 1.17 TCP/IP 4 层参考模型

TCP/IP 参考模型的 4 层分别是应用层、传输层、网络互联层以及网络接口层。其中,有 3 层对应于 ISO 参考模型中的相应层。TCP/IP 协议簇并不包含物理层和数据链路层,因此它不能独立完成整个计算机网络系统的功能,必须与许多其他的协议协同工作。

1. 网络接口层

网络接口层的主要功能是负责通过网络发送和接收 IP 数据报,详细指定如何通过网络实际发送数据,包括直接与网络媒体(如同轴电缆、光纤或双绞铜线)接触的硬件设备如何将比特流转换成电信号。TCP/IP 没有定义这一层的具体协议,只是指出主机必须使用某种协议与网络连接,以便能在其上传递 IP 分组。比如,以太网、Token Ring、光纤分布式数据接口(fiber distributed data interface,FDDI)、x. 25、帧中继、无线网等,物理层协议 RS-232、V. 35等。

2. 网络互联层

网络互联层是整个体系结构的关键。它的功能是使主机可以把分组发往任何网络并使分组独立地传向目标(可能经由不同的网络)。这些分组到达的顺序和发送的顺序可能不同,到达对方时,高层必须对分组进行排序及重组。

网络互联层除了需要完成路由的功能外,也可以完成将不同类型的网络(异构网)互联的任务。除此之外,网络互联层还需要完成拥塞控制的功能。

网络互联层定义了分组格式和协议,即 IP 协议,实现 IP 数据报的路由。目前的 IP 协议版本是 IPv4,由于 IPv4 地址空间的问题,IPv6 协议未来将逐步替代 IPv4。其他的协议还有互联网控制报文协议(internet control message protocol,ICMP)、地址解析协议(address resolution protocol, ARP)、反向地址解析协议(reverse address resolution protocol, RARP)等。

3. 传输层

在 TCP/IP 模型中,传输层的功能是使源端主机和目标端主机上的对等实体可以进行会话。在传输层定义了两种服务质量不同的协议,即传输控制协议(transmission control protocol,TCP)和用户数据报协议(user datagram protocol,UDP)。

TCP 是一个面向连接的、可靠的协议。它将一台主机发出的字节流无差错地发往互联网上的其他主机。在发送端,它负责把上层传送下来的字节流分成报文段并传递给下层;在接收端,它负责把收到的报文进行重组后递交给上层。TCP 还要处理端到端的流量控制,以避免缓慢接收的接收方没有足够的缓冲区接收发送方发送的大量数据。

UDP 是一个不可靠的、无连接协议,主要适用于不需要对报文进行排序和流量控制的场合。

4. 应用层

TCP/IP 模型将 OSI 参考模型中的会话层和表示层的功能合并到应用层实现。应用层面向不同的网络应用,引入了不同的应用层协议。如文件传输协议(file transfer protocol,FTP)、虚拟终端协议(virtual terminal protocol,VTP)、超文本传输协议(hyper text transfer protocol,HTTP)、简单网络管理协议(simple network management protocol,SNMP)、邮件传输协议(simple mail transfer protocol,SMTP)、域名系统(domain name system,DNS)等。因特网的应用层协议还包括 Finger、Whois、Gopher、互联网中继交谈(internet relay chat,IRC)、网络新闻传送协议(network news transfer protocol,NNTP)等。

1.4.4 OSI 参考模型和 TCP/IP 参考模型的比较

OSI 参考模型与 TCP/IP 参考模型的比较如图 1.18 所示,TCP/IP 模型没有表示层和会话层,且将 OSI 模型中的数据链路层和物理层合并为网络接口层。

OSI 参考模型产生在协议发明之前,这意味着该模型没有偏向于任何特定的协议,是通用的,但由于其太复杂,故未能真正实现应用。而且 OSI 参考模型不知道该把哪些功能放在哪一层最好。TCP/IP 参考模型正好相反,TCP 协议和 IP 协议先出现,TCP/IP 模型实际上是对已有协议的描述,不会出现协议不匹配模型的情况,但是不适合于其他协议栈,不具有通用性。

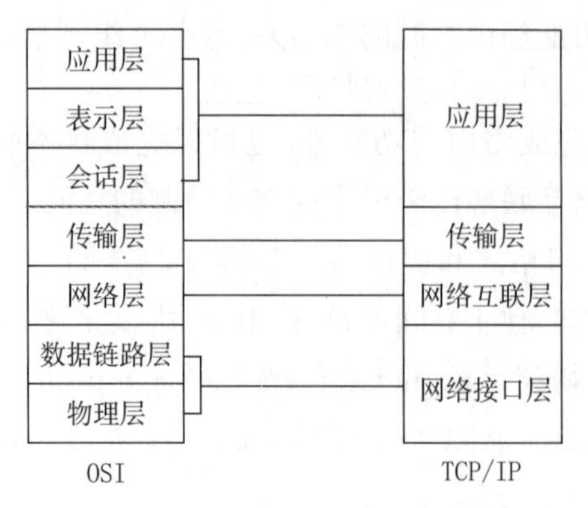

图 1.18　OSI 参考模型与 TCP/IP 参考模型之比较

这两个参考模型的另一个差别在于是否支持面向连接和无连接的通信。OSI 模型在网络层支持无连接和面向连接的通信,但在传输层仅有面向连接的通信。TCP/IP 模型在网络层仅有一种通信模式(无连接),但在传输层支持两种模式,这给了用户选择的机会,这种选择对简单的请求—应答协议是非常重要的。

1.5　标准化组织

标准是文档化的协议,包含推动某一特定产品或服务应如何被设计或实施的技术规范。通过标准,不同的生产厂商可以确保产品、生产过程以及服务适应其目的。由于目前网络界所使用的硬件、软件种类繁多,标准变得尤其重要。如果没有标准,则可能导致因一种硬件不能与另一种兼容,或者因一个应用程序不能与另一个通信而不能进行网络设计。

由于计算机工业发展迅速,许多不同的组织都开发自己的标准。某些情况下,多个组织负责网络的某个方面标准的开发。如,美国国家标准协会(American National Standards Institute,ANSI)和国际电信联盟(International Telecommunication Union,ITU)均负责 ISDN 通信标准,ANSI 负责制定一个 ISDN 连接所需要的硬件种类,ITU 负责判定如何使 ISDN 传输的数据以正确序列到达用户。

1.5.1　电信界最有影响力的组织

ITU 是电信界最有影响力的国际组织,其网址是 http://www.itu.int,负责研究制定有关电信业务的规章制度,通过决议提出推荐标准,收集相关信息和情报,以实现国际电信的标准化。ITU 的实质性工作由无线通信部门(ITU Radiocommunication Sector,ITU-R)、电信标准化部门(ITU Telecommunication Standardization Sector,ITU-T)和电信发展部门(ITU Telecommunication Development Sector,ITU-D)承担。其中,ITU-T 就是原来的国际电报电话咨询委员会(Comité Consultatif International Téléphonique et Télégraphique, CCITT),负责制订电话、电报和数据通信接口等电信标准化。ITU-T 制定的标准被称为“建议书”,

是非强制性的、自愿的协议。由于ITU-T标准可保证各国电信网的互联和运转，所以它越来越广泛地被世界各国所采用。

1.5.2 国际标准界最有影响力的组织

国际标准界最有影响力的组织是ISO和电气电子工程师协会(Institute of Electrical and Electronics Engineers，IEEE)，网址分别为http://www.iso.org和http://www.ieee.org。

ISO是世界上最大的国际标准化组织，成立于1947年，是一个全球性的非政府组织，也是目前世界上最有权威的国际标准化专门机构。ISO与600多个国际组织保持着协作关系，其主要活动是制定国际标准，协调世界范围的标准化工作，组织各成员国和技术委员会进行情报交流，以及与其他国际组织进行合作，共同研究有关标准化问题。ISO的最高权力机构是每年一次的"全体大会"，其日常办事机构是中央秘书处，设在瑞士日内瓦。

IEEE建会于1963年，由从事电气工程、电子和计算机等有关领域的专业人员组成，是世界上最大的专业技术团体。IEEE是一个跨国的学术组织，目前拥有45万会员，近300个地区分会，分布在150多个国家。IEEE下设许多专业委员会，其定义或开发的标准在工业界有极大的影响和作用。例如，在1980年成立的IEEE802委员会负责有关局域网标准的制定事宜，制定了著名的IEEE802系列标准，如IEEE802.3以太网标准、IEEE802.4令牌总线网标准和IEEE802.5令牌环网标准等。

1.5.3 因特网标准最有影响力的组织

因特网标准界最有影响力的组织是Internet协会(Internet Society，ISOC)。ISOC成立于1992年，是一个非政府非营利的行业性全球合作性国际组织。其主要工作是协调全球在Internet方面的合作，就有关Internet的发展、可用性和相关技术的发展组织活动。ISOC的网址为http://www.isoc.org。

提出成立ISOC的构想最早源于1991年6月在丹麦首都哥本哈根举行的国际网络会议。创立者希望通过成立一个全球性的互联网组织，使其能够在推动互联网全球化、加快网络互联技术及应用软件的发展、提高互联网普及率等方面发挥重要的作用，同时促进全球不同政府、组织、行业和个人进行更有效的合作，充分合理地利用Internet。它还负责因特网工程任务组(Internet Engineering Task Force，IETF)、因特网结构委员会(Internet Architecture Board，IAB)等机构的组织与协调工作。

中国互联网协会成立于2001年5月，由国内从事互联网行业的网络运营商、服务提供商、设备制造商、系统集成商以及科研、教育机构等70多家互联网从业者共同发起成立。

其他与网络有关的比较有影响力的组织还有：美国国家标准研究所(American National Standards Institute，ANSI)、国际电工委员会(International Electrotechnical Commission，IEC)以及电子工业协会(Electronic Industries Association，EIA)。

http://www.ietf.org网站上的RFC(request for comments)是各个标准机构提交的标准文档，供研究人员和开发人员通过这些文档跟踪新技术。

习题 1

一、选择题

1. 计算机网络最突出的优点是________。

A. 精度高　B. 内存容量大　C. 运算速度快　D. 共享资源

2. 在组建广域网时,经常采用的拓扑结构是________。

A. 星形　B. 总线型　C. 环形　D. 网状型

3. 计算机网络按其涉及范围和计算机之间互联的距离,可分为________。

A. 局域网、广域网和混合网　B. 分布的、集中的和混合的

C. 局域网、城域网和广域网　D. 通信网、因特网和万维网

4. 计算机网络的发展经历了四个阶段,其中属于第一个阶段的是________。

A. 远程终端联机阶段　B. 计算机网络互联阶段

C. 计算机网络阶段　D. 信息高速公路阶段

5. OSI 参考模型中,物理层的功能是________。

A. 建立和释放连接　B. 透明地传输原始比特流

C. 在物理实体间传送数据帧　D. 发送和接受用户数据

6. 数据链路层的 PDU 称为________。

A. 帧　B. 位　C. 字节　D. 数据报

7. 最早的计算机网络产生的时间和名称是________。

A. 1959 年　SAGE　B. 1969 年　SAGE

C. 1959 年　ARPANET　D. 1969 年　ARPANET

8. 计算机网络传输的信息单位是数据单元,对等实体间传送的数据单元是________。

A. SDU　B. PDU　C. IDU　D. SDH

9. 服务与协议是完全不同的两个概念,下列关于它们的说法错误的是________。

A. 协议是水平的,即协议是控制对等实体间通信的规则;服务是垂直的,即服务是下层向上层通过层间接口提供的。

B. 在协议的控制下,两个对等实体间的通信使得本层能够向上一层提供服务,要实现本层协议,还需要使用下面一层所提供的服务。

C. 协议的实现保证了能够向上一层提供服务。

D. OSI 将层与层之间交换的数据单位称为协议数据单元 PDU。

10. ________是指为网络数据交换而制定的规则、约定与标准。

A. 接口　B. 层次　C. 体系结构　D. 通信协议

11. 计算机网络的目标是实现________。

A. 数据处理　B. 信息传输与数据处理

C. 文献查询　D. 资源共享与信息传输

12. 下列网络中作为我国 Internet 主干网的是________。

A. PSTN　B. CHINANET　C. ADSL　D. CHINADDN

13. 因特网工程特别任务组 IETF 发布的许多技术文件被称为________。

A. ANSI 文件　B. ITU 文件　C. EIA 文件　D. RFC 文件

14. 涉及速度匹配和排序的网络协议要素是________。

A. 语义　　B. 语法　　C. 时序　　D. 规则

15. 在OSI参考模型中，负责提供可靠的端到端数据传输的是________的功能。

A. 传输层　　B. 网络层　　C. 应用层　　D. 数据链路层

16. 物理层的重要特性不包括________。

A. 机械特性　　B. 结构特性　　C. 电气特性　　D. 功能特性

17. 下列不是TCP/IP协议层次的是________。

A. 传输层　　B. 网络互联层　　C. 会话层　　D. 应用层

18. 文件传输协议是________上的协议。

A. 网络层　　B. 应用层　　C. 运输层　　D. 会话层

19. 计算机网络体系结构中，下层的目的是向上一层提供________。

A. 协议　　B. 服务　　C. 规则　　D. 数据包

20. 制定OSI的组织是________。

A. ANSI　　B. EIA　　C. ISO　　D. IEEE

21. EIA的中文含义是________。

A. 国际标准化组织　　B. 美国国家标准协会

C. 电气和电子工程师协会　　D. 电工工业协会

22. 计算机网络的体系结构是指________。

A. 计算机网络的分层结构和协议的集合

B. 计算机网络的连接形式

C. 计算机网络的协议集合

D. 由通信线路连接起来的网络系统

23. 为网络提供共享资源并对这些资源进行管理的计算机称为________。

A. 工作站　　B. 服务器　　C. 网桥　　D. 网卡

二、填空题

1. 计算机网络的拓扑结构主要有________、________、________、________和________。

2. 按照服务器和工作站配置的不同，可以将网络划分为________、________和________。

3. 按对数据的组织方式不同，可以将网络划分为________、________和________。

4. 计算机网络是现代________和________相结合的产物。

5. 计算机网络的发展，经历了从简单到复杂的过程，大体上可分为________、________、________和________四个阶段。

6. 微型机网络系统由________和________两部分组成。

7. 中国教育和科研计算机网的简称为________。

8. 计算机网络从逻辑上看可分为________与________两大部分。

9. ________为资源子网提供信息传送服务，是支持资源子网上用户之间相互通信的基本环境。

10. 根据网络信息传输距离的长短，可以把网络划分为________、________和________。

11. 链路是两个节点间的连线,可分为________和________,前者是指实际存在的通信连线,后者是指逻辑上起作用的网络通路。

12. ________是指每个链路在单位时间内可接纳的最大信息量。

13. ________是从发出信息的节点到接收信息的节点之间的一串节点和链路,也就是说,它是一系列穿越通信网络而建立起的节点到节点的链路。

14. ________是比较普遍采用的一种方式,它将所有的入网计算机接入一条通信线上,为防止信号反射,一般在总线两端连有终结器匹配线路阻抗。

15. OSI参考模型分成7个层次,其中________、________和________通常被称作媒体层,构成通信子网。

16. TCP/IP参考模型的4层分别是________、________、________以及________。

三、简答题

1. 网络操作系统与一般的操作系统有什么区别?
2. 什么是计算机网络?计算机网络是由哪些部分组成的?
3. 什么是拓扑结构?如何选择网络拓扑结构?
4. 计算机网络的发展可划分为几个阶段?每个阶段各有什么特点?
5. 总线结构适合什么样的环境?
6. 简述Internet发展的三个阶段。
7. 网络协议的三个要素各有什么含义?
8. 简述计算机网络体系结构的工作原理。OSI七层协议模型具体每层是什么?
9. 试论述OSI参考模型和TCP/IP参考模型的异同和特点。
10. 试举出网络协议分层处理方法的优缺点?
11. 简述因特网标准制定的几个阶段?
12. 协议与服务有何区别和关系?

物理层与数据通信基础

本章首先介绍与物理层相关的数据通信的基础知识，包括通信系统模型、傅里叶分析和信道最大数据速率的计算等理论知识。其次讨论各种传输媒体的主要特点，对有线传输媒体（如双绞线、同轴电缆、光纤）和无线传输媒体（如无线电和卫星通信）都做了较为详细的介绍。然后讲解模拟传输和数字传输、数字调制、脉码调制、多路复用以及数字信号的编码等传输技术。虽然这些内容不完全属于物理层的范畴，但对于读者理解物理层的概念，以及将来在需要时自己查阅不同的物理层标准都是有用的。最后举例介绍若干常用的物理层接口标准。

2.1　数据通信的理论基础

计算机网络首先是一个通信网络，各计算机之间通过通信媒体、通信设备进行数据通信。在此基础上，各计算机可以通过网络软件共享其他计算机上的硬件资源、软件资源和数据资源。本节主要介绍数据通信的系统模型以及数据通信的传输速率问题。

2.1.1　数据通信系统模型

首先通过一个简单的例子来说明数据通信系统的模型。两个 PC 机通过普通电话线连接，再通过公共电话网进行通信，如图 2.1 所示。一个数据通信系统可以划分为三个部分：源系统（或发送端）、传输系统（或传输网络）和目的系统（或接收端）。

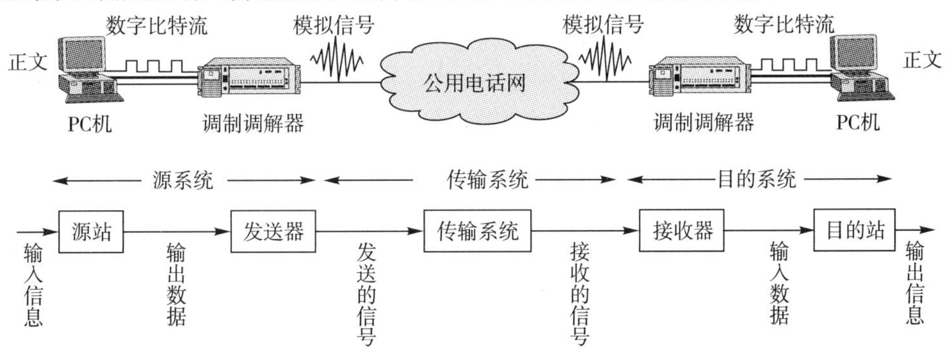

图 2.1　数据通信系统模型

(1)源系统。

① 源站。源站设备产生要传输的数据。在图 2.1 所示系统中，左边的 PC 机就属于源站设备。PC 机产生输出的数字比特流。

② 发送器。源站生成的数据要通过发送器进行编码后才可以送到传输系统中进行传输。在图 2.1 所示系统中，左边的调制解调器就相当于发送器。PC 机为了将生成的数据

在电话网上传输,中间必须加入调制解调器进行转换。因为电话线所连接的公用电话网中传输的是模拟信号,而PC机所生成的数据是数字。通过调制解调器就可以把PC机输出的数字比特流转换成能够在用户电话线上传输的模拟信号。

(2)传输系统。

在源系统和目的系统之间的传输系统可以是简单的传输线,也可以是连接在源系统和目的系统之间的复杂网络系统。

(3)目的系统。

① 接收器。接收器接收传输系统传送过来的信号,并将其转化成能够被目的设备处理的信息。在图2.1所示系统中,右边的调制解调器就相当于接收器。在这里,调制解调器所起的作用就是把来自传输媒体的模拟信号转变成目的站可以接收的数字比特流。

② 目的站。目的站设备从接收器获取传送来的信息。在图2.1所示系统中,右边的PC机就属于目的站设备。

在上述数据通信系统模型中,计算机输出的数字信号首先被转换成模拟信号在信道中传输,这个过程称为调制。执行调制功能的变换器称为调制器(modulator)。通过信道传送到接收端的模拟电信号,又要经过一个称为解调器(demodulator)的反变换器转换成作为信宿的数字计算机或数字终端所能接收的数字信号。在双向通信的情况下,调制器和解调器往往合在一个装置中,这就是调制解调器(modem)。而对于数据和信号则要分清二者的区别:数据是运送信息的实体,是可见的;信号则是数据的电气的或电磁的表现,是抽象的。但无论数据或信号,都可以是模拟的或数字的。“模拟的”就是连续变化的,而“数字的”就表示取值是离散的。因此,数字数据就是用不连续形式表示的数据,模拟数据就是用连续形式表示的数据。

虽然数字化是大势所趋,但这并不等于说:使用数字数据和数字信号就是“先进的”,而使用模拟数据和模拟信号就是“落后的”。数据究竟应当是数字的还是模拟的,是由所产生的数据的性质决定的。例如,当我们说话时,声音大小是连续变化的,因此传输话音的声波就是模拟数据。但数据必须转换成为信号后才能在网络传输媒体上传输。可是有的传输媒体只适合传送模拟信号,而有的只适合传送数字信号,所以这就需要二者经过相互转换。

一般说来,模拟数据和数字数据都可以转换为模拟信号或数字信号,因此有以下四种情况。

(1)模拟数据转换成模拟信号:最早的电话系统通信。

(2)模拟数据转换成数字信号:将模拟数据转化成数字形式后,就可以使用数字传输和交换设备。

(3)数字数据转换成模拟信号:将数字数据转换成模拟信号来传输,这是因为有些传输媒体只适合于传播模拟信号,使用这样的信道时,必须将数字数据经调制变换为模拟信号后才能传输。

(4)数字数据转换成数字信号:一般来说,把数字数据转换成数字信号的设备,比把数字数据转换成模拟信号的调制设备更简单、便宜。

图2.2给出了模拟数据和数字数据转换成模拟信号或数字信号的示意图。

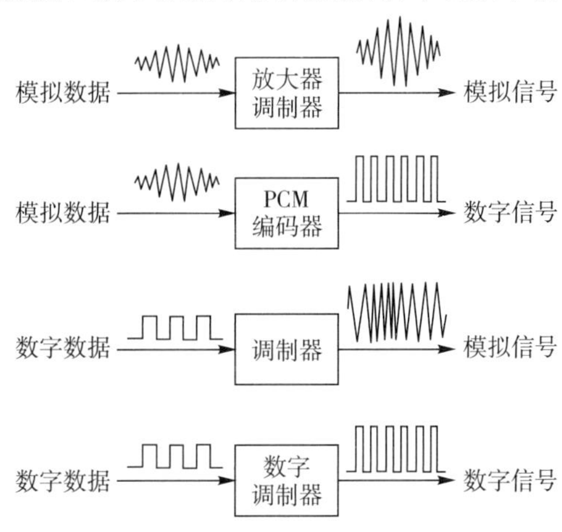

图2.2　模拟数据、数字数据转换成模拟信号或数字信号的示意图

2.1.2　带宽与傅里叶分析*

带宽是计算机网络的主要性能指标，带宽也称为吞吐量。

带宽本来的意思是指某个信号所具有的频带宽度。在模拟传输中，不同的传输媒体中所能通过的信号的频率宽度是不同的，而且一个信号往往是由许多不同的频率成分组成的。因此，一个信号的带宽是指该信号的各种不同频率成分所占据的频率范围。所以早期带宽的单位有赫兹(Hz)、千赫(kHz)、兆赫(MHz)等。

在以前的网络中，通信线路的主干网上所传输的信号基本上都是模拟信号，因此，通信线路的带宽用频率的范围来表示是很自然的，线路的带宽单位就是频率的单位——赫兹。当光纤技术得到普及以后，在通信线路的主干网上就开始传送数字信号，这种情况下一般用所传送的数字信号的数据速率来表示线路的带宽。因此，对于数字信道，带宽是指在信道上(或一段链路上)能够传送的数字信号的速率，即数据速率或比特率。这样，在计算机网络中，带宽的单位就是比特每秒(bit/s)，而更常用的带宽单位是千比特每秒(kbit/s，即10^3 bit/s)、兆比特每秒(Mbit/s，即10^6 bit/s)、吉比特每秒(Gbit/s，即10^9 bit/s)或太比特每秒(Tbit/s，即10^{12} bit/s)。现在则经常用不是很严格的简写方法来描述网络或链路的带宽，如100 M或1 G，而省略了后面的bit/s，它表示数据速率(带宽)为100 Mbit/s或1 Gbit/s。

在计算机领域和通信领域，数量单位“千”“兆”“吉”等英文缩写在有些情况下意思略有不同。在计算机领域，K表示计算机文件的大小，单位为字节，1K的大小为2^{10}，即1 024；而在通信领域，k表示数据传输率，单位为bit/s，1k的大小为10^3，而不是1 024。

若将数字信号不经调制直接放到模拟信道上进行传输，则会引起信号的失真。这是因为任何信道都有特定的频率带宽，若所传输的信号带宽超出信道的额定频率带宽，则会引起失真。而信道的带宽是由传输媒体和有关的附加设备与电路的频率特性综合决定的。例如，一个电话音频线路的带宽常为4 kHz。一个低通信道，若对于从0到某个截止频率f_c的信号通过时振幅不会衰减或衰减很小，而超过此截止频率的信号通过时就会大大衰减，则此信道的带宽为f_cHz。

一个具有有限持续时间的数字信号,可以被视为一个以此有限持续时间 T 为周期的周期阶梯函数 $g(t)$。此函数可展开成傅里叶(Fourier)级数:

$$g(t)=\frac{1}{2}c+\sum_{n=1}^{\infty}a_n\sin(2\pi nft)+\sum_{n=1}^{\infty}b_n\cos(2\pi nft),$$

这里,$f=1/T$,是基波频率;

$$c=\frac{2}{T}\int_0^{\infty}g(t)\mathrm{d}t$$

是直流分量;

$$a_n=\frac{2}{T}\int_0^{\infty}g(t)\sin(2\pi nft)\mathrm{d}t$$

和

$$b_n=\frac{2}{T}\int_0^{\infty}g(t)\cos(2\pi nft)\mathrm{d}t$$

分别是 n 次谐波的正弦和余弦振幅值。谐波次数越高,其频率也越高;

$$\sqrt{a_n^2+b_n^2}$$

为 n 次谐波的均方振幅,和 n 次谐波的能量成正比。

图 2.3 给出了一个例子。图 2.3(a)左边是 8 位二进制数位编码 01100010 的数字信号波形,右边是该波形函数按傅里叶级数展开后各次谐波的均方根振幅。该信号通过某信道传输时,该信道的带宽很窄,只有低频率的谐波可能通过,并被接收端收到。这些谐波叠加恢复的波形(相当于傅里叶级数前 n 项求和得到的值)和原发送端的波形就相差很大。该信道的带宽越宽,能通过的谐波的次数就越高,接收端恢复的波形就越接近于原发送端的波形,相当于 n 越大,傅里叶级数中前 n 项求和得到的值越接近于原来的周期函数。图 2.3(b)(c)(d)和(e)中分别给出了信道能通过 1 次、2 次、4 次和 8 次谐波时接收端

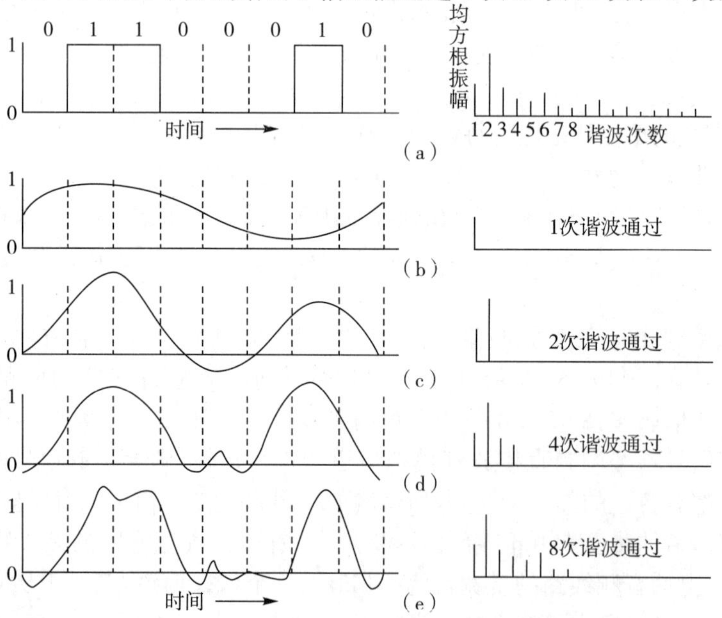

图 2.3 信道带宽和数字信号失真的关系

恢复的波形。由图可见，信道的带宽越宽，则它传输数字信号时失真越小。反之，若信道的带宽是固定的，则用它来直接传输数字信号的数据速率越高，失真也越大。例如，信道的带宽为 3 kHz，用它来直接传输数据速率为9 600 bit/s的数字信号时，发送 8 bit 的数据所需的时间为 0.83 ms，即 $T=0.83$ ms，其基波频率 $f=1/T=1\,200$ Hz，即 1.2 kHz，3 kHz 带宽的信道仅能通过 2 次谐波，如图 2.3 中(c)所示，有较大的失真；但是若用来直接传输数据速率为 2 400 bit/s 的数字信号，此时 $T=3.33$ ms，$f=300$ Hz，3 kHz 带宽的信道就能通过 10 次谐波，比图 2.3(e)所示的情况还要好，即失真较小。

2.1.3　信道的最大数据速率

模拟信道的最大数据速率是受模拟信道带宽制约的。为了提高信号的传输效率，总是希望在一定的时间内能够传输尽可能多的码元，然而任何实际的信道都不是理想的，在传输信号时会产生各种失真并带来多种干扰。图 2.4 给出了一个数字信号通过实际的信道和质量很差的信道时的波形输出。可以看出，当信道质量很差时，在输出端是很难判断这个信号什么时候是 1 和什么时候是 0 的。当码元传输的速率提高时，每一个码元在时间轴上的宽度就变得更窄，这样的码元就包含有更多的高频分量，导致码元经过信道的传输后失真就会变得更加严重。因此，在实际的信道上，码元传输的速率就必然有一个上限。此外，信道越长，信号受到的衰减就越大，因而码元传输速率的上限也就越低。

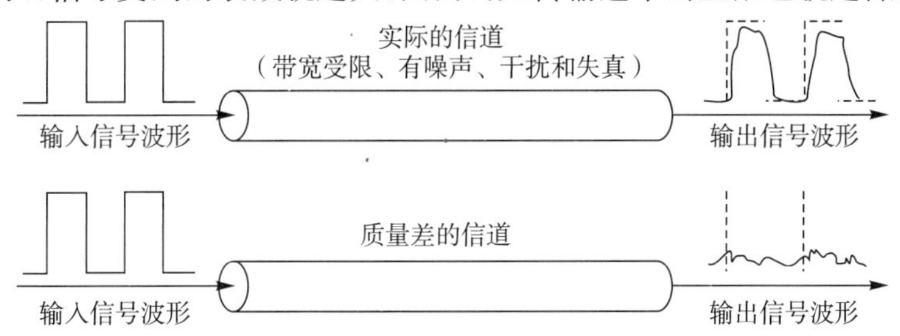

图 2.4　数字信号通过实际的信道

对于这个问题，奈奎斯特(H. Nyquist)和香农(C. Shannon)先后展开了研究，并从不同角度，在不同条件下分别给出了两个著名的公式：奈奎斯特公式和香农公式。

奈奎斯特推导出理想低通信道的最高码元传输速率的公式：

$$\text{最高码元传输速率}=2W\ \text{Baud},$$

其中，W 是信道的带宽，单位为赫兹(Hz)；Baud(波特)是码元传输速率的单位，1 波特为每秒传送 1 个码元。

"理想低通信道"就是信号的所有低频分量，只要其频率不超过某个上限值，就都能够不失真地通过此信道，而频率超过该上限值的所有高频分量都不能通过该信道。

对于具有理想带通矩形特性的信道(带宽为 W)，奈奎斯特公式为

$$\text{最高码元传输速率}=W\ \text{Baud},$$

"理想带通信道"就是频率在频带下限频率 f_1 和频带上限频率 f_2 之间的频率分量能够不失真地通过此信道，而低于 f_1 和高于 f_2 的所有高频分量都不能通过该信道。

这里强调两点：

(1)实际的信道所能传输的最高码元速率，要明显低于奈奎斯特公式给出的上限数值；

(2)Baud是码元传输的速率单位,它说明每秒传输多少个码元。码元传输速率也称为调制速率、波形速率或符号速率。

bit是信息量的单位,与码元的传输速率"Baud"是两个完全不同的概念。但是,信息的传输速率"bit/s"与码元的传输速率"Baud"在数量上却有一定的关系。若一个码元只携带1 bit的信息量,则"bit/s"和"Baud"在数值上是相等的。但若使一个码元携带n bit的信息量,则M Baud的码元传输速率所对应的信息速率则为$M\times n$ bit/s。

1948年,香农用信息论的理论推导出:带宽受限且有高斯白噪声干扰的信道的极限信息传输速率,并进一步研究了受噪声(服从高斯分布)干扰的信道情况,给出了香农公式。信道的极限信息传输速率C可表达为

$$C = W\log_2(1+S/N)\ \text{bit/s},$$

其中,W为信道的带宽,单位为Hz;S为信道内所传信号的平均功率;N为信道内部的高斯噪声功率。香农公式表明,信道的带宽或信道中的信噪比越大,则信息的极限传输速率就越高。但更重要的是,香农公式指出了只要信息传输速率低于信道的信息极限传输速率,就一定可以找到某种办法来实现无差错的传输。

从香农公式可以看出,如果信道带宽W或信噪比S/N没有上限(实际的信道当然不可能是这样的),那么信道的极限信息传输速率C也就没有上限。

注意:信噪比S/N是信号功率和噪声功率之比。通常,该比率表示成对数形式,即$10\lg(S/N)$。该对数的取值单位为分贝(dB)。例如,当$S/N=10$时,信噪比为10 dB,而当$S/N=1\,000$时,信噪比为30 dB。

需要指出的是,两个公式计算得到的结果实际上并不是数据速率一定可达到的最大值,而只是信道速率的一个上界。

2.2 物理传输介质

物理传输媒体中"媒体"的英文是medium,在这里指的是通信中实际传送信息的物理载体,早期有的书中也译为介质。计算机网络中采用的物理传输媒体可分为导向(guided)和非导向(unguided)两大类,分别俗称为有线和无线。双绞线、同轴电缆和光纤是常用的3种导向媒体。无线电通信、微波通信、红外通信、激光通信以及卫星传送信息的载体都是属于非导向媒体,它们都是无形的,不占用空间。

2.2.1 双绞线

双绞线(twisted pair)也称为双扭线,是一种最经常使用的物理媒体,因由两根绝缘的铜线绞在一起构成而得名,电话线采用的就是双绞线。它相对于其他有线物理媒体(同轴电缆和光纤)来说,价格便宜,也易于安装与使用;但是其性能也较差。

将两根导线绞在一起是为了减少在一根导线中电流发射的能量对另一根导线的干扰,而且绞在一起有助于减少其他导线中的信号干扰这两根导线。两根导线靠得很近且相互平行时,根据电磁场理论,在一根导线中的电流信号的变化将在另一根导线上产生相似的电流变化;但是若两根导线靠得很近且相互垂直时,则在一根导线中电流信号的变化几乎不会在另一根导线上产生电流。这就很容易明白为何两根导线绞在一起可减少相互干扰。

双绞线又分为非屏蔽双绞线(unshielded twisted pair,UTP)和屏蔽双绞线(shielded twisted pair,STP)两种,如图2.5所示。普通电话线使用的就是UTP。UTP易受外部的干扰,包括来自环境噪声和附近其他双绞线的干扰。STP就是在其外面加上金属包层来屏蔽外部的干扰,虽然抗干扰性能更好,但比UTP贵,而且要保证全程屏蔽并且金属包层良好地接地,安装也困难。1995年,EIA公布了有关双绞线的标准EIA-568-A。其中常用的有100 Ω的3类UTP、5类UTP和150 Ω的STP。3类和5类的关键区别在于单位距离内的旋绞次数,单位距离内的旋绞次数越多,价格越贵,性能也越好。3类UTP通常用来传输话音,即用作电话线,若用来传输数据,速率只能达到16 Mbit/s;而5类UTP若用来传输数据,在一定距离内(如100 m)速率则可达到100 Mbit/s。实际上,在EIA-568-A标准中对连接器的设计及测试方法等也有规定。表2.1给出了3类UTP、5类UTP和150 Ω STP三者在衰减和近端串扰(near-end crosstalk)两方面性能的比较。

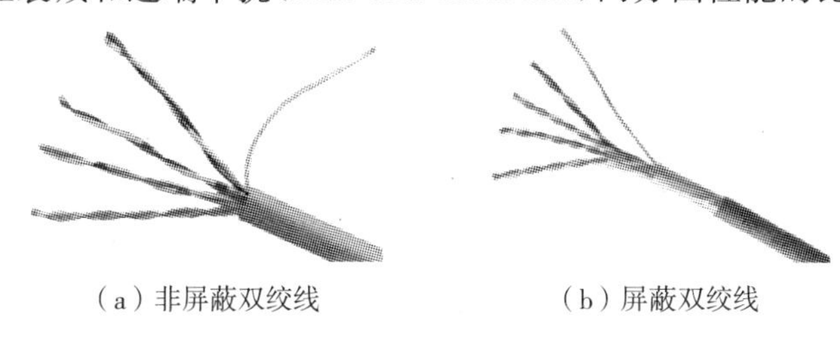

(a)非屏蔽双绞线　　(b)屏蔽双绞线

图2.5 双绞线示意图

表2.1 双绞线性能的比较

频 率/MHz	衰减/(dB/100 m)			近端串扰/dB		
	3类UTP	5类UTP	150 Ω STP	3类UTP	5类UTP	150 Ω STP
1	2.6	2.0	1.1	41	62	58
4	5.6	401	2.2	32	53	58
16	13.1	802	4.4	23	44	50.4
25	—	10.4	6.2	—	41	47.5
100	—	22.0	12.3	—	32	38.5
300	—	—	21.4	—	—	31.3

表2.1表明双绞线实际上是分类(category)的。类越高,在一定距离内传输数据的速率越快,价格也越贵。下面是常用的几类双绞线的性能和主要用途:3类支持数据速率可达10 Mbit/s,常用于传输话音和普通以太网;5类支持数据速率可达100 Mbit/s,常用于快速以太网;现在已有更高性能的6类非屏蔽双绞线(UTP6),可用来支持千兆以太网。

双绞线的连接器也已标准化,最常用的是RJ(Registered Jack)-11(3 pairs)和RJ-45(4 pairs),如图2.6所示。RJ-11连接3对双绞线,主要用于电话机与电话插座的连接;RJ-45则连接4对双绞线,在EIA-586-B标准中规定了RJ-45插头和4对双绞线电缆的连接方式。4对双绞线分别用白橙/橙、白绿/绿、白蓝/蓝、白棕/棕表示,如图2.5(a)所示。8根线的编号分别为1白橙、2橙、3白绿、4蓝、5白蓝、6绿、7白棕、8棕。其中1、2、3、6用于数据,而4、5用于语音。一般双绞线在使用时又可分为直连线和交叉线。同种设备互联时使用交叉线,如PC与PC、集线器与集线器、交换机与交换机、路由器与路由器;不同种设备互联时使用直连线,如主机与集线器、集线器与交换机。

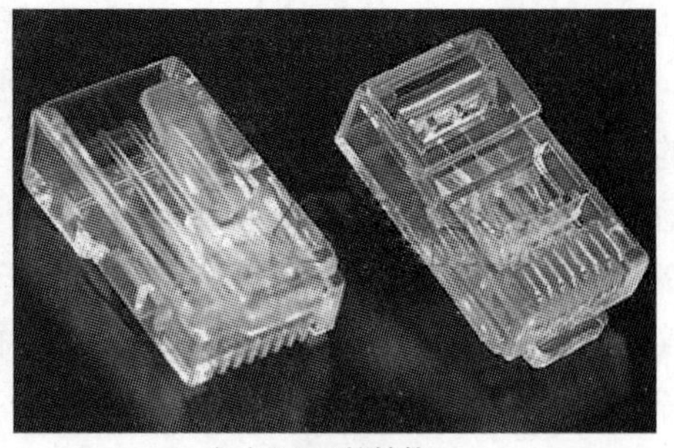

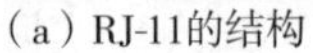

(a) RJ-11的结构　　(b) RJ-45的结构

图 2.6　RJ-11 和 RJ-45 示意图

2.2.2　同轴电缆

同轴电缆是 Ethernet 网络的基础,一直都是流行的传输介质。同轴电缆也像双绞线那样由一对导体组成,但它们是按“同轴”的形式构成线对,由中心导体、绝缘材料层、网状织物构成的屏蔽层以及外部隔离材料层所组成,其结构如图 2.7(a)所示。最里面是内导体,外包一层绝缘材料,外面再套一个空心的圆柱形外导体,最外面是起保护作用的塑料外皮。图 2.7(b)中是实际电缆的图形。由于外导体屏蔽层的作用,同轴电缆具有很好的抗干扰特性,现被广泛用于较高速率的传输。

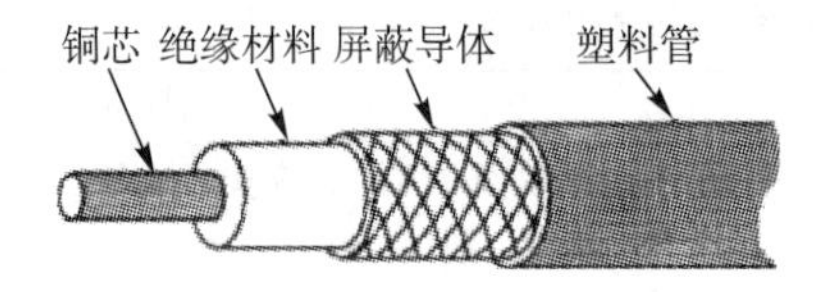

(a) 同轴电缆的结构

(b) 实际的同轴电缆

图 2.7　同轴电缆示意图

当需要将计算机连接到电缆上的某一处时,通常用 T 型分接头(或称为 T 型连接器)。T 型分接头主要有两种:一种必须先把电缆剪断,然后再进行连接;另一种则不必剪断电缆,但要用一种较昂贵的、特制的插入式分接头,利用螺丝分别将两根电缆的内外导线连接好。保持电缆接头处的接触良好,是使用电缆作为传输媒体时必须注意的事项。

按照电缆的粗细,可将同轴电缆分为粗缆与细缆。粗缆是指同轴电缆的直径大,而细缆则是指同轴电缆的直径小。粗缆适用于比较大型的局部网络,它的标准距离长,可靠性高。由于安装时不需要切断电缆,因此可以根据需要灵活调整计算机的入网位置。但粗缆网络必须安装收发器和收发器电缆,安装难度大,所以总体造价高。相反,细缆安装则比较简单,造价低,但由于安装过程要切断电缆,两头须装上基本网络连接头 BNC,然后接在 T 型连接器两端,所以当接头多时容易产生接触不良,这是目前运行中的以太网所发生的最常见故障之一。

通常按特性阻抗数值不同,又可将同轴电缆分为两类。

(1)50 Ω 同轴电缆。这种电缆主要用于在数据通信中传送基带数字信号,因此,50 Ω 同轴电缆又称基带同轴电缆。用这种同轴电缆以 10 Mbit/s 的速率将基带数字信号传送

1 km是完全可行的。一般说来,传输速率越高,所能传送的距离就越短。在局域网中广泛使用这种同轴电缆作为物理媒体。

(2)75 Ω 同轴电缆。这种电缆用于模拟传输系统,它是有线电视系统 CATV 中的标准传输电缆。在这种电缆上传送的信号采用了频分复用的宽带信号。这样,75 Ω 同轴电缆又称为宽带同轴电缆。“宽带”这个词来源于电话业,用来指一个标准话路(4 kHz)宽的频带。然而,在计算机网络中,“宽带系统”是指采用了频分复用和模拟传输技术的同轴电缆网络。

宽带同轴电缆用于传送模拟信号时,其频率可超过 500 MHz,而传输距离可达 100 km。宽带电缆通常都划分为若干个独立信道,例如,电视广播通常占用 6 MHz 信道。每个信道可用于模拟电视、CD 质量声音(1.4 Mbit/s)或 3 Mbit/s 的数字比特流。电视和数据可在一条电缆上混合传输。由于在宽带系统中要用放大器来放大模拟信号,而这种放大器只能单向工作,因此在宽带电缆的双工传输中,一定要有数据发送和数据接收两条分开的数据通路。采用双电缆系统和单电缆系统都可以达到这个目的,如图 2.8(a)(b)所示。

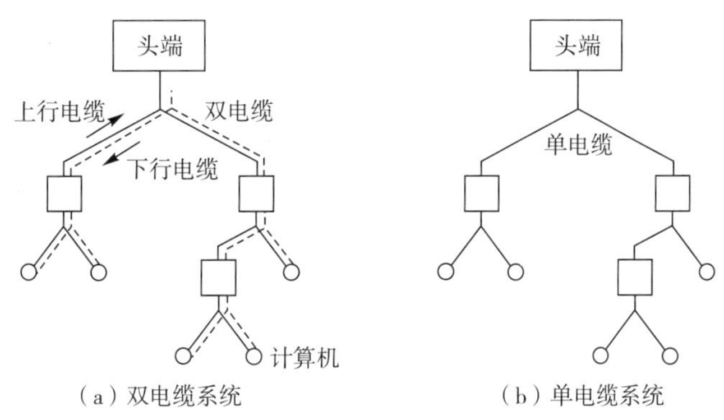

(a) 双电缆系统　　(b) 单电缆系统

图 2.8　宽带电缆系统

双电缆系统有两条并排铺设的、完全相同的电缆,分别供计算机发送和接收信号使用。因为发送和接收采用的是不同的线缆,因此可以采用同样的频率。为了传输数据,计算机通过电缆 1 将数据传输到电缆根部的设备,即顶端器,随后顶端器通过电缆 2 将信号沿电缆树向下传输。所有的计算机都通过电缆 1 发送,通过电缆 2 接收。

单电缆系统就是在同一条电缆上进行双向通信。方法是把电缆频带分成两部分,各计算机使用低频段发送信息,头端收到后进行变频,将信息在高频段转发出去,然后各计算机再接收这些信息。虽然单电缆系统只需一条电缆,但其可用的频带只有双电缆系统的一半。

从图 2.8 可以看出,头端的可靠性非常重要。头端一旦出现故障,整个网络就会瘫痪。

为了保持同轴电缆的正确电气特性,电缆屏蔽层必须接地。同时两头要有终端器来削弱信号反射作用。无论是哪种类型的电缆均为总线拓扑结构,即一根电缆上接多部机器,这种拓扑适用于机器密集的环境。但是当某一触点发生故障时,故障会串联影响整根电缆上的所有机器,故障的诊断和修复都很麻烦,因此,同轴电缆逐步被非屏蔽双绞线或光缆所取代。

2.2.3 光 纤

从20世纪70年代开始,通信和计算机都发展得很快。50多年来,计算机的运行速度大约每10年提高10倍。在通信领域中,信息的传输率则提高得更快,大约每10年提高100倍,光纤通信成为现代通信技术中一个十分重要的领域。

光纤通信自问世以来,由于其通信容量大、传输距离长、抗电磁干扰能力强、保密性好、重量轻、资源丰富等优点,已经广泛应用于市内局间中继、长途通信、海底通信等公用通信网以及铁道、电力等专用通信网,同时在公用电话、广播和计算机专用网中也有所应用,并已逐渐用于用户系统。光纤将取代过去用户系统无法实现宽频信息传输的传统线路,提供高质量的电视图像和高速数据等新业务,满足人们广泛的生活和业务的需要。

光纤通信是利用光导纤维(以下简称为光纤)传递光脉冲来进行通信的。有光脉冲相当于1,而没有光脉冲相当于0。由于可见光的频率非常高,约为10 MHz的量级,因此一个光纤通信系统的传输带宽远远大于目前其他各种传输媒体通信系统的传输带宽。

光纤是光纤通信的传输媒体。在发送端有光源,光源可以采用发光二极管或半导体激光器,它们在电脉冲的作用下能产生光脉冲。在接收端利用光电二极管做成光检测器,在检测到光脉冲时可还原出电脉冲。

光纤通常由非常透明的石英玻璃拉成细丝,主要由纤芯和包层构成双层通信圆柱体。纤芯很细,其直径只有8～100 μm(1 μm=10^{-6} m),正是用这个纤芯来传导光波。包层较纤芯有较低的折射率。当光线从高折射率的媒体射向低折射率的媒体时,其折射角将大于入射角(如图2.9所示),因此,如果入射角足够大,就会出现全反射,即光线碰到包层时就会折射回纤芯。这个过程不断重复,光也就沿着光纤传输下去。

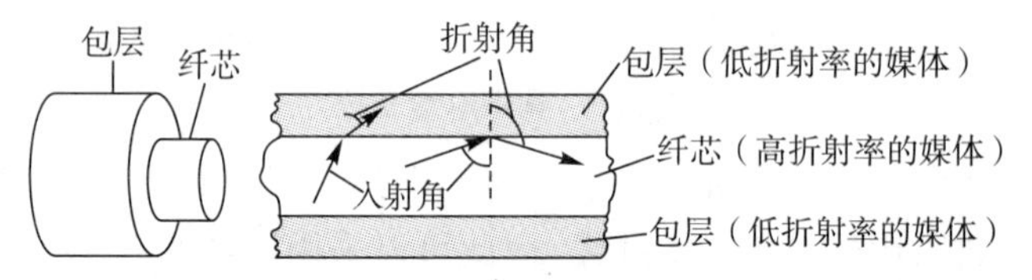

图2.9 光纤传输示意图

图2.9是光波在纤芯中传输的示意图。现代的生产工艺可以制造出超低损耗的光纤,即光线在纤芯中传输数千米也基本上没有什么衰耗。这一点就是光纤通信得到飞速发展的最关键因素。

图2.9中只画了一条光纤。实际上,只要从纤芯中入射到纤芯表面的光线的入射角大于某一个临界角度,就可产生全反射。因此,可以存在许多条不同角度入射的光线在一条光纤中传输,这种光纤被称为多模光纤,如图2.10(a)所示。光脉冲在多模光纤中传输时会逐渐展宽,造成失真。因此多模光纤只适合于近距离传输。若光纤的直径减小到只有一个光的波长,则光纤就像一根波导那样,它可使光线一直向前传播,而不会产生多次反射。这样的光纤称为单模光纤,如图2.10(b)所示。单模光纤的纤芯很细,其直径只有几个微米,制造起来成本较高。同时单模光纤的光源要使用昂贵的半导体激光器,而不能使用较便宜的发光二极管。但单模光纤的衰耗较小,在2.5 Gbit/s的高速率下可传输数

十千米而不必采用中继器。

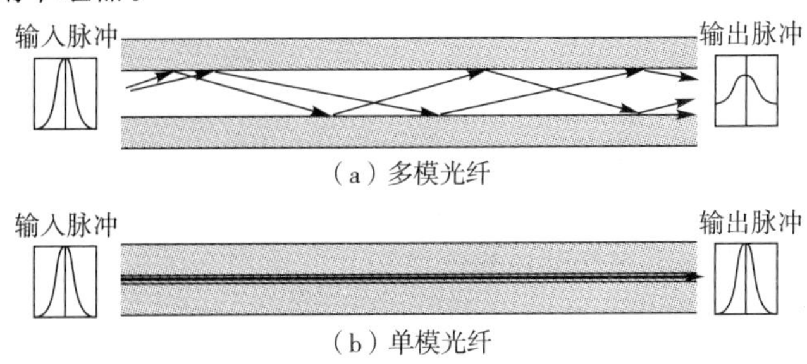

图 2.10　多模光纤(a)和单模光纤(b)的比较

在光纤通信中常用的 3 个波段的中心分别位于 0.85 μm、1.30 μm 和 1.55 μm。对于后两种情况的衰减都较小；而 0.85 μm 波段的衰减较大，但在此波段的其他特性均较好。所有这 3 个波段都具有25 000～30 000 GHz 的带宽，可见光纤的通信容量非常大。

由于光纤非常细，其直径不到 0.2 mm，因此必须将光纤做成很结实的光缆。一根光缆少则只有一根光纤，多则可包括数十至数百根光纤，再加上加强芯和填充物就可以大大提高其机械强度，必要时还可放入远供电源线，最后加上包带层和外护套，就可以满足工程施工的强度要求。图 2.11 为四芯光缆剖面的示意图。

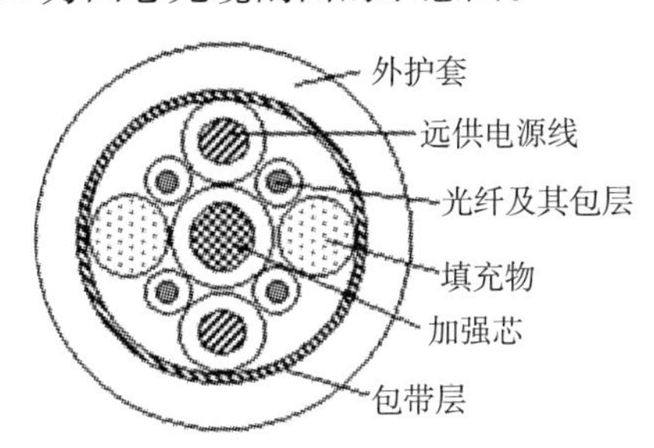

图 2.11　四芯光缆剖面示意图

与电缆或微波等电通信方式相比，光纤通信有着非常多的优点，但也存在一些不足。

(1) 光纤通信的优点。

① 传输频带极宽，通信容量很大；

② 由于光纤衰减小，无中继设备，因此传输距离远；

③ 串扰小，信号传输质量高；

④ 光纤抗电磁干扰，保密性好；

⑤ 光纤尺寸小，重量轻，便于传输和铺设；

⑥ 耐化学腐蚀；

⑦ 光纤是石英玻璃拉制成形，原材料来源丰富，并节约了大量有色金属。

(2)光纤通信的缺点。

① 光纤弯曲半径不宜过小；

② 光纤的切断和连接操作技术复杂；

③ 光电接口的价格比较贵。

采用光纤联网时,常常将一段点到点的链路串接起来构成一个环路,通过T形接头连接到计算机。

T形接头可分为:无源的T形接头和有源的T形接头。无源的T形接头由于完全是无源的,因此非常可靠。它里面有一个光电二极管(供接收用)和一个发光二极管LED(供发送用),都熔接在主光纤上。即使光电二极管或发光二极管出了故障,也只会使连接的计算机处于脱机状态,而整个光纤网还是连通的。但在每个接头处光线强度会有些损失,因此整个光纤环路的长度受到了限制。

有源的T形接头实际上就是一个有源转发器,如图2.12所示。进入的光信号通过光电二极管变成电信号,再生放大后,再经过发光二极管LED变成光信号继续向前传送。利用有源转发器使得每两个计算机之间的距离可长达数千米。有源转发器的不足在于,一旦T形接头出了故障,整个光纤环路就会断开,不能工作。纯光信号再生器由于不需要进行光电和电光转换,因此其工作带宽大大增加。

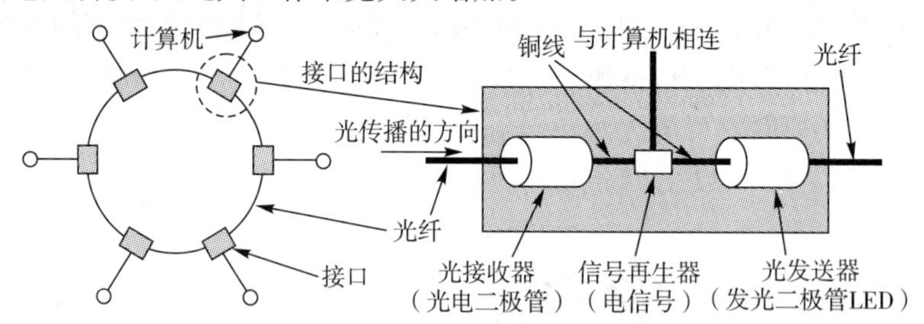

图2.12 使用有源转发器的光纤环路

2.2.4 无线传输媒体

在网络迅速发展的今天,对于许多需要上网的人来说,他们需要随时保持在线。对于这些移动用户,双绞线、同轴电缆和光缆都无济于事。他们需要利用自己的笔记本电脑、袖珍电脑、掌上电脑或者手表式计算机来获取数据,而不受陆地上的通信设施的限制。对于这些用户,无线通信是解决问题的办法。在本节中,将从一般意义上来介绍无线通信,因为它除了能给那些需要上网冲浪的无线用户提供Internet连接外,还有很多其他的重要应用。

很多人相信,将来只有两种通信:光纤通信和无线通信。所有固定的(即不移动的)计算机、电话、传真等设备将使用光纤,而所有移动的设备将使用无线通信。

在有些环境中,即使对于固定的设备,无线通信也有优势。例如,如果由于地形(高山、丛林、沼泽等)的原因而难以将光纤接入到建筑物内,则使用无线通信可能更好一些。现代的无线数字通信开始于夏威夷岛,太平洋将那里的用户隔开了,电话系统并不能完全解决他们的通信问题,而无线通信则可以解决他们的问题。

图2.13为电信领域使用的电磁波的频谱图。通过频谱图可以看出,电磁波的能量与它的频率有关,频率越高能量越强。电磁波可以承载的信息量与它的波长有关。利用当前的技术,在低频处每个赫兹编码少量几位信息是可以做到的,但是在高频处通常可以编

码 8 位信息。所以，700 MHz 带宽的同轴电缆可以承载几个 Gbps，而光纤则更高。

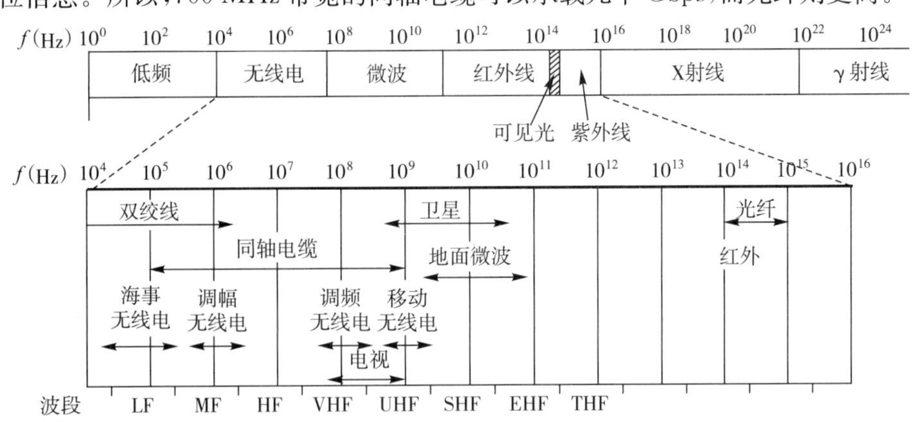

图 2.13 电磁波的频谱图

在真空中，所有的电磁波按同样的速度传播，跟它们的频率无关。这个速度称为光速 c，近似为 3×10^8 m/s。在铜线或者光纤中，电磁波的速度会慢一些，大约是这个值的 2/3。

频率 f 和波长 λ 之间的基本关系是：$\lambda f=c$。

由于 c 是常数，所以如果知道了 f，就可以算出波长 λ，反之也一样。例如，100 MHz 的波长约为 3 μm，1 000 MHz 的波长约为 0.3 μm，0.1 μm 波长的频率约为 3 000 MHz。

在波谱中，无线电波、微波、红外线和可见光都可以通过调节振幅、频率或者波的相位来传输信息。紫外线、X 射线和 γ 射线可能会更好一些，因为它们的频率更高，但是这种波很难产生和调节，通过建筑物的时候传播情况并不好，而且对生物有害。图 2.13 中列出的波段是正式的 ITU 名字，并且也是以波长为根据的，所以 LF 波段为 1～10 km(大约 30～300 kHz)。图中，LF 为低频(low frequency，LF)，MF 为中频(medium frequency，MF)，HF 为高频(high frequency，HF)。很显然，最初分配名字的时候，没有人想到会用超过 10 MHz 的频段。所以，这些高频段后来被命名为甚高频(very high frequency，VHF)、特高频(ultra-high frequency，UHF)、超高频(super high frequency，SHF)、极高频(extremely high frequency，EHF)和至高频(terahertz frequency，THF)，以后也有可能出现更多的高频命名。

1. 无线电

无线传输所使用的频段很广。人们现在已经利用了无线电、微波、红外线以及可见光这几个波段进行通信。紫外线和更高的波段目前还不能用于通信。如前所述，图 2.13 的最下面给出了 ITU 对波段取的正式名称，但在低频 LF 的下面其实还有几个更低的频段，如：甚低频、特低频、超低频和极低频等，因一般的通信中不使用，故未在图中标出。

短波通信主要是靠电离层的反射。但由于电离层不稳定，所产生的衰落现象和电离层反射所产生的多径效应，使得短波信道的通信质量较差，因此，当必须使用短波无线电传送数据时，一般都是低速传输，即速率为一个标准模拟话路，传输率为几十至几百比特/秒；只有在采用复杂的调制解调技术后，才能使数据的传输速率达到几千比特/秒。

无线电微波通信在数据通信中也占有重要地位。微波的频率范围为 300 MHz～300 GHz，但主要使用 2～40 GHz 的频率范围。微波在空间主要是直线传播，由于微波会穿透电离层而进入宇宙空间，因此它不像短波那样可以经电离层反射传播到地面上很远的地方。

这样,微波通信就有两种主要的方式,即地面微波接力通信和卫星通信。

2. 地面微波接力通信

由于微波在空间是直线传播,而地球表面是个曲面,因此其传播距离受到限制,一般只有 50 km 左右。但若采用 100 m 高的天线塔,则传播距离可增大到 100 km。为实现远距离通信,必须在一条无线电通信信道的两个终端之间建立若干个中继站。中继站将前一站送来的信号经过放大后再发送到下一个站,故称“接力”。大多数长途电话业务使用 4～6 GHz的频率范围。目前各国大量使用的微波设备信道容量多为 960 路、1 200路、1 800路和2 700路,我国多为 960 路。微波接力通信可传输电话、电报、图像、数据等信息,其主要特点是:①微波波段频率很高,其频段范围也很宽,因此其通信信道的容量很大;②因为工业干扰和天电干扰的主要频谱成分比微波频率低得多,对微波通信的危害比对短波和米波通信小得多,因此微波传输质量较高;③与相同容量和长度的电缆载波通信比较,微波接力通信建设投资少,见效快。

当然,微波接力通信也存在如下缺点:①相邻站之间的视线应保证畅通无阻,不能有障碍物,有时一个天线发射出的信号也会分成几条略有差别的路径到达接收天线,因此会造成失真;②微波的传播有时会受到恶劣气候的影响;③与电缆通信系统比较,微波通信的隐蔽性和保密性较差;④对大量中继站的使用和维护要耗费一定的人力和物力。

3. 卫星通信

常用的卫星通信方法是在地球站之间利用位于 3.6 万千米高空的人造同步地球卫星作为中继器的一种微波接力通信,通信卫星就是在太空的无人值守的微波通信的中继站,可见卫星通信的主要优缺点应当和地面微波通信的差不多。

卫星通信的最大特点是通信距离远,且通信费用与通信距离无关。同步卫星发射出的电磁波能辐射到地球上通信覆盖区的跨度达 1.8 万千米。只要在地球赤道上空的同步轨道上等距离地放置 3 颗相隔 120°的卫星,就能基本上实现全球的通信。和微波接力通信相似,卫星通信的频带很宽,通信容量很大,信号所受到的干扰也较小,通信比较稳定。为了避免产生干扰,卫星之间相隔如果不小于 2°,那么整个赤道上空只能放置 180 个同步卫星。好在人们想出来可以在卫星上使用不同的频段来进行通信,因此总的通信容量还是很大的。

一个典型的卫星通常拥有 12～20 个转发器,每个转发器的频带宽度为 36～50 MHz。一个 50 Mbit/s 的转发器可用来传输 50 Mbit/s 速率的数据,或 800 路 64 kbit/s 的数字化话音信道。如果两个转发器使用不同的极化方式,那么即使使用同样的频率也不会产生干扰。

在卫星通信领域中,甚小孔径终端(very small aperture terminal,VSAT)已被大量使用。这种小型终端的天线直径往往不超过1 m,因此每一个小站的价格就较便宜。在 VSAT 卫星通信网中,需要有一个比较大的中心站用来管理整个卫星通信网。对于某些 VSAT 系统,所有小型终端之间的数据通信都要经过中心站存储转发。对于能够进行电话通信的 VSAT 系统,小型终端之间的通信在呼叫建立阶段要通过中心站,但在连接建立之后,两个小型终端之间的通信就可以直接通过卫星进行,而不必再经过中心站。

卫星通信的另一个特点就是具有较大的传播时延。由于各地球站的天线仰角并不相同,因此不管两个终端之间的地面距离是多少,从一个终端经卫星到另一终端的传播时延均在 250～300 ms 之间,一般可取为 270 ms。这和其他的通信有较大差别。

注意：这和两个终端之间的距离没有什么关系，即使这两个终端相距只有几十米，它们之间的传播时延也是 270 ms。对比之下，地面微波接力通信链路的传播时延一般为 3.3 μs/km。

卫星通信非常适合于广播通信，因为它的覆盖面很广，但从安全方面考虑，卫星通信系统的保密性较差。

通信卫星本身和发射卫星的火箭造价都较高。受电源和元器件寿命的限制，同步卫星的使用寿命一般都只有七八年，卫星终端的技术较复杂，价格还较贵；所以选择传输媒体时应全面考虑。

将卫星通信和地面通信进行比较是非常有意义的。20 年前，人们还认为未来的通信将建立在通信卫星的基础上。毕竟，在过去的 100 年中，电话系统的变化非常小，而且当时没有任何迹象表明在接下去的 100 年内将会有大的变化。这种迟缓的发展态势很大程度上是由于环境造成的：人们期望电话公司以合理的价格提供良好的语音服务（电话公司基本上做到了），且电话公司可以保证获得投资的收益，对于想传输数据的用户，他们可以使用 1 200 bps 的调制解调器，但一切都显得非常不够。

20 世纪 90 年代，电话公司开始用光纤代替其长途电话网络，并且引入了诸如非对称数字用户线（asymmetric digital subscriber line，ADSL）高带宽服务，它们还停止了长期以来用高价长途话费补贴本地服务的做法。突然之间，地面的光纤连接似乎成了赢家。然而，通信卫星又拥有某些光纤所不涉及（有时候是不可达）的市场领域。

（1）带宽资源。虽然在原理上仅仅一根光纤的带宽就有可能比所有已经发射的卫星的带宽还要多，但是，这种带宽对于大多数用户来说是不可用的。现在已安装的光纤基本上都用于电话系统内部，用来同时处理多个长途电话呼叫，而不是为单独的用户提供高带宽服务。而通过卫星，用户通过在建筑物的屋顶上立一根天线绕过电话系统就可以得到很高的带宽。

（2）移动通信领域。现在很多人都希望在跑步、驾车、航行和飞行的时候能够继续通信，地面光纤链路对于他们没有任何用处，但是卫星链路具有这样的潜力。如果将蜂窝电话和光纤结合起来，就可以为绝大多数用户提供足够的通信服务（但是对于在空中或者海上的人来说可能不行）。

（3）广播传输领域。对于卫星通信来说，它所发送的消息可以同时被上千个地面站接收到，而光纤则做不到这一点。例如，如果一个机构要将大量的股票、债券、商品价格的信息发送给几千个经销商，那么通过卫星系统发送这些信息可能比在地面上模拟广播更加便宜。

（4）位于恶劣地形或者地面设施建设很差地区的通信。例如，印度尼西亚有自己的卫星用于国内电话通信，发射一颗卫星的成本比在这个群岛的 13 677 个岛屿之间架设几千条海底电缆要便宜得多。

（5）很难获得路权来铺设光纤的地区，或者获得路权而代价较高的地区，可以使用卫星通信。

（6）需要快速部署网络的场合。如战争期间的军事通信系统，卫星通信显然会胜过光纤地面通信。

4. 移动通信

移动通信是一种无线电通信方式,它以高频率的无线电波为载体,实现移动状态下的通信。移动通信技术经历了多次更新换代,从最初的第一代(1G)到目前的第五代(5G),每一代都在前一代的基础上进行了改进和提升。

1G技术使用模拟信号传输,主要实现了语音通信功能。2G技术使用数字信号传输,主要实现了语音通信和短信功能。3G和4G技术都使用了更高的频段和更高的数据传输速率,从而提高了通信的质量和数据传输的速度:3G技术的主要特点是支持高速数据传输、多媒体信息传输、视频通话和移动互联网访问等功能;4G技术的主要特点是支持高速数据传输、高清视频流媒体传输、云计算等应用。目前,5G移动通信技术已经迈入实际应用阶段,它不仅能提供更高的数据传输速率和更低的延迟,还能支持更多的设备连接,为物联网、自动驾驶、远程医疗等领域的发展提供了有力的支持。

总而言之,将来的主流通信是地面光纤与蜂窝无线电通信的结合,但是对于某些特殊的用途,卫星通信则更有优势。有一个原则对于所有的通信方式都适用:经济原则。虽然光纤提供了更多的带宽,但是,地面通信和卫星通信在价格上还存在激烈的竞争。如果技术的发展使得部署一颗卫星的成本大大下降,或低轨卫星可以很好地抓住市场机遇,那么光纤通信在这场斗争中未必会赢。

2.3 数据传输技术

本节主要介绍在模拟传输和数字传输中使用的若干重要技术。

2.3.1 模拟传输与数字传输

从概念上讲,传送计算机数据最合适的是数字信道。但早在计算机网络出现之前,采用模拟传输技术的电话网就已经存在了近一个世纪,并且已遍布世界的各个角落。由于数字传输的性能优于模拟传输,因此各国纷纷将传统的模拟传输干线更换成先进的数字传输干线,并且大量地采用光纤技术。但是从用户的电话机到市话局的用户线,现在还是使用老式的双绞线(铜线)。目前我国的情况是模拟传输与数字传输并存,因此,在学习计算机网络时,还需要对传统的模拟传输系统有一定了解。

严格来说,“传输”和“交换”是两个不同的概念。但为方便起见,在讨论传输的问题时,也要涉及一些有关“交换”的概念。

1. 模拟传输系统

传统的电话通信系统都是分级交换。我国的电话网络原先分为5级,上面4级是长途电话网络,最低级的是市话电话网。现在这4级长途交换已改为更加先进的动态无级路由选择(Dynamic Non-Hierarchical Routing,DNHR)体制,即只分两级,在下面的1级是本地网,其交换中心有320个左右,在本地网的上面就是省的交换中心(30个),各省的交换中心组成了全连通网络,大大减少了转接次数,提高了转接速率和电话的接通率。

从市话局到用户的电话机的用户线采用的是最廉价的双绞线电缆。通信距离为

1～10 km。在电话机较稠密的城市，用户到市话局的距离就比较短。用户线的投资占整个电话网投资相当大的比重。

长途干线最初采用频分复用(frequency division multiplexing，FDM)传输方式，即许多用户可在同样的时间使用共享的线路资源，但从频率领域来看，它们占用的频率范围是各自分开而互不干扰的。所谓的载波电话就是使用频分复用的电话通信系统，一个标准话路的频率范围是300～3 400 Hz，但由于话路之间应有一些频率间隔，因此国际上选择4 kHz为一个标准话路的频带宽度。一般说来，级别越高的交换局之间的长途干线需要更多的话路容量才能满足通信业务的需求。平时常说的60路、300路或1 800路等，指的就是长途干线频分复用的话路数目。

在长途干线中，由于使用了只能单向传输的放大器，因此不能像市话线路那样使用二线制，而要使用四线制，即用两对线来分别进行发送和接收，发送和接收各需要占用一条信道。这样，当市话线路和长途线路相连接时，就需要加入一个二线与四线转换器。经常遇到的情况是在电话用户的两端都采用二线制的市话线路，而中间的一段则采用四线制的长途线路，又由于二、四线之间的转换不可能是理想的，因此容易产生所谓的回波(echo，又称为回声)问题；当电话通信的一方说话的话音信号传到对方的二、四线转换器时，不可避免地会有一部分话音信号又反射回来进入讲话人的耳机，产生了回波。当通信的距离很长时(例如超过2 000 km)，回波会使讲话人感到很不舒服，严重时会使讲话人无法正常进行电话交谈，为此，在长途电话线路中要装上回波抑制器。回波抑制器在检测到某一方在讲话时，就自动将其接收线路切断，从而抑制了回波。实际上，回波抑制器就是把全双工的电路变为半双工的电路。由于正常的电话通信是按半双工的方式进行的，所以回波抑制器的加入不会影响正常的电话交谈，但是当装有回波抑制器的电话线路用来传送计算机的数据时，全双工的通信就无法进行。

目前我国长途线路已基本实现数字化，因此现在的模拟电路基本上只剩下从用户电话机到市话交换机之间的这一段几千米长的用户线。在传输过程中，信号由于噪声的干扰和能量的损失总会发生畸变和衰减。模拟传输是一种不考虑其内容的模拟信号传输方式。在模拟传输中，每隔一定的距离就要通过放大器来放大信号的强度，但在放大信号强度的同时也放大了噪声，随着传输距离的增大，多级放大器的串联会引起畸变的叠加，从而使得信号的失真越来越大。但失真只要在一定的程度范围内，接收方还是可以还原出原先的模拟信号的。

2. 数字传输系统

在模拟传输系统中，模拟传输是一种不考虑其内容的模拟信号传输方式，而数字传输则不一样，其关心的是信号本身所携带的内容。不论传输的是数字信号还是模拟信号，只要它代表了0和1的相互变化模式的数据，就可以采用数字传输。实际上，方波脉冲式的数字信号在传输中除了衰减外，也会更容易发生畸变。但是在数字传输中每隔一定距离后不是采用放大器来放大衰减和畸变的信号，而是采用转发器(repeater)来代替。转发器可以通过阈值判别等手段，识别并恢复其原来的0和1变化的模式，并重新产生一个新的、完全消除了衰减和畸变的信号传输出去，所以转发器也叫再生器(regenerator)。这样多级的转发也不会累积噪声，引起畸变。采用数字传输技术也能用来传输模拟信号，只要这种模拟信号包括数字数据的内容。

正因为数字传输有这些优点，在主干网的长距离传输中数字传输技术才逐步取代了模拟传输技术。但另一方面，在许多用户端，特别是接入千家万户的传输信道仍然是模拟信道，直接传输数字信号是不合适或不可行的。这样在数据通信中，先要通过调制解调器将数字信号调制到模拟信号的载波上，再通过模拟信道发送，但在信道传输过程中采用的又是数字传输技术。模拟通信中的模拟信号(如声音)，为了采用数字传输技术传输，首先要将其编码成具有 0 和 1 变化模式的数字信号。

在长距离通信中，数字传输技术逐步取代模拟传输技术已经是必然趋势。但是，在局域网这种近距离的通信中，由于衰减和畸变不太严重，甚至于不需要经过放大器就可以直接传输，所以模拟传输技术仍有一席之地。

2.3.2 数字调制技术

所谓调制，就是进行波形变换，或者更严格些说，是进行频谱变换，即将基带数字信号的频谱变换成适合在模拟信道中传输的频谱。最基本的二元制调制方法有以下 3 种，如图 2.14 所示。

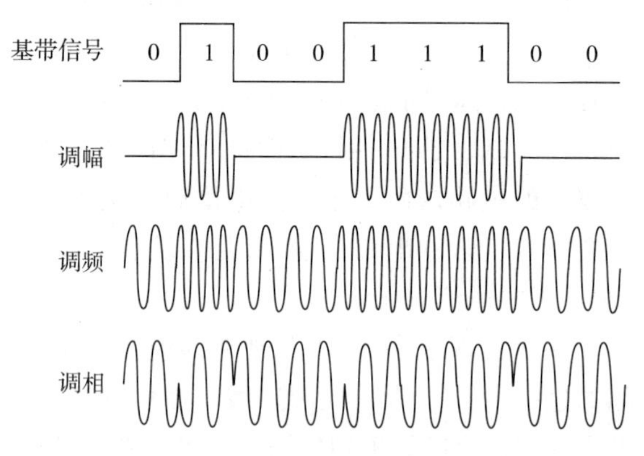

图 2.14 基带信号的几种调制方法

(1)调幅(amplitude modulation，AM)，即载波的振幅随基带数字信号的变化而变化。两个不同的载波信号的幅值分别代表两个二进制数字 0 和 1，有时也用恒定幅度的载波有或无来代表二进制数字 0 和 1。

(2)调频(frequency modulation，FM)，即载波的频率随基带数字信号的变化而变化。两个不同频率的载波分别代表二进制数字 0 和 1。

(3)调相(phase modulation，PM)，即载波的初始相位随基带数字信号的变化而变化。比如可以用不同相位的载波分别表示二进制数字 0 和 1，更多的则是用相位差发生变换来表示二进制数字 0 和 1。

以上 3 种方式比较起来，调幅更易受突发干扰的影响，通常只用于低的数据率。在传输声音的话频线路中，传输的典型速率只能达到 1 200 bit/s。调频抗干扰能力优于调幅，但频带利用率不高，也只在传输较低速率的数字信号时应用。调相采用相位差变化的方式，在调制的过程中占用频带较窄，抗干扰性能好，可以达到很高的数据速率。在话频线路中，调相的数据率可达到 9 600 bit/s。

以上调制方法可组合使用。有时为了达到更高的信息传输速率，必须采用技术上更为复杂的多元制的振幅相位混合调制方法。图 2.15 所示的是一种正交振幅调制(quadrature amplitude modulation，QAM)的星座图。可以看出，可供选择的相位有 12 种，而对每一种相位有 1 或 2 种振幅可供选择。星座图中的 16 个点的坐标(γ，φ)都是不相同的。这里 γ 代表振幅，而 φ 代表相位，这样就可以使用与这 16 个点相对应的 16 种不同的码元来传送数据。由于 4 bit 编码共有 16 种不同的组合，因此这 16 个点中的每一个点均可对应一种 4 bit 的编码。采用这种编码方法，每一码元可表示 4 bit 的信息，因此传送 1 个码元就相当于传送了 4 bit，因而用 2 400 Baud 的码元速率就可得到 9 600 bit/s 的信息传送速率。但是，图 2.15 也告诉我们，每一个码元可表示的比特数越多(即在星座图中的点数越多)，在接收端进行解调时要正确识别每一种状态就越困难。这是因为线路上的各种干扰和噪声使得在接收端收到的码元的振幅和相位都可能会在一定的范围内变化。因此实际上每一种状态在接收端星座图上对应的并不是一个几何上的点，而是一块面积。若失真太大，这些面积则会互相重叠，可能无法正确地识别状态。

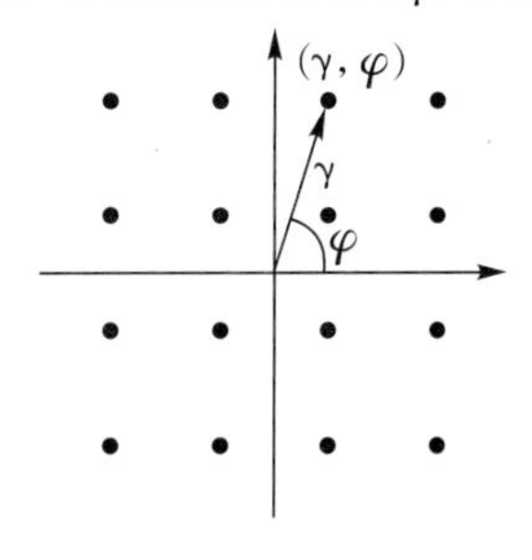

图 2.15　1 码元表示的正交幅度调制的星座图

2.3.3　脉码调制

由于数字传输在许多方面都优于模拟传输，即使是模拟信号，也可以先转换成数字信号，然后在信道上进行数字传输。现在的数字传输系统都是采用脉冲编码调制(pulse code modulation，PCM)体制。脉码调制的过程由采样、量化和编码 3 步构成，如图 2.16 所示。

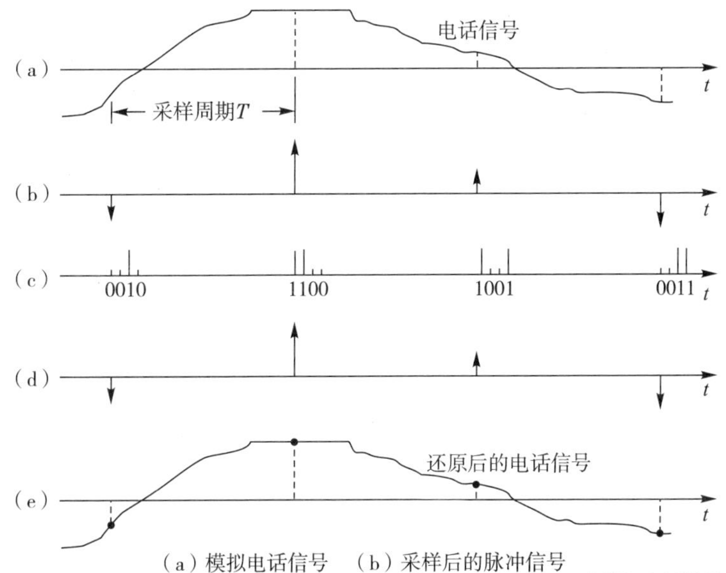

(a) 模拟电话信号　(b) 采样后的脉冲信号
(c) 编码后的数字信号　(d) 解码后的脉冲信号　(e) 还原后的模拟电话信号

图 2.16　PCM 的基本原理

(1)采样。为了将模拟电话信号转变为数字信号,必须先对电话信号进行采样。根据采样定理,只要采样频率不低于电话信号最高频率的2倍,就可以从采样脉冲信号无失真地恢复出原来的电话信号。标准的电话信号最高频率为3.4 kHz,为了方便起见,采样频率就定为8 kHz,相当于采样周期为125 μs。

(2)量化。量化的步骤就是将采样点处测得的信号幅值分级取整的过程。由于模拟信号是连续变化的,在某个采样点测得的信号幅值不一定是整数(精确的话甚至可能是无理数)。量化就是将模拟信号的最大可能幅值等分为若干级(通常为 2^n 级)。而后测量得到的幅值按此分级舍入取整,得到一个正整数。例如,若模拟信号最大幅值的上确界为256,将其分为128级,则幅值在[0,2)中量化为0,幅值在[2,4)中量化为1,……,幅值在[254,256)中量化为127;也可以将其分为32级,幅值在[0,8)中量化为0,幅值在[8,16)中量化为1,……,幅值在[248,256)中量化为31。在分为128级时,量化后得到的整数值和实际幅值间的误差小于2,而分为32级时,量化后得到的整数值和实际幅值间的误差小于8。当然还可以在取整时采用四舍五入的方法使误差再缩小一半。但无论如何处理,都会存在量化误差,而量化误差会造成信号在还原时失真。

(3)编码。编码就是将量化后的整数值用二进制数来表示。在我国使用的PCM体制中,电话信号采用8 bit编码,也就是说,将采样后的模拟的电话信号量化为256个不同等级中的一个。模拟信号转换为数字信号后进行传输,在接收端进行解码的过程与编码的过程相反。只要数字信号在传输过程中不发生差错,解码后就可得到和发送端一样的脉冲信号,经滤波后还可以得到还原后的模拟电话信号。这样,一个话路的模拟电话信号,经模数变换后,就变为每秒8 000个脉冲信号,每个脉冲信号再变为8 bit二进制码元,因此,一个话路的PCM信号速率为64 kbit/s。这里要指出,64 kbit/s的速率是最早制定出的话音编码的标准速率,随着话音编码技术的不断发展,人们可以用更低的数据率来传送同样质量的话音信号。现在已经能够用32 kbit/s和16 kbit/s,甚至低到8 kbit/s以下的数据率来传送一路话音信号。但是,使用64 kbit/s标准的电话交换机已经普及,现在很难再更新换代了。

应当指出,如果在两个计算机之间的通信电路中,传输电路是模拟信道与数字信道交替组成的,那么,由于要进行多次模拟和数模转换,数字传输的优越性就不能充分发挥出来。只有整个端到端通信电路都是数字传输的,数字传输的优越性才能得到充分发挥。现在通信网正朝着这个方向发展。

2.3.4 多路复用

从通信的角度看,多路复用(multiplexing)技术就是把多路信号放在同一种传输线路中,用单一的传输设备进行传输的技术。采用多路复用技术能把多路信号组合起来在一条物理电缆上进行传输,在远距离传输时,可大大节省电缆的安装和维护费用。

常见的多路复用技术通常有频分复用、时分复用、波分复用和码分复用4种,下面对它们逐一介绍。

1. 频分复用和时分复用

频分复用和时分复用的特点分别如图2.17(a)和(b)所示。频分复用最简单,用户在分配到一定的频带后,自始至终都占用这个频带,频分复用的所有用户在同样的时间占用不同的带宽资源(注意,这里的“带宽”是频率带宽而不是数据的发送速率)。而时分复用则是将时间划分为一段段等长的时分复用(time division multiplexing,TDM)帧,每一个时分复用的用户在每一个 TDM 帧中占用固定序号的时隙。为简单起见,在图 2.17(b)中只画出了 4 个用户 A、B、C 和 D。每个用户所占用的时隙周期性地出现(其周期就是 TDM 帧的长度)。因此,TDM 信号也称为等时信号。可以看出,时分复用的所有用户在不同的时间占用同样的频带宽度。这两种复用方法的优点是技术比较成熟,缺点是不够灵活,其中,时分复用更有利于数字信号的传输。

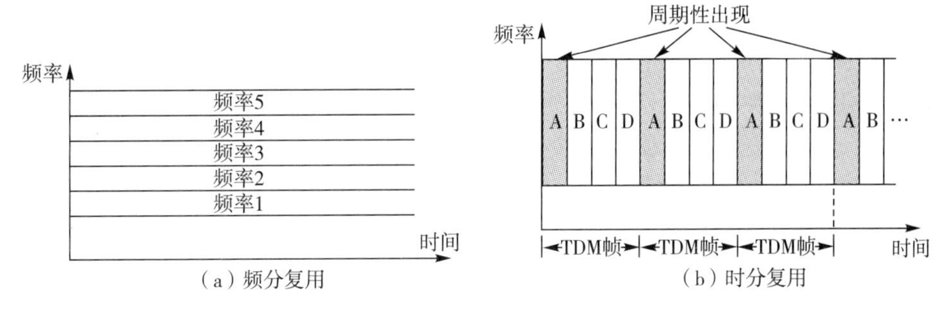

图 2.17　频分复用和时分复用

在使用频分复用时,若每一个用户占用的带宽不变,则当复用的用户数增加时,复用后信道的总带宽就跟着变宽。例如,传统的电话通信每一个标准话路的带宽是 4 kHz(即通信用的 3.1 kHz 加上两边的保护频带),那么,若有 1 000 个用户进行频分复用,则复用后的总带宽就是 4 MHz。在使用时分复用时,每一个时分复用帧的长度是不变的,始终是 125 μs。若有 1 000 个用户进行时分复用,则每一个用户分配到的时隙宽度就是 125 μs 的千分之一,即 0.125 μs,时隙宽度变得非常窄。应注意,时隙宽度非常窄的脉冲信号,其所占的频谱范围也是非常宽的。

在进行通信时,复用器(multiplexer)总是和分用器(demultiplexer)成对使用,在复用器和分用器之间是用户共享的高速信道。分用器的作用正好和复用器的相反,它将高速线路传送过来的数据进行分用,分别送到相应的用户处。如图 2.18 中的上图中,传输线路左边的旋转开关实际上就是一个复用器,而右边的旋转开关实际上就是一个分用器。

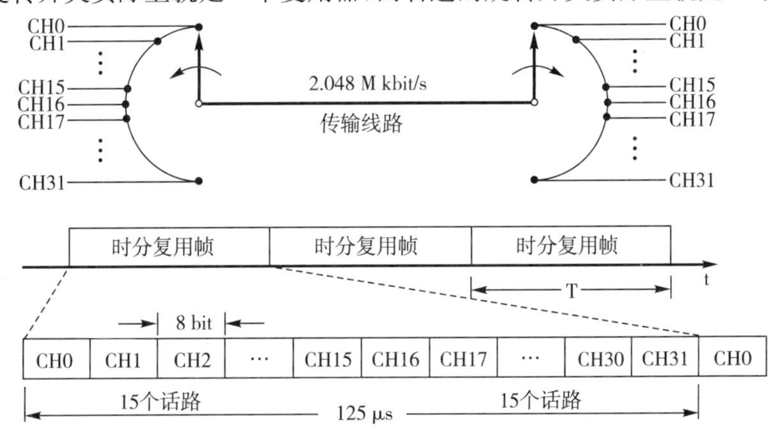

图 2.18　E1 的时分复用帧

为了有效地利用传输线路，PCM 信号就用时分复用的方法装成时分复用帧，然后再送往线路上一帧接一帧地传输。PCM 有两个互不兼容的国际标准，即北美的 24 路 PCM（简称 T1）和欧洲的 30 路 PCM（简称 E1）。我国采用的是欧洲的 E1 标准。T1 的速率是 1.544 Mbit/s，E1 的速率是 2.048 Mbit/s。图 2.18 的下图说明了 E1 的时分复用帧的构成。不难看出，时分复用是所有的用户在不同的时间，即在分配给自己的专用时隙（用完后要归还）占用公共信道（不会发生干扰），而从频率域来看，大家所占用的频率范围都是一样的。

E1 的一个时分复用帧（其长度 $T=125\ \mu s$）共划分为 32 个相等的时隙，时隙的编号为 CH0～CH31。时隙 CH0 用于帧同步，时隙 CH16 用来传送信令（如用户的拨号信令）。可供用户使用的话路是时隙 CH1～CH15 和 CH17～CH31（共 30 个时隙），它们对应 30 个话路，每个时隙传送 8 bit，因此，整个的 32 个时隙共用 256 bit。每秒传送 8 000 个帧，因此，PCM 一次群 E1 的数据率就是 2.048 Mbit/s。图 2.18 展示了 2.048 Mbit/s 的传输线路两端同步旋转的开关（这只是为阐述原理用的示意图），表示 32 个时隙中的比特的发送和接收必须和时隙的编号相对应，不能弄乱。

北美使用的 T1 系统共有 24 个话路，每个话路的采样脉冲用 7 bit 编码，再加上一位信令码元，因此一个话路也是占用 8 bit。帧同步码是在 24 路的编码之后再加上 1 bit，这样每帧共有 193 bit，因此，T1 一次群的数据率为 1.544 Mbit/s。

当需要有更高的数据率时，可以采用复用的方法。例如，4 个一次群就可以构成一个二次群。当然，1 个二次群的数据率要比 4 个一次群的数据率的总和还要多一些，因为复用后还需要有一些同步的码元。表 2.2 给出了欧洲和北美系统的高次群的话路数和数据率。

表 2.2　数字传输系统的高次群的话路数和数据率

系统类型		一次群	二次群	三次群	四次群	五次群
欧洲体制	符号	E1	E2	E3	E4	E5
	话路数	30	120	480	1 920	7 680
	数据率(Mbit/s)	2.048	8.448	34.368	139.264	565.148
北美体制	符号	T1	T2	T3	T4	
	话路数	24	96	672	4032	
	数据率(Mbit/s)	1.544	6.312	44.736	274.176	

当使用时分复用系统传送计算机数据时，由于计算机数据的突发性质，一个用户对已经分配到的子信道的利用率一般是不高的。当用户在某一段时间暂时无数据传输时（如用户正在键盘上输入数据或正在浏览屏幕上的信息），那就只能让已经分配到手的子信道空闲着，与此同时其他用户也无法使用这个暂时空闲的线路资源，图 2.19 说明了这一概念。这里假定有 4 个用户 A、B、C、D 进行时分复用，复用器按①→②→③→④的顺序依次扫描用户 A、B、C、D 的各时隙，然后构成一个个时分复用帧。图中共画出了 4 个时分复用帧，每个时分复用帧有 4 个时隙。可以看出，当某用户暂时无数据发送时，时分复用帧分配给该用户的时隙只能处于空闲状态，即使其他用户一直有数据要发送，也不能使用这些

空闲的时隙，这导致复用后的信道利用率不高。

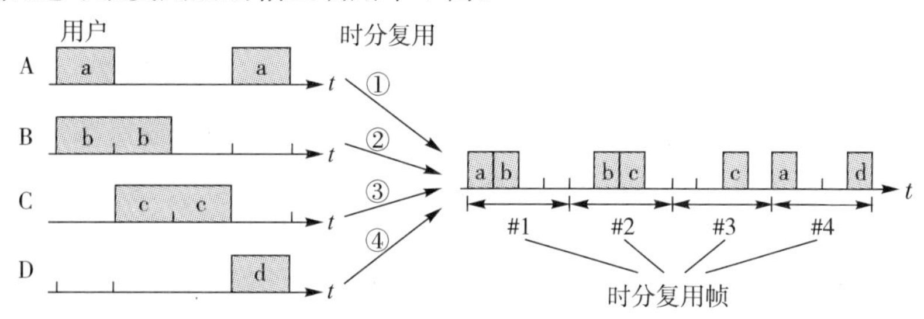

图 2.19　时分复用可能会造成线路资源的浪费

统计时分多路复用(statistic time division multiplexing，STDM)是一种改进的时分复用，它能明显提高信道的利用率。集中器(concentrator)常使用这种统计时分多路复用。图2.20是统计时分多路复用的原理图。一个使用统计时分多路复用的集中器连接四个低速用户，将它们的数据集中起来通过高速线路发送到一个远地计算机。

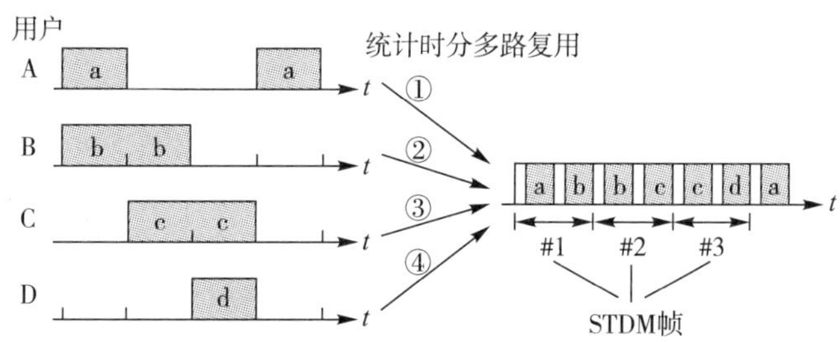

图 2.20　统计时分多路复用的工作原理

统计时分多路复用使用 STDM 帧来传送复用的数据，但每一个 STDM 帧中的时隙数小于连接在集中器上的用户数。各用户有了数据后就可随时发往集中器的输入缓存，然后集中器按顺序依次扫描输入缓存，将缓存中的输入数据放入 STDM 帧中；而对于没有数据的缓存，可以跳过，当一个帧的数据放满后，就要发送出去。STDM 帧不是固定分配时隙，而是按需动态地分配时隙，统计时分多路复用可以提高线路的利用率。从图 2.20 中还可看出，在输出线路上，某一个用户所占用的时隙并不是周期性地出现。因此，统计时分多路复用又称为异步时分复用，而普通的时分复用则称为同步时分复用。这里应注意，虽然统计时分多路复用的输出线路上的数据率小于各输入线路数据率的总和，但从平均的角度来看，这二者是平衡的。如果所有的用户都不间断地向集中器发送数据，那么集中器肯定无法应付，它内部设置的缓存将会溢出，所以集中器能正常工作的前提是各用户都是间歇性地工作的。

由于 STDM 帧中的时隙并不是固定地分配给某个用户的，因此在每个时隙中还必须有用户的地址信息，这是统计时分多路复用不可避免的开销。在图 2.20 的输出线路上，每个时隙之前的白色小时隙就是用来放入这样的地址信息的。使用统计时分多路复用的集中器也称为智能复用器，它能提供对整个报文的存储转发能力(但大多数复用器一次只能存储一个字符或一个比特)，通过排队方式使各用户更合理地共享信道。此外，许多集中器还可能具有路由选择、数据压缩、前向纠错等功能。

最后需要强调,TDM 帧和 STDM 帧都是在物理层传送的比特流中所划分的帧。这种“帧”和以后要讨论的数据链路层的“帧”是完全不同的概念,不可混淆。

2. 波分复用

波分复用就是光的频分复用。光纤技术的应用使得数据的传输速率空前提高,目前一根单模光纤的传输速率可达到 2.5 Gbit/s,想要再提高传输速率就比较困难了。如果设法解决光纤传输中的色散(dispersion)问题,如采用色散补偿技术,则一根单模光纤的传输速率可达到 10 Gbit/s,这几乎已到了单个光载波信号传输的极限值。

人们借用传统的载波电话的频分复用的概念,就能做到使用一根光纤同时传输多个频率很接近的光载波信号,使光纤的传输能力成倍提高。由于光载波的频率很高,因此习惯上用波长而不用频率来表示所使用的光载波,进而出现了波分复用这一名词。最初,人们只能在一根光纤上复用两路光载波信号。这种复用方式称为波分复用(wavelength division multiplexing,WDM)。随着技术的发展,在一根光纤上复用的路数越来越多。现在已能做到在一根光纤上复用 80 路或更多路数的光载波信号,于是就使用了密集波分复用(dense WDM,DWDM)这一名词。

图 2.21 中展示 8 路传输速率均为 2.5 Gbit/s 的光载波(其波长均为 1 310 nm),经光的调制后,分别将波长变换到 1 550~1 557 nm,每个光载波相隔 1 nm(这里只是为了说明问题的方便,实际上光载波的间隔一般是 0.8 nm 或 1.6 nm)。这 8 路光载波(它们的波长是很接近的)经过复用器后,在一根光纤中传输,因此在一根光纤上数据传输的总速率达到了 8×2.5 Gbit/s=20 Gbit/s。但光信号传输了一段距离后就会衰减,因此对衰减了的光信号必须进行放大才能继续传输。现在已经有了很好的掺铒光纤放大器(erbium-doped fiber amplifier,EDFA),它是一种光放大器,不需要进行光电转换而可直接对光信号进行放大,并且在 1 550 nm 波长附近有 35 nm(即 4.2 THz)频带范围提供较均匀的,最高可达 40~50 dB 的增益。两个光纤放大器之间的线路长度可达 120 km,而光复用器和光分用器之间的无光电转换的距离可达 600 km(只需放入 4 个光纤放大器)。在使用波分复用技术和光纤放大器之前,要在 600 km 的距离传输 20 Gbit/s 需要铺设 8 根速率为 2.5 Gbit/s 的光纤,且每隔 35 km 要用一个再生中继器进行光电转换后的放大,并再转换为光信号(这样的中继器总共需要 128 个)。

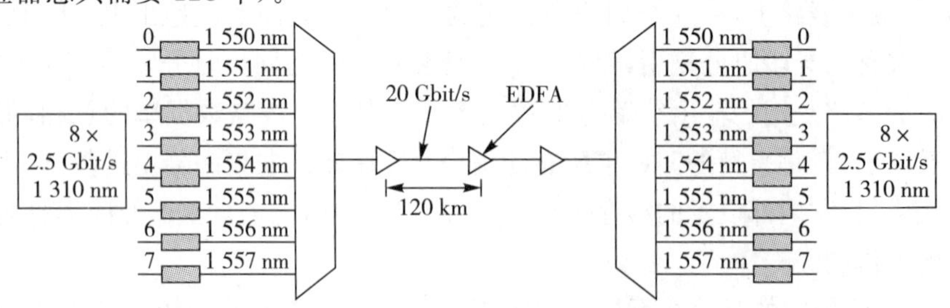

图 2.21　波分复用

在地下铺设光缆是耗资很大的工程。因此,现在人们总是在一根光缆中放入尽可能多的光纤(例如,放入 100 根以上的光纤),然后对每一根光纤再使用密集波分复用技术。因此,对于具有 100 根速率为 2.5 Gbit/s 的光纤,采用 16 倍的密集波分复用,得到的总数据率可达 4 Tbit/s。

3. 码分多路复用

码分多路复用(code division multiplexing,CDM),通常又被称为码分多址(code division multiple access,CDMA),又可称为码分多路访问。由于其有很强的抗干扰能力且隐蔽性好,最早主要用于军事通信,但现在随着技术的发展已成为第三代民用移动通信的首选原型技术。CDMA的原理是给每个用户分配一种经过特殊挑选的编码序列,称为码片序列,也可认为是给每个用户分配了特定的地址码,并用它来对通信的信号进行编码调制。特殊挑选是指这些地址码应相互具有正交性,使得不同的用户可以在同一时间同一频带的公共信道上传输不同的信息,但知道某一用户的码片序列的接收器仍可以从所有收到的信号中检测到该用户信息,并将其分离出来,以便接收。

2.3.5 数字信号的编码方法

在数据通信中,即使采用数字信道,由终端用户产生的基带数字信号通常也不是直接送入信道的,而是首先采用编码的方法。计算机网络中常采用的编码方法有两种:曼彻斯特编码和差分曼彻斯特编码,如图2.22所示。

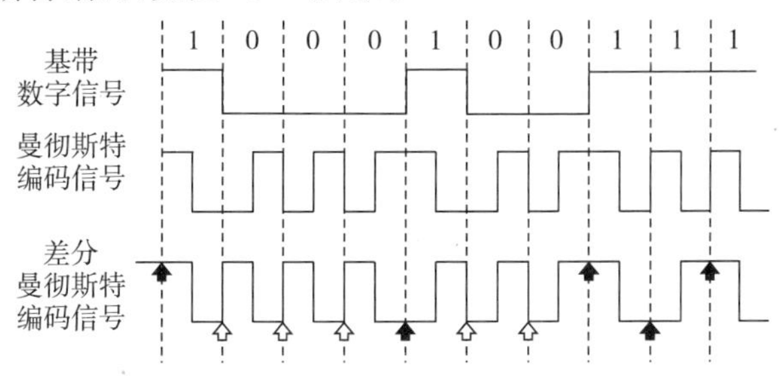

图2.22　曼彻斯特编码和差分曼彻斯特编码

首先介绍曼彻斯特编码,它是为了自带位同步信号而采用的一种编码方法。未经编码的二进制基带信号就是高电平和低电平不断交替的信号(如+3V表示1,0V表示0)。如果接收端无法确定每位从什么时候开始,什么时候结束(或者说无法确定每位信号持续的时间是多长),则还是不能从高低电平的矩形波中读出正确的比特流,当出现一连串连续1或0的时候,接收端也无法从比特流中提取同步信号。曼彻斯特编码则可以解决这个问题。在曼彻斯特编码中把每个位持续时间分为两半,在发送位1时,前一半时间电平为高电平,而后一半时间则为低电平;在发送位0时则正好相反。这样,在每位持续时间的中间肯定会出现一次电平的跳变,接收方可以通过检测跳变来保持与发送方的比特同步。

差分曼彻斯特编码是基本曼彻斯特编码的变形。这种编码方式中,在每位持续时间的中间仍存在一次电平的跳变。与曼彻斯特编码不同在于:若发送码元1,则其前半个码元的电平与上一个码元的后半个电平一样;若发送码元0,则其前半个码元的电平与上一个码元的后半个码元的电平相反。所以它是通过检测在每位持续时间的开始处有无电平的跳变来分别表示0和1的。差分曼彻斯特编码有更好的抗干扰性,但需要更复杂的设备。

曼彻斯特编码和差分曼彻斯特编码已被某些局域网的标准采用。但是,这两种编码方式的特点是在每位的持续时间内将可能出现两次跳变,意味着达到10 Mbit/s的数据率会使得线路上信号频率带宽增大一倍,即20 Mbit/s,编码效率只有50%。这也是曼彻斯特编码技术的缺点,因而人们又采用了各种其他的编码方法来提高编码效率,这里就不一一介绍了。

2.3.6 数据通信方式

1. 串、并行通信

数据的传递和交换可以发生在计算机内部各部件之间、计算机与各种外部设备之间或者计算机与计算机之间。数据的传递和交换有两种基本方式:并行通信和串行通信。

(1)并行通信。并行通信方式是将8位、16位或32位的数据按数位宽度进行传输,每一个数位都要有自己的数据传输线和发送、接收设备。如按8位传输,从发送端到接收端的信道就需要有8根线。并行通信的传输速率高,但传输设备多,从技术和经济角度考虑,并行通信方式一般用在距离近(如计算机内部或计算机与几米内的外设之间)、传输速率要求高的通信中。

(2)串行通信。串行通信方式是在一根数据传输线上,每次传送一位二进制数据,即数据一位接一位地传送。在传输距离比较远的场合,一般采用串行传输方式。很显然,在同样的时钟频率下,与同时传输多位数据的并行传输相比,串行传输的速度要慢得多。但由于串行传输节省了大量通信设备和通信线路,在技术上更适合远距离通信。因此,计算机网络普遍采用串行传输方式。由于计算机内部操作多为并行,采用串行传输时,发送端通过并/串转换装置将并行数据位流转换成串行数据位流,将其送到信道上传送,在接收端又通过串/并转换,还原成8位并行数据流,如图2.23所示。

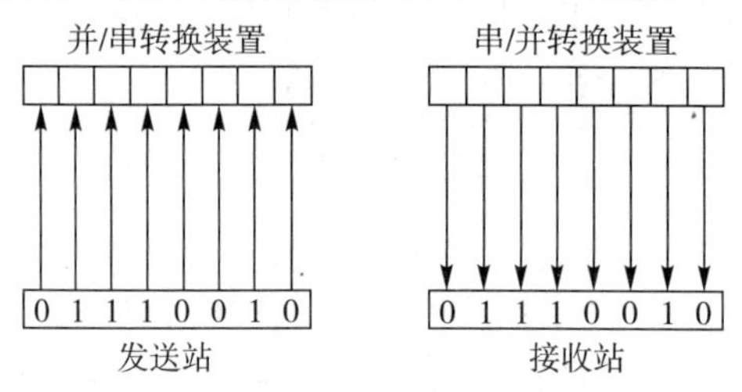

图2.23 串/并行传输图

2. 单工通信、半双工通信、全双工通信

一个通信系统至少应含有3部分:发送设备、传输介质、接收设备。其中发送设备用于产生数据,并通过传输介质将数据传送给接收设备,以完成两点之间的数据传送。按照数据传输方向及其时间关系可将通信方式分为单工通信、半双工通信和全双工通信3种,如图2.24所示。

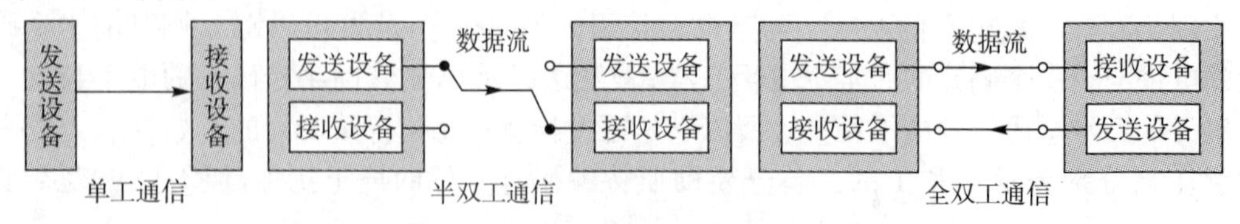

图2.24 数据通信方式

(1)单工通信。在单工通信中,发送设备和接收设备之间只有一个传输通道,数据单方向地从发送端到接收端,传输通道的方向不能改变。计算机和输出设备之间的通信大

多采用单工通信方式。例如，计算机与打印机、计算机与显示器等。该方式的特点是设备简单、造价低，但传输效率也低。

(2)半双工通信(双向交替通信)。在半双工通信中，两个设备之间有两个传输通道，可以轮流双方向地传送，但不能同时进行，即在某一时刻只能沿着一个方向传输数据。该方式要求每一端都具有发送设备、接收设备及改变数据传输方向的控制器。此方式适用于对话式终端之间或者用在传输通道没有足够的带宽支持双向通道的场合。由于该方式在通信中要不断改变传输通道的方向，因此控制复杂，传输效率极低。

(3)全双工通信。在全双工通信中，两个设备之间有两个传输通道，并且可同时双向传送数据，相当于两个相反方向的单工通信的组合。该方式传输效率高，控制简单，但造价高，同时要求传输通道有足够的带宽给予充分的支持。

信道上的传输还有基带信号传输和宽带信号传输之分。基带传输是指在线路上直接传输基带信号或在略加整形后进行传输。基带是原始信号所占用的基本频带，当终端把数字信息转换为适合于传送的电信号时，这个电信号所固有的频带即为基带。数字信号的基带传输就是把原来的“0”和“1”用两种不同的电压来表示，然后送到信道上传输。这是一种最简单的传输方式，一般在微机通信中采用。进行远距离通信时，往往将数字数据转换成模拟信号后传输，在接收端再进行信号的恢复。当调制成频率信号的频率范围在音频范围(200 Hz～3.4 kHz)内时，这种传输方式称为频带传输，其频率范围比音频范围宽时，则称为宽带传输。

3. 同步通信与异步通信

所谓同步是指接收端要按照发送端所发送的每个数据的起止时间和重复频率来接收数据，即收发双方在时间上必须一致。数据传输的同步方式有异步传输与同步传输两种，如图 2.25 所示。

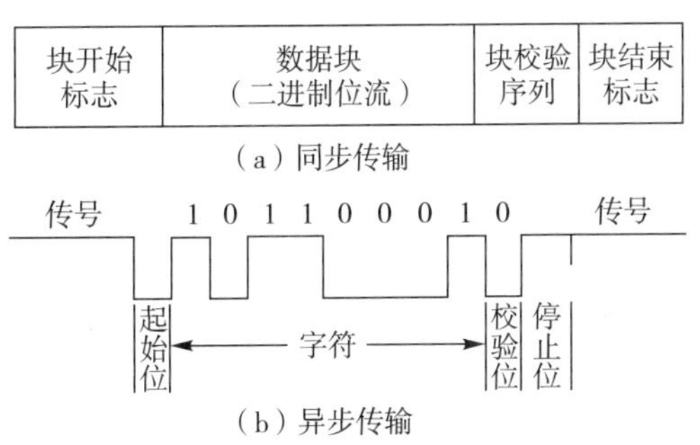

图 2.25　同步传输与异步传输

(1) 同步传输。同步传输是以数据块为单位的数据传输。每个数据块的头部和尾部都要附加一个特殊的字符或比特序列，标记一个数据块的开始和结束，一般还要附加一个校验序列(如 16 位或 32 位 CRC 校验码)，以便对数据块进行差错控制，参见图 2.25(a)。根据同步通信规程，同步传输又分为面向字符的同步传输和面向位流的同步传输。

① 面向字符的同步传输。在面向字符的同步传输中，每个数据块的头部用一个或多个同步字符“SYN”来标记数据块的开始；尾部用另一个唯一的字符“ETX”来标记数据块的结束。其中，这些特殊字符的位模式与传输的任何普通字符都有显著的差别。典型的面向字符的同步通信规程是 IBM 公司的二进制同步通信规程。

② 面向位流的同步传输。在面向位流的同步传输中,每个数据块的头部和尾部用一个特殊的比特序列(如 01111110)来标记数据块的开始和结束。数据块将作为位流来处理,而不是作为字符流来处理。为了避免在数据流中出现标记块开始和结束的特殊位模式,通常采用位插入的方法:发送端在发送数据流时,每当出现连续的 5 个“1”后便插入一个“0”,接收端在接收数据流时,如果检测到连续 5 个“1”的序列,就要检查其后的一位数据:若该位是“0”,则删除它;若该位为“1”,则表示数据块的结束,转入结束处理。典型的面向位流的同步通信规程是高级数据链路控制(high-level data link control,HDLC)规程和同步数据链路控制(synchronous data link control,SDLC)规程。

在局域网中所采用的传输方式都是面向位流的同步传输方式,由它们各自的介质访问控制协议来定义具体的数据格式(帧格式)以及相应的介质访问控制方法。

(2)异步传输。异步传输是以字符为单位的数据传输,其数据格式如图 2.25(b)所示。所谓异步传输又称起止式传输,即指发送者和接收者之间不需要合作,即发送者可以在任何时候发送数据,只要被发送的数据已经是可以发送的状态,接收者则只要数据到达,就可以接收数据。它在每一个被传输的字符的前、后各增加一位起始位、一位停止位,用起始位和停止位分别指示被传输字符的开始和结束;在接收端,去除起始位和停止位,中间就是被传输的字符。其优点是简单、可靠,常用于面向字符的、低速的异步通信场合。但由于这种传输技术增加了很多附加的起、止信号,因此传输效率不高。

2.3.7 数据交换技术

在数据通信网络中,将通过网络节点的某种转接方式来实现端系统之间数据通路的技术称为数据交换技术。按数据在通信子网中的传送方式及数据包的特点,可将其分为电路交换、报文交换和分组交换 3 种。

1. 电路交换

电路交换又称为线路交换,它给需要进行通信的两个站点提供了一条临时的专用传输通道,是一种直接的交换方式,早期的电话网就是使用这种技术。

电路交换的主要过程可分为三个阶段:电路建立、数据传输和电路拆除。电路建立是在数据传输前,由源站点请求建立传输通道,此过程是由交换网中对应所需节点逐个连接的过程;在通道建立后,传输双方便可以进行数据传输;在完成数据传输后,由源站或目的站提出终止通信,各节点可拆除该电路的对应连接,释放由原电路占用的节点和信道资源。

电路交换技术的优点是数据传输可靠、迅速,并且保持原来的顺序;其缺点是电路(信道)利用率低,即使在两个站点之间数据传输的间歇期间,建立的电路也不能被其他站点使用。

2. 报文交换

报文交换也被称为存储转发交换。报文交换是以报文为数据交换的单位,每一个报文由传输的数据和报头组成,报头中有目标地址、源地址等信息。在这种交换方式中,报文作为独立实体被发送,并在每个中间节点进行存储,中间节点再根据报头中的目标地址选择合适路径转发,直到它到达目标地址。

与电路交换相比,报文交换不需要在两个通信节点之间预先建立一条专用的通信线路,这使得用户可以随时发送报文,而不需要等待连接建立。

由于报文长度没有限制，每个中间节点都要完整地接收传来的整个报文，当输出线路不空闲时，还可能要存储几个完整报文等待转发，这要求网络中每个节点有较大的缓冲区。长报文还会导致很大的时延。因此，报文交换主要用于传输报文较短、实时性要求较低的通信业务，如公用电报网。

3. 分组交换

分组交换也称为包交换，其思想来源于报文交换，也是采用存储转发传输方式，但是将一个长报文先分割为若干个较短的等长分组，每个分组包含数据和首部，首部中有目标地址、源地址、编号等信息。发送方把这些分组逐个发送出去，接收方收到分组后，根据分组首部的信息，把各个分组按编号组装起来，形成完整的报文。分组交换技术广泛应用于现代计算机网络、数据通信和互联网等领域。

由于分组的大小通常较小，减少了对节点存储容量的要求，传输的出错概率必然减小，每次重发的数据量也就大大减少，这样不仅提高了可靠性，也减少了传输时延。但每个分组都要加上源地址、目标地址和分组编号等信息，增加了传送的信息量，一定程度上降低了通信效率，增加了处理的时间，使控制复杂，时延增加。

2.4　物理层接口标准举例

物理层接口主要涉及各种传输介质或传输设备的接口，由于传输介质和传输设备的种类繁多，因此物理层接口的标准也非常多，本节主要介绍物理层接口的特性以及 EIA-232-E接口和 RS-449 接口的特点。

2.4.1　物理层接口特性

物理层位于开放系统互连（open system interconnection，OSI）参考模型的最低层，它直接面向实际承担数据传输的物理媒体（信道）。物理层是指在物理媒体之上为数据链路层提供一个原始比特流的物理连接。其传输单位为比特。

物理层协议规定了建立、维持及断开物理信道所需的机械特性、电气特性、功能特性和规程特性，其作用是确保比特流能在物理信道上传输。

1. 机械特性

机械特性规定了物理连接时对插头和插座的几何尺寸、插针或插孔芯数及排列方式、锁定装置形式等。

2. 电气特性

电气特性规定了在物理连接上导线的电气连接及有关的电路的特性，一般包括接收器和发送器电路特性的说明、表示信号状态的电压/电流电平的识别、最大传输速率的说明以及与互连电缆相关的规则等。物理层的电气特性还规定了数据加密工具 DTE-DCE 接口线的信号电平、发送器的输出阻抗、接收器的输入阻抗等电器参数。

3. 功能特性

功能特性规定了接口信号的来源、作用以及与其他信号的关系。

4. 规程特性

规程特性规定了使用交换电路进行数据交换的控制步骤，这些控制步骤的应用使得比特流传输得以完成。

2.4.2 常用的物理层标准

为了不同厂商的计算机和各种外围设备可以进行串行连接,人们制定了一系列串行物理接口标准。

EIA-232-E是电子工业联盟(Electronic Industries Alliance,EIA)制定的著名物理层标准。它最早是1962年制定的标准RS-232。这里RS表示EIA的一种"推荐标准",232是个编号。在1969年修订为RS-232-C,C是指标准RS-232以后的第三个修订版本;1987年1月,修订为EIA-232-D;1991年又修订为EIA-232-E。由于标准修改得并不多,因此现在很多厂商仍用旧的名称。有时称为EIA-232,甚至说得更简单些,即提供232接口。

EIA-232是数据终端设备(data terminal equipment,DTE)与数据电路端接设备(date circuit-terminating equipment,DCE)之间的接口标准。DTE就是具有一定的数据处理能力以及发送和接收数据能力的设备。大多数的数字数据处理设备的数据传输能力是很有限的,直接将相隔很远的两个数据处理设备连接起来,是不能进行通信的,必须在数据处理设备和传输线路之间,加上一个中间设备DCE,在DTE和传输线路之间提供信号变换和编码的功能,并且负责建立、保持和释放数据链路的连接。DTE通过DCE与通信传输线路相连,如图2.26所示。

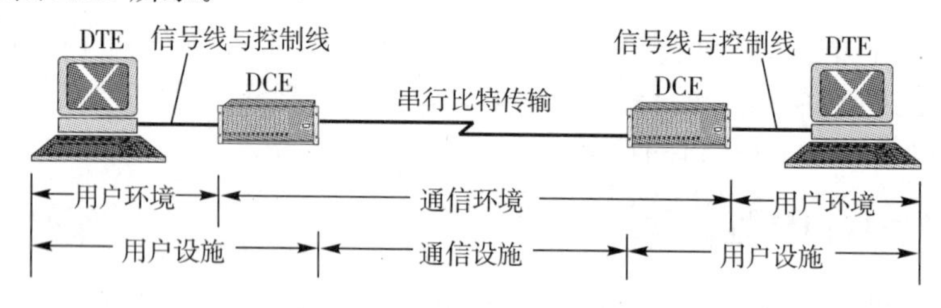

图2.26 DTE通过DCE与通信传输线路相连

DTE可以是一台计算机或一个终端,也可以是各种I/O设备。典型的DCE则是一个与模拟电话线路相连接的调制解调器。从图2.26可以看到,DCE虽然处于通信环境内,但它和DTE均属于用户设施,用户环境只包括DTE。

DTE与DCE之间的接口一般都有许多条并行线,包括多种信号线和控制线。DCE将DTE传过来的数据,按比特顺序逐个发往传输线路,或者反过来,从传输线路收下串行的比特流,然后再交给DTE,很明显,这里需要高度协调工作。为了减轻数据处理设备用户的负担,就必须对DTE和DCE的接口进行标准化。这种接口标准就是所谓的物理层协议。

多数物理层协议使用如图2.26所示的模型。但也有一些不是这样,例如,在局域网中,物理层协议所定义的是一个数据终端设备和链路的传输媒体的接口,而并没有使用这种DTE-DCE模型。

1. 物理层标准EIA-232的一些主要特点

(1) 在机械特性方面,EIA-232使用ISO 2110关于插头、插座的标准,就是使用25根引脚的DB-25插头、插座,如图2.27所示:引脚分为上、下两排,分别有13和12根引脚,其编号分别规定为1至13和14至25。

(2) 在电气性能方面，EIA-232 与国际电信咨询委员会(International Telephone and Telegraph Consultative Committee，CCITT)的 V.28 建议书一致。这里要注意：EIA-232 采用负逻辑。也就是说，逻辑 0 相当于对信号地线有 +3 V 或更高的电压，而逻辑 1 相当于对信号地线有 −3 V 或更低的电压，逻辑 0 相当于数据的“0”(空号)或控制线的“接通”状态，而逻辑 1 则相当于数据的“1”(传号)或控制线的“断开”状态。当连接电缆线的长度不超过 15 m 时，允许数据传输速率不超过 20 kbit/s，但是当连接电缆长度较短时，数据传输速率可以大大提高。

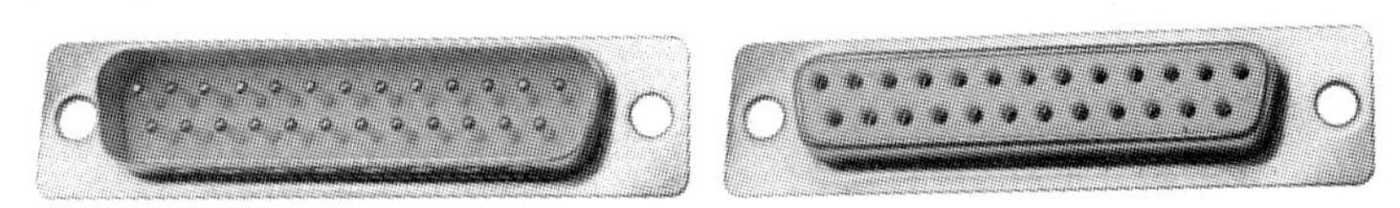

图 2.27　EIA-232 接口 DB-25 插头、插座

EIA-232 的功能特性与原 CCITT 的 V.24 建议书一致。它规定了什么电路应当连接到 25 根引脚中的哪一根以及该引脚的作用。图 2.28 所示为最常用的 10 根引脚的作用，括弧中的数目为引脚的编号，其余的引脚可以空着不用。图中，引脚 7 是信号地，即公共回线；引脚 1 是保护地，即屏蔽地，有时可不用；引脚 2 和引脚 3 都是传送数据的数据线。“发送”和“接收”都是对 DTE 而言的，有时只用图中的 9 个引脚(将“保护地”除外)即可制成专用的 9 芯插头，供计算机与调制解调器的连接使用。

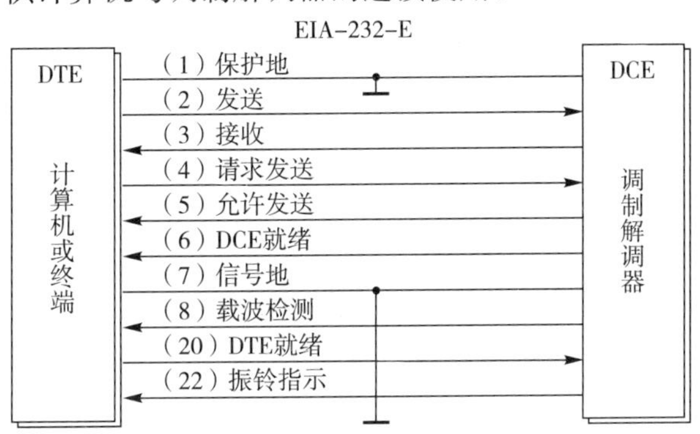

图 2.28　EIA-232/V.24 的信号定义

EIA-232 的规程特性规定了在 DTE 与 DCE 之间所发生的事件的合法序列。这部分内容与原 CCITT 的 V.24 建议书一致。

2. 主要步骤

下面通过图 2.29，说明 DTE-A 要向 DTE-B 发送数据所要经过的几个主要步骤。

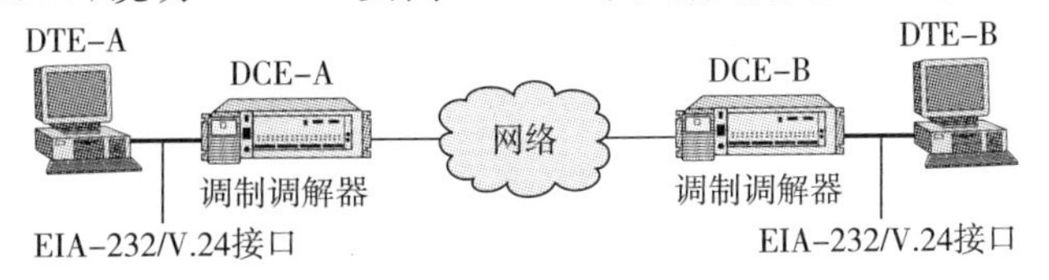

图 2.29　两个 DTE 通过两个 DCE 通信的例子

(1) 当 DTE-A 要和 DTE-B 进行通信时，就将引脚 20 的“DTE 就绪”置为“ON”，同时通过引脚 2 的“发送数据”向 DCE-A 传送电话号码信号。

(2) DCE-B将引脚22的“振铃指示”置为“ON”,表示通知DTE-B有呼叫信号到达(在振铃的间隙以及其他时间,振铃指示均为OFF状态);DTE-B就将其引脚20的“DTE就绪”置为“ON”;DCE-B接着产生载波信号,并将引脚6的“DCE就绪”置为“ON”,表示已准备好接收数据。

(3) 当DCE-A检测到载波信号时,将引脚8的“载波检测”和引脚6的“DCE就绪”都置为“ON”,以便使DTE-A知道通信电路已经建立。DCE-A还可通过引脚3的“接收数据”,向DTE-A发送在其屏幕上显示的信息。

(4) DCE-A接着向DCE-B发送其载波信号,DCE-B将其引脚8的“载波检测”置为“ON”。

(5) 当DTE-A要发送数据时,将其引脚4的“请求发送”置为“ON”,DCE-A作为响应将引脚5的“允许发送”置为“ON”。然后DTE-A通过引脚2的“发送数据”来发送其数据,DCE-A将数字信号转换为模拟信号向DCE-B发送。

(6) DCE-B将收到的模拟信号转换为数字信号经过引脚3的“接收数据”,向DTE-B发送。

引脚的作用还有选择数据的发送速率、测试调制解调器、传送数据的码元定时信号,以及从另一个辅助信道反向发送数据等。

许多产品都声称自己的串行接口是“与EIA-232标准兼容”。应当注意:这只是说,该接口的电气特性和机械特性与EIA-232接口标准没有矛盾,但仍无法得知该接口是否能够支持EIA-232的全部功能。因为很多厂商出售的调制解调器只使用了接口的25根引脚中的4～12根,他们所实现的很可能只是整个EIA-232标准的一个子集,因此应弄清你所需要的性能是否已包含在这个子集之中。

EIA还规定了插头应装在DTE上,插座应装在DCE上。因此当终端或计算机与调制解调器相连时就非常方便。然而,有时却需要将两台计算机通过EIA-232串行接口直接相连,这显然有些麻烦。例如,这台计算机通过引脚2发送数据,但仍然传送到另一台计算机的引脚2,这就使对方无法接收。为了不改动计算机内标准的串行接口线路,可以采用虚调制解调器的方法。所谓虚调制解调器就是一段电缆,具体的连接方法如图2.30所示。这样对每一台计算机来说,都好像是与一个调制解调器相连,但实际上并没有真正的调制解调器存在。

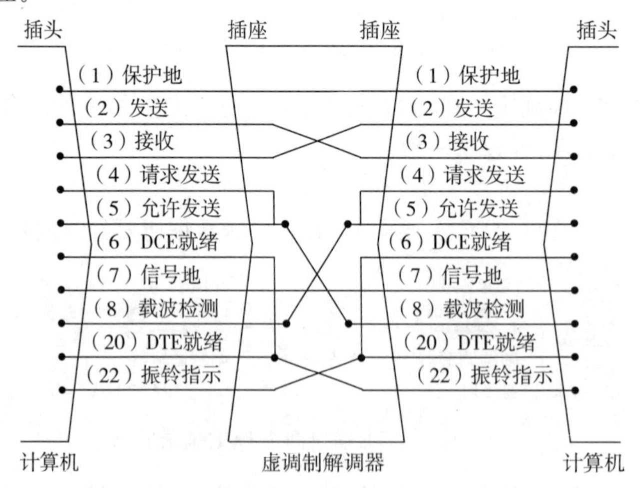

图2.30 利用虚调制解调器与两台计算机相连

EIA-232接口标准有两个较大的弱点：数据的传输速率最高为20 kbit/s，连接电缆的最大长度不超过15 m；这就促使人们制定性能更好的接口标准。出于这种考虑，EIA于1977年又制定了一个新的标准RS-449（如图2.31所示），逐渐取代了旧的RS-232。

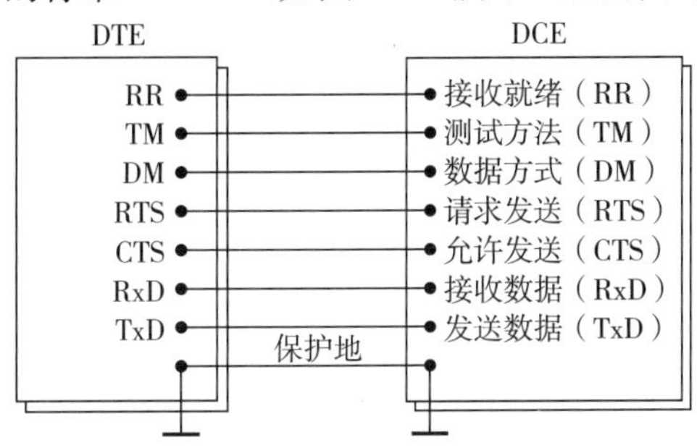

图2.31　RS-449/V.35的信号定义

3. RS-449标准组成

(1) RS-449规定了接口的机械特性、功能特性和过程特性。RS-449采用37根引脚的DB-37插头、插座，如图2.32所示。在CCITT的建议书中，RS-449相当于V.35。

图2.32　RS-449接口DB-37插头、插座

(2) RS-423-A规定采用非平衡传输时（所有的电路共用一个公共地）的电气特性。当连接电缆长度为10 m时，数据的传输速率可达300 kbit/s。

(3) RS-422-A规定采用平衡传输时（所有的电路没有公共地）的电气特性。它可将传输速率提高到2 Mbit/s，而连接电缆长度可超过60 m，当连接电缆长度更短时（如10 m），则传输速率还可以更高些（如达到10 Mbit/s）。

通常EIA-232/V.24用于标准电话线路（一个话路）的物理层接口，而RS-449/V.35则用于宽带电路（一般都是租用电路），其典型的传输速率为48～168 kbit/s，都是用于点到点的同步传输。

以上所讲的EIA-232和RS-449标准只是ITU-T为在模拟电话网上传送数据的接口标准系列中的一部分，全面详细的标准都由ITU-T的V系列建议书给出。

习题2

一、选择题

1. 通信双方信息的交互方式有________种。

   A. 2　　B. 3　　C. 4　　D. 5

2. 双方交替通信需要________条信道。

   A. 1　　B. 2　　C. 4　　D. 3

3. 理想低通信道的最高码元传输速率＝________。

   A. W Baud　　B. W bit　　C. $2W$ Baud　　D. $3W$ Baud

4. 信息传输速率与码元传输速率在________上有一定的关系。
   A. 概念　B. 应用　C. 计算　D. 数量
5. 一个理想低通信道带宽为3 kHz,其最高码元传输速率为6 000 Baud。若一个码元携带2 bit信息量,则最高信息传输速率为________。
   A. 12 000 bit/s　B. 6 000 bit/s　C. 18 000 bit/s　D. 12 000 Baud
6. 屏蔽双绞线和非屏蔽双绞线最主要的差异为________。
   A. 绞线数目不同
   B. 有屏蔽双绞线的轴芯为单芯线,非屏蔽双绞线的轴芯为多芯线
   C. 非屏蔽双绞线没有金属屏蔽
   D. 绞线的颜色不同
7. 下面说法正确的是________。
   A. “传输速率”就是通常所说的“传输带宽”
   B. “传输速率”是指信道中所能承受的最大带宽
   C. “传输带宽”就是信道中所能承受的最大“传输速率”
   D. 以上说法均不正确
8. Modem的主要功能是________。
   A. 模拟信号的放大　B. 数字信号的编码
   C. 模拟信号与数字信号的转换　D. 数字信号的放大
9. 在数据通信中,将信道上的模拟信号变换为数字信号的过程称为________。
   A. 编码　B. 解码　C. 调制　D. 解调
10. 下列数据交换方式中,线路利用率最高的是________。
    A. 电路交换　B. 报文交换　C. 分组交换　D. 延迟交换
11. 不属于数字数据的模拟信号调制技术的是________。
    A. ASK　B. PCM　C. FSK　D. PSK
12. 在数据传输的线路复用技术中,时分复用与统计时分多路复用的区别是________。
    A. 时分复用采用时间片控制,统计时分多路复用不采用时间片控制
    B. 时分复用采用固定时间片控制,统计时分多路复用采用按需分配时间片控制
    C. 时分复用采用预先扫描用户需求控制,统计时分多路复用预先扫描用户需求控制
    D. 时分复用与统计时分多路复用在信道复用控制策略上基本相同
13. 不能作为计算机网络中传输介质的是________。
    A. 微波　B. 光纤　C. 光盘　D. 双绞线
14. 抗干扰能力最强的复用方式是________。
    A. 时分复用　B. 码分复用
    C. 统计时分多路复用　D. 频分复用
15. 目前来说,抗电磁干扰最好的传输媒体是________。
    A. 屏蔽双绞线　B. 同轴电缆　C. 光纤　D. 无屏蔽双绞线
16. 下列不是光纤特点的是________。
    A. 适合远距离传输　B. 抗雷电和电磁干扰性能好
    C. 传输损耗小　D. 保密性差

二、填空题

1. 数字信号通过模拟信道传输时要使用称为________的装置，而模拟信号通过数字信道传输时则要使用________。

2. 根据光线在光纤内部的传输方式，光纤可分为两种，分别是________和________，后者能传输更长的距离并能达到更高的数据速率。

3. 目前信道的主要复用方式有________、________和________ 3 种，其中________用于光纤通信中。

4. 数字信号调制方式通常包括________、________和________ 3 种。

5. 数据传输模式通常可分为________和________两种。

6. 一个数据通信系统可以划分为 3 个部分：________、________和________。

7. 按照数据传输方向及其时间关系可将通信方式分为________、________和________ 3 种。

8. 物理层协议中的________规定了物理连接时插头和插座的几何尺寸、插针或插孔芯数及排列方式、锁定装置形式等。

三、问答题

1. 物理层要解决哪些问题？物理层的主要特点是什么？物理层协议与物理层规程有何区别？

2. 常用的传输媒体有哪几种？各有何特点？

3. 什么是带宽、信道容量、单工通信、半双工通信、全双工通信、数据率、吞吐量和通信时延？

4. 什么是曼彻斯特编码？什么是差分曼彻斯特编码？各有什么特点？

5. 比较模拟传输和数字传输的不同。

6. 要在带宽为 4 kHz 的信道上用 4 秒钟发送 20 kB 的数据块，按照香农公式，信道的信噪比最小应为多少分贝(取整数值)？

7. 若在相隔 1 000 km 的两地间传送 3 kB 的数据。可以通过地面电缆以 4.8 kB/s 的数据速率传送或通过卫星信道以 50 kB/s 的数据速率传送。用哪种方式传送，从开始发送到接收方收到全部数据为止的时间较短？(信号在电缆中的传播速度为 5 μs/km)

8. EIA-232 和 RS-449 接口标准各用在什么场合？

9. 最基本的数字调制技术有哪几种？它们分别如何实现？

10. 举例说明脉码调制的量化如何实现？

第3章 Chapter 3 数据链路层

数据链路层是OSI参考模型中的第二层，介于物理层和网络层之间，在物理层提供服务的基础上向网络层提供服务。数据链路层的作用是对物理层传输的原始比特流功能进行加强，将物理层提供的可能出错的物理连接改造成为逻辑上无差错的数据链路，使之对网络层表现为一条无差错的链路。数据链路层的基本功能是向网络层提供透明的和可靠的数据传送服务。本章首先介绍数据链路层的功能；接着介绍差错检测和校正的方法；然后介绍数据链路层协议，其中包括基本链路控制协议和滑动窗口协议，以及协议描述与验证；最后列举了一些常用的数据链路层协议。

3.1 数据链路层的功能

数据链路层最基本的服务是将源机器网络层送来的数据可靠地传输到相邻节点的目标机器网络层。为达到这一目的，数据链路层必须具备一系列相应的功能，它们的主要作用是将数据组合成数据块(在数据链路层中，这种数据块称为帧，帧是数据链路层的传送单位)；如何控制帧在物理信道上的传输，包括如何处理传输差错，如何调节发送速率，以使之与接收方相匹配；如何在两个网络实体之间提供数据链路通路的建立、维持和释放管理。

3.1.1 帧同步

为了使在传输中发生差错后只将出错的有限数据进行重发，数据链路层将比特流组织成以帧为单位的数据进行传输。帧的组织结构在设计时必须明确地保证接收方从物理层接收到的比特流中对其进行识别，能从比特流中区分出帧的起始与终止，这就是帧同步要解决的问题。由于网络传输中很难保证计时的正确和一致，所以不能采用依靠时间间隔关系来确定一帧的起始与终止的方法。下面介绍几种常用的帧同步方法。

1. 字节计数法

这种帧同步方法以一个特殊字符表征一帧的起始，并以一个专门字段来标明帧内的字节数。接收方可以通过对该特殊字符的识别从比特流中区分出帧的起始，并从专门字段中获知该帧中随后跟随的数据字节数，从而确定出帧的终止位置。

面向字节计数的同步规程的典型实例是DEC公司的数字数据通信报文协议(digital data communications message protocol，DDCMP)，DDCMP采用的帧格式如图3.1所示。

8	14	2	8	8	8	16	8—131 064	16(位)
SOH	Count	Flag	Ack	Seg	Addr	CRC1	Data	CRC2

图3.1 DDCMP的帧格式

格式中控制字符 SOH 标志数据帧的起始 Count 字段共有 14 位，用以指示帧中数据段中数据的字节数，数据段最大长度为 8×(214－1)＝131 064 位，长度必须为字节(即 8 位)的整数倍，DDCMP 就是靠这个字节数来确定帧的终止位置的。DDCMP 帧格式中的 Ack、Seg、Addr 及 Flag 中的第 2 位的功能分别类似于本节后面要详细介绍的 HDLC 中的 N(S)、N(S)、Addr 字段及 P/F 位。CRC1、CRC2 分别对标题部分和数据部分进行双重校验，强调标题部分单独校验的原因是：一旦标题部分中的 Count 字段出错，就失去了帧边界划分的依据，将会造成灾难性的后果。

由于采用字节计数方法来确定帧的终止边界不会引起数据及其他信息的混淆，因而不必采用任何措施便可实现数据的透明性，即任何数据均可不受限制地传输。

2. 使用字符填充的首尾定界符法

该方法使用一些特定的字符来定界一帧的起始与终止，后面要介绍的二进制同步通信(binary synchronous communication，BSC)规程便是典型例子。为了不使数据信息位中出现的与特定字符相同的字符被误判为帧的首尾定界符，可以在这种数据字符前填充一个转义控制字符 DLE 以示区别，从而达到数据的透明性。

3. 使用比特填充的首尾定界符法

该方法以一组特定的比特模式(如 01111110)来标志一帧的起始与终止，后面会详细介绍的高级数据链路控制(high-level data link control，HDLC)规程即采用该法。为了不使信息位中出现的与该特定模式相似的比特串被误判为帧的首尾标志，可以采用比特填充的方法。比如，采用特定模式 01111110，则对信息位中的任何连续出现的 5 个“1”，发送方自动在其后插入一个“0”，而接收方则做该过程的逆操作，即每收到连续 5 个“1”，则自动删去其后所跟的“0”；以此恢复原始信息，实现数据传输的透明性。比特填充很容易由硬件来实现，性能优于字符填充方法。

4. 违法编码法

该方法在物理层采用特定的比特编码方法时采用。例如，采用曼彻斯特编码方法，将数据比特“1”编码成“高—低”电平对，将数据比特“0”编码成“低—高”电平对，而“高—高”电平对和“低—低”电平对在数据比特中是违法的，可以借用这些违法编码序列来定界帧的起始与终止。局域网 IEEE 802 标准中就采用了这种方法，违法编码法不需要任何填充技术，便能实现数据的透明性，但它只适用采用冗余编码的特殊编码环境。

由于字节计数法中 Count 字段的脆弱性(其值若有差错将导致灾难性后果)以及字符填充实现上的复杂性和不兼容性，目前较普遍使用的帧同步法是比特填充法和违法编码法。

3.1.2　差错控制

通信系统必须具备发现(检测)差错的能力，并采取措施纠正它，使差错控制在所能允许的尽可能小的范围内，这就是差错控制过程，也是数据链路层的主要功能之一。

接收方通过对差错编码(如奇偶校验码或循环冗余校验码)的检查，可以判定一帧在传输过程中是否发生了差错。一旦发现差错，一般可以采用反馈重发的方法来纠正。这就要求接收方收完一帧后，向发送方反馈一个接收是否正确的信息，使发送方据此作出是否需要重新发送的决定。发送方仅当收到接收方已正确接收的反馈信号后，才能认为该帧已经正确发送完毕;否则,需要重发直至正确为止。

物理信道的突发噪声可能完全“淹没”一帧,即使得整个数据帧或反馈信息帧丢失,这将导致发送方永远收不到接收方发来的信息,从而使传输过程停滞。为了避免出现这种情况,通常引入计时器(timer)来限定接收方发回反馈消息的时间间隔。在发送方发送一帧的同时启动计时器,若在限定时间间隔内未能收到接收方的反馈信息,即计时器超时,则可认为传出的帧出错或丢失,需要重新发送。

同一帧数据可能被重复发送多次,这可能产生接收方多次收到同一帧并将其递交给网络层的错误。为了防止发生这种错误,可以采用对发送的帧进行编号的方法,即赋予每帧一个序号,从而使接收方能从该序号来区分是新发送来的帧还是已经接收但又重新发送来的帧,以此来确定要不要将接收到的帧递交给网络层。数据链路层通过使用计时器和序号来保证每帧最终都能被正确地递交给目标网络层一次。

3.1.3 流量控制

流量控制并不是数据链路层特有的功能,许多高层协议中也提供流量控制功能,只不过流量控制的对象不同。比如,对于数据链路层来说,控制的是相邻两节点间数据链路上的流量,而对于传输层来说,控制的则是从源站到最终目的站之间端对端的流量。

由于收发双方各自使用的设备的工作速率和缓冲存储空间各有差异,可能出现发送方发送能力大于接收方接收能力的现象,若此时不对发送方的发送速率(链路上的信息流量)做适当的限制,那么以前传来的来不及接收的帧将会被后面不断发送来的新帧“淹没”,从而造成帧的丢失。由此可见,流量控制实际上是对发送方数据流量的控制,使其发送速率不超过接收方的接收速率,即需要有一些规则帮助发送方知道在什么情况下可以接着发送下一帧,而在什么情况下必须暂停发送,以等待收到某种反馈信息后再继续发送。本章稍后将要介绍的 XON/XOFF 方案和窗口机制就是两种常用的流量控制方法。

3.1.4 链路管理

链路管理功能是主要面向连接的服务。在链路两端的节点要进行通信前,必须首先确认对方已处于就绪状态,并交换一些必要的信息以对帧序号初始化,然后才能建立连接。在传输过程中则要维持该连接,如果出现差错,需要重新初始化,重新自动建立连接,传输完毕后则要释放连接。数据链路层连接的建立、维持和释放即为链路管理。

在多个站点共享同一物理信道的情况下(如在局域网中),如何在要求通信的站点间分配和管理信道也属于数据层链路管理的范畴。

3.2 差错检测和校正

信号在物理信道传输过程中,线路本身电气特性造成的随机噪声(又称热噪声)、电信号在线路上产生反射造成的回音效应、相邻线路间的串扰以及各种外界因素(如大气中闪电、开关的跳火、外界强电流磁场的变化和电源的波动等)都会造成信号幅度、频率和相位的衰减或畸变(又称为失真)。在数据通信中,它们就会造成接收端收到的二进制数位(或称为码元)和发送端实际发送的二进制数位不一致,即由“1”变为“0”或由“0”变为“1”,这就是差错。在一个实用的通信系统中一定要能发现(检测)这种差错,并采用措施纠正,把差错控制在所能允许的尽可能小的范围内,这就是差错检测和校正技术。

3.2.1　传输差错的特性

概括地说,传输中的差错都是由噪声引起的。噪声有两大类:一类是信道所固有的、持续存在的随机热噪声;另一类是由外界特定的短暂原因造成的冲击噪声。随机热噪声引起的差错称为随机错,造成某些码元的差错是孤立的,与前后码元没有关系。由于在物理信道设计时,总要保证达到相当大的信噪比(即信号强度与噪声强度之比),以尽可能减少热噪声的影响,因此由它导致的随机错通常较少。冲击噪声的幅度可以相当大,不可能靠提高信号强度来避免其造成差错,它是传输中产生差错的重要原因。冲击噪声虽然持续的时间很短,但在一定的数据速率条件下,仍然会影响一串码元。例如,一个冲击噪声(如一次电火花)持续时间为 10 ms,但对 4 800 bit/s 的数据速率来说,就可能对连续 48 位数据造成影响,使它们发生差错;若对 10 Mbit/s 的数据速率来说,就可能对连续 10 万位数据造成影响。这种差错呈突发状,称为突发错误。从突发错误发生的第一个码元到有错的最后一个码元间所有码元的个数,称为该突发错误的突发长度。

衡量一个信道质量的重要参数是误码率 P_e:

$$P_e=\frac{\text{发生差错的码元数}}{\text{接收的总码元数}}$$

通常用 10 的负若干次方来标志信道的误码率 P_e,如在一条音频线路中误码率若为 10^{-5},则意味着平均 10 万位中有 1 位出错。

在数据通信中,不加差错控制措施,直接用这样的信道来传输数据是不允许的。差错控制最常用的方法是差错控制编码。把要发送的数据称为信息位,在向信道发送之前,先按照某种关系在信息位后加上一定位数的冗余位(这个过程称为差错控制编码过程),然后构成一个码字再发送。当接收端收到码字后查看信息位和冗余位,并检查它们之间的关系(校验过程),以判断传输过程中是否有差错发生。差错控制编码又可分为检错码和纠错码,前者是指能自动发现差错的编码,后者是指不仅能发现差错而且能自动纠正差错的编码。衡量编码性能好坏的一个重要参数是编码效率 R,它是码字中信息位所占的比例。若码字中信息位为 k 位,编码时外加冗余位为 r 位,则编码后得到的码字长为$n=k+r$位。因此有

$$R=\frac{k}{n}=\frac{k}{k+r}$$

显然,若编码效率越高,则 R 越大,信道中用来传送信息码元的有效利用率就越高。

在数据通信中利用编码方法来进行差错控制的方式,基本上有两类:自动请求重发(automatic repeat request,ARQ)和前向纠错(forward error correction,FEC)。在 ARQ 方式中,接收端检测出有差错时,就应设法通知发送端重发,直到收到正确的码字。采用这种方法时只要用到检错码,但通信时必须要有双向信道,这样才能在出错时将差错通知发送方。同时发送方要有数据缓冲区,存放已发出去的数据,以便在出现差错时可重新发送。在 FEC 方式中,接收端不但要发现差错,而且还要确定二进制码元出错的位置,从而加以纠正。采用这种方法时就必须用纠错码,但它可以不需要反向信道来传递请求重发

的信息,发送端也不需要缓冲区来存放以备重发的数据。虽然 FEC 有上述优点,但是由于纠错码一般说来要比检错码使用更多的冗余位,即编码效率低,而且纠错的设备也比检错的设备复杂得多,因此除非在单向传输或实时要求特别高(FEC 不需要重发,实时性较好)等场合外,数据通信中使用更多的还是 ARQ 差错控制方式。当然,也可以将两者混合使用,即当码字中的差错个数在纠正能力以内时,可直接进行纠正;若码字中的差错个数超出纠正能力,则检出差错后令其重发来纠正差错。

3.2.2 奇偶校验

奇偶校验码是一种通过增加冗余位使得码字中“1”的个数恒为奇数或偶数的编码方法,它是一种检错码。在实际使用时又可分为垂直奇偶校验、水平奇偶校验和水平垂直奇偶校验等几种。

1. 垂直奇偶校验

垂直奇偶校验又称为纵向奇偶校验,它是将要发送的整个信息块分为定长为 p 位的若干段(比如说 q 段),每段后面按“1”的个数为奇数或偶数的规律加上一位奇偶位,如图 3.2 所示。pq 位信息($I_{11},I_{21},\cdots,I_{pl},I_{12},\cdots,I_{pq}$)中,每 p 位构成一段(即图中的一列),共有 q 段(即共有 q 列)。每段加上一位奇偶校验冗余位,即图中的 $r_i(i=1,2,\cdots,q)$。编码规则如下。

偶校验:$r_i=I_{1i}\oplus I_{2i}\oplus\cdots\oplus I_{pi}(i=1,2,\cdots,q)$;

奇校验:$r_i=I_{1i}\oplus I_{2i}\oplus\cdots\oplus I_{pi}\oplus 1\ (i=1,2,\cdots,q)$。

注意:此处,“$\oplus$”指的是模 2 加,也即异或运算,加法不进位,减法不去位。即 $0\oplus 0=0$,$0\oplus 1=1$,$1\oplus 0=1$,$1\oplus 1=0$。例如:$1111\oplus 1010=0101$。

图 3.2 中箭头给出了串行发送的顺序,即逐位先后次序为 $I_{11},I_{21},\cdots,I_{p1},r_1,I_{12},\cdots,I_{p2},r_2,\cdots,I_{1q},\cdots,I_{pq},r_q$。在编码和校验过程中,用硬件方法或软件方法很容易实现上述运算,而且可以边发送边产生冗余位。同样,在接收端也可边接收边进行校验后去掉校验位。

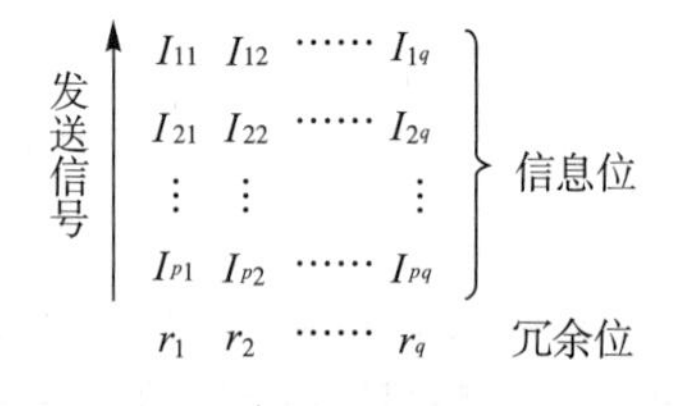

图 3.2 垂直奇偶校验

垂直奇偶校验方法的编码效率为 $R=p/(p+1)$。通常,取一个字符的代码为一个信息段,这种垂直奇偶校验有时也称为字符奇偶校验。例如,在 8 位字符代码(即用 8 位二进制数位表示一个字符)中,$p=8$,编码效率便为 8/9。

垂直奇偶校验方法能检测出每列中的所有奇数位错,但检测不出偶数位的错。对于突发错误来说,奇数位错与偶数位错的发生概率接近于相等,因而对差错的漏检率接近于 1/2。

2. 水平奇偶校验

为了降低对突发错误的漏检率,可以采用水平奇偶校验方法。水平奇偶校验又称为横向奇偶校验,它对各个信息段的相应位横向进行编码,产生一个奇偶校验冗余位,如图 3.3所示,编码规则如下。

偶校验:$r_i=I_{i1}\oplus I_{i2}\oplus\cdots\oplus I_{iq}(i=1,2,\cdots,p)$;

奇校验:$r_i=I_{i1}\oplus I_{i2}\oplus\cdots\oplus I_{iq}\oplus 1\ (i=1,2,\cdots,p)$。

若每个信息段就是一个字符的话,此处 q 就是发送的信息块中的字符数,则水平奇偶校验的编码效率为$R=q/(q+1)$。

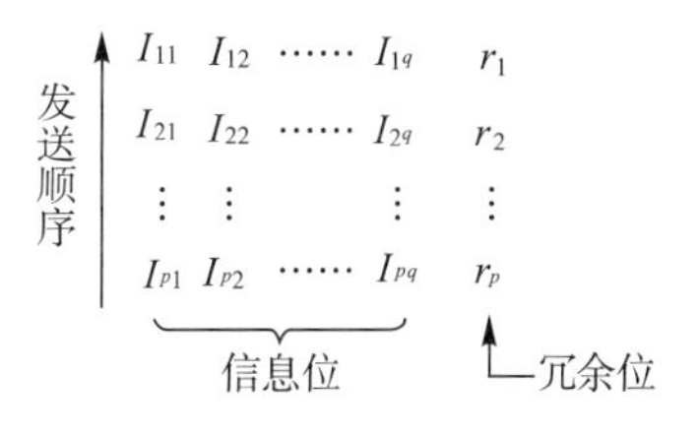

图3.3　水平奇偶校验

水平奇偶校验不但可以检测出各段同一位上的奇数位错，而且还能检测出突发长度$\leqslant p$的所有突发错误。因为按发送顺序(见图3.3)，突发长度$\leqslant p$的突发错误必然分布在不同的行中，且每行一位都可以检出差错，它的漏检率要比垂直奇偶校验方法低。但是实现水平奇偶校验时，不论采用硬件方法还是软件方法，都不能在发送过程中边产生奇偶校验冗余位边插入发送，而必须等待要发送的全部信息块到齐后，才能计算冗余位，也就是一定要使用数据缓冲器，因此它的编码和检测实现起来都要复杂一些。

3. 水平垂直奇偶校验

同时进行水平奇偶校验和垂直奇偶校验就构成水平垂直奇偶校验，也称为纵横奇偶校验，如图3.4所示。若水平垂直都采用偶校验，则：

发送顺序				
	I_{11}	I_{12} ……	I_{1q}	$r_{1,q+1}$
	I_{21}	I_{22} ……	I_{2q}	$r_{2,q+1}$
	⋮	⋮	⋮	⋮
	I_{p1}	I_{p2} ……	I_{pq}	$r_{p,q+1}$
	$r_{p+1,1}$	$r_{p+1,2}$	$r_{p+1,q}$	$r_{p+1,q+1}$

图3.4　水平垂直奇偶校验

$r_{i,q+1}=I_{i1}\oplus I_{i2}\oplus\cdots\oplus I_{iq}(i=1,2,\cdots,p)$；

$r_{p+1,j}=I_{1j}\oplus I_{2j}\oplus\cdots\oplus I_{pj}(j=1,2,\cdots,q)$；

$r_{p+1,q+1}=r_{p+1,1}\oplus r_{p+1,2}\oplus\cdots\oplus r_{p+1,q}=r_{1,q+1}\oplus r_{2,q+1}\oplus\cdots\oplus r_{p,q+1}$。

水平垂直奇偶校验的编码效率为：$R=pq/(p+1)(q+1)$。

水平垂直奇偶校验能检测出所有3位或3位以下的错误(因为此时至少在某一行或某一列上有一位错)、奇数位错、突发长度$\leqslant p+1$的突发错以及很大一部分偶数位错。测量表明，这种方式的编码可使误码率降至原误码率的万分之一。

水平垂直奇偶校验不仅可检错，还可用来纠正部分差错。例如，数据块中仅存在1位错时，便能确定错码的位置就在某行和某列的交叉处，从而可以纠正它。

3.2.3　循环冗余校验

奇偶校验码作为一种检错码虽然简单，但是漏检率太高。在计算机网络和数据通信中用得最广泛的检错码是一种漏检率低得多，同时也便于实现的循环冗余校验码（cyclic redundancy code，CRC)，又称为多项式码。在串行传送(磁盘、通信)中，广泛采用这种校验码。CRC是给信息码加上几位校验码，以增加整个编码系统的码距和查错纠错能力。

任何一个由二进制数位串组成的代码，都可以唯一地与一个只含有0和1两个系数的多项式建立一一对应的关系。例如，代码1010111对应的多项式为$x^6+x^4+x^2+x+1$，同样，多项式$x^5+x^3+x^2+x+1$对应的代码为101111。

CRC码在发送端编码和接收端校验时，都可以利用事先约定的生成多项式$g(x)$来进行。生成多项式是接收方和发送方的一个约定，也就是一个二进制数，在整个传输过程中，这个数始终保持不变。在发送方，利用生成多项式对信息多项式做模2除运算，生成校验码。在接收方利用生成多项式对收到的编码多项式做模2除运算，检测和确定错误位置。

对于生成多项式来说应满足以下条件。

(1) 生成多项式对应代码的最高位和最低位必须为1。

(2) 当被传送信息(CRC码)任何一位发生错误时,被生成多项式做模2除后应该使余数不为0。

(3) 不同位发生错误时,应该使余数不同。

(4) 对余数继续做模2除,应使余数循环。

将这些要求反映为数学关系是比较复杂的,所以生成多项式一般是一个特定的式子。

对于k位要发送的信息位可对应于一个$(k-1)$次多项式$k(x)$,r位冗余位则对应于一个$(r-1)$次多项式$r(x)$,由k位信息位后面加上r位冗余位组成的$n=k+r$位码字,则对应于一个$(n-1)$次多项式$t(x)=x^r \cdot k(x)+r(x)$。

信息位:1011001→$k(x)=x^6+x^4+x^3+1$。

冗余位:1010→$r(x)=x^3+x$。

码字:10110011010→$t(x)=x^4 \cdot k(x)+r(x)=x^{10}+x^8+x^7+x^4+x^3+x$。

由信息位产生冗余位的编码过程,就是已知$k(x)$求$r(x)$的过程。在CRC码中可以通过找到一个特定的r次多项式$g(x)$(其最高项x^r的系数恒为1),然后用$x^r \cdot k(x)$去除以$g(x)$,得到的余式就是$r(x)$。特别要强调的是,这些多项式中的"+"都是模2加(异或运算)。此外,这里的除法用的也是模2除法。在进行基于模2运算的多项式除法时,只要部分余数首位为1,便可上商1,否则上商0。然后按模2减法求得余数,该余数不计最高位。当被除数逐位除完时,最后得到比除数少一位的余数。此余数即为冗余位,将其添加在信息位后,便构成CRC码字。

仍以上例中$k(x)=x^6+x^4+x^3+1$为例(即信息位为1011001),若$g(x)=x^4+x^3+1$(对应代码11001),取$r=4$,则$x^4 \cdot k(x)=x^{10}+x^8+x^7+x^4$(对应代码为10110010000),其由模2除法求余式$r(x)$的过程如图3.5所示。

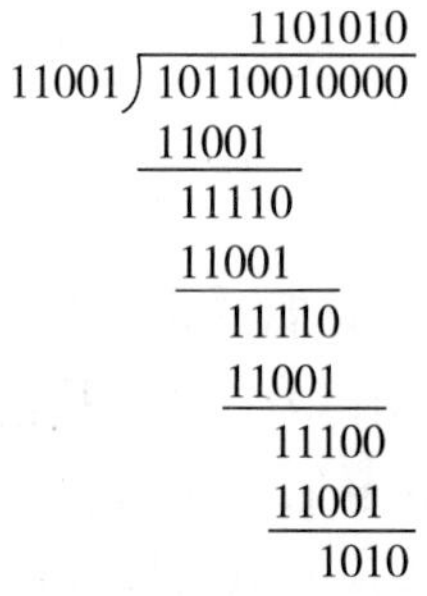

```
             1101010
      11001 ) 10110010000
              11001
               11110
               11001
                 11110
                 11001
                   11100
                   11001
                    1010
```

图3.5 模2除法示例

得到的最后余数为1010,这就是冗余位,对应$r(x)=x^3+x$。由于$r(x)$是$x^r \cdot k(x)$除以$g(x)$的余式,那么下列关系式必然满足:$x^r \cdot k(x)=g(x)q(x)+r(x)$,其中$q(x)$为商式。

根据模2运算规则$r(x)+r(x)=0$的特点,可将上式改为:

$[x^r \cdot k(x)+r(x)]/g(x)=q(x)$,即$t(x)/g(x)=q(x)$。

由此可见,信道上发送码字多项式$t(x)=x^r \cdot k(x)+r(x)$,若传输过程无错,则接收方收到的码字也对应于此多项式,即接收到的码字多项式能被$g(x)$整除。因而接收端的校验过程就是将接收到的码字多项式除以$g(x)$的过程。若余式为零,则认为传输无差错;若余式不为零,则传输有差错。

理论上可以证明循环冗余校验码的检错能力有以下特点。

(1) 可检测出所有奇数位错。

(2) 可检测出所有偶数位错。

(3) 可检测出所有小于、等于校验位长度的突发错。

CRC码是由$t(x)$除以某个选定的多项式后产生的,所以该多项式称为生成多项式。一般来说,生成多项式位数越多校验能力越强,但并不是任何一个$r+1$位的二进制数都可以找到生成多项式。目前广泛使用的生成多项式主要有以下4种。

(1) CRC-12:$x^{12}+x^{11}+x^3+x^2+1$。

(2) CRC-16：$x^{16}+x^{15}+x^{2}+1$(IBM公司)。

(3) CRC-CCITT：$x^{16}+x^{12}+x^{5}+1$(CCITT)。

(4) CRC-32：$x^{32}+x^{26}+x^{23}+x^{22}+x^{16}+x^{11}+x^{10}+x^{8}+x^{7}+x^{5}+x^{4}+x^{2}+x+1$。

3.2.4　海明码*

海明码是由海明于1950年首次提出的，它是一种可以纠正一位差错的编码。

可以借用简单奇偶校验码的生成原理来说明海明码的构造方法。若在$k=n-1$位信息位$a_{n-1}a_{n-2}\cdots a_1$加上一位偶校验位a_0，构成一个n位的码字$a_{n-1}a_{n-2}...a_1a_0$，则在接收端校验时，可按关系式$S=a_{n-1}\oplus a_{n-2}\oplus\cdots\oplus a_1\oplus a_0$来计算。若求得$S=0$，则表示无错；若$S=1$，则有错。上式可称为监督关系式，$S$称为校正因子。在奇偶校验情况下，只有一个监督关系式和一个校正因子，其取值只有0或1两种情况，分别代表无错和有错两种结果，但不能指出差错所在的位置。不难设想，若增加冗余位，即相应地增加了监督关系式和校正因子，就能区分更多的情况。如果有两个校正因子S_1和S_0，则S_1、S_0取值就有00、01、10或11四种可能组合，也即能区分四种不同的情况。若其中一种取值用于表示无错(如00)，则另外三种(01、10及11)便可以用来指出不同情况的差错，从而可以进一步区分出是哪一位错。

设信息位为k位，增加r位冗余位，构成一个$n=k+r$位的码字。若希望用r个监督关系式产生的r个校正因子来区分无错和在码字中的n个不同位置的一位错，则要求满足以下关系式：$2^r\geqslant n+1$或$2^r\geqslant k+r+1$。

以$k=4$为例来说明，若要满足上述不等式，则必有$r\geqslant 3$。假设取$r=3$，则$n=k+r=7$，即在4位信息位$a_6a_5a_4a_3$后面加上3位冗余位$a_2a_1a_0$，构成7位码字$a_6a_5a_4a_3a_2a_1a_0$，其中a_2、a_1和a_0分别由4位信息位中某几位半加得到，在校验时，a_2、a_1和a_0就分别和这些位半加构成3个不同的监督关系式。在无错时，这3个关系式的值S_2、S_1和S_0全为"0"。若a_2错，则$S_2=1$，而$S_1=S_0=0$；若a_1错，则$S_1=1$，而$S_2=S_0=0$；若a_0错，则$S_0=1$，而$S_2=S_1=0$。S_2、S_1和S_0这3个校正因子的其他4种编码值可用来区分a_3、a_4、a_5、a_6中的一位错，其对应关系如表3.1所示。当然，也可以规定成另外的对应关系，这并不影响讨论的一般性。

表3.1　$S_2S_1S_0$值与错码位置的对应关系

$S_2S_1S_0$	000	001	010	100	011	101	110	111
错码位置	无错	a_0	a_1	a_2	a_3	a_4	a_5	a_6

由表可见，a_2、a_4、a_5或a_6的一位错都应使$S_2=1$，由此可以得到监督关系式

$$S_2=a_2\oplus a_4\oplus a_5\oplus a_6$$

同理可得：$S_1=a_1\oplus a_3\oplus a_5\oplus a_6$，$S_0=a_0\oplus a_3\oplus a_4\oplus a_6$。

在发送端编码时，信息位a_6、a_5、a_4和a_3的值取决于输入信号，是随机的。信息位a_2、a_1和a_0的值应根据信息位的取值按监督关系式来确定，使上述3式中的S_2、S_1和S_0取值为0，即

$$a_2\oplus a_4\oplus a_5\oplus a_6=0,a_1\oplus a_3\oplus a_5\oplus a_6=0,a_0\oplus a_3\oplus a_4\oplus a_6=0$$

由此可求得：$a_2=a_4\oplus a_5\oplus a_6$，$a_1=a_3\oplus a_5\oplus a_6$，$a_0=a_3\oplus a_4\oplus a_6$。

已知信息位后，按上述3式即可算出各冗余位。对于本例来说，各种信息位算出的冗

余位如表3.2所示。

表3.2 由信息位算得的海明码冗余位

信息位 $a_6a_5a_4a_3$	冗余位 $a_2a_1a_0$	信息位 $a_6a_5a_4a_3$	冗余位 $a_2a_1a_0$
0000	000	1000	111
0001	011	1001	100
0010	101	1010	010
0011	110	1011	001
0100	110	1100	001
0101	101	1101	010
0110	011	1110	100
0111	000	1111	111

在接收端收到每个码字后，按监督关系式算出 S_2、S_1 和 S_0，若它们全为"0"，则认为无错；若不全为"0"，在一位错的情况下，可查表3.1来判定是哪一位错，从而纠正之。例如，码字0010101传输中发生一位错，在接收端收到的为0011101，代入监督关系式可算得 $S_2=0$、$S_1=1$ 和 $S_0=1$，由表3.1可查得 $S_2S_1S_0=011$ 对应于 a_3 错，因而可将0011101纠正为0010101。

上述海明码的编码效率为4/7。若 $k=7$，按 $2^r \geqslant k+r+1$ 可算得 r 至少为4，此时编码效率为7/11。可见，信息位位数越多时，编码效率就越高。

3.3 数据链路层协议*

在数据链路层中，为了实现差错控制和流量控制，产生了一系列的协议，其中最典型的协议包括停等协议、重传协议、窗口协议等，本节将分别予以介绍。

3.3.1 基本链路控制协议

ARQ协议是数据链路层最基本的协议，它是指在接收站接收到一个包含出错数据的信息(帧)时，自动发出一个重传错帧的请求。ARQ的作用原则是对出错的数据帧自动重传，它有3种形式。

1. 停等ARQ协议

数据链路层协议应考虑到传输数据的信道不是可靠的(不能保证所传的数据不产生差错)，并且还需要对数据的发送端进行流量控制。在传输过程中不出差错的情况下，接收方在收到一个正确的数据帧后即交付给主机B，同时向主机A发送一个确认帧ACK，如图3.6(a)所示。当主机A收到确认帧ACK后才能发送一个新的数据帧，这样就实现了接收方对发送方的流量控制。

现在假定数据帧在传输过程中出现了差错。由于通常都在数据帧中加上了CRC，所以节点B很容易检验出收到的数据帧是否会有差错。当发现差错时，节点B就向主机A发送一个否认帧NAK，如图3.6(b)所示，以表示主机A应当重发出现差错的那个数据帧。如多次出现差错，就要多次重发数据帧，直至收到节点 B 发来的确认帧 ACK 为止。为此，在发送端必须暂时保存已发送过的数据帧的副本。当通信质量太差时，主机 A 在重发一定的次数后就不再进行重发，而是将此情况向上一层报告。

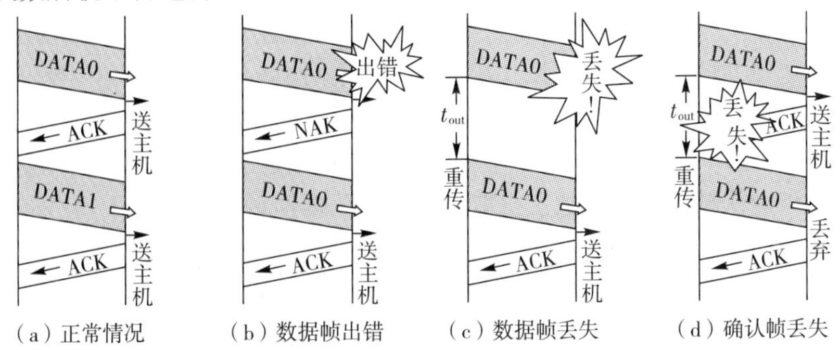

图 3.6　停等 ARQ 协议工作原理示例

有时链路上的干扰很严重，或由于其他一些原因，节点 B 收不到节点 A 发来的数据帧，这种情况称为帧丢失，如图 3.6(c)所示。当节点 A 所发送的数据帧丢失时，节点 B 当然不会向节点 A 发送任何应答帧。如果节点 A 要等到节点 B 的应答信息后再发送下一个数据帧，那么将永远等待下去，于是就出现了死锁现象。同理，若节点 B 发过来的应答帧丢失，也会出现这种死锁现象。要解决死锁问题，可在节点 A 发送完一个数据帧时就启动一个超时定时器。若在超时定时器所设置的定时时间 t 到了，但仍收不到节点 B 的任何应答帧，则节点 A 就要重传前面所发送的这一数据帧。显然，超时定时器设置的定时时间应仔细选择确定。若定时时间选得太短，则还没有收到应答帧就重发了数据帧；若定时选得太长，则要白白浪费许多时间。一般可将定时时间选为略大于从发完数据帧到收到应答帧所需的平均时间。

然而，问题并没有完全解决。如果丢失的是应答帧，如图 3.6(d)所示。超时重发将使主机 B 收到两个同样的数据帧。由于主机 B 无法识别重复的数据帧，因此在主机 B 收到的数据中出现了另一种差错——重复帧。要解决重复帧的问题，必须使每一个数据帧带上不同的发送序号。每发送一个新的数据帧就把它的发送序号加 1。若节点 B 收到发送序号相同的数据帧，就表明出现了重复帧。节点 B 应当丢弃该重复帧，并向节点 A 发送一个确认帧 ACK，因为节点 B 已经知道节点 A 还没有收到上一次发过去的确认帧 ACK(有可能此确认帧在传输过程中出错)。

任何一个编号系统的序号所占用的比特数一定是有限的。因此，经过一段时间后序号就会重复。例如，当发送序号占 3 比特时，共有 8 个不同的发送序号，从 000 到 111。当数据帧的发送序号为 111 时，下一个发送序号又是 000。因此在进行编号时就要考虑序号到底要占用多少比特。序号占用的比特数越少，数据传输的额外开销就越小。对于停止等待协议，由于每发送一个数据帧就停止等待，因此用一个比特来编号就够了。这样，数据帧中的发送序号(N 记为以后，S 表示发送)就以 0 和 1 交替的方式出现在数据帧中。每发一个新的数据帧，发送序号就和上次发送的不一样，用这样的方法就可以使接收方能够区分开新的数据帧和重发的数据帧了。

为了对上面所述的停止等待协议有一个完整而准确的理解，下面给出此协议的算法。

- 在发送方：

(1)从主机取一个数据帧；

(2) $V(S)$取0(发送状态变量初始化)；

(3)使$N(S)$等于$V(S)$(将发送状态变量的数值写入发送序号,将数据帧送交发送缓冲区)；

(4)将发送缓冲区中的数据帧发送出去；

(5)设置超时定时器(选择适当的超时时间t)；

(6)等待(等待以下步骤中的3个事件中最先出现的一个)；

(7)若收到确认帧ACK,则从主机取一个新的数据帧,使$V(S)$等于“$1-V(S)$”(更新发送状态变量,变为下一个序号),然后转到步骤(3)；

(8)若接收到否认帧NAK,则转到步骤(4)(重发数据帧)；

(9)若超时定时器时间到,则转到步骤(4)(重发数据帧)。

- 在接收方：

(1)$V(R)$取0(接收状态变量初始化,其数值等于欲接收的数据帧的序号)；

(2)等待；

(3)当收到一个数据帧,就检查有无传输差错产生(如用前面介绍的CRC),若检查结果正确无误,则执行后续算法,否则转到步骤(8)；

(4)若$N(S)$等于$V(R)$,则执行后续算法,否则转到步骤(8)；

(5)将收到的数据帧中的数据部分送交主机；

(6)使$V(R)$等于“$1-V(R)$”(更新接收状态变量,准备接收下一个数据帧)；

(7)发送确认帧ACK,并转到步骤(2)；

(8)发送否认帧NAK,并转到步骤(2)。

从以上算法可知,停止等待协议中需要特别注意的地方,就是在收发端各设置一个本地状态变量(仅占1bit)。

对于状态变量需要注意每发送一个数据帧,都要将发送状态变量$V(R)$的值(0或1)写到数据帧的发送序号$N(S)$上;但只有收到一个确认帧ACK后,才能更新发送状态变量$V(R)$一次,并发送新的数据帧。

在接收端,每接到一个数据帧,就要将发送方在数据帧上设置的发送序号$N(S)$与本地的接收状态变量$V(R)$相比较,若两者相等就表明是新的数据帧,否则为重复帧。在接收端,若收到一个无传输差错的重复帧,则丢弃之,且接收状态变量不变,但此时仍向发送端发送一个确认帧ACK。

2. 连续ARQ协议

停等ARQ协议虽然保证了传输的安全可靠,但在传输过程中信道的吞吐量太低,因此可以采用另一种可靠传输协议——连续ARQ协议。连续重发请求ARQ方案是指发送方可以连续发送一系列信息帧,即不用等前一帧被确认便可继续发送下一帧。但在这种重发请求方案中,需要在发送方设置一个较大的缓冲存储空间(称为重发表),用以存放若干待确认的信息帧,当发送方收到对某信息帧的确认帧后,才可从重发表中将该信息帧删除。由于减少了等待时间,整个通信的吞吐量就提高了,所以,连续重发请求ARQ方案的链路传输效率大大提高。

如节点A向节点B发送数据帧,当节点A发完0号帧时,并不等待,而是继续发送后续的1号帧、2号帧等。由于连续发送了许多帧，所以应答帧不仅要说明是对哪一帧进行确认或否认，而且应答帧本身也必须编号。假设2号帧出了差错，于是节点B发送否认帧NAK2，当否认帧NAK2到达节点A时，节点A正在发送5号数据帧；当5号帧发送完毕后，节点A才能进行2号帧的重发。这里要注意以下两点。

(1) 接收端只能按序接收数据帧。对于2号帧，节点B应答了NAK2，虽然接着又收到了3个正确的数据帧，但都必须将它们丢弃，因为这些帧的发送序号都不是顺序号。

(2) 节点A在重传2号数据帧时，虽然已经发完了5号帧，但仍必须向回走，从2号帧起进行重传。正因如此，连续ARQ又称为GO-BACK-N ARQ，意思是当出现差错必须重传时，要向回走N个帧，然后再开始重传。

GO-BACK-N策略的基本原理是：当接收方检测出失序的信息帧后，要求发送方重发最后一个正确接收的信息帧之后的所有未被确认的帧；或者当发送方发送了N个帧后，若发现该N帧的前一个帧在计时器超时后仍未返回其确认信息，则该帧被判为出错或丢失，此时发送方就不得不重新发送出错帧及其后的N帧。因为对接收方来说，由于这一帧出错，就不能以正常的序号向它的高层递交数据，对其后发送来的N帧也可能都因不能接收而丢弃。GO-BACK-N操作过程如图3.7所示。图中，假定2号数据帧丢失，3号至8号数据帧虽然正确传送到节点B，但也不得不被丢弃。节点A发送完8号帧后，发现2号帧的确认返回信号在计时器超时后还未收到，则发送方只能退回到2号帧，再从该帧起重发以后所有已发的数据。

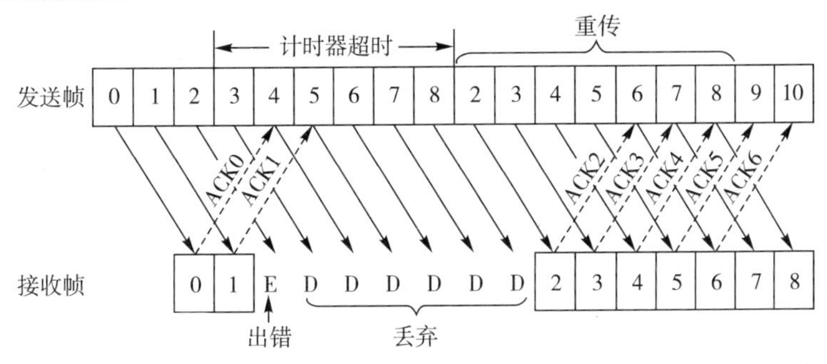

图3.7　GO-BACK-N工作原理示例

在使用连续ARQ协议时，如果发送端一直没有收到对方的确认信息，那么实际上发送端并不能无限制地发送其数据。这是因为当未被确认的数据帧的数目太多时，只要有一帧出了差错，就要有很多的数据帧需要重传，这必然会浪费很多时间。另外，为了对所发送的大量数据帧进行编号，每个数据帧的发送序号也要占用较多的比特数，这样又增加了一些不必要的开销。因此，在连续ARQ协议中必须对已发送出去，但未被确认的数据帧的数目加以限制。

从原理不难看出，连续ARQ协议一方面因连续发送数据帧而提高了效率，但另一方面，在重传时又必须把原来已正确传送过的数据帧进行重传(但仅因这些数据帧之前有一个数据帧出了错)，这样又使传送速率降低。由此可见，当传输信道的传输质量很差而误码率较大时，连续ARQ协议不一定优于停等ARQ协议。

3. 选择重传ARQ协议

在GO-BACK-N重发方案中可能将已正确传送到目的方的帧再次重发，这显然是一种浪费。另一种效率更高的策略是当接收方发现某帧出错后,其后继续送来的正确帧,虽然不能立即递交给接收方的高层,但接收方仍可收下来,存放在一个缓冲区中,同时要求发送方重新传送出错的那一帧。一旦收到重新传来的帧后,就可以与原来已存于缓冲区中的其余帧一并按正确的顺序递交高层。这就是下面所要介绍的"选择重传"方案。

"选择重传"方案的工作原理如图 3.8 所示(所举示例仍如图 3.7 所示)。图中,2 号帧的否认返回信息 NAK2 要求发送方选择重传 2 号帧。显然,选择重传减少了浪费,但要求接收方有足够大的缓冲区空间,这在许多情况下是不够经济的。正因如此,选择重传 ARQ 协议在目前没有连续重传 ARQ 协议使用得那么广泛。今后,存储器芯片的价格会更加便宜,选择重传 ARQ 协议将有可能受到更多的重视。

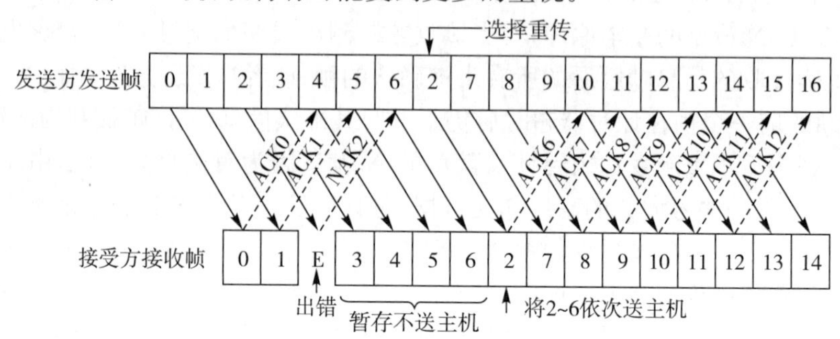

图 3.8 "选择重传"协议工作原理示例

以上 3 种重传方法各有利弊:停等 ARQ 协议最简单,但信道利用率最低;选择重传 ARQ 协议信道利用率最高,但它要求接收端的缓冲容量相当大;连续 ARQ 协议介于两者之间。在应用中应根据实际情况选择。

3.3.2 XON/XOFF 方案和滑动窗口协议

1. XON/XOFF 方案

在流量控制方面,可以从不同侧面采取不同的控制方案。最简单的方法就是增加接收端的缓冲存储空间,使得接收端可以缓存更多的数据,但这只是一种被动、消极的方法。一方面系统不允许开设过大的缓冲空间;另一方面对于高速率则明显无效,而且在传送大量数据的场合下,即使缓存空间再大也会出现不够的现象。目前,普遍采取一种称为"XON/XOFF"的发送控制字符的方案,通过控制字符来确定发送方是否继续发送数据,相比之下更主动、更积极、更有效。

XON/XOFF 协议是异步串行连接的计算机和其他元件之间的数据流控制协议。例如,计算机向打印机发送数据的速度通常快于打印机打印的速度,打印机包含一个缓冲器,用来存储数据,使打印机能够赶上计算机。如果在打印机赶上之前缓冲器变满了,打印机的小微处理器便发回一个 XOFF 信号来停止数据传送,当打印完相当多的数据后,缓冲存储器变空时,打印机发送 XON 信号,让计算机继续发送数据。"X"表示"发送器",XON 和 XOFF 为开启和关闭发送器的信号。XON 的实际信号为 ASCII 的 Ctrl-Q 键盘组合的位组合,XOFF 信号为 Ctrl-S 组合。为计算机操作系统定义调制解调器时,可能需要用 XON/XOFF 来指定流控制的使用。在发送二进制数据时,XON/XOFF 可能不能识别，因为它被译成了字符。

XON/XOFF 是一种异步通信协议，接收设备或计算机使用特殊字符来控制发送设备或计算机传送的数据流。当接收计算机不能继续接收数据时，发送一个 XOFF 控制字符告诉发送方停止传送；当传输可以恢复时，该计算机发送一个 XON 字符来通知发送方。当通信线路上的接收方发生过载时，便向发送方发送一个 XOFF 字符，发送方接收 XOFF 字符后便暂停发送数据；等接收方处理完缓冲器中的数据，过载恢复后，再向发送方发送一个 XON 字符，以通知发送方恢复数据发送。在一次数据传输过程中，XOFF、XON 的周期可重复多次，但这些操作对用户来说是透明的，也就是说用户不用管它。

许多异步数据通信软件包均支持 XON/XOFF 协议。这种方案也可用于计算机向打印机或其他终端设备(如 MODEM 的串行通信)发送字符，在这种情况下，打印机或终端设备中的控制部件常用以控制字符流量。

2. 滑动窗口协议

在前面的 XON/XOFF 方案中，为了使接收方能及时处理发送方发来的数据，需要发送方停止发送并等待，这样就会使得信道的利用率大打折扣。其实可以进一步提高信道的有效利用率，使发送方不用等待确认帧返回就连续发送若干帧。但这其中又会带来许多问题，如由于允许连续发送多个未被确认的帧，帧号需采用多位二进制数才能加以区分；又因凡被发出去但尚未被确认的帧都可能因出错或丢失而被要求重发，所以这些帧都需要保留下来，形成一个“重发表”。

(1) 窗口协议简介。以上种种问题均要求发送方(注意不是“接收方”)有较大的发送缓冲区保留可能要求重发的未被确认的帧，但是发送方的缓冲区容量总是有限的。为此，可引入类似于空闲重发请求控制方案的调整措施，使发送方在收到某确定帧之前，对发送方可继续发送的帧数目加以限制。这是由发送方调整保留在重发表中的待确认帧的数目来实现的。如果接收方来不及对收到的帧进行处理，则停发确认信息，此时发送方的重发表就会增长，当达到重发表限度时，发送方就不再发送新帧，直至再次收到确认信息为止。为了实现此方案，发送方存放待确认帧的重发表中应设置待确认帧数目的最大限度，这一限度被称为链路的“发送窗口”。这种重发机制就是著名的“窗口机制”。

滑动窗口协议属异步双工传输模式。该协议的基本思路是：发送的信息帧都有一个序号($0 \sim 2^n-1$)，一般用 n 个二进制位表示；发送端始终保持一个已发送但尚未确认的帧的序号表，称为“发送窗口”。发送窗口的上界表示要发送的下一个帧的序号，下界表示未得到确认的帧的最小编号。发送窗口大小＝上界－下界，大小可变。

发送端每发送一个帧，序号取上界值，上界加 1；每接收到一个正确响应帧，下界加 1。接收端有一个接收窗口，大小固定，但不一定与发送窗口相同。接收窗口的上界表示允许接收帧的最大序号，下界表示希望接收帧的最小编号。接收窗口容纳允许接收的信息帧，落在窗口外的帧均被丢弃。序号等于下界的帧被正确接收，并产生一个响应帧，上界、下界都加 1。接收窗口大小不变。

在滑动窗口协议中，每一个要发送的帧都包含一个序号，范围是从 0 到某个最大值，最大值通常是 2^n-1，n 为帧序号的长度。滑动窗口协议的要点是：任何时刻发送进程要维护一组帧序号，对应于一组已经发送但尚未被确认的帧，称这些帧落在发送窗口内；同理，接收进程也要维护一组帧序号，对应于一组允许接收的帧，这些帧称为落在接收窗口内。发送窗口中的序号代表已发送但尚未确认的帧，其中，窗口下沿代表最早发送但至今尚未确认的帧。当发送窗口尚未达到最大值时，可以从网络层接收一个新的分组，然后将窗口上沿加1，并将新的上沿序号分配给新的帧；当收到对窗口下沿帧的确认时，窗口下沿加1。由于每一个帧都有可能传输出错，所以发送窗口中的帧都必须保留在缓冲区里以备重传，直至收到确认为止。当发送窗口达到最大值时，停止从网络层接收数据，直到有一个缓冲区空出来为止。接收窗口中的序号代表允许接收的帧，任何落在窗口外的帧都被丢弃，落在窗口内的帧存放到缓冲区里。当收到窗口下沿帧时，将其交给网络层，并产生一个确认，然后窗口整体会向前移动一个位置。和发送窗口不同，接收窗口的大小是不变的，总是保持初始时的大小。接收窗口大小为1，意味着数据链路层只能顺序接收数据，当接收窗口大于1时则不是这样的，但无论如何，数据链路层必须按顺序将数据递交给网络层。

(2) 滑动窗口协议的流量控制原理和机制。主要的滑动窗口协议有3个。

① 1比特滑动窗口协议。该协议的特点是：窗口大小 $N=1$，发送序号和接收序号的取值范围为0和1，可进行数据双向传输，信息帧中可含有确认信息并包括发送序号和接收序号(已经正确收到的帧的序号)两个序号域。

该协议存在的问题是：能保证无差错传输，但是基于“停—等”方式，若双方同时开始发送，则会有一半重复帧，效率低，传输时间长。

② 退后 n 帧协议。该协议的特点是：为提高传输效率而设计；接收方从出错帧起丢弃所有后继帧；接收窗口为1。

该协议存在的问题是：对于出错率较高的信道，浪费带宽。

③ 选择重传协议。该协议的特点是：在不可靠信道上有效传输时，不会因重传而浪费信道资源；接收窗口大于1时，先暂存出错帧的后继帧；只重传坏帧；对最高序号的帧进行确认；接收窗口较大时，需较大缓冲区。

以上简单介绍了3种滑动窗口协议的基本流量控制原理，下面概述窗口协议的流量控制机制。

窗口协议的本质就是在任何时刻，发送方总是维持着一组序列号，分别对应于一组允许它发送的帧。同样，在接收方也维持着这样一个“接收窗口”，对应于一组允许它接收的帧。发送方的窗口和接收方的窗口不必有相同的上、下限，也不必有同样的大小。显然，如果窗口设置为1，即发送方缓冲能力仅为一个帧，则传输控制方案就相当于前面介绍的停等ARQ协议，此时传输效率很低。故窗口限度应选为使接收方尽量能处理或接受收到的所有帧。当然，选择时还必须考虑诸如帧的最大长度、可使用的缓冲存储空间以及传输速率等因素。发送方每次发送一帧后，待确认帧的数目加1，每收到一个确认信息后，待确认帧的数目减1。当待确认帧的数目等于发送窗口最大尺寸时，停止发送新的帧。一般帧号是用有限位二进制数来表示的，到一定时间后就又反复循环。如帧号是用三位二进制数表示，则帧号在0～7间循环，即最多可保存8个帧，窗口大小就是“8”(但实际最多只能一次发送7个帧)。如果发送窗口最大尺寸取值为2，则发送如图3.9所示。图中发送方阴影部分表示打开的发送窗口，接收方阴影部分则表示打开的接收窗口。

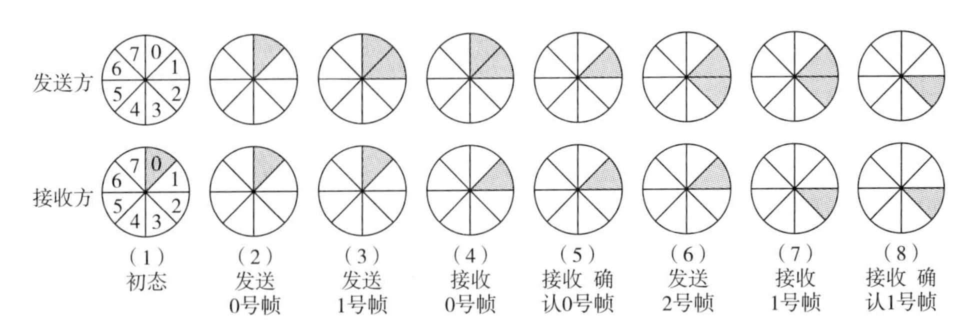

图 3.9 窗口机制工作原理示意

① 在(1)位置表示初始状态,发送方准备发送数据帧,而接收窗口中已有一个 0 号数据帧。

② 在(2)位置发送方发送了 0 号帧,在发送窗口保留 0 号帧。

③ 在(3)位置发送方继续发送 1 号帧。因为此时发送方还没有收到接收方的确认帧,所以在发送窗口保留了两个帧,达到了窗口大小,不能继续发送数据了。

④ 在(4)位置,接收方收到了发送方发来的 0 号帧,此时,原来保存的 0 号帧已处理,窗口滑动到 1 号,但还没有向发送方发送 0 号确认帧,所以发送窗口仍有两个帧保留,不能继续发送数据帧。

⑤ 在(5)位置发送方收到了接收方发来的 0 号数据帧的确认帧,所以发送窗口清除保留的 0 号帧,只保留 1 号窗格中的 1 号帧。

⑥ 在(6)位置发送方又可继续发送 2 号帧,当然,此时的 2 号帧又将保留在发送窗口的 2 号窗格中,发送窗口又达到窗口大小 2,停止发送。

⑦ 在(7)位置接收方接收到发送方发来的 1 号帧,放在接收窗中的 2 号窗格中(此时,原来的 0 号帧已处理,所以接收窗口仍只有一个保留帧)。

⑧ 在(8)号位置发送方收到接收方发来的 1 号确认帧,在发送窗口中又清除原来保留的 1 号帧,只保留(6)位置发送的 2 号帧,可继续发送。

后面的过程均按以上工作原理循环进行。

3.4 数据链路层协议举例

本节将介绍数据链路层的一些主要协议。

3.4.1 数据链路层协议的分类

数据链路控制协议也称链路通信规程,也就是 OSI 参考模型中的数据链路层协议。链路控制协议可分为异步协议和同步协议两大类。

异步协议以字符为独立的信息传输单位,在每个字符的起始处开始对字符内的比特实现同步,但字符与字符之间的间隔时间是不固定的(字符之间是异步的)。由于发送器和接收器近似于同一频率的两个约定时钟,能够在一段较短的时间内保持同步,所以可以用字符起始处同步的时钟来采样该字符中的每个比特,而不需要每个比特再用其他方法同步。前面介绍过的“XON/XOFF”式通信规程便是异步协议的典型,它靠起始位(逻辑 0)和停止位(逻辑 1)来实现字符的定界及字符内比特的同步。异步协议中由于每个传输字符都要添加诸如起始位、校验位、停止位等冗余位,因此信道利用率很低,一般用于数据速率较低的场合。

同步协议是以许多字符或许多比特组织成的数据块——帧为传输单位,在帧的起始处同步,使帧内维持固定的时钟。由于采用帧为传输单位,所以同步协议能更有效地利用信道,也便于实现差错控制、流量控制等功能。

同步协议又可分为面向字符的同步协议、面向比特的同步协议和面向字节计数的同步协议3种类型。

3.4.2 HDLC

对于面向比特的同步协议,这里将以高级数据链路控制规程HDLC协议为例,来讨论它的一般原理与操作过程。HDLC具有以下特点:协议不依赖于任何一种字符编码集;数据报文可透明传输,用来实现透明传输的"0比特插入法"易于硬件实现;全双工通信,不必等待确认便可连续发送数据,有较高的数据链路传输效率;所有帧均采用CRC校验,对信息帧进行顺序编号,可防止漏收或重收,传输可靠性高;传输控制功能与处理功能分离,具有较大的灵活性。鉴于这些特点,目前网络设计普遍使用HDLC数据链路控制协议。

1. HDLC的操作方式

HDLC是通用的数据链路控制协议,在开始建立数据链路时,允许选用特定的操作方式。所谓操作方式,通俗地讲就是某站点是以主站方式操作还是以从站方式操作,或者是二者兼备。链路上用于控制目的的站称为主站,其他的受主站控制的站称为从站。主站对数据流进行组织,并且对链路上的差错实施恢复。由主站发往从站的帧称为命令帧,而从站返回主站的帧称为响应帧。连有多个站点的链路通常使用轮询技术,轮询其他站的站称为主站,而在点—点链路中每个站均可为主站。主站需要比从站有更多的逻辑功能,所以当终端与主机相连时,主机一般总是主站。在一个站连接多个链路的情况下,该站对于一些链路而言可能是主站,而对于另一些链路而言又可能是从站。有些站可兼备主站和从站的功能,这种站称为组合站,用于组合站之间信息传输的协议是对称的,即在链路上主、从站都具有同样的传输控制功能,这种操作称为平衡操作。而那种操作时有主站、从站之分的,且各自功能不同的操作,称为非平衡操作。

HDLC中常用的操作方式有以下3种。

(1) 正常响应方式(normal response mode,NRM)。这是一非平衡数据链路方式,有时也称非平衡正常响应方式。该操作方式适用于面向终端的"点—点"或一点与多点的链路。在这种操作方式中,传输过程由主站启动,从站只有收到主站某个命令帧后,才能作出响应向主站传输信息。响应信息可以由一个或多个帧组成,若信息由多个帧组成,则应指出哪一个是最后一帧。主站负责整个链路,且具有轮询、选择从站及向从站发送命令的权利,同时也负责对超时、重发及各类恢复操作的控制。

(2) 异步响应方式(asynchronous response mode,ARM)。这也是一种非平衡数据链路操作方式,与NRM不同的是,ARM下的传输过程由从站启动。从站主动发送给主站的一个或一组帧,其中可包含有信息,也可以是仅以控制为目的的帧。在这种操作方式下,由从站来控制超时和重发。该方式对采用轮询方式的多站链路来说是必不可少的。

(3) 异步平衡方式(asynchronous balanced mode,ABM)。这是一种允许任何节点来

启动传输的操作方式。为了提高链路传输效率，节点之间在两个方向上都需要有较高的信息传输量。在这种操作方式下，任何时候任何站点都能启动传输操作，每个站点既可作为主站又可作为从站，即每个站都是组合站。各站都有相同的一组协议，任何站点都可以发送或接收命令，也可以给出应答，并且各站对差错恢复过程都负有相同的责任。

2. HDLC 的帧格式

在 HDLC 中，数据报文和控制报文均以帧的标准格式传送。HDLC 中的帧类似于 BSC 字符块，但 BSC 协议中的数据报文和控制报文是独立传输的，而 HDLC 中命令和响应以统一的格式按帧传输。完整的 HDLC 帧由标志字段(F)、地址字段(A)、控制字段(C)、信息字段(I)、帧校验序列字段(FCS)等组成，其格式如图 3.10 所示。

比特	8	8	8	可变	16	8
	标志 F	地址 A	控制 C	信息 I	帧校验序列 FCS	标志 F

图 3.10　HDLC 帧格式

(1) 标志字段 F。标志字段是以 01111110 的比特模式来表示的，用来标志帧的起始和前一帧的终止。通常，在不进行帧传送的时刻，信道仍处于激活状态。标志字段也可以作为帧与帧之间的填充字符。在这种状态下，发送方不断地发送标志字段，而接收方则检测每一个收到的标志字段，一旦发现某个标志字段后面不再是一个标志字段，便可认为一个新的帧传送已经开始。采用“0 比特插入法”可以实现数据的透明传输，该法在发送端检测除标志码以外的所有字段，若发现连续 5 个“1”出现时，便在其后插入 1 个“0”，然后继续发送后面的比特流；在接收端同样检测除标志码以外所有字段，若发现连续 5 个“1”后是“0”，则将其删除，以恢复比特流的原貌。

(2) 地址字段 A。地址字段的内容取决于所采用的操作方式。在操作方式中，有主站、从站和组合站之分，每一个从站和组合站都被分配一个唯一的地址。命令帧中的地址字段携带的地址是对方站的地址，而响应帧中的地址字段所携带的地址是本站的地址。某一地址也可分配给不止一个站，这种地址称为组地址，利用一个组地址传输的帧能被组内所有拥有该组地址的站接收，但当一个从站或组合站发送响应时，它仍应当用它唯一的地址。还可以用全“1”地址来表示包含所有站的地址，这种地址称为广播地址，含有广播地址的帧可以传送给链路上所有的站。另外，还规定全“0”地址为无站地址，这种地址不分配给任何站，仅用于测试。

(3) 控制字段 C。控制字段用于构成各种命令和响应，以便对链路进行监视和控制。发送方主站或组合站利用控制字段来通知被寻址的从站或组合站执行约定的操作；相反，从站用该字段作为对命令的响应，报告已完成的操作或状态的变化。该字段是 HDLC 的关键，下面还将详细介绍。

(4) 信息字段 I。信息字段可以是任意的二进制比特串。比特串长度未做严格限定，其上限由 FCS 字段或站点的缓冲器容量来确定，目前用得较多的是 1 000～2 000 比特，而下限可以为 0，即无信息字段。但是，监控帧(S 帧)中规定不可有信息字段。

(5)帧校验序列字段 FCS。帧校验序列字段可以使用 16 位 CRC，对两个标志字段之间的整个帧的内容进行校验。FCS 的生成多项式由 CCITT V.41 建议规定为 $x^{16}+x^{12}+x^{5}+1$。

3. HDLC 的帧类型

HDLC 有信息帧(I 帧)、监控帧(S 帧)和无编号帧(U 帧)3 种不同类型的帧，各类帧中控制字段的格式及比特定义如表3.3所示。

表3.3　帧控制字段类型

控制字段位	1	2	3	4	5	6	7	8
I格式	0	N(S)			P	N(R)		
S格式	1	0	S1	S2	P/F	N(R)		
U格式	1	1	M1	M2	P/F	M3	M4	M5

控制字段中的第1位或第1、2位表示传送帧的类型。第5位是P/F位，即轮询/终止(poll/final，P/F)位。当P/F位用于命令帧(由主站发出)时，起轮询的作用，即当该位为“1”时，要求被轮询的从站给出响应，所以此时P/F位可称轮询位(或P位)；当P/F位用于响应帧(由从站发出)时，称为终止位(或F位)，当其为“1”时，表示接收方确认的结束。为了进行连续传输，需要对帧进行编号，所以控制字段中包括了帧的编号。

(1) 信息帧(I帧)。信息帧用于传送有效信息或数据，通常简称I帧。I帧以控制字段第1位为“0”来标志。信息帧控制字段中的N(S)用于存放发送帧序号，以使发送方不必等待确认而连续发送多帧。N(R)用于存放接收方下一个预期要接收的帧的序号，如N(R)＝5，即表示接收方下一帧要接收5号帧；换言之，5号帧前的各帧接收方都已正确接收到。N(S)和N(R)均为3位二进制编码，可取值0～7。

(2) 监控帧(S帧)。监控帧用于差错控制和流量控制，通常简称S帧。S帧以控制字段第1、2位为“10”来标志。S帧不带信息字段，帧长只有6个字节，即48个比特。S帧的控制字段的第3、4位为S帧类型编码，共有4种不同组合。

① “00”——接收就绪(RR)，由主站可以使用RR型S帧来轮询从站，即希望从站传输编号为N(R)的I帧，若存在这样的帧，便进行传输；从站也可用RR型S帧来做响应，表示从站期望接收的下一帧的编号是N(S)。

② “01”——拒绝(REJ)，由主站或从站发送，用以要求发送方对从编号为N(R)开始的帧及其以后所有的帧进行重发，这也暗示N(R)以前的I帧已被正确接收。

③ “10”——接收未就绪(RNR)，表示编号小于N(R)的I帧已被收到，但目前正处于忙状态，尚未准备好接收编号为N(R)的I帧，可用来对链路流量进行控制。

④ “11”——选择拒绝(SREJ)，它要求发送方发送编号为N(R)的单个I帧，并暗示其他编号的I帧已全部确认。

可以看出，接收就绪RR型S帧和接收未就绪RNR型S帧有两个主要功能：①这两种类型的S帧分别用来表示从站已准备好和未准备好接收信息；②确认编号小于N(R)的所有接收到的I帧。拒绝REJ和选择拒绝SREJ型S帧，用于向对方站指出发生了差错。REJ帧对应Go-Back-N策略，用以请求重发N(R)起始的所有帧，而N(R)以前的帧已被确认，当收到一个N(S)等于REJ型S帧的N(R)的I帧后，REJ状态即可清除。SREJ帧对应选择重发策略，当收到一个N(S)等于SREJ帧的N(R)的I帧时，SREJ状态即应消除。

(3) 无编号帧(U帧)。无编号帧因其控制字段中不包含编号N(S)和N(R)而得名，简称U帧。U帧用于提供对链路的建立、拆除以及多种控制功能，这些控制功能用多个M位(M1～M5，也称修正位)来定义，可以定义32种附加的命令或应答功能。

3.4.3 SLIP 和 PPP

用户接入 Internet 的一般方法有两种：一种是用户使用拨号电话线接入 Internet；另一种使用专线接入。不管用哪一种方法，在传送数据时都需要有数据链路层的协议。在 Internet 中使用得最为广泛的是串行线路网际协议（serial line internet protocol，SLIP）和点到点协议（point-to-point protocol，PPP）。

ISP 是一个能够提供用户拨号入网的经营机构，拥有路由器，一般都用专线与 Internet 相连。用户在某一个 ISP 缴费注册后，即可用家中的电话线通过调制解调器接入该 ISP。ISP 会分配给该用户一个临时的 IP 地址，用户就可以像 Internet 上的主机一样使用网上所提供的服务。当用户结束通信时，ISP 会将其用过的 IP 地址收回，以便下次再分配给新拨号入网的其他用户。

当用户拨通 ISP 时，用户 PC 机中使用 TCP/IP 的客户进程就和 ISP 的路由器中的选路进程建立了一个 TCP/IP 连接，用户正是通过这个连接与 Internet 通信。在用户与 ISP 之间的链路上使用最多的协议就是 SLIP 和 PPP。

1. 串行线路网际协议

SLIP 用于运行 TCP/IP 协议的面向字符的点对点串行连接，1984 年就已经开始使用。SLIP 通常专门用于串行连接，有时候也用于拨号，使用的线路速率一般介于 1 200 bit/s 和 19.2 kbit/s 之间。SLIP 允许主机和路由器混合连接通信（主机一主机、主机一路由器、路由器一路由器都是 SLIP 网络通用的配置），因此应用广泛。

SLIP 只是一个包组帧协议，仅仅定义了在串行线路上将数据包封装成帧的一系列字符，它没有提供寻址、包类型标识、错误检查/修正或者压缩机制。

SLIP 定义了两个特殊字符：END 和 ESC。END 是八进制数 300（十进制数 192），ESC 是八进制数 333（十进制数 219）。在发送分组时，SLIP 主机只是简单地发送分组数据，如果数据中有一字节与 END 字符的编码相同，就连续传输两字节 ESC 和八进制数334（十进制数 220）；如果与 ESC 字符相同，就连续传输两字节 ESC 和八进制数 335（十进制数 221）；当分组的最后一字节发出后，应再传送一个 END 字符。

因为没有“标准的”SLIP 规范，也就没有 SLIP 分组最大长度的实际定义。Berkeley UNIX SLIP 驱动程序使用的最大分组长度为 1 006 Byte，其中包括 IP 头和传输协议头（但不含分帧字符）。如今，PPP 广泛替代了 SLIP，因为它有更多的特性而且更灵活。

SLIP 协议的缺点如下。

（1）SLIP 没有差错检测的功能，如果一个 SLIP 帧在传输中出了差错，就只能靠高层来进行纠正。

（2）通信的每一方必须事先知道对方的 IP 地址，这对拨号入网的用户是很不方便的。

（3）SLIP 仅支持 IP，而不支持其他的协议。

（4）SLIP 并未成为 Internet 的标准协议。因此目前存在多种互不兼容的版本，影响了不同网络的互联。

SLIP 主要用于低速（不超过 19.2 kbit/s）的交互性业务。为了提高数据传输的效率，人们又提出了一种压缩串行线路 IP（compressed SLIP，CSLIP），它可将 40 字节的额外开销（即 20 字节的 TCP 首部和 20 字节的 IP 首部）压缩到 3 Byte 或 5 Byte。基于这样的考虑,在一连串的分组中,一定会有很多的首部字段是相同的。如某一段和前个分组中的相应字段是一样的,就可不发送这个字段;如这一字段与前个分组中的相应字段不同,就可只发送改变的部分。因此,CSLIP 大大改善了交互响应的时间。

2. 点对点协议

为了克服 SLIP 的缺点,人们制定了 PPP。它由 3 个部分组成:一个将 IP 数据报封装到串行链路的方法,既支持异步链路(无奇偶校验的 8 bit 数据),也支持面向比特的同步链路;一个用来建立、配置和测试数据链路连接的链路控制协议(link control protocol, LCP),通信的双方可协商一些选项;还有一套网络控制协议(network control protocol, NCP),支持不同的网络层协议。

为了建立点对点链路通信,PPP 链路的每一端必须首先发送 LCP 包,以便设定和测试数据链路。在链路建立 LCP 所需的可选功能被选定之后,PPP 必须发送 NCP 包,以便选择和设定一个或更多的网络层协议。一旦每个被选择的网络层协议被设定好,来自每个网络层协议的数据报就能在链路上发送了。

PPP 的帧格式如图 3.11 所示。标志字段 F 为 0x7E,但地址字段 A 和控制字段 C 都是固定不变的,分别为 0xFF 和 0x03。PPP 不是面向比特的,因此所有的 PPP 帧的长度都是整数字节。链路将保持通信设定不变,直到有 LCP 和 NCP 数据包关闭链路,或者发生一些特殊的外部事件(如休止状态的定时器期满,或者网络管理员干涉)。

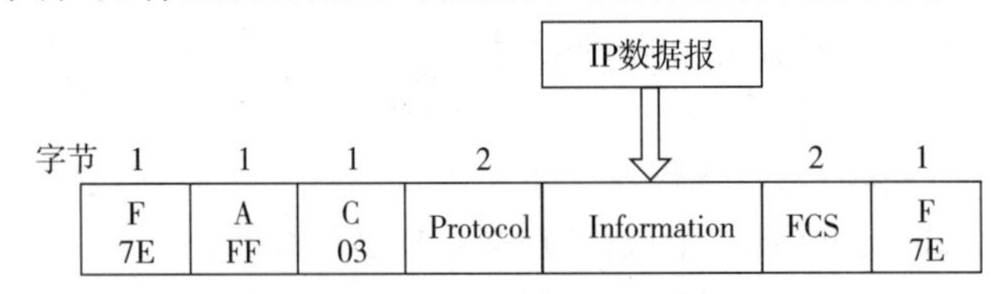

图 3.11　PPP 协议帧格式

- Flag(F):标志字段,表示帧的起始或结束,由二进制序列“01111110”构成。
- Address(A):地址字段,包括二进制序列“11111111”、标准广播地址(注意:PPP 通信不分配个人站地址)。
- Control(C):控制字段,为二进制序列“00000011”,要求用户数据传输采用无序帧。
- Protocol:协议字段,识别帧中 Information 字段封装的协议。不同的值用来标识 PPP 帧内信息字段的类型。

  0x0021:信息字段是 IP 数据包。

  0xc021:信息字段是 PPP 链路控制数据。

  0x8021:信息字段是网络控制数据。

  0xc023:信息字段是安全性认证 PAP。

  0xc223:信息字段是安全性认证 CHAP。
- Information:信息字段,任意长度,包含 Protocol 字段中指定的协议数据报。
- FCS:帧校验序列(FCS)字段,通常为 16 位(2 Byte 长)。PPP 的执行可以通过预先协商采用 32 位 FCS 来提高差错检测效果。

当信息字段中出现和标志字段一样的比特 0x7E 时,就必须采取一些措施,因 PPP 协议是面向字符型的,所以它不是采用 HDLC 所使用的零比特插入法,而是使用一种特殊的字符填充。具体的做法是将信息字段中出现的每一个 0x7E 字节转变成 2 字节序列（0x7D、0x5E）。若信息字段中出现一个 0x7D 的字节，则将其转变成 2 字节序列（0x7D，0x5D）。若信息字段中出现 ASCII 码的控制字符，则在该字符前面要加入一个 0x7D 字节以防止这些表面上的 ASCII 码控制字符被错误地解释为控制字符。

图 3.12 是通过 Wireshark 软件在两个路由器之间的线路上截获的数据包，两个路由器相连的线路上均使用了 PPP 协议。图中显示，数据帧首部 Protocol 字段的值为 0xc021，表明 PPP 帧的信息字段是链路控制数据。

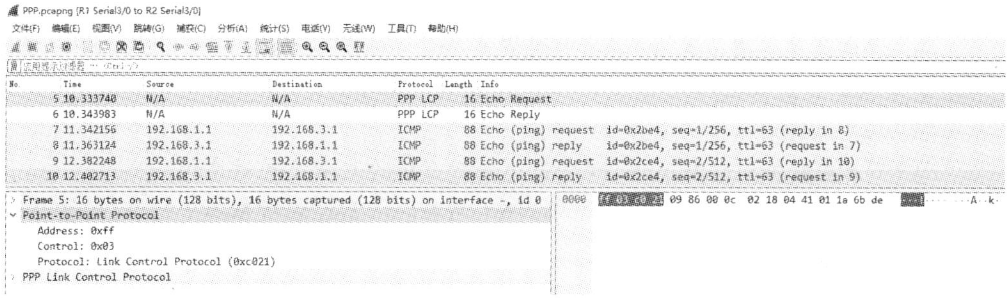

图 3.12　PPP 帧字段

图 3.13 是两个路由器之间在使用 ping 命令时截获的数据包。图中显示，数据帧首部 Protocol 字段的值为 0x0021，表明 PPP 帧的信息字段是 IP 数据包。

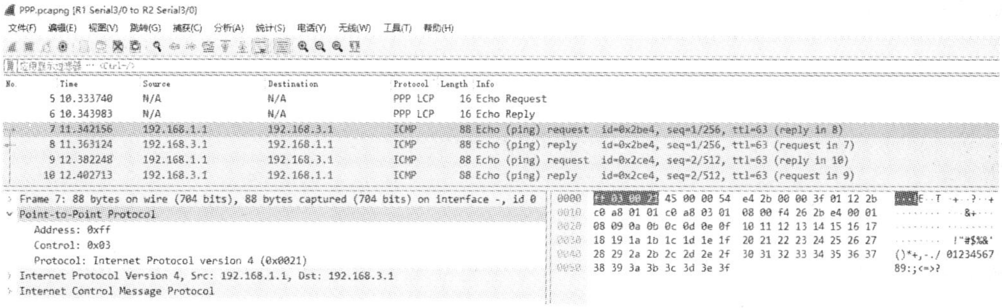

图 3.13　封装了 IP 数据包的 PPP 帧

PPP 不使用序号和确认，因此，PPP 不提供可靠传输的服务。PPP 之所以不使用序号和确认机制是出于以下几点考虑。

（1）若使用可靠的数据链路层协议（如 HDLC），开销就要增大。在数据链路层出现差错不大时，使用比较简单的 PPP 是比较合理的。

（2）在因特网环境下，PPP 的信息字段放入的数据是 IP 数据报。假定采用了能实现可靠传输但十分复杂的数据链路层协议，当数据帧在路由器中从数据链路层上升到网络层后，仍有可能因网络拥塞而被丢弃（IP 层提供的是"尽最大努力"的交付）。因此，数据链路层的可靠传输并不能够保证网络层的传输也是可靠的。

（3）PPP 协议在帧格式中有帧检验序列 FCS 字段。对每一个收到的帧，PPP 都要使用硬件进行 CRC 检验。若发现有差错，则丢弃该帧（一定不能把有差错的帧交付给上一层），端到端的差错检测最后由高层协议负责。因此，PPP 协议可保证无差错接收。

由于在发送方进行了字节填充，因此，在链路上传送的信息字节数就超过了原来的信息字节数。但接收方在收到数据后再进行与发送方字节填充相反的逆变换，因此可以正确地恢复出原来的信息。

习题 3

一、选择题

1. 数据链路层进行流量控制指的是________。
A. 源端到目标端　B. 源端到中间节点　C. 中间节点到目标端　D. 相邻节点间

2. 流量控制是数据链路层的基本功能，下列说法正确的是________。
A. 只有数据链路层存在流量控制
B. 不只是数据链路层有流量控制，并且所有层的流量控制对象都一样
C. 不只是数据链路层有流量控制，但不同层的流量控制对象不一样
D. 以上都不正确

3. 链路管理的功能主要是面向________的服务。
A. 非连接　B. 连接
C. 连接或非连接的服务点　D. 以上都对

4. 数据链路控制协议中的异步协议以________为独立的传输信息单位。
A. 报文　B. 帧　C. 字符　D. 位

5. 在二进制同步通信协议中，ACK 表示________。
A. 拆除已建链路　B. 正确接收发送方报文的确认
C. 请求远程站给出响应　D. 未正确接收发送方报文的响应

6. 流量控制实际上是对________的控制。
A. 发送方数据流量　B. 接收方数据流量
C. 接收、发送两方数据流量　D. 链路上任意两节点间数据流量

7. 使用字符填充的首尾定界符法，为了达到数据的透明性，采用________。
A. 0 比特插入法　B. 转义字符填充法　C. 增加冗余位　D. 以上都不是

8. 高级数据链路控制协议 HDLC 是________。
A. 面向字符型的同步协议　B. 面向比特型的同步协议
C. 面向字节计数的同步协议　D. 异步协议

9. 在 HDLC 网络中数据链路层解决帧同步的方法是________。
A. 字节计数法　B. 使用字符填充的首尾定界符法
C. 使用比特填充的首尾标志法　D. 违法编码法

10. 若从滑动窗口的观点来看，Go-Back-N 协议的发送窗口与接收窗口的大小具有下列关系________。
A. 发送窗口=1，接收窗口>1　B. 发送窗口=1，接收窗口=1
C. 发送窗口>1，接收窗口=1　D. 发送窗口>1，接收窗口>1

11. 海明码中信息位 k 和冗余位 r 必须满足的关系式为________。
A. $2^r \geq k+r$　B. $2^r \leq k+r$　C. $2^r \leq k+r+1$　D. $2^r \geq k+r+1$

12. ________属于数据链路层协议。

A. TCP　　B. UDP　　C. HDLC　　D. IP

13. 发送端使用水平奇偶校验编码，若将要传送的信息位按6位一段划分，划分为4段，则编码效率为________。

A. 1/6　　B. 1/4　　C. 6/7　　D. 4/5

二、填空题

1. 数据链路层的服务通常包括________和________两种类型，其中________包括________、________和________三个主要阶段，________主要应用于无线通信系统中，在________中，目的主机的数据链路层不对接收帧进行确认。

2. 在差错控制功能中，主要有________和________两种策略。前者的典型代表是________和________，后者的典型代表是________和________。两种策略中更容易实现的是________。

3. ARQ差错控制法主要包括________、________和________三种形式，其中________方案规定发送方每发送一帧后就要停下来等待接收方的确认返回，当接收方确认正确接收后再继续发送下一帧；而________方案是指发送方可以连续发送一系列信息帧，即不用等前一帧被确认便可继续发送下一帧。

4. 在数据链路层中，________和________方案是两种常用的流量控制方法。其中________是异步通信协议，接收设备或计算机使用________来控制发送设备或计算机传送的数据流。而是________方案中接收方接收到的数据先存放在________中。

5. 常用的帧同步方法包括________、________、________和________。

6. 海明码是一种可以纠正________位差错的编码。

三、问答题

1. 简述数据链路层的主要作用。

2. 简述CRC检验码的校验步骤。

3. 对比分析“停等ARQ”“连续ARQ”和“选择重传ARQ”三种协议的区别。

4. 详细分析“窗口机制”的流量控制原理。

5. 在面向比特同步协议的帧数据段中，出现如下的信息：1010011111010111101（高位在左，低位在右），则采用“0”比特填充后的输出是什么？

6. PPP协议的主要特点是什么？为什么PPP不使用帧的编号？PPP适用于什么情况？为什么PPP协议不能使数据链路层实现可靠传输？

7. 如果在数据链路层不进行帧定界，会发生什么问题？

8. 简单描述字节计数法如何实现帧同步。

局域网

20世纪70年代末以来，计算机硬件技术飞速发展，硬件价格急剧下降，硬件功能得到了极大提高，推动了微型计算机在社会生产各个领域的广泛应用。一些学校或部门一般拥有多台微型计算机，这些微型计算机之间为了传递数据和文件，希望在近距离内连成网络，且希望以较低的联网资费实现高速的数据传输，这是局域网产生的背景。本章将重点介绍最常用的局域网——以太网，首先，对局域网的定义、特点、拓扑结构和参考模型进行介绍，接着，重点介绍以太网的工作原理、MAC子层协议以及MAC帧格式，然后，介绍无线局域网和一些常用的高速局域网技术，最后，以以太网为例详细说明局域网的组网技术。

4.1 局域网概述

20世纪80年代，随着微机的大量投入运行，局域网技术也得到了迅速发展，特别是在20世纪90年代后发展得更快，几乎每两三年就有换代产品投入市场。根据IEEE局域网标准化委员会的定义，局域网是指一个数据通信系统，允许多台彼此独立的计算机在中等规模的区域内、在具有较高数据速率的物理信道上直接进行通信。下面将从局域网的特点、拓扑结构和体系结构等方面入手，对局域网技术做进一步分析。

4.1.1 局域网的特点

根据局域网的定义和技术要求，局域网一般具有以下特点。

(1) 覆盖的地理范围比较小，通常为10 km以内。一般情况下，局域网内的计算机分布在一幢建筑物内或相邻的几幢建筑物中，而不是城市与城市或国家与国家之间，是常用于学校、企业或单位内部的网络连接。

(2) 数据传输速率高。由于局域网覆盖范围小，一般采用基带传输，速率较高，一般在1 Mbps以上，高者可达100 Mbps，甚至更高。

(3) 误码率低。由于采用了高质量的通信设备和传输介质进行近距离的通信，通信误码率一般较低，局域网的通信误码率一般介于10^{-8}和10^{-11}。

(4) 局域网一般为一个单位或部门所独有，而不是公共的或者商用的服务设施。因此，局域网的组建、维护和管理必须完全由该单位或部门负责。

4.1.2 局域网拓扑结构

在第1章中已经介绍了计算机网络的5种拓扑结构：总线型结构、环形结构、星形结构、树型结构和网状结构。局域网在网络拓扑结构上主要采用总线型、环形与星形3种结构。

总线型和环形局域网均采用“共享介质”的访问控制方法，传输介质主要为同轴电缆。

星形拓扑中存在着中心节点，其他节点通过点到点线路与中心节点连接，任何两节点之间的通信都要通过中心节点转接。按照这种定义，普通的共享介质方式的局域网中不存在星形拓扑。然而，以共享型集线器(Hub)为中心的局域网，从物理结构(局域网的外部连接形式)上也可以看成是星形的，但逻辑结构(局域网中节点间的相互关系及介质访问控制方法)属于总线型，即相当于将总线收缩到一个点。Hub的端口除了具有共享的特点外，还提供信号整形和放大的功能。共享集线器局域网解决了总线局域网因总线故障而使整个网络瘫痪以及网络连接达到极限而难于扩展等问题。在出现交换式局域网后，才真正出现了物理结构与逻辑结构统一的星形拓扑结构。交换局域网的中心节点是局域网交换机。在典型的交换局域网中，节点通过点到点线路与局域网交换机连接，局域网交换机可以在多对通信节点之间建立并发的逻辑连接。共享集线器局域网和交换局域网中的传输介质一般都采用双绞线。

4.1.3 局域网体系结构

随着局域网的广泛使用，局域网的产品也变得更加多样化。为了能使不同生产厂家的局域网产品之间具有更好的兼容性，以适应各不同型号计算机的组网需求，IEEE于1980年2月成立了802委员会，该委员会专门从事局域网标准化工作，并制定了IEEE 802标准。该标准于1985年被ANSI采用，称为美国国家标准。后来又被ISO于1987年修改并重新颁布为国际标准。从那以后，IEEE 802委员会不断地修改和扩充标准，并且被ISO所认可。

1. 局域网参考模型

IEEE 802标准的局域网参考模型与OSI参考模型的对应关系如图4.1所示，该模型包括了OSI/RM最低两层(物理层和数据链路层)的功能。从图中可见，OSI/RM的数据链路层功能，在局域网参考模型中被分成媒体访问控制(media access control，MAC)和逻辑链路控制(logical link control，LLC)两个子层。由于局域网的种类繁多，其媒体接入控制的方法也各不相同，远远不像广域网那样简单。为了使局域网中的数据链路层不过于复杂，要将数据链路层中与硬件有关的功能部分和与硬件无关的功能部分分开。数据链路层的分层使得局域网具有较好的可扩展性，有利于今后使用新的媒体访问控制方法。

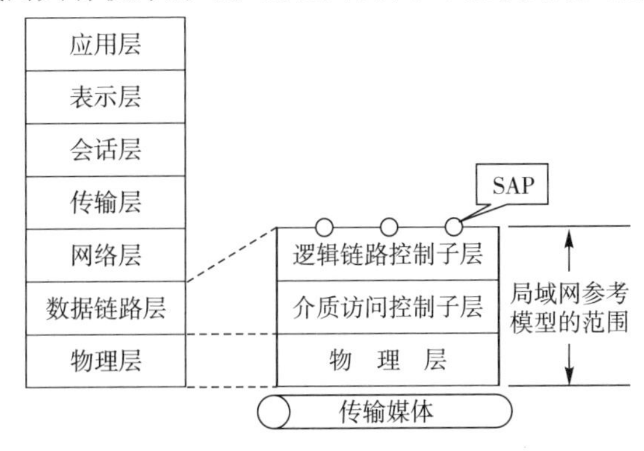

图4.1 局域网参考模型与OSI参考模型的对应关系

对于局域网来说,网络层不是必要的。因为局域网的拓扑结构非常简单,且多个站点共享传输信道,在任意两个节点间只有唯一的一条链路,不需要进行路由选择,所以在局域网中没有必要单独设置网络层。但从OSI的观点看,网络设备应连接到网络层的服务访问点(service access point,SAP)上。这样看来,网络层必不可少。为解决这一矛盾,局域网不设置网络层,但将网络层的服务访问点SAP设在数据链路层的上面。

2. IEEE 802标准

随着局域网技术的迅速发展,出现了各种类型的局域网。为了支持这些局域网不同的拓扑结构、不同的传输媒体以及不同的媒体访问方式,IEEE 802委员会为局域网制定了一系列标准。IEEE 802标准系列中各个子标准之间的关系如图4.2所示。

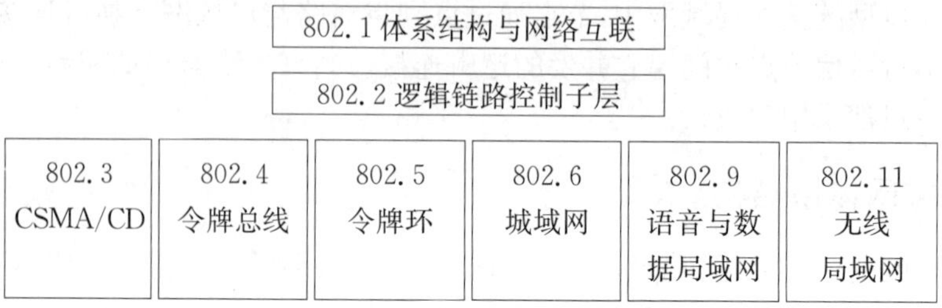

802.1 体系结构与网络互联					
802.2 逻辑链路控制子层					
802.3 CSMA/CD	802.4 令牌总线	802.5 令牌环	802.6 城域网	802.9 语音与数据局域网	802.11 无线局域网

图4.2 IEEE 802子标准之间的关系

IEEE 802子标准的研究工作主要包括以下几个标准。

(1) IEEE 802.1标准:定义了局域网体系结构、网络互联以及网络管理与性能测试。

(2) IEEE 802.2标准:定义了逻辑链路控制(LLC)子层功能与服务。

(3) IEEE 802.3标准:定义了CSMA/CD总线介质访问控制子层和物理层规范。在物理层定义了4种不同介质的10 Mbps的以太网规范,包括10BASE-5(粗同轴电缆)、10BASE-2(细同轴电缆)、10BASE-F(多模光纤)和10BASE-T(无屏蔽双绞线UTP)。另外,到目前为止IEEE 802.3工作组还开发了以下一系列标准。

- IEEE 802.3u标准:100M快速以太网标准,现已合并到IEEE 802.3中。
- IEEE 802.3z标准:光纤介质千兆以太网标准规范。
- IEEE 802.3ab标准:传输距离为100 m的5类无屏蔽双绞线千兆以太网标准规范。
- IEEE 802.3ae标准:万兆以太网标准规范。

(4) IEEE 802.4标准:定义了令牌总线(token bus)介质访问控制子层与物理层规范。

(5) IEEE 802.5标准:定义了令牌环(token ring)介质访问控制子层与物理层规范。

(6) IEEE 802.6标准:定义了城域网(metropolitan area network,MAN)介质访问控制子层与物理层规范。

(7) IEEE 802.7标准:定义了宽带网络技术。

(8) IEEE 802.8标准:定义了光纤传输技术。

(9) IEEE 802.9标准:定义了综合语音与数据局域网技术。

(10) IEEE 802.10标准:定义了可互操作的局域网安全性规范。

(11) IEEE 802.11标准:定义了无线局域网介质访问控制子层和物理层规范,主要包括:

- IEEE 802.11a:工作在5 GHz频段,传输速率为54 Mbps的无线局域网标准。
- IEEE 802.11b:工作在2.4 GHz频段,传输速率为11 Mbps的无线局域网标准。
- IEEE 802.11g:工作在2.4 GHz频段,传输速率为54 Mbps的无线局域网标准。

(12) IEEE 802.12标准:定义了100VG-AnyLAN快速局域网访问方法和物理层规范。

(13) IEEE 802.13标准:定义了基于有线电视的广域通信网技术。

(14) IEEE 802.14标准:定义了交互式电视网(cable modem)技术。

(15) IEEE 802.15标准:定义了无线个人局域网(WPAN)技术。

(16) IEEE 802.16标准:定义了宽带无线局域网技术。

(17) IEEE 802.17标准:定义了弹性分组环(RPR)标准。

(18) IEEE 802.18标准:定义了宽带无线局域网标准规范。

3. 物理层

802模型的物理层与OSI/RM的物理层的作用基本一致,主要是确保在通信信道上二进制位信号的正确传输。其主要功能包括信号的编码与解码、前导的生成与去除(该前导用于同步)、二进制位信号的发送与接收等。

另外,802模型的物理层还包括对传输媒体和拓扑结构的说明。这些功能被认为是位于OSI模型的最低层以下的,因为传输媒体和拓扑的选择在局域网的设计中是至关重要的,所以,LAN模型的物理层也包括了对传输媒体和拓扑结构的说明。

4. MAC子层

传统方式的局域网一般都是基于广播链路的,即多个发送和接收站点连接到同一个广播信道上。在某个时刻,可能有多个站点同时发送帧,这样,广播信道上的每个站点都会同时接收到这多个帧。这些帧之间会发生干扰,从而导致接收站点无法正确识别所收到的信号,称为冲突。如果不对站点访问信道的方法进行控制,这种冲突将会经常发生,从而导致大部分的信道带宽都被浪费。因此必须提供相应的机制来控制对传输媒体的访问,以便使之更加有序和有效,这就是MAC协议提供的功能。

在所有的媒体访问控制技术中,第一个关键的设计是对共享传输媒体的访问控制应该采用集中式还是分布式方式。

集中控制方式是指选择一个控制站点,只有它可以授权访问网络。集中控制方式具有以下优点。

(1) 除了提供媒体访问控制功能以外,还能提供其他更高级的功能,如优先级控制、可靠性等。

(2) 每个站点的访问控制逻辑简单。

(3) 避免了对等实体间进行分布合作可能带来的问题。

这种方式的主要缺点如下。

(1) 在整个网络中,如果控制站点不能工作,则会导致整个网络瘫痪。

(2) 由于所有对共享媒体的访问都要经过控制站点的允许,因此可能会形成瓶颈,降低访问效率。

分布式媒体访问控制方式的优缺点正好与之相反。

第二个设计的关键是怎样控制对共享媒体的多路访问。不同的拓扑结构会采用不同的机制,同时它还要考虑到花费、性能和复杂度等因素。

在过去的几十年间,许多研究者对多路访问协议进行了广泛深入的研究。一般可以将访问控制技术分为同步和异步两大类。在同步机制中采用的是信道分割协议,即整个信道带宽被分割成许多部分,每一部分被分配给某一个站点。电路交换中的频分多路复用(frequency division multiplexing,FDM)和时分多路复用(TDM)技术就属于这种同步机制。局域网一般不采用同步机制,这是因为每个站点的传输情况没法预先知道。

为了更及时地响应站点的传输请求,局域网一般采用动态分配信道的异步机制。异步机制分为3种:时间片轮转、预约和竞争。

在时间片轮转中,每个节点按照一定的时间顺序得到传输时间片。在该时间片轮到某一个站点时,站点可以选择是否进行传输。如果要进行传输,传输的时间不能超过该时间片的长度。当该站点放弃传输机会或者完成传输后,时间片会被传递给下一个逻辑站点。令牌环和令牌总线中的令牌传递(token passing)方法采用的就是时间片轮转机制。

当在一个时间段内有多个站点需要传输数据时,使用时间片轮转机制是非常有效的,但对于一个时间段内只有少数站点有数据传输时,大多数站点只是简单地把时间片传递给下一个站点,时间片轮转的开销增大。因此,时间片轮转法不适用于传输的数据是连续和突发的情况。所谓连续的数据传输是指数据传输的时间比较长并且不允许被间断,比如声音传输和成块文件传输等;而突发性的数据传输是指数据传输时间比较短暂而且可能是零星的,比如交互式终端仿真等。

当站点传输的数据是连续的时,将采用预约机制。一般而言,当采用这种技术时,媒体访问的时间会被分成一些时槽,当一个站点需要传输数据时,需要预约一些时槽。城域网的分布队列双重总线(distributed queue dual bus,DQDB)协议采用的就是预约机制。

对突发性的数据传输,竞争是最常用的机制。在这种机制中,没有相应的控制站点来决定谁来进行数据传输,所有的站点都要展开竞争以获取对共享媒体的访问权。这种机制的优点是易于实现,并且在低负荷和中等负荷时性能最好,只是在重负荷下性能会急剧下降,以太网中CSMA/CD协议采用的就是竞争机制。

5. LLC子层

数据链路层中与媒体接入无关的部分都集中在逻辑链路控制子层。更具体地讲,LLC子层的主要功能有以下几个。

(1) 建立和释放数据链路层的逻辑连接。

(2) 提供与高层的接口。

(3) 差错控制。

(4) LLC帧的封装和拆卸。

LLC协议与具体局域网所采用的介质访问控制方法无关。在局域网的链路层应当有两种不同的帧:LLC帧和MAC帧,它们和高层协议数据单元(protocol data unit,PDU)之间的关系如图4.3所示。

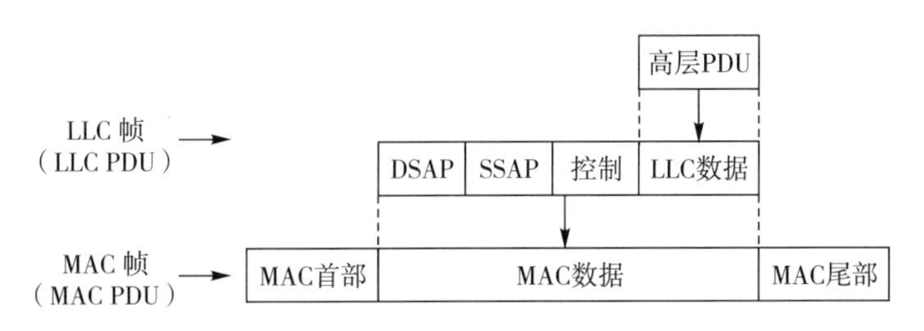

图 4.3 LLC 帧、MAC 帧和高层 PDU 之间的关系

LLC 帧的帧结构中只有 4 个字段，即目的服务访问点（destination service access point，DSAP）、源服务访问点（source service access point，SSAP）、控制字段和信息字段。LLC 帧格式中各个字段的含义如下。

- 服务访问点（service access point，SAP）：SAP 提供了多个高层协议进程共同使用一个 LLC 层实体进行通信的机制。在一个网络节点上，一个 LLC 层实体可能同时为多个高层协议提供服务。为此，LLC 协议定义了一种逻辑地址 SAP 及其编码机制，允许多个高层协议进程使用不同的 SAP 地址来共享一个 LLC 层实体进行通信，而不会发生冲突。SAP 机制还允许高层协议进程同时使用多个 SAP 进行通信，但在某一时刻一个 SAP 只能由一个高层协议进程使用，一次通信结束并释放了该 SAP 后，它才能被其他高层协议进程使用。SSAP 和 DSAP 地址字段分别定义了源 LLC SAP 地址和目的 LLC SAP 地址。
- 控制：用于定义 LLC 帧类型。LLC 定义了 3 种类型的帧，分别为信息帧（I 帧）、监控帧（S 帧）和无编号帧（U 帧），其含义与 HDLC 帧相同，但它根据局域网特点进行了调整和简化。
- 信息：用于传送用户数据。信息字段长度为 8 的 M 倍（M 为整数，M 的上限取决于所采用的 MAC 协议）。

4.2 以太网

局域网技术经过多年的发展，最终形成了 3 种类型的局域网：以太网、令牌总线和令牌环。但到目前为止，以太网仍然是使用最为广泛的局域网。因此，本节重点介绍以太网的相关知识。

4.2.1 以太网概述

以太网的核心思想起源于一种分组无线交换网——ALOHA。20 世纪 60 年代末，夏威夷大学的 Norman Abramson 及其同事们研制了一个名为 ALOHA 系统的无线电网络。这个地面无线电网络是为了把该校位于 Oahu 岛上的校园内的 IBM360 主机与分布在其他岛上和海洋船舶上的读卡机和终端连接起来而开发的。

ALOHA 协议相当简单，只要一个站点想要传输信息帧，它就把信息帧传输出去。然后它监听一段时间，如果在一段特定的时间内收到了确认，它就认为数据传输成功；否则，传输站点等待一段随机时间后重发信息帧。由于两个站点等待的时间是随机的，所以它们再次冲突的可能性较小。若发生了第二次冲突，则站点仍采用相同的规则重传信息。如果在发生了好几次重传后仍得不到确认，就放弃此次信息的传输。

当负载增加时，冲突发生的次数会迅速上升，基于ALOHA协议的信道的利用率很低(最高只有18.4%)。为了提高通信的效率，Robert于1972年提出了一种改进方法，即时隙ALOHA。时隙ALOHA不允许各站点完全随机地传送数据。它把信道的利用时间分为许多等长的时间段(称为时隙)，每一个时隙等于一个帧的传输时间，所有站点都配有同步时钟。不论帧何时产生，它只能在每个时隙开始时才能进行发送，这样只有在同一个时隙开始进行传输的帧才有可能冲突，从而使信道的利用率大大提高，其信道的最大利用率可达到36.8%。

如今的以太网是在1972年创建的，当时刚从麻省理工学院毕业的Bob Metcalfe来到Xerox的Palo A1to研究中心(Palo Alto Research Center，PARC)的计算机科学实验室工作。

PARC是世界上有名的研究机构，坐落在旧金山南部靠近斯坦福大学的地方。当时Metcalfe已被Xerox雇用为PARC的网络专家，他的第一项工作是把Xerox ALTO计算机连到ARPANET网络上。1972年秋，Metcalfe去访问住在华盛顿特区的ARPANET计划的管理员，并偶然发现了Abramson的关于ALOHA系统的早期研究成果。在阅读Abramson的有名的关于ALOHA模型的论文时，Metcalfe认识到，虽然Abramson已经做了某些有疑问的假设，但通过优化后可以将ALOHA系统的效率提高到近100%。

1972年底，Metcalfe和David Boggs设计了一套网络，将不同的ALTO计算机连接起来。在研制过程中，Metcalfe把他的网络命名为ALTO ALOHA网络，该网络是以ALOHA系统为基础的，且连接了众多的ALTO计算机，于是，世界上第一个个人计算机局域网络ALTO ALOHA网络在1973年5月22日开始运转。这天，Metcalfe写了一段备忘录，宣称他已将该网络改名为以太网(Ethernet)，其灵感来自“电磁辐射可以通过发光的以太来传播”这一想法。

最初的实验型PARC以太网以2.94 Mbps的速度运行。到1976年时，PARC的实验型以太网中已经发展到100个节点，已在长1 000 m的粗同轴电缆上运行。1976年6月，Metcalfe和Boggs发表了题为《以太网：局域网的分布型信息包交换》的著名论文，1977年12月13日，Metcalfe和Boggs等人获得美国专利：具有冲突检测的多点数据通信系统。从此，以太网正式诞生。

1980年，DEC、Intel与Xerox三家公司宣布了一个10 Mbps以太网标准，这标志着基于以太网技术的开放式计算机通信时代正式开始了。该标准的名称取自这三家公司名称的英文首字母，即DIX以太网标准。

DIX以太网标准有两个版本：1980年9月发布的1.0版本和1982年11月发布的2.0版本。其后，以太网成为IEEE发起的802系列标准中第一个标准化的局域网技术标准。这一努力产生了1985年的“IEEE 802.3 CSMA/CD”标准，它描述了一种基于原始DIX以太网系统的局域网系统。从那以后，IEEE 802.3以太网标准还被ISO接受为国际化标准，这也意味着以太网技术已成为一种世界性的标准，全球的销售商都可以生产适用于以太网系统的设备。

早期的以太网使用的传输介质是同轴电缆，造价较高。1990年，IEEE 802.3标准中的物理层标准10BASE-T的推出，使得普通的双绞线就可以作为传输介质，且传输速率可达到10 Mbps。由于普通的双绞线造价较低，且容易施工，使得该种类型的以太网性价比非常高，从而在各种局域网产品的竞争中占据了绝对的优势。在随后的几年中，又陆续推出了一系列以太网物理层标准。

①1993 年推出的以光纤作为传输介质的物理层标准 10BASE-F。

②1995 年推出的以双绞线和光纤作为传输介质的 Fast Ethernet 标准，数据速率达到 100 Mbps。

③1999 年推出的以屏蔽双绞线和光纤作为传输介质的 Gigabit Ethernet 标准，数据速率达到 1 000 Mbps。

④2002 年推出的以光纤作为传输介质的 10G Ethernet 标准，数据速率达到 10 Gbps。

实际上，到了 20 世纪 90 年代后期，激烈竞争的局域网市场已经逐渐明朗，以太网在局域网市场中可以说取得了垄断地位，并且几乎成为局域网的代名词。但由于实际局域网采用的基本上是 DIX Ethernet 2 标准，而不是 IEEE 802.3 中的几种局域网标准，因此现在 802 委员会制定的逻辑链路控制子层 LLC 的作用已经不大了，很多厂商生产的以太网卡上仅装有 MAC 协议而没有 LLC 协议。下面仅对以太网中 MAC 子层协议和 MAC 帧格式进一步介绍。

4.2.2 以太网物理层

以太网的物理层主要是对传输介质进行规范。IEEE 为同轴电缆、屏蔽双绞线、非屏蔽双绞线和光纤定义了一套标准。IEEE 使用了以下命名标准，它有 3 个部分。

(1) 速率：表示每秒兆位的数据速率。

(2) 信号：表示信道上传输的是基带信号还是宽带信号。

(3) 传输媒体：表示物理介质的质地，以及早期版本中电缆段的最大长度，四舍五入到最近的 100 m 的倍数。

如，10BASE-2 表示工作在 10 Mbps，BASE 代表采用基带信号，2 表示每个网段最长为 185 m(四舍五入到 200 m)。表 4.1 列出了以太网不同类型介质的标准。

表 4.1 IEEE 802.3 介质标准

标准	规　范	单段最大长度/m
10BASE-5	粗同轴电缆	500
10BASE-2	细同轴电缆	185
10BASE-36	私有 CATV 系统的三个信道(每个方向)	3 600
10BASE-T	两对三类(或更好的)UTP	100
10BASE-F	光纤标准的通用名	NA
100BASE-T	标准的通用名	NA
100BASE-X	使用 4B/5B 编码的 100BASE-T 标准的通用名	NA
100BASE-TX	一对使用 4B/5B 的五类 UTP	100
100BASE-FX	两个使用 4B/5B 的多模光纤	2 000
100BASE-T4	四对使用 8B/6T 的三类(或更好的)UTP	100
100BASE-T2	两对使用脉冲振幅调制 5(PAM5)的三类(或更好的)UTP	100

续表

标准	规　范	单段最大长度/m
1000BASE-X	使用8B/10B编码的1 000 Mbps标准的通用名	NA
1000BASE-CX	两对使用8B/10B的150 Ω的STP	25
1000BASE-SX	两个使用8B/10B,使用短波激光的多模光纤	550
1000BASE-LX	两个使用8B/10B,使用长波激光的多模光纤或单模光纤	550(多模)或5000(单模)
1000BASE-T	四对使用PAM5的五类UTP	100

4.2.3　以太网MAC子层协议

以太网采用的媒体访问控制协议是载波侦听多路访问/冲突检测(carrier sense multiple access with collision detection,CSMA/CD)。CSMA/CD协议实质上是在载波侦听多路访问(carrier sense multiple access,CSMA)协议的基础上改进而来的。

1. CSMA协议

"载波侦听"的含义是指在使用传输介质发送信息之前,先要侦听(检测)传输介质上有无信号传送,即侦听传输介质是否空闲。"多路访问"的含义是指多个有独立标识符的节点共享一条传输介质,因此,CSMA方法又称为"先听后说"方法(listen before talk,LBT)。

在CSMA技术中,所有的节点共享一条传输介质(总线)。当一台计算机发送数据时,总线上的所有计算机都能检测到这个数据,这种通信方式是广播通信。在数据帧的首部写明了目标计算机的地址,仅当数据帧中的目标地址与自己的地址一致时,该计算机才能接收这个数据帧。对于不是发送给自己的数据帧,计算机一律不接收(即丢弃)。当然,现在的计算机中的网卡可以被配置成混杂模式。在这种特殊的模式下,该计算机可以接收总线上传输的所有数据帧,不管数据帧中的目的地址是否与自己一致,也可以实现对网络上数据的监听和分析。

CSMA协议中,任何一个节点要向总线发送信息,首先要侦听总线上是否有其他节点正在传送信息,如果总线忙,则它必须等待;如果总线空闲,则可传输。即便如此,两个或多个节点还是有可能同时开始传输,这时就会产生冲突,这会造成数据不能被正确接收。考虑到这种情况,发送方在发送完数据后,要等待一段时间(要把来回传输的最大时间和发送确认的节点竞争信道的时间考虑在内)以等待确认。若没有收到确认,则发送节点认为发生了冲突,须重发该帧。CSMA技术要求信号在总线上能双向传送。根据侦听的时间以及遇忙后采用的策略不同,CSMA有多种工作方式。

(1) 非坚持CSMA。欲传输的站点监听媒体并遵循以下规则。

① 若媒体空闲则传输,否则,转到第②步。

② 若媒体忙,则等待一段随机的重传延迟时间,重复第①步。

等待一段随机的重传延迟时间,可使得多个同时准备传输的站点减少冲突发生的可能性。这种方法的缺点是浪费了部分信道容量,因为即便有一个或多个站点有帧要发送,由于这些站点发现媒体忙后会等待一段时间。在等待的这段时间内,即使媒体空闲了,它们也不能立即访问媒体。这些站点必须等到等待时间结束后,才能检测媒体,因此信道被大大浪费了。

(2) 1 坚持 CSMA。为了避免信道浪费,可以采用 1 坚持 CSMA 协议。在该协议中,欲传输的站点监听媒体并遵循以下规则。

① 若媒体空闲则传输,否则,转到第②步。

② 若媒体忙则继续监听,直到检测到信道空闲,然后立即传输。

③ 若有冲突,则等待一段随机时间后重复第①步。

非坚持 CSMA 协议中的站点是尊重别人的,而“1 坚持”方式是自私的。如果有两个或多个站点等待传输,采用“1 坚持”算法肯定会发生冲突,事情只有在发生冲突后才能理顺。

(3) P 坚持 CSMA。试图既能如非坚持算法那样减少冲突,而又像“1 坚持”算法那样减少空闲时间的一种折中方案是 P 坚持协议。其规则如下。

① 若媒体空闲,则以概率 P 传输,以概率($1-P$)延迟一个时间单位。该时间单位通常等于最大传播延迟的两倍。

② 若媒体忙,则继续监听直到信道空闲,并重复第①步。

③ 若传输延迟了一个时间单位,则重复第②步。

在该协议中,问题主要集中在如何选取 P 值。一般情况下,在网络负载较轻的时候,P 必须取较大的值,以提高信道的利用率;但 P 取得太大,又容易引起更多的冲突,从而造成信道利用率的下降。在网络负载较重的时候,P 必须取较小的值,以减少站点之间冲突的概率;但 P 取得太小,会让试图传输的站点等待更长的时间,这样也会造成信道利用率的下降。

2. CSMA/CD 协议

在 CSMA 中,一旦有两个帧发生冲突,由于 CSMA 算法没有冲突检测功能,站点仍然会将已破坏的帧发送完。如果帧比较长,则相对于传播时间来说被浪费掉的时间是相当可观的,从而使数据的有效传输率大大降低。如果站点在传输的时候继续监听,这种浪费就可以减少。这就是 CSMA/CD 协议对 CSMA 的改进之处。因此,CSMA/CD 又被称为“边说边听”方法(listen while talk,LWT)。

在认识具体的 CSMA/CD 协议之前,先来了解两个与数据传输相关的基本概念:传输时间(又称为传输延迟)和传播时间(又称为传播延迟)。

传输时间是指一个数据帧从一个站点开始发送,到该数据帧发送完毕所需的时间;当然,它也表示一个接收站点开始接收数据帧,到该数据帧接收完毕所需的时间。数据传输时间可用下面的公式来表示。

传输时间(s)=数据帧长度(bit)/数据传输速率(bps)。

传播时间是指从一个站点开始发送数据到另一个站点开始接收数据所需要的时间,也即载波信号从一端传播到另一端所需的时间,称为信号传播时间。信号传播时间可用下面的公式表示。

信号传播时间(μs)=两站点间的距离(m)/ 信号传播速度(一般为 200 m/μs)。

若不考虑中继器引入的延迟,数据帧从一个站点开始发送,到该数据帧被另一个站点全部接收所需的总时间,等于两倍的数据传输时间与信号传播时间之和。

在 CSMA/CD 协议中,欲传输的站点监听媒体,并遵循以下规则。

① 若媒体空闲则传输,否则转到第②步。

② 若媒体忙则继续监听,直到检测到信道空闲,然后立即传输。

③ 如果在传输的过程中监听到冲突,就发送一个短小的人为干扰信号,这个信号使得冲突的时间足够长,让其他的节点都能发现。

④ 所有节点收到干扰信号后,都停止传输,并等待一个随机产生的时间间隙(回退时间)后重发,重复第①步。

图 4.4 说明了 CSMA 和 CSMA/CD 两种协议在发生冲突时所浪费的时间情况。图中黑色阴影表示传输的数据帧部分,浅色阴影表示传输的干扰信号部分。

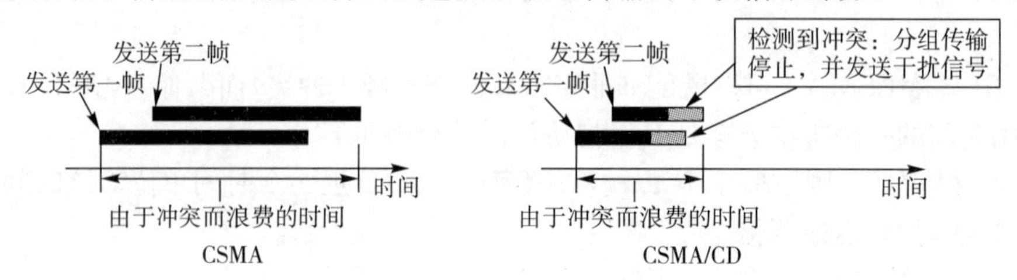

图 4.4　CSMA 和 CSMA/CD 在发生冲突时所浪费的时间

在 CSMA/CD 协议中,发生冲突时所浪费的时间等于检测冲突所花费的时间。该段时间是多长呢？考虑相距尽可能远的两个站点的情况。对于基带系统,站点此时用于检测一个冲突的时间为从信道的一端到另一端的传播延迟(假设为 τ)的两倍。图 4.5 说明了 CSMA/CD 中一个站点用于检测冲突所需要的最大时间。在 0 时刻,位于电缆一端的站点 A 发出一帧,当该帧在即将到达电缆最远另一端的站点 B 之前的某一时刻(即 $\tau-\varepsilon$ 时刻),由于 B 检测到此时总线空闲,也开始传输帧,这个帧将会和站点 A 的帧发生冲突,并且马上被 B 检测到,于是 B 会放弃自己的传送任务,并发送一个人为干扰信号以警告所有其他的站点。也就是说,它阻塞了以太网,以便保证发送方不会漏掉这次冲突。该信号要再经过 τ 时间才能到达 A,此时 A 也将检测到该干扰信号,从而放弃此次传输任务,退回等待一段随机时间,再重传刚才的帧。显然,在这种情况下,发送站点 A 在发出帧后经过了大约 2τ 的时间后才检测到发生了冲突。

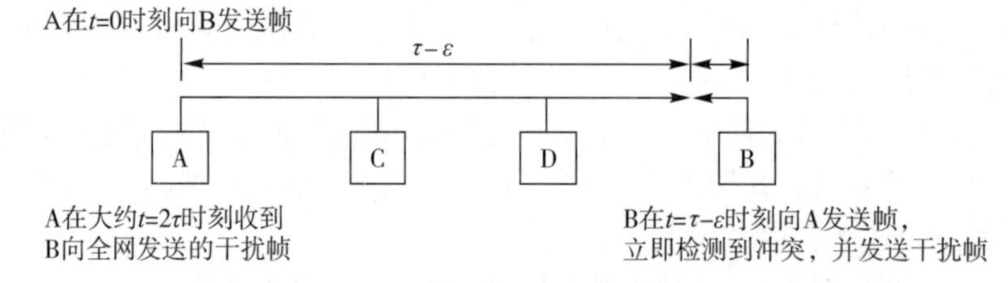

图 4.5　检测冲突需要 2τ 的时间

对于宽带系统来讲,延迟还会更长,最坏的情况发生在与头端离得最远的两个相邻站点间,此时用于检测冲突的时间,等于从头端到电缆尾部的传播延迟的 4 倍。

在 CSMA/CD 中,冲突检测的实际方法依赖于所采用的介质系统。在同轴电缆介质上,收发器通过监视电缆上的平均 DC 信号幅度来检测冲突。当两个或多个站点同时进行传送时,同轴电缆上的平均 DC 电压达到一个能触发收发器冲突检测电路的幅值。双绞线以太网或光纤以太网之类的连接段具有独立的发送和接收数据路径,连接段收发器通过在发送和接收数据通道中,同时出现活动检测到冲突。

在实际的以太网标准中，还采用一个帧间间隔(inter frame gap，IFG)来控制站点对媒体的访问。其长度为96位时间，对于10M以太网为9.6 μs，对于100 M以太网为0.96 μs。站点并不是在检测到媒体空闲时就马上传输数据，它还必须继续监听媒体直到该空闲时间达到帧间间隔才能发送数据。帧间间隔的目的是允许最近传输的站点能够将其收发器硬件从传输模式转为接收模式。如果没有帧间间隔，有可能由于最近传输过数据的站点尚未完全转为接收模式而导致那些发送给该站点的帧丢失。随着技术的发展，目前大多数以太网硬件转为接收模式的时间要远小于96位时间，因此，有些厂商在设计网卡时采用较小的帧间间隔，以获得更高的吞吐率，但是这样的做法会造成某些帧的丢失。

4.2.4　二进制指数退避算法

在以太网中，当发生碰撞时，如果两个站点退避相同的时间后再次发送，将会带来另一次碰撞。为了避免这种情况，每一个站点的退避时间应是一个服从均匀分布的随机量。另外，当媒体较忙时，重要的是如何避免因重传而造成堵塞。因此，当一个站点经历重复碰撞时，它应退避一个更长的时间以补偿网络的额外负载。这就是二进制指数退避算法的思想。该算法的具体做法如下。

在一次冲突发生后，时间被分割成离散的时槽。时槽长度等于最差情况下信号在以太网介质上来回传输所需要的时间。为了达到以太网所允许的最长路径，时槽的长度被设置为512位时间，对于10 M以太网为51.2 μs。

第一次冲突产生后，每个站点随机等待0或1个时槽后重新发送。若有多个站点在冲突后又选择了同一个等待时槽数，则它们将再次冲突。在第二次冲突后，它们会从0、1、2、3中随机挑选一个数作为等待的时槽数。若又产生第三次冲突(发生的概率为0.25)，则它们将从0～7(2^3-1)中随机挑选一个等待的时槽数。

一般而言，n次冲突后，等待的时槽数从0～2^n-1中随机选出；但在达到10次冲突后，等待的最大时槽数固定为1023，之后不再增加。在16次冲突后，站点放弃传输，并报告一个错误。

二进制指数退避算法可以动态地适应试图发送数据的站点数的变动，使随机等待时间随着冲突产生的次数指数递增，不仅可以确保在少数站点冲突时的时延较小，而且可以保证当很多站点冲突时能够在较合理的时间内解决冲突。但这种退避算法会带来一个不良后果：没有遇到过或遇到冲突次数少的站点，等待时间更长的站点更有机会得到媒体的访问权。例如，有两个站点A和B，它们都有大量的数据需要发送，如果它们在第一次传送时发生冲突，并且选择了0或1的回退等待时槽数。假设站点A选择回退时槽数为0，站点B选择1。这样，A马上就可以开始重传，而B则要等待。在A的帧传送结束时，A又可以接着发送第二帧数据。假设这次A和B又发生了冲突。对于A的这次帧传送来说是第一次冲突，所以A将选择0或1的回退等待时槽数。而对于B来说，至少是它的第二次冲突，假设这就是B的第二次冲突，则B将从0到3选择一个回退等待时槽数。这样，A获得数据帧发送权的概率就比B大。假定A又先获得了发送权。在后续传输中，假定A再次和B发生冲突，A仍然是在0和1之间随机选择一个等待时槽数，而B将在更大的范围内选择等待的时槽数。这种不公平现象会继续下去，直到A传送完所有的数据，或B的重传送计数器达到16，B丢弃这个帧并重新开始传送。此时，A与B又回到平等的状态，竞争又是平等的了，但显然 A 比 B 更有机会获得访问权，这对 B 不公平。

为解决这一问题，IEEE 的 802.3w 工作组在 1994 年提出了一个新的退避算法，即二进制对数仲裁方法(binary logarithm arbitration method，BLAM)。虽然 BLAM 在公平性上有所改进，但由于现在人们已将兴趣转移到全双工以太网，因此，BLAM 方法并没有被纳入以太网标准中。

注意：站点每次只传送一个帧且每个站点在传送每个帧时，都必须使用这一规则来访问共享的以太网信道。

4.2.5　以太网的 MAC 帧格式

以太网的规范决定了帧的结构以及何时允许站点发送一个帧。以太网介质访问控制的基础是具有冲突检测的载波侦听多路访问机制，即前面介绍的 CSMA/CD 协议；而以太网帧是这些内容的决定因素。因此，帧的构成规则和组织是以太网系统的关键。

图 4.6 给出了以太网的帧结构。其中，图 4.6(a)是最早的以太网所采用的帧结构，一般称为 DIX 帧格式；图 4.6(b)是 IEEE 802.3 委员会所采用的帧结构。可以看出，这两种帧结构基本上是一致的。

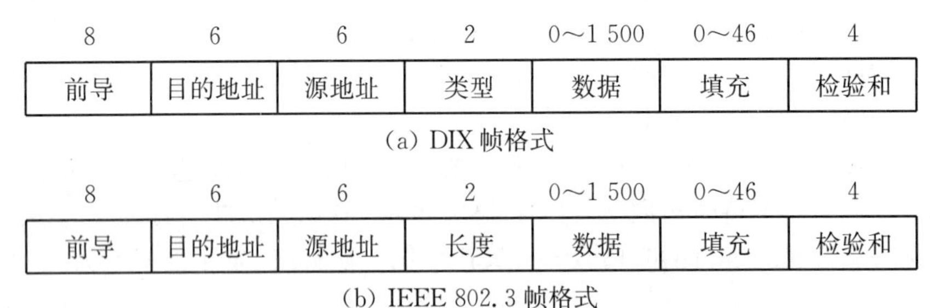

(a) DIX 帧格式

(b) IEEE 802.3 帧格式

图 4.6　以太网帧格式

下面对帧结构中的每个域进行说明。

(1) 前导：包含 8 个字节。前 7 个字节中每个字节的值是二进制“1”和“0”的交替代码，形如“10101010…”，用于通知接收端即将有数据帧到来，使接收端能够利用曼彻斯特编码的信号跳变来同步时钟。而最后一个字节的值为“10101011”，表示这一帧实际内容的开始，用于通知接收方后面紧接着的内容就是数据。

(2) 目的地址和源地址：均包含 6 个字节。目的地址标识了帧的目的地站点，源地址标识了发送帧的站点。

目的地址和源地址均指接收和发送该信息帧的以太网卡地址(网卡 MAC 地址，即网卡的物理地址或硬件地址)。这 48 位的地址分配由 IEEE 控制，前 24 位由 IEEE 向网卡制造商分配，后 24 位由网卡制造商自己决定，保证每块网卡有唯一的一个地址。因此，每块网卡的地址包含制造商代码。48 位的物理地址由 6 个字节组成，每个字节用 2 位十六进制数表示。图 4.7 显示了计算机中网卡的相关信息，其中，实际地址部分(00-1B-FC-35-F4-37)为网卡的物理地址。

(3) 类型：包含 2 个字节。类型域标识了在以太网上运行的客户端协议。使用类型域，单个以太网可以向上复用不同的高层协议(如 IP、IPX、ARP 等)。

(4) 数据：包含 0～1 500 字节。数据域封装了通过以太网传输的高层协议信息，每个帧所能携带的用户数据最长为1 500字节，1 500字节的限制是为了防止节点长时间地独占传输媒体。

(5) 填充：包含0～46字节。该域用于保证以太网中数据帧的长度不能小于某个最小长度64字节(从目的地址域一直到校验和域)。由于以太网帧中的目的地址、源地址、类型和校验和字段总共占18字节，所以帧携带的数据最少为46字节。若从高层传来的数据少于46字节，则通过填充来满足限制。

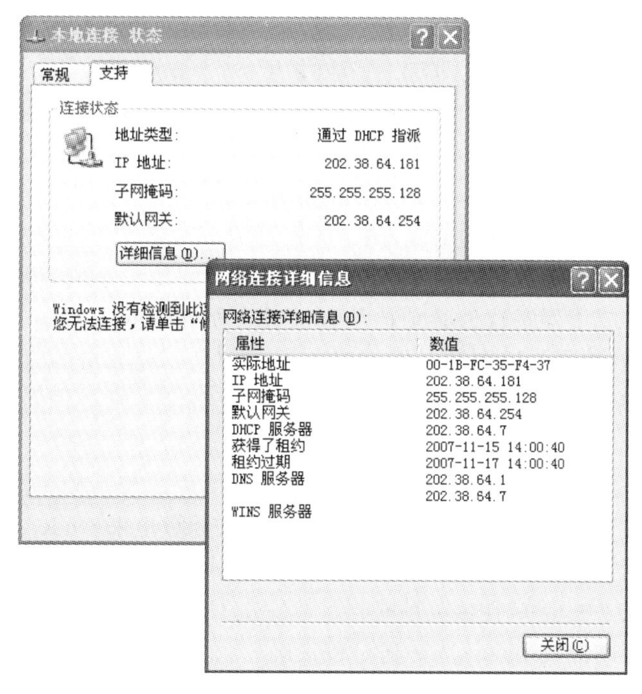

图4.7　网卡的物理地址

图4.8为Wireshark软件截获的以太网MAC帧，其中，目的地址和源地址均包含6个字节，图4.8中的第一个标识即为目的地址和源地址信息；类型域标识占2个字节，标识数据报的类型，图4.8中的第二个标识中的08 00表示其为IP数据，另外，类型字节为08 06时表示地址解析协议(address resolution protocol，ARP)数据，81 37则表示网间数据交换协议(internetwork packet exchange，IPX)数据；后续字节则表征IP数据报内容，由于数据长度为38字节，小于46字节，填充了8个字节的00数据，如图中标识3所示。

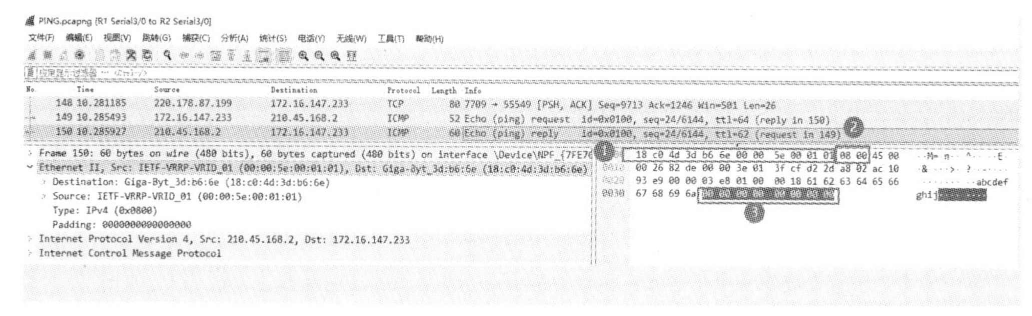

图4.8　Wireshark软件截获以太网MAC帧

以太网数据帧的长度为什么不能小于64字节呢?这是因为,以太网中的CSMA/CD是基于冲突检测的协议。一个站点如果在传送数据帧时检测到了冲突信号,它就知道这个数据帧发生了错误,然后会立即停止传送并等待一段随机时间再传送这个数据帧。但如果冲突信号返回到该站点时,数据帧已经发完,它就不会重传这个数据帧。要保证以太网的重传,就必须保证发送站点收到冲突信号的时候,数据帧还没有传完,即要求站点发送数据帧的时间不能小于最坏情况下的冲突检测时间。根据前面的描述,该时间长度为 2τ(51.2 μs)。对于10 M以太网来说,就是要保证最小数据帧的长度必须要达到51.2 μs×10 Mbps=512位,也即64字节的长度。

同样,在正常的情况下,冲突信号应该出现在64个字节之内,这是正常的以太网碰撞。如果站点传送完一个帧中的前64字节,而没有发生冲突,则称这个站点获得了信道。在正常工作的以太网系统中,当一个站点获得信道之后就不应该再发生冲突。冲突信号出现在64字节之后是一种严重的错误,该错误被称为迟冲突。迟冲突的出现表示网络系统出现了严重的问题,会导致正在传送的帧丢弃。以太网接口不会自动地重发迟冲突丢失的帧,这就意味着应用程序软件必须检测到帧丢失所导致的未响应,并重新传送信息。由于等待应用程序软件中的识别计时器超时并重发信息要花大量的时间,即使是很少的迟冲突也会造成网络性能的降低,所以,应认真对待网络设备所报告的迟冲突,并尽快解决问题。

(6) 校验和:包含4字节。这个32位字段包括的值用来校验帧字段中数据位的完整性(不包括前导字段),通过循环冗余校验(CRC)的方法计算出来。CRC是使用目的地址、源地址、类型和数据字段的内容进行计算的一个多项式。发送站点产生帧的同时计算出CRC的值,接收站点中的接口在接收帧时再计算一次CRC值;然后与接收来的CRC值进行比较,如两值相同则接收站点认为传送过程正确。

如图4.6(b)所示,IEEE 802.3帧格式与传统以太网帧格式稍有不同。该格式中,紧接着地址字段的是长度字段,它给出了所携带的用户数据的长度,其取值范围为0~1 500字节。数据部分实际上是一个逻辑链路控制协议数据单元(logical link control protocol data unit,LLC PDU),正如前面介绍的,LLC头部包括DSAP和SSAP字段,用来给出该帧应该递交的高层协议。

4.2.6 交换式以太网

近年来,局域网上的用户数明显增加,多媒体技术广泛使用后,大量图像数据需要在网上传输,计算机支持的协同工作模式的出现,也要求局域网有更高的数据速率。现有局域网的数据传输速率成为影响整个网络性能的瓶颈,交换式以太网可以很好地解决这个问题。

交换式以太网的核心是交换机,如图4.9所示。它包含一块高速的底板以及一个常可以容纳4~32块插线卡的空间,每块插线卡包含1~8个连接器。绝大多数情况下,每个连接器有一个10BASE-T双绞线接口,可以连接到一台主计算机上。

当一个站点发送数据帧时,该帧首先会被传送到交换机的插卡上,获得该帧的插卡通过检查帧的内容判断目的站点是否连在同一块插卡上。如果是,则将该帧复制到同一块插卡的相应连接器上;如果不是,则要通过交换机的高速底板将数据帧复制到目标插卡的相应连接器上。通常,交换机的底板使用私有的协议,其运行速度可达到 Gbps 量级。

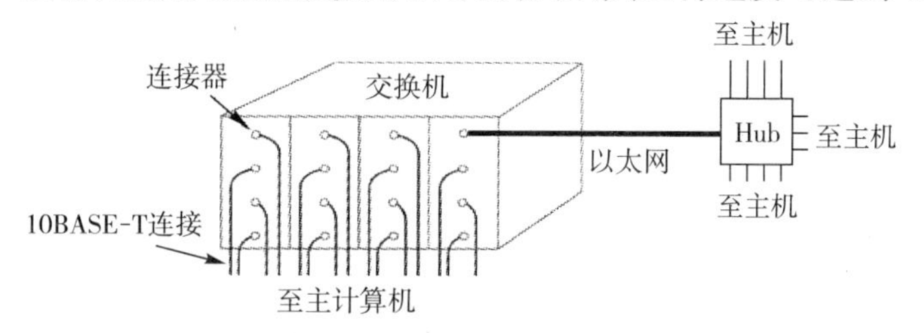

图 4.9 交换式以太网的一个简单示例

在这种设计中,每个插卡都构成了自己的冲突域,与其他的插卡完全独立,不同的插卡可以并行传输数据。但对同一个插卡上的不同连接器,它们仍然属于同一个冲突域,不能同时传输数据;同一个插卡上的不同连接器实际上相当于一个内部的局域网,其连接的计算机之间传输数据仍然遵循 CSMA/CD 协议原则。

4.3 无线局域网(WLAN)

尽管以太网已经非常普及,但这些网络的安装需要提前进行布线,并且无法实现移动通信。这大大限制了局域网的应用范围,而无线技术却能弥补这些不足。目前,无线局域网 WLAN 正在日渐普及,越来越多的办公楼、实验室、机场和其他的公共场所都配备了 WLAN。随着无线局域网技术的发展,人们越来越深刻地认识到,无线局域网不仅能满足移动和特殊应用领域网络的要求,还能延伸网络的覆盖范围。无线局域网作为传统局域网的补充,目前已经成为局域网应用的重要分支。本节将从 WLAN 的发展历程、所涉及的基本技术、相关的标准以及发展趋势这几个方面对 WLAN 进行全面的介绍。

4.3.1 WLAN 概述

无线局域网,顾名思义,就是在局部区域内以无线媒体或介质进行通信的无线网络。无线局域网发展的速度也相当快。目前,支持 11 Mbps 以上用户传输速率的系统已经相当成熟,速率在 100 Mbps 甚至更高的系统实验已经在加拿大、美国、日本等国和欧洲的一些国家的专门实验室展开。研究的范围覆盖无线电设计、物理层实现、媒体访问控制技术,以及网络对无线多媒体业务的支持。

1. WLAN 的发展

1971 年,美国夏威夷大学的 ALOHA 网络的一项研究课题首次将网络技术和无线电通信技术结合起来。ALOHA 网络使分散在 4 个岛上的 7 个校园里的计算机可以利用新的方式和位于瓦胡岛的中心计算机通信,而且不再使用现有的低质高价的电话线路。其通过星形拓扑将中心计算机和远程工作站连接起来,提供双向的数据通信,远程工作站之间可通过中心计算机相互通信。

20 世纪 80 年代,美国和加拿大的业余无线电爱好者和无线电报务员们设计并建立了终端节点控制器,将各自的计算机通过无线发报设备连接起来,如图 4.10 所示。终端节点控制器(trusted network connect,TNC)工作起来像普通的 Modem 一样,把计算机数字信号转换为无线电收发报机可以调制的、并能利用分组交换技术通过广播频道发送出去的信号。事实上,美国无线电中继联盟(American Radio Relay League,ARRL)早在20世纪80年代就开始资助计算机网络委员会开发广域无线网络的论坛。所以,业余无线电报务员们早已开始使用无线联网技术,比商业市场早得多。

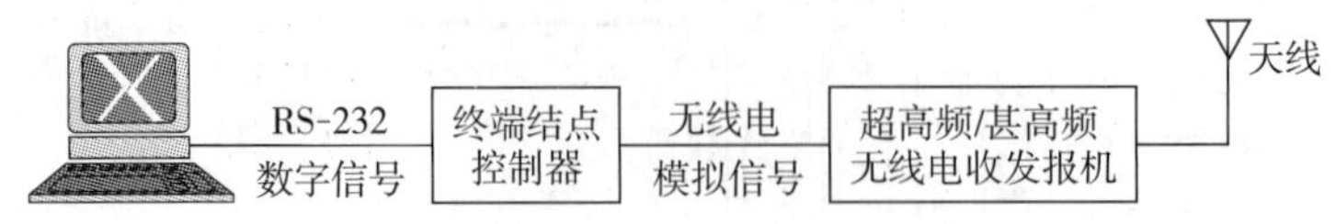

图4.10 用终端节点控制器组建的无线网络

1985年,美国联邦通信委员会(Federal Communication Committee,FCC)授权普通用户可以使用ISM频段,从而把无线局域网推向商业化发展的模式。这里ISM分别取自Industrial(工业)、Scientific(科研)及Medical(医疗)的第一个字母,许多工业、科研和医疗设备使用的无线频率集中在该频段。FCC定义的ISM频段为902~928 MHz、2.4~2.483 5 GHz和5.725~5.875 GHz 3个频段。目前世界上大部分国家的无线电管理机构也设置了各自的ISM频段,1996年,中国无线电管理委员会开放了2.4~2.4 835 GHz的ISM频段。ISM频段为无线网络设备供应商提供了产品频段,如果发射功率及带外辐射满足无线电管理机构的要求,则无需提出专门的申请即可使用这些ISM频段。ISM频段对无线产业产生了巨大的积极影响,保证了无线局域网元器件的顺利开发。

1990年11月,IEEE召开了802.11委员会,开始制订无线局域网标准。1997年6月26日,IEEE 802.11标准制定完成,并于1997年11月26日正式发布。IEEE 802.11无线局域网标准的制定是无线网络技术发展的一个里程碑。IEEE 802.11规范了无线局域网络的MAC层及物理层。

除了IEEE 802.11标准外,无线局域网里还有另外一个主要标准:HiperLAN。IEEE 802.11由面向数据的计算机通信(有线LAN技术)发展而来,它主张采用无连接的WLAN。HiperLAN由欧洲电信标准化协会(European Telecommunications Standards Institute,ETSI)提出,由电信行业(无线移动技术)发展而来,更关注基于连接的WLAN,目前大多数WLAN产品都是基于IEEE 802.11发展而来的。

2. 中国WLAN发展现状

2002年是国内WLAN运营市场比较活跃的一年。中国电信的"天翼通"服务、中国网通的"无线伴侣"服务开始在全国轰轰烈烈地展开,2002年8月,上海电信已建成公共点30个,而中国网通则于2002年7月底在北京、上海、广州、深圳4个城市的45个商务中心地区铺设了无线局域网。中国移动则从2002年第四季度开始在全国大规模地建设WLAN,中国联通也在2003年的CDMA 2000 1x网络中引入WLAN技术来配合使用。

国内WLAN业务的兴起掀起了网络设备销售的一个小高潮。纵览国内WLAN设备市场,港澳台地区的供应商在网络系统解决方案的提供方面起步较早,可以为运营商提供无线访问接入点、无线路由器和无线网桥等系统设备。台湾Macromate主推的MAP-811无线产品、3Com的Airconnect无线局域网解决方案、思科的Aironet 340和Aironet 350产品系列以及Intel PRO/无线5000 LAN系列等,这些产品有面向中小型企业的,有面向家庭办公室的,也有面向大型企业机构的,并在国内外市场均有应用。

国内厂商也纷纷开始看好WLAN市场,华为、中兴、大唐等设备厂商都开发了自己的无线网络产品(从网络系统的解决方案到无线客户机适配器、内置的无线网卡等)供用户选择。据了解,华为提供的解决方案特别考虑了与 GPRS 移动网络匹配使用的问题,比较贴近于中国移动的实际情况。此外,国内的笔记本电脑厂商也积极涉足 WLAN 市场,纷纷与国内的运营商结成 WLAN 服务的战略合作关系。

3. WLAN 的组成

同有线网络一样,一个无线网络的大小和复杂性,会根据它的大小和需要解决问题的不同而发生变化。下面首先介绍 WLAN 的主要设备,然后对 WLAN 的结构模式进行详细介绍。

(1) WLAN 设备。WLAN 主要由两类设备组成:无线接入点(access point,AP)和无线工作站,它由一台 PC 机(或 PDA)外加无线网卡构成。

① 无线网卡。无线网卡是无线局域网中最基本的硬件设备,主要有 3 种类型,即笔记本电脑专用的个人计算机存储卡国际协会(Personal Computer Memory Card International Association,PCMCIA)无线网卡、台式计算机专用的外设组件互连(peripheral component interconnect,PCI)无线网卡以及笔记本电脑和台式计算机都可以使用的通用串行总线(universal serial bus,USB)无线网卡。笔记本电脑的 PCMCIA 无线网卡与有线网卡的区别在于用无线发送、接收电路代替了 RJ-45 接口,比有线网卡多了天线部分,如图 4.11 所示。PCI 无线网卡主要用于台式计算机组建无线局域网,如图 4.12 所示。USB 无线网卡是通过 USB 接口和计算机相连的无线收发设备,如图 4.13 所示。由于目前的笔记本电脑和台式计算机都具有 USB 接口,因此这种无线网卡既可以用于笔记本电脑,也可以用于台式计算机,是当前比较流行的无线网卡类型。

图 4.11　PCMCIA 无线网卡

图 4.12　PCI 无线网卡

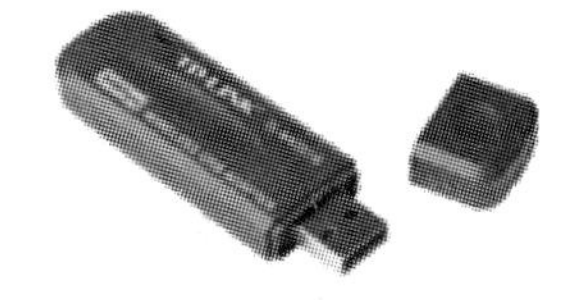

图 4.13　USB 无线网卡

② 无线接入点(wireless access point,WAP)。WAP 作为无线工作站与有线网络通信的接入点,其主要任务是协调多个无线工作站对无线信道的访问,其功能主要对应于 OSI 模型中的 MAC 层。WAP 上有两个端口:一个是无线端口,所连接的是无线小区中的移动终端;另一个是有线端口,连接的是有线网络,如图 4.14 所示。WAP 将无线网络的帧格式(IEEE 802.11 帧)与有线网络的帧格式(IEEE 802.3 帧)进行转换,实现有线网络与无线网络之间的帧的存储、转换、转发,从而实现桥接功能。

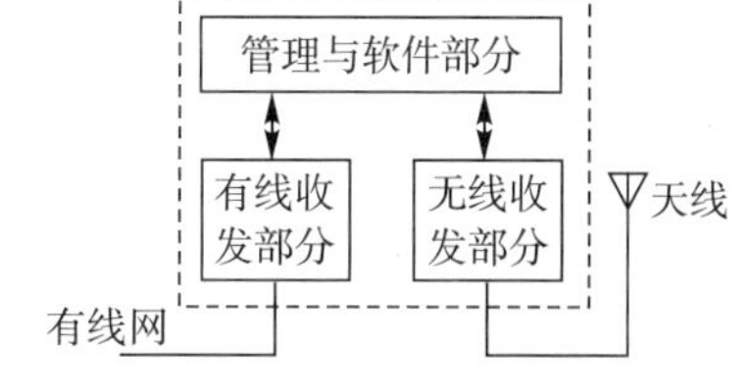

图 4.14　WAP 的组成

(2) WLAN 的结构模式。IEEE 802.11 标准支持两种基本实现结构:独立基本服务集(independent basic service set,IBSS)网络和扩展服务集(extended service set,ESS)网络,如图 4.15 所示。图中每一个椭圆形小区称为一个基本服务区(basic service area,BSA),一个基本服务区内的构件称为基本服务集(basic service set,BSS),BSS 中任一个站点在小区内自由移动时都能够与 BSS 中的其他站点保持充分的连接。若干个通过有线骨干网连接的基本服务区构成一个扩展服务区(extended service area,ESA)。ESA内的构件称为扩展服务集。

① 扩展服务集模式。该模式又称为基础设施模式,如图4.15(a)所示。它的最小构件是BSS。每个BSS由一个WAP和若干个移动站组成;若干个BSS的WAP通过有线网络连接起来,形成一个ESS。ESS扩大了无线信号的覆盖范围,站点之间的通信距离可达1 000 m,而BSS内的站点之间的通信距离通常在100 m左右。

一个移动站要加入某个BSS,必须先与该BSS的WAP建立关联,将其身份和地址告诉该WAP,该WAP可以将这些信息传送到同一ESS中的其他WAP。一个站点要离开或关机之前,需要使用分离服务终止建立的关联。

② 独立基本服务集模式。该模式又称为Ad hoc模式,也称为点对点(peer to peer,P2P)模式,如图4.15(b)所示。该模式的每个BSS内至少要设置2台工作站。由于BSS内没有WAP,工作站之间的关系是对等的,即通信双方以对等的关系进行通信。它适用于小规模范围的无线LAN系统,在军事或民用应急事件处理中应用广泛。

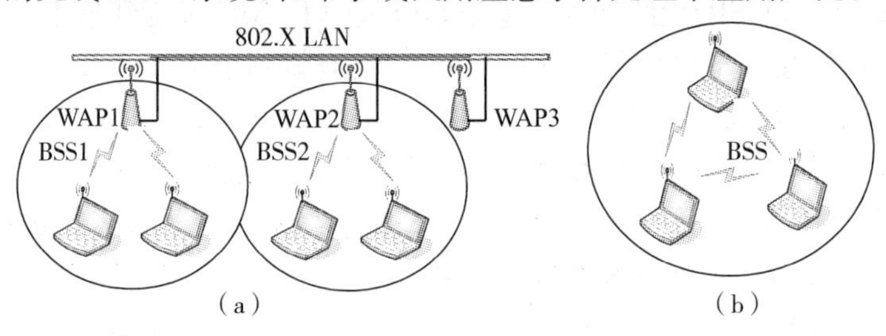

图4.15 WLAN的基本结构

4.3.2 WLAN的应用和优势

1. WLAN的应用领域

WLAN的应用领域主要有以下3个方面。

(1) 作为有线局域网的扩充。有线局域网中的以太网用非屏蔽双绞线实现了10、100、1000 Mbps速率的传输,使得结构化布线技术得到了广泛的应用。很多建筑物在建设过程中已经预先布好了双绞线。但是在某些特殊环境中,如历史古建筑、临时性小型办公室,以及股票交易场所和展览会大厅等的活动节点不能布线。在这些情况中,无线局域网提供了一种有效的联网方式。在大多数情况下,有线局域网与无线局域网配合使用。有线局域网用来连接服务器和一些固定的工作站,而移动的和不易于布线的节点可以通过WAP接入。

(2)建筑物之间的互联。无线局域网的另一个用途是连接邻近建筑物中的局域网,这些建筑物之间不便直接采用线缆连接。在这种情况下,一般采用无线网桥或无线路由器搭建一条点到点的无线链路,以实现两座建筑物之间的互联。

(3) 临时性网络。临时性网络是一个临时需要的对等网络。例如,一群工作人员每人都有一个带有无线网卡的笔记本电脑,他们在一间房间里开业务会议或讨论会,他们的计算机可以暂时连成一个无线网络,会议完毕后网络将不再存在,这种网络也很适合用在军事领域。

2. WLAN 的优点

与有线网络相比,WLAN 具有以下优点。

(1) 搭建速度较快。对于无线接入系统而言,主要的安装工作就是架设天线和安装网络连接设备,牵扯面小且工程单纯。由于无线设备采用小型化和集成化工艺,所以基站安装所需的工程量很小;而有线接入系统则需挖沟埋缆或竖杆架线,牵扯面大,工程复杂。当网络需要扩容时,无线网络只需用户终端安装无线网卡即可实现即时上网,工作量更小;而有线网络则需要重新为该用户布线,甚至还可能需要另外购置网络设备。

(2) 安装灵活方便。无线网络可以按当时的需要容量来安装设备,甚至可以"现用现装"。如果采用有线组网(接入)方式,则由于线路工程复杂、牵涉面广,需进行长远规划,尽量做到一次性把线路设施建设完毕,避免后续因通信容量增加而反复施工。在地形复杂,难以埋设或架高电缆的情况下,无线接入是唯一的选择。

(3) 节约建设投资。采用有线组网(接入),必须按长远规划超前埋设电缆,需投入相当一部分当前并无任何效益的资金,增加了成本。同时,电缆预埋的做法无疑会冒着到使用时电缆已经落后的风险(近年来网络速度的发展已经证明了这点)。采用无线组网(接入)则可避免这种超前投资的风险,只要按当前需要进行建设,建设后的扩建简易方便。

(4) 维护费用较低。有线组网(接入)的线路维护费用很高,而一旦产生故障,其维修开支也不小,而这些在无线组网(接入)中是完全可以节省的。无线组网(接入)的主要开支在于设备及天线和铁塔的维护,相比较而言费用要低得多。

(5) 易于使用扩充。在有线网络中,网络设备的安放位置受网络信息点位置的限制。而一旦无线局域网建成后,在无线网络的信号覆盖区域内任何一个位置都可以接入网络。在网络中添加新的客户端时,无需重新进行布线,可以随时加入现有的网络。另外,无线局域网有多种配置方式,可供人们根据需要灵活选择。这样,无线局域网不但能胜任只有几个用户的小型局域网,还能胜任上千用户的大型网络,并且能够提供像"漫游"等有线网络无法提供的特性。

4.3.3　WLAN 的基本技术

无线局域网使用的是无线通信技术,按照采用的传输技术可分为 3 类:红外线技术、扩频技术和窄带技术。每一类技术都有它的先进性和局限性。

1. 红外线技术

红外线局域网采用小于 1 μm 波长的红外线作为传输媒体,具有非常高的频率,有较强的方向性。由于它采用低于可见光的部分频谱作为传输介质,使用不受无线电管理部门的限制。与微波通信一样,红外线也是按视距方式传播的,即发送点应该可以直接看到接收点,中间没有阻挡。红外线相对于微波传输方案来说有一些明显的优点:首先,红外线频谱非常宽,所以就有可能提供极高的数据传输速率;其次,由于红外线与可见光有一部分特性是一致的,所以它可以被浅色的物体漫反射,这样就可以用天花板反射来覆盖整个房间。红外线局域网的数据传输有以下 3 种基本技术。

(1) 定向光束红外传输技术。定向光束红外线可以用于点到点链路传输。在这种方式中,传输的范围取决于发射的强度与接收装置的性能。用红外线连接设备可以连接几幢大楼的网络,但是每幢大楼的路由器或网桥都必须在视线范围内且不能有遮挡。

(2) 全方位红外传输技术。一个全方位红外传输技术局域网要有一个基站,基站能看到红外线无线局域网中的所有站点(如可以将基站安装在大厅的天花板上),基站的发射器向所有的方向发送信号,所有站点的收发器都用定位光束瞄准天花板上的基站。

(3) 漫反射红外传输技术。与全方位红外传输技术不同,漫反射红外传输技术局域网不需要在天花板安装基站。在漫反射红外线局域网中,所有站点的发射器都瞄准天花板上的漫反射区,红外线射到天花板上后,被漫反射到房间内的所有接收器上。

由于室内环境中的阳光或室内照明的强光线都会成为红外线接收器的噪声部分,限制了红外线局域网的应用范围。但由于红外线不会穿过墙壁或其他的不透明物体,因此,红外无线局域网具有以下优点。

- 红外线通信比起微波通信不易被入侵,安全性较高。
- 因为安装在大楼中每个房间里的红外线网络可以互不干扰,所以建立一个大的红外线网络的设想是可行的。
- 红外线局域网设备相对简单且又便宜。红外线数据传输基本上是用强度调制,所以红外线接收器只需要测量光信号的强度,而大多数的微波接收器则要测量信号的频谱或相位。

2. 扩频技术

最普遍的无线局域网技术是扩展频谱(简称扩频)技术。扩频技术最早被用于军事和情报部门,其主要目的是将信号散布到更宽的带宽上,以减小发生拥塞和干扰的概率。在战争环境下,敌人会搜索目标所发送的传输频段,一旦确定频段后就可以侦听目标,或者破坏目标的信息传送。扩频通信比传统的窄带通信需要更大的带宽,后者只需要在特定的射频上传送信息,因此容易被跟踪和检测,扩频通信占用较宽的频谱,接收机只有知道与扩频有关的所有信息后才能正确接受,否则扩频信号就像静态的或背景噪声一样,因此,采用扩频技术使得通信不易被干扰。如果要达到干扰的目的,对方需要知道扩频信号的参数或者在整个频段上进行干扰,后一种方法是很难实现的;另外,如果不知道扩频参数就不可能截获对方的任何通信信息。有两种办法可以实现扩频通信,分别为跳频扩频(frequency hopping spread spectrum,FHSS)和直接序列扩频(direct sequence spread spectrum,DSSS)。

(1)跳频通信。在跳频方案中,按固定的时间间隔要使发送信号频率从一个频谱跳到另一个频谱,接收器与发送器同步跳动,从而正确接收信息;而那些可能的入侵者只能得到一些无法理解的信号。发送器以固定的间隔变换发送频率,IEEE 802.11 标准规定:每 300 ms 的间隔变换一次发送频率。发送频率变换的顺序由一个伪随机数决定,发送器和接收器使用相同变换的顺序序列。数据传输可以选用频移键控或二进制相位键控方法。

(2)直接序列扩频。在直接序列扩频方案中,输入数据信号进入一个通道编码器,并产生一个接近某中央频谱的较窄带宽的模拟信号。这个信号将用一伪随机数序列来进行调制,调制的结果大大拓宽了要传输信号的带宽,因此称为扩频通信。在接收端,可使用同样的数字序列来恢复原信号,然后信号再进入通道解码器来还原传送的数据。

3. 窄带技术

在窄带调制方式中,数据基带信号的频谱不做任何扩展,即被直接搬移到射频发射出去。窄带无线设备以尽可能窄的无线信号频率传递信息,通过小心调整使用不同信道频率的用户,在信道之间避免干扰。与扩频技术相比,窄带调制方式占用频带少,频带利用率高。它可以分为以下两种。

(1) 申请执照的窄带无线电频率(radio frequency,RF)。用于声音、数据和视频传输的微波无线电频率需要申请执照和进行协调,以确保在一个地区环境中的各个系统之间不会相互干扰。在美国,由 FCC 控制执照。每个地理区域的半径为 28 km,可以容纳 5 个执照,每个执照覆盖两个频率。在整个频带中,每个相邻的单元都避免使用互相重叠的频率。为了提供传输的安全性,所有的传输都需经过加密。申请执照的窄带无线局域网的一个优点是保证了无干扰通信。与免申请执照的 ISM 频带相比,申请执照的频带执照拥有者,其无干扰数据通信的权利在法律上将得到保护。

(2) 免申请执照的窄带 RF。1995 年,Radio LAN 成为第一个使用免申请执照 ISM 的窄带无线局域网产品。Radio LAN 的数据传输速率为 10 Mbps,使用 5.8 GHz 的频率,在半开放的办公室有效范围为 50 m,在开放的办公室为 100 m。Radio LAN 采用了对等网络的结构。传统局域网(如以太网)组网一般需要有集线器,而 Radio LAN 组网不需要有集线器,它可以根据位置、干扰和信号强度等参数来自动地选择一个站点作为动态主管。当联网的节点位置发生变化时,动态主管也会自动变化。这种网络还包括动态中继功能,它允许每个站点像转发器一样工作,使不在传输范围内的站点之间彼此也能进行数据通信。

4.3.4 WLAN 标准:IEEE 802.11

WLAN 的广泛应用在很大程度上依靠于工业标准的产生,这些标准让不同厂商生产的无线设备能够在一起可靠地工作。IEEE 802.11 是在 1997 年由大量的局域网以及计算机专家审定通过的标准。IEEE 802.11 规定了无线局域网在 2.4 GHz 频段进行操作,这一波段被全球无线电法规实体定义为扩频使用波段。后来,又陆续推出了 IEEE 802.11b、IEEE 802.11a、IEEE 802.11g 等一系列标准,它们都是在 802.11 基础上改进得来的。

除了 IEEE 802.11 委员会以外,其他一些组织在推动无线局域网市场方面也做了许多工作。无线局域网联盟是由无线局域网厂商建立的非营利性组织,它主要进行无线局域网市场和产品使用方面的培训等工作。由 3Com、Aironet、Intersil、朗讯科技、诺基亚以及 Symbol 科技公司等厂商组建的无线以太网兼容联盟(Wireless Ethernet Compatibility Alliance,WECA)则主要通过在同一无线结构内对不同厂商的产品进行验证,以实现真正意义上的多厂商产品的互操作。

下面对基于 IEEE 802.11 标准的 WLAN 体系结构进行详细介绍。

1. 802.11 标准系列简介

(1) IEEE 802.11。IEEE802.11 是第一代无线局域网标准之一。该标准定义了物理层和媒体访问控制协议的规范,允许无线局域网及无线设备制造商在一定范围内建立互操作网络设备。与 802.3 相比,802.11 有如下新特点:在物理层定义了数据传输的信号特征和调制方法,定义了两个 RF 传输方法和一个红外线传输方法。RF 传输标准是直接序列扩频和跳频扩频。由于在无线网络中冲突检测较困难,媒体访问控制层采用避免冲突(conflict access,CA)协议,而不是冲突检测(collision detection,CD),但也只能减少冲突。802.11 物理层的无线媒体决定了它与现有的有线局域网的 MAC 不同,它具有独特的媒体访问控制机制,以CSMA/CA的方式共享无线媒体。

(2) IEEE 802.11b。为了支持更高的数据传输速率,IEEE 于 1999 年 9 月批准了 IEEE 802.11b 标准,它是对 802.11 标准的修改和补充。IEEE 802.11b 无线局域网的带宽最高可达 11 Mbps,比两年前刚批准的 IEEE 802.11 标准快 5 倍,扩大了无线局域网的应用领域。另外,也可根据实际情况采用 5.5 Mbps、2 Mbps 和 1 Mbps 带宽,实际的工作速度在5 Mbps左右,与普通的 10BASE-T 规格有线局域网几乎是处于同一水平。作为公司内部的设施,可以基本满足使用要求。IEEE 802.11b 使用的是开放的 2.4 GHz 频段,不需要申请就可使用,既可作为对有线网络的补充,也可独立组网,从而使网络用户摆脱网线的束缚,实现真正意义上的移动应用。

(3) IEEE 802.11a。2000 年 8 月,IEEE 802.11a 标准推出。该标准是已在办公室、家庭、宾馆、机场等众多场合得到广泛应用的 802.11b 无线联网标准的后续标准。它工作在 5 GHz U-NII 频带,物理层速率可达 54 Mbps,传输层可达 25 Mbps。采用正交频分复用(OFDM)的独特扩频技术,可提供 25 Mbps 的无线 ATM 接口和 10 Mbps 的以太网无线帧结构接口,以及 TDD/TDMA 的空中接口,支持语音、数据、图像业务,一个扇区可接入多个用户,每个用户可带多个用户终端。与此同时,尽管这两种标准并不兼容,但硬件厂商将会设法提供能够同时支持这两种标准的产品。

(4) IEEE 802.11g。随着无线 IEEE 802.11 标准深入人心,各 IC 制造商开始为以太网平台寻求更为快速的协议和配置。而蓝牙产品和无线局域网(802.11b)产品的逐步应用,使解决两种技术之间的干扰问题日益重要。为此,IEEE 成立了 WLAN 任务工作组,专门从事无线传输的 802.11g 标准的制定,力图解决这一问题。802.11g 实际上是一种混合标准,它既能适应传统的 802.11b 标准,在 2.4 GHz 频率下提供 11 Mbps 数据传输率,又符合 802.11a 标准在 5 GHz 频率下提供 54 Mbps 数据传输率。

(5) IEEE 802.11i。IEEE 802.11i 是新的 WLAN 安全协议,主要包括 Wi-Fi 保护访问和健壮安全网络两项内容,它修补了 WEP 协议的漏洞,定义了严格的加密格式和认证机制,以改善 WLAN 的安全性。IEEE 802.11i 规定使用 IEEE 802.11x 认证和密钥的管理方式。在数据加密方面,定义了临时密钥完整性协议(temporal key integrity protocol, TKIP)、计数器模式/密文反馈链接消息认证码协议(counter mode/CBC MAC protocol, CCMP)和无线健壮认证协议(wireless robust authenticated protocol, WRAP)3 种加密机制。

(6) IEEE 802.11e。无线网络上的语音和多媒体应用使 IEEE 802.11 MAC 层标准有必要增加服务质量(quality of service, QoS)条款。经过若干年的工作后,802.11 标准委员会已经完成了 802.11e 标准的制定工作。802.11e 是原来标准的扩展,增加了服务质量的条款和一套提高性能的标准,对 WLAN 的 MAC 层进行了改进,各种业务对应不同的优先级,为 WLAN 中的业务提供 QoS 保证。

(7) IEEE 802.11f。IEEE 802.11 协议制定了无线局域网 MAC 层和物理层的规范及其基本结构,但并没有对无线局域网的构建作出规定。这给 WAP 和由其组成的分布式系统在功能设计方面留出了很大的自由空间,但同时也给无线站点的移动带来了问题,使无线站点不能自由地在不同厂商生产的 WAP 间移动。为了解决这个问题,IEEE 工作组制定了 802.11f 协议,详细阐述了接入点内部协议(inter-access point protocol, IAPP),旨在向用户提供 WAP 间的移动功能，以满足用户对移动性日益增长的需求。

(8) IEEE 802.11s。IEEE 802.11s 是无线网状网(wireless mesh network，WMN)的标准，定义了如何在 WLAN 系统上实现网状的组网结构。其目标是提供扩展服务集(extended service set，ESS) Mesh 网络，使访问点 AP 之间能够建立无线连接，支持自动拓扑识别和动态路由配置。其基本思想是通过扩展 IEEE 802.11 MAC 协议，采用 radio 感知的度量标准在自配置的多跳拓扑结构上实现对广播/组播以及单播传输的支持。

随着无线网络技术的发展，除以上标准外，IEEE 802.11 系列又产生了一些新的标准，如 IEEE 802.11t、IEEE 802.11u、IEEE 802.11v、IEEE 802.11w、IEEE 802.11x、IEEE 802.11y、IEEE 802.11z、IEEE 802.11aa、IEEE 802.11ab、IEEE 802.11ac、IEEE 802.11ad 等。

2. WLAN 的物理层

WLAN 的物理层主要由三部分组成：物理介质相关协议(physical medium dependent，PMD)、物理层汇聚协议(physical layer convergence protocol，PLCP)和物理层管理子层，如图 4.16 所示。位于最下层的 PMD 子层用于识别相关介质传输的信号所使用的调制和编码技术；PMD 子层上面的 PLCP 子层主要进行载波侦听的分析和针对不同的物理层形成相应格式的分组；物理层管理子层为不同的物理层进行信道选择和调谐。

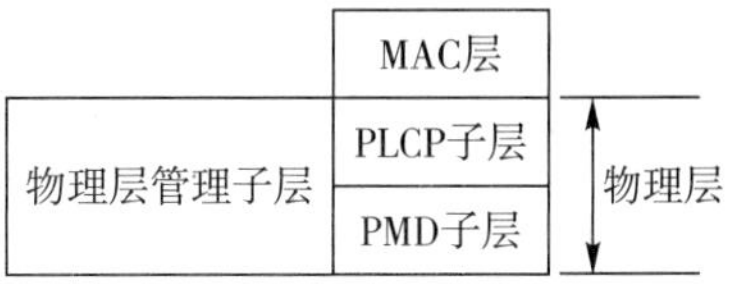

图 4.16 WLAN 的基本结构

802.11 物理层使用 FHSS 和 DSSS 技术。FHSS 和 DSSS 技术在运行机制上是完全不同的，所以采用这两种技术的设备没有互操作性。IEEE 802.11 无线标准定义的传输速率是 1 Mbps 和 2 Mbps。

最初，802.11 的 DSSS 标准使用 11 位的 chipping-barker 序列将数据编码并发送，每一个 11 位的 chipping 代表一个一位的数字信号 1 或者 0，这个序列被转化成波形(称为一个 symbol)，然后在空气中传播。传送的机制称为二进制移相键控(binary phase shifting keying，BPSK)。在 2 Mbps 的传送速率中，使用了一种更加复杂的传送方式，称为四相移相键控(quadrature phase shifting keying，QPSK)，QPSK 中的数据传输率是 BPSK 的两倍，以此提高了无线传输的带宽。

在 802.11b 标准中，一种更先进的编码技术被采用了。在这个编码技术中，不再采用 11 位 Barker 序列技术，而采用了补码键控(complementary code keying，CCK)技术。它的核心编码中有一个由 64 个 8 位编码组成的集合，在这个集合中的数据有特殊的数学特性，使得它们能够在经过干扰或者由于反射造成的多方接收问题后还能够被正确地区分。5.5 Mbps使用 CCK 串来携带 4 位的数字信息，而 11 Mbps 的速率使用 CCK 串来携带 8 位的数字信息，这也是 802.11b 拥有较高速率的原因。

为了支持用户在有噪声的环境中能够获得较好的传输速率，802.11b 采用了动态速率调节技术，允许用户在不同的环境中自动使用不同的连接速度来补充环境的不利影响。在理想状态下，用户以 11 Mbps 的速率全速运行。然而，当用户移出理想的 11 Mbps 速率传送的位置或者距离时，或者潜在地受到了干扰的话，就把速度自动按序降低为 5.5 Mbps、2 Mbps 或1 Mbps。同样，当用户回到理想环境时，连接速度也会反向增加至 11 Mbps。速率调节机制是在物理层自动实现，不会对用户和其他上层协议产生任何影响。

3. WLAN 的 MAC 层

802.11 的 MAC 子层和 802.3 协议的 MAC 子层非常相似,都是在一个共享媒体之上支持多个用户共享资源,由发送者在发送数据前先进行网络的可用性判断。在 802.3 协议中,由一种称为 CSMA/CD 的协议来完成调节,这个协议解决了在 Ethernet 上的各个工作站如何在线缆上进行传输的问题,利用它检测和避免两个或两个以上的网络设备需要进行数据传送时网络上的冲突。在以太网中,一个站点只要等到总线空闲下来,就可以开始传输数据了,如果在前 64 字节以内没有监听到冲突的话,则几乎可以肯定该帧已经被正确传送了,而在无线环境中,这样的条件并不成立。

首先,由于大多数无线电设备都是半双工的,这意味着它们不能同时在一个频率上既传输数据,又监听信道是否有冲突产生。

另外,由于无线设备在传输数据时还存在隐藏站点和暴露站点问题,从而使得冲突检测对 WLAN 没有什么用处。下面对无线传输的隐藏站点和暴露站点问题进行详细说明,如图 4.17所示。

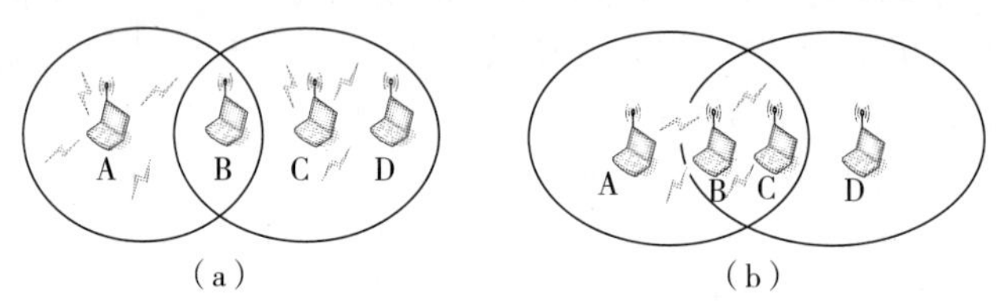

图 4.17 WLAN 的隐藏站点和暴露站点问题

图 4.17(a)表示站点 A 和 C 都想和 B 通信,但 A 和 C 都不在对方的无线电波范围内。假定 A 正在给 B 传送数据,若 C 此时监听信道,则它什么也不会听到,从而得出错误结论:现在可以向 B 发送数据了。结果 B 同时收到 A 和 C 发来的数据,发生了冲突。这种未能检测出媒体上已存在信号的问题称为隐藏站点问题。图 4.17(b)给出了另一种情况。这里 C 希望传送数据给 D,但此时 B 正在给 A 传送数据,所以 C 监听到信道上有信号,从而得出错误结论:现在不能向 D 传送数据,其实 B 向 A 传送数据并不影响 C 向 D 传送数据,这就是暴露站点问题。WLAN 中,在不发生干扰的情况下,可允许多个无线站点同时通信,这点与总线式局域网有很大的差别。

鉴于这些问题,WLAN 中对 CSMA/CD 协议进行了一些改进,采用了冲突避免的 CSMA(carrier sense multiple access with collision avoidance,CSMA/CA)协议。CSMA/CA 还增加使用确认机制来避免冲突的发生,在讨论 CSMA/CA 协议之前,需先介绍 MAC 子层的结构。

(1) MAC 子层结构。MAC 子层的主要功能是对无线环境的访问控制,在多个接入点提供漫游支持,同时提供数据验证与保密服务。802.11 标准设计了独特的 MAC 子层,如图 4.18 所示。它通过协调功能来确定在基本服务集 BSS 中的移动站点在什么时间能发送数据或接收数据。802.11 MAC 层包括两个子层:分布协调功能(distributed coordination function,DCF)和点协调功能(point coordination function,PCF)。

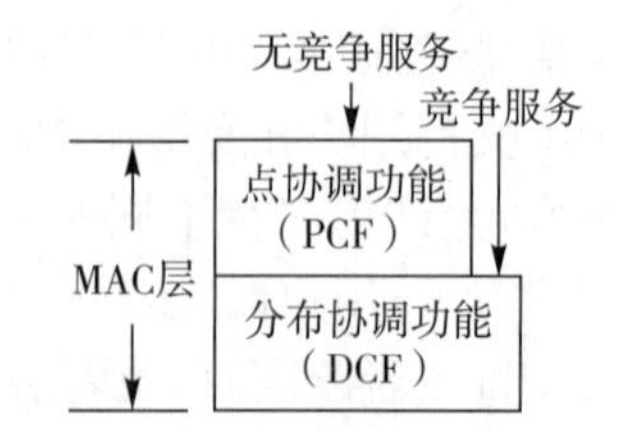

图 4.18 WLAN 的 MAC 子层结构

DCF 通过使用 CSMA/CA 和随机退避时间在兼容的物理层之间实现介质的自动共享,向上提供竞争服务。

PCF 是一种可选的访问方法,它通过使用集中控制的接入算法(一般在 WAP 实现集中控制),用类似于探询的方法将发送数据权轮流交给各个站点,从而避免了冲突的产生。PCF 方法基本的机制是,让基站周期性地广播一个信标帧,差不多每秒 10~100 次,信标帧包含了系统参数,比如调频和时钟同步等。对于时间敏感的业务,如分组语音,就应使用提高无竞争服务的点协调功能。

所有的 802.11 实现必须都支持 DCF,而 PCF 则是可选的。

(2) DCF 中的 CSMA/CA 协议及其随机退避算法的实现。

① CSMA/CA 采用两种载波侦听机制:一种称为物理侦听,另一种称为虚拟侦听。

物理侦听机制和以太网中的 CSMA/CD 的侦听机制完全相同,即站点在帧传送之前要侦听信道,如果信道忙则推迟帧传送,直到信道空闲为止。

虚拟侦听机制是一种与无线信道状态无关的侦听机制。它要求每个站点都维护一个网络分配向量(network allocation vector,NAV),在一个站点的 NAV 指定的时间段内,该站点会认为信道忙。设定一个站点 NAV 的方法是:每个站点在发送或接收数据帧之前,都会通过发送控制帧来宣布自己将占用信道的时间;其他站点会根据这个时间来设置自己的 NAV,从而作出谦让。设定 NAV 是一种积极的避免冲突的做法。“虚拟帧听”是表示其他站点并没有监听信道,而是由于它收到了源站点的“占用信道时间”的通知才不发送数据。这也是 IEEE 802.11 DCF 在不能进行冲突检测的情况下所采取的另外一种解决冲突现象的方法。

② CSMA/CA 有 4 种帧间间隔。为了尽量避免冲突,IEEE 802.11 标准规定,所有的站点在监听到信道空闲或完成数据帧的发送后,必须再等待一段很短的时间才能发送下一帧。这段时间的通称是帧间间隔。IFS 的长短取决于站点将要发送的帧类型。高优先级帧需要等待的时间较短,因此可优先获得发送权,低优先级帧就必须等待较长的时间。若低优先级帧还没来得及发送,而其他站点的高优先级帧已发送到媒体,则媒体变为忙态,因而低优先级帧就只能再推迟发送了。这样就进一步减少了发生冲突的机会。常用的 4 种帧间间隔如下。

- 短帧间间隔(short IFS,SIFS):SIFS 是最短的帧间间隔,用于分隔一次对话的各帧。一个站点应当能够在这段时间内从发送方式切换到接收方式。使用 SIFS 的帧类型有 ACK 帧、CTS 帧等。它的值与物理层相关,如 IR 的 SIFS 为 7 μs,DSSS 的 SIFS 为 10 μs;FHSS 的 SIFS 为 28 μs。

- 点协调功能帧间间隔(PCF IFS,PIFS):PIFS 保证在开始使用 PCF 方式时可优先获得媒体访问权。PIFS 的长度为 SIFS 值加上一个 50 μs 的时隙值,如 FHSS 的 PIFS 值为 78 μs。

- 分布协调功能帧间间隔(DCF IFS,DIFS):DIFS 是为了在 DCF 方式中用来发送数据帧和管理帧。DIFS 的长度为 PIFS 值加上一个 50 μs 的时隙值,FHSS 的 DIFS 值为 128 μs。

- 扩展帧间间隔(extended IFS,EIFS):用来报告坏帧。只有刚刚接收到坏帧或未知帧的站点才会使用这个间隔。为赋予最低优先级,接收方可能不知道接下去该怎么办,所以它应该等待一段时间,以避免干扰两个站点之间的一个正在进行的对话。

③ CAMA/CA 的工作原理如图 4.19 所示。

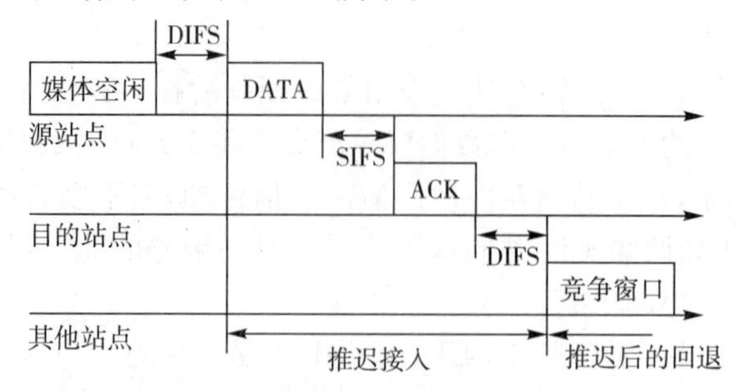

图 4.19　CAMA/CA 的工作原理

欲发送数据帧的源站点首先监听信道，当确定信道空闲，若源站点在等待 DIFS 时间之后信道仍然空闲，则发送一帧。发送结束后，源站点等待接收 ACK 确认帧。目的站点在收到正确的数据帧，间隔 SIFS 时间之后，向源站点发送 ACK 帧。若源站点在规定的时间内没有收到 ACK 帧(由重传计时器控制这段时间)，就必须重传此帧，直到收到正确 ACK 帧为止，或者经过若干次的重传失败后放弃发送。

欲发送数据帧的源站点若检测到信道由忙状态变为空闲状态，则它不仅要等待一个 DIFS 的时间，还必须执行退避算法，以进一步减少冲突的概率。IEEE 802.11 也是使用二进制退避算法，但它与以太网中的退避算法稍有不同。即第 i 次退避就在 2^{2+i} 个时隙中随机地选择一个等待时隙数。例如，第 1 次退避是在 0～7(不是 0～1)中随机地选择一个等待时隙数，第 2 次退避是在 0～15(不是 0～3)中随机地选择一个等待时隙数。注意：以太网中的退避算法是在冲突发生之后才引起执行，而 CSMA/CA 中的退避算法是在信道从忙状态转变为空闲状态时各站点就要执行退避算法。

当某个想发送数据的站点使用退避算法选择了某个等待时隙数后，就要以该时隙数来设置一个退避计时器。当退避计时器的值减小到零时，就要开始发送数据。当退避计时器还未减小到零时，信道又变为忙状态，此时计时器停止计时，重新等待信道变为空闲，再经过 DIFS 时间后，计时器继续开始计时(从剩下的时间开始)。这种规定有利于继续启动退避计时器的站点能够更早地获得信道的访问权。

在一个单元内，PCF 和 DCF 可以共存。既然 IEEE 802.11 MAC 子层可以在两种方式下运行，那么如何在这两种运行方式之间进行切换呢？其关键在于 PIFS 比 DIFS 短了一个时隙长度，这样就给 PCF 方式赋予了更高的优先级。

在两种方式之间进行切换的具体方法如下：当一个 WAP 希望它所在的 BSS 运行在 PCF 方式下时，它就在信道空闲 PIFS 时间后发送一个 Beacon 帧(一个送往广播地址的控制帧)，宣布整个 BSS 将运行在 PCF 方式下。因为在 DCF 方式下运行的站点需要等待信道空闲 DIFS 时间后才能发出它们的帧，所以 Beacon 帧总是有机会先发送出去。而一旦听到 Beacon 帧，这些站点就会推迟它们在 DCF 方式下的帧传输。在 PCF 方式下运行时，帧之间的间隔都是 PIFS，所以只有当 PCF 方式下的所有通信都结束时，该 BSS 内的站点才有机会在 DCF 方式下进行通信。当各站点回到 DCF 方式下运行时，如果 WAP 再次希望 BSS 运行在 PCF 方式下，它会再次发出 Beacon 帧，两种方式就这样交替运行。

(3) MAC帧格式。一个MAC帧是以一个以30字节的MAC帧头开始的,帧头后面是长度可变的MAC帧主体,最后部分是4字节的帧校验序列,如图4.20所示。

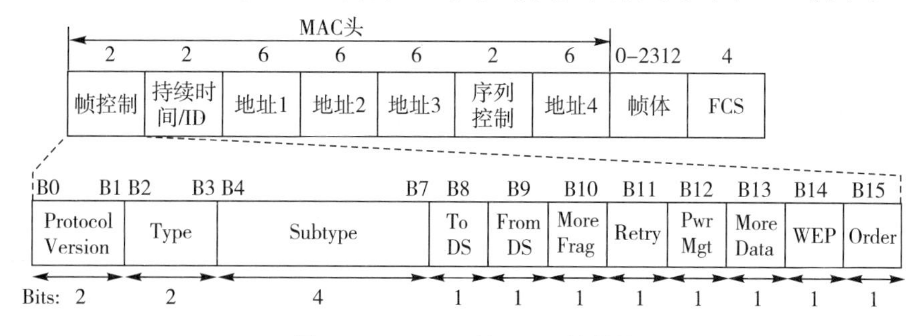

图4.20 802.11的MAC帧结构

下面对MAC帧结构中的每个域进行说明。

① 帧控制。这个字段载有在各个工作站之间发送的控制信息。它又可划分为11个子字段,其中第一个子字段是协议版本(Protocol Version),对于当前标准,协议版本为0。因此,除非未来的新协议版本与过去的协议版本不兼容,否则协议版本字段将一直保持为0。接下来是帧类型(Type)子字段,它表明当前的帧是管理帧、控制帧还是数据帧。帧子类型(Subtype)子字段表示帧的类型进一步从功能上进行了划分(如RTS帧或CTS帧等)。To DS和From DS子字段表明了该帧是发送或来自跨单元的分布系统。More Frag子字段意味着若还有其他分段存放在后继的帧中,则该字段置1。Retry子字段值若为1,则表明这是以前发送的某一帧的重传,否则为0。Pwr Mgt子字段是由基站使用的,该值为1,则使接收方进入睡眠模式;若为0,则使接收方从睡眠状态中唤醒过来。More Data子字段值为1,则表明发送方还有更多的帧要发送给该接收方;否则为0。WEP(Wired Equivalent Privacy)子字段值为1,则表明该帧的帧体已经用WEP算法加密过了,否则为0。Order子字段值为1,则表明该帧必须严格按照顺序来处理。

② 持续时间/ID。它表明了该帧和它的确认帧将会占用信道多长时间。该字段也会出现在控制帧中,其他站点通过该处的值来实现NAV机制。

③ 地址1(地址2、地址3、地址4)。地址字段包含不同类型的地址,地址的类型取决于发送帧的类型。很显然,源地址和目标地址是必不可少的,那么其他两个地址是做什么用的呢?前面曾经提到过,有的帧可能会通过一个基站进入或者离开一个单元。对于跨单元的通信,另外两个地址被用于源和目标基站地址。各段地址长度均为48位,且有单独地址、组播地址和广播地址之分。

④ 序列控制。该字段的16位中,后面12位表示该帧所属的MAC服务数据单元(MAC service data unit,MSDU)的序号,对于同一个MSDU的所有分片,该处的值相同;前面4位表示该分片的序号。

⑤ 帧体。这个字段的有效长度可变,所载的信息取决于发送帧的类型。如果发送帧是数据帧,那么该字段会包含一个LLC数据单元。MAC管理和控制帧会在帧体中包含一些特定的参数。如果帧不需要承载信息,那么帧体字段的长度为0。接收站可以从物理层适配头的一个字段判断帧的长度。

⑥ 帧校验序列(frame check sequence,FCS)。发送站点的MAC层利用CRC对帧前诸字段内容运算,计算一个32位的FCS,并将结果存入这个字段。

管理帧的格式与数据帧的格式非常类似,唯一不同的是,管理帧少了一个基站地址,因为管理帧被严格限定在一个单元中。控制帧也要短一些,它只有一个或两个地址,没有帧体字段,也没有序列控制字段。对于控制帧,关键的信息在于Subtype子字段,通常为RTS、CTS或者ACK。

(4) RTS/CTS协议。为了解决无线网络特殊的"隐藏终端"问题,IEEE 802.11标准在MAC层上引入了一个可选的RTS/CTS协议。RTS/CTS即请求发送(request to send)/允许发送(clear to send)协议,相当于一种握手协议。它的工作原理是:发送站点在向接收站点发送数据包之前,即在DIFS(DCF帧间隔)之后不是立即发送数据,而是代之以发送一个RTS帧,以申请对信道的占用,当接收站点收到RTS信号后,立即在一个短帧隙SIFS之后回应一个CTS帧,告知对方已准备好接收数据。双方在成功交换RTS/CTS信号对(即完成握手)后才开始真正的数据传递,保证了多个互不可见的发送站点同时向同一接收站点发送信号时,实际只能是收到接收站点回应CTS帧的那个站点能够进行发送,避免了冲突发生。即使有冲突发生,也只是在发送RTS帧时有可能产生。这种情况下,接收站点不会发送CTS帧。由于收不到接收站点的CTS消息,发送站点各自随机地推迟一段时间后重新发送其RTS帧。推迟时间的算法也是使用二进制指数退避算法。这样,发送站点就可以发送数据和接收ACK信号而不会造成数据的冲突,间接解决了"隐藏终端"问题。由于RTS/CTS需要占用网络资源而增加了额外的网络负担,一般只是在那些大数据包上采用。

4. Wi-Fi

无线相容性认证或无线保真(wireless fidelity,Wi-Fi)是一个非营利性质的国际组织,也是一种认证标准。它的主要工作就是测试那些基于IEEE 802.11(包括IEEE 802.11b、IEEE 802.11a和IEEE 802.11g)标准的无线设备,以确保Wi-Fi产品的互操作性。Wi-Fi认证的意义在于,只要是经过Wi-Fi认证的产品,就能够在家庭、办公室、校园或机场等其他公共场所里进行无线连接,实现随处上网。也就是说,只要购买的无线设备有Wi-Fi认证商标,就能够融入其他网络,从而实现彼此之间的互联互通。Wi-Fi被视为无线局域网的代名词。

4.3.5 WLAN展望

当前的WLAN技术提供日益提高的数据传输率和更高的可靠性、可信度,而其成本却逐渐降低。数据速率已经从1 Mbps增加到100多Mbps,伴随着IEEE 802.11系列标准的出现,不同产品之间的互操作性已经成为现实,而无线产品的价格也大幅度下降。

Wi-Fi目前采用的是802.11b标准,随着802.11g/a、802.16e、802.11i、WiMAX等技术、协议标准的制定和完善,加上Wi-Fi联盟对市场快速的反应能力,Wi-Fi正在进入一个快速发展的阶段。其中,作为802.11b发展的后继标准802.16(WiMAX,worldwide interoperability for microwave access,全球微波接入互操作性)已经正式获得批准,虽然它采用了与802.11b不同的频段(10～66 GHz),但是作为一项无线城域网(wireless MAN,

WMAN)技术,它可以和802.11b/g/a无线接入点互为补充,构筑一个完全覆盖城域的宽带无线技术。Wi-Fi/WiMAX作为Cable和DSL的无线扩展技术,它的移动性与灵活性为移动用户提供了真正的无线宽带接入服务,实现了对传统宽带接入技术的带宽特性和QoS的延伸。与此同时,WLAN领域已经出现很多其他的改进。例如,IEEE 802.11i标准主要解决大量的安全问题;QoS对于语音和视频应用具有至关重要的意义,IEEE 802.11e标准主要针对QoS进行保障;IEEE 802.11f标准主要针对不同供应商WLAN设备之间的互操作性。

Wi-Fi技术已经在世界各地得到了快速发展。应用于无线设备的无线协议已经相当全面,所有的一线厂商都有全新的配有无线网卡的笔记本电脑发布。IBM、DELL公司准备把Wi-Fi作为笔记本电脑的标准配置。有可供选择的无线网卡,支持服务质量和安全标准的Wi-Fi电话也已面市。

4.4　高速局域网

个人计算机的广泛应用推动了计算机技术的飞速发展,个人计算机处理速度迅速上升,价格却飞速下降,这又进一步促进了个人计算机更广泛的应用,同时也促使局域网规模的不断增大。网络通信量进一步增加,使得局域网的带宽已不能适应网络通信量日益增加的要求。各种新的应用,特别是多媒体技术的广泛应用和基于Web的Internet/Intranet的应用,对局域网的带宽与性能提出更高的要求。这些因素促使人们研究高速局域网技术,以提高局域网的带宽、改善局域网的性能。

为了提高局域网的带宽、改善局域网的性能,人们提出了以下三种解决方案。

第一种方案:提高以太网的数据传输速率,从10 Mbps提高到100 Mbps,甚至超过1 Gbps,这就推动了高速局域网的研究与产品的开发。在这个方案中,无论局域网的数据传输速率是提高到100 Mbps还是超过1 Gbps,其介质访问控制都采用CSMA/CD方法。

第二种方案:将一个大型局域网划分成多个用网桥或路由器互联的子网。网桥与路由器可以隔离子网之间的通信量,使每个子网作为一个独立的小型局域网。通过减少每个子网内部节点数的方法,使每个子网的网络性能得到改善,而每个子网的介质访问控制仍采用CSMA/CD的方法。

第三种方案:将“共享介质方式”改为“交换方式”,推动了“交换式局域网”技术的发展。交换式局域网的核心设备是局域网交换机,局域网交换机可以在它的多个端口之间建立多个并发连接,因此,每个用户可以独享网络带宽,从而大大提高网络通信的速度和性能。交换式局域网的出现,是网络发展的重要里程碑。

因此,可以将局域网分为以下两大类:共享介质局域网(shared LAN)和交换式局域网。其中,共享介质局域网又可分为Ethernet、Token Bus、Token Ring与FDDI(fiber distributed data interface,光纤分布式数据接口)以及在此基础上发展起来的Fast Ethernet、Fast Token Ring、FDDI Ⅱ等。交换式局域网可以分为Switched Ethernet与ATM局域网,以及在此基础上发展起来的虚拟局域网等。

本节将介绍一些主要的高速局域网技术,其中包括光纤分布式数据接口局域网和快速以太网(fast ethernet),以及千兆以太网和万兆以太网。

4.4.1 FDDI

1. FDDI的工作原理

FDDI是由美国国家标准化组织制定的关于在光纤上发送数字信号的一组协议。FDDI使用双环令牌，传输速率可以达到100 Mbps，网络跨越的距离可达200 km，最多可连接1 000台设备。由于支持高宽带和远距离通信网络，FDDI通常用于骨干网。CCDI是FDDI的一种变型，它采用双绞铜缆为传输介质，数据传输速率通常为100 Mbps。

FDDI采用了IEEE 802的体系结构和逻辑链路控制协议，其定义的标准分为4个部分，分别是媒体访问控制协议、物理层PHY协议、物理层介质相关子层PMD协议和站管理SMT协议。

FDDI使用双环架构，两个环上的流量在相反方向上传输。双环由主环和备用环组成。在正常情况下，主环用于数据传输，备用环闲置。当主环发生故障时，启用备用环。因此，使用双环能够提供较高的可靠性和健壮性。典型的FDDI双环结构如图4.21所示。

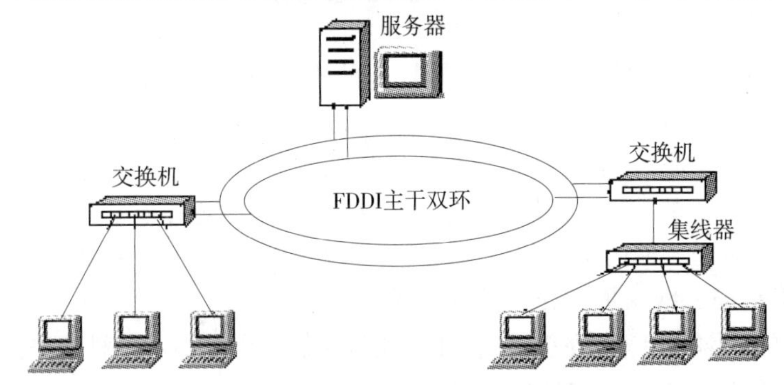

图4.21 典型的FDDI双环结构

FDDI所采用的介质访问控制方法与IEEE 802.5标准所定义的令牌环网的对应部分相似，所不同的是，IEEE 802.5标准采用的是单数据帧访问方法，而FDDI则采用多数据帧访问方法，即允许在环路中同时存在多个数据帧，以提高信道利用率。

一般的令牌环网是当一个节点获得“闲”状态的令牌后可以发送一帧数据，该帧绕环一周，中途目标节点将数据读入，并在帧状态字段中标注响应信息。当该帧再次经过源节点时，源节点将其从环上消除，同时发出一个“闲”状态的令牌。下面的节点获得了“闲”状态的令牌后方可发送数据。这样，环中任何时候都只存在一个数据帧在其上传输。

对于FDDI，环中也只有一个“闲”状态的令牌，任何一个节点也必须获得“闲”状态的令牌后才能发送数据。但是当一个节点发送完一帧数据或者允许发送数据的时间一到，就可以立即发出一个“闲”状态的令牌。这样，下一个节点获得“闲”状态的令牌后就又可以发送一帧数据。这时前面的节点发出的帧可能还没有全部被源节点接收，因此环中可能会同时存在多帧数据同时传输。

FDDI是20世纪80年代制定的标准，随着网络技术的发展，人们发现它存在带宽不足、价格昂贵、不能支持多媒体应用等缺点，于是ANSI制定了FDDIⅡ、CDDI和光纤分布式数据接口后续局域网(FDDI follow on LAN，FFOL)标准。CDDI使FDDI可延伸到台式机，FFOL可使带宽得到明显提高，FDDIⅡ则是以电路交换为基础的新一代标准，其主要目标是支持传送等时话音、视频和多媒体应用，并与FDDI兼容。

2. FDDI的技术特点

(1) 高速率:FDDI提供了100 Mbps的数据传输速率,双向运行时,可达到200 Mbps。

(2) 长距离:由于采用光纤作为传输介质,使传输距离大大扩展,多模光纤传输距离为2 km,而单模光纤达10 km。

(3) 高性能:由于采用了无冲突访问协议和多帧同时运行的方法,使网络性能得以充分发挥,即使网络负载很重时(网络负载超过90%),仍能保持很好的网络性能。

(4) 对时间敏感应用的支持:由于FDDI采用了定时令牌环协议,限制了令牌在环网上的平均运转时间和最大运转时间,满足了一些实时应用的要求。

(5) 高可靠性:一方面,由于采用双环拓扑结构,一旦出现链路或节点故障,网络能重组,将故障点隔离,保证网络正常运行,提高了可靠性;另一方面,采用光纤作为传输介质,避免了传输过程中的电磁干扰和射频干扰,同样提高了网络运行的可靠性。

(6) 可管理性:FDDI可使用许多通用的网络管理平台,特别是FDDI内置了管理功能,方便了网络的管理。

(7) 支持多种介质:FDDI主要采用光纤(单模/多模)作为传输介质,同时也支持UTP、STP等。

3. FDDI的应用环境

(1) 计算机机房中(称为后端网络):用于计算机机房中大型计算机与高速外设之间的连接,以及对可靠性、传输速度与系统容错要求较高的环境。

(2) 办公室或建筑物群的主干网(称为前端网络):用于连接大量的小型机、工作站、个人计算机与各种外设。

(3) 校园网的主干网:用于连接分布在校园中各个建筑物中的小型机、服务器、工作站和个人计算机以及多个局域网。

(4) 多校园网的主干网:用于连接分布在多个校园中的局域网,但需要新的适配卡。

4.4.2 快速以太网

为了提高传统以太网系统的带宽,IEEE在1995年采纳了802委员会的建议,接受IEEE 802.3u标准作为对IEEE 802.3标准的追加。符合IEEE 802.3u标准的以太网被称为快速以太网。

快速以太网是基于传统以太网技术发展起来的,数据传输速率达到100 Mbps的局域网,其基本思想很简单:保留IEEE 802.3标准中有关拓扑结构、传输介质、MAC帧结构、CSMA/CD介质访问控制方法等方面的所有规定,只是将数据传输速率提高到100 Mbps。

由于速率的提高,新标准对传统以太网的一些参数作了修改。例如,传统以太网中电线长度最长为2.5 km时,其最小帧长为64字节。当数据传输速率提高时,帧的发送时间按比例缩短,但电磁波在电缆上传播的时间并没有变化。这样,在电缆另一端的站点还没来得及检测到冲突,发送端就已经把数据帧发送完毕了。所以当发送数据的速率提高时,若保持电缆长度不变就应增大最小帧长,或者保持最小帧长不变但缩短最大电缆长度。快速以太网中采用的方法是保持最小帧长不变,但将最大电缆长度减小到大约200 m;帧间时隙从9.6 μs改为0.96 μs。

1. 快速以太网的协议结构

IEEE 802.3u标准在LLC子层使用IEEE 802.2标准,在MAC子层使用CSMA/CD,

与IEEE 802.3不同的只是在物理层做了一些必要的调整,定义了新的物理层标准100BASE-T。100BASE-T标准定义了介质专用接口(media independent interface,MII),它将MAC子层与物理层分隔开来。这样,物理层在实现100 Mbps速率时,所使用的传输介质和信号编码方式的变化不会影响MAC子层。

MII是一个40针的D型插座。一些收发器一端有一个相应的40针插头,直接插入MII插座即可;另一些收发器的40针插头在不超过0.5 m长的短缆线的一端,直接插入MII插座,收发器的另一端连接到相应的物理介质上。MII的电气性能只能驱动0.5 m的电缆,MII标准允许生产厂家生产与媒体、布线无关的产品,是利用外接收发器MAU去接入实际的物理链路。在100BASE-T中,大多数硬件生产厂家已决定绕开MII,在快速以太网集线器和网络接口卡中内置收发器MAU。快速以太网的协议结构如图4.22所示。

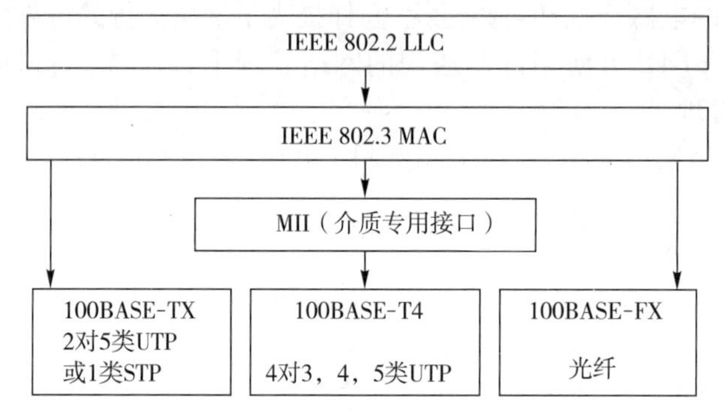

图4.22 快速以太网的协议结构

100BASE-T标准可支持多种传输介质。目前100BASE-T有以下3种传输介质的标准。

(1) 100BASE-TX。100BASE-TX支持2对5类UTP或2对1类STP。1对5类UTP或1类STP用于发送,而另1对双绞线用于接收。因此,定义的100BASE-TX是一个全双工系统,每个节点可以同时以100 Mbps的速率发送与接收数据。

(2) 100BASE-T4。100BASE-T4支持4对3类UTP。开发100BASE-T4的目的是充分利用10BASE-T使用的3类UTP资源。在4对3类UTP中,其中3对用于数据传输,1对用于冲突检测。100BASE-T4通过改变编码方案达到100 Mbps的数据传输速率。

(3) 100BASE-FX。100BASE-FX继承了10BASE-FL中多模光纤的布线环境,可以直接升级成100 Mbps的光纤以太网系统。此外,100BASE-FX还可以使用单模光纤作为传输介质,尽管可以提供更远的传输距离,但其价格要昂贵得多。100BASE-FX使用两条光纤进行数据传输,其中1条用于发送,另1条用于接收。尽管使用光纤连接可以达到很长的距离,但是为了保证站点能够检测到冲突,100BASE-FX限制光纤最大跨距不超过415 m。100BASE-FX采用4B/5B-NRZI的编码方式进行数据编码。

2. 10 M以太网和快速以太网之间的主要区别

快速以太网标准构造于曾获得极大成功的10 Mbps系列802.3标准之上,但是它们之间存在着一些重要的差异,主要表现在以下5个方面。

(1) 媒体无关接口(media independent interface,MII)和连接单元接口(attachment

unit interface，AUI)。100 Mbps 以太网中的介质专用接口取代了 10 Mbps 以太网中 AUI 的功能，实际上它提供了与之相同的功能，即减弱 MAC 对各种物理层(physical layer，PHY)的需求。尽管 AUI 正好提供了这个功能，但是它并不是以太网设备的最初设计目标。在后来的几年中，随着用于以太网的各种物理层被开发出来，这一点变得越来越明显，AUI 提供了一个非常好的接口，使得 MAC 可以保持不变，而只要变更 PHY 装置就可以采用新技术，从而提供对其他类型介质的支持，如光纤和双绞线。但是由于 100 Mbps 的频率太高，AUI 被证明在此数据速率下不能很好地完成这个功能。与 AUI 所采用的位串行接口不同，MII 的数据通路被修改成在接收和发送方向上都采用一个 4 位接口，降低了所需的频率(从位串行实现方案中的 100 MHz 降到了 25 MHz)。另外，MII 还提供了附加的增强功能，提供在 MAC 和 PHY 之间的专用报错和管理信号。从实现的角度来看，MII 最主要的特点是 MAC 和 PHY 之间所需的引脚数目。应指出，MII 既可以在 10 Mbps 也可以在 100 Mbps 数据速率下工作，而 AUI 只能在 10 Mbps 的数据速率下工作。

AUI 和 MII 之间的另一个主要区别是距离，AUI 最长允许有 50 m，而 MII 则被限定在 0.5 m 的范围之内。

(2) 快速通道子层(recovery sublayer，RS)。RS 本质上讲是一个“标准”层。它位于最初的 MAC 和 MII 之间。实际上 RS 不提供任何功能，而是作为 100 Mbps MAC 设备的一个集成功能实现的。从 802.3u 标准来看，RS 提供了一个在原始以太网 MAC 和 MII 之间的映射，其中，MAC 只能提供位串行接口，而 MII 可以提供一个具有半位元组宽度的发送/接收数据接口。因此，RS 被用作一个“垫片”，将最初的位串行 MAC 接口转换为 MII 定义的接口。

(3) 双速 10/100 Mbps MAC 功能。10 Mbps 以太网装置只能工作于这个单一数据率之上，即使曾开发了一个 1 Mbps 数据速率的选择方案，但是构造可以工作于两种速度之上的设备并未成为一个流行的选择方案。然而，在 100BASE-T 的开发过程之中，让设备同时工作于 10 Mbps 和 100 Mbps 之上却是参与标准制定的供应商们的明确目标。这主要是出于经济利益和保持以太网的“即插即用”特点的考虑。当 100BASE-T 被开发出来时，在市场上已经应用了几千万个 10 Mbps 以太网设备。供应商们意识到若想保持以太网的市场，用户将不得不要求“后向兼容”。这使得用户可以逐步地安装 100BASE-T 设备，而无需一下子升级整个网络。在很多情况下，新的应用可以全部采用 100 Mbps 的设备并工作于该数据速率之上，而遗留下来的网络则由于兼容性要求而需要工作于 10 Mbps 数据速率之上。这时，真正需要的是一种可以在进行网络连接之前，自动探测出网络设备正常工作速度的机制，这种需求催生了自动协商协议。

(4) 删除曼彻斯特编码。根据第 2 章的描述，已经知道，曼彻斯特编码提供了一种将一个数据位流和相应的时钟信息结合起来的能力，并由于不需要独立的时钟信号(这一点在长距离通信时尤为重要)而显得十分有效。但是由于曼彻斯特编码会产生高频而带来一些负面效应；这个特性在数据速率增加时变得更加麻烦，因为电磁干扰和射频干扰将变得很严重(电磁干扰和射频干扰辐射和感应将随着频率的增加而变得严重)。因此，需要更适合于在各种类型介质上传递高速信号的编码技术。AUI 中所使用的曼彻斯特编码不再被使用，取而代之的是在 MII 的发送和接收数据通路之上的半位元组宽度接口中所采用的简单不归零编码。

(5) 对全双工操作的包含。虽然10BASE-T由于其两对双绞线介质提供了全双工的物理通道而支持全双工操作,但在标准文档中并未包含对它的定义,所以互操作性在这里得不到保证。尽管一些供应商提供了基于10BASE-T的全双工10 Mbps产品,但在链路两端需进行手工配置来确保互操作性,所以这个功能很少在实际中应用。

与半双工的CSMA/CD协议相比,100BASE-T标准的制定承认了全双工操作不仅对于提高带宽有利,而且是一项必备功能。由于往返传播延迟上限确定了一个CSMA/CD网络的最大网络直径,所以当时间槽被缩小到十分之一时(因为每一位所占时间是10 Mbps的十分之一),网络直径将变成原来的十分之一。100BASE-T网络具有很小的地理覆盖范围,全双工操作则消除了往返传播延迟限制,从而允许支持更大的物理拓扑结构。

4.4.3 千兆以太网和万兆以太网

尽管快速以太网具有高可靠性、易扩展、低成本等优点,并且已成为高速局域网方案中的首选技术,但是在数据仓库、3D图形与高清晰度图像、桌面电视会议、网络流媒体服务等方面的应用中,还是显得力不从心,人们不得不寻求具有更高带宽的局域网。千兆以太网和万兆以太网就是在这种背景下产生的。

1. 千兆以太网

(1) 千兆以太网的协议结构。1995年11月,IEEE 802.3委员会成立了高速网研究组;1996年8月,成立了802.3z工作组,主要研究使用光纤与屏蔽双绞线的千兆以太网物理层标准;1997年初,成立了802.3ab工作组,主要研究使用非屏蔽双绞线的千兆以太网物理层标准。1998年2月,IEEE802.3委员会正式公布了IEEE 802.3z标准,1999年6月,IEEE802.3委员会正式公布了IEEE802.3ab标准。

千兆以太网的传输速率是快速以太网的10倍,数据传输速率达到1 000 Mbps。千兆以太网保留着传统的10 Mbps以太网的几乎所有的特征(相同的帧格式、相同的介质访问控制方法、相同的组网方法),只是将传统的以太网每个比特的发送时间由100 ns减少到1 ns。另外,为了适应1 000 Mbps传输速率的需要,对物理层进行了必要的改变。千兆以太网的协议结构如图4.23所示。

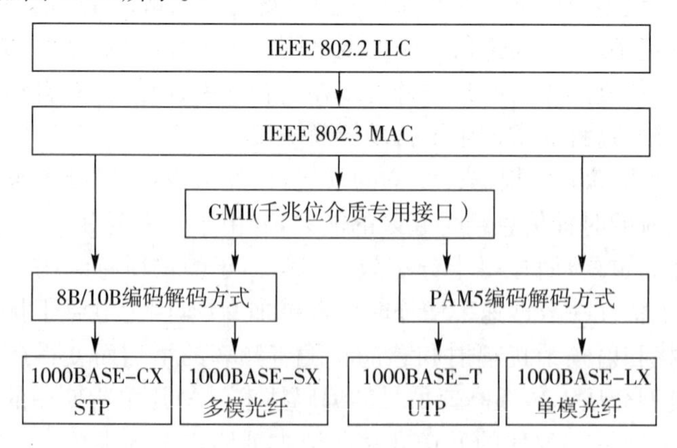

图4.23 千兆以太网的协议结构

IEEE 802.3z 和 IEEE 802.3ab 标准在 LLC 子层采用 IEEE 802.2 标准，在 MAC 子层采用 IEEE802.3 标准，实现了 CSMA/CD 介质访问控制和全双工操作，只是在物理层做了一些必要的调整，定义了 4 种新的物理层标准。

目前，千兆位以太网使用 1000BASE-X 的 8B/10B 编码，可支持单模和多模光纤，支持特殊的两对线的屏蔽双绞线 STP，即短距离铜缆。而 1000BASE-T 4 对线的 5 类、超 5 类双绞线则采用四维脉冲幅度调制 5 级(4 directions using pulse amplitude modulation with 5 voltages，4D-PAM5)的编码方式。

① 1000BASE-T。1000BASE-T 标准使用的是 5 类非屏蔽双绞线，双绞线长度可以达到 100 m，与 10BASE-T 和 100BASE-T 完全兼容。不同的是 1000BASE-T 采用非屏蔽双绞线中全部 4 对芯，数据编码方式也不同。

② 1000BASE-CX。1000BASE-CX 标准使用的是屏蔽双绞线，双绞线长度可以达到 25 m。

③ 1000BASE-LX。1000BASE-LX 标准使用长波长(波长为 1 300 nm)的光纤，其中多模光纤在全双工模式下的长度可达 550 m，单模光纤在全双工模式下的长度可以达到 5 km，均使用 SC 标准光纤连接器。

④ 1000BASE-SX。1000BASE-SX 标准使用的是短波长(波长为 800 nm)的多模光纤，光纤长度可以达到 550 m。

为保证 1 Gbps 的传输速率，光纤信道的传输速率需要提高到 1.25 Gbps。因为使用 8B/10B 编码技术后，数据传输速率只能按 80%的效率计算，1.25 Gbps的传输速率要乘以 80%，才可以使得光纤信道技术能支持千兆位以太网1 Gbps的传输速率。

(2) 千兆以太网的介质访问控制。千兆以太网与 10 Mbps、100 Mbps 以太网一样，可以是半双工的，也可以是全双工的。在半双工模式下，千兆以太网采用快速以太网同样的 CSMA/CD 方法来解决媒体访问的竞争问题。从网络设备角度，全双工操作比半双工 MAC 简单，也就是说，在半双工操作中碰到的复杂问题没有出现在全双工以太网中。但在半双工模式中，由于传输具有延迟效应，因此需要对 CSMA/CD 的介质访问控制 MAC 等协议作出相应的修改，才能将其应用于千兆以太网中。

① 半双工千兆以太网。千兆以太网在半双工方式运行时，遵循以太网的 CSMA/CD 协议。由于千兆以太网传输速率为 1 Gbps，比快速以太网传输速率提高了 10 倍，如果以太网保持最小帧长度为 64 B，即 512 位的数字信号长度，那么冲突域直径将大为缩小。为了维持冲突域直径大小，最小帧长度必须达到 512 B。为了保证千兆以太网的最小帧长度继续保持为 64 B，同时冲突域直径仍保持不变，半双工千兆以太网必须采用帧扩展技术和帧组发技术。

• 帧扩展技术：帧扩展技术是在遵循 IEEE 802.3 标准中规定的最小帧长度情况下提出的一种解决方法。为了在一个时间槽内检测到帧冲突，保持冲突域直径大小不变，对帧长度小于 512 B 的数据帧，采用载波扩展信号进行扩展，使帧长度扩展到 512 B。

形成 512 B 的帧扩展是在 64 B 的帧后面添加载波扩展信号。载波扩展信号由非“0”和“1”的特殊数值符号组成，载波扩展位不携带信息。如果形成的帧已大于或等于 512 B，则发送帧时不必添加载波扩展位。载波扩展技术在不增加最小帧长度的同时，解决了保持与快速以太网相同冲突域直径的问题。

发送小于512 B的数据帧都需要添加载波扩展位信号。由于大量控制帧的帧长度都比较短，所以，每次发送就都需要增加载波扩展信号；其结果必然导致网络系统传输带宽利用率的降低。

在全双工模式下，不存在冲突问题，不受到CSMA/CD协议的约束，所以发送数据帧时不需要扩展帧长度到512 B。

• 帧组发技术：为了提高半双工千兆以太网短帧的发送效率，减少传输大量的载波扩展字节所造成的浪费，以便能够提高千兆以太网冲突域上的吞吐量。IEEE 802.3z标准采用了帧组发技术，它是千兆以太网的一项可选功能。帧组发的工作原理为当一个站点需要发送多帧信息时，可以尝试只在发送第一帧时添加载波扩展位信号。如果第一帧发送成功，则说明传输信道是畅通的，或者说传输信道已被开通，这时后续一系列帧可以连续发送，而不需要添加载波扩展位信号，只需要保持帧与帧之间的帧间隙为12 B即可。

不可否认，即使帧组发技术能够提高网络传输性能，半双工集线器也不能与全双工相提并论。采用全双工模式，同样可以不考虑帧组发的选择问题。

② 全双工千兆以太网。在全双工千兆以太网操作模式下，所有半双工模式下的载波侦听、冲突检测、载波扩展和帧组发等诸多问题均不存在。当链路以全双工模式工作时，在实现交换机和交换机之间或各交换机与工作站之间端到端的连接时，数据发送和接收可同时进行，在理论上其吞吐量增加一倍。使用专用传输信道，工作站可以根据自己的需要进行发送，没有必要再建立一整套决定站点何时可以发送的规则。

事实上，满足全双工的工作模式，首先，传输信道必须能够互不干扰地进行并发和双向通信，1000BASE-X和1000BASE-T均满足这一条件。其次，在LAN网段上的两个设备，可以是工作站，或工作站与交换机，或交换机之间的接口。它们必须能够支持并且已设置为全双工模式。由于全双工链路仅用于端到端的链接，因此，为了使更多的工作站联网工作，需要使用交换式集线器，即交换机支持全双工模式。

全双工模式的问题是，当多个端口向一个输出端口发送数据时，将发生缓冲区溢出，在这种情况下数据包将被丢弃。当流量超过网络的最大传输能力，网络的吞吐量将会下降。如果交换机采用流量控制，则可以将拥塞现象降至最小。流量控制是一种被交换机用于限制网络访问的机制，是通过对缓冲区设置，修改发送速率或暂停发送来实现的。

2. 万兆以太网

在以太网技术中，快速以太网是一个里程碑，确立了以太网技术在桌面的统治地位。随后出现的千兆以太网更是加快了以太网的发展。然而以太网主要是在局域网中占绝对优势，在很长的一段时间，由于带宽以及传输距离等原因，人们普遍认为以太网不能用于城域网，特别是在汇聚层以及骨干层。1999底，IEE802.3ae工作组成立以进行万兆以太网技术的研究，并于2002年正式发布802.3ae 10GE标准。万兆以太网不仅再度扩展了以太网的带宽和传输距离，更重要的是使得以太网从局域网领域向城域网领域渗透。

万兆以太网的802.3ae标准在物理层只支持光纤作为传输介质，并提供了两种物理连接类型：一种是提供与传统以太网进行连接的速率为10 Gbps的LAN物理层设备；另一种是提供与SONET(synchronous optical network)进行连接的速率为9.584 64 Gbps的WAN物理层设备。通过引入WAN物理层设备，万兆以太网提供了以太网帧与SONET

OC-192帧结构的融合。WAN物理层设备可与OC-192、SONET设备一起运行,从而在保护现有网络投资的基础上,能够在不同地区通过SONET城域网提供端到端以太网连接。

物理层支持3种光纤介质(850nm多模、1 310nm单模光纤、1 550nm单模光纤)和2种铜缆介质(4对双芯同轴电缆、4对6A类UTP双绞线),如表4.2所示。前三项的标准是IEEE 802.3ae,在2002年6月完成。第四项的标准是IEEE 802.3ak,完成于2004年。最后一项的标准是IEEE 802.3an,完成于2006年。

表4.2 万兆以太网支持的介质

媒　体	网段最大长度	特　点
光纤	300 m	850 nm多模光纤
光纤	10 km	310 nm单模光纤
光纤	40 km	1 550 nm单模光纤
铜缆	15 m	4对双芯同轴电缆
铜缆	100 m	4对6A类UTP双绞线

万兆以太网的物理层包括10GBASE-X、10GBASE-R和10GBASE-W 3个协议标准。其中,10GBASE-X使用一种特紧凑包装,含有1个较简单的WDM器件、4个接收器和4个在1 300 nm波长附近以大约25 nm为间隔工作的激光器,每一对发送器/接收器在3.125 Gbps速度(数据流速度为2.5 Gbps)下工作。10GBASE-R是一种使用64B/66B编码的串行接口,数据流为10.000 Gbps,时钟速率为10.3 Gbps。10 GBASE-W是广域网接口,与SONET OC-192兼容,其时钟为9.953 Gbps,数据流为9.585 Gbps。

在物理拓扑上,万兆以太网既支持星形连接或扩展星形连接,也支持点到点连接及星形连接与点到点连接的组合。

在万兆以太网的MAC子层,已不再采用CSMA/CD机制,只支持全双工方式。事实上,尽管在千兆以太网协议标准中提到了对CSMA/CD的支持,但基本上只采用全双工方式,而不再采用共享带宽方式。另外,万兆以太网继承了802.3以太网的帧格式和最大/最小帧长度,从而能充分兼容已有的以太网技术,降低了对现有以太网进行万兆位升级的风险。

4.5 局域网组网技术

在局域网技术中,采用CSMA/CD方法的以太网,因其价格便宜、结构简单、易于维护和管理,目前已得到了非常广泛的应用。特别是采用非屏蔽双绞线的10BASE-T和100BASE-T标准的出现,使结构化布线技术出现,并使以太网普及,促进了以太网技术的飞速发展。因此,本节以以太网为例介绍局域网中的组网技术。

4.5.1 以太网组网的主要设备

1. 网卡

(1) 网卡的基本概念。网络接口卡(network interface card,NIC)又称网卡,它是构成网络的基本部件。网卡连接局域网中的计算机和传输介质。典型的网卡如图4.24所示。

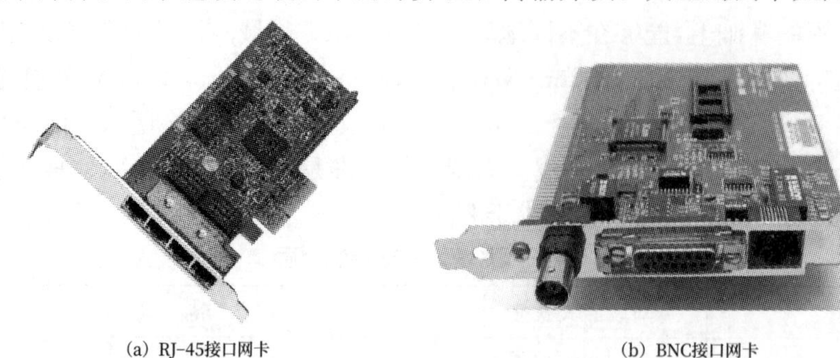

(a) RJ-45接口网卡　　(b) BNC接口网卡

图4.24　网卡的结构

网卡虽然有很多种,但每个网卡都只有一个全球唯一的ID号,也称为MAC地址,MAC地址被烧录于网卡的ROM中,用于在网络中标识计算机的身份,实现网络中不同计算机之间的通信。

(2) 网卡的分类方法。根据网卡所支持的物理层标准与主机接口不同,网卡可以分为不同的类型。

① 按带宽划分。

- 10 Mbps网卡:10 Mbps网卡是比较低档的网卡。它的带宽限制在10 Mbps,这在当时的工业标准架构(industry standard architecture,ISA)总线类型的网卡中较为常见。目前PCI总线接口类型的网卡中也有一些是10 Mbps网卡,不过目前这种网卡已不是主流。这类网卡仅适应于一些小型局域网或家庭需求,中型以上网络一般不选用。
- 100 Mbps网卡:100 Mbps网卡在目前来说是一种技术比较先进的网卡,它的传输I/O带宽可达到100 Mbps,这种网卡一般用于骨干网络中。
- 10/100 Mbps自适应网卡:这是一种拥有10 Mbps和100 Mbps两种带宽自适应的网卡。该类型的网卡会自动根据所用环境选择适当的带宽,若与老式的10 Mbps旧设备相连,它的带宽就是10 Mbps,但如果是与100 Mbps网络设备相连,那它的带宽就是100 Mbps。
- 1000 Mbps网卡:千兆网卡的网络有两种主要的接口类型,一种是普通的双绞线RJ-45接口,另一种是多模SC型标准光纤接口,分别用于连接双绞线和光纤介质。

② 按网卡所支持的网络接口划分。

- RJ-45接口网卡:RJ-45接口类型的网卡就是应用于以双绞线为传输介质的以太网中,它的接口类似于常见的电话接口RJ-11。但RJ-45是8芯线,而电话线的接口是4芯的,通常只接2芯线(ISDN的电话线接4芯线)。在网卡上还自带两个状态指示灯,通过这两个指示灯颜色可初步判断网卡的工作状态。
- BNC接口网卡:该类型的网卡用于连接以细同轴电缆为传输介质的以太网或令牌网。目前这种接口类型的网卡较少见,主要是因为用细同轴电缆作为传输介质的网络已经比较少。
- AUI接口网卡:该类型的网卡用于连接以粗同轴电缆为传输介质的以太网或令牌网。这种接口类型的网卡目前更少见,因为用粗同轴电缆作为传输介质的网络目前更是少见。

• FDDI接口网卡：该类型的网卡适应于FDDI网络，它所使用的传输介质是光纤，所以这种网卡的接口也是光纤接口的。随着快速以太网的出现，它的速度优越性已不复存在，但它必须采用昂贵的光纤作为传输介质的缺点并没有改变，所以目前也非常少见。

• ATM接口网卡：该类型的网卡应用于ATM光纤(或双绞线)网络，它能提供物理的传输速度达155 Mbps。

③ 按网卡所支持的总线接口类型划分。按照网卡的总线接口类型，一般可将网卡分为早期的ISA接口网卡、PCI接口网卡。目前在服务器上PCI-X总线接口类型的网卡也开始得到应用，笔记本电脑所使用的网卡是PCMCIA接口类型的。

• ISA总线网卡：该类网卡支持16位的ISA总线，目前已很少使用。

• PCI总线网卡：该类网卡支持32位的PCI总线，是目前使用最多的网卡。

• PCI-X总线网卡：这是目前最新的一种在服务器上开始使用的网卡类型，它与原来的PCI总线网卡相比，在I/O速度方面提高了一倍，比PCI接口具有更快的数据传输速度(2.0版本最高可达到266 Mbit/s的传输速率)。目前这种总线类型的网卡在市面上还很少见，主要是由服务器生产厂商随机独家提供，如在IBM的X系列服务器中还可以见到它的踪影。PCI-X总线接口的网卡一般为32位总线宽度，也有的是64位总线宽度。

• PCMCIA总线网卡：这种总线类型的网卡是笔记本电脑专用的，它受笔记本电脑的空间限制，体积远不及PCI接口网卡那么大。PCMCIA总线网卡是个人计算机内存卡国际协会(Personal Computer Memory Card International Association，PCMCIA)制定的一种便携机插卡标准。PCMCIA总线分为两类：一类为16位的PCMCIA，另一类为32位的CardBus。CardBus是一种用于笔记本计算机的新的高性能PC卡总线接口标准，就像广泛地应用在台式计算机中的PCI总线一样。CardBus快速以太网PC卡的最大吞吐量接近90 Mbps，而16位快速以太网PC卡仅能达到20～30 Mbps。老式以太网和Modem设备的PC卡仍然可以插在CardBus插槽上使用。

• USB接口网卡：通用串行总线(universal serial bus，USB)最初是由英特尔与微软倡导发起，其最大的特点是支持热插拔(hot plug)和即插即用(plug&play)。当设备插入时，主机检测此设备并加载所需的驱动程序，因此使用远比PCI和ISA总线网卡方便。USB这种通用接口技术不仅在一些外置设备中得到广泛的应用，如Modem、打印机、数码相机等，在网卡中也不例外。

2. 集线器

(1) 集线器的定义。集线器(hub)是以太网的中心连接设备，它是对“共享介质”总线型局域网结构的一种改进。用集线器作为以太网的中心连接设备时，所有的节点通过非屏蔽双绞线与集线器连接。这样的以太网从物理连接上看是星形结构，但它在逻辑上仍然是总线型结构，并且在MAC层仍然采用的是CSMA/CD介质访问控制方法。当集线器接收到某个节点发送的帧时，它立即将数据帧通过广播方式转发到集线器的其他端口。

一般来说，普通的集线器都提供两类端口：一类是用于连接节点的RJ-45端口，这类端口数可以是8、12、16、24等；另一类为向上连接的级联端口，可以用于连接双绞线的RJ-45端口，用于连接粗缆的AUI端口，或是用于连接细缆的BNC端口，也可以是光纤连接端口，这类端口每种一般不超过一个。从节点到集线器的非屏蔽双绞线最大长度为100 m，利用集线器向上连接端口的级联可以扩大局域网覆盖范围。单一集线器结构适宜于小型工作组规模的局域网。如果需要联网的节点数超过单一集线器的端口数,则通常需要采用多集线器的级联结构,或者采用可堆叠式集线器。采用多集线器级联的结构仍然限制在4个集成器和5个网段,从而网络的最大直径可达500 m。

(2) 集线器的分类。按照不同的分类方法,集线器可以分为不同的类型。

① 按带宽划分。这里所指的带宽是指整个集线器所能提供的总带宽,而非每个端口所能提供的带宽。在集线器中所有端口都是共享集线器的背板带宽的,也就是说如果集线器带宽为10 Mbps,总共有16个端口,16个端口同时使用时,则每个端口的带宽只有10/16 Mbps。当然,所连接的节点数越少,每个端口所分得的带宽就会越宽。

- 10 Mbps集线器:该类集线器属于低档集线器产品,普遍采用双绞线的RJ-45端口,有的10 Mbps集线器还提供了BNC或AUI接口。尽管如此,这种带宽的集线器还是比较少见,通常端口在8个之内。

- 100 Mbps集线器:该类集线器一般用于中型网络。这种网络传输量较大,但要求上联设备支持IEEE 802.3u(快速以太网协议),在实际中应用较多。

- 10/100 Mbps自适应集线器:与网卡一样,这种带宽类型的集线器是目前应用比较广泛的一种,它克服了单纯10 Mbps或者100 Mbps带宽集线器兼容性不良的缺点。在切换方式上,这种双速集线器目前有手动和自动切换10/100 Mbps带宽的两种方式。

② 按照配置的形式分为独立型集成器和可堆叠式集线器。

- 独立型集线器:该类型的集线器在低端应用是最多的,也是最常见的。独立型集线器是带有许多端口的单个盒子式的产品,独立型集线器之间多数可以用一段10BASE-5同轴电缆连接,以实现扩展级联。它主要应用于总线型网络中,当然也可以用双绞线通过普通端口实现级联,但要注意,所采用的网线跳线方式不一样,在后面网络组建中会具体介绍。独立型集线器具有低价格、容易查找故障、网络管理方便等优点,在小型的局域网中广泛使用。但这类集线器的工作性能比较差,尤其是在速度上缺乏优势。

- 可堆叠式集线器:堆叠式集线器可以将多个集线器"堆叠"使用。当它们连接在一起时,其作用就像一个模块化集线器一样。一般情况下,当有多个集线器堆叠时,其中会存在一个可管理集线器。利用可管理集线器可对此可堆叠式集线器中的其他集线器进行管理。可堆叠式集线器可非常方便地实现对网络的扩充,是新建网络时最为理想的选择。

③ 按可否进行网络管理分为不可网管型集线器和可网管型集线器。

- 不可网管型集线器:该类集线器也称为傻瓜集线器,是指既无须进行配置,也不能进行网络管理和监测的集线器。该类集线器属于低端产品,通常只用于小型网络,只要集线器插上电、连上网线就可以正常工作。这类集线器虽然安装使用方便,但功能较弱,不能满足特定的网络需求。

- 可网管型集线器:该类集线器也称为智能集线器,可通过简单网络管理协议(simple network management protocol,SNMP)对集线器进行简单管理,这种管理大多是通过增加网管模块来实现的。实现网管的最大用途是网络分段,从而缩小广播域,减少冲突,提高数据传输效率。另外,通过网络管理可以在远程监测集线器的工作状态,并根据需要对网络传输进行必要的控制。需要指出的是,尽管同样是对SNMP提供支持,但不同厂商的模块是不能混用的,甚至同一厂商的不同产品的模块也不能混用。网管集线器在外观上都有一个共同的特点,即在集线器前面板或后面板提供一个Console端口。

(3) 组网时集线器的选型。集线器虽然属于基础网络设备产品，基本上不需要另外的软件来支持，真正实现即插即用，但在选择集线器时也需要考虑实际网络需求的各个方面。在设计局域网时，集线器的选择应该注意以下几个问题。

- 是普通的独立型集线器，还是堆叠式集线器？
- 是智能集线器，还是非智能集线器？
- 端口数量是多少，端口支持哪几种接口类型？

普通的集线器只能连接有限的端口数，一旦系统需要扩展时，只能采取多集线器级联的方法解决；堆叠式集线器具有很好的系统开放性。普通集线器只能支持小型局域网，堆叠式集线器可以支持规模较大的局域网。

非智能集线器不具备内部的CPU，不能进行网络工作状态的监测与管理，不能支持网络管理软件，因此，不能用于大型局域网系统。对于较大规模的网络当然首选智能型集线器，这不仅是网络本身的实际需求，同时也是网络管理的需求。通过网络管理软件可以实现对集线器端口的有效管理，监控各端口的使用状况，及时发现和排除故障。不过由于交换机的价格不断下降，这类集线器在价格上也早已失去了竞争力，所以这类高档的集线器设备反而不受欢迎，人们选择更多的是交换机。

以太网传输介质可以是非屏蔽双绞线、粗同轴电缆和细同轴电缆，因此，设计局域网结构与选择传输介质类型时，一定要考虑到集线器所提供的端口类型，看它是否支持RJ-45、AUI或BNC接口。

在对堆叠式集线器进行选型时，需要注意以下几个问题。

- 支持堆叠的集线器数量最多是多少？
- 集线器的背板带宽是多少？
- 是否支持网络管理功能？
- 最多可支持的端口数量是多少？
- 支持哪几种局域网协议？

堆叠式集线器的背板带宽是指多个集线器之间交换数据时，内部总线数据的传输速率，它决定了堆叠式集线器对数据帧的过滤与转发能力。背板带宽较宽的堆叠式集线器对减少通信拥塞和数据丢失非常有利。

堆叠式集线器是否能支持多种局域网协议是用户在选型时要注意的一个重要问题。

3. 以太网交换机

交换机设计的最初目的是作为网络互联设备，即作为互联以太网的网桥，但现在人们已习惯将其视为一种新型的以太网技术，成为交换式局域网的核心设备。交换机从根本上改变了“共享介质”的工作方式，它支持端口节点之间的多个并发连接，实现多节点之间数据的并发传输。因此，交换式局域网可以增加网络带宽，改善局域网的性能与服务质量。由于常见的以太网交换机的外观构造与集线器相同，因此也有人把它称为交换式集线器。

(1) 可以从不同角度对以太网交换机进行分类。

① 按支持的传输速率分类，主要分为以下6类。

- 10 Mbps交换机。
- 100 Mbps交换机。

- 10/100 Mbps 自适应交换机。
- 1 000 Mbps 交换机。
- 10/100/1 000 Mbps 自适应交换机。
- 10 000 Mbps 交换机。

② 按支持的传输介质分类。

- 双绞线交换机。
- 光纤交换机。

对于支持 3 类非屏蔽双绞线(10BASE-T)的交换机,可能带有一个 AUI(10BASE-5)接口或 BNC 接口(10BASE-2)。对于 100 Mbps 或 1 000 Mbps 的光纤交换机,可能带有若干个 RJ-45 接口(100BASE-T 或 1000BASE-T)。

③ 按是否可堆叠分类。

- 普通交换机。
- 可堆叠交换机。

④ 按交换机工作在 OSI 的层次分类。

- 第二层交换机。
- 第三层交换机。

⑤ 按制造的模式分类。

- 盒式交换机。
- 箱式(模块式)交换机。

简单交换机一般都采用盒式结构,这种交换机的端口数一定;大型交换机一般采用箱式造型,这种交换机一般采用模块化结构,可以根据需要加入电口模块(RJ-45 接口模块,如 100BASE-T 模块或 1000BASE-T 模块),以及光口(光纤接口)模块等,具有性能高、扩展性好等特性。

(2) 交换机的性能指标如下。

① 背板吞吐量。背板吞吐量也称背板带宽,是交换机接口处理器或接口卡和数据总线间所能交换的最大数据量。一台交换机的背板带宽越高,所能处理数据的能力就越强,但同时设计成本也会增加。

② 包转发率。包转发率是指交换机能同时转发数据包的数量,以数据包为单位,体现了交换机的转发数据包能力。由于交换机转发的数据包可能有不同的大小,以转发最小包的速率来衡量交换机的转发能力;单位为 pps(包每秒),一般交换机的包转发率在几十 kpps 到几百 Mpps 不等。包转发率是通过计算每秒钟通过的以最小包长(以太网为 64 字节、POS 口为 40 字节)为单位的包的个数来衡量的。包转发率分为设备整机的包转发率(也称为设备吞吐量)和每个端口的包转发率(端口吞吐量)。

还有一个全双工线速转发能力的概念,包括最小包长和最小包间隔(符合协议规定),即同时在交换机所有端口上双向传输数据且不产生丢包的能力。一台设备是否能够达到线速转发的能力,也是评价设备优劣的重要指标。由于现在的交换机多采用模块化的结构设计,设备的端口数量是可变的,所以在测试设备的线速能力时,必须使设备达到最大端口数,测试结果才具有说服力。

交换机的端口速率与端口包转发率,以及设备包转发率的计算关系可以使用下面的方法进行。

对于1个以太网全双工1 000 Mbps端口达到线速时包转发率的要求是：

端口包转发率=1 000 Mbps/((64+20)×8 bit)=1.488 Mpps。

对于1个全双工100 Mbps端口达到线速时的要求是：

端口包转发率=100 Mbps/((64+20)×8 bit)=0.1488 Mpps。

例如，一台具有8个100 M端口和1个1 000 M端口的以太网交换机的线速包转发率是：交换机包转发率=1.488+0.1488×8=2.68 Mpps。

决定包转发率的一个重要指标就是交换机的背板带宽，一台交换机的背板带宽越高，处理数据的能力就越强，也就是包转发率越高。

③ 缓存大小。缓存大小也称为包缓冲区大小，是一种队列结构，被交换机用来协调不同网络设备之间的速度匹配问题。突发数据可以存储在缓冲区内，直到被慢速设备处理为止。缓冲区大小要适度，过大的缓冲空间会影响正常通信状态下数据包的转发速度(因为过大的缓冲空间需要相对多一点的寻址时间)，并增加设备的成本，而过小的缓冲空间在发生拥塞时又容易丢包出错。所以，适当的缓冲空间加上先进的缓冲调度算法是解决缓冲问题的合理方式。

④ 是否支持第三层及多层(4～7层)交换。所谓的第三层交换就是在交换技术的基础上集成了路由技术，这样可使交换机以线速转发数据包。一台第三层交换机就等同于一台高速局域网路由器。使用第三层交换机可有效地控制广播风暴、Spanning tree环路和IP地址限制等。

多层交换机是一种能够基于MAC地址、网络地址过滤和转发数据包的交换机，它是局域网交换机的一个智能子集。多层设备能够懂得所传输的数据包是何种应用，因此，多层交换提供应用级的控制，即支持安全过滤和提供对应用流施加特定的QoS策略。

⑤ 是否具有网管功能。一台设备所支持的管理程度反映了该设备的可管理性及可操作性。

⑥ 其他功能。如是否支持虚拟局域网、是否支持组播功能、是否支持链路汇聚等。虚拟局域网和组播技术将在第10章详细介绍。链路汇聚功能是指把一台设备的若干端口与另一台设备的同等端口(要求介质完全相同)连接起来，以提供若干倍的带宽。链路汇聚功能由链路汇聚协议来管理。当一条链路失效时，由链路汇聚协议协调其他链路继续工作，该参数反映了设备间的冗余性和扩展性。

4.5.2　同轴电缆组网方法

使用同轴电缆组建以太网是最传统的组网方式，目前应用已比较少。由于同轴电缆有两种：粗同轴电缆与细同轴电缆，因此，使用同轴电缆组建以太网主要有粗缆方式、细缆方式和粗缆与细缆混用方式。

1. 粗缆方式

粗缆方式需要使用以下基本硬件设备：带有AUI接口的以太网卡、粗缆的外部收发器、收发器电缆、粗同轴电缆。

中继器(repeater)也称转发器，用来扩展作为总线的同轴电缆的长度，作为物理层连接设备，起到接收、放大、整形与转发同轴电缆中的数据信号的作用。中继器可以分为以下3类:两端口相同介质中继器、两端口不同介质中继器、多端口多介质集中式中继器。

在典型的粗缆以太网中,常用的是提供AUI接口的两端口相同介质中继器。如果不使用中继器,最大粗缆长度不能超过500 m;如果使用中继器,一个以太网中最多只允许使用4个中继器,连接5条最大长度为500 m的粗缆缆段,那么用中继器连接后两节点之间的最大长度为2 500 m。在每个粗缆以太网中,只能有3个网段可以连入节点,最多只能连入100个节点。两个相邻收发器之间的最小距离为2.5 m,收发器电缆的最大长度为50 m。粗缆以太网的组网方式如图4.25所示。

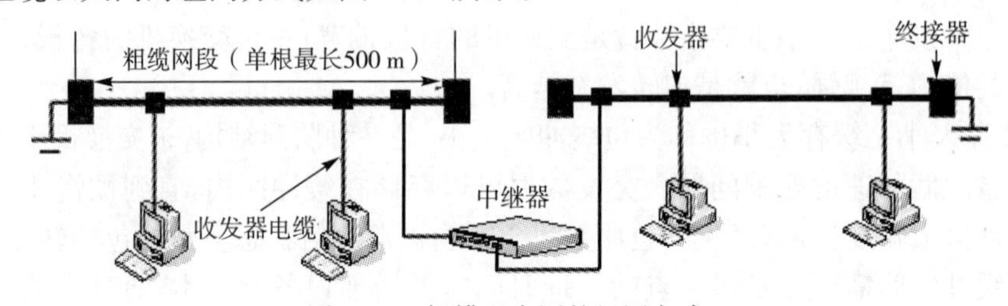

图4.25　粗缆以太网的组网方式

2. 细缆方式

细缆方式需要使用以下基本硬件设备:带有BNC接口的以太网网卡、BNC-T型连接器、细同轴电缆。

在典型的细缆以太网中,如果不使用中继器,细缆最大长度不能超过185 m。如果实际需要的细缆长度超过185 m,则可以使用支持BNC接口的中继器。在细缆以太网中,最多允许使用4个中继器,连接5条最大长度为185 m的细缆缆段。因此,用中继器连接后,两节点之间的最大长度为925 m。相邻的两个BNC-T型连接器之间的距离应是0.5 m的整数倍,最小距离为0.5 m。

与粗缆方式相比,细缆方式具有造价低、安装容易等优点。但由于缆段中连入多个BNC-T型连接器,存在多个BNC连接头与BNC-T型连接器的连接点,因而同轴电缆连接的故障率较高,这使得系统的可靠性受到影响。因此,细缆以太网多用于小规模网络或实验室环境中。

3. 粗缆与细缆混用方式

在使用粗缆与细缆共同组建以太网时,除了需要使用与构成粗缆、细缆以太网相同的基本硬件设备外,还必须使用粗缆与细缆之间的连接器件。

粗缆与细缆混合结构的电缆缆段最大长度为500 m,如果粗缆长度为L(m),细缆长度为T(m),则L、T之间的关系应满足

$$L+3.28T\leqslant 500。$$

粗缆与细缆混用方式的优点是造价合理,粗缆段用于室外,细缆段用于室内;缺点是结构复杂,维护困难。

4.5.3　双绞线/光纤组网方法

由于使用非屏蔽双绞线组建局域网有易于安装与管理、造价低、系统可靠性好等优点,使得双绞线组网方式得到了广泛应用,同时也促进了以太网技术的发展。随着以太网技术的飞速发展,快速以太网、千兆以太网都可以使用双绞线,使得用双绞线组建以太网

成为目前最流行的组网方式。

1. 基本硬件设备

使用非屏蔽双绞线组建符合10/100/1000BASE-T标准的以太网，在必要时使用光纤向上级联时，需要使用以下几种基本的硬件设备。

(1)带有RJ-45接口的10 Mbps/100 Mbps/1000 Mbps以太网卡；

(2)10 Mbps/100 Mbps集线器；

(3)10 Mbps/100 Mbps/1000 Mbps交换机；

(4)3类/5类/超5类非屏蔽双绞线；

(5)多模/单模光纤；

(6)RJ-45连接头(水晶头)；

(7)光纤接头(有ST、SC、FC等形式，如图4.26所示)和光纤跳线。

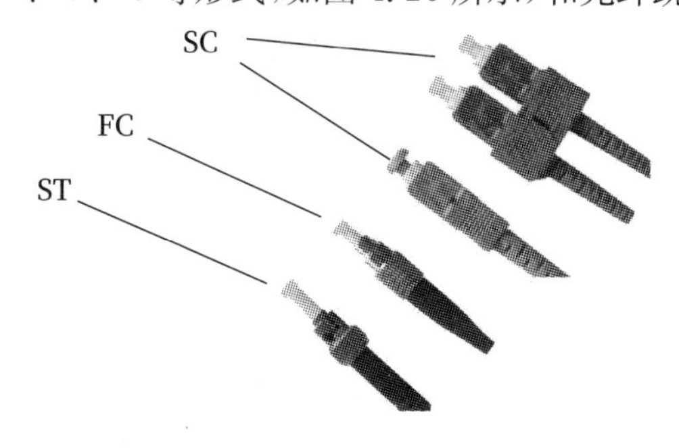

图4.26 光纤接头

在双绞线组网方式中，集线器和交换机是以太网的中心连接设备，集线器是对“共享介质”的总线型局域网结构的一种“变革”。通过非屏蔽双绞线与集线器或交换机，可以很容易地将多台计算机连接成一个计算机网络。这是目前应用最广泛的一种基本局域网组网方法。

2. 双绞线/光纤组网方法

按照使用集线器/交换机的方式，双绞线组网方法可以分为以下几种：单一集线器/交换机结构(小型工作组)、多集线器/交换机级联结构(工作组、机房)、堆叠式集线器/交换机结构(中、小型企业网)。

(1) 单一集线器/交换机结构。使用单一集线器/交换机的以太网结构很简单，其结构如图4.27所示。所有节点通过非屏蔽双绞线与集线器/交换机连接，并构成物理上的星形拓扑结构，从节点到集线器/交换机的非屏蔽双绞线最大长度为100 m，适用于小型工作组规模的局域网，典型的单一集线器/交换机一般支持8～24个RJ-45端口。

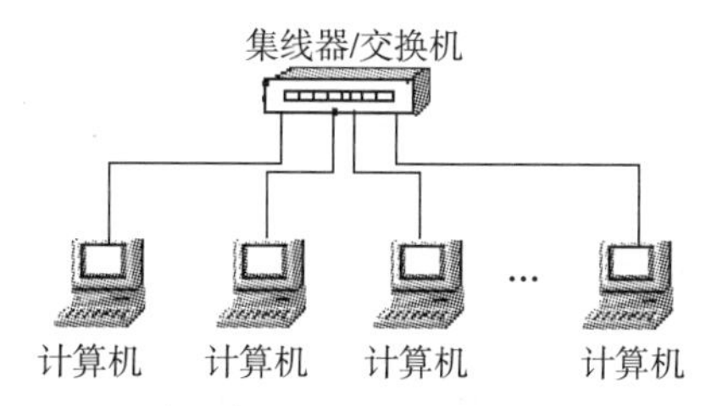

图4.27 单一集线器/交换机的以太网示意图

(2) 多集线器/交换机级联结构。如果需要联网的节点数超过单一集线器/交换机的端口数,通常需要采用多集线器/交换机级联结构。普通的集线器一般都提供两类端口:一类是用于连接节点的RJ-45端口;另一类端口是用于级联的RJ-45端口。如果采用光纤向上连接还应有光纤连接端口。早期的集线器还有向上连接的粗缆的AUI端口、连接细缆的BNC端口。

早期建设10BASE-T网络时,大多利用集线器向上连接端口来扩大局域网覆盖范围。例如,如果使用粗缆连接两个集线器,单根粗缆缆段最大距离为500 m,那么局域网中两节点最大距离可达700 m。如果在同轴电缆中使用中继器,集线器级联系统覆盖的范围还可以更大。在实际应用中,人们常将使用双绞线级联与使用向上连接端口级联的方法结合起来。近距离使用双绞线实现集线器互联,远距离通过向上连接的粗缆或细缆端口实现集线器级联。为了增加距离,在粗缆或细缆缆段中间还可以使用中继器。图4.28给出了两个集线器通过RJ-45端口级联的结构。两个集线器通过非屏蔽双绞线直接连接,非屏蔽双绞线的最大距离为100 m。

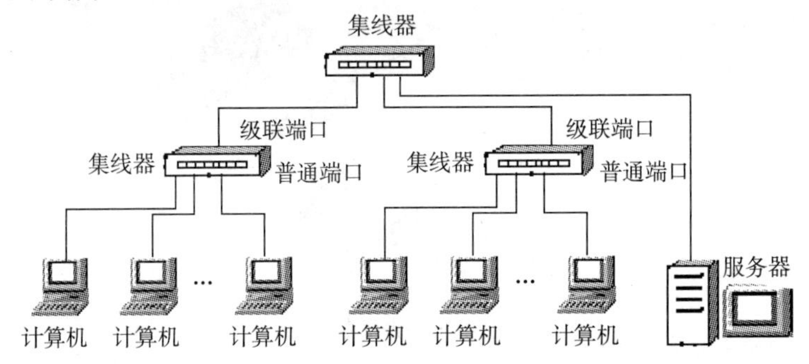

图4.28　多集线器级联组网示意图

由于集线器的全部端口都处在同一个冲突域。如果用集线器级联,所有集线器的全部端口也都处在同一个冲突域中。这将大大影响整个网络的运行效率,因此,人们已不再采用上述组网方式。现在普通的100 Mbps或10/100 Mbps自适应交换机的价格与100 Mbps或10/100 Mbps自适应集线器的价格已相差无几。因此,在需要联网的节点数较多的情况下,底层采用100 Mbps或10/100 Mbps自适应集线器,然后用双绞线向上级联到100 Mbps的交换机已是常见的做法。也可以在底层采用10/100 Mbps自适应交换机,然后用双绞线向上级联到100 Mbps的交换机的做法。

如果一个单位中需要联网的节点数更多或者需要联网的部门较多,可以在上述组建100 Mbps交换局域网的基础上,再向上级联到1 000 Mbps的交换机。当交换机之间的距离超过双绞线的允许长度100 m时,交换机之间的级联应采取光纤介质。

(3) 堆叠式集线器/交换机结构。堆叠式集线器/交换机由一个基础集线器/交换机与多个扩展集线器/交换机组成。在堆叠式集线器/交换机结构中,所有集线器/交换机的端口处在相同的地位,即它们的传输速率相同。

堆叠式集线器用于在较小的范围内(如一个机房或一层楼中)有较多节点的情况,由于所有节点都处在同一个冲突域以及价格等因素,这种组网方式已很少使用。

堆叠式交换机结构适用于中、小型企业网环境。基础交换机是一种具有网络管理功能的独立交换机。通过在基础交换机上堆叠多个扩展交换机,一方面可以增加以太网的节点数,另一方面可以实现对网中节点的网络管理功能。

图 4.29 给出了典型的使用堆叠式集线器/交换机的以太网结构。在实际应用中，人们常常将堆叠式集线器/交换机结构与多层交换机级联结构结合起来使用，以适应不同网络结构的要求。

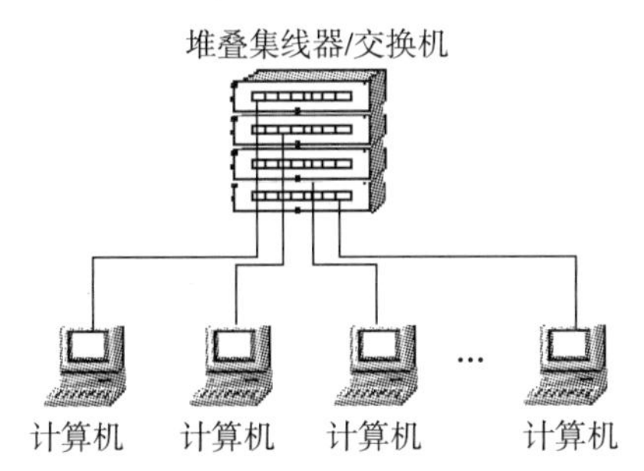

图 4.29 堆叠式集线器/交换机组网示意图

(4) 千兆交换机的使用。在进行千兆以太网组网中，关键是合理地分配网络带宽，这就需要根据网络的规模和布局，合适地选择两级或三级网络结构。图 4.30 给出了典型的千兆以太网组网方法示意图。

在设计千兆以太网时要注意考虑以下问题。

① 一般在网络主干部分需要使用性能好的千兆以太网主干交换机，以解决网络带宽的瓶颈问题。

② 在网络支干部分考虑使用性能较低一些的千兆以太网支干交换机，以满足实际应用对网络带宽的需要。

③ 在楼层或部门一级，根据实际需要选择 100 Mbps 集线器或以太网交换机。

④ 用户端使用 10 Mbps 或 100 Mbps 以太网卡，将节点连接到 100 Mbps 集线器或以太网交换机上。

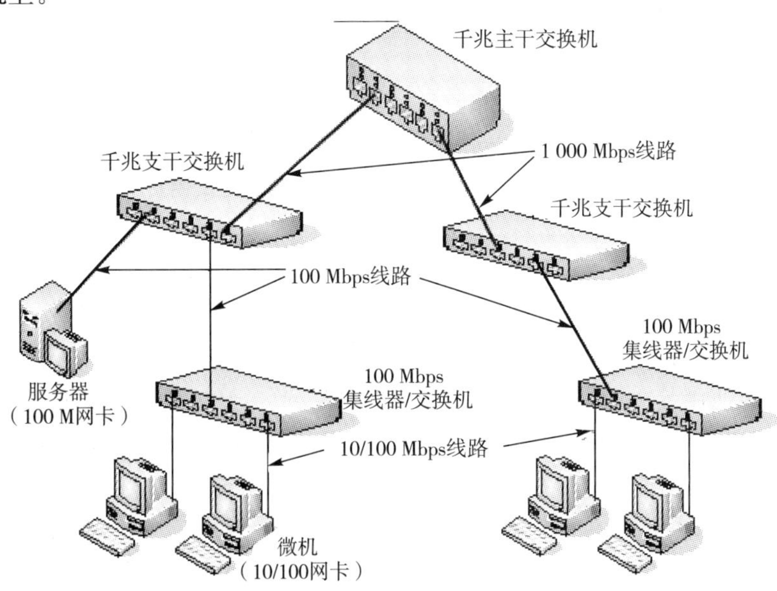

图 4.30 典型的千兆以太网组网示意图

3. 5-4-3 规则

“5-4-3 规则”是指在 10 M 以太网中,网络总长度不得超过 5 个区段,至多有 4 台网络延长设备和 3 个区段可接网络设备。即一个网段最多只能分成 5 个子区段,一个网段最多只能有 4 个中继器,一个网段最多只能有 3 个子区段含有工作站。图4.31为组建细缆以太网的 5-4-3 规则示意图。其中,子区段 2 和子区段 4 是用来延长距离的。

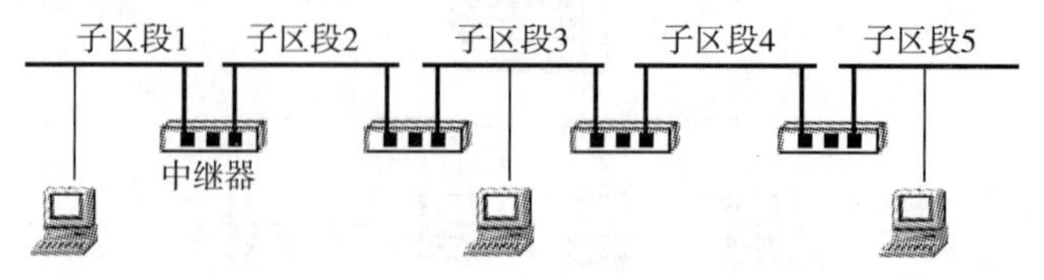

图 4.31　5-4-3 规则示意图

10BASE-T的 5-4-3 规则,是指任意两台工作站间最多不能超过 5 段线(既包括集线器到集线器的连接线缆,也包括集线器到工作站间的连接线缆)、4 台集线器,并且只能有 3 台集线器直接与工作站等网络设备连接。图 4.32 为 10BASE-T 网络 5-4-3 规则示意图。其中,位居中间的集线器是网络中唯一不能与工作站直接连接的集线器。

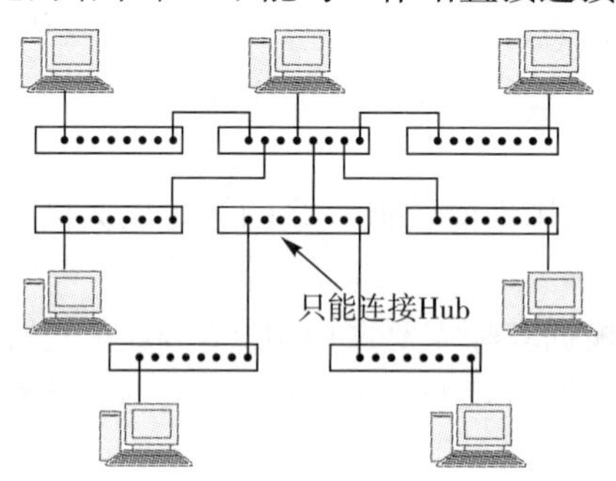

图 4.32　10BASE-T 网络 5-4-3 规则示意图

5-4-3 规则的采用与网络所允许的最大延迟有关。工作站发送数据后,如果在一定的时间内没有得到回应,那么,将认为是数据发送失败,工作站将会不断地重复发送,但对方却永远无法收到。数据在网络中的传输延迟,一方面受网线长度的影响,另一方面也受连接设备的影响。

4. 双绞线的制作和使用

目前使用的双绞线有 10BASE-T 的 3 类非屏蔽双绞线、100BASE-T 和1000BASE-T 的 5 类和超 5 类非屏蔽双绞线。上述双绞线均为 8 芯(4 对)双绞线,10BASE-T 和 100BASE-T 只使用其中的 2 对,使用的线号为 1、2、3、6;1000BASE-T 使用全部 4 对芯线。所有使用双绞线的设备上都有 RJ-45 接口。另外,在采用综合布线的情况下,墙内双绞线的出口处需要制作 RJ-45 信息模块(RJ-45 接口);对于插入设备或信息模块的双绞线,两端都要制作 RJ-45 接头(俗称水晶头)。

目前,世界通用的 RJ-45 模块和接头的制作标准均采用 EIA/TIA 568A 标准和 EIA/TIA 568B 标准。它们的物理线路分布如图 4.33 所示。

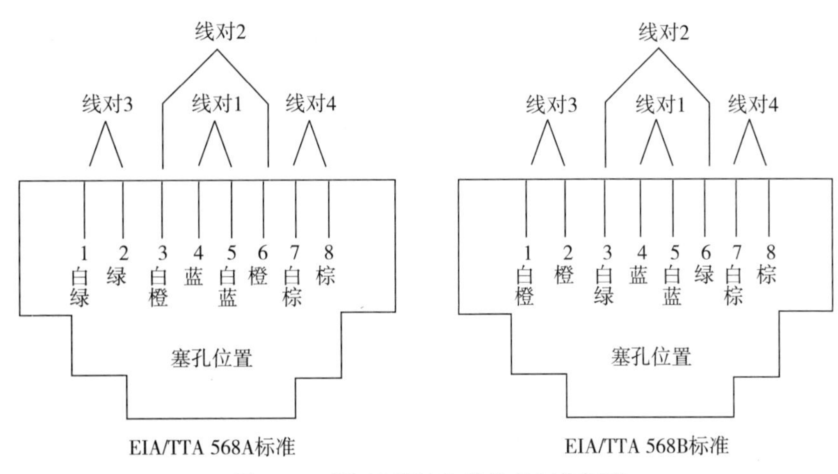

图 4.33 RJ-45 模块和接头的制作标准

双绞线的制作分为两种:直通双绞线和级联双绞线(又称交叉线)。综合布线墙内双绞线的出口处制作的信息模块均采用直通模式。需要注意的是,对于直通双绞线,在一个系统中只能采用一种标准,要么采用 EIA/TIA 568A 标准,要么采用 EIA/TIA 568B 标准,不能混用(工程中使用比较多的是 EIA/TIA 568B 标准)。级联双绞线的两端接头分别采用 EIA/TIA 568A 标准和 EIA/TIA 568B 标准(也就是将 1、3 脚和 2、6 脚分别对换位置)。直通双绞线和级联双绞线的使用场合见表 4.3。

表 4.3 直通双绞线和级联双绞线的使用

设　备	PC	Hub/交换机的普通口	Hub/交换机的级联口
PC	级联线	直通线	无
Hub/交换机的普通口	直通线	级联线	直通线

另外,双绞线还有一种特殊的接法,就是把两端网线排列顺序完全相反,这种接线称为反转线。反转线常用于 PC 机连接到路由器/交换机的 Console 端口,以便管理员通过电脑登录到路由器或交换机上对其进行配置。

需要注意的是:双绞线的标准接法不是随便规定的,目的是保证线缆接头布局的对称性,这样就可以使接头内线缆之间的干扰相互抵消。所以平时制作网络线时,如果不按标准制作,虽然有时线路也能接通,但是线路内部各线对之间的干扰不能有效消除,从而使信号传送出错率增加,最终导致网络性能下降。

4.6 虚拟局域网(VLAN)

虚拟局域网(virtual local area network,VLAN)是当前构建局域网普遍采用的一种技术。VLAN 是一个在物理网络上根据用途、工作组、应用等来逻辑划分的局域网络,一个 VLAN 中的设备属于一个广播域,与设备的物理位置没有关系。VLAN 工作在数据链路层,是一种逻辑构建网络的方式。VLAN 可以隔离广播域,提高网络的安全性和网络管理的灵活性。本节对虚拟局域网的概念、技术特点、有关标准、划分方法和 VLAN 的互联进行介绍。

4.6.1 VLAN的概念

VLAN的概念有多种,比较公认的是:VLAN是一种通过将局域网内的设备逻辑地划分成一个个网段,从而实现虚拟工作组的新兴技术。

很多企业在发展的初期,人员较少,对网络的要求也不高,为了节约成本,很多企业网都采用了通过路由器分段的简单结构。在这样的网络结构下,每一个局域网上的广播数据包都可以被该网段上的所有设备收到,而不考虑这些设备是否真正需要。随着企业规模的不断扩大,特别是多媒体在企业局域网中的应用,每个部门内部的数据传输量变得非常大。此外,公司发展中遗留下来的问题,使得一个部门的员工不能相对集中办公。更重要的是,公司的财务等部门的安全性需求越来越高,为防止数据窃听,就不能让财务部门等安全性要求较高的部门和其他部门混用一个以太网段。这些新问题都需要更灵活地配置局域网,因此虚拟局域网技术应运而生。

VLAN是构建园区网普遍采用的技术,以交换机为主要联网设备的传统局域网组网方式依赖于物理网络布局,例如,与同一台交换机相连的所有用户主机构成一个小型局域网,它们共享同一个广播域。而VLAN采用逻辑搭建网络,可以把同一台交换机上的用户划分在不同的VLAN中,从逻辑上看它们如同连接在几台互不相连的交换机上。同样,也可以把位于不同交换机上的用户主机划分在同一个VLAN中,从逻辑上看也如同与一台交换机相连。

VLAN是在交换局域网的基础上,采用网络管理软件构建的可跨越不同网段、不同网络的端到端的逻辑网络。一个VLAN组成一个逻辑子网,即一个逻辑广播域,它可以覆盖多个网络设备,允许处于不同地理位置的网络用户加入一个逻辑子网中。

通俗地讲,VLAN是指在物理网络基础架构上,利用交换机和路由器的功能,配置网络的逻辑拓扑结构,从而允许网络管理员任意地将一个局域网内的任何数量网段聚合成一个用户组,就好像它们是一个单独的局域网一样。近年来,VLAN迅速崛起,已成为最具生命力的组网技术之一。

4.6.2 VLAN的技术特性和优点

VLAN技术允许网络管理者将一个物理的LAN逻辑地划分成不同的广播域。每一个VLAN都包含一组有着相同需求的计算机工作站,与物理上形成的LAN有着相同的属性。但由于它是逻辑上而不是物理上的划分,所以同一个VLAN内的各个工作站不一定被放置在同一个物理空间里,即这些工作站不一定属于同一个物理网段。即使两台计算机有着同样的网段,一个VLAN内部的广播和单播流量也不会转发到其他VLAN中。但是如果没有相同的VLAN号,它们就不属于同一个VLAN,各自的广播流也不会相互转发,从而有助于控制流量,减少设备投资,简化网络管理,提高网络的安全性。

同一个VLAN中的所有成员共同拥有一个VLAN ID,即VLAN号,以组成一个虚拟局域网络。任一VLAN中的成员均能收到同一个VLAN中的其他成员发出的广播包,但收不到其他VLAN中成员发出的广播包。同一VLAN中的成员通过VLAN交换机可以直接通信,不需要路由支持;而不同VLAN成员之间不可直接通信,需要通过路由支持才能相互通信。

1. VLAN的技术特性

(1)VLAN是一个灵活的、软定义的、边界独立于物理媒质的设备群。VLAN概念的引入,使交换机承担了网络的分段工作,而不再使用路由器来完成。通过使用VLAN,能够把原来一个物理的局域网划分成很多个逻辑意义上的子网,而不必考虑具体的物理位置,每一个VLAN都可以对应于一个逻辑单位,如部门、车间和项目组等。

(2)VLAN的广播流量被限制在软定义的边界内,提高了网络的安全性。由于相同VLAN内的主机间传送的数据不会影响其他VLAN内的主机,因此减少了数据窃听的可能性,极大地增强了网络的安全性。

(3)VLAN在同一个VLAN的成员之间提供低延迟的通信,并能够在网络内划分网段或者微网段,提高网络分组的灵活性。VLAN技术通过把网络分成逻辑上的不同广播域,使网络上传送的包只在位于同一个VLAN的端口之间交换。这样就限制了某个局域网只与同一个VLAN的其他局域网互相连接,避免浪费带宽,从而消除了数据包经常被传送到并不需要它的局域网中的缺陷。这也改善了网络配置规模的灵活性,尤其对于支持广播/多播协议和应用程序的局域网环境更是如此。

2. VLAN的优点

(1)VLAN提高了网络管理效率。当一个用户从一个位置移动到另一个位置时,其网络属性不需要重新配置,而是动态地完成。这样可以降低移动或变更主机地理位置的管理费用,从而提高效率。这种动态管理网络给网络管理者和使用者都带来了极大的好处。一个用户,无论他到哪里,都能不做任何修改地接入网络,这是非常有用的。当然,并不是所有的VLAN实现方式都能做到这一点。

(2)VLAN支持建立虚拟工作组。VLAN的根本目标是建立虚拟工作组模型。例如,在校园网中,同一个系的人就好像在同一个LAN上一样,很容易互相访问、交流信息。同时,所有的广播包也都限制在该VLAN上,而不影响其他VLAN上的人。一个人如果更换办公地点,但他仍然在该部门,那么,该用户的配置不需要改变。同时,如果一个人虽然办公地点没有变,但他换了一个部门,那么,只需网络管理者重新配置一下即可。这个功能的目标就是建立一个动态的组织环境。当然,这只是一个远大的目标,要实现它,还需要其他方面的支持。

(3)VLAN限制广播包。按照802.1D透明网桥的算法,如果一个数据包找不到路由,那么交换机就会将该数据包向所有的其他端口发送,这就是网桥的广播方式的转发,这样会极大地浪费带宽。如果配置了VLAN,一个VLAN就是一个逻辑广播域,通过对VLAN的创建,隔离了广播,缩小了广播范围,当一个数据包没有路由时,交换机只会将此数据包发送到所有属于该VLAN的其他端口,而不是所有的交换机的端口。这样,就将数据包限制在一个VLAN内,在一定程度上可以节省带宽。

(4)VLAN提高了网络整体的安全性。通过路由访问列表和MAC地址,可以控制用户访问权限和逻辑网段大小,将不同用户群划分在不同VLAN,从而提高交换式网络的整体性能和安全性。由于在配置VLAN后,一个VLAN的数据包不会发送到另一个VLAN,因此,其他VLAN的用户收不到任何该VLAN的数据包,从而确保了该VLAN的信息不会被其他VLAN的人窃听,实现了信息保密。

(5)使用VLAN管理网络更简单直观。对于交换式以太网,如果对某些用户重新进行网段分配,需要网络管理员对网络系统的物理结构重新进行调整,甚至需要追加网络设备,增大网络管理的工作量。而对于采用 VLAN 技术的网络来说,一个 VLAN 可以根据部门职能、对象组或者应用将不同地理位置的网络用户划分为一个逻辑网段。在不改动网络物理连接的情况下可以任意地将工作站在工作组和子网之间移动。利用虚拟网络技术,大大减轻了网络管理和维护工作的负担,降低了网络维护费用。在一个交换网络中,VLAN 提供了网段和机构的弹性组合机制。

4.6.3 VLAN 的技术标准

VLAN 的技术标准最初是由 Cisco 公司提出的,后来被 IEEE 接受,并演变为以 IEEE 为代表的国际标准,也是目前各交换机厂家都遵循的技术规范。VLAN 的 IEEE 专业标准有两个,一个是 IEEE 802.10,另外一个是 IEEE 802.1Q,主要是在现有局域网(如以太网)物理帧的基础上添加用于 VLAN 信息传输的标志位。另外有些厂家,如 Cisco、3Com 等公司,还在自己的产品中保留了自己开发的技术协议,影响比较大的是 Cisco 的 ISL 协议和 VTP 协议。

1. IEEE 802.10

IEEE 802.10 标准是考虑安全因素而提出的一种帧标签格式,曾经在全球范围内作为 VLAN 安全性的统一规范。Cisco 公司试图采用优化后的 IEEE 802.10 帧格式,在网络上传输帧标签模式中必需的 VLAN 标签。

IEEE 802.10 标准本身就是一个 LAN/MAN 的安全性方面的标准,定义了一个单独的协议数据单元,通常被称为软件定义以太网电源分配单位(software defined ethernet power distribution unit,SDE PDU),也称为 802.10 报头,由 Clear Header 和 Protected Header 两部分组成,该标准把 802.10 报头插在了 MAC 地址的帧头和数据区之间。

2. IEEE 802.1Q

IEEE 802.1Q 标准制定于 1996 年 3 月,它规定了 VLAN 组成员之间传输的物理帧需要在帧头部增加 4 个字节的 VLAN 信息,而且还规定了帧发送与校验、回路检测、对服务质量参数的支持以及对网管系统的支持等方面的标准。VLAN 的体系结构说明,它是为了在不同设备厂商生产的设备之间交流信息而制定的一种局域网物理帧的改进标准。

新的标准进一步完善了 VLAN 的体系结构,统一了帧标签方式中不同厂商的标签格式,并制定了 VLAN 标准在未来一段时间内的发展方向。IEEE 802.1Q 标准提供了对 VLAN 明确的定义及其在交换式网络中的应用。该标准的发布,确保了不同厂商产品的互操作能力,并在业界获得了广泛的推广。它成为 VLAN 发展史上的里程碑。IEEE 802.1Q的出现打破了 VLAN 依赖于单一厂商的僵局,从侧面推动了 VLAN 的发展。

IEEE 802.1 因特网工作分委会发布的另外一个标准是 802.1p,该协议定义了优先级的概念,对于那些实时性要求很高的数据包,主机在发送时就会在 MAC 帧头增加的 3 位优先级中指明该数据包优先级高。这样,当以太网交换机数据流量比较多时,它就会考虑优先转发这些优先级高的数据包。

在 VLAN 的部署中,在一台交换机上可以存在多个 VLAN,同时允许一个 VLAN 跨越多台交换机,在交换机之间或交换机与路由器之间的中继链路上,必须能够传递来自不同 VLAN 的数据流。传统以太网数据帧不能对基于 MAC 地址或端口的 VLAN 子网进行标识，因为它认为子网信息包含在数据包的第三层包头中。因此，需要在链路层数据帧中增加一个唯一的 VLAN 标识符。这里只对 802.1Q 的帧标识进行简单介绍。

IEEE 802.1Q 为识别帧所属的 VLAN 提供了一种标准的方法，可保证多个厂家 VLAN 实施的互操作性。IEEE 802.1Q 的帧标识在标准以太网帧上增加了 4 个字节，如图 4.34 所示。

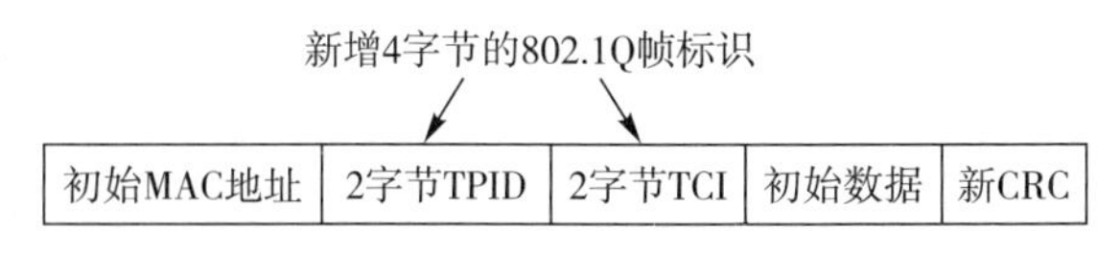

图 4.34　802.1Q 帧标识

(1)标记协议标识符 TPID 包含了一个 0x8100 的固定值。这个特殊的 VLAN 标签识别协议(tag protocol identifier，TPID)值指明该帧带有 802.1Q/802.1P 标记信息。因其大于 802.3 中帧的最大长度 0x0600，故不会与普通的帧相混。

(2)标记控制信息 TCI 中包含下列 3 个域。

① 3 比特的用户优先级。该域允许标记帧在穿过桥接的局域网时携带用户优先级信息，这个 3 比特的值可以代表 8 个优先级，从 0 到 7，该域主要被 802.1P 标准使用。

② 1 比特标准格式指示位(canonical format indicator，CFI)。CFI 为 0 说明是规范格式，为 1 说明是非规范格式。它用于 FDDI 介质访问方法中，指示封装帧中所带的地址比特次序信息。

③ 12 比特的 VLAN 标识符(VLAN identifier，VID)。该域唯一地标识了帧所属的 VLAN，即通常所说的 VLAN 号。VID 唯一地定义 4 096 个 VLAN，但 VLAN0 和 VLAN4095 是被保留的。该域主要用于 802.1Q 标准，原始以太网帧不能超过 1 518 个字节，如果一个最大长度的帧是通过 802.1Q 来标识的，该帧将变成 1 522 个字节，这种帧称为小巨帧。

3. Cisco ISL 协议

交换机间链路(inter-switch link，ISL)是 Cisco 公司的专有封装方式，因此仅在 Cisco 的设备上支持。ISL 是一个在交换机之间、交换机与路由器之间及交换机与服务器之间传递多个 VLAN 信息及 VLAN 数据流的协议，通过在交换机直接相连的端口配置 ISL 封装，即可跨越交换机进行整个网络的 VLAN 分配和配置。ISL 主要用在以太网上。

ISL 协议对 IEEE 802.1Q 进行了很好的补充，使得交换机之间的数据传送具有更高的效率。它主要应用于互联多个交换机，并且把 VLAN 信息作为通信量在交换机间传送。在全双工或半双工模式下，在快速以太网链路上，ISL 可保持全线速的性能。

4. VTP

链路聚合(Trunk)也是一种封装技术，它是一条点到点的链路，链路的两端可以都是交换机，可以是交换机和路由器，还可以是主机和交换机或路由器。Trunk 的主要功能就是仅通过一条链路就可以连接多个 VLAN。

虚拟局域网干线协议(VLAN trunking protocol，VTP)是一种通过 Trunk 来进行 VLAN 管理的协议，属于客户/服务器方式。首先，VTP 包含域的概念，只有处在同一个域内的交换机才能构成一个管理体系。其次，在整个域内，VLAN 的添加和删除都是在服务器端完成的，修改的结果通过 Trunk 发给客户端，客户端的 VLAN 数据库也会发生相应的变化,即客户端内的 VLAN 数据库总是与服务器端的 VLAN 数据库保持一致。

VTP 是一个在交换机之间同步及传递 VLAN 配置信息的协议。一个 VTP Server 上的配置将会传递给网络中的所有交换机,VTP 通过减少手工配置而支持较大规模的网络。VTP 有服务器(Server)、客户端(Client)和透明(Transparent)3 种模式,交换机在默认情况下设为 Server 模式。

4.6.4 划分 VLAN 的方法

划分 VLAN 主要出于三种考虑。

第一,基于网络性能的考虑。对于大型网络,现在常用的 Windows NetBEUI 是广播协议,当网络规模很大时,网上的广播信息会有很多,会使网络性能恶化,甚至形成广播风暴,引起网络堵塞。此时可以通过划分多个 VLAN 来减少整个网络范围内广播包的传输,因为广播信息是不会跨过 VLAN 的,可以把广播限制在各个虚拟网的范围内,用术语讲就是缩小了广播域,提高了网络的传输效率,从而提高了网络性能。

第二,基于安全性的考虑。因为各虚拟网之间不能直接进行通信,必须通过路由器转发,这为高级的安全控制提供了可能,增强了网络的安全性。对于大规模的网络,如大的集团公司,有财务部、采购部和客户部等,它们之间的数据是保密的,相互之间只能提供接口数据,可以通过划分 VLAN 对不同部门进行隔离。

第三,基于组织结构的考虑。同一部门的人员分散在不同的物理地点,如集团公司的财务部在各子公司均有分部,但都属于财务部管理。这些数据都是要保密的,在统一结算时,就可以跨地域(也就是跨交换机)将其设在同一 VLAN 中,实现数据安全和共享。

总之,采用 VLAN 有如下优势:抑制网络上的广播风暴,增加网络的安全性,实现集中化的管理控制。

交换机上的 VLAN 分为静态 VLAN 和动态 VLAN 两种,静态 VLAN 是指用户手工配置的 VLAN,而动态 VLAN 则指通过动态 VLAN 协议学习到的 VLAN。

基于交换机的以太网要实现 VLAN 主要有下面几种划分方法。

1. 根据端口划分 VLAN

许多最初的 VLAN 实施按照交换机端口分组来定义 VLAN 成员。如图 4.35 所示,一台交换机的端口 1、2、6、7 和 8 上的工作站组成了 VLAN1,而端口 3、4 和 5 上的工作站组成了 VLAN2。此外,在多数最初的实施当中,VLAN 只能在同一台交换机上得到支持。

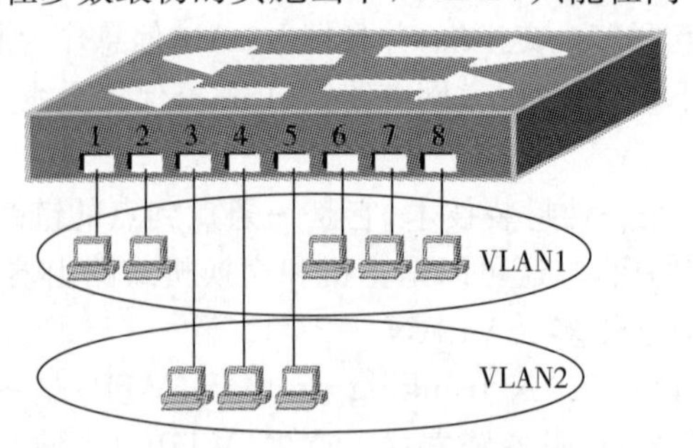

图 4.35 使用单个交换机端口定义 VLAN

第二代VLAN是支持跨越多台交换机的VLAN。如图4.36所示,1号交换机的端口1、2、3和2号交换机的端口4、5、6上的工作站组成了VLAN1;而1号交换机的端口4、5、6、7、8和2号交换机的端口1、2、3、7、8上的工作站组成了VLAN2。端口分组仍然是定义VLAN成员最常用的方法,而且配置也相当简单。但是,用端口定义VLAN的主要局限是当用户从一个端口移动到另一个端口的时候,网络管理员必须重新配置VLAN成员。

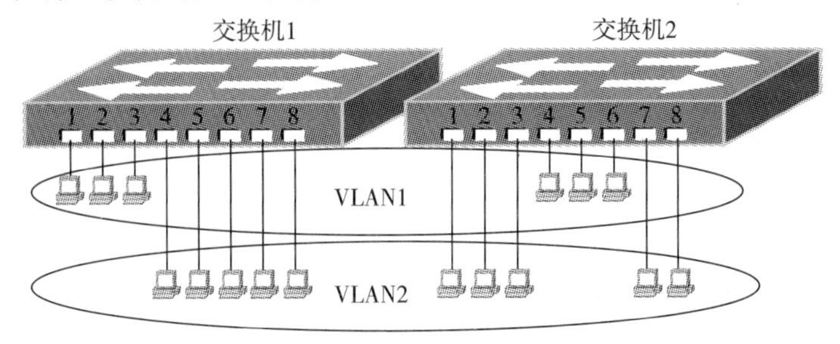

图4.36　使用多个交换机端口定义VLAN

2. 根据MAC地址划分VLAN

这种划分VLAN的方法是根据每个主机的MAC地址来划分的,即对每个MAC地址的主机,都配置它属于哪个组。基于MAC地址的VLAN具有不同的优缺点。由于MAC地址是固化到工作站的网卡上的,因此基于MAC地址的VLAN使网络管理者能够把网络上的工作站移动到不同的实际位置,而且可以让这台工作站自动地保持它原有的VLAN成员资格。按照这种方式,由MAC地址定义的VLAN可以被视为基于用户的VLAN。

基于MAC地址的VLAN解决方案的缺点之一是要求所有的用户必须初始配置在至少一个VLAN中。在这次初始配置之后,用户的自动跟踪才有可能实现,同时还取决于特定的供应商解决方案。然而,这种初始手工配置VLAN的方法,其缺点在大型网络中会变得非常明显:几千个用户必须逐个分配到各自特定的VLAN中。某些供应商已经减少了初始手工配置基于硬件地址的VLAN的繁重任务,它们采用根据网络的当前状态生成VLAN的工具,即为每一个子网生成一个基于硬件地址的VLAN。

3. 基于第三层的VLAN

传统的路由器在网络中有路由转发、防火墙、隔离广播等作用,而在一个划分了VLAN以后的网络中,逻辑上划分的不同网段之间通信仍然要通过路由器转发。在局域网上,不同VLAN之间的通信数据量是很大的,如果路由器对每一个数据包都路由一次,随着网络上数据量的不断增大,路由器将不堪重负,成为整个网络运行的瓶颈。在这种情况下,出现了第三层交换技术,它是将路由技术与交换技术合二为一的技术。三层交换机在对第一个数据流进行路由后,会产生一个MAC地址与IP地址的映射表,当同样的数据流再次通过时,将根据此表直接从二层通过而不是再次路由,从而消除了路由器进行路由选择而造成网络的延迟,提高了数据包转发的效率,消除了路由器可能产生的网络瓶颈问题。可见,三层交换机集路由与交换于一身,在交换机内部实现了路由,提高了网络的整体性能。

在以三层交换机为核心的千兆网络中,为保证不同职能部门管理的方便性和安全性以及整个网络运行的稳定性,可采用VLAN技术进行虚拟网络划分。VLAN子网隔离了广播风暴,对一些重要部门实施了安全保护;且当某一部门物理位置发生变化时,只需对交换机进行设置,就可以实现网络的重组,非常方便、快捷,同时节约了成本。

基于第三层信息的VLAN在确定其成员时考虑了协议类型(如果多协议得到支持)或网络层地址(如IP地址)。虽然这些VLAN是基于第三层信息的,但这并不构成一种"路由"功能,也不应与网络层路由相混淆。

即使交换机检查数据包的IP地址以确定VLAN成员,也不会进行路由计算,不会采用RIP或OSPF协议,而且穿越交换机的数据帧通常根据生成树算法桥接。

在第三层定义VLAN有3个优点。首先,它根据协议类型实现分区,这对基于服务或应用的VLAN的网络管理人员而言,是一个很有用的选项。其次,用户可以移动他们的工作站而不必重新配置每台工作站的网络地址,这对TCP/IP用户十分有利。最后,在第三层定义VLAN,可以消除为了在交换机之间传达VLAN成员信息对数据帧标记的需求,减少了经常性的传输开销。

与基于MAC地址或基于端口的VLAN相比,在第三层定义VLAN的缺点之一可能是对性能的影响。检查数据包中的第三层地址要比查看数据帧中的MAC地址耗时更多。因此,使用第三层信息定义VLAN的交换机一般要比使用第二层信息的交换机运行得慢些。

用第三层信息定义的VLAN在涉及TCP/IP协议时特别有效,但对于那些不能在桌面完成手动配置的网络协议就差一些。此外,第三层定义的VLAN在处理像NetBIOS这类"不可路由"的协议时有特殊困难,运行不可路由协议的工作站无法被区分,因此无法被定义为一个网络层VLAN的一部分。

4. 根据IP组播划分VLAN

IP多点传输分组表达了一种有些不同的VLAN定义方式,尽管它仍然应用了作为广播域的VLAN这一概念。当一个IP数据包通过多点传输发送时,它被送到显示定义的一组IP地址的代理地址中去,这些IP地址是动态设置的。通过对存在一个特定IP多点传输组的广播通知作出肯定回应,每一台工作站都被给予参加这个组的机会。参加IP多点传输组的所有工作站都可视为同一个VLAN的成员,然而,它们仅仅是在某一时段内特定多点广播组的成员。因此,用IP多点传输组定义的VLAN产生了非常高的灵活性和应用灵敏度。此外,用IP多点传输组定义的VLAN具有一种跨越路由器,因而跨越了广域网连接的固有能力。

考虑到各类VLAN之间的协定,许多供应商正在计划纳入定义VLAN的多种方法,即用组合式方法划分VLAN。这样网络管理人员在配置其VLAN时,便能使之更好适应其特定的网络环境。例如,用组合方法,一个既使用IP又使用NetBIOS协议的组织机构可以先定义与原有IP子网相应的IPVLAN(以便于顺利过渡),然后用硬件地址层地址分组的方法,把NetBIOS最终工作站划分开来,也为它们定义VLAN。

4.6.5 VLAN 的互联

VLAN 交换机的互联形式主要有以下 3 种。

1. 接入链路

接入链路(Access Link)是用来将非 VLAN 标识的工作站,或者非 VLAN 成员资格的 VLAN 设备接入一个 VLAN 交换机端口的 LAN 网段。它不能承载标记数据。

2. 中继链路

中继链路(Trunk Link)是指承载标记数据(即具有 VLAN ID 标签的数据包)的干线链路,只能支持那些理解 VLAN 帧格式和具备 VLAN 成员资格的 VLAN 设备。中继链路最通常的实现就是连接两个 VLAN 交换机的链路。与中继链路紧密相关的技术就是链路聚合技术,该技术采用 VTP 协议。在物理上,每台 VLAN 交换机的多个物理端口是独立的,多条链路是平行的,采用 VTP 技术处理以后,在逻辑上,VLAN 交换机的多个物理端口为一个逻辑端口,多条物理链路为一条逻辑链路。这样,在 VLAN 交换机上使用生成树协议(spanning tree protocol,STP)就不会将物理上的多条平行链路构成的环路中止,而且,带有 VLAN ID 标签的数据流可以在多条链路上同时进行传输共享,实现数据流的高效快速平衡传输。

3. 混合链路

混合链路(Hybrid Link)是接入链路和中继链路混合所组成的链路,即连接 VLAN-aware 设备和 VLAN-unaware 设备的链路。这种链路可以同时承载标记数据和非标记数据。

如前所述,VLAN 的划分有很多种,可以按照 IP 地址来划分,按照端口来划分,按照 MAC 地址划分或者按照协议来划分。但常用的划分方法是将端口和 IP 地址结合来划分 VLAN,某几个端口为一个 VLAN,并为该 VLAN 配置 IP 地址,那么该 VLAN 中的计算机就以这个地址为网关,其他 VLAN 则不能与该 VLAN 处于同一子网。

若两台交换机都有同一 VLAN 的计算机,则可以通过 VLAN Trunk 来解决。例如,交换机 1 的 VLAN1 中的机器要访问交换机 2 的 VLAN1 中的机器,可以把两台交换机的级联端口设置为 Trunk 端口,这样,当交换机把数据包从级联口发出去的时候,会在数据包中做一个标记,以使其他交换机识别该数据包属于哪一个 VLAN,其他交换机收到这样一个数据包后,只会将该数据包转发到标记中指定的 VLAN,从而完成了跨越交换机的 VLAN 内部数据传输。VLAN Trunk 目前有两种标准:ISL 和 802.1Q,前者是 Cisco 专有技术,后者则是 IEEE 的国际标准,除了 Cisco 两者都支持外,其他厂商都只支持后者。

目前在宽带网络中实现的 VLAN 基本上能满足广大网络用户的需求,但其网络性能、网络流量控制、网络通信优先级控制等还有待提高。VTP 技术、基于三层交换的 VLAN 技术等在 VLAN 使用中存在网络效率的瓶颈问题,这主要是 IEEE 802.1Q、IEEE802.1D 协议的不完善所致,IEEE 正在制定和完善 IEEE802.1S 和 IEEE802.1W 来改善 VLAN 的性能。采用 IEEE802.3z 和 IEEE802.3ab 协议,并结合使用精简指令集计算处理器或者网络处理器而研制的吉兆位 VLAN 交换机在网络流量等方面采取了相应的措施,大大提高了 VLAN 网络的性能。IEEE802.1P 协议提出了服务类别(class of service,CoS)标准,使网络通信优先级控制机制有了参考。

习题 4

一、选择题

1. ________是一种总线结构的局域网技术。

   A. Ethernet　　B. FDDI　　C. ATM　　D. DQDB

2. 在共享介质以太网中,采用的介质访问控制方法是________。

   A. 并发连接方法　　B. 令牌方法　　C. 时间片方法　　D. CSMA/CD 方法

3. 在共享介质以太网中,当联网节点数增加一倍时,每个节点能分配到的平均带宽大约为原来的________。

   A. 2 倍　　B. 1/10　　C. 10 倍　　D. 1/2

4. 当 CSMA/CD 总线网的总线长度超过数千米后,会使________。

   A. 冲突加剧　　B. 信号能量衰减为 0
   C. 网络死锁　　D. 文件服务器负担太重

5. IEEE802.11 标准定义了________的介质访问控制子层与物理层规范。

   A. CSMA/CD 总线　　B. 令牌环　　C. 令牌总线　　D. 无线局域网

6. 在快速以太网中,支持光纤介质的标准是________。

   A. 100 BASE-T4　　B. 100 BASE-FX
   C. 100 BASE-TX　　D. 100 BASE-CX

7. FDDI 的传输介质是________。

   A. 双绞线　　B. 同轴电缆　　C. 微波　　D. 光纤

8. 交换式局域网的核心设备是________。

   A. 中继器　　B. 局域网交换机　　C. 集线器　　D. 路由器

9. ________在逻辑结构上属于总线型局域网,在物理结构上可以看成是星形局域网。

   A. 令牌环网　　B. 广域网
   C. 因特网　　D. 用集线器连接的以太网

10. IEEE 802 标准中的________协议定义了逻辑链路控制子层的功能与服务。

    A. IEEE 802.4　　B. IEEE 802.3　　C. IEEE 802.2　　D. IEEE 802.1

11. FDDI 技术可以使用具有很好容错能力的________。

    A. 单环结构　　B. 双环结构　　C. 复合结构　　D. 双总线结构

12. ________物理层标准支持的是细同轴电缆。

    A. 10 BASE-5　　B. 10 BASE-T　　C. 10 BASE-2　　D. 10 BASE-FL

13. 802.11b 定义了使用跳频扩频技术的无线局域网标准,传输速率为 1 Mbps、2 Mbps、5.5 Mbps 与________。

    A. 10 Mbps　　B. 11 Mbps　　C. 20 Mbps　　D. 54 Mbps

14. 如果要用非屏蔽双绞线组建以太网,需要购买带________接口的以太网卡。

    A. RJ-45　　B. F/O　　C. AUI　　D. BNC

15. 以太网交换机的 100 Mbps 全双工端口的带宽为________。

    A. 1000 Mbps　　B. 50 Mbps　　C. 100 Mbps　　D. 200 Mbps

16. 在千兆位以太网标准中，单模光纤的长度可以达到________。

A. 100 m　　B. 3000 m　　C. 550 m　　D. 5000 m

17. 如果使用粗缆来连接两个集线器，使用双绞线来连接集线器与节点，粗缆单根缆段最大距离为 500 m，那么网中两个节点间最大距离可以达到________。

A. 870 m　　B. 1000 m　　C. 700 m　　D. 650 m

18. 关于以太网信号发送，说法正确的是________。

A. 可随时发送，仅在发送后检测冲突

B. 在发送前需侦听信道，只在空闲时发送

C. 采用带冲突检测的 CSMA 协议进行发送

D. 在获得令牌后发送

19. 每块以太网卡都有唯一的以太网地址，该地址作为________。

A. 主机的 IP 地址　　B. 主机的逻辑地址

C. 主机的物理地址　　D. 主机的传输地址

20. 在对千兆以太网和快速以太网的共同特点的描述中，以下说法错误的是________。

A. 相同的数据帧格式　　B. 相同的物理层实现技术

C. 相同的组网方法　　D. 相同的介质访问控制方法

21. 在 100BASE-T 标准中，Hub 通过 RJ-45 接口与计算机连线距离不超过________。

A. 50 m　　B. 500 m　　C. 100 m　　D. 185 m

22. 局域网的拓扑结构一般不包含以下哪种结构________。

A. 星形结构　　B. 总线型结构　　C. 环形结构　　D. 树型结构

23. 以太网数据帧的长度不能小于________个字节？

A. 16　　B. 32　　C. 64　　D. 80

24. VLAN 的划分方法中，根据网络层地址（IP 地址）划分称为基于________。

A. 端口的 VLAN　　B. 路由的 VLAN

C. MAC 地址的 VLAN　　D. IP 的 VLAN

25. 当数据在两个 VLAN 之间传输时需要的设备是________。

A. 二层交换机　　B. 网桥　　C. 路由器　　D. 中继器

26. 可以采用静态或动态方式来划分 VLAN，下面属于静态划分的方法是________。

A. 按端口划分　　B. 按 MAC 地址划分

C. 按协议类型划分　　D. 按逻辑地址划分

27. 关于 CSMA 协议下列说法不正确的是________。

A. CSMA 方法又可称为“先听后说”方法

B. 在 CSMA 技术中，所有节点共享同一条总线

C. CSMA 协议中，某些节点在向总线发送信息时，可不侦听总线

D. 在非坚持 CSMA 中，节点在监听总线时，若媒体空闲，则立刻传输

28. CSMA 有多种工作方式，这些工作方式不包括________。

A. 非坚持 CSMA　　B. 1 坚持 CSMA

C. P 坚持 CSMA　　D. W 坚持 CSMA

29. 关于CSMA/CD表述不正确的有________。

A. CSMA/CD方法又称“边说边听”方法

B. CSMA/CD协议中,一旦检测到冲突,将停止传输

C. CSMA/CD协议中,一旦检测到空闲,将等待一段随机时间再传输

D. 在发生冲突时,CSMA/CD协议较CSMA能有效减少传播时间浪费

30. 关于VLAN,以下表述不正确的是________。

A. VLAN可将一个物理LAN逻辑划分成不同的广播域

B. VLAN中的各工作站必须放在同一个物理空间中

C. 一个VLAN内部的广播和单播流量都不会转发到其他VLAN中

D. 同一个VLAN中的所有成员共同拥有一个VLAN ID

二、填空题

1. 网络层上传输的信息单位是________。

2. IEEE 802局域网协议与OSI参考模型比较,主要的不同之处在于,对应OSI的链路层,IEEE802标准将其分为________控制子层和________控制子层。

3. 符合802.5标准,MAC层采用令牌控制方法的环形局域网是________网。

4. 符合802.3标准,MAC层采用CSMA/CD方法的局域网是________网。

5. MAC层采用CSMA/CD方法,物理层采用100 BASE-T标准的局域网是________网。

6. 通过交换机多端口之间的并发连接实现多节点间数据并发传输的局域网是________网。

7. 符合802.4标准,MAC层采用令牌控制方法的总线型局域网是________网。

8. 按螺旋结构排列的2根、4根或8根绝缘导线组成的一种传输介质称为________。

9. 在使用双绞线组网时,双绞线接口模块和接头的通用标准有________和________。

10. 常用的光纤接头形式有________、________和________。

11. CSMA/CD在网络通信负荷________时表现出较好的吞吐率与延迟特性。

12. IEEE 802.11标准支持两种基本实现结构________和________。

13. WLAN中,一个基本服务区内的构件称为________。

14. 802.11 MAC包括两个子层,它们分别是________和________。

15. VLAN的标准有________、________、________和________。

16. VLAN交换机的互联形式有________、________和________。

17. “5-4-3规则”,是指在10M以太网中,网络总长度不得超过________,至多有________和3个区段可接网络设备。

18. 以太网组网的主要设备包含________、________ 和 ________。

三、问答题

1. 什么是局域网?它有哪些特点?

2. 如何理解星形拓扑与总线型、环形拓扑之间的关系?

3. 局域网按介质访问控制方法可分为哪两类?它们的主要特点是什么?

4. 试说明IEEE 802.2标准与IEEE 802.3、IEEE 802.4、IEEE 802.5标准之间的关系。

5. 简述载波侦听多路访问/冲突检测(CSMA/CD)的工作原理。

6. 描述二进制指数退避算法的过程。

7. 为了解决网络规模与网络性能之间的矛盾，针对传统的共享介质局域网的缺陷，人们提出了哪3种改善局域网性能的方案？

8. 共享式以太网和交换式以太网各有什么特点？哪种以太网性能更好？为什么？

9. 构建无线局域网的主要设备是什么？无线局域网的典型应用有哪些？

10. IEEE 802.3标准支持的传输介质有哪几种？

11. 简述载波侦听多路访问/冲突避免(CSMA/CA)的工作原理。

12. 局域网采用动态分配信道的异步机制有哪3种？它们有何不同？

13. 简述CSMA协议的3种策略，并分析它们的优缺点。

14. 以太网数据帧的长度为什么不能小于64字节？

15. 什么是迟冲突？它对以太网的性能有何影响？

16. 解释无线设备在传输数据时存在的隐藏站点和暴露站点问题。

17. 简述CSMA/CA的4种帧间间隔的含义及作用。

18. 什么是无线局域网的虚拟侦听机制？

19. 简述RTS/CTS协议的工作原理。

20. 典型的以太网卡主要分为哪几种类型？在网卡选型上应该考虑哪些问题？

21. 典型的集线器主要分为哪几种类型？在集线器选型上应该考虑哪些问题？

22. 典型的以太网交换机主要分为哪几种类型？在以太网交换机选型上主要应考虑哪些问题？

23. VLAN有哪些优点？

24. 基于交换式的以太网要实现VLAN主要有哪几种划分方法？

25. 在第三层定义VLAN有什么优点？

26. 如果有两台交换机都有属于同一个VLAN的计算机，如何实现它们之间的通信呢？

网络层

数据链路层协议只能解决相邻节点间的数据传输问题，不能解决任意两个主机之间的数据传输问题，因为两个主机之间的通信通常要包括许多段链路，涉及链路选择、流量控制等问题。而网络层关注的就是如何将分组从源站沿着网络路径送达目的端。为了将分组送到目的端，有可能沿路要经过许多跳(hop)中间路由器。为了实现这个目标，网络层必须知道通信子网的拓扑结构，并且在拓扑结构中选择适当的路径。本章首先对网络层概述，进而介绍各种路由选择算法和路由协议，最后重点介绍IP协议。

5.1 网络层概述

网络层的作用是将分组从发送主机传输到接收主机，要完成这个任务，需要网络层提供转发和路由两种基本的网络层功能。网络层为传输层提供无连接服务和面向连接服务。其中无连接服务由数据报子网提供，面向连接服务由虚电路子网提供。

5.1.1 转发和路由

当一个位于主机上的应用程序需要通信时，TCP/IP协议将产生一个或多个IP数据报。当主机发送这些数据报时必须进行转发决策，即使主机只与一个网络相连接，也需要进行转发决策。如果目的主机与源主机在同一个物理网络上(如在同一个局域网中)，则源主机将数据包封装在链路层帧中直接发送给目的主机(帧的目的地址为目的主机的MAC地址)，这称为直接交付(direct delivery)。如果目的主机与源主机不在同一个物理网络上，则源主机需要将数据包封装成帧后发送给本网的一台路由器(帧的目的地址为路由器的MAC地址)，这称为间接交付(indirect delivery)。

直接交付是指在同一个物理网络上把数据包从一台机器直接传输到另一台机器，直接交付不涉及路由器。间接交付是指，当目的站不在一个直接连接的网络上时，必须将数据包发给一个路由器进行处理。对于路由器来说也存在直接交付与间接交付的问题，当路由器位于传输路径上的最后一站时(即与目的主机在同一个物理网络上)，采用直接交付，将数据包发给目的主机；其他中间路由器采用间接交付，将数据包发送给下一跳路由器。

如何判断目的站是否在同一个直连的网络上呢？发送站使用子网掩码从数据包目的IP地址中抽取网络前缀部分，再和自己的IP地址的网络前缀部分进行比较，如果相同，则表明两者处于同一个直连网络上，否则就不在同一个直连网络上。

路由(routing)是一个通用的术语，用来描述某一个网络中的主机所发出的分组，经过一个或多个路由器，传输到位于另一个网络中的主机的过程。更明确地说，路由由两个独立并且截然不同的操作构成。

1. 路由数据库管理

所有路由器都维护着一个目的网络的数据库，数据库中还可能有另外一些拓扑数据，路由器以目的地址（目的地址包含在分组头中）为基础，并根据这些数据计算分组应该转发到哪里去。对这些数据库的维护工作，是通过各路由器之间交换路由数据库更新消息进行的。这些消息的格式和其中包含的信息是由各路由器所采用的某一个（或多个）动态路由协议来定义的。路由器维护数据库完整性、准确性以及建立转发表的处理过程、算法和协议等也被统称为 IP 路由。

2. 分组转发

把分组从一个网络转发到另一个网络的实际过程被称为分组转发，也称为 IP 转发。当分组到达一个路由器时，目的 IP 地址信息从分组头中被提取出来，并与路由表中的表项进行比较。路由表是从路由数据库中计算得来的，由一个目的网络的列表和与之相应的通路中的下一跳（next-hop）地址构成，路由器认为这条通路可以通往目的地。分组头的校验和重新计算，再分组转发到下一跳地址，进而传递到目的地，这种方式称为逐级跳（hop-by-hop）的路由。IP 分组转发到哪里是由每一个路由器根据其自身路由表和该分组目的地址来决定的。

下面从一个独立的路由器角度描述 IP 路由的过程。路由数据库的更新消息到达路由器后，传递给路由协议实体进行处理。一旦这些消息得到处理，一个新的 IP 路由表就生成了。当一个 IP 分组到达路由器后，其目的地址就会与路由表中的表项进行比较，然后被发送到其所需的通路上。此外，路由协议实体也能产生新的路由数据库更新消息，并传递给其相邻的其他路由器进行处理。尽管人们在大量的论文、标准和书籍中已经对 IP 路由处理和路由协议的问题进行了很多讨论，但是这种在网络中转发分组的简单过程仍然在受到很多关注。IP 分组最终到达其目的地所需的时间很长，原因如下。

(1) 通路上有太多的路由器。这实际上是一个网络设计问题，该问题可以通过将路由器替换成交换机来解决。

(2) 路由表的规模过大。路由表越大，在路由表中查找与 IP 分组的目的地址相匹配的表项所花费的时间就越长。目前，路由表的大小在一定程度上可以通过使用无类别域间路由选择（classless inter-domain routing，CIDR）和其他地址汇聚技术得到控制，但是随着时间的推移，路由表仍然会不断增大。

(3) 陈旧的路由器技术。在老式路由器中，进入输入接口的 IP 分组需要经过总线传递到中央处理器，然后经过总线传递到输出接口，这种方式的效率不高。新的路由器所采用的技术与此不同，新技术把路由表的一部分或全部缓存在适配器接口上的特殊硬件中；此外，用于适配器之间数据传输的共享总线也被一个高性能的交换机所替代。

另一个值得注意的技术是通过交换机（更明确地说是 ATM 交换机），来对 IP 转发通路进行重定向和缓存（即 IP 交换）。

5.1.2　为传输层提供的服务

在计算机网络领域，网络层应该向传输层提供怎样的服务（“面向连接”还是“无连接”）曾引起了长期的争论，争论的焦点在于，在计算机通信中，可靠交付应当由谁来负责？是网络还是端系统？

1. 无连接服务

以Internet阵营为代表,认为通信子网本质上是不可靠的,用户肯定需要自己做差错控制和流量控制的工作。既然如此,通信子网只提供最基本的数据传输服务就行了,即只负责将分组正确路由到目的节点,不提供差错控制、顺序控制、流量控制等其他功能。从这个思路出发,那么通信子网是无连接的,每个分组就是一个独立的传输单位,携带完整的地址,在每个节点被独立传输,分组之间彼此没有联系。

2. 面向连接的服务

以电信公司为代表的阵营,认为通信子网应该提供可靠的面向连接的服务,在这里服务质量是一个需要重点考虑的因素。只有在通信前建立连接,才能进行服务协商并预留足够的资源,进而保证像语音、视频等实时业务获得所需的服务质量。

双方争论的焦点在于是否需要建立连接,至于数据传输的可靠性则是选项。提供无连接服务的典型代表是因特网,其认为只需向上提供简单灵活、无连接的、尽最大努力交付的数据报服务。提供面向连接服务的典型代表是电话网和ATM网络,它们认为需要建立虚电路,以保证双方通信所需的一切网络资源。事实上,由于实时多媒体应用的不断普及,服务质量问题越来越受到人们关注,而因特网在这方面的局限性也日益凸现,因此,因特网也在不断改进,IPv6就引入了面向连接的特性。

5.1.3 数据报网络和虚电路

在提供无连接服务的通信子网中,每个分组被独立地传输,分组被称为数据报,其网络层向上提供的服务被称为数据报服务,而该通信子网则被称为数据报子网。

1. 数据报子网

数据报子网工作原理如下。

(1)主机的网络层从传输层接收一个消息。

(2)网络层将消息封装成分组,发送给距它最近的路由器。若消息太大,超过了分组的最大长度,则需要先将消息划分成较小的数据块,再分别封装成分组。

(3)每个路由器都有一张路由表,记录已知的目的地址及这些地址所在的输出线路,当从网络端口收到一个分组时,首先判断自己是否是分组的目的地。若是,则将分组交给合适的上层实体去处理;否则,用分组的目的地址查找路由表,从相应的输出线路转发分组。

(4)如果分组长度超过了输出链路上的最大传输单元(maximum transfer unit, MTU),则路由器的网络层必须将分组分成较小的片段,并将每个片段封装成分组,独立传输。

(5)目的主机的网络层将收到的分组交给传输层,如果分组被划分成了若干个片段,那么目的主机先将各个片段重组,再交给传输层。

(6)路由器中的路由模块负责生成和维护路由表(使用路由算法),转发模块负责查找转发表和转发分组。转发表是根据路由表生成的、便于快速查找的数据结构。

图5.1显示了一个面向无连接的解决方案示意图。当主机A需要发送一个数据单元P_1到主机B时,主机A首先进行路由选择,判断P_1到达主机B的最佳路径。如果它认为P_1经过路由器1到达主机B是一条最佳路径,那么,主机A就将P_1发送给路由器1。路

由器1收到主机A发送的数据单元P_1后，根据自己掌握的路由信息为P_1选择一条到达主机B的最佳路径，从而决定将P_1传递给路由器2还是3。这样，P_1经过多个路由器的中继和转发，最终到达目的主机B。如果主机A需要发送另一个数据单元P_2到主机B，那么，主机A同样需要对P_2进行路由选择。在面向非连接的解决方案中，由于设备对每一个数据单元的路由选择独立进行，因此，数据单元P_2到达目的主机B可能经过了一条与P_1完全不同的路径。

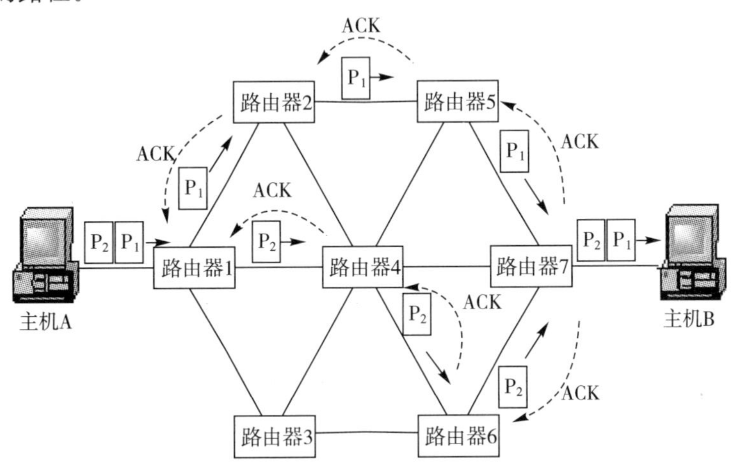

图5.1　数据报子网工作原理

2. 虚电路子网

(1)面向连接服务的实现。在提供面向连接服务的通信子网中，通信前首先需要建立一条从源节点到目的节点的传输通路(也称为连接)，相关的数据包都会沿着这条通路传输，传输结束后要释放这条通路。

建立连接的目的是避免在每收到一个分组后，都要去查找庞大的转发表。其基本思想是将从源主机到目的主机的路径记录在沿途经过的每一个路由器中，此后，该连接上的所有分组都在这条路径上传输。由于在同一条物理链路上可能存在多条连接，因此，需要为每条连接分配一个标识。每个分组必须携带其所属连接的标识，这样，路由器检查分组头中的连接标识就知道分组属于哪个连接了。

连接标识只具有局部意义，同一条连接在不同的物理链路上可能被分配不同的连接标识。为此，路由器必须为经过它的所有连接建立一张连接表，对于每一条连接，记录其输入链路、在这条链路上的连接标识，以及输出链路及在输出链路上的连接标识。路由器在转发分组时，必须用输出链路上的连接标识替换分组头中的连接标识。

从源主机到目的主机的连接称为虚电路，这是因为它只是表示了从源主机到目的主机一条逻辑连接，而不是真正建立了一条物理连接(如固定地占用一个频道或时间片)。

除了连接建立的分组需要携带完整的网络层地址之外，其他分组只需要携带一个连接标识(虚电路号)。

(2)虚电路子网的工作原理。虚电路子网的工作原理如图5.2所示，图中显示了一个面向连接的解决方案。在图中，主机A和主机B通信时形成了一条逻辑连接。该连接是经过“三次握手”机制把路由器A、B、C和D连接起来形成的。一旦该连接建立起来，主机

A和主机B之间的信息传输就会沿着该连接进行,具体的工作步骤如下。

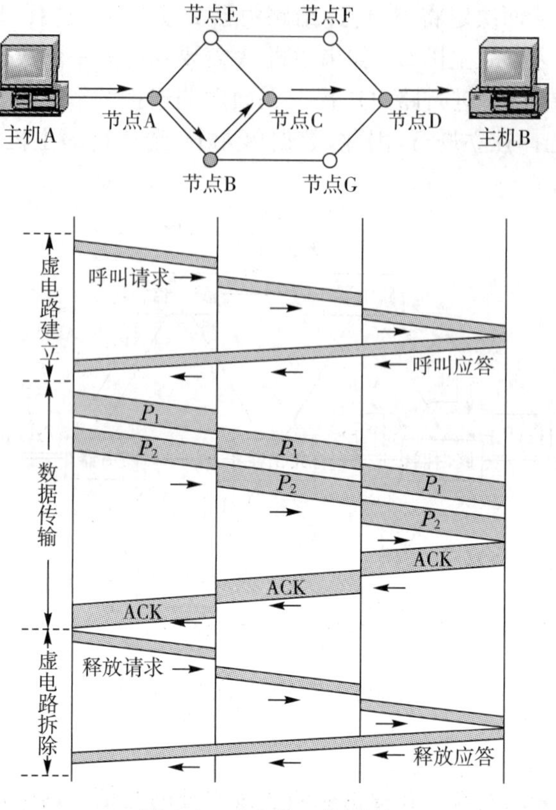

图5.2　虚电路工作原理

① 源节点向目的节点发送一个连接建立分组,分组中携带完整的源地址和目的地址,并在源节点与源路由器之间的线路上选择一个当前未用的虚电路号,携带在分组头中。

② 每一个中间节点收到连接建立分组后,根据分组的目的地址查找路由表,选择一条合适的输出线路,然后在输出线路上选择一个当前未用的虚电路号,替换分组头中的虚电路号,并在节点的虚电路表中记录下这条连接(输入线路、输入虚电路号、输出线路、输出虚电路号),最后从输出线路上转发该分组。

③ 这个过程不断重复,直至到达目的节点,如果目的节点同意建立连接,则会发回一个连接确认分组,该分组沿着相反的路径返回源节点,虚电路就建立起来了。这条虚电路是全双工的。

④ 随后,源节点在发送的每一个分组中都放入该分组所属的虚电路号,每个中间节点用输入线路和输入虚电路号查找虚电路表,用输出虚电路号替换分组头中的虚电路号,并从输出线路上转发分组,该过程不断重复,直至分组到达目的节点。

⑤ 传输结束后,任何一方都可以发出一个连接拆除分组,收到该分组的节点删除虚电路表中的相应表项,并向下转发分组,当连接拆除分组到达另一方时,虚电路就被拆除了。

3. 数据报和虚电路的区别

(1) 传输方式:虚电路服务在源主机与目的主机通信之前,应先建立一条虚电路,然后才能进行通信,通信结束后应将虚电路拆除。而数据报服务是用网络层从传输层接收报文，将其装上报头(源、目的地址等信息)后作为一个独立的信息单位传送，不需建立和释放连接，目标节点收到数据后也不需发送确认，因此，是一种开销较小的通信方式。但发送方不能确切地知道对方是否准备好接收，是否正在忙碌，因此，数据报服务的可靠性不高。

(2)全网地址：虚电路服务仅在源主机发出呼叫分组中需要填写源主机和目的主机的全网地址，在数据传输阶段，只需填上虚电路号。而数据报服务，由于每个数据报都单独传送，因此，在每个数据报中都必须具有源主机和目的主机的全网地址，以便网络节点根据所带地址向目的主机转发。对频繁的人—机交互通信而言，每次都附上源主机和目的主机的全网地址不仅累赘，而且降低了信道利用率。

(3)路由选择：虚电路服务沿途各节点的路由选择，只在网中传输呼叫请求分组时需要，以后就不需要了。而在数据报服务时，每个数据每经过一个网络节点都要进行一次路由选择，当有一个很长的报文需要传输时，必须先把它分成若干个具有定长的分组，若采用数据报服务，势必增加网络开销。

(4)分组顺序：对于虚电路服务，由于从源主机发出的所有分组都是通过事先建立好的一条虚电路进行传输的，因此，能保证分组按发送顺序到达目的主机。在数据报服务中，每个分组独立选择路由进行转发，可能通过不同的路径到达目的主机，因而，数据报服务不能保证这些数据报按序到达目的主机。

(5)可靠性与适应性：虚电路服务在通信之前双方已进行连接，而且每发完一定数量的分组后，对方也都给予确认，故虚电路服务比数据报服务的可靠性高。当传输途中的某个节点或链路发生故障时，数据报服务可以绕开这些故障地区，而另选其他路径将数据传至目的地，而在虚电路服务中，所有通过出故障节点的虚电路均不能工作，必须重新建立虚电路才能进行通信。数据报服务的适应性比虚电路服务强。

(6)平衡网络流量：数据报在传输过程中，中继节点可为数据报选择一条流量较小的路由，而避开流量较高的路由，因此数据报服务既平衡了网络中的信息流量，又可使数据报更迅速传输。而在虚电路服务中，一旦虚电路建立后，中继节点是不能根据流量情况来改变分组的传送路径的。

综上所述，虚电路服务适用于交互作用，不仅及时、传输较为可靠，而且网络开销小。从单独的通信网来说，采用有连接的虚电路方式，或是采用无连接的数据报方式都是可以的。但是对于网间互联或 IP 业务，则是采用数据报方式有利。因为数据报方式可以最大限度地节省对网络节点的处理要求，不需要采取可靠性措施或流量控制，不需要预先建立逻辑的连接路径。它在遇到网内拥塞等情况时，可以迅速改变路由，适用于不同类型的网络。在因特网中，采用的就是数据报方式。

5.2 路由选择算法*

路由器的主要任务是转发分组。在数据报网络中，路由器通过查找转发表来获得转发信息；而在虚电路网络中，路由器通过查找虚电路表获得转发信息。构建转发表或虚电路表的基础是路由器中维护的路由表。路由表是由路由算法建立起来的一张表，通常包含了从目的地址到分组转发路径中下一跳地址的映射。

在互联网络环境中,每个终端节点通常有一台默认路由器(default router)。每当该终端欲与其他网络中的终端通信时,它总是将分组发送给它的默认路由器。将源主机的默认路由器称为源路由器,把目的主机的默认路由器称为目的路由器,为一个分组选择从源主机到目的主机路由的问题为从源路由器到目的路由器的路由问题。可将路由问题描述为:给定一组路由器和连接路由器的一组链路,寻找一条从源路由器到目的路由器的最佳路径。

路径优劣的评价标准可能包括路径的物理长度、链路数据速率、分组传输延迟、通信费用、安全性等。路径选择往往还要考虑一些全局指标的优化,如网络吞吐量最大、平均包延迟最小、平均通信费用最低、网络负载均衡、路由稳定、健壮等。显然,没有哪一条路径能够满足以上所有的指标,路由算法总是试图在几种重要的指标之间取得较好的平衡。为此,一般的做法是根据特定应用的需要,使用一个代价函数将链路状态(如速率、延迟、费用等)映射为一个代价值,而路由问题就归结为寻找一条从源路由器到目的路由器代价最小的路径。

一般来说,路由优化较多考虑最小化分组延迟和最大化网络吞吐量,但这是矛盾的。人们通常所做的平衡是最小化分组经过的跳数,因为减少跳数可减小分组穿过网络的延迟,同时也会消耗较少的带宽资源,从而提高吞吐量。

按照路由算法使用的网络状态信息是全局信息还是局部信息,路由算法可以分为全局路由算法和分布式路由算法。全局路由算法由于使用全局状态信息易于获得较优路径,但状态信息交换需要消耗较多的网络带宽;分布式路由算法则相反。

按照路由表是预先配置的还是动态生成的,路由算法可以分为静态路由算法和动态路由算法。静态路由算法根据网络流量的一般特性预先(离线)计算好路由表,在网络初始化时下载到路由器中,后不再改变。静态路由算法简单易行,但适应性差,只适用于负载稳定、拓扑变化不大的网络。动态路由算法可随时根据网络当前的拓扑结构和流量特点计算路由表,适应性强,但算法复杂,实现难度大,而且容易引起路由循环和路由振荡等问题。

5.2.1 最优化原则

在讨论某个特殊算法之前,有必要指出即使在不知道详细的通信子网拓扑结构和通信量的情况下,也可能对最优路由作出总体上的断言。这种断言被称作最优化原则(optimality principle)。它断言,如果路由器 J 在从路由器 I 到 K 的最佳路由上,那么从 J 到 K 的最佳线路就会在同一路由之中。为叙述方便,称从 I 到 J 的路由为 r1,而路由其余部分称为 r2。如果 J 到 K 还存在一条比 r2 更好的路由,那么它可以同 r1 联系起来,以改进从 I 到 K 的路由,这与 r1、r2 是最优路由的断言相悖。

作为优化原理的一个直接结果,可以看到,从所有源端到目的端的最佳路由集合,形成了以目的地为根的树。这样一棵树称为汇集树(sink tree),如图 5.3 所示,其中,距离的度量单位是站点数。应当指出,汇集树并不唯一,其他具有相同的路由尺度的树也有可能存在。所有路由选择算法的目的就是为所有路由器找出并使用汇集树,因为汇集树的确是一棵树,它不包含任何循环,因此,每个分组可在有限的步长之内送达。实际上,现实并不那么简单,在操作过程中链路或路由器都有可能卸下或重新装上。而且必须弄清,是否每个路由器都要单独获取计算其汇集树的信息,或者用其他方法来获取信息。但由于网络是动态变化的,每个节点对网络的了解可能是不全面的,因此它们不一定总能找到汇集树,但汇集树可以用来衡量一个路由算法的好坏,看它能在多大程度上找到和使用汇集树。

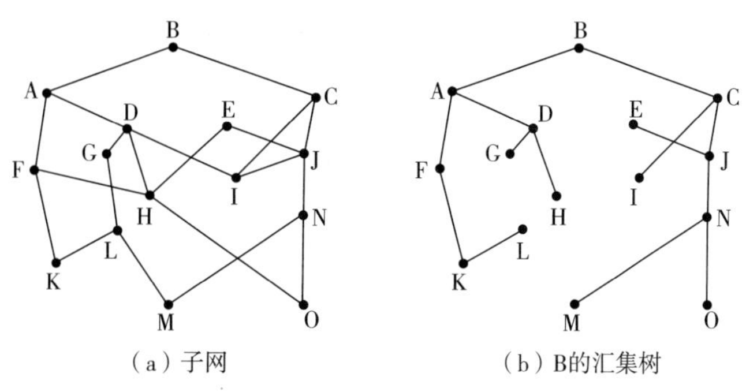

图 5.3 汇集树

5.2.2 最短路径路由选择

一般来讲,网络节点直接相连,传输时延也不是绝对最小的,而是与线路质量、网络节点"忙"与"闲"状态、节点处理能力等很多因素有关。在定量分析中,常用"费用最小"作为网络节点之间选择的依据,节点间的传输时延是决定费用的主要因素。

最短路径法是由 Dijkstra 提出的,其基本思想是:将源节点到网络中所有节点的最短通路都找出来,作为这个节点的路由表,当网络的拓扑结构不变,通信量平稳时,该点到网络内任何其他节点的最佳路径都在它的路由表中。如果每一个节点都生成和保存这样一张路由表,则整个网络通信都在最佳路径下进行。每个节点收到分组后,查表决定向哪个后继节点转发。图 5.4 展示了 Dijkstra 算法的具体过程。

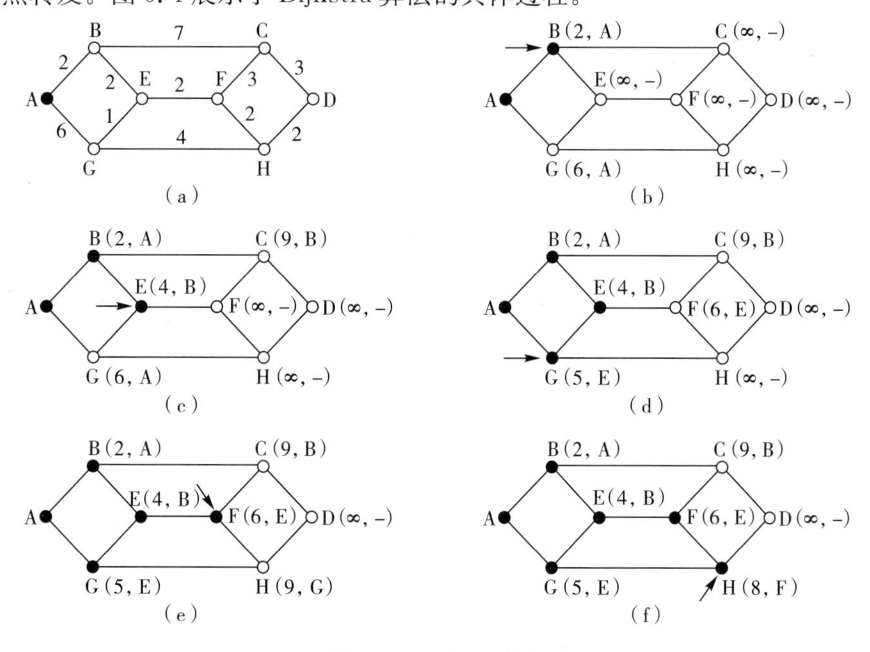

图 5.4 Dijkstra 算法

(1)每个节点用从源节点沿已知最佳路径到本节点的距离来标注,标注分为临时性标注和永久性标注。

(2)初始时,所有节点都为临时性标注,标注为无穷大。

(3)将源节点标注为0,且为永久性标注,并令其为工作节点。

(4)检查与工作节点相邻的临时性节点,若该节点到工作节点的距离与工作节点的标注之和小于该节点的标注,则用新计算得到的和重新标注该节点。

(5)在整个图中查找具有最小值的临时性标注节点,将其变为永久性节点,成为下一轮检查的工作节点。

(6)重复第(4)(5)步,直到目的节点成为工作节点。

5.2.3 洪泛法

洪泛法是一种静态算法,又称为扩散法。它是把收到的每一个分组,从除了分组到来的线路外的所有输出线路上发出。显然,洪泛法会产生大量的重复分组,甚至有可能是无穷多个分组,除非采用一些措施抑制这种过程,通常采用的措施有两种。一是让每个分组头包含站点计数器,每经过一个站点,计数器减1,当计数器值为0时,就扔掉分组。理想的情况是计数器设置初值为从源端到目的端的路径长度。如果发送者不知道路径的长度,它可以按最糟糕的情况,即子网的直径来设置初值。二是记录分组洪泛的路径,防止它第二次洪泛到已洪泛的路径中。达到这一目的的方法是让源端路由器在所接收的来自主机的每一个分组中设置一个序号,每个路由器对应于每个源端路由器都有一张表,用来指明已见到的是源端生成的哪个序号,如果进入的分组已在表中,则不再洪泛。为了防止该表无限制增长,每个表应加一个计数器k作为参数,表示直到k的序号都已被看见。当一个分组进入时,就能查出此分组是否为复制品;如果是,则扔掉此分组,低于k的表项都不再需要,因为k已有效地综合了各种因素。

选择性洪泛法是洪泛法的一种改进算法。在这种算法中,路由器并不是将每一个进来的分组从所有输出线路上发出,而是仅发送到与正确方向接近的那些线路上;不太可能将一个应该向西传送的分组传送到向东的线路上去,除非拓扑结构极为奇特。

洪泛法在实际应用中不多,但它还是有一些特殊的用处。例如,在军事应用中,大批路由器随时都可能被炸毁得所剩无几,所以希望采用结实的洪泛方式。再如在分布式数据库应用中,有时需要并行地更新所有数据库,在这种情况下,洪泛就非常有用。另外,还可将它作为一种尺度来衡量其他路由选择算法,洪泛总是选择最短路径,因为它并行地选择每一条可能的路径,而没有其他算法能产生一个更短的延迟(如果忽略掉洪泛过程本身产生的开销)。

5.2.4 距离向量路由选择

距离向量路由的前提是基于这样一种思想,即每一个路由器都会把它所知道的所有网络,以及到达每个网络的距离等方面的信息通知相邻的路由器。运行距离向量路由协议的路由器,会向直接相邻的路由器发布一个或多个距离向量。一个距离向量是由一个二元组{network,cost}构成的,其中network是目的网络,而cost(费用)是一个相对值,它反映了在发布向量的路由器与目的网络之间通路上的链路或者路由器的数量。这样,路由数据库就由许多距离向量构成，这些向量代表了从该路由器到达所有网络的距离或费用。

当一个路由器从相邻的路由器上收到一个距离向量更新消息时，它会把自身的 cost 值(通常为 1)加到所收到更新消息中的距离向量的 cost 值上。然后该路由器把这个新计算出来的到达目的网络的 cost 值与其自身记录信息相比较(该信息是其在先前收到距离向量更新消息时计算出来的)；如果新的 cost 值小，那么路由器将用新的 cost 值来更新路由数据库，并计算生成一个新路由表，在新路由表中把发布距离向量的相邻路由器作为其到达目的网络的下一跳路由器。

图 5.5 说明了这一简单过程。路由器 C 发布了一条距离向量{network，cost}，指向网络 1，网络 1 直接与路由器 C 相连。路由器 B 收到这条距离向量，并把自身的 cost 加到这条距离向量中的 cost 上，继续把这个向量发布给路由器 A。这样，路由器 A 就知道它可以通过路由器 B 两步跳到网络 1。

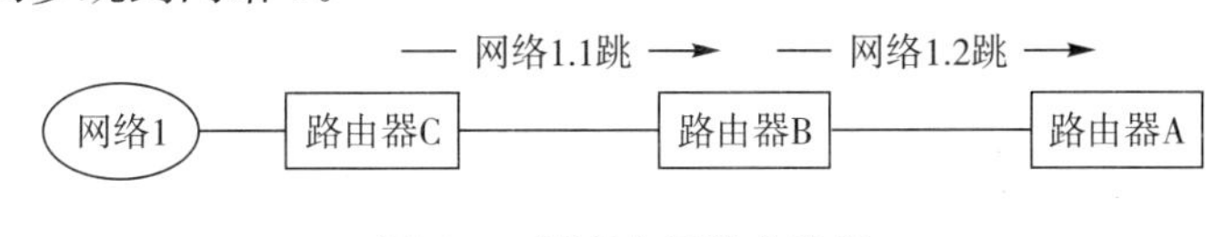

图 5.5 距离向量路由选择

尽管距离向量十分简单，但它也会遇到一些问题。例如，如果路由器 B 和 C 之间的链路中断，路由器 B 可能会试图对分组进行重新路由。重新路由的结果可能会选择路由器 A，因为路由器 A 曾经向路由器 B 发布过一个距离向量{网络 1，4 }。路由器 B 将接收这个向量，并且向路由器 A 返回一个距离向量{网络 1，5 }，如此往复形成循环。这种情况被称为“无限计数”问题，它会导致比实际需要更长的汇聚时间。解决这个问题的方法被称为水平分割(Split Horizon)法，其规定，禁止向某目的网络的下一跳路由器发布该目的地的可达性信息。换句话说，路由器 A 不能向路由器 B 发布距离向量{网络 1，4 }，因为路由器 B 是路由器 A 去往网络 1 的下一跳路由器。Split Horizon 法还有一个变形，称为毒性逆转(Poison Reverse)法，该方法中目的网络的可达性可以通过一个极高的 cost 发布给其下一跳路由器，从而保证原来的下一跳路由器(B)不会把发布路由器(A)当成可到达网络 1 的。

距离向量路由协议还存在其他一些问题。由于整个路由数据库需要在一个周期性的时间间隔内(通常是每 60 秒一次)发送到路由器的所有接口上，较大的路由数据库就会在低速链路上导致较大的链路开销。解决这个问题的办法是只在网络拓扑发生了变化以后，才发送路由数据库的内容，该方法称为触发更新。距离向量路由中采用的算法一般都基于十分流行的贝尔曼—福特(Bellman-Ford)算法，它已经在很多路由协议中得到实现，包括路由信息协议(routing information protocol，RIP)和内部网关路由协议(interior gateway routing protocol，IGRP)等。

5.2.5 链路状态路由选择

1. 链路状态路由工作原理

链路状态路由工作原理是：一个路由器能够把所有连接到该路由器的链路状态、链路费用以及任何连接到这些链路上的路由器的标识等信息,通知给网络中的所有其他路由器。运行链路状态路由协议的路由器会向整个网络发布链路状态分组(link state packet, LSP)。一个LSP通常包含一个源标识符、一个相邻路由器的标识符以及二者之间链路的费用。LSP被所有的路由器接收,建立一个网络整体的统一拓扑数据库,再根据这个拓扑数据库中的内容把路由表计算出来。事实上,网络中的所有路由器都保持了一张整个网络拓扑的地图,根据该地图,路由器能计算出从任何源到任何目的地的最短通路(或费用最低通路)。

图5.6(a)为链路状态路由选择的网络拓扑,附在路由器之间链路上的数值是链路的费用。路由器向网络中的所有其他路由器传播LSP,用于建立链路状态数据库,然后网络中每一个路由器就按距离最短或费用最低的通路,建立一个以本路由器为根,以其他路由器为分支的树。路由器A所生成的树如图5.6(b)所示,它用于下一步计算路由表。计算最短路径树通常采用Dijkstra算法。

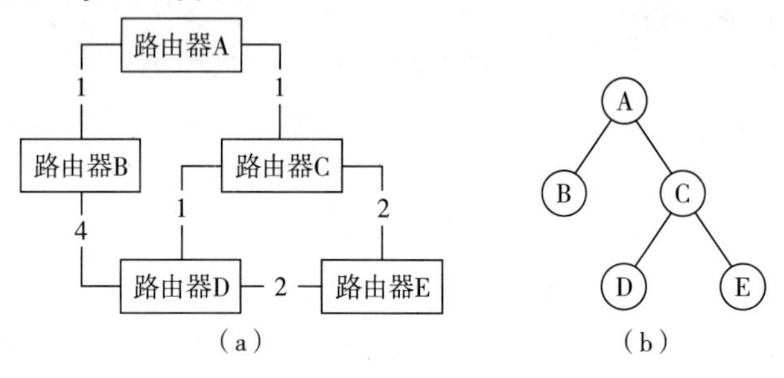

图5.6 链路状态路由选择

2. 链路状态路由构成

链路状态路由算法于1979年代替了ARPANET中的距离矢量路由算法,并得到了非常广泛的应用。

链路状态路由算法的基本思想是:每个节点利用可靠的方法获知其邻居节点以及到各邻居节点的链路的代价,通过与网络内其他节点交换这些信息来获得关于全网的拓扑信息,即网中所有的节点、链路和链路的代价,并将这些拓扑信息抽象成一张带权图,然后用图论的方法计算出起始节点到各个目的节点的最短路径。链路状态路由算法分为以下5个步骤。

(1) 发现邻居。当路由器启动时,首先在它的每一条输出线路上发送一个特殊的HELLO分组,收到HELLO分组的路由器必须尽快发回一个应答,告知自己的全局唯一地址。

(2) 测量线路延时。最直接的方法是路由器在线路上发送一个特殊的ECHO分组,收到ECHO分组的路由器必须立即发回一个应答,通过测量发送与接收之间的时间(来回时间)并除以2,得到单向的线路延时(可以多测几组数据,求平均线路延时)。显然,在这里假设延时是对称的,但实际上并不总是这样。

在计算线路延时时是否要考虑线路上的负载,这是一个颇有争议的问题。如果考虑线路上的负载,那么发送时间应从ECHO分组放入队列时算起;如果不考虑线路负载,那么发送时间应从ECHO分组到达队头时算起。考虑线路负载意味着当两条线路的带宽相同时,路由器将选择负载较轻的线路作为最佳输出线路,这种选择能保证良好的性能。但也会使轻负载的线路很快超载，从而另一条线路又成为最佳选择，这样容易引起路由表的剧烈振荡，导致不稳定路由和其他潜在问题的产生。只考虑带宽不考虑负载就不会出现这种问题，但完全不考虑负载也是不合理的，它会使流量都集中到高带宽的线路上，而低带宽的线路却很空闲。以上问题的根源在于路由器总是选择最佳线路转发分组，这很容易引起负载不均衡，因此较明智的做法是将负载按一定比例分布到多条线路上。

（3）构造链路状态分组。一旦收集到了各个邻居节点的地址及至各个邻居的线路延时，就可以构造一个链路状态分组来携带这些信息。分组格式如图5.7所示，首先是发送方地址，然后是分组序号和寿命，最后是一个邻居列表，每个表项包括一个邻居地址和到这个邻居的延时。

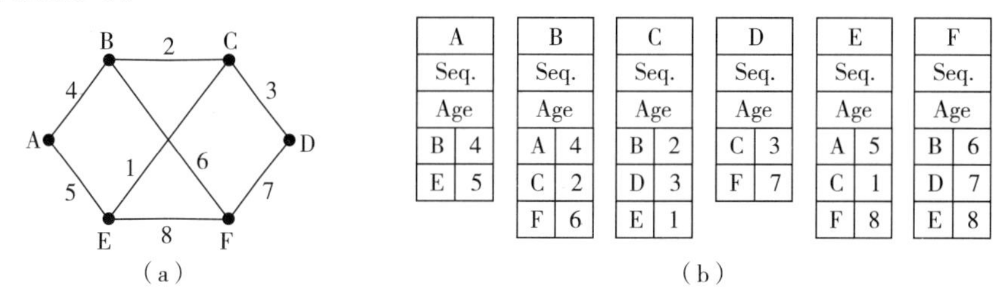

图5.7　链路状态分组格式

构造链路状态分组有两种方法：一是周期性地产生链路状态分组；二是仅在发现网络拓扑发生改变时才产生，如邻居集合发生了变化，或到邻居的线路延时发生了变化。

（4）发送链路状态分组。该算法最复杂的部分是如何可靠地发送链路状态分组。当分组被发送和安装后，首先得到分组的路由器会用它来改变自己的路由表，此时，不同的路由器可能会使用不同的网络拓扑版本，这可能导致计算出来的最短路径不一致、路由环路、不可达节点和其他问题。

为了可靠地发送链路状态分组，可采用洪泛法。每个分组携带一个序号，每当发送一个新的分组时，分组序号就加1。每个路由器维护一张由{源路由器，序号}对组成的列表，记录从每个源路由器收到的最新的分组序号。当一个链路状态分组到来时，用分组中的源路由器地址和序号查表，如果这是一个新的链路状态分组，就用洪泛法将其转发出去，否则将分组丢弃。

采用序号来区分新旧分组会产生一些问题：一是当序号折回时，新的分组都会被丢掉；二是当路由器发生崩溃并重启时，只能从序号0开始发送，这些分组也会被丢弃；三是当序号在传输过程中出错时，如4变成了65540，其后大量的分组都会被丢掉。

为解决序号折回的问题，使用了长达32比特的序号，这样即使每隔一秒发送一个链路状态分组，也需要137年才会发生序号折回。而针对后两个问题，解决的办法是在分组中增加一个寿命域，不管分组在网络中的什么地方，其寿命均每隔一秒减1，当寿命减为0时分组被丢弃。

还可通过增加算法的鲁棒性进行改进。当一个链路状态分组进入一个路由器并需要洪泛时，该分组并不马上放到传输队列里，而是放到一个临时区域中等待一小段时间。如果在该分组被发送前，来自同一个源路由器的另一个链路状态分组到来，则将这两个分组的序号进行比较。如果序号相同，就丢弃后来的分组；如果序号不同，则序号小的分组被丢弃。为防止分组在路由器到路由器的传输线路上出错，所有链路状态分组都必须被确认。当线路空闲时，临时区域被循环扫描，从中选择一个分组或确认进行发送。

路由器将收到的链路状态分组存放在分组缓冲器中，使用如图5.8所示的数据结构。每一行对应一个最近收到的但还未处理完毕的链路状态分组，除记录该分组的源路由器、序号、寿命、数据以外，对应每一条输出线路还有发送和确认两个标志位，用来指示是否要在这条线路上转发或确认这个分组。

			发送标志			ACK标志			
源路由器	序号	寿命	A	C	F	A	C	F	数据
A	21	60	0	1	1	1	0	0	
B	21	60	1	1	1	1	0	0	
C	21	59	0	1	1	1	0	0	
D	20	60	0	1	1	1	0	0	
E	21	59	0	1	1	1	0	0	

图5.8 链路状态分组的数据结构

(5) 计算新路由。一旦一个路由器收集齐了一整套链路状态分组，它就可以建立完整的通信子网图，在这张图中，每条链路均被报告了两次，这两个值可以分开用，也可以求平均值。图建立起来后，就可以运行Dijkstra算法求任何源路由器到任何目的路由器的最短通路。

3. 链路状态路由协议的优点

与距离向量路由协议相比，链路状态路由协议有以下优点。

(1) 更快速汇聚。使链路状态路由协议的汇聚更快速的原因通常有以下几点：第一，LSP能够迅速传遍整个网络，用来建立网络拓扑的一个准确视图；第二，在LSP中只反映网络拓扑的变化，而不是整个路由数据库；第三，无限计数问题不会出现。

(2) 更小的网络开销。链路状态路由协议传送的LSP只反映网络拓扑的变化，而不是传送整个路由数据库。

(3) 可扩展性。链路状态路由协议具有扩展能力，用于支持和传播不同的网络参数、地址和其他的拓扑信息。同时，由于路由器维护了一个拓扑数据库，当计算去某一个特殊目的地的通路时，新的信息总是可以获得的。

(4) 可升级性。链路状态路由协议提供了更好的升级特性，因为在一个大型网络中，路由器可以被划分成多个组，在一个组中，路由器之间相互交换LSP，并建立一个该组统一的拓扑数据库。为了在不同的组之间交换拓扑信息，一个特殊的路由器子集首先会总结出该组的拓扑数据库，然后将这些总结出的数据在一个LSP中发送给邻近的组中的特定路由器。由于在拓扑数据库中，只有拓扑结构发生变化的组中的路由器才需要重新计算最短通路树和路由表，因此这种协议能够减少路由器中所需存储器和处理过程的数量。

5.2.6 分级路由选择

分级是链路状态路由协议(如OSPF)实现过程中一个十分重要的概念。随着网络的增大，路由器路由选择表也会成比例增大。增大的表格首先占用路由器的内存，其次需要更多的CPU时间扫描表格，而且需要更大的带宽发送关于表格以及几倍于表格的状态报告。在某一时刻，网络可能会增大到不可能让每一个路由器都给出至其他每一个路由器的路径表项。因此，就像在电话网络中一样，要进行分级路由选择。

当采用分级路由选择时，将路由器划分为区域，每个路由器只知道在自己的区域内怎样选择路由以及将分组送到目的端的全部细节，而不知道其他区域的内部结构。当不同的网络相连时，很自然地将每个网络作为独立的区域，以便形成让一个网络中的路由器免于必须通知其他网络的拓扑结构。

对于巨型网络，分两级可能是不够的，有必要将区域分组，形成簇，簇又分成区，区又分成组，可以这样继续下去，直到集体性名词用完为止。例如，考虑怎样为从加利福尼亚州的伯克利到肯尼亚的马琳迪的一个分组选择路由。伯克利的路由器知道加利福尼亚州网络的详细拓扑结构，但它会将所有发往州外的信息发送到洛杉矶的路由器中，洛杉矶的路由器才能将选择路由信息送到国内的其他路由器，其中，到国外的信息必须送到纽约路由器中。纽约路由器将信息送到目的网的州外处理该信息的路由器中，如肯尼亚的内罗毕路由器。最后，此分组沿着肯尼亚中的树往下传送，直至它到达马琳迪。

图 5.9 给出了在有 5 个区域的两级结构中作路由选择的定量分析的例子。路由器 1A 的整个路由表共有 17 个表项，如图 5.9(b)所示，虽然与前面一样，表中有全部本地路由器的表项，但它把所有其他区域压缩进一个单独的路由器中。因此，到区域 2 的所有通信量都经过 1B-2A 的线路，其余的远程通信量都经过 1C-3B 的线路。分级路由选择将该表中的表项从 17 个减到 7 个，当区域数与区域中路由器的比例增大时，节省的表格存储空间也会按比例增长。

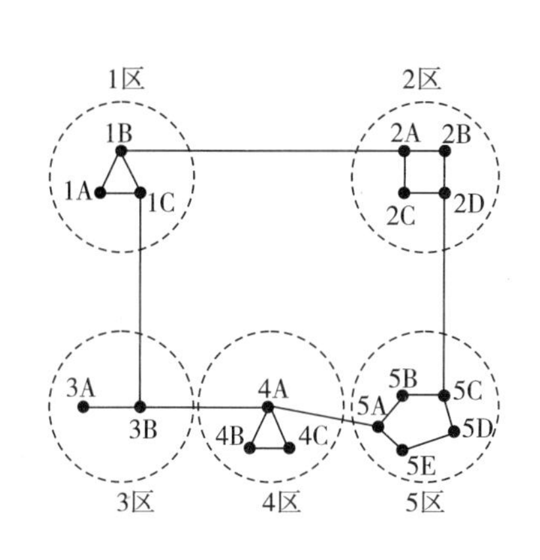

(a)

1A完全表

目的路由器	经过路由器	跳数
1A	–	–
1B	1B	1
1C	1C	1
2A	1B	2
2B	1B	3
2C	1B	3
2D	1B	4
3A	1C	3
3B	1C	2
4A	1C	3
4B	1C	4
4C	1C	4
5A	1C	4
5B	1C	5
5C	1B	5
5D	1C	6
5E	1C	5

(b)

1A区域表

目的路由器	经过路由器	跳数
1A	–	–
1B	1B	1
1C	1C	1
2	1B	2
3	1C	2
4	1C	3
5	1C	4

(c)

图 5.9　路由选择中的路由表

遗憾的是，节省空间的收益并非没有代价。这种代价的形式是增加路径长度。例如，从 1A 到 5C 的最好路由是过区域 2，因为对于区域 5 中多数路由器来讲，经过区域 2 是较好的选择。但在分级路由选择中，到区域 5 的所有通信都须经过区域 3。

当一个单独的网络变得非常大时,一个有趣的问题是分级应该分到多少级呢?例如,考虑有720个路由器的子网。如果不分级,每个路由器就需要720项路由选单项。如果将通信子网分成24个区域,每个区域有30个路由器,则每个路由器只需要30个本地表项加23个远程表项,共有53个表项。如果选用三级的分级结构,其中有8个簇,每个簇包含9个区,每个区包含10个路由器,那么,每个路由器需要10个本地路由器表项,以及7个远程簇表项,共计25个表项。

5.2.7 广播路由选择

对于有些应用,主机需要向所有其他主机发送报文。例如,发布天气预报、股市行情或现场直播节目。这类服务如果用广播的形式发往所有机器,所有感兴趣的人都可能看到这些数据,效果会非常好。将分组同时发往所有目的地称为广播。已经有人提出了各种各样的方法来实现这种算法,下面进行简单介绍。

(1)无需子网具有特殊功能的一种广播算法:就是让源端简单地发送一个独特的分组到每一个目的端,这种方法不仅浪费带宽,而且要求源端拥有全部目的端的完整清单。在实际应用中,这也许是唯一可能的方法,但并不理想。

(2)洪泛算法:虽然洪泛很不适合普通的点到点的通信,但对于广播而言,尤其是其他方法都不适用时,洪泛是值得考虑的。洪泛作为一种广播会生成太多的分组,也会消耗太大的带宽。

(3)多目的地路由选择算法:如果采用这种方法,每个分组需含有一张目的地清单,或者一张指出所希望目的地的地图。当分组到达路由器时,路由器会检查所有的目的地,以确定需要用的输出线路集合(如果某线路是到达至少一个目的地的最好路由,则需要该线路)。路由器为所使用的每一条输出线路复制一个新的分组,每个分组仅包含要用此线路的目的地。实际上,目的地集合是划分在各条输出线路上的,经过足够多数量的站点后,每个分组将仅带有一个目的地;此时,可将它作为普通分组对待。多目的地路由选择像各自寻址分组一样,只是当若干分组必须经过同一路由时,其中的一个分组负担全部费用,而其他的分组则不必承担费用。

(4)利用发起广播的路由器的信息树算法,或者利用任何其他合适的生成树:生成树是子网的一个子集,它包括所有的路由器,但不包含回路。如果每个路由器知道它所属的生成树的线路,它就可以将进入的广播分组复制到所有生成树线路(除该分组到来的线路)。这种方法使带宽得到最佳的利用,生成非常少必须做此工作的分组。唯一的问题是每个路由器必须知道它的可用生成树,有时可以得到该类信息,如链路状态路由选择;有时却不能,如距离矢量路由选择。

(5)当路由器完全不知道关于生成树的任何情况时,使用的方法与前面提到的第4种算法的性能近似:当广播分组到达路由器时,路由器对此分组进行检查,查看该分组是否来自通常用于发送分组到广播源的线路。如果是,则此广播分组本身非常有可能是从源路由器来的第一个拷贝,路由器将此分组复制转发到除进入线路外的所有线路;如果不是,分组就会被当成副本扔掉。

图5.10展示了该算法的一个实例:逆向路径的转发过程。图(a)是一个子网;图(b)说明逆向路径转发算法是怎样工作的;图(c)是该子网中路由器I的汇集树。在第一跳的

时候，I 发送分组到 F、H、J 和 N，如树中第二行所示。每个这样的分组沿所希望的 I 的路径到来（假设所希望的路径都沿着汇集树），用带圆圈的字母表示。在第二跳的时候生成 8 个分组，在第一跳接收到一个分组的每个路由器各生成 2 个分组。结果，8 个分组全都到达先前没有访问的路由器，并且除了 3 个分组外都是沿着所希望的线路到来的。在第二跳生成的 6 个分组中，只有 3 个从所希望的路由而来（在 C、E 和 K），并且仅有这 3 个分组才生成更多的分组。经过 5 跳和生成 24 个分组后，广播算法结束。相比之下，如果完全沿着汇集树，就只需要 4 跳和 14 个分组。

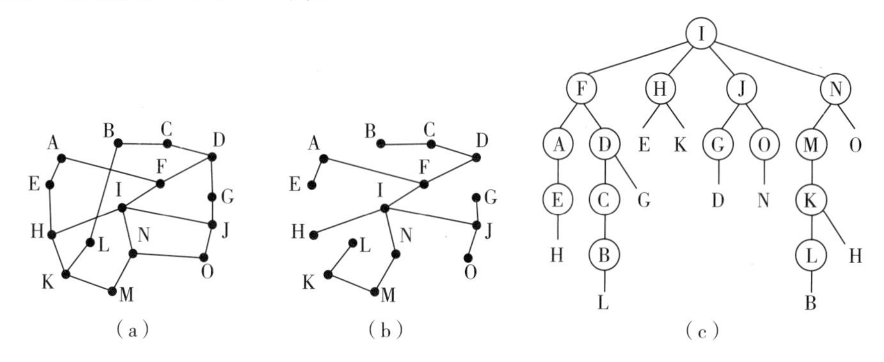

图 5.10 逆向路径的转发过程

逆向路由转发的主要优点是它既合理有效，又容易实现。它只往每个方向的链路发送一次广播数据包，就像洪泛一样简单，且仅仅要求路由器知道如何到达全部目标；路由器无须记住序号，也无须在数据包中列出全部的目标地址。

5.3 路由协议

路由协议使路由器能与其他路由器交换有关网络拓扑和可达性信息。路由协议的首要目标是保证网络中所有的路由器都具有一个完整准确的网络拓扑数据库，这一点十分重要，因为每一个路由器都要根据这个网络拓扑信息数据库来计算各自的转发表，正确的转发表能够提高 IP 分组正确到达目的地的概率，不正确或不完整的转发表意味着 IP 分组不能到达其目的地，它可能在网络上循环较长时间，白白消耗带宽和路由器上的资源。

路由协议可以分为域内协议和域间协议两类。一个域通常又被称为一个自治系统（autonomous system，AS），AS 是一个由单一实体进行控制和管理的路由器集合，采用唯一的 AS 号（如 AS3）来标识。

域内协议，又称为内部网关协议（interior gateway protocol，IGP），被用在同一个 AS 中的路由器之间，其作用是计算 AS 中的任意两个网络之间速度最快或者费用最低的通路，以达到最佳的网络性能。域间协议，又称外部网关协议（exterior gateway protocol，EGP），被用在不同自治系统中的路由器之间，其作用是计算那些需要穿越不同自治系统的通路。由于这些自治系统是由不同的组织来管理的，因此在选择穿越 AS 的通路时，所依据的标准将不只局限于通常所说的性能，而是要依据多种特定的策略和标准，如费用、可用性、性能、AS 之间的商业关系等。边界网关协议（border gateway protocol，BGP）是 EGP 的一个例子，而 IGP 的实例就包括开放最短通路优先协议（open shortest path first，

OSPF)和路由信息协议(routing information protocol,RIP)等。图5.11给出了一个由3个不同自治系统构成的网络,在相邻AS之间运行EGP,在AS内部运行IGP。

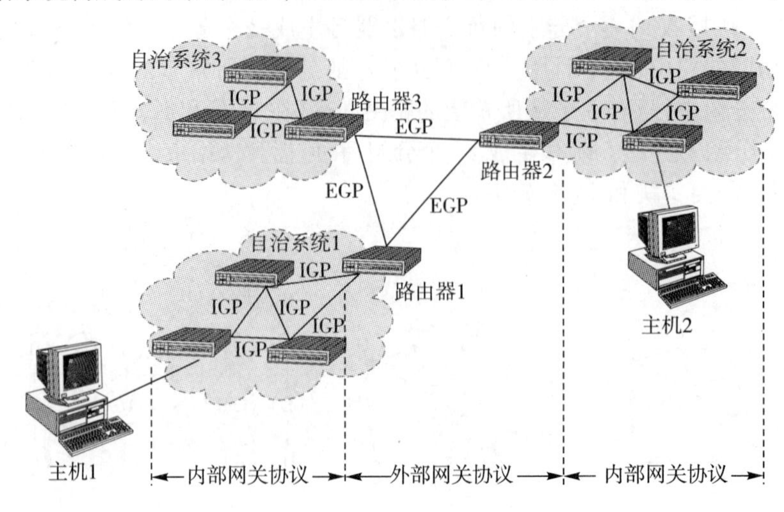

图5.11 各种路由协议

5.3.1 路由信息协议(RIP)

RIP是一个几乎在任何一个TCP/IP主机或路由器中都可实现的普通距离向量路由协议。事实上,在20世纪80年代中期,随着一些UNIX版本的发行,RIP就已经被广泛传播了。RIP在功能上的主要特征包括以下几个方面。

(1)RIP具有距离向量路由算法。

(2)RIP把转发跳的级数作为一个参数。

(3)路由器每30 s广播一次整个路由数据库。

(4)支持RIP的路由器网络的最大网络直径是15跳。

(5)RIP不支持可变长度子网掩码(variable length subnet masking,VLSM)。

目前在许多中小型的企业网中,RIP的配置和运行十分简单。它属于内部或域内路由协议。为了弥补RIP v1的一些不足,RIP v2也被开发出来了。RIP v2的操作过程与RIP v1十分类似,但它增加了对VLSM的支持。给那些在管理IPv4地址空间时,需要更多灵活性的网络管理员,提供了一个用OSPF来支持VLSM的替代方案。

5.3.2 开放最短通路优先协议(OSPF)

OSPF支持分层路由方式,这使得它的扩展能力远远超过RIP。当OSPF网络扩展到100、500甚至上千个路由器时,路由器的链路状态数据库将记录成千上万条链路信息。为了使路由器的运行更快速、更经济,占用的资源更少,网络工程师们通常按功能、结构和需要把OSPF网络分割成若干个区域,并将这些区域和主干区域根据功能和需要相互连接,从而达到分层的目的。

OSPF把一个大型网络分割成多个小型网络的能力被称为分层路由,这些被分割出来的小型网络就称为"区域"。区域内部路由器仅与同区域的路由器交换链路状态公告(link state advertisement,LSA)信息,导致LSA报文数量及链路状态信息库表项都极大减少,

OSPF 计算的速度也因此得到提高。多区域的 OSPF 必须储存在一个主干区域中，主干区域负责收集非主干区域发出的汇总路由信息，并将这些信息返还给各区域。

OSPF 区域不能随意划分，应该合理地选择区域边界，使不同区域之间的通信量最小。但在实际应用中区域的划分往往并不是根据通信模式，而是根据地理或政治因素来完成。

在 OSPF 多区域网络中，路由器可以按不同的需要同时成为以下 4 种路由器中的若干种。

(1)内部路由器：所有端口在同一区域的路由器，用于维护一个链路状态数据库。

(2)主干路由器：具有连接主干区域端口的路由器。

(3)区域边界路由器(area boundary router，ABR)：具有连接多区域端口的路由器，一般作为一个区域的出口。ABR 为每一个所连接的区域建立链路状态数据库，并发布区域间的路由信息。

(4)自治域系统边界路由器(autonomous system boundary router，ASBR)：至少拥有一个连接外部自治域网络(如非 OSPF 的网络)端口的路由器，负责将非 OSPF 网络信息传入 OSPF 网络。

OSPF 路由器之间交换 LSA 信息。OSPF 的 LSA 中包含连接的接口、使用的度量及其他变量信息。OSPF 路由器收集链接状态信息并使用 SPF 算法，计算到各节点的最短路径。LSA 也包含以下几种不同功能的报文。

- LSA TYPE 1：由每台路由器为所属的区域产生的 LSA，描述本区域路由器链路到该区域的状态和代价，一个边界路由器可能产生多个 LSA TYPE1。
- LSA TYPE 2：由指定路由器产生，含有连接某个区域路由器的所有链路状态和代价信息，只有指定路由器(designated router，DR)可以监测该信息。
- LSA TYPE 3：由 ABR 产生，含有 ABR 与本地内部路由器连接信息，可以描述本区域到主干区域的链路信息，它通常汇总缺省路由而不是传送汇总的 OSPF 信息给其他网络。
- LSA TYPE 4：由 ABR 产生，从主干区域发送到其他 ABR，含有 ASBR 的链路信息，它与 LSA TYPE 3 的区别在于前者描述到 OSPF 网络的外部路由，而后者则描述区域内路由。
- LSA TYPE 5：由 ASBR 产生，含有关于自治域外的链路信息，除了存根区域和完全存根区域，LSA TYPE 5 在整个网络中发送。
- LSA TYPE 6：多播 OSPF(MOSF)，可以让路由器利用链路状态数据库的信息构造用于多播报文的多播发布树。
- LSA TYPE 7：由 ASBR 产生的关于不完全存根区域(not-so-stubby area，NSSA)的信息，LSA TYPE 7 可以转换为 LSA TYPE 5。

前述的 4 种路由器可以构成 5 种类型的区域，这 5 种区域的主要区别在于它们和外部路由器间的关系。

① 标准区域：一个标准区域可以接收链路的更新信息和路由总结。

② 主干区域(传递区域)：主干区域是连接各个区域的中心实体。主干区域始终是“区域 0”，所有其他区域都要连接到这个区域上交换路由信息，主干区域拥有标准区域的所有性质。

③ 存根区域:存根区域是不接受自治系统以外的路由信息的区域。如果需要自治系统以外的路由,则使用默认路由:0.0.0.0。

④ 完全存根区域:它不接受外部自治系统的路由以及自治系统内其他区域的路由总结。需要发送到区域外的报文使用默认路由"0.0.0.0"。完全存根区域由思科公司定义。

⑤ 不完全存根区域(NSAA):它类似于存根区域,但是允许接收 LSA TYPE 7 发送的外部路由信息,并且要把 LSA TYPE 7 转换成 LSA TYPE 5。

区分不同 OSPF 区域类型的关键在于它们对外部路由的处理方式。外部路由是由 ASBR 传入自治系统内的,ASBR 可以通过 RIP 或者其他的路由协议学习到这些路由。

报文在 OSPF 多区域网络中发送的过程如下:首先,区域内部的路由器最初使用 LSA TYPE 1 或 LSA TYPE 2 对本区域内的路径信息进行交换,并计算出相应的路由表项。当路由器的链路信息在区域内部路由达到统一后,ABR 才能发送 LSA 摘要报文(LSA TYPE 3 或 LSA TYPE 4)给其他区域。其他区域路由器可以根据这些摘要信息计算相应到达本区域以外的路由表项。最后,除了存根区域,所有路由器要根据 ASBR 所发送的 LSA TYPE 5 计算出到达自治域外的路由表项。

为减少 LSA 报文,LSA 摘要信息可以通过合理地分配 IP 地址和配置路由摘要提高效率。在 OSPF 多区域网络中,主干区域必须保持全连通状态,即每个其他区域必须直接与主干区域 Area0 有连接才能交换区域间的路由信息。

OSPF 是一个众所周知的、采用链路状态路由算法的协议,OSPF 也是一个内部/域内路由协议。市场上的路由器大多支持 OSPF。OSPF 在功能上的主要特点包括:包含链路状态路由算法(Dijkstra),有时被称为最短路径优先(SPF);支持多条到达相同目的地的等价通路;支持 VLSM;分为两个层次;只有在网络拓扑结构发生变化时,才会产生链路状态的发布;具有可扩展性。

OSPF 受到网络管理和开发人员的许多关注,其原因有以下几点。

① 由越来越多的路由器构成的大型网络正在被建造出来和投入使用,而 OSPF 比 RIP 及其他距离向量路由协议更易于升级和扩展。

② 在这些网络中,现在需要或者将会需要采用更多的附加功能和服务,作为一个链路状态路由协议,OSPF 能够通过简单地在其链路状态发布消息中,增加和定义几个承载新信息的字段,逐级扩展和增强功能。目前这种附加的功能包括组播地址和非透明 LSA(一个用于承载未来发布信息的占位符)等。

5.3.3 边界网关协议(BGP)

BGP 是自治系统间的路由协议,属于域间路由协议。BGP 交换的网络可达性信息足够用来检测路由回路,并可根据性能优先和策略约束对路由进行决策。特别的,BGP 交换包含了全部 AS path 的网络可达性信息,可按照配置信息执行路由策略。

随着近年来互联网的进步和增长,它不得不面对一些严重的规模问题。

(1)B 类网络地址空间的耗尽。该问题的原因之一是缺少适于中型组织的中等大小的网络;C 类网络,最多拥有 254 个主机地址,实在太少,而 B 类网络允许最多 65 534 个主机地址,又太大,无法充分使用。

(2)互联网路由器中路由表的增长使目前的软件无法有效管理。

(3)32 位 IP 地址空间的耗竭。

很明显，前两个问题和最后一个问题在近几年变得急迫。无类别域间路由选择(classless inter domain routing，CIDR)试图解决这些问题，它设计相应机制来降低路由表和对新 IP 网络分配需求的增长速度，但它并没有解决更具长期性的第三个问题，而是努力让近期问题推迟，使得互联网仍能有效运作，同时着手于远期的解决方案。

BGP-4 对 BGP-3 进行了扩展，支持路由信息的聚合及基于无类别域间路由体系的路由减少。在两个 AS 之间的一个连接存在一条共享的数据链路子网，并且在该子网上每个 AS 至少有一台自己的边界网关路由器。因此，每个 AS 的边界网关路由器可以转发数据包到其他 AS 的边界网关路由器，而无须借助于 AS 内到 AS 间的路由。

BGP 主要是为处于不同 AS 中的路由器之间进行路由信息通信提供保证。BGP 也常常被称为通路向量路由协议，因为 BGP 在发布到一个目的网络的可达性的同时，包含了 IP 分组到达目的网络过程中所必须经过的 AS 的列表。通路向量信息是十分有用的，只要简单地查找一下 BGP 路由更新中的 AS 编号，就能有效地避免环路的出现。

BGP 的主要功能特点如下。

(1)是通路向量路由协议。

(2)通过对选择路由器的影响以及控制到其他 BGP 路由器的通路分布，来实现对基于策略的路由的支持。

(3)为了保证 BGP 路由器之间可靠地进行路由信息的交换，BGP 中采用了 TCP 协议。

(4)支持 CIDR 汇聚及 VLSM。

(5)对网络拓扑结构没有限制。

图 5.12 给出了两个 AS 运行 BGP 的网络。不同 AS 中的路由器之间可建立一个外部 BGP(EBGP)关系，同一个 AS 中的路由器之间可建立一个内部 BGP(IBGP)关系。为了保证同一个 AS 中的全部路由器都保存一组一致的路由信息，在该 AS 中的每一个 BGP 路由器都必须与 AS 中任何其他 BGP 路由器建立一个 IBGP 关系。但是，在一个 AS 内进行 IP 分组路由时，只使用普通的域内路由协议，如 OSPF 等，而不使用 BGP。

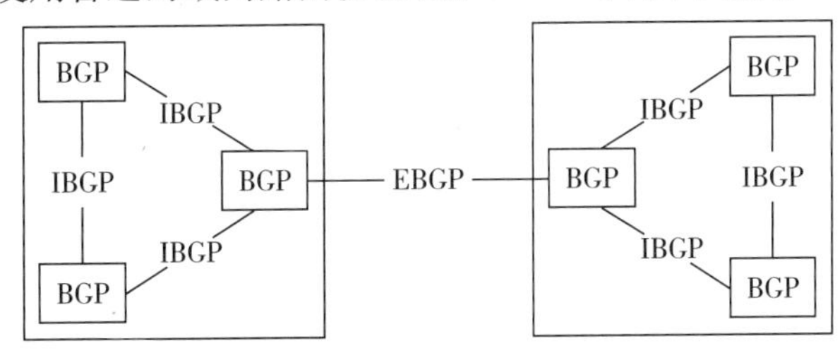

图 5.12 BGP 网络

在网络启动的时候，相邻的 BGP 路由器之间互相打开一个 TCP 连接，然后交换整个路由数据库。之后，只有拓扑结构和策略的改变才会使用 BGP 更新消息发送。一个 BGP 更新消息可以宣布或撤销一个特定网络的可达性声明，在 BGP 的更新消息中也可以包含通路的属性，属性信息可被 BGP 路由器用于在特定策略下建立和发布路由表。

5.4　网络层协议实例:IP协议

IP协议是因特网网络层中最重要的协议。

5.4.1　IP地址

IP地址是互联网名字和数字分配机构(Internet Corporation for Assigned Names and Numbers,ICANN)给每个连接到互联网上的通信设备分配的在全世界范围唯一的标识符。它是进行TCP/IP通信的基础。目前使用的IP地址主要是32位的,通常以点分十进制的形式表示,例如192.168.0.181。IP地址的一般格式为:网络地址+主机地址。为了便于网络寻址以及层次化构造网络,每个IP地址包括两个标识(ID),即网络ID和主机ID。同一个物理网络上的所有机器都用同一个网络ID,网络上的每一个主机(包括网络上的工作站,服务器和路由器等)都有一个主机ID与其对应。

在IPv4中,IP地址由4个8位域组成。位域被点号分开,代表0～255的十进制数字。用二进制格式时共由32位数字组成,为了方便记忆,用点号每8位一分隔,记为十进制数,称为点分十进制,如图5.13所示。

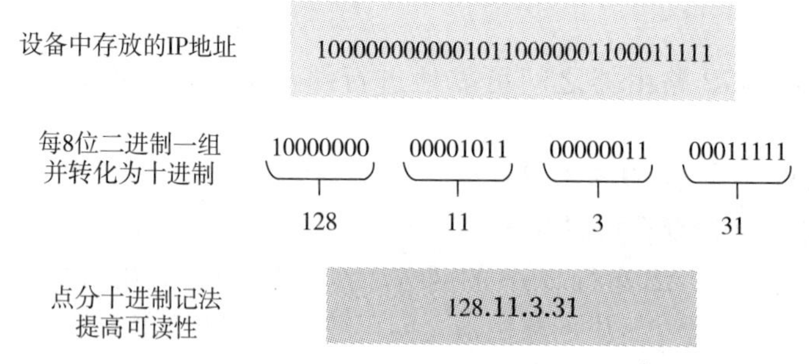

图5.13　点分十进制示意图

理论上可以允许有2^{32},即超过40亿的地址,这几乎可以为地球三分之二的人每人提供一个地址。但因为TCP/IP网络是为大规模的互联网络设计的,所以不能用全部的32位来表示网络上主机的地址,这样将得到一个拥有数以亿计网络设备的巨大网络,这个网络不需要路由设备和子网,也完全失去了包交换互联网的优点。

所以,需要使用IP地址的一部分来标识网络,剩下的部分标识其中的网络设备。IP地址中,用来标识设备所在网络的部分称为网络地址,标识网络设备的部分称为主机地址。这些ID包含在同一个IP地址中。

如:193.1.1.　200　;　131.107.　2.1　;　75.　3.78.29

　　网络地址　主机地址　　网络地址　主机地址　　网络地址　主机地址

Internet组织定义了5种IP地址类型,以容纳不同大小的网络。TCP/IP支持赋予主机的A、B、C类地址。地址类定义了哪些位用于网络地址,哪些位用于主机地址,同时也定义了可能的网络数目及每个网络中的主机数。

1. A类地址

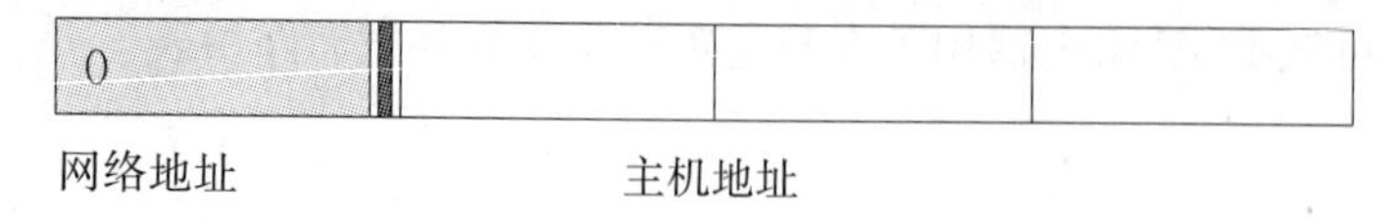

A类地址用于主机数目非常多的网络，其最高位为0，和接下来的7位组成网络地址(即在A类地址中，网络地址只占用1个字节)，剩余的24位代表主机地址。A类地址最多有126个网络，每个网络大约可以容纳17 000 000台主机。第一个十进制数的范围是1～126，而127是一个特殊的网络地址，用来检查TCP/IP协议的工作状态。

2. B类地址

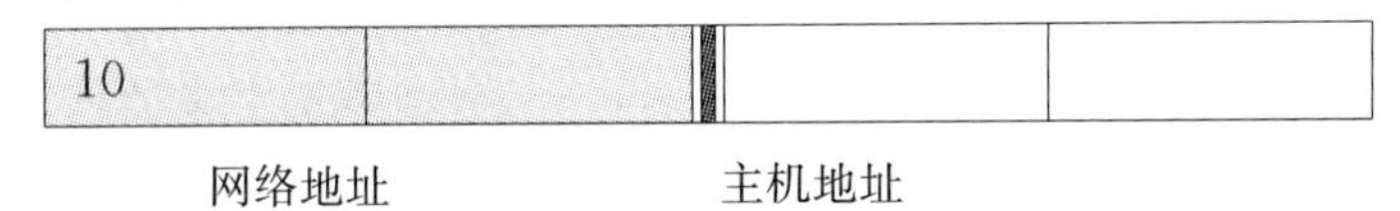

B类地址用于中型到大型的网络，其最高位为10，和接下来的14位组成网络地址(即在B类地址中，网络地址占用2个字节)，剩余的16位代表主机地址。B类地址最多有16 384个网络，每个网络可以容纳大约65 000台主机，第一个十进制数的范围是128～191。

3. C类地址

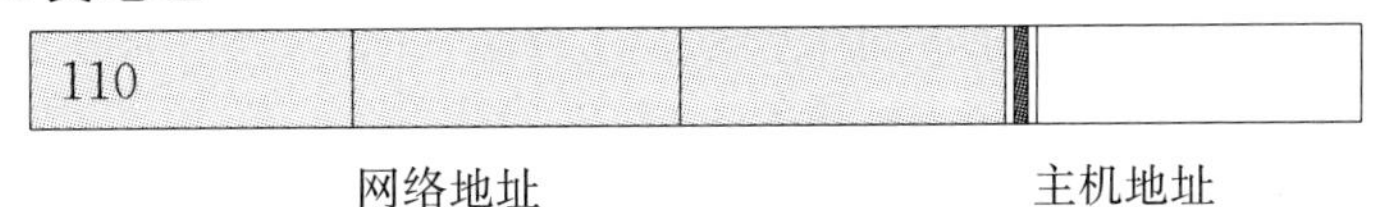

C类地址用于小型本地网络，其最高位为110，和接下来的21位组成网络地址(即在C类地址中，网络地址占用3个字节)，剩余的8位代表主机地址。C类地址允许最多有200万个网络，每个网络可以容纳254台主机，第一个十进制数的范围是192～223。

4. D类地址

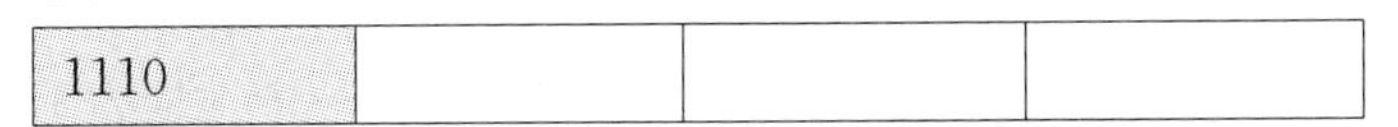

D类地址用于多重广播组，一个多重广播组可能包括1台或更多主机，或根本没有主机。D类地址的最高位为1110，第一个十进制数的范围是224～239。在多重广播操作中没有网络或主机位，数据包将传送到网络中选定的主机子集中，只有注册了多重广播地址的主机才能接收到数据包。

5. E类地址

E类地址是通常不用的实验性地址，保留地址供以后使用。E类地址的最高5位通常为11110，第一个十进制数的范围是240～247。

6. 特殊网络地址和主机地址的规定(见表5.1)

表5.1 特殊的网络地址和主机地址

网络地址	主机地址	代表意义
全0	全0	本机
网络号	全0	具体的网络
全0	主机号	本地网的具体主机
全1	主机号	无效
网络号	全1	直接广播(某个网络)
全1	全1	有限广播
全0	全1	直接广播(本网络)

5.4.2 IP 子网和 IP 转发

子网划分是用来把一个单一的 IP 网络地址划分成多个更小的子网(subnet)的技术。这种技术可使一个较大的分类 IP 地址被进一步划分,从而使一个大的分类地址被一个企业中地理位置不同的许多站点所共享,而不需要为每个站点都申请一个分类网络地址。子网划分的过程是将分类 IP 类地址中的主机号部分进一步划分成一个子网部分和一个主机部分。与传统的分类地址一样,地址中的网络部分(网络前缀+子网)与主机部分之间的边界是由子网掩码来定义的。

如图 5.14 所示,B 类地址 187.15.0.0 被分配给了 ABC 公司。ABC 公司的网络规划者希望建立一个企业级的 IP 网络(Intranet),用于将数量超过 200 个的站点互相连接起来。由于在 IP 地址空间中"187.15"部分是固定的,网络的规划者就只能用剩下的两个字节(或 16 位)来定义子网和子网中的主机。他们决定利用第 3 个字节作为子网号,第 4 个字节作为给定子网上的主机号,这个互联的网络的子网掩码的值就是 255.255.255.0。这意味着 ABC 公司的 Intranet 能够支持最多 254 个子网,每一个子网可以支持最多 254 个主机。从外部 Internet 的角度来看,ABC 公司的网络仍然像一个地址为 187.15.0.0 的单一网络。这个例子说明了为整个网络定义统一子网掩码(255.255.255.0)的情况,它也意味着每个子网中最大的主机数只能是 254。

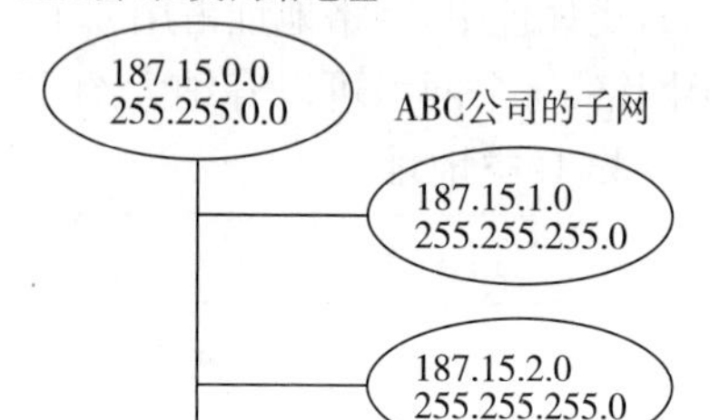

图 5.14 ABC 公司网络状况

1. 子网划分的目的

设计 IP 协议时的网络和计算机与今天的网络和计算机有很大的不同。随着局域网和个人计算机的出现,计算机网络的结构也发生了很大变化。过去多使用大型计算机在低速、广域网上进行通信,而现在则多使用小型计算机在快速、局域网上进行通信。

为了说明子网划分的必要性,首先要看一看如何使用 IP 来发送数据报。如果要把 IP 数据报送给在同一个物理网络上的计算机,那么这两个设备应能够直接通信(见图 5.15)。

在图 5.15 中,设备 200.1.1.98 想同 200.1.1.3 进行通信。由于它们都在同一个以太网上,因此可直接进行信息交流。它们又同时在同一个 IP 网络中,所以,通信时不需要任何其他设备的帮助。为了与不在相同物理网中的设备进行通信,计算设备也需要其他设备的帮助,下面通过一个例子来说明具体的操作过程。

如图 5.16 所示,James 想给 Sarah 发送信息,他们的计算机都能连到同一个 IP 网络 153.88.0.0 上,但不在同一个物理网中。事实上,James 的计算机位于洛杉矶,连接到令牌环网上,Sarah 的计算机位于费城,连接到以太网上,此时要对这两个网络进行连接。

路由器将帮助 James 通过从洛杉矶到费城的广域网(见图 5.17)将信息传送给 Sarah。在 IP 实现上,首先将信息从 James 传送给路由器,路由器将信息送到其他路由器,直至信息最后到达 Sarah 所在网络的路由器上。此时,Sarah 网络的路由器将会把信息送到 Sarah 的计算机上。

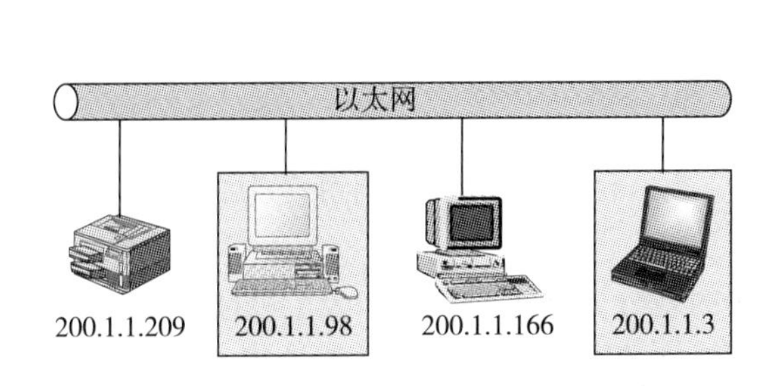

图 5.15　没有子网划分的 IP 网络

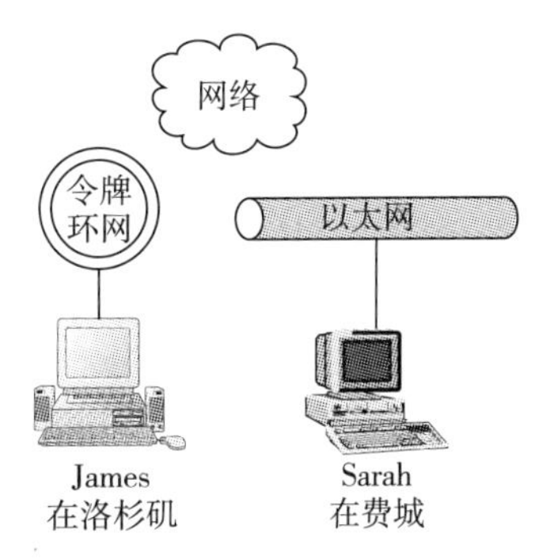

图 5.16　不同位置的两个网络

路由器能够将一个物理网络上的 IP 信息送到其他物理网络上,IP 协议是通过使用逻辑地址分配策略来确定 Sarah 的机器与 James 的机器不在同一个物理网络上的。在这个例子中,地址管理员必须帮助网络管理员将153.88.0.0网络分成更小的组成部分,并给每个物理网络分配一个块地址,分配给每个物理网络的块地址通常也称为一个子网。

在图 5.18 中,假设 James 的计算机在 153.88.240.0 子网中,Sarah 的计算机在153.88.3.0子网中。当 James 要给 Sarah 发送一个信息时,IP 协议能够确定 Sarah 是在另一个不同的子网中,这样信息将被发送到路由器上再进行转发。

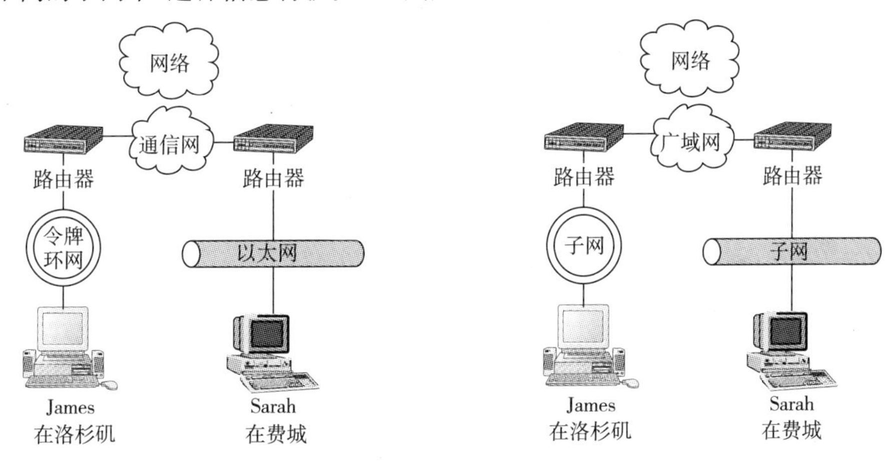

图 5.17　Internet/Intranet 连接

图 5.18　已划分子网的两个位置

2. 子网掩码

为了帮助 IP 设备理解所在网络的子网划分,IP 的设计者在 RFC950 文档中描述了使用子网掩码的过程。RFC950 文档所描述的 Internet 网络中子网从逻辑上来看是一个 Internet 网络中可见的子集。由于管理或技术上的原因,许多组织已经将一个 Internet 网划分成几个子网,而不是获得一系列 Internet 网络号。RFC950 文档讲述了使用子网的过程,这些操作过程是针对主机的(如工作站),对子网网关内部及网关间的操作过程没有描述。RFC940 文档讲述了有关子网划分标准的重要动机和相关的背景信息。

(1) 掩码的作用。掩码用于说明子网域在一个IP地址中的位置。在图5.17中,153.88.0.0是B类网络地址,即它的前16位地址是网络号。而在图5.18中,James的机器在153.88.240.0子网中,该如何确定这个子网呢?

首先,James是在153.88.0.0网络中。管理员使用了之后的8位作为子网号。在前面的例子中,James处在240子网中,如果James的IP地址是153.88.240.22,则James既在153.88.0.0网络中,也在这个网络中的240子网中。它在子网中的主机地址为22。在153.88.0.0网络中的所有设备中,如果第三个8位位组为240,则可认为它们既在相同的物理网络上,也在相同的子网240中。

子网掩码主要用于说明如何进行子网的划分。掩码是由32位组成的,很像IP地址。对于这3类IP地址来说,有一些自然的或缺省的固定掩码。A类地址缺省的或自然的掩码是255.0.0.0。在这种情况下,掩码说明前8位代表网络号,A类地址的子网划分也要考虑这8位。如果给一个设备分配一个A类地址,掩码是255.0.0.0,则表明这个网络没有子网;如果掩码不是255.0.0.0,则此网络已被划分子网。设备存在于A类网络中的一个子网中。

没有子网划分:88.0.0.0　255.0.0.0

有子网划分:125.0.0.0　255.255.255.0

在上面的例子中,对125.0.0.0网络进行了子网划分。掩码的值不是缺省的,网络已被划分成几个子网。剩余的掩码位是什么意思呢?像前面讲到的那样,掩码用来说明IP地址中子网域的位置,看一看掩码中有哪些内容。子网掩码中经常会包含一个重要的值255。它说明长度为8位的部分掩码内容全部为1。

对掩码255.0.0.0的二进制表示为:11111111　00000000　00000000　00000000

对掩码255.255.0.0的二进制表示为:11111111　11111111　00000000　00000000

(2) 掩码的组成。掩码是一个32位的二进制数字,用点分十进制来描述。在缺省时,掩码包含网络域和主机域两个域,分别对应网络号和本地可管理的网络地址部分。在划分子网时,要重新调整对IP地址的认识:如果用户工作在B类网络中,并使用标准的掩码,则此时没有子网划分。例如,在下面的地址和掩码中,网络地址由前两个255来说明,而主机域由后面的0.0来说明。

地址:153.88.4.240　掩码:255.255.0.0

此时,网络号是153.88,主机号是4.240。换句话说,前16位代表网络号,而后面的16位代表主机号。

如果将网络划分成几个子网,则网络的层次将增加。从网络到主机的结构转换成了从网络到子网再到主机的结构。如果使用子网掩码255.255.255.0对网络153.88.0.0进行子网划分,则需要增加辅助的信息块。在增加一个子网域时,发生了一些变化。根据前面的例子,153.88还是网络号。当使用掩码255.255.255.0时,说明子网号被定位在第3个8位位组,子网号是4,主机号是240。

通过使用掩码可将本地可管理的网络地址部分划分成多个子网。掩码用来说明子网域的位置,给子网域分配一些特定的位数后,剩下的位数就是新的主机域了。下面的例子使用了一个B类地址,它有16位主机域,将主机域分成了一个8位子网域和一个8位主机域。

此时,这个B类地址的掩码为:255.255.255.0。

	网络	网络	子网	主机
地址	153	88	4	240
掩码	255	255	255	0
掩码的二进制表示	11111111	11111111	11111111	00000000

(3)掩码值的二进制表示。如何确定使用哪些掩码呢?表面上看,过程非常简单。首先,要确定在用户的网络中需要有多少个子网,这需要充分研究此网络的结构和设计。只要知道需要几个子网,就能够决定使用多少位子网,一定要保证子网域足够大,以满足未来子网数量的需求。

当网络在设计阶段时,网络管理员要和地址管理员讨论设计问题。结论得出,在目前的设计中应有73个子网,并使用一个B类地址。为了确定子网掩码,需要知道子网域的大小。本地可管理的B类地址部分只有16位,子网域是这16位中的一部分。现在的问题是要确定存储十进制数73需要多少位。只要能够知道存放十进制数73所需的位数,就能够确定使用哪些掩码。

首先,要将十进制数73转换成二进制数,这个二进制数的位数为7位。

十进制数73=二进制数1001001

此时需要保留本地管理的子网掩码部分中的前7位作为子网域,剩余部分作为主机域。在下面的例子中,为子网域保留前7位,每一位用1来表示;剩余的位数为主机域,用0表示。

11111110　00000000

将上面子网的二进制信息转换成十进制,再把它作为掩码的一部分加入整个掩码中,就能够得到一个完整的子网掩码。

11111110=254(十进制)

00000000=0　(十进制)

得到最终完整的掩码内容为255.255.254.0。

注意: B类地址的缺省掩码是255.255.0.0。现在已经将本地的可管理掩码部分0.0转换成254.0,这个过程描述了子网划分的策略。软件通过254.0这部分就会知道本地可管理地址部分的前7位是子网域,剩余部分是主机域。当然,如果子网掩码的个数发生变化,对子网域的解释也将变化。

(4)掩码的十进制表示。表5.2、5.3和5.4分别给出了常用的A类、B类、C类网络的子网掩码。这些子网掩码表可帮助用户在给定环境下容易地确定子网掩码。观察这些表可以发现:自上而下,子网的位数在逐渐增加,而子网中的主机位数却逐渐减少。

这是因为在每一类网络地址中,这部分的位数相对固定,且每一位只有一种用途。每一位不是子网位,就是主机位,如果表示子网的位数增加,则表示主机的位数会相应减少。

表 5.2　A 类子网表

子网数量	主机数量	掩　码	子网位数	主机位数
2	4 194 302	255.192.0.0	2	22
6	2 097 150	255.224.0.0	3	21
14	1 048 574	255.240.0.0	4	20
30	524 286	255.248.0.0	5	19
62	262 142	255.252.0.0	6	18
126	131 070	255.254.0.0	7	17
254	65 534	255.255.0.0	8	16
510	32 766	255.255.128.0	9	15
1 022	16 382	255.255.192.0	10	14
2 046	8 190	255.255.224.0	11	13
4 094	4 094	255.255.240.0	12	12
8 190	2 046	255.255.248.0	13	11
16 382	1 022	255.255.252.0	14	10
32 766	510	255.255.254.0	15	9
65 534	254	255.255.255.0	16	8
131 070	126	255.255.255.128	17	7
262 142	62	255.255.255.292	18	6
524 286	30	255.255.255.224	19	5
1 048 574	14	255.255.255.240	20	4
2 097 150	6	255.255.255.248	21	3
4 194 302	2	255.255.255.252	22	2

表 5.3　B 类子网表

子网数量	主机数量	掩　码	子网位数	主机位数
2	1 638	255.255.192.0	2	14
6	8 190	255.255.224.0	3	13
14	4 094	255.255.240.0	4	12
30	2 046	255.255.248.0	5	11
62	1 022	255.255.252.0	6	10
126	510	255.255.254.0	7	9
254	254	255.255.255.0	8	8
510	126	255.255.255.128	9	7
1 022	62	255.255.255.192	10	6
2 046	30	255.255.255.224	11	5
4 094	14	255.255.255.240	12	4
8 190	6	255.255.255.2481	3	3
16 382	2	255.255.255.252	14	2

表 5.4　C类子网表

子网数量	主机数量	掩　码	子网位数	主机位数
2	62	255.255.255.192	2	6
6	30	255.255.255.224	3	5
14	14	255.255.255.240	4	4
30	6	255.255.255.248	5	3
62	2	255.255.255.252	6	2

注意:类别不同,表的大小也不一样。A类、B类和C类网络的主机域分别是24位、16位和8位,所以这里有3个大小不同的表格。

(5) 掩码的使用实例。使用这些表格能够很容易地为用户的网络分配正确的掩码。现在,考虑这样一个例子。Bob要管理一个A类地址网络。他想将网络划分出1 045个子网,在最大的子网中有295个设备,他查看了一下A类子网表中的子网数量和设备数量,并发现表5.5能够解决他的问题,他该使用哪一个呢?

表 5.5　A类子网表部分

子网数量	主机数量	掩　码	子网位数	主机位数
2 046	8 190	255.255.224.0	11	13
4 094	4 094	255.255.240.0	12	12
8 190	2 046	255.255.248.0	13	11
16 382	1 022	255.255.252.0	14	10
32 766	510	255.255.254.0	15	9

此时,Bob必须选择一个掩码。在作出决定前,他不仅要参考这些可能的解决方案,而且要考虑另外一个因素——网络的扩充。他的公司在将来是否会增加更多的子网?每个子网是否会变大?或两者是否都有可能增长?

如果仅增加了子网的数量,而没有增加每个子网中设备的数量,那么Bob将选择255.255.254.0作为掩码,这是一个非常合适的决定。如果每个子网中的设备数量也要增加,他将选择255.255.252.0作为掩码,根据所使用的物理协议,在每个子网中设备的数量都受到实际的限制。在一些网络中,当一个网段或子网中的物理设备数量多于100台时,将会严重影响网络的使用,要想成功地划分子网,就必须要对每个子网中的设备数量有一个切合实际的估算。

现在研究另外一个例子:Sarah负责一个小公司的网络,该公司有两个以太网段和3个令牌环网段,想通过一个路由器连接在一起,每个子网中所包含的设备数量不会超过15台。Sarah申请到了一个C类网络地址,他通过查阅C类子网表5.4,发现子网数量为6,主机数量为30,掩码为255.255.255.224,子网位数为3,主机位数为5的条目可满足方案。

对于有5个子网,且每个子网最多有15个设备的结构,上面的条目是唯一的选择,即掩码为255.255.255.224。

如果用户已经知道子网的数量以及每个子网中的主机数量,则可使用这些表格来查找正确的掩码。这里,很重要的一点就是要知道用户的子网数量或每个子网中的主机数量在未来是否会有增加。充分考虑这些因素后,查询这些表格,可确定使用的掩码。

(6) 地址和掩码的关系。首先回顾一下IP地址的概念:一个IP地址可用于识别网络上的各种设备;IP地址按类别进行分类,这些类别中包含不同的地址组;每个IP网络都有一个不同的网络号,每个子网还应有它对应的子网号,子网号是由子网掩码中的子网域来确定的。

如果有一个IP地址为153.88.4.240,它的掩码是255.255.255.0,则可确定该地址属于153.88.0.0网络。由于掩码的第三个8位位组表明地址中它的8位全用于组成子网号,因此可以知道子网号为4。也就是说,IP地址的前两个8位位组为153.88的所有设备在同一个网络上,第三个8位位组为4的所有设备应属于同一个子网。为什么会是这样呢?这是因为在B类网络中,前16位为网络号。如果设备网络地址的前16位相同,则它们在同一个网络中,拥有相同的B类地址。

当将一个数据报从源地址发送到目的地址时,IP协议要进行路由判断。请看下例。

		网络	网络	子网	主机
源地址	153.88.4.240	10011001	01011000	00000100	11110000
目标地址	153.89.98.254	10011001	01011001	01100010	11111110

注意:它们在不同的网络中。尽管都是B类地址,但它们的前16位并不相同,由于它们不同,因此从IP协议的观点来看,它们应该在不同的物理网络上。发送的数据报应先到达路由器,然后路由器再将这个数据报转发给目标设备,如果两个地址的网络号相同,则IP协议仅关心子网划分情况。

前面已经提到,子网掩码有助于确定子网号,请看下面的例子。

		网络	网络	子网	主机
源地址	153.88.4.240	10011001	01011000	00000100	11110000
目标地址	153.88.192.254	10011001	01011000	11000000	11111110
掩码	255.255.255.0	11111111	11111111	11111111	00000000

在这个例子中,目标地址已经修改,同时加入了一个子网掩码,用来进行子网划分。注意到掩码255.255.255.0使用的是B类地址,掩码中的前两个255指向地址的网络部分,第三个255用于定位子网域,它是本地可管理地址的一部分,掩码中的1指向子网位。这两个设备是在同一个子网中吗?请看每个地址中第三个8位位组中的每一位:源地址的二进制子网域中的内容是00000100,目标地址的二进制子网域中的内容是11000000,因为这两个二进制数字不同,所以这两个设备不在同一个子网中。此时,源设备首先要将数据报发送给路由器,路由器再将数据报发送给目标网络中的目标设备。

到目前为止,一直在讨论最简单的子网划分,即子网掩码为255.255.255.0。使用这个掩码并读入点分十进制地址就能够解释地址中的内容,例如,地址165.22.129.66包含的网络地址是165.22.0.0,子网号是129,主机号是66。这样,点分十进制地址中的每一部分就很容易理解了。

如果掩码不是这么简单该怎么办?在下面这个例子中,将使用这样一个B类网络

160.149.0.0，管理员选择的子网掩码是255.255.252.0，共划分62个子网，每个子网有1 022个设备。

当试图确定两个设备的子网标识时，将会发生什么情况？

		网络	网络	子网	主机
源地址	160.149.115.8	10100000	10010101	01110011	00001000
目标地址	160.149.117.2	10100000	10010001	01110101	00000010
掩码	255.255.252.0	11111111	11111111	11111100	00000000

此例子中，两个地址的网络部分是一样的，这说明它们在同一个网络中。掩码的子网部分包含6位，地址中第三个8位位组的前6位应该是子网号，两个地址的第三个8位位组的前6位分别是011100—115和011101—117，此时，可以看出这些设备不在同一个子网中。这样，源机器发送出去的数据报不得不先送到路由器上，然后再通过路由器送到目标设备。

为什么这两个设备在不同的子网上呢？首先，因为它们是在同一个网络中，所以这两个地址会成为同一个子网的候选对象。子网的掩码部分说明每个地址第三个8位位组的前6位包含子网号。比较两个地址的子网部分，位模式并不匹配，这也说明它们在不同的子网中。下面是另外的一个例子。

		网络	网络	子网	主机
源地址	160.149.115.8	10100000	10010101	01110011	00001000
目标地址	160.149.114.66	10100000	10010101	01110010	01000010
掩码	255.255.252.0	11111111	11111111	11111100	00000000

在这个例子中，地址160.149.115.8和地址160.149.114.66在同一个网络和同一个子网中。第三个8位位组，将掩码中内容为1的位置对应到源地址和目的地址上，会发现它们相应位置的内容全部相同。这就说明它们是在相同的子网中。尽管一个地址中第三个8位位组的值为114，而另外一个地址中相应位置的值为115，但由于两个地址中有意义的子网位相同，所以它们还是在同一个子网中。

(7) 保留和限制使用的地址。当给网络或子网上的设备分配地址时，有一些地址是不能使用的。在网络或子网中，保留了两个地址用来唯一识别两个特殊功能。第一个保留的地址是网络或子网地址。网络地址包括网络号以及全部填充二进制0的主机域，200.1.1.0、153.88.0.0和10.0.0.0都是网络地址，这些地址用于识别网络，不能分配给设备。另一个保留地址是广播地址。当使用这个地址时，网上的所有设备都会收到广播信息，网络广播地址由网络号以及随后全二进制1的主机域组成。下面是一些网络广播地址：200.1.1.255、135.88.255.255、10.255.255.255。由于这几个地址是针对所有设备的，所以它不能用在单个设备上。

我们也在子网中限制使用一些地址。每一个子网都有一个子网地址以及广播地址，像网络地址和广播地址一样，这些地址也不能分配给网络设备，它包括全0的主机域、全1的子网地址和子网广播。下面是一个子网地址和广播地址的例子。

		网络	网络	子网	主机
子网地址	153.88.4.0	10011001	01011000	00000100	00000000
广播地址	153.88.4.255	10011001	01011000	00000100	11111111
掩码	255.255.255.0	11111111	11111111	11111111	00000000

在这个例子中,有主机域为全0的子网地址;也有主机域为全1的广播地址。如果不管子网域或主机域的大小,则主机域为全0的位结构代表着子网地址,主机域为全1的位结构代表着子网广播地址。

一旦确定使用什么样的掩码,并且能够理解特殊的子网地址和子网广播地址,就可以开始给特定的设备分配地址了。为了实现这个目的,需要"计算"在每个子网中使用的地址。

每个子网应包含着一系列地址,它们具有相同的网络号和子网号,只是主机号有所不同。下面的示例是在C类网的一个子网中的一系列的地址。

网络地址	200.1.1.0		
子网掩码	255.255.255.248		
掩码	11111000	子网1的地址	
	00001000	200.1.1.8	子网地址
	00001001	200.1.1.9	主机1
	00001010	200.1.1.10	主机2
	00001011	200.1.1.11	主机3
	00001100	200.1.1.12	主机4
	00001101	200.1.1.13	主机5
	00001110	200.1.1.14	主机6
	00001111	200.1.1.15	子网广播地址

在这个例子中,使用了C类网络200.1.1.0,子网掩码为255.255.255.248。在C类地址中,子网划分仅发生在第四个8位位组中。使用这个掩码时,每个子网包含6个设备。在给子网号1分配一个地址时,注意到每个地址的子网域都是00001,这个子网域是由掩码第四个8位位组中的11111部分来定义的,第四个8位位组的前5位就是子网域,剩余的3位用来说明主机域。

这个地址的主机域是从子网地址000开始,到子网广播地址111结束的。能够分配给主机的地址将从001开始,到110结束,等价的十进制值为从1到6。为什么要这样处理地址呢?现在简单地将子网号00001和从000到111的主机地址相连,然后将二进制转换成十进制。此时,可以看到开始的地址为200.1.1.8(00001000),而结束的地址为200.1.1.15(00001111),因为200.1.1.是网络号,所以这部分地址是不能改变的。

(8) 通常用一个地址和掩码来确定子网地址。如果此时有一个IP地址和子网掩码,就能够确定设备所在的子网。具体的操作步骤如下。

① 将本地可管理的地址部分转换成二进制。

② 将本地可管理的掩码部分转换成二进制。

③ 确定二进制地址的主机域,并全部用0取代。

④ 将二进制地址转换成点分十进制,此时就能得到子网地址。

⑤ 确定二进制地址的主机域,并全部用1取代。

⑥ 将二进制地址转换成点分十进制数，此时就能得到子网的广播地址。

在这两个地址中间的每一个地址都可以分配给设备。

下面的例子将说明如何使用这个过程。假设设备的地址是 204.238.7.45，而子网掩码是 255.255.255.224。由于这是一个 C 类地址，所以子网划分应在第四个 8 位位组中。

地址 200.1.1.45	00101101	
掩码 255.255.255.224	11100000	
主机位变 0	00100000	.32 子网地址
主机位变 1	00111111	.63 子网广播地址

由掩码可知，主机域在地址的最后 5 位。用 0 取代这个域中的内容，并将二进制转换成十进制，则能够得到子网地址；用 1 取代主机域中的内容，将会得到子网广播地址。使用掩码 255.255.255.224 划分子网后的地址 200.1.1.45 在子网 200.1.1.32 中，能够在此子网中分配的地址从 200.1.1.33 开始，到 200.1.1.62 结束。

每个掩码都是由二进制值组成的，并可用点分十进制数来表示。为了使用这些值，左边的内容必须为 255，子网的掩码位还必须是连续的。例如，子网掩码 255.255.0.224 就是不正确的。

用户有时会问："使用多少位掩码比较合适呢？"一般来说，使用掩码的位数与地址的类别相关。例如，如果在 B 类地址中使用一个掩码 255.255.254.0，则其中有 7 位为子网掩码，这样看起来好像使用了 23 位。一般认为对 B 类地址来说，在 23 位中仅有 7 位用于子网划分，剩余的 16 位与 B 类地址相关。

如果仅告知掩码为 6 位，将容易产生误解。原因是如果没有地址的类别，整个掩码可能是 255.252.0.0、255.255.252.0 或 255.255.255.252，这些掩码都叫 6 位掩码。但当它们用在不同的类别地址上时，将会产生差别很大的子网划分结构。

(9) 保留地址。本节的前面已经谈到一些特殊的保留地址。网络地址、网络广播地址、子网地址、子网广播地址都不能分配给任何设备或主机，这样可以避免 IP 软件在传送 IP 数据报时产生混淆。这些地址并不能唯一确定一个特定设备，也许 IP 设备可以使用广播地址发送一个数据报，但这个广播地址代表着所有设备。由于一个设备不能代表所有设备，所以一个设备必须有一个唯一的地址。

要从地址计算中去掉这些保留地址，必须使用特殊公式计算子网中或网络中的主机数量。如果已经知道一个地址的主机域所占的位数，就能够计算出网络或子网中设备的数量，使用的公式是：2^n-2，在这个公式中，n 代表子网或主机域的位数，减 2 说明从计算出的地址总数中减去两个保留地址。

下面是一个 C 类地址子网划分表。

子网数量	主机数量	掩码	子网位数	主机位数
14	14	255.255.255.240	4	4

如果使用的子网掩码是 255.255.255.240，则子网域占 4 位。用这 4 位所表示的位模式个数应为 $2^4=16$。具体内容如下：

0000	0100	1000	1100
0001	0101	1001	1101
0010	0110	1010	1110
0011	0111	1011	1111

从可能的子网数中去掉两个位模式0000和1111,则得到14个可以使用的子网号。这种计算方法也同样适用于主机域中的位数。

还存在一个子网中支持的主机的数量需要比现在这种采用固定长度子网掩码的方式所能支持的主机数量更多(或更少)的情况。在这种情况下,还可以使用可变长子网掩码(VLSM)。采用VLSM能够把一个分类地址网络划分成若干大小不同的子网。假设在上述ABC公司的例子中,需要一个支持500个主机组成的子网,网络规划者不需要分配两个子网(每个支持254个主机),分配一个子网掩码为255.255.254.0的子网就可以支持最多512个主机地址了。而另一个场合可能只需要100个地址,在这种情况下,一个取值为255.255.255.128(128个主机)的子网掩码就足够了。还有一个特殊的例子,就是连接两个路由器的点到点的子网。由于在这种子网上只可能有两个"主机",因此应该使用一个取值为255.255.255.252的掩码,就可以不浪费任何地址资源,其他子网也能够使用。VLSM能更高效地管理地址空间,使分配给每个子网的主机地址的数量都符合实际需要。在动态路由的网络中,为了使VLSM工作得更有效,就必须配置能支持VLSM的路由协议。支持VLSM的路由协议在其发布的通告消息中把子网掩码包含在了其网络地址前缀中。目前,RIP2和OSPF等路由协议都支持VLSM。

(10) 超网(supernet)。子网划分是将一个单一的IP地址划分成多个子网。超网与子网相反,它是将多个C类网络聚合起来,构成一个单一的、具有共同地址前缀的网络。采用这种地址汇聚操作的理由有两点:

① 通过减少路由表中C类网络的表项来减少路由器中所维护的路由表的大小。

② 只为网络分配其实际所需的地址数,从而更高效利用那些未使用的地址空间。

例如,一个B类地址包含大约65 000个主机地址,而一个网络可能只用了其中很小的一部分,这就造成了大量未使用的地址资源不能被其他的网络所利用。同样,由于C类网络只有254个可用的地址,构成的网络太小,有必要进行聚合。图5.19中的例子可以说明这一点:16个C类地址组成了一个地址空间块。在路由器中,并不是把所有的16个C类网络地址分别分配不同的表项,而是使用了一个单一的超网192.18.0.0/20。从技术上讲,超网是一种子网掩码长度小于其特定分类的网络。由符号"网络前缀/"所代表的连续C类地址块被称为CIDR块。作为降低IP地址分配速度以及减少Internet路由器中表项数的一种方法,CIDR技术已经被广泛认同。现在获得一个Internet地址的组织,都将被分配到一个CIDR块,而不是前面所描述的那种传统的分类地址。

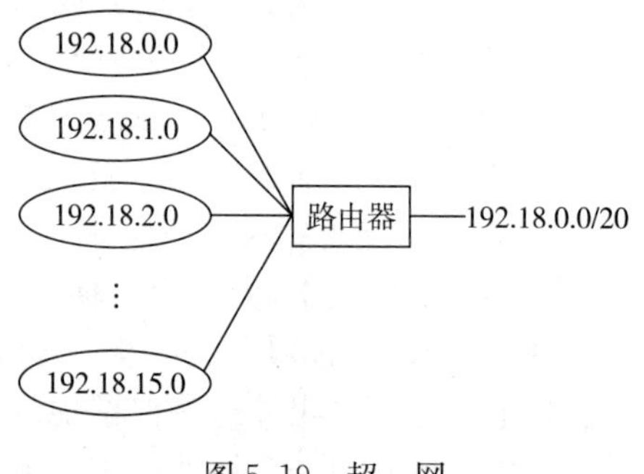

图5.19 超 网

5.4.3 IP协议格式

IPv4首部一般是20字节长。在以太网帧中,IPv4包首部紧跟着以太网帧首部,同时以太网帧首部中的协议类型值设置为080016。IPv4提供不同,大部分是很少用的选项,使得IPv4包首部最长可扩展到60字节(总是4个字节4个字节扩展)。

1. 版本

IP数据报头部的4比特给出了该数据报的IP协议的版本，路由器根据该版本号来确定如何对IP数据报剩下的部分进行解释。IP的不同版本使用不同的数据报格式，图5.20给出的是IPv4版本数据报格式。

<table>
<tr><td>0</td><td>4</td><td>8　　12</td><td>16</td><td>19　　24　　31</td></tr>
<tr><td>版本</td><td>首部长度</td><td>服务类型</td><td colspan="2">长度</td></tr>
<tr><td colspan="3">认证</td><td>标志</td><td>段偏移量</td></tr>
<tr><td colspan="2">TTL</td><td>协议</td><td colspan="2">校验和</td></tr>
<tr><td colspan="5">源IP地址</td></tr>
<tr><td colspan="5">目的IP地址</td></tr>
<tr><td colspan="5">选项……</td></tr>
</table>

图5.20　IP协议格式

2. 报头长度

由于IPv4数据报可以包含可变数量的选项，所以这4比特可用来确定IP数据报中的数据的起始位置。大多数IP数据报不包含选项，所以通常的IP数据报都有一个20字节长度的报头。

3. ToS字段

IPv4报头中的服务类型(type of service，ToS)字段使得不同"类型"的IP数据报可以互相区分开来，这样可以使得它在超载时进行不同的处理。例如，当网络发生超载时，它可以被用来区分网络控制数据报和携带数据的数据报，还可以用来区分实时数据报和非实时通信量。一个主要的路由供应商(Cisco)，将这3个ToS字段比特描述为对路由器所提供的不同级别的服务，所提供的特定级别的服务，由路由器管理者根据原则决定。

4. 数据报长度

数据报长度是以字节为单位的IP数据报的总的长度(报头＋数据)。由于这个字段有16比特长，所以IP数据报的理论最大长度为65 535字节。但是，数据报很少长于1 500字节，通常局限在576字节内。

5. 标识符、标志、分片偏移量

标识符、标志、分片偏移量都与IP分片有关，但IP的新版本IPv6不允许路由器上的分片。

6. 生存时期字段

生存时期(time to live，TTL)字段用来保证数据报在网络中不会无止境传播。当每次数据报经过一个路由器时，这个字段的值就会减少，如果TTL的值变为0，该数据报就会被抛弃。

7. 协议

仅仅当IP数据报到达最终目的地的时候，这个字段才被使用。协议字段指出此数据报携带的数据使用何种协议，以便使目的主机的IP层知道应将数据部分上交给哪个协议进行处理。例如,值为6表示数据部分要传递给TCP协议,而值为17表示数据部分要传递给UDP协议。

8. 报头校验和

报头校验和可以帮助路由器发现接收到的IP数据报中的比特错误。报头校验和将报头中的每两个字节作为一个数字并用反码的形式计算这些数字的和,路由器对每一个接收到的IP数据报的因特网校验和值进行计算,当数据报中的校验和与计算出来的校验和不相等的时候,就会检测到错误。通常发现错误的时候,路由器会将那些数据报丢弃。注意,在每一个路由器上都必须重新计算和存储校验和,它就像TTL字段和一些选项字段一样,会发生变化。在RFC 1071中,对计算因特网校验和值的快速算法进行了讨论。为什么TCP/IP在传输层和网络层都执行了错误检测?原因可能有很多:首先,路由器不要求执行错误检测,所以传输层不能指望网络层完成这个工作;其次,TCP/UDP和IP不一定属于同一个协议栈,从原则上说,TCP可以运行在一个不同的协议之上,并且IP也可以携带不需要传送到TCP/UDP的数据。

9. 源端和目的端的IP地址

IP数据报中的该字段携带着源端和目的端的32比特IP地址。目的端地址的使用和重要性是显而易见的。而目标主机是通过源端IP地址将应用程序数据送到正确的套接字上的。

10. 选项字段

选项字段允许IP报头被扩充。因为报头的选项字段很少被使用,故可通过去掉每个数据报头部中的选项字段来实现节省额外开销。选项字段用来支持排错、测量以及安全等措施。由于数据报的报头是不断变长的,所以在数据字段开始之前无法提前预测它的长度,有些数据报需要进行选项字段的处理,而有些不需要,所以在路由器中对IP数据报的处理所需要的时间会有很大差别,这些考虑对于高性能的路由器和主机上的IP处理来说尤其重要。由于种种原因,IP选项字段在IPv6报头中被舍弃了。

11. 数据(有效载荷)字段

在大多数环境下,IP数据报的数据字段包含着传输层要发送到目的端的数据段(TCP或UDP),但是,数据字段也可以携带其他类型的数据,如互联网控制报文协议(internet control message protocol,ICMP)信息。

图5.21为Wireshark软件截获的IP数据报,12字节源MAC地址和目的MAC地址后的0800H表示该数据帧是IP数据报(图中标识❶);其后的第一个8位字节,前4位表示版本号,4表征IPv4(图中标识❷),后面的5则是表示IP数据报首部的长度(图中标识❷),由于该字段的单位是4字节,因此,其标识数据报的首部长度为5×4=20个字节,也就是从4开始的20个字节是IP数据报的首部。在首部长度5后面紧跟的一个8位字节表示的是服务类型00,接下来就是数据报的总长度,占2个字节(图中标识❸),也就是0034H=4+3×16=52个字节,其后的4个字节分别表示了认证、标志、偏移a5 7f 40 00(图中标识❹);紧跟其后的一个8位字节是生存时间TTL 80H;后面的1个字节是数据报协议字段06H(图中标识❺),表示IP数据报封装的是来自上层的TCP协议报文,最后的两个字节0000为头部校验和。其后的字段包含了源端、目的端的IP地址(每个均为4个

字节)以及封装的数据。

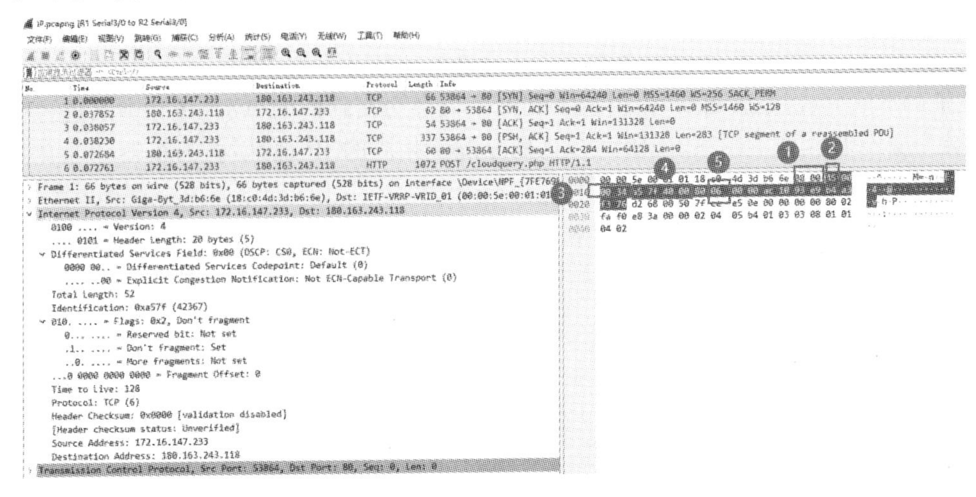

图 5.21 Wireshark 截获 IP 数据报

5.4.4 其他网络层协议

1. 地址解析协议(ARP)

IP 地址是用于在网络层寻址的,数据链路层寻址用的是物理地址(硬件地址)。当目的节点与源节点在同一个物理网络上时,或者数据包到达目的节点路由器时,源节点或目的路由器需要用直接交付方式将数据包发送给目的节点,方法是将数据包封装在一个数据链路层帧中发送,帧的目的地址为目的节点的 MAC 地址,目的节点的网卡识别出该帧,取出其中的数据包交给目的节点的网络层。

不管网络层使用的是什么协议,在实际网络的链路上进行数据帧的传输最终都必须使用物理地址。MAC 地址是与网卡联系在一起的物理地址,而 IP 地址是与节点所在网络相关的逻辑地址,源节点或目的路由器已知目的节点的 IP 地址,但它们是如何知道目的节点 MAC 地址的呢? 这就是地址解析协议(address resolution protocol,ARP)需要解决的问题。

ARP 的基本思想是:当主机 A 想要知道与 IP 地址 I_B对应的 MAC 地址 P_B 时,它广播一个 ARP 请求分组,请求 IP 地址为 I_B的主机用物理地址 P_B响应。包括 B 在内的所有主机都会收到这个请求,但只有主机 B 能识别出它的 IP 地址,并发出一个包含其物理地址的 ARP 应答分组,ARP 应答是封装在单播帧中发送的。

为降低通信开销,要使用 ARP 的计算机维护着一个高速缓存,存放最近获得的 IP 地址到物理地址的绑定。也就是说,当一台计算机发送一个 ARP 请求并接收到一个 ARP 应答时,就会在高速缓存中保存 IP 地址及对应的物理地址,便于以后查询。当发送分组时,如果没有再次广播 ARP 请求,计算机首先会在缓存中寻找所需的绑定,若高速缓存中的绑定超过 20 分钟没有更新,计算机就会自动将其删除。

ARP 协议还可以有以下改进。

(1) A 在向 B 发送的 ARP 请求中也包含了 A 的 IP 地址与物理地址,以便 B 从请求中提取 A 的地址绑定后向 A 发送应答。

(2) 当A广播它的请求时,网上所有机器都接收到了该请求,它们可以从中取出A的地址绑定以更新自己的ARP缓存。

(3) 每台计算机在启动时都会主动广播自己的地址并绑定,通常以ARP查找自己的IP地址的形式完成,不会有应答,但网上其他主机都会在它们的ARP缓存中加进这个地址绑定。如果真收到了应答,表明两台机器分配了相同的IP地址,新的机器会通知系统管理员,并停止启动。

在以太网上,ARP请求分组是封装在以太帧中发送的,帧头中的类型字段为十六进制的0806。用于IP地址到以太网地址转换的ARP报文格式,如图5.22所示。

<table>
<tr><td colspan="2">硬件类型</td><td>协议类型</td></tr>
<tr><td>硬件地址长度</td><td>协议地址长度</td><td>操作</td></tr>
<tr><td colspan="3">发送方硬件地址(字节0～3)</td></tr>
<tr><td colspan="2">发送方硬件地址(字节4～5)</td><td>发送方IP地址(字节0～1)</td></tr>
<tr><td colspan="2">发送方IP地址(字节2～3)</td><td>目标硬件地址(字节0～1)</td></tr>
<tr><td colspan="3">目标硬件地址(字节2～5)</td></tr>
<tr><td colspan="3">目标IP地址(字节0～3)</td></tr>
</table>

图5.22　ARP报文格式

硬件类型:指明硬件接口的类型,对于以太网该值为“1”。

协议类型:指明高层协议的地址类型,对于IP地址该值为十六进制的0800。

硬件地址长度:对于以太网该值为6(以字节为单位)。

协议地址长度:对于IP地址该值为4。

操作:指明报文的类型,值为1表示ARP请求报文,值为2表示ARP响应报文。

发送方硬件地址(字节0～3):源主机硬件地址的前4个字节。

发送方硬件地址(字节4～5):源主机硬件地址的后2个字节。

发送方IP地址(字节0～1):源主机IP地址的前2个字节。

发送方IP地址(字节2～3):源主机IP地址的后2个字节。

目标硬件地址(字节0～1):目的主机硬件地址的前2个字节。

目标硬件地址(字节2～5):目的主机硬件地址的后4个字节。

目标IP地址(字节0～3):目的主机IP地址的4个字节。

当发出ARP请求时,发送方用目标IP地址字段提供目标IP地址。目标主机填入所缺的目标硬件地址,然后交换目标和发送方地址中数据的位置,并把操作改为应答,就变成了ARP应答。

2. 反向地址解析协议(reverse address resolution protocol,RARP)

通常,一台计算机的IP地址保存在一张配置表中并存于本地硬盘,当系统启动时读配置文件即可知道自己的IP地址。但是对于一个无盘工作站,它将IP地址保存在哪里呢? 无盘工作站在启动时可以从本地获得自己的物理地址,因此,这里的问题变为如何根据已知的物理地址获得与其绑定的IP地址的问题,反向地址解析协议就是用来解决这个问题的。

RARP的基本思想是:网络中有一个RARP服务器,保存有本网中各个无盘工作站的地址绑定。一个新启动的无盘工作站广播一个RARP请求分组,分组中会给出自己的物理地址。RARP服务器查找地址绑定表,然后用单播的方式发回一个RARP应答分组,分组中包含所请求的IP地址。RARP的报文格式与ARP报文相同,都封装在以太帧中发送,帧头的类型字段为十六进制的8035。

3. 互联网控制报文协议(internet control message protocol, ICMP)

互联网控制报文协议(ICMP)是由主机或路由器用来传递网络层上的一些信息的,最典型的应用是错误通报,比如报告目的网络不可达、TTL为0、IP头部检查和出错等。ICMP通常被认为是IP协议的一部分,但从结构上说,ICMP位于IP协议之上,因为ICMP消息是封装在IP分组中传输的。

ICMP消息包括type、code、checksum和数据。type域用于指明消息的类型,ICMP共定义了15种消息;code域用于对某类消息进行进一步区分,例如,type为3的消息是目的不可达错误消息,每个消息又用code域进一步说明是网络不可达、主机不可达、还是端口不可达等16种不同的情况;checksum是ICMP消息的检查和;数据的内容取决于消息的type和code。

ICMP消息有询问和错误报告两类。询问用来请求一些信息,如无盘工作站的子网掩码或远程主机的应答(测试远程主机是否可达)等,通常采用"请求一响应"模式进行交互;错误报告消息用来向源节点报告错误信息,不需要响应,消息内容中通常包含引起该错误的IP数据报的报头及载荷的前8个字节,载荷的前8个字节刚好包含了TCP或UDP的端口号及TCP段序号,这使得收到ICMP消息的节点可根据报头中协议字段指定的协议与相应的协议实体进行联系,并根据TCP或UDP端口号与相应的用户进程进行联系。

5.5 下一代IP:IPv6

下一代网络(next-generation network, NGN)的核心协议是IPv6。目前IPv6的技术已经基本成熟,相关标准也陆续被制定出来,IPv6网络正向我们走来。本节介绍IPv6的出现背景、地址体系结构、首部结构以及IPv4到IPv6中间的过渡技术。

5.5.1 IPv6的导入背景

IP协议诞生于20世纪70年代中期,解决的是网络连接和计算机通信问题。IPv4作为IP协议的第4版,把各种网络的主机连接起来,在全球Internet的发展中起到了关键的作用。

无论在技术上还是发展速度上,实践证明,IPv4是一个非常成功的协议,基于IPv4的Internet及其应用不断地改变着人们的生活及工作方式。但是,IPv4的设计者在设计IPv4协议时是基于几十年前的网络规模而设计的,他们对于Internet的估计和预想显得很不充分。随着网络规模的急速发展,Internet的用户爆炸性地增长,现有的网络面临许多的挑战。虽然主流的IP协议的IPv4地址位有32位,可以包含40亿的主机数量,但实际上可以有效分配的地址却远远小于这一数目,其主要原因是IPv4的地址以A、B、C等类别的人为划分造成了大量IP地址的浪费。虽然网络地址转换等技术的广泛使用,大大减缓了IP地址枯竭的速度,但是,这种技术破坏了IP协议端到端的基本原则,在很大程度上破坏了Internet的授权和鉴定机制,同时也无法从根本上彻底解决IP地址枯竭的问题。另外,出于安全和信息私密性的考虑,越来越多的政府部门和商业机构不再愿意在不安全的网络上发送它们敏感的信息和进行明文的信息交流,对加密和认证的需求飞速增长。此外,IPv4地址方案不能很好地支持地址汇聚技术,现有的互联网正面临路由表不断膨胀的压力。同时,对服务质量、移动性和安全性等方面的需求都迫切要求开发新一代IP协议来根本性地解决IPv4面临的问题。IPv6是继IPv4以后的新版互联网协议,也可以说是下一代互联网的协议。

基于以上原因,IETF于1994年正式提出Internet协议第6版(IPv6)作为下一代网络协议。IPv6采用128位地址长度,几乎可以不受限制地提供地址,彻底解决了IPv4地址不足的问题。为了加强安全性,IPv6中定义了认证报头和封装安全净荷,在IPv6数据报的首部格式中,用固定格式的扩展首部取代了IPv4中可变长的选项字段,使在IPv4中仅仅作为选项使用的IPSec(IP Security)协议,成为IPv6的有机组成部分。IPSec是IPv6协议族的一个子集,对所有IPv6网络节点,都是强制实现的。

IPSec提供了3种安全机制:加密、认证和完整性。加密是指通过对数据进行编码来保证数据的机密性,以防数据在传输过程中被他人截获而泄密;认证使得IP通信的数据接收方能够确认数据发送方的真实身份以及数据在传输过程中是否遭到改动;完整性能够可靠地确定数据在从源到目的地传送的过程中没有被修改。所以,一个IPv6端到端的传送在理论上至少是安全的,其数据加密以及身份认证的机制使得敏感数据可以在IPv6网络上安全传递,并且避免了NAT的弊病。

IPv6与IPv4相比,也新增了许多功能。

1. 提供巨大的地址空间

IPv6提供的地址长度由IPv4的32bit扩展到128bit,据预测,采用128位地址长度,几乎可以不受限制地提供地址。按保守方法估算,IPv6实际可在整个地球每平方米上分配1 000多个地址;可见,IPv6提供的地址是可以满足互联网的增长需求的。

2. 具有与网络适配的层次地址

IPv6采用类似CIDR的地址聚类机制层次的地址结构。为支持更多的地址层次,网络前缀可以分为多个层次,其中包括13bit的TLA-ID、24bit的NLA-ID和16bit的SLA-ID。一般来说,IPv6的管理机构对TLA的分配进行严格管理,只将其分配给大型骨干网的ISP,然后骨干网ISP才可以灵活地为各个地区中、小ISP分配NLA,最后用户从中、小ISP获得地址。这样不仅可以定义非常灵活的地址层次结构,而且,同一层次上的多个网络在上层路由器中表示为一个统一的网络前缀,明显减少了路由器必须维护的路由表项。

3. 可靠的安全功能保障

IETF制定的用于保护IP通信的IP层安全协议IPSec已经成为IPv6的有机组成部分,所有的IPv6网络节点必须强制实行这套协议。因此,建立起来的一个IPv6端到端的连接是具有安全保障的,通过对通信端的验证和对数据的加密保护,可以使数据在IPv6网络上安全传输。

4. 提供更高的服务质量保证

IPv6 数据包的格式包含一个 8bit 的业务流类别和一个新的 20bit 的流标签。它允许发送业务流的源节点和转发业务流的路由器在数据包上加上标记，并进行除默认处理之外的不同处理。一般来说，在所选择的链路上，可以根据开销、带宽、延时或其他特性对数据包进行特殊的处理。

5. 即插即用功能

在大规模的 IPv4 网络中，管理员为各个主机手工配置 IP。在 IPv6 中，端点设备可以将路由器发来的网络前缀和本身的链路地址(即网卡地址)综合，自动生成自己的 IP 地址，用户不需要任何专业知识，只要将设备接入互联网即可接受服务，这就是"即插即用"功能。

6. 移动性能的改进

设备接入网络时，通过自动配置可以自动获取 IP 地址和必要的参数，实现即插即用，简化了网络管理，易于支持移动节点。此外，IPv6 不仅从 IPv4 中借鉴了许多概念和思路，还定义了许多移动 IPv6 所需要的新功能，可以将其统称为邻居节点的搜索，直接为移动 IPv6 提供所需的功能。

IPv4 到 IPv6 协议的变化会引起高层协议或软件的变化，主要原因有 3 个方面：第一，IPv6 的地址长度为 128 位，首先引起域名服务系统 DNS 的修改，其次引起 Socket 接口的修改，同时还引起网络应用软件(如 FTP、Telnet 等)的微小修改。原理上，IPv6 不会引起网络应用协议的修改，但会引起网络应用软件的修改，因为绝大部分网络应用软件要直接处理 IP 地址，地址长度的变化当然会引起所有路由协议(RIP、OSPF 等)的修改。第二，IPv6 的协议机制的变化直接引起 TCP 和 UDP 协议及软件的修改。第三，IPv6 分组头格式引起 UDP 报文头的校验和的使用，UDP 的校验和对 IP 分组头进行校验，称为"伪首部校验"。发送者对 IP 分组头计算校验和，而接收者通过校验和来校验 IP 分组头，对于 IPv4 来说，它的分组是在传送过程是变化的，所以 UDP 的伪首部校验对 IPv4 没有意义。因此，需要重新定义新的高层协议，这些高层协议所形成的新的协议栈，称为"IPv6 协议栈"。

5.5.2 IPv6 地址体系结构

最新的 IPv6 地址体系结构在 RFC3513 中的定义给出了 IPv6 的地址模型，IPv6 地址的文本表示，IPv6 单播地址、任播地址、多播地址的定义，IPv6 节点所需要的地址以及 EUI-64 接口标识的创建方法。

IPv6 相比 IPv4 最大的变化在于地址长度的增加：IPv6 的地址长度是 128 位，而 IPv4 的地址长度只有 32 位。这样 IPv6 就可以有 2^{128} 个地址，大约是 3.4×10^{38} 个地址，按照世界人口为 60 亿来计算，则每个人都可以拥有 5.7×10^{28} 个 IPv6 地址，这样的地址定义基本上可以一劳永逸地解决地址短缺问题。

1. IPv6 地址的文本表示方式

有 3 种常用的格式来表示 IPv6 地址。

(1)首选格式。IPv4 的 32 位地址是用点分十进制法来表示的，如 210.45.32.2。而 IPv6 的 128 位地址是用冒号十六进制表示方法来表示的，即是把 128 位划分为 8 段，每段长度是 16 位，然后每段再转化为用 4 位十六进制来表示的数，并用冒号相互隔开，如 2001:0250:540a:0041:0000:0000:0000:0010。

(2)压缩格式。在128的十六进制表示中,经常出现IPv6地址包含有一长串的零,比如上面的IPv6地址表示,这样用首选格式书写就很不方便,为此又定义了一种压缩格式,有如下规则。

① 当一个或多个连续的16比特段都为0字符时,可用双冒号“::”来表示,即0压缩,但是一个IPv6地址中只允许最多出现一个“::”,否则会出现二义性。

② 可将不必要的0去掉,即可以把一个段中前面的0去掉,比如将0041写为41,将0000写成0。

③ 不能把有效的0去掉,例如不能把0010写成1而应该是10。

可以把上面的地址表示为:2001:250:540a:41::10。

(3)内嵌IPv4地址的IPv6地址。在IPv4和IPv6的过渡机制中经常会用到双栈主机,这些主机的IPv6地址有特殊的表示方法:x:x:x:x:x:x:192.168.1.9。在这种方法中,IPv6地址的第一部分使用十六进制表示,而后一部分即是十进制的IPv4地址。例如,0:0:0:0:0:0:192.168.1.9(IPv4兼容IPv6地址)写成压缩格式是::192.168.1.9,而0:0:0:0:0:ffff:192.168.1.9(IPv4映射IPv6地址)写成压缩格式则是::ffff:192.168.1.9。

2. IPv6地址前缀的文本表示

地址前缀,又称为格式前缀(format prefix,FP),属于128位地址空间范围。它是地址最前面的那段数字,一般用来表示路由或子网的标识,可以将其视为IPv4中的网络ID。它的表示方法与IPv4中的CIDR表示方法一样,用“地址/前缀长度”来表示。例如,对60位的前缀215E00000000AD2(十六进制),正确的表示法有:215E:0000:0000:AD20:0000:0000:0000:0000/60;215E::AD20:0:0:0:0/60;215E:0:0:AD20::/60。每个前缀必须是完整的128位地址格式+“/”+前缀位数的格式。

当定义一个节点时,一般要指定这个节点的地址,还要指明它的子网前缀。节点地址:215E:0:0:AD20:12:34:56:AB;节点所处子网前缀:215E:0::0:AD20::/60;也可以把二者合起来写为:215E:0:0:AD20:12:34:56:AB/60。

在RFC2373中定义的IPv6地址空间分配方案如表5.6所示。

表5.6 RFC2373定义的IPv6地址空间分配方案

分　配	前缀(二进制)	占用地址空间的比例
保留	0000 0000	1/256
未分配	0000 0001	1/256
为NSAP分配保留	0000 001	1/128
为IPX分配保留	0000 010	1/128
未分配	0000 011	1/128
未分配	0000 1	1/32
未分配	0001	1/16
可聚集全球单点传送(单播)地址	001	1/8
未分配	010	1/8
未分配	011	1/8

续表

分　配	前缀(二进制)	占用地址空间比例
未分配	100	1/8
未分配	101	1/8
未分配	110	1/8
未分配	1110	1/16
未分配	1111 0	1/32
未分配	1111 10	1/64
未分配	1111 110	1/128
未分配	1111 1110 0	1/512
链路本地单点传送(单播)地址	1111 1110 10	1/1024
站点本地单点传送(单播)地址	1111 1110 11	1/1024
多播(多点传送)地址	1111 1111	1/256

这里保留地址(FP＝00000000)占地址空间的1/256,它用作非指定地址、回送地址和嵌入IPv4地址的IPv6地址。其他保留地址是网络服务接入点(NSAP)地址(FP＝0000 001)和IPX地址(FP＝0000 010)。

除了组播地址(FP＝1111 1111)外,前缀从001到111的都是具有EUI-64格式的64位接口标识。

EUI-64地址是通过修改链路层地址(在以太网中即是MAC地址)来生成的,这就能保证接口ID的唯一性。由48位MAC修改为64位EUI-64地址方法是这样的:在第24位处(介于厂商ID和厂商编号ID之间)加入两个字节:0xff和0xfe,同时把第一个字节的倒数第二位由全局位(0)改为本地位(1)即可。未分配地址占全部地址空间的85%左右,保留为将来使用。

IPv6地址前缀与IPv4中的CIDR相似,并写入CIDR表示法中。IPv6地址前缀表示为:IPv6-Address/Prefix-Length。其中,"IPv6-Address"是用任意一种表示法表示的IPv6地址,"Prefix-Length"是一个十进制值,表示前缀由多少个最左侧相邻位构成。例如:FEC0:0:0:1::1234/64,地址的前64位"FEC0:0:0:1"构成了地址的前缀。在IPv6地址中,地址前缀用于表示IPv6地址中有多少位表示子网。

3. 地址分类

IPv6中地址分类包括3类:单播、多播、任播。IPv6取消了IPv4中的广播类型,它的功能由多播来实现,并且增加了一种新的地址形式——任播。

(1)单播地址,与IPv4中的单播概念类似,寻址到单播地址的数据包最终会被发送到一个唯一的接口。IPv6单播地址一般可分为可聚合全球单播地址、链路本地地址、本地站点地址、嵌入IPv4的IPv6地址、回送地址等几类。

① 可聚合全球单播地址就是IPv6的公网地址。每个可聚合全球单播地址由3个部分组成。

• 提供商分配的前缀，即公共拓扑，这是提供商分配给组织机构的前缀，最少是48位，并且这个前缀也是提供商自己前缀的一部分。

• 站点拓扑，是组织机构利用所收到的前缀的49～64位(共16位)，将网络分成最多65 535个子网。

• 接口ID，表示的是IPv6地址的低64位，一般获得接口ID的最常用的方法是使用EUI-64地址。

设计这样的地址格式是为了能够同时支持基于当前供应商的聚集和支持交换机的新的聚集类型，从而能有高效的路由聚集。站点可以选择连接到两种类型中的任何一种聚集点上。可聚合全球单播地址结构如图5.23所示。图中，FP固定为001，用于可聚合全球单播地址的格式前缀；TLA ID是顶级聚合标识符；RES(Reserved)为保留以后使用标识符；NLA ID为下一级聚合标识符；SLA ID(site-level aggregation identifier)为站点级聚合标识符；Interface ID为接口标识符。

3	13	8	24	16	64 (bits)
FP (001)	TLA ID	RES	NLA ID	SLA ID	Interface ID
公共拓扑				站点拓朴	接口ID

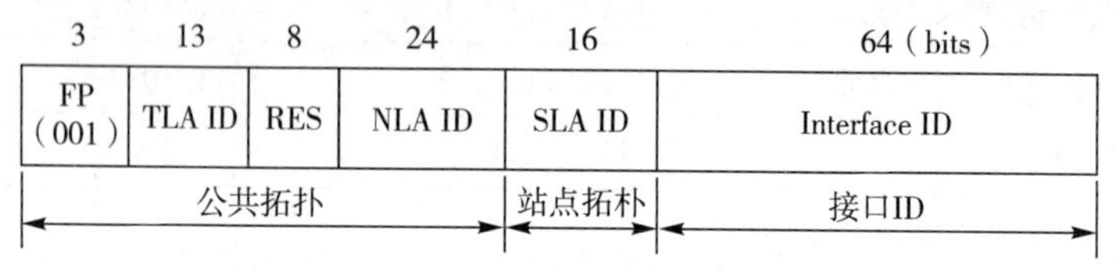

图5.23 可聚合全球单播地址结构

现在常用的可聚合全球单播地址如下：2001::/16用于IPv6 Internet；2002::/16用于6 to 4；3ffe::/16用于6bone；而2003::/16至3dff::/16未指定。

② 链路本地地址可自动生成，从而实现IPv6的即插即用特性。链路本地地址是IPv6中的应用范围受限制的地址类型，只能在连接到同一本地链路的节点之间使用，路由器不能转发任何源地址或目的地址(包含链路本地地址)的数据包到其他链路上去，但它也是一种非常重要的地址，在邻居发现、地址自动配置或无线路由等IPv6机制中都会用到。

链路本地地址有固定格式，它由一个固定的前缀FE80::/64和接口ID两部分组成，如图5.24所示。

10	54	64 (bits)
1111111010	0	Interface ID

图5.24 链路本地地址结构

当一个节点启动IPv6协议栈时，节点的每个接口会自动配置一个链路本地地址，这种机制使得连接到同一个链路的IPv6节点不需要做任何配置就可以进行通信。在自动配置链路本地地址的时候接口ID也是使用EUI-64地址。

③ 本地站点地址是另一种应用范围受限的地址，它也有固定的前缀：FEC0::/48。它有些类似于IPv4的私有地址，但仅仅能在一个站点内使用，路由器不能将具有站点本地源或目的地址的数据包转发到站外去。本地站点地址不能自动生成，这和链路本地地址不同，它的地址格式如图5.25所示。

10	38	16	64 (bits)
1111111011	0	Subnet ID	Interface ID

图5.25 本地站点地址结构

④ 嵌入 IPv4 地址的几种 IPv6 地址。

• IPv4 兼容地址，格式为 ::a. b. c. d，其中，a. b. c. d 是以点分十进制表示的 IPv4 地址，它用于具有 IPv4 和 IPv6 两种协议的节点，使用 IPv6 进行通信。在 IPv6 过渡技术中有一种机制：主机和路由器利用动态隧道在 IPv4 的路由体系中传送 IPv6 数据包，此时的 IPv6 节点使用的就是此类型的 IPv6 地址。

• IPv4 映射地址，格式为 ::ffff:a. b. c. d，它用来表示只支持 IPv4 而不支持 IPv6 的节点的 IPv6 地址，在 NAT-PT 过渡技术中会大量使用此种地址。

• 6 to 4 地址，格式为 2002:a. b. c. d:xxxx:xxxx:xxxx:xxxx:xxxx，其中 a. b. c. d 是分配给路由器的 IPv4 地址，用户不能改变，这个地址可以用来查找 6 to 4 隧道的其他终点。

• ISATAP 地址，格式是：前缀:0:5efe:a. b. c. d/64，即后 64 位必须是:0:5efe:a. b. c. d 的格式。

⑤ 回送地址用于节点发送 IPv6 数据包给自己的情况。0:0:0:0:0:0:0:1 或::1 即为回送地址，在发送数据包给另外的节点的时候，数据包的源地址和目的地址都不能是回送地址，这样的数据包也永远不会被 IPv6 路由器转发。回送地址不可以分配给任何物理接口，可以认为是分配给了一个虚拟的接口，在实践中经常使用这个地址来测试内核是否正常工作。

(2)多播地址，又称为组播地址，是指一个源节点发送的单个数据包能被特定的多个目的节点接收到。IPv6 多播地址也用特定的前缀来表示，它的最高前 8 位为 1。其格式如图 5.26 所示。

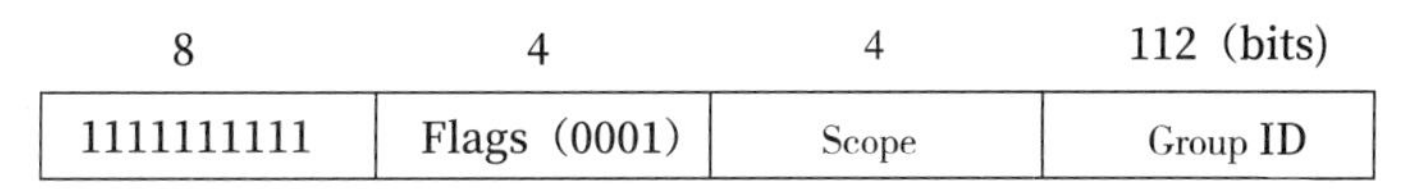

图 5.26　组播地址结构

标志前三位必须为 0，目前只使用了最后的一位，当该位为 0 时，表示的是由 IANA 分配的一个永久地址，当该位为 1 时，表示是一个临时多播地址。

范围(Scope)用来限制多播数据在网络中的发送范围。它的含义如下。

0(0000)：预留；

1(0001)：节点本地范围；

2(0010)：链路本地范围；

5(0101)：站点本地范围；

8(1000)：组织本地范围；

E(1110)：全球范围；

F(1111)：预留；

在重复地址检测中，还会用到一种特殊的组播地址，称为请求节点多播地址，它的地址由 ff02::1:ff00:0/104 加上单播地址的最后 24 位组成。需要注意的是，多播地址不可以作为 IPv6 数据包的源地址，也不会出现在任何的路由报头中。

(3)任播地址，是 IPv6 中特有的地址类型，它用来标识一组网络接口(通常属于不同的节点)。任播地址的数据包将被发送给其路由意义上最近的一个网络接口。任播地址从单播地址空间进行分配,使用单播地址的任何格式;在语法上,二者无任何差别。当一个单播地址被分配给多个接口时,则转换为任播地址。接收方只需要是一组接口中的一个即可,这能使移动用户上网不受地理位置太多的限制,能接入离用户最近的一个接收站。被分配具有任播地址的接点必须得到明确的配置,从而能知道它是一个任播地址。目前,任播地址只能作为目标地址,且仅分配给路由器。

4. IPv6的寻址模型

在IPv6中,节点是指一个支持IPv6协议的设备。网络接口是指节点与网络链路之间的一个连接点。站点是整个Internet的一部分,它由若干网络组成。

因为这些网络在物理位置和组织上的联系非常紧密,所以Internet将这些网络抽象成一"点"来处理。同IPv4一样,IPv6每个类型的地址都是分配给网络接口的,而不是分配给节点的。这是因为像路由器和多穴主机的节点可能拥有多个网络接口,故可具备多个单播地址,其中任何一个单播地址都可以代表该节点。尽管一个网络接口能与多个单播地址相关联,但一个单播地址却只能与一个网络接口相关联,每个网络接口必须至少具备一个单播地址。

这里有一个非常重要的例外,与点到点链路的使用有关。在IPv4中,所有的网络接口(其中包括连接一个节点与路由器的点到点链路上的网络接口)都需要一个全球唯一的IP地址。随着许多机构开始使用点到点链路来连接其分支机构,每条链路都需要自己的子网号,这样一来就消耗了许多地址空间。在IPv6中,如果点到点链路的任何一个网络接口都仅与本地链路上的节点通信,那么它们就不需要分配全球唯一的单播地址,而仅需要为它们分配作用域仅限于本地链路范围的单播地址就可以了。一个网络接口可以拥有多个不同类型的或不同作用域的地址,但它必须至少具备一个本地链路单播地址。

在Internet上可能出现一个访问量极大的服务器在需求高峰时崩溃的情况。因此,IPv6又提出了一个重要例外:如果硬件有能力在多个网络接口上正确地共同分担其网络负载的话,多个网络接口可以共享一个IPv6地址。这使得从服务器扩展为负载平衡的服务器群成为可能,而不必在服务器的访问量上升时被迫进行硬件升级;或者可以将服务器上的多个网卡配置为一个网络接口,以平衡地获得更大的网络带宽。

目前,IPv6仍然像IPv4一样通过地址子网前缀来寻址,一个子网前缀只能与一条链路相联系。但一条链路可以同时存在多个子网,即可同时拥有多个子网前缀。

5.5.3 IPv6协议基本首部

IPv6将首部长度变为固定的40字节,称为基本首部。基本首部将不必要的功能取消了,虽然首部长度增大了一倍,但是首部的字段数减少到了8个。此外,还取消了首部的检验和字段,这样就加快了路由器处理数据报的速度。将IPv4的选项中的功能放在可选扩展首部中,而路由器不处理扩展首部,提高了路由器的处理效率。IPv6数据报在基本首部的后面允许有零个或多个扩展首部,再后面是数据,如图5.27所示。

基本首部	扩展首部1	……	扩展首部N	数据部分

图5.27 IPv6数据报

每个IPv6数据报都从基本首部开始,在基本首部后面是有效荷载,它包括高层的数据和可以选用的扩展首部。IPv6 的基本首部如图 5.28 所示。

0	4	12	16		24	31（bits）
版本号	通信量等级	流标记				
有效负载长度				下一个首部	跳数限制	
原地址（128位）						
目录地址（128位）						
扩展首部/数据（IPv6）的有效荷载）						

图 5.28　IPv6 的基本首部

(1)版本号(4 位):IPv6 协议的版本值为 6。

(2)通信量等级(8 位):IPv6 报头中的通信量等级域使得源节点或进行包转发路由器能够识别和区分 IPv6 信息包的不同等级或优先权。

(3)流标记(20 位):IPv6 报头中的流标记用来标记那些需要 IPv6 路由器特殊处理的信息包的顺序,这些特殊处理包括非默认质量的服务或“实时”服务。不支持流标记功能的主机或路由器在产生一个信息包的时候会将该域置 0。

(4)有效负载长度(16 位):有效负载长度使用 16 位无符号整数表示,代表信息包中除 IPv6 报头之外其余部分的长度,IPv6 信息包的有效负载长度是 64 千字节。扩展首部被认为是有效负载的一部分。

(5)下一个首部(8 位):当 IPv6 数据报没有扩展首部时,下一个首部字段的作用和 IPv4 的协议字段一样,当出现扩展首部时,下一个首部字段的值就标识后面第一个扩展首部的类型。

(6)跳数限制(8 位):用来防止数据报在网络中无限制地存在。该域用 8 位无符号整数表示,当被转发的信息包经过一个节点时,该值将减 1,当减到 0 时,则丢弃该信息包。

(7)源地址(128 位):信息包的发送站的 IP 地址。

(8)目的地址(128 位):信息包的预期接收站的 IP 地址。如果有路由报头,则该地址可能不是该信息包最终接收者的地址。

由此可见,IPv6 分组格式和 IPv4 分组格式有很大变化,表现在 8 个方面:① IPv6 的分组头为固定长,而 IPv4 的分组头可变长。② IPv6 去掉了分组头校验。③ IPv6 没有分段功能,去掉了 IPv4 的“标识”、“标记”和“段偏移”3 个字段。对于 IPv4 来说,这 3 个字段主要是为分段功能设置的。④ IPv6 只指明数据长度(不包括分组头),而 IPv4 有两个长度域。⑤ IPv6 增添了“流标识”域。⑥ IPv6 用“跳数上限”取代了 IPv4 中的“生命期”。⑦ IPv6 的地址长度为 128 位,IPv4 的地址长度为 32 位。⑧ IPv6 使用扩展头的方法指明 IPv6 的协议功能,而 IPv4 使用选项来指明 IPv4 的协议功能。

5.5.4　IPv6 协议扩展报头

IPv6 在设计时废弃了 IPv4 中的选项字段,采用扩展报头技术来满足一些特殊要求。IPv6 协议扩展报头是跟在基本报头之后的可选报头,IPv6 信息包中,可选的 Internet 层信息被编码在不同的报头中,同时这些报头被放在 IPv6 报头和上层报头之间。一个 IPv6 分组可以携带 0 个、1 个或多个扩展报头，这些扩展报头的长度可以是不一样的，并且没有最大长度的限制。

每个扩展报头根据需要有选择地使用并相对独立，如果数据包中包括多个扩展报头，各个扩展报头连接在一起成为链状，则每一个扩展报头都是通过前一个报头中的“下一个报头”字段值来确定的，并且最后一个扩展报头的下一个报头字段要指明上层是何种协议。链状的扩展报头如图 5.29 所示。

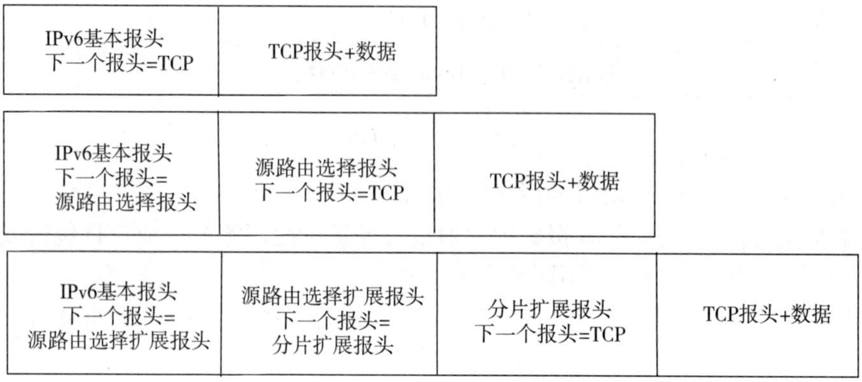

IPv6基本报头 下一个报头=TCP	TCP报头+数据

IPv6基本报头 下一个报头= 源路由选择报头	源路由选择报头 下一个报头=TCP	TCP报头+数据

IPv6基本报头 下一个报头= 源路由选择扩展报头	源路由选择扩展报头 下一个报头= 分片扩展报头	分片扩展报头 下一个报头=TCP	TCP报头+数据

图 5.29　IPv6 的链状报头示意图

因为 8 比特的“下一个报头”字段既可以是一个扩展报头类型，也可以是一个上层协议类型(如 TCP 或 UDP)，故扩展报头类型和所有封装在 IP 包内的上层协议类型共享 256 个数字标识范围，现在还未指派的值相当有限。表 5.7 列出了一些“下一报头”字段所对应的扩展报头类型。

IPv6 将所有的可选项都移出 IPv6 报头，置于扩展头中，增强了 IPv6 的功能，因为在数据包进行转发时，每一个中间路由器不需要检查或处理每一个可能出现的扩展报头选项(除了逐跳选项报头以外)，直到该数据包到达 IPv6 报头的目的地址域所确定的节点或者是在多点传送情况下的所有节点中的一个节点，这样大大提高了路由器处理包含选项的 IPv6 分组的速度，也提高了其转发性能。

表 5.7　IPv6 的扩展报头类型表

下一报头值	对应的扩展报头类型
0	逐跳选项扩展报头
6	TCP 协议
17	UDP 协议
41	IPv6 协议
43	路由扩展报头
44	分段扩展报头
45	网域间路由协议(IDRP)
46	资源预留协议(RSVP)
50	封装安全有效载荷报头(ESP)

续表

下一报头值	对应的扩展报头类型
51	认证报头(AH)
58	ICMPv6
59	无下一报头
60	目的选项扩展报头
……	……
134—254	未分配
255	保留

有一些扩展报头携带了各种具有三元组(类型、长度、值)形式的可选项(type-length-value,TLV)。目前在逐跳选项报头和目的地选项报头中使用TLV可选项。TLV可选项具有如图5.30所示的格式。

可选项类型（8位）	可选项数据长度（8位）	可选项数据

图5.30　TLV的可选项

TLV可选项数据是与可选项类型相关的不定长数据,它可以根据需要划分为多个子域。按照TLV可选项的格式,进行通信的两个节点可以自行定义一些可选项类型,但这可能导致报文传输途中的中继节点不能识别这些自定义的TLV可选项类型,所以用TLV可选项类型域的最高两位来标识在这种情况下的处理动作。

通常,一个典型的IPv6报文没有扩展报头,仅当需要路由器或目的节点做某些特殊处理时,才由发送方添加一个或多个扩展头。与IPv4不同,IPv6协议扩展报头长度任意,不受40字节限制,但是为了提高处理选项头和传输层协议的性能,扩展报头总是8字节长度的整数倍。RFC2460中对逐跳选项报头、源路由选择报头、分段报头、目的地选项报头、认证报头和加密安全负载报头等六个IPv6扩展报头给出了定义。

1. 逐跳选项报头

逐跳选项报头必须紧随在基本报头之后,它包含所经路径上的每个节点都必须检查的选项数据。由于它需要每个中间路由器进行处理,逐跳选项头只有在绝对必要的时候才会出现。到目前为止已经定义了大型有效负载选项和路由器提示选项两个选项。“大型有效负载选项”指明数据报的有效负载长度超过IPv6的16位有效负载长度字段,只要数据报的有效负载超过65 535个字节(其中包括逐跳选项头),就必须包含该选项。如果节点不能转发该数据报,则必须送一个ICMPv6出错报文;“路由器提示选项”用来通知路由器该数据报中的信息,即使该数据报是发送给其他某个节点的。

2. 源路由选择报头

源路由选择报头指明数据报在到达目的地途中必须经过的路由节点,它包含沿途经过的各个节点的地址列表,多播地址不能出现在源路由选择报头中的地址列表和基本报头的目的地址字段中,但用于标识路由器集合的群集地址时可以在其中出现。目前IPv6只定义了路由类型为0的源路由选择报头:0类型的源路由选择不要求报文严格按照目的地址字段和扩展报头中的地址列表所形成的路径传输,也就是说,可以经过那些没有指定必须经过的中间节点。但是,仅有指定必须经过的中间路由器才可对源路由选择报头进行相应的处理,那些没有明确指定的中间路由器可以不做任何额外处理就将包转发出去,这就提高了处理性能,与IPv4路由选项处理方式有显著不同。在带有0类型源路由选择报头的报文中,开始的时候,报文的最终目的地址并不是像普通报文那样始终放在基本报头的目的地址字段,而是先放在源路由选择报头地址列表的最后一项,在进行最后一跳前才被移到目的地址字段,而基本报头的目的地址字段是数据包必须经过的一系列路由器中的第一个路由器地址。当一个中间节点的IP地址与基本报头中目的地址字段相同时,它会先将自己的地址与下一个在源路由选择报头地址列表中指明必须经过的节点地址对调位置,再将数据报转发出去。

3. 分段报头

分段报头用于源节点对长度超出源端和目的端路径MTU的数据报进行分段。此扩展头包含一个分段偏移量、一个“更多段”标志和一个用于标识属于同一原始报文的所有分段的标识符字段。

4. 目的地选项报头

目的地选项报头用来携带仅由目的地节点检查的信息。目前唯一定义的目的地选项是在需要的时候把选项填充为64位的整数倍的填充选项。

5. 认证报头

认证报头提供对IPv6基本报头、扩展报头、有效负载的某些部分进行加密的校验和的计算机制。

6. 加密安全负载报头

加密安全负载报头本身不进行加密,它只是指明剩余的有效负载已经被加密,并为已获得授权的目的节点提供足够的解密信息。

路由器按照报文中各个扩展报头出现的顺序依次进行处理,但不是每一个扩展报头都需要所经过的每一个路由器进行处理(如目的地选项报头的内容只需要在报文的最终目的节点进行处理,一个中继节点如果不是源路由选择报头所指明的必须经过的那些节点之一,它就只需要更新基本报头中的目的地址字段并转发该数据报,根本不用看下一个报头是什么)。报文中的各种扩展报头出现的顺序有一个原则:在报文传输途中各个路由器需要处理的扩展报头出现在只需由目的节点处理的扩展报头的前面,这样,路由器不需要检查所有的扩展报头以判断哪些是应该处理的,从而提高了处理速度。IPv6推荐的扩展报头出现顺序为:(1)IPv6基本报头。(2)逐跳选项报头。(3)目的地选项报头。(4)源路由选择报头。(5)分段报头。(6)认证报头。(7)目的地选项报头。(8)上层协议报头(如TCP或UDP)。

在上述顺序中,目的地选项报头出现了两次:当该目的地选项报头中携带的TLV可选项需要在报文基本报头中的“目的地址”域和源路由选择报头中的地址列表所标识的节点上进行处理时,该目的地选项报头应该出现在源路由选择报头之前;当该目的地选项报头中的TLV可选项仅需在最终目的节点上进行处理时,该目的地选项报头就应该出现在上层协议报头之前。除目的地选项报头在报文中最多可以出现两次外,其余扩展报头在报文中最多只能出现一次。

如果在路径中仅要求有一个中继节点，就可以不用源路由选择报头，而使用 IPv6 隧道的方式传送 IPv6 报文(即将该 IPv6 数据报封装在另一个 IPv6 数据报中传送)。这种 IPv6 封装的报头类型是 41，它仍然是一个 IPv6 基本报头，该隧道内的 IPv6 报文中的扩展报头的安排独立于 IPv6 隧道本身，但仍需遵循相同的安排扩展报头顺序的建议。

有时还有发送无任何上层协议数据的数据报的必要(如在调试时)，此时，最后一个扩展报头的“下一个报头”的值等于 59 的“无下一个报头”类型，其后的数据都可被忽略或不作任何改动地进行转发。

5.5.5 从 IPv4 向 IPv6 过渡

IPv6 取代 IPv4 是大势所趋。IPv6 不仅扩充了地址空间，而且在路由、安全、移动和配置管理等方面都比 IPv4 好，但也正是由于这些不同，IPv6 与 IPv4 是不能兼容的。IPv4 的发展已有二三十年的历史，几乎现有的每个网络及其连接设备都支持 IPv4，如果一个网络要切换到 IPv6，则此网络的绝大部分网络设备都需要进行升级。将已有的 IPv4 网络全部转换成 IPv6 网络需要一个过程，将 IPv4 上的所有应用迁移到 IPv6 上也需要时间，要想在短时间内完成从 IPv4 到 IPv6 的转换是不切实际的，可以预见 IPv6 的部署和实施将是一个缓慢渐进的过程。因此，在相当长的一段时间内 IPv4 和 IPv6 会共存于一个环境中。要提供平稳的转换过程，使得对现有的使用者影响最小，就需要有良好的转换机制。

在过渡的初期，Internet 将由运行 IPv4 的“海洋”和运行 IPv6 的“小岛”组成。随着时间的推移，将会过渡到 IPv6“海洋”与 IPv4“小岛”的情形。在整个过渡阶段，需要解决“小岛”与“海洋”通信以及“小岛”之间如何利用“海洋”通信的问题。

为了实现 IPv4 网络向 IPv6 网络的过渡，IETF 成立了专门的工作组——下一代互联网过渡工作组(next generation transition，NGTrans)，研究 IPv4 到 IPv6 的转换问题，并且已提出了多种过渡技术，虽然种类繁多，但概括起来可分为 3 类：双协议栈技术、隧道技术和网络地址转换/协议转换技术。

1. 双协议栈技术

双协议栈技术是在设备上(如一个主机或一个路由器)同时启用 IPv4 和 IPv6 协议栈。IPv6 和 IPv4 是功能相近的网络层协议，两者都基于相同的物理平台，并且位于其上的传输层协议 TCP 和 UDP 也没有区别，实现 IPv6 节点与 IPv4 节点互通的最直接的方式是在 IPv6 节点中加入 IPv4 协议栈。双协议栈系统中能同时支持 IPv4 和 IPv6 协议，既拥有 IPv4 地址，又拥有 IPv6 地址，可以收发 IPv4 与 IPv6 两种数据报，它能用 IPv4 和仅支持 IPv4 的主机进行通信，也能用 IPv6 和仅仅支持 IPv6 的主机进行通信，从而实现了互通。双协议栈技术是 IPv6 过渡技术中应用最广泛的一种过渡技术，同时，它也是所有其他过渡技术的基础。IPv6/IPv4 双协议栈的协议结构见图 5.31。

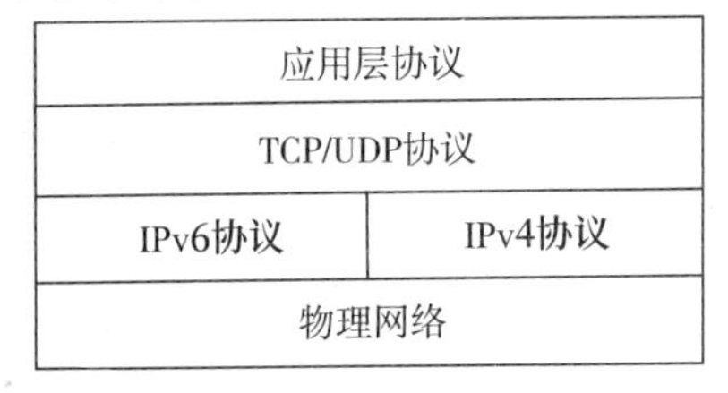

图 5.31 IPv6/IPv4 双协议栈的结构

双协议栈方式要考虑的主要问题是地址,涉及双协议栈节点的地址配置和如何通过DNS获取通信对端的地址两个问题。由于双协议栈节点同时支持IPv6和IPv4协议,因此必须配置IPv4和IPv6地址。节点的IPv4和IPv6地址之间不必有关联,但如果是支持自动隧道的双协议栈节点,则必须配置与IPv4地址兼容的IPv6地址,即前96位为0后32位为IPv4地址的格式。DNS能提供名字与地址之间的映射关系,对于双协议栈节点,DNS必须能提供对IPv4的“A”、IPv6的“A6”或“AAA”类记录的解释库,并且还必须对返回给应用层的地址类型作出决定,以确定到底返回的是哪个地址。

双协议栈技术互通性好,并且易于理解。其缺点是只能用于双协议栈节点本身,且每个IPv6节点都需要IPv4地址,并不能解决IPv4地址短缺的问题。

2. 隧道技术

隧道技术是指将一种协议封装到另外一种协议中以实现互联目的的机制。在现阶段,IPv6发展处于初级阶段,IPv4网络仍占据主导地位,并且绝大部分应用仍然是基于IPv4的,而IPv6网络只是一些孤岛,这些IPv6网络需要通过IPv4骨干网络相连。隧道技术解决了IPv6孤岛之间的互相通信问题:它将IPv6的数据报文在起始端(隧道的入口处)封装入IPv4报文中,IPv4报文的源地址和目的地址分别是隧道入口和出口的IPv4地址,利用IPv4的路由体系进行传输,然后在隧道的出口处,再将IPv6报文取出转发给目的节点,从而实现了利用现有的IPv4路由体系来传递IPv6数据报的目的。

如图5.32所示,IPv6主机A要和主机B通信。IPv4网络边缘的双协议栈设备在IPv6数据报前面加上IPv4报头,其中,IPv4报头中的协议字段值为41,标明其后面跟着的是IPv6报文,源地址为自己的IPv4地址10.1.1.1,目的地址为IPv6主机所属网络边缘双协议栈设备的IPv4地址10.1.2.1,携带IPv6数据报的IPv4报文在IPv4网络中传输至10.1.2.1后,再由其抽出其中的IPv6数据报传至主机B。

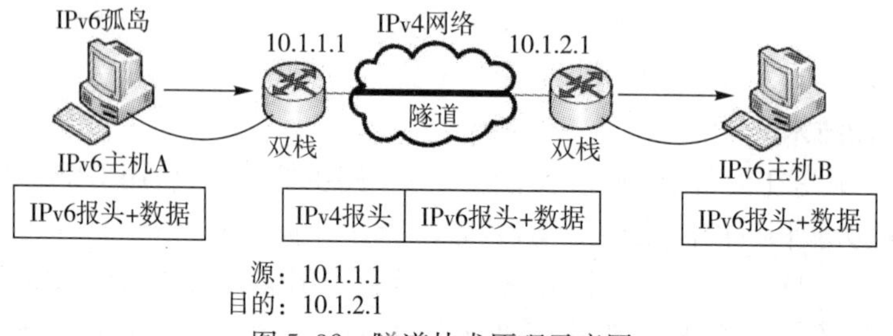

图5.32 隧道技术原理示意图

隧道技术只要求在隧道的入口处和出口处进行修改,对其他部分没有要求,容易实现,所以它是IPv4向IPv6过渡的初期最易于采用的技术,但是隧道技术不能实现IPv4主机与IPv6主机的直接通信,且限制了IPv6的一些特性。

在IPv6发展的初级阶段,实现IPv6孤岛之间的互通可以通过各种类型的隧道,隧道接口上所配置的地址为IPv6地址,而把隧道的源地址和目的地址(隧道的起点和终点)配置为双协议栈设备的IPv4地址最常用的方法主要有GRE隧道、手动隧道、自动隧道、6 to4隧道、ISATAP隧道和隧道代理。

(1)GRE(generic routing encapsulation)隧道是一种基于IP的隧道技术,它可被用来在Internet网络上通过隧道传输广播和组播信息,如路由更新信息等,还可被用来在基于IP的骨干网上传输多种协议的数据流量,如IPX、AppleTalk、IPv6等。GRE隧道是两点之间的链路，每条链路都是一条单独的隧道，隧道把 IPv6 作为乘客协议，把 GRE 作为承载协议。GRE 隧道主要用于两个边缘路由器或终端系统与边缘路由器之间定期安全通信的稳定连接，并且边缘路由器和终端系统都必须是双协议栈设备。

(2)手动隧道和 GRE 隧道作用是一致的，也是一条永久链路。它与 GRE 隧道之间的不同点是它们的封装格式有差别，它直接把 IPv6 报文封装到 IPv4 报文中。

(3)自动隧道能够完成点到多点的连接，并且能够自动生成，在配置隧道过程中，只需要设置隧道的起点，隧道的终点能由设备自动生成。自动隧道需要使用一种特殊的 IPv4 兼容 IPv6 地址，它也是直接把 IPv6 报文封装到 IPv4 报文中，但是自动隧道只能用于节点本身的连接，不能进行数据的转发。

(4)6 to 4 隧道可将多个 IPv6 域通过 IPv4 网络连接到 IPv6 网络。6 to 4 机制适用于站点之间通信，每个站点内部可以只配置 IPv6 协议栈，但是每个站点必须至少有一台 6 to 4 的路由器作为出入口，支持全球统一的 6 to 4 TLA 前缀格式，并实施特殊的封装和转发。

(5)ISATAP(intra-site automatic tunnel addressing protocol)隧道不但是一种自动隧道技术，同时它可以进行地址自动配置，即在 ISATAP 隧道的两端设备之间可以运行 ND 协议。ISATAP 隧道最大的特点是将 IPv4 网络视为一个下层链路，IPv6 的 ND 协议通过 IPv4 网络进行承载，从而实现跨 IPv4 网络的设备的 IPv6 地址的自动配置。ISATAP 隧道的地址也必须用特定的格式。

(6)隧道代理其实就是通过 WEB 方式为用户分配 IPv6 地址，建立隧道来提供用户和其他 IPv6 站点之间的通信。它相当于一个虚拟的 IPv6 服务提供商。

3. 网络地址转换/协议转换技术

NAT-PT 是附带协议转换器的网络地址转换器，可以视为 IPv6 网络与 IPv4 网络之间的网关，通过修改协议报头来转换网络地址，使它们能够互通。如图 5.33 所示，当一个进程穿过 IPv4 与 IPv6 的边界时被初始化，NAT-PT 使用一个 IPv4 的地址池动态地为 IPv6 节点分配地址，NAT-PT 将 IPv6 的地址与 IPv4 的地址进行绑定，反之亦然。这样利用 NAT-PT 在 IPv4 和 IPv6 网络之间转换 IP 报头的地址，同时根据协议的不同对报文做相应的语义翻译，使纯 IPv4 和纯 IPv6 站点之间能够互通。另外，NAT-PT 通过与应用层网关(application level gateway，ALG)相结合，一般是跟 DNS 域名服务器相结合，实现了只安装了 IPv6 的主机和只安装了 IPv4 机器的大部分应用的相互通信，NAT-PT 要求在 IPv4 和 IPv6 网络的转换设备上启用。

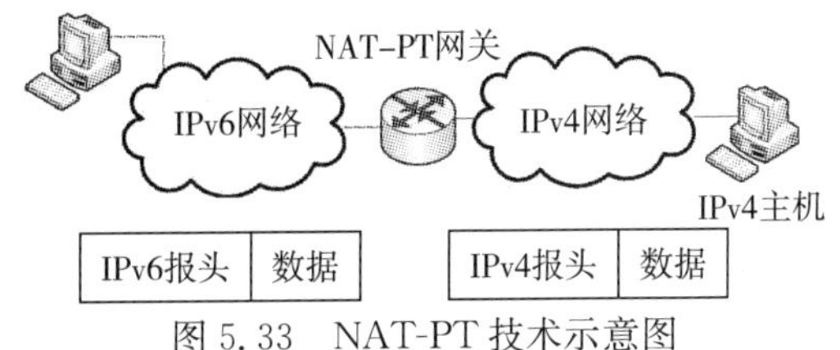

图 5.33　NAT-PT 技术示意图

NAT-PT 可以分为 3 类。

(1)静态 NAT-PT：NAT-PT 服务器提供一对一的 IPv6 地址和 IPv4 地址的映射，但配置复杂，需要使用大量的 IPv4 地址。

(2)动态 NAT-PT：NAT-PT 服务器提供多对一的 IPv6 地址和 IPv4 地址的映射，采用上层协议复用的方法。

(3)NAT-PT DNS ALG:动态 NAT-PT 与 DNS ALG 联合使用,转换 DNS 请求,可利用原有的 DNS 服务器。

目前,所有的过渡技术都不是普遍适用的,每一种过渡技术都适用于某些特定网络情况,而且常常是和其他技术组合使用,相对而言,6 to 4 隧道技术和 ISATAP 隧道技术有更多优势,所以常常被采用。

5.6 工程应用案例

1. 案例描述

某企业厂区内建有两栋楼,一栋二层老办公楼为办公场所,一栋五层生产办公混用的新办公楼,新办公楼一层至二层为办公场所,三层至五层为生产车间。企业厂区内有 900 名员工,办公使用的终端数量多,生产使用的终端数量较少。

要求办公网络和生产网络逻辑隔离,且厂区内按照楼层及对应楼层终端数进行地址划分,每个楼层实现无线覆盖;生产网络和办公网络分别进行地址规划,并在对应的业务核心交换机中配置子网网关。

办公网区域和生产网区域之间部署区域隔离防火墙,制定详细的安全策略控制两侧流量的安全互访;在出口路由器和办公网核心交换机之间部署出口防火墙,采用合理合规的安全控制策略对上下行流量进行管控、治理。

出口路由器外连两条运营商提供的互联网专线,通过网络地址转换技术(NAT)将私网地址转换为相应的互联网地址,实现厂区内终端访问互联网的需求。网络拓扑结构如图 5.34所示。

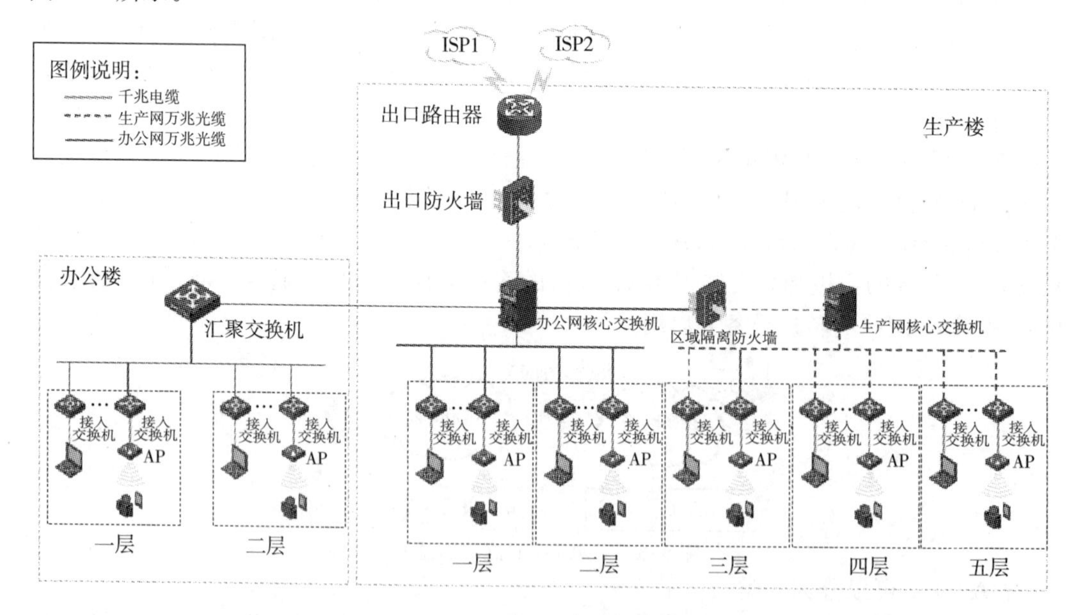

图 5.34 企业网络拓扑结构

本次项目申请到的私网网段为 10.1.0.0/16,网络区域分为办公网和生产网,接入终端分为有线终端和无线终端,所以厂区内包含办公有线终端、办公无线终端、生产有线终端和生产无线终端四种业务网络。楼层信息点位分布及需求如表5.8所示。

表5.8 楼层信息点位分布及需求表

序号	楼 层	办公有线终端	办公无线终端	办公无线AP	生产有线终端	生产无线终端	生产无线AP
1	办公楼一层	203	220	30	—	—	—
2	办公楼二层	197	213	30	—	—	—
3	生产楼一层	112	122	22	—	—	—
4	生产楼二层	55	92	21	—	—	—
5	生产楼三层	—	—	—	100	156	21
6	生产楼四层	—	—	—	150	184	22
7	生产楼五层	—	—	—	150	199	22
合计		—567	647	103	400	539	65

根据表5.8的点位数量,规划厂区网络IP地址方案,合理分配所有设备的IP地址。要求对四种业务网络分别使用不同的子网网段。

2. 案例分析

(1)接入终端情况。终端和AP总共需要2321个IP地址,其中,办公有线终端地址567个、办公无线终端地址647个、办公无线AP管理地址103个、生产有线终端地址400个、生产无线终端地址539个、生产无线AP管理地址65个。

(2)IP地址规划原则。为了网络的正常使用,需要对网络进行地址规划,规划的原则主要有以下几点。

- 唯一性:IP地址不能有冲突;
- 合理性:业务IP地址尽量要按照实际需求进行规划,不要造成网络地址的浪费;
- 可扩展性:在IP地址分配时,要有一定的余量,以满足网络扩展的需要;
- 连续性:连续的IP地址有利于管理和地址汇总,也易于进行路由汇总,减小路由表,提高路由的效率;
- 实意性:在分配IP地址时尽量使所分配的IP地址具有一定的实际意义,可以帮助网络管理和运维人员根据IP地址快速定位终端所属区域。

3. 解决方案

(1)办公网络规划。

① 办公有线网:有四个楼层是办公网场景,需划分为4个子网,每层楼按照最大有203个终端,最小有55个终端设计,并且要求预留一定的地址冗余。地址范围在10.1.0.0/24至10.1.3.0/24中规划,未使用的地址可以为后续扩容使用。地址分配方案如表5.9所示。

表5.9 办公有线网地址分配方案表

楼 层	终端数	网络地址	子网掩码	子网掩码二进制形式	IP地址数量
办公楼一层	203	10.1.0.0/24	255.255.255.0	11111111.11111111.11111111.00000000	254
办公楼二层	197	10.1.1.0/24	255.255.255.0	11111111.11111111.11111111.00000000	254
生产楼一层	112	10.1.2.0/25	255.255.255.128	11111111.11111111.11111111.10000000	126
生产楼二层	55	10.1.2.128/26	255.255.255.192	11111111.11111111.11111111.11000000	62
预留	62	10.1.2.192/26	255.255.255.192	11111111.11111111.11111111.11000000	62
预留	254	10.1.3.0/24	255.255.255.0	11111111.11111111.11111111.00000000	254

② 办公无线网:办公场所无线覆盖的楼层有四层,办公楼一层到二层无线 AP 划分 1 个子网,生产楼一层到二层无线 AP 划分 1 个子网,并且为了实现楼层漫游不更换地址,两栋楼办公无线终端按照楼栋各划分 1 个子网,共计 4 个子网,要求预留一定数量的地址冗余,此部分地址范围在 10.1.4.0/24 至 10.1.7.0/24 中规划,未使用的地址可为后续扩容使用。地址分配方案如表 5.10 所示。

表 5.10　办公无线网地址分配方案表

<table>
<tr><th>楼　层</th><th>终端数</th><th>网络地址</th><th>子网掩码</th><th>子网掩码二进制形式</th><th>IP 地址数量</th></tr>
<tr><td>办公楼一层</td><td>220</td><td rowspan="2">10.1.4.0/23</td><td rowspan="2">255.255.254.0</td><td rowspan="2">11111111.11111111.11111110.00000000</td><td rowspan="2">510</td></tr>
<tr><td>办公楼二层</td><td>213</td></tr>
<tr><td>办公楼一层无线 AP</td><td>30</td><td rowspan="2">10.1.6.0/26</td><td rowspan="2">255.255.255.192</td><td rowspan="2">11111111.11111111.11111111.11000000</td><td rowspan="2">62</td></tr>
<tr><td>办公楼二层无线 AP</td><td>30</td></tr>
<tr><td>预留</td><td>62</td><td>10.1.6.64/26</td><td>255.255.255.192</td><td>11111111.11111111.11111111.11000000</td><td>62</td></tr>
<tr><td>生产楼一层</td><td>122</td><td rowspan="2">10.1.7.0/24</td><td rowspan="2">255.255.255.0</td><td rowspan="2">11111111.11111111.11111111.00000000</td><td rowspan="2">254</td></tr>
<tr><td>生产楼二层</td><td>92</td></tr>
<tr><td>生产楼一层无线 AP</td><td>22</td><td rowspan="2">10.1.6.128/26</td><td rowspan="2">255.255.255.192</td><td rowspan="2">11111111.11111111.11111111.11000000</td><td rowspan="2">62</td></tr>
<tr><td>生产楼二层无线 AP</td><td>21</td></tr>
<tr><td>预留</td><td>62</td><td>10.1.6.192/26</td><td>255.255.255.192</td><td>11111111.11111111.11111111.11000000</td><td>62</td></tr>
</table>

(2)生产网络规划。

① 生产有线网:有三个楼层是生产网场景,需划分为 3 个子网,每层楼按照最大 150 个终端,最小 100 个终端设计,且要求预留一定的地址冗余,此部分地址范围在 10.1.8.0/24 至 10.1.11.0/24 中规划,未使用的地址可为后续扩容使用。地址分配方案如表 5.11 所示。

表 5.11　生产有线网地址分配方案表

楼　层	终端数	网络地址	子网掩码	子网掩码二进制形式	IP 地址数量
生产楼三层	100	10.1.8.0/25	255.255.255.128	11111111.11111111.11111111.10000000	126
预留	126	10.1.8.128/25	255.255.255.128	11111111.11111111.11111111.10000000	126
生产楼四层	150	10.1.9.0/24	255.255.255.0	11111111.11111111.11111111.00000000	254
生产楼五层	150	10.1.10.0/24	255.255.255.0	11111111.11111111.11111111.00000000	254
预留	254	10.1.11.0/24	255.255.255.0	11111111.11111111.11111111.00000000	254

② 生产无线网:生产区域无线覆盖的楼层有三层,三个楼层无线 AP 划分 1 个子网,并且为了根据楼层区分无线终端位置,生产无线终端根据楼层划分 3 个子网,共计 4 个子网,且预留一定的地址冗余,此部分地址范围在 10.1.12.0/24 至 10.1.15.0/24 中规划,未

使用的地址可为后续扩容使用。地址分配方案如表 5.12 所示。

表 5.12　生产无线网地址分配方案表

楼　层	终端数	网络地址	子网掩码	子网掩码二进制形式	IP 地址数量
生产楼三层	156	10.1.12.0/24	255.255.255.0	11111111.11111111.11111111.00000000	254
生产楼四层	184	10.1.13.0/24	255.255.255.0	11111111.11111111.11111111.00000000	254
生产楼五层	199	10.1.14.0/24	255.255.255.0	11111111.11111111.11111111.00000000	254
生产楼三层无线 AP	21	10.1.15.0/25	255.255.255.128	11111111.11111111.11111111.10000000	126
生产楼四层无线 AP	22				
生产楼五层无线 AP	22				
预留	126	10.1.15.128/25	255.255.255.128	11111111.11111111.11111111.10000000	126

(3)网络设备互联地址规划

办公网核心交换机与出口路由器互联地址的网络号规划为 10.1.100.0/30,可用地址为 10.1.100.1～10.1.100.2。具体的接口配置如图 5.35 所示。

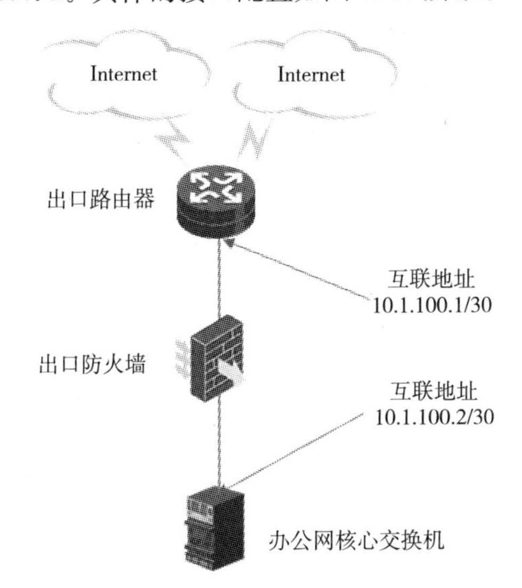

图 5.35　办公网核心交换机与出口路由器互联地址分配

核心交换机之间互联地址的网络号规划为 10.1.100.4/30,可用地址为 10.1.100.5～10.1.100.6。具体的接口配置如图 5.36 所示。

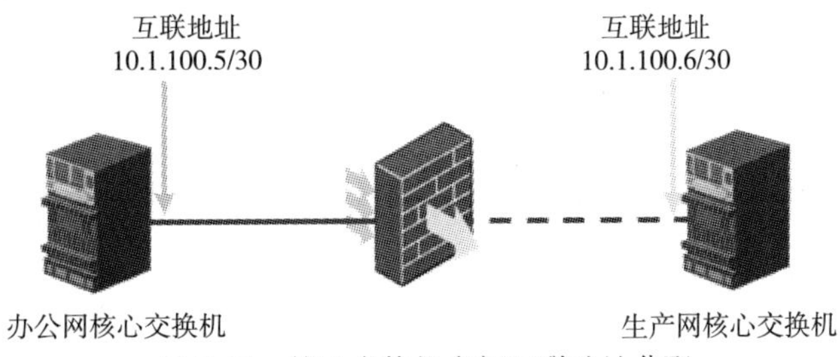

图 5.36　核心交换机之间互联地址分配

习题 5

一、选择题

1. IPv4 地址的位数为________位。

   A. 32　　B. 48　　C. 128　　D. 64

2. 以下 IP 地址中,属于 B 类地址的是________。

   A. 112.213.12.23　　B. 210.123.23.12

   C. 23.123.213.23　　D. 156.123.32.12

3. TCP/IP 协议集的网络层上的 RARP 子协议的功能是________。

   A. 用于传输 IP 数据报　　B. 实现物理地址到 IP 地址的映射

   C. 实现 IP 地址到物理地址的映射　　D. 用于该层上控制信息的产生

4. 如果一台主机的 IP 地址为 192.168.0.10,子网掩码为 255.255.255.224,那么主机所在网络的网络号占 IP 地址的________位。

   A. 24　　B. 25　　C. 27　　D. 28

5. 负责将 MAC 地址转换成 IP 地址的协议是________。

   A. TCP　　B. ARP　　C. UDP　　D. RARP

6. IP 协议实现信息传递依据的是________。

   A. URL　　B. IP 地址　　C. 域名系统　　D. 路由器

7. 通信子网为网络源节点与目的节点之间提供了多条传输路径的可能性,路由选择是________。

   A. 建立并选择一条物理链路

   B. 建立并选择一条逻辑链路

   C. 网络节点在收到一个分组后,要确定向下一个节点的路径

   D. 选择通信媒体

8. 已知 Internet 上某个 B 类 IP 地址的子网掩码为 255.255.254.0,该 B 类子网最多可支持________台主机。

   A. 509　　B. 510　　C. 511　　D. 512

9. 以下给出的地址中,属于子网 192.168.15.19/28 的主机地址是________。

   A. 192.168.15.17　　B. 192.168.15.14

   C. 192.168.15.16　　D. 192.168.15.31

10. 在一条点对点的链路上,为了减少地址的浪费,子网掩码应该指定为________。

    A. 255.255.255.252　　B. 255.255.255.248

    C. 255.255.255.240　　D. 255.255.255.196

11. 对路由选择协议的一个要求是必须能够快速收敛,所谓“路由收敛”是指________。

    A. 路由器能把分组发送到预订的目标

    B. 路由器处理分组的速度足够快

    C. 网络设备的路由表与网络拓扑结构保持一致

    D. 能把多个子网汇聚成一个超网

12. 内部网关协议(IGP)是一种广泛使用的基于___(1)___的协议,IGP规定一条通路上最多可包含的路由器数量是___(2)___。

(1) A. 链路状态算法　　　　B. 距离矢量算法
　　C. 集中式路由算法　　　D. 固定路由算法

(2) A. 1个　　B. 16个　　C. 15个　　D. 无数个

13. 一个局域网中某台主机的IP地址为176.68.160.12,使用22位作为网络地址,那么该局域网的子网掩码为___(1)___,最多可以连接的主机数为___(2)___。

(1) A. 255.255.255.0　　　B. 255.255.248.0
　　C. 255.255.252.0　　　D. 255.255.0.0

(2) A. 254　　B. 512　　C. 1022　　D. 1024

14. 路由信息协议(RIP)是内部网关协议IGP中使用最广泛的一种基于___(1)___的协议,其最大优点是___(2)___。RIP规定数据每经过一个路由器,跳数增加1,在实际使用中,一个通路上最多可包含的路由器数量是___(3)___,更新路由表的原则是使到各目的网络的___(4)___。更新路由表的依据是:若相邻路由器X说"我到目的网络Y的距离为N",则收到此信息的路由器K就知道:"若将下一站路由器选为X,则我到网络Y的距离为___(5)___"。

(1) A. 链路状态路由算法　　B. 距离向量路由算法
　　C. 集中式路由算法　　　D. 固定路由算法

(2) A. 简单　　B. 可靠性高　　C. 速度快　　D. 功能强

(3) A. 1个　　B. 16个　　C. 15个　　D. 无数个

(4) A. 距离最短　　B. 时延最小　　C. 路由最少　　D. 路径最空闲

(5) A. N　　B. $N-1$　　C. 1　　D. $N+1$

15. ICMP属于TCP/IP网络中的___(1)___协议,ICMP报文封装在___(2)___协议数据单元中传送,在网络中起着差错和拥塞控制的作用。ICMP有13种报文,常用的ping程序中使用了___(3)___报文,以探测目标主机是否可以到达。如果在IP数据报传送过程中,发现生存期(TTL)字段为零,则路由器发出___(4)___报文;如果网络中出现拥塞,则路由器产生一个___(5)___报文。

(1) A. 数据链路层　　　B. 网络层
　　C. 传输层　　　　　D. 会话层

(2) A. IP　　B. TCP　　C. UDP　　D. PPP

(3) A. 地址掩码请求/响应　　B. 回送请求/响应
　　C. 信息请求/响应　　　　D. 时间戳请求/响应

(4) A. 超时　　B. 路由重定向　　C. 源端抑制　　D. 目标不可到达

(5) A. 超时　　B. 路由重定向　　C. 源端抑制　　D. 目标不可到达

16. 给定的IP地址为192.55.12.120,子网掩码是:255.255.255.240,那么子网号是___(1)___,主机号是___(2)___,直接的广播地址是___(3)___。如果主机地址的头十位用于子网,那么184.231.138.239的子网掩码是___(4)___。如果子网掩码是255.255.192.0,那么下面主机___(5)___必须通过路由器才能与主机129.23.144.16通信。

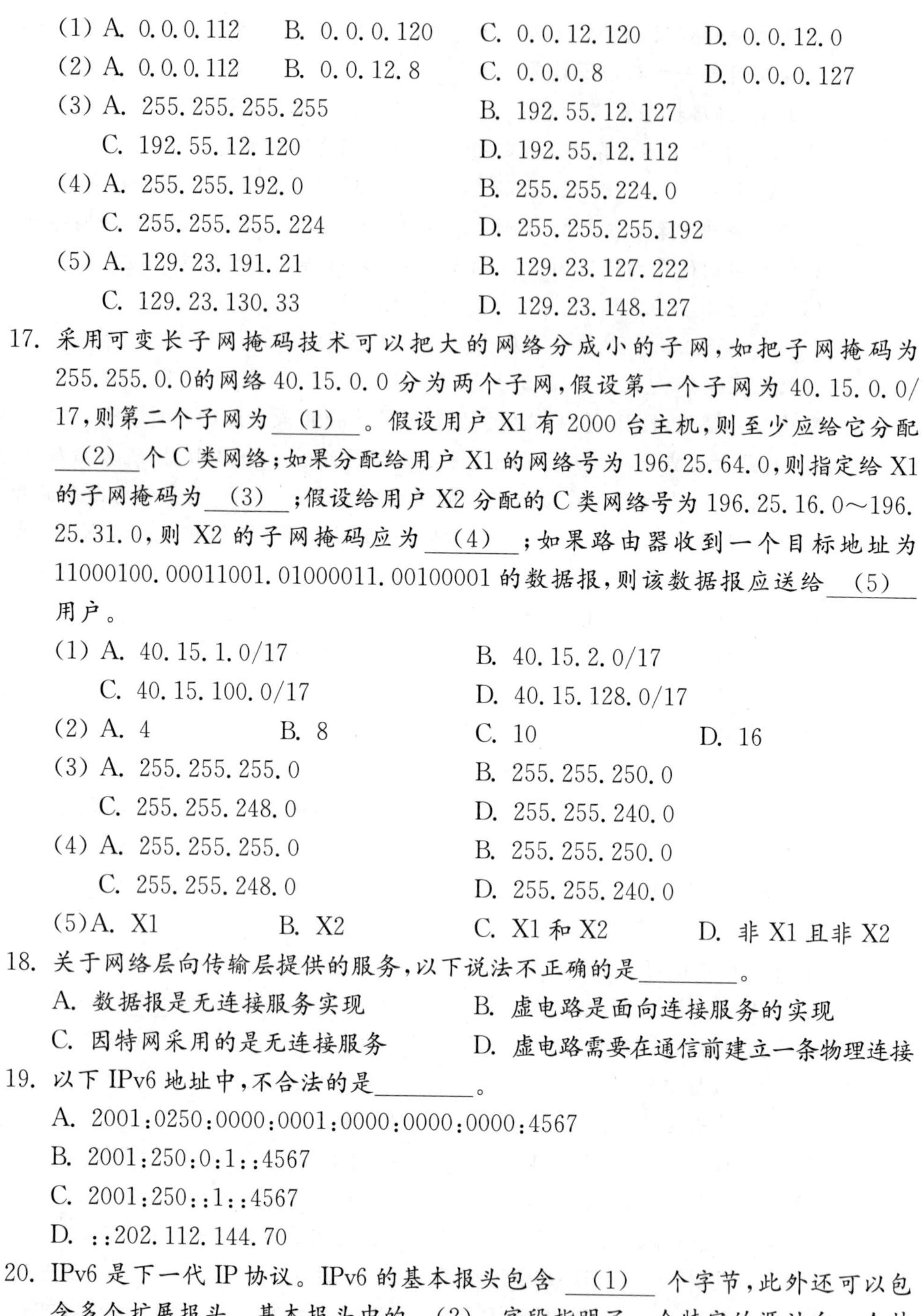

(1) A. 0.0.0.112　　B. 0.0.0.120　　C. 0.0.12.120　　D. 0.0.12.0

(2) A. 0.0.0.112　　B. 0.0.12.8　　C. 0.0.0.8　　D. 0.0.0.127

(3) A. 255.255.255.255　　B. 192.55.12.127
C. 192.55.12.120　　D. 192.55.12.112

(4) A. 255.255.192.0　　B. 255.255.224.0
C. 255.255.255.224　　D. 255.255.255.192

(5) A. 129.23.191.21　　B. 129.23.127.222
C. 129.23.130.33　　D. 129.23.148.127

17. 采用可变长子网掩码技术可以把大的网络分成小的子网,如把子网掩码为255.255.0.0的网络40.15.0.0分为两个子网,假设第一个子网为40.15.0.0/17,则第二个子网为__(1)__。假设用户X1有2000台主机,则至少应给它分配__(2)__个C类网络;如果分配给用户X1的网络号为196.25.64.0,则指定给X1的子网掩码为__(3)__;假设给用户X2分配的C类网络号为196.25.16.0～196.25.31.0,则X2的子网掩码应为__(4)__;如果路由器收到一个目标地址为11000100.00011001.01000011.00100001的数据报,则该数据报应送给__(5)__用户。

(1) A. 40.15.1.0/17　　B. 40.15.2.0/17
C. 40.15.100.0/17　　D. 40.15.128.0/17

(2) A. 4　　B. 8　　C. 10　　D. 16

(3) A. 255.255.255.0　　B. 255.255.250.0
C. 255.255.248.0　　D. 255.255.240.0

(4) A. 255.255.255.0　　B. 255.255.250.0
C. 255.255.248.0　　D. 255.255.240.0

(5) A. X1　　B. X2　　C. X1和X2　　D. 非X1且非X2

18. 关于网络层向传输层提供的服务,以下说法不正确的是________。

A. 数据报是无连接服务实现　　B. 虚电路是面向连接服务的实现
C. 因特网采用的是无连接服务　　D. 虚电路需要在通信前建立一条物理连接

19. 以下IPv6地址中,不合法的是________。

A. 2001:0250:0000:0001:0000:0000:0000:4567
B. 2001:250:0:1::4567
C. 2001:250::1::4567
D. ::202.112.144.70

20. IPv6是下一代IP协议。IPv6的基本报头包含__(1)__个字节,此外还可以包含多个扩展报头。基本报头中的__(2)__字段指明了一个特定的源站向一个特定目标站发送的分组序列,各个路由器要对该分组序列进行特殊的资源分配,以满足应用程序的特殊传输需求。一个数据流由__(3)__命名。在IPv6中,地址被扩充为128位,并且为IPv4保留了一部分地址空间。按照IPv6的地址表示方法,以下地址中属于IPv4地址的是__(4)__。__(5)__是IPv6的测试床,实际上是一个基于IPv4的虚拟网络,用于研究和测试IPv6的标准、实现以及IPv4向IPv6的转变过程。

(1) A. 16　　B. 32　　C. 40　　D. 60

(2) A. 负载长度　　B. 数据流标记　　C. 下一报头　　D. 跳数限制

(3) A. 源地址、目标地址和流名称　　B. 源地址、目标地址和流序号

C. 源地址、端口号和流序号　　D. MAC地址、端口号和流名称

(4) A. 0000:0000:0000:0000:0000:FFFF:1234:1180

B. 0000:0000:0000:1111:111t:FFFF:1234:1180

C. 0000:0000:FFFF:FFFF:FFFF:FFFF:1234:1180

D. FFFF:FFFF:FFFF:FFFF:FFFF:FFFF:1234:1180

(5) A. 6bone　　B. 6bed　　C. 6backbone　　D. 6plane

21. 关于虚电路,以下表述不正确的是________。

A. 它是面向连接服务的实现

B. 它是一条逻辑连接

C. 它是一条物理连接

D. 虚电路是通过“三次握手”机制将设备连接的

22. 关于路由信息协议RIP,以下说法不正确的是________。

A. RIP具有距离向量路由算法　　B. RIP是静态路由协议

C. RIP不支持VLSM　　D. 它属于内部或域内路由协议

23. 关于网络地址,以下说法不正确的是________。

A. MAC地址是与网卡联系在一起的物理地址

B. IP地址是节点所在网络相关的物理地址

C. ARP协议根据设备的IP地址获得对应的MAC地址

D. RARP可根据物理地址获得IP地址

二、填空题

1. 在TCP/IP层次模型的网络层中包括的协议主要有IP、ICMP、________和________。

2. 常用的IP地址有A、B、C三类,128.11.3.31是一个________类地址,其网络标识为________,主机标识________。

3. 在数据报方式中,网络节点要为每个分组________做出选择,而在虚电路方式中,只需在________时确定路由。确定路由选择的策略称________。

4. ________协议负责将IP地址转换成MAC地址。

5. IP规定,用IP地址和子网掩码一起表示一个节点的地址。子网掩码中“1”对应的部分表示________,“0”对应的部分表示________。

6. IP提供的数据传输是不可靠的,在丢失数据报的同时,IP规定,应该给源主机一个错误报告,这个工作是________协议完成的。

7. ICMP报文的类型很多,由ICMP报文中的________字段区分,可以将ICMP报文分为________,________,________三大类型。

8. 路由表的建立有两种方法:一是人工设定的,二是路由器按照一定的方法学习的。前一种称为________,后一种称为________。

9. IPv4向IPv6过渡的主要方案有________、________和________。

10. 网络层为传输层提供的服务一般分为无连接服务和________。

11. 常用的动态路由协议包括________和________。

12. 路由器的主要任务是________。在数据报网络中,路由器通过查找________来获得转发信息;而在虚电路网络中,路由器通过查找________获得转发信息。

三、简答题

1. IPv4中哪一类Internet地址提供的主机地址最多?

2. 回答下列问题:

(1)子网掩码为255.255.255.0代表什么意思?

(2) 某网络的子网掩码为255.255.255.248,试问该网络能够连接多少台主机?

(3)某A类网络和某B类网络的子网号subnet-id分别为16个1和8个1,问这两个网络的子网掩码有何不同?

3. 假设用20位而不是16位来标识一个B类网络地址,可以有多少个B类子网?

4. Internet上的一个B类网络的子网掩码为255.255.240.0。试问在其中每一个子网上的主机数最多是多少?

5. C类网络使用子网掩码有无实际意义?为什么?

6. 试找出可产生以下数目的A类子网的子网掩码。

(1) 2; (2)6; (3)30; (4)62; (5)122; (6)250。

7. 以下有4个子网掩码,哪些是不推荐使用的?

(1) 176.0.0.0; (2)96.0.0.0; (3)127.192.0.0; (4)255.128.0.0。

8. ARP和RARP是将地址由一个空间映射到另一个空间。从这点来看,它们是相似的。但是,它们的应用是根本不同的,它们的差异体现在哪些方面?

9. 网络拓扑如图所示。各链路上注明的是链路原来的时延,两个方向的时延都一样。现使用距离向量算法,假定在某一个时刻到达节点C的向量如下(为书写方便,此处使用行向量,节点的顺序是A,B,C,D,E,F):从B(5,0,8,12,6,2);从D(16,12,6,0,9,10);从E(7,6,3,9,0,4),而C测量出到B,D和E的时延分别为6,3和5。试计算节点C新的路由表,和C到各节点的下一站路由。

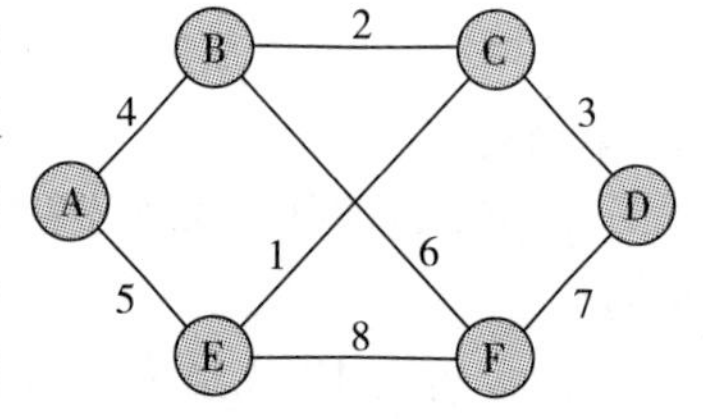

10. 某路由器建立了如下路由表:

目的网络	子网掩码	下一跳路由器
128.96.39.0	255.255.255.128	接口0
128.96.39.128	255.255.255.128	接口1
128.96.40.0	255.255.255.128	R2
192.4.153.0	255.255.255.192	R3
*(默认)	—	R4

现收到5个分组,其目的站IP分别为:

(1)128.96.39.170;

(2)128.96.40.56；

(3)192.4.153.2；

(4)128.96.39.33；

(5)192.4.153.70。

分别写出它们的下一跳。

11. 与IPv4相比，IPv6新增了哪些功能？

12. 试将以下IPv6地址用零压缩方法写成简洁形式：

(1)0000:0000:0F53:4352:AB00:2DD:AC21:9988；

(2)0000:0000:0000:0000:0000:0A00:0000:AAAA；

(3)0000:0000:0000:A219:8387:0000:922A:0098；

(4)2822:00AF:0000:0000:0000:0000:0000:0010。

13. 试把以下零压缩的IPv6地址写成原来的形式：

(1) 0::0；

(2) 0:AA::0；

(3) 0:1234::3；

(4) 123::1:2。

14. 请给出IPv6首部格式，并说明其每个字段的含义。

15. 设每隔1微秒就分配出100万个IPv6地址。试计算大约要用多少年才能将IPv6地址空间全部用光。可以和宇宙的年龄(大约有100亿年)进行比较。

网络互联技术

本章介绍网络互联的概念及作用、网络互联设备、广域网技术以及综合布线各子系统的基本要求等。重点讲述路由器、交换机以及集线器等互联设备的工作原理、技术参数、设备选型等。以实用性为基础，介绍当前主流的网络产品以及它们在网络互联中的应用。

6.1　网络互联概述

网络互联为人们提供了网络应用的基础平台。本节将介绍网络互联的基本概念、作用以及网络互联设备的基本知识。

6.1.1　网络互联的概念

如果你是一个公司的网络管理人员或者是在公司的信息部门工作，可能会遇到下面的一些情况。

(1)公司的某个部门希望将其内部的几台计算机和网络打印机连接起来，使该部门可以共享这一台打印机设备。你准备使用哪些设备把这些计算机和打印机互联起来，形成一个局域网呢?

(2)另外一个部门内的局域网用户过多，产生了许多的冲突，在网络中造成了拥塞，甚至导致该部门的工作人员无法正常工作。如何帮助他们分割网络用户，合理控制网络流量?

(3)当越来越多的部门局域网组建起来的时候，各个部门之间有了相互通信的需求。如何将各部门的局域网互联起来，形成一个大的企业网呢?

(4)随着业务的发展，公司职员可能需要在 Internet 上接收客户的 E-mail，也可能需要查阅网上的资料。为了让公司的客户更了解自己，公司也希望客户能够浏览自己的网站。如何将公司内部的局域网接入到 Internet 呢? 选择哪一种接入技术? 与 Internet 互联的设备又怎样选择呢?

(5)公司规模逐渐扩大，为了提升企业的管理质量，公司希望在自己的企业网部署企业管理系统，并要求将分布在另一城市的分公司局域网连接进总部的局域网内，使他们可以共享企业网内部的资源。

正如情境描述的那样，随着网络应用需求不断增加，网络互联的规模也越来越大，这就需要你了解网络互联的相关知识，掌握网络互联中各类网络设备的特点与作用。

传统的网络互联概念，指的是通过路由器将两个或两个以上的物理网络相互连接起来的过程。如图 6.1 所示，网络 A、B、C 在位置上相互独立，通过路由器可以把它们互联起来。有时又把这些独立的物理网络称为“信息孤岛”，而将“信息孤岛”连接起来的过程就是网络互联。

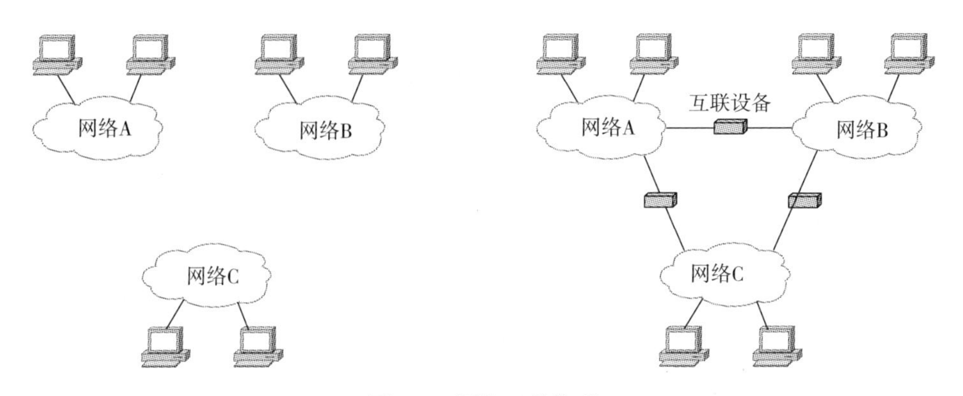

图 6.1　网络互联模型

由于历史的演变，网络互联中的一些术语也在不断发生变化，要把它们区别开来。"网络互联""互联网""因特网"分别表示了不同的含义。"网络互联"的概念已经描述过。所谓"互联网"，它的本意指的是通过网络互联技术相互连接起来的网络，并不特指哪一个网络，而今天当人们描述"互联网"时，它更多的是指一个特定网络，这就是"因特网"。"因特网"的概念在第 1 章中已做过详细描述，它是网络互联最典型的代表。

现在，随着网络互联需求的增加，互联设备扩大了它的范围。在这里不仅仅指路由器，还包括集线器、转发器、交换机、网桥、网关等设备。网络互联指的是通过各类网络设备将两个或两个以上的物理网络相互连接起来的过程。

同样，正如上述公司网络互联需求的不断变化那样，网络互联的形式有多种。从网络连接的角度看，网络互联的情况包括 LAN 内部连接、LAN-LAN、LAN-WAN、LAN-WAN-LAN以及 WAN-WAN 等多种连接方式。而从互联网络的结构看，可以将网络互联分为同构网络互联和异构网络互联两种形式。

6.1.2　网络互联的作用

在第 1 章中，详细描述了 OSI 参考模型。它的提出旨在解决世界范围的网络标准化问题。无论是网络设备制造商还是软件供应商，只要遵循 OSI 标准，它们的产品就很容易互联互通。对于网络产品的厂商来说，也就大大提高了其产品的可用性。在市场竞争中，他们就很容易推广自己的产品。对于客户来说，在选购产品时，可以不局限于某一厂商的产品，扩大选择范围也许可以获得更高性价比的产品。

然而，不遵循 OSI 标准的特例还是存在的。由于有些网络具有特殊的设计目标，也有一些网络出现在 OSI 标准制定之前，种种因素造成了有些网络其结构并不相同的情况。对于这些网络来说，网络的协议各不相同，而不同协议所使用的信息格式、通信规程也都不尽相同。这些异构网络给网络互联带来了更高的要求，因为网络互联不仅要为各网络间提供物理链路，还要满足不同网络结构间的协议转换、数据格式的转换、通信控制规程的统一等需求。网络互联的作用可以归纳如下。

(1) 扩大网络通信范围。为多个网络之间提供数据链路，使得不同的网络用户可以相互通信。从理论上说，网络互联可以将世界上任何两个用户连接起来而没有距离限制。

(2) 路径选择和数据转发。在网络中，到达某一目的网络可能有多种选择，网络互联可以为用户选择最佳的数据传输路径。当然，这需要用户给出最佳路径的选择标准。

(3) 网络协议转换。对于使用不同协议的网络,提供协议转换服务。

(4) 记账和统计服务。为各用户提供使用互联网络的记账和统计服务,记录各个网络内部和网络之间连接设备的使用情况,并保留这些信息。

6.1.3 网络互联原则和必须考虑的问题

为了使互联的网络符合标准,达到预期的设计目标,在此过程中需要满足网络互联的基本原则。

(1) 在网络之间提供的数据传输链路,至少应该有物理链路控制、介质访问控制、逻辑链路控制等功能。

(2) 能够在数据传输过程中提供差错控制、流量控制、路由选择等控制管理工作。

(3) 网络互联时应尽量减小对各个网络的影响,即尽量不改变各网络的软、硬件和通信协议。

(4) 尽量减小由于网络互联所带来的对数据通信延迟、吞吐率等性能指标的影响。

(5) 将互联成本控制在可以接受的范围内。

网络互联主要应当考虑和解决以下一些问题。

(1) 互联的层次问题。在 OSI 模型的哪一层提供网络互联的链路,是首先需要考虑的问题,它涉及网络互联的各个方面。

(2) 寻址问题。不同的子网具有不同的命名方式、地址结构,网络互联应当可以提供全网寻址的能力。

(3) 连接方式问题。不同的网络可能采用不同的连接方式,如 X.25 网络通常采用面向连接的信息传输,而大多数局域网又提供面向无连接的服务,因此,互联网络提供的服务应当屏蔽这样的差异。

其他应当考虑的因素还包括不同网络的差错恢复机制对全网的影响,通过互联设备进行的路由选择和网络流量控制以及访问控制等。

6.1.4 网络互联设备

从网络互联的过程来看,将各网络互相连接起来需要使用一些网络设备(或中间系统),ISO 的术语称之为中继系统。根据网络设备所在的层次,有以下 4 种不同的网络设备。

(1) 物理层网络设备:转发器和集线器。

(2) 数据链路层网络设备:网桥和交换机。

(3) 网络层网络设备:即路由器。

(4) 在网络层以上的网络设备:网关,用网关连接两个不兼容的系统需要在高层进行协议的转换。

OSI	数据单位	互联设备
应用层	数据包	网关
表示层		
会话层		
传输层		
网络层	分组（packet）	路由器
数据链路层	帧（frame）	交换机、网桥
物理层	比特（bit）	集线器、转发器

图 6.2　各类中继系统

如图 6.2 所示,网络设备是网络互联的关键。根据 OSI 模型的分层结构以及互联设备的数据传输单位,将各类设备划分在不同的层次。需要说明的是,由于网关设备可以工作在网络层以上的多个层次，所以未在图中列出，在以下几节中将分别介绍这些不同的网络互联设备。

6.2　转发器与集线器

在网络技术发展的早期，转发器与集线器曾一度成为网络互联中最重要、最基础的设备。在本节中，将介绍这两种设备的工作原理以及它们的优缺点。

6.2.1　转发器

转发器又称中继器，如图 6.3 所示，它工作在 OSI 的物理层，其功能是实现物理层上比特的传输。在第 2 章中，提到信号在传播过程中会产生衰减，为避免信号接收方收到衰减信号后无法识别，在传输过程中需要对信号进行再生、放大和整形。转发器正是通过对信号的放大和整形，使得信号在到达接收方时能够被正确识别和处理。

转发器增加了信号在传输介质中的传播距离，扩展了网络的覆盖范围。在以太网 10BASE-5 中，如果没有转发器的支持，信号在粗同轴电缆中的传输距离最大可达 500 m。如果两台主机间的距离为 800 m，就无法直接通信。如图 6.3 所示，通过使用转发器，可以使两个主机间的通信距离延伸至 1 000 m。

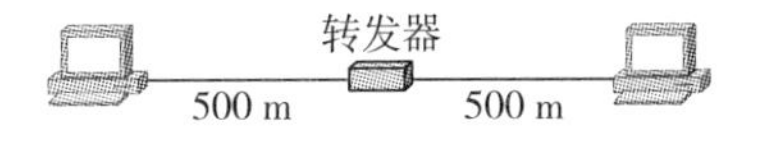

图 6.3　转发器延伸通信距离

6.2.2　集线器

与转发器的工作原理类似，集线器也是直接对比特进行操作，它工作在物理层。集线器本质上是一种多端口转发器。它的工作原理可以使用一句话来概括，即“物理上的星形结构，逻辑上的总线结构”。也就是说，在实际的组网过程中，集线器通过多个端口连接各个设备形成了星形拓扑结构，如图 6.4(a)所示。但在其传输比特的过程中，是符合总线结构的通信标准并严格遵循 CSMA/CD 的通信要求的，即逻辑上的总线结构。可以把集线器看成是在内部通过一根总线连接其所有端口的结构，如图 6.4(b)所示。

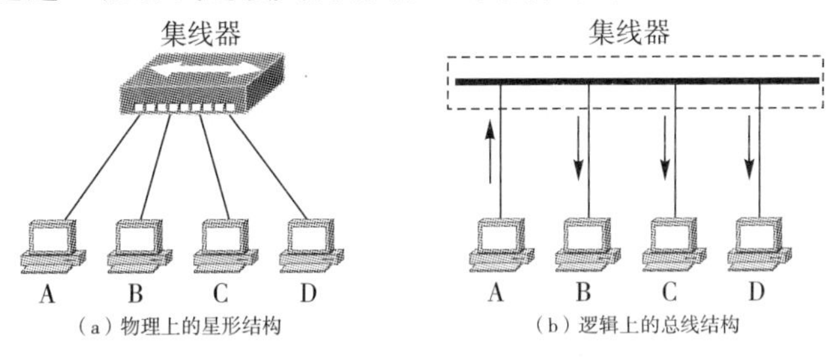

图 6.4　集线器的物理与逻辑结构

与以太网 CSMA/CD 通信协议一样，集线器上各主机间的通信也具有总线型结构的特征——遵循 CSMA/CD 协议。

首先，在总线型结构中，任一时刻只能由一台主机发送信息。如图 6.4(b)所示，主机 A 正在向主机 C 发送数据，主机 B 这时就不能够再向总线上发送数据，否则会产生冲突。将这种连接在同一个集线器、转发器或一根总线上的网段称为一个冲突域。冲突域的典型特征就是同一时刻只允许一台主机发送数据,否则冲突就会产生。

其次,在上述过程中,虽然主机A希望只与主机C通信,但数据的接收方不只是主机C,而是该网段中的所有主机(除主机A),它们都能够收到相同的发送方发来的数据。这是由于集线器在通信时使用的是总线型结构,当一个比特进入集线器端口时,集线器直接将这个比特在所有其他的端口上传播,这也是总线型结构的通信特征。如果此时主机B是一台数据监听设备,它就能够将主机A与C通信的全部数据"尽收眼底"。

图6.5表示了一个公司不同部门的LAN通过集线器进行的互联。图中3个部门都有100BASE-T以太网,LAN中的每台主机都连接到部门的集线器端口上,最上层的集线器即主干集线器连接各部门的集线器。集线器之间的连接称为级联。图6.5的设计是一个两级集线器设计方式,创建多于两级的连接结构也是可以的。

将各部门的LAN通过主干集线器互联有很多优点。第一,它为各个部门的主机之间提供了通信链路。第二,它扩大了公司LAN的覆盖范围,这些优点与转发器相同。第三,多级设计为网络故障的修复提供了一定的余地。如果这些部门的任何一个集线器出现了故障,主干集线器都能够检测到这个问题,并且将该部门的集线器从公司LAN中断开,当维修某一部门的集线器时,剩下的部门还可以继续通信。

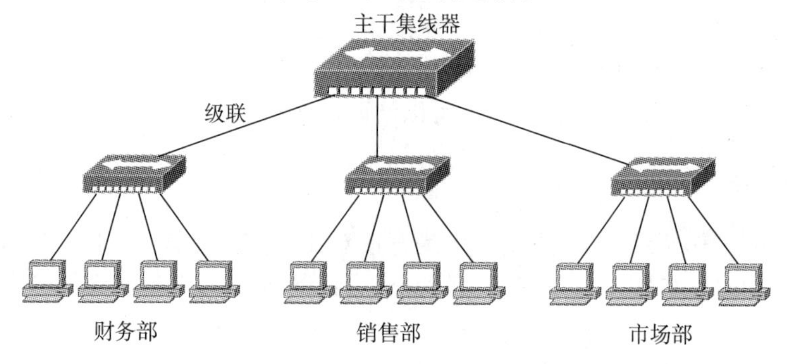

图6.5 集线器互联

其实,尽管使用集线器取得了很好的效果,但是它的缺点也是不容忽视的。也正是这些缺点使得人们在LAN的互联中舍弃了集线器,转而使用交换机、路由器等设备。

第一个缺点也是最主要的缺点,是指当用集线器(或转发器)互联各部门的LAN时,这些部门独立的冲突域就变成了一个大的公共的冲突域,即各集线器内部的总线直接相连。如图6.6所示,该LAN中3个部门的所有节点全部连接在一根总线上,各节点采用CSMA/CD竞争共享网络带宽。如果公司的节点总数为200个,也就是在一根总线上有200台主机,那么当一台主机发送数据时,其他所有的主机都不能够发送数据。其他需要传输数据的主机,都要等待这台主机发送完数据后才有机会竞争总线,可见效率之低。同时,随着节点数的增加,冲突域越来越大,冲突产生的概率也越来越大,从而产生了拥塞,进一步影响了网络性能。

从带宽的角度看,在图6.6中,设集线器的速率为100 Mbit/s,且财务部接入的用户数为10,由于共享带宽,每个用户可以获得的带宽是100/10=10 Mbit/s,如果3个部门的LAN互联,且用户数达到200个,那么每个用户可以获得的带宽是100/200=0.5 Mbit/s。

第二个缺点是如果各个部门使用不同的以太网技术,一个主干集线器也许不能将这些部门的 LAN 互联。例如,如果财务部门使用 10BASE-T,其他的部门使用 100BASE-T,则在集线器没有帧缓冲的情况下互联这些部门是不可能的。

第三个缺点与转发器类似,通过集线器互联的网络也要受到以太网技术的限制,包括最大节点数、最大距离以及多级设计内最大允许的级数等。

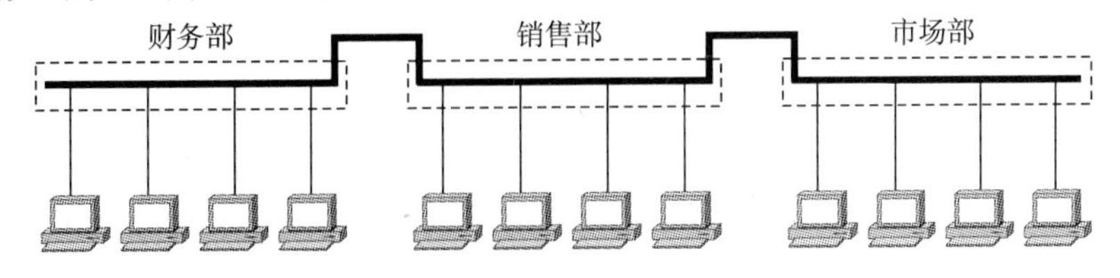

图 6.6　集线器级联形成的大冲突域

6.3　网桥与交换机

网桥与交换机无疑是今天网络互联的重要设备,特别是交换机,在局域网互联中得到了广泛的运用。本节对这两种设备的工作方式进行详细介绍,并对它们进行比较。

6.3.1　网桥概述

网桥、交换机是对以太网数据帧进行操作的,因此是第二层设备。实际上,它们根据数据帧的目的 MAC 地址转发和过滤数据帧。当帧到达网桥的端口,网桥不是像集线器那样将该帧复制到所有的其他端口,而是检查帧目的 MAC 地址,并试图将该帧转发到通向目的地址的一个端口,这一点与集线器的工作过程截然不同。

集线器在物理层上互联网络,将多个冲突域互联在一起,形成更大的冲突域。网桥在数据链路层连接网络,但由于网桥的工作方式不同,与集线器相反,网桥所连接的每一个网段形成独立的冲突域,即分割冲突域。

网桥解决了许多困扰集线器的问题。首先,网桥允许互联网络间的通信,同时为每个网络保留独立的冲突域。其次,网桥可以互联不同的 LAN 技术。再次,当网桥用于互联 LAN 时,对 LAN 的大小没有限制。理论上,使用网桥建立一个扩展到全球的 LAN 都是有可能的。

6.3.2　网桥的路径选择

网桥转发数据帧的过程,实质上也是帧的路径选择过程。经过路径选择后,网桥将帧发往适当的端口。目前,常用的路径选择方法有两种,对应也有两种网桥,即透明网桥和源路由网桥。

1. 透明网桥

目前使用最多的网桥便是透明网桥。“透明”是指局域网上的站点并不知道所发送的帧将经过哪几个网桥,因为网桥对各站来说是看不见的。透明网桥是一种即插即用设备,其标准是 IEEE 802.1d。

透明网桥的路径选择过程包括以下 3 个。

(1)通过数据帧源地址学习建立 MAC 地址表。

(2)通过数据帧目的 MAC 地址转发数据帧。

(3)对于 MAC 地址表中还不存在的 MAC 项,网桥通过洪泛的方法转发数据。

2. 源路由网桥

透明网桥的最大优点就是即插即用,一接上就能工作;但是,网络资源的利用不充分。因此另一种由发送帧的源站负责路由选择的网桥——源路由网桥就问世了。

为了发现合适的路由,发送方以广播方式向接收方发送一个发现帧,其主要作用是发现最佳路径。多个发现帧将在整个网络中沿着所有可能的路由向接收方发送。在传送过程中,每个发现帧都记录所经过的路由。当这些发现帧到达接收方时,就沿着各自的路由返回发送方。发送方在了解这些路由后,再从所有可能的路由中选择出一个最佳路由。

发现帧的另一个作用,就是帮助发送方确定整个网络可以通过帧的最大长度。与透明网桥不同,源路由网桥对主机不是透明的,主机必须知道网桥的标识以及连接在哪一个网段上。

6.3.3 交换机

1. 交换机与网桥的比较

目前,在局域网互联设备中,交换机是应用最广泛的设备。交换机工作在 OSI 的数据链路层,也称二层交换机,用于数据帧的转发。相对于网桥来说交换机有非常多的优势,所以当交换机出现后网桥就被迅速取代。

首先,网桥是基于软件的,它通过软件执行网桥的功能和管理,数据转发速度相对较低;而交换机是基于硬件来实现数据帧的转发的,速度快。

其次,传统网桥只有两个端口,即只能连接两个网段,形成两个独立的冲突域;而交换机可以看成是多端口的网桥,它的每个端口都是一个冲突域。

当连接在交换机上的主机需要通信时,交换机能同时连通多对端口,使每一对相互通信的主机都能像独占通信介质那样,进行无冲突的数据传输。正如在 6.2 节中讨论集线器时的情况一样,对于普通 100 Mbit/s 的共享式以太网,如通过集线器互联,若共有 N 个用户,则每个用户占有的平均带宽只有总带宽 100 Mbit/s 的 N 分之一。而通过交换机互联时,由于一个用户在通信时是独占而不是和其他用户共享带宽,因此每个用户的带宽还是100 Mbit/s,对于拥有 N 个端口的交换机来说,总容量为 $N\times100$ Mbit/s,这正是交换机的最大优点。

2. 交换机工作过程

当一个数据帧到达交换机端口时,交换机如何处理这个数据帧,才能够使其传输至正确的端口呢?先从一个正常数据帧的转发过程入手。

(1) 数据帧转发/过滤。在交换机的缓存中有一个 MAC 地址表,在数据转发的过程中有着至关重要的作用。MAC 地址表的设置原则是:如果一个主机连接在交换机的某一端口上,那么当交换机收到一个发给该主机的数据帧时,就可以通过该端口发送给主机。如图 6.7 所示,主机 D 连接在交换机的以太网 E3 端口,如果主机 A 发送了一个数据帧给 D,交换机在收到该帧后,只要把数据从 E3 端口发出,主机 D 就可以接收到了。那么,交换机是如何知道自己的 E3 端口连接着主机 D 的呢?为了能够对应主机与其所连接的端口,需要在交换机中建立一个主机 MAC 地址与其所连端口的映射关系。交换机所有端口的映射关系就称为 MAC 地址表。

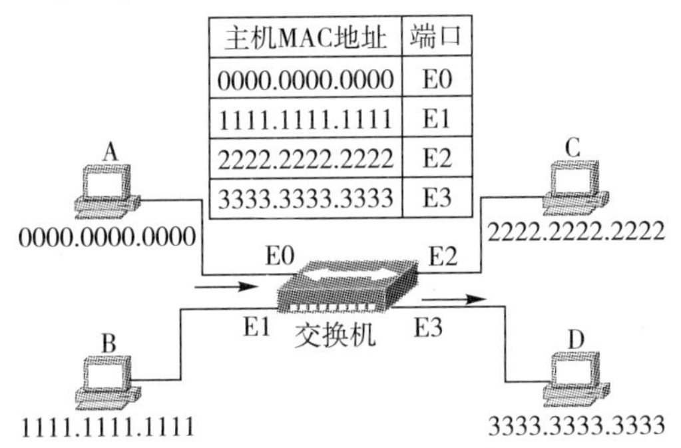

图 6.7　交换机转发数据帧

当帧到达交换机的端口时，交换机就将该帧目的 MAC 地址与 MAC 地址表中的地址进行比较。如果目的 MAC 地址（设备硬件地址）是已知的且已列在 MAC 表中，帧就被发送到正确的端口中。具体的过程如下。

① 主机 A 向主机 D 发送一个数据帧。数据帧中源 MAC 地址是主机 A 的 MAC 地址 0000. 0000. 0000，目的 MAC 地址是主机 D 的 MAC 地址 3333. 3333. 3333。

② 交换机在 E0 端口收到帧，发现该数据帧的目的 MAC 地址是 3333. 3333. 3333。

③ 随后，交换机查找自己缓存中的 MAC 地址表，发现 MAC 地址是 3333. 3333. 3333 的主机连接在 E3 端口，于是交换机从 E3 端口发送出数据帧。

④ D 主机接收到了数据帧。

在通信过程中，主机 B 和主机 C 将不会看到该帧，并且在主机 A、D 通信的过程中，B、C 之间也可以相互通信，不会产生冲突。

在图 6.7 中，主机 A、D 分别连接在交换机的不同端口上，交换机将数据帧转发给了主机 D。如果交换机接收到的数据帧的源地址和目的 MAC 地址在同一个端口上，即发送方和接收方连接在同一个端口上，交换机该如何处理呢？对于这种情况，交换机将丢弃该数据帧，这种操作被称为过滤。当多台交换机级联的时候，同一个级联端口会出现多个 MAC 地址的映射，也就是在 MAC 地址表中，出现同一个端口有多个 MAC 地址的表项。

（2）MAC 地址表的建立。由于 MAC 地址表存在于交换机的缓存中，当交换机刚开机或重新启动后，MAC 地址表是空的，交换机转发数据帧时就无法利用 MAC 地址表来确定发出端口。那么交换机是如何建立起自己的 MAC 地址表的呢？在 MAC 地址表没有被完全建立起来的时候，如果出现帧目的地址在 MAC 地址表中找不到映射端口的情况又该如何呢？

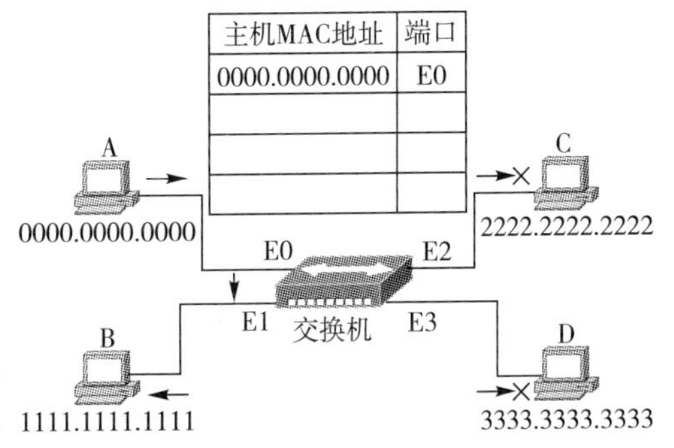

图 6.8　交换机的地址学习过程

交换机是通过学习数据帧的源 MAC 地址建立 MAC 地址表映射关系的。交换机能够记住在一个端口上所收到的每个帧的源 MAC 地址，而且它会将这个 MAC 地址信息以及端口号记录到 MAC 地址表中。如图 6.8 所示，假设交换机的MAC地址表初始为空,则具体的建立过程如下。

① 设主机A需要向主机B发送一个帧。该数据帧的源地址是主机A的MAC地址0000.0000.0000,目标地址是主机B的MAC地址1111.1111.1111。

② 交换机在E0端口收到A发给它的数据帧,它会从帧中抽取源、目的MAC地址。通过比对MAC地址表发现,表中并没有源地址0000.0000.0000项,那么交换机就将该源地址及数据帧进入的端口号E0放入MAC地址表中,这样MAC表就产生了一个映射关系。

需要注意的是,虽然交换机也取得了B的MAC地址,但交换机是不会通过目的地址建立MAC地址表项的。此时,B的MAC地址与端口E1的映射关系还没有建立。

③ 由于目的地址1111.1111.1111不在MAC地址表中,帧就被转发到所有端口上(数据帧的进入端口E0除外),这个过程称为洪泛。

对于所有目的地址不在MAC地址表中的帧,交换机都将采取洪泛的方式发送。在洪泛过程中除了B接收到数据帧外,主机C、D也收到了相同的数据帧,虽然这个帧不是发送给它们的。C、D在接收到这样的数据帧时往往会丢弃该帧,但C、D为了处理这样的无用帧也浪费了一定的时间。

大家可能注意到了,交换机的洪泛过程与集线器转发数据的过程类似,都是除了源端口外,将数据向所有端口转发。其实,这其中有着明显的区别。其一,转发的数据对象不同。交换机的数据单位是数据帧,而集线器转发的是比特。其二,交换机在MAC表中找不到帧的目的MAC地址项时才洪泛数据帧(还有另一种洪泛的情况,将在下面的内容中说明),一旦MAC地址项建立就不再洪泛,而集线器对于每一个比特均采用这样的转发方式。相比之下,集线器的工作效率要低得多。

④ 主机B收到A的数据帧后,会给主机A发出响应帧,该数据帧的源地址是主机B的MAC地址1111.1111.1111,目标地址是主机A的MAC地址0000.0000.0000。

⑤ 当交换机在端口E1上收到此帧时,由于MAC表中没有B的映射项,就会将源MAC地址,即B的MAC地址1111.1111.1111与端口E1的映射放入MAC地址表中。同样,主机C和主机D的MAC表项也是在它们第一次把数据帧发给其他主机时,通过源地址学习而进入交换机的。

因为交换机虽然分割冲突域,但并不分割广播域,广播和组播会穿透交换机继续传播。很显然,当交换机中出现了过多的广播后会影响其他主机的正常通信,降低网络利用率。

如果在网络通信过程中,主机A由于某种原因宕机了,主机A的表项还在交换机的MAC地址表中,那么其他主机向A主机发送的信息仍然会被交换机处理并转发给E0端口,而此时主机A已经不在网络中了。为了避免这种情况,在MAC地址表中通常会设置一个时间戳来记录每个MAC地址表项的更新时间。如果主机A的MAC地址项在特定的时间内没有得到更新,为了保证MAC地址表的准确性,交换机将删除其表项。

通过上面的描述,下面总结一下交换机的工作过程。当接收到数据帧时交换机可以根据情况采取以下3种方式操作。

① 如果收到的数据帧的目的地址能在MAC地址表中找到,且映射的目的端口和源端口不同,则转发帧到相应的目的端口。

② 如果收到的数据帧的目的地址能在 MAC 地址表中找到，但映射的目的主机端口和源主机端口相同，则表示两台通信主机接在同一个交换机的端口上，那么帧要被丢弃。

③ 如果收到的数据帧的目的地址在 MAC 地址表中未找到，则将该帧转发给除源端口外的所有端口，即洪泛。

3. 二层环路避免

交换机之间存在冗余链路是一件好事，这是因为如果某个链路出现故障，冗余链路就可以启用，来防止整个网络的失效。如图 6.9 所示，主机 A、B 之间有两条通信路径，一条路径是通过交换机 X 到达 B，另一条路径是经过交换机 Y 到达主机 B。在通信过程中，如果 Y 出现故障或者连接 Y 的链路出现故障，那么就可以使用经过 X 的冗余路径来转发到达 B 的数据。网络互联时，网段间的多条冗余路径可以大大提高网络的可靠性。

尽管冗余链路可能非常有帮助，但它们所引起的问题却常常比它们能够解决的问题要多。这是因为数据帧可以同时被广播到所有冗余链路上，从而导致网络环路和其他严重的问题。网络中的二层环路可能会带来如广播风暴、重复帧和 MAC 地址表不稳定的问题，严重的时候可以导致整个网络瘫痪。

(1) 广播风暴。如果网络中没有采取避免环路的措施，交换机将通过冗余网络无止境地扩散广播帧，这种现象被称为广播风暴。具体的过程如下。

① 主机 A 向网络发送一个广播帧，由于交换机对广播帧的处理是洪泛该帧，因此该帧将被洪泛出 X 的 E1 端口。

② 广播帧会被主机 B 接收到，同时交换机 Y 的 E1 端口也收到了同样的一个广播帧，同样，交换机 Y 也洪泛该帧，并把帧送出 Y 的 E0 端口。

③ 于是广播帧又被交换机 X 收到，再次重复上述过程。

就这样，一个广播帧在整个环路中永无止境地发送下去，引发广播风暴，导致网络无法响应其他的数据传输。这里仅分析了经过交换机 X 的帧环路。其实，通过交换机 Y 也有一个不会停止的、方向相反的帧环路。

(2) 重复帧。重复帧指的是接收方多次收到同一个数据帧。在上述过程中，主机 A 和 B 通信时，数据帧通过交换机 X 的路径到达主机 B，而通过 Y 的路径到达的数据帧也会被主机 B 接收到，B 就收到了两个相同的数据帧，如图 6.10 所示。在网络中，虽然重复帧也经过了交换机的传输，但接收方对于重复帧的处理仅仅是丢弃。

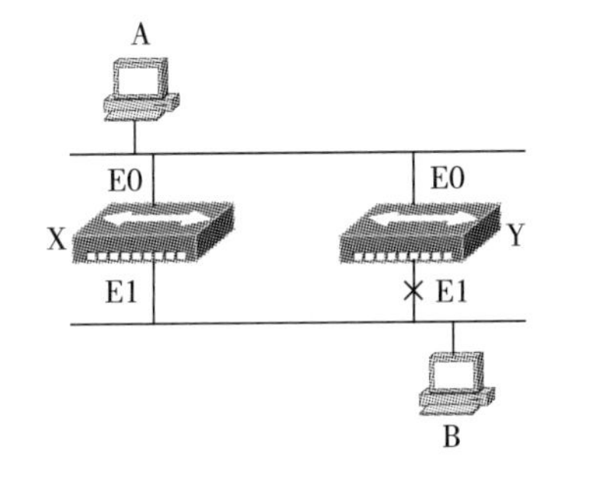

图 6.9　二层冗余路径

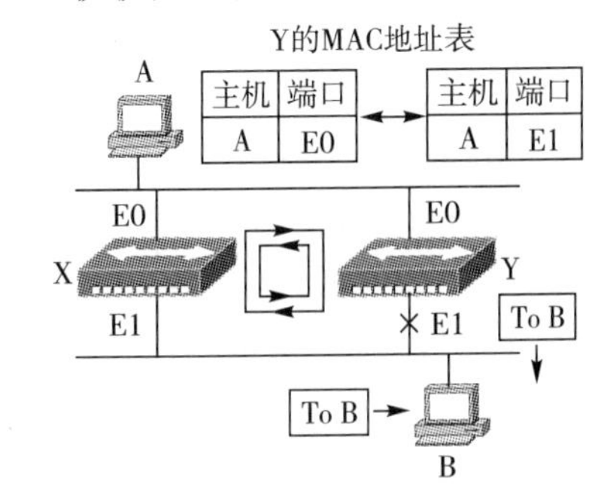

图 6.10　二层环路带来的问题

(3) MAC 地址表不稳定。假设交换机 X 和 Y 的 MAC 地址表为空，则引起 MAC 地址表不稳定现象的具体过程如下。

① 主机A发送数据帧给B,交换机X接收此帧,由于其MAC地址表为空,X将该帧洪泛出E1端口,该数据帧将被主机B和交换机Y的E1端口接收到。

② 当数据帧由交换机Y的E1端口进入时,Y会通过源MAC地址学习建立A与Y的E1端口的映射关系。

③ 有一个相同的数据帧会从Y的E0端口进入,Y在抽取帧的源地址时发现MAC地址为A的表项已经建立,但是映射端口不是E0而是E1。这时交换机会认为主机A改变了自己的位置,于是交换机Y会改变主机A在MAC表中的映射关系,造成MAC地址表的不稳定。

用户希望交换机能够支持二层冗余链路,提高网络的可靠性,并且避免出现由于冗余链路而带来的各种问题。生成树算法可以解决这样的情况。为了创建生成树,首先必须选出一个交换机作为生成树的根。实现的方法是每个交换机广播其网桥的ID(bridge ID, BID)。交换机的BID由厂家设置,一般由交换机的优先级和MAC地址两个部分组成。网络中的所有交换机共同推选BID号最低的交换机作为根。接着,按根到每个交换机的最短路径来构造无环的生成树。如果某个交换机宕机或出现故障,则重新计算生成树。该算法的结果是建立起网络中每一个交换机到根交换机的唯一路径。图6.11(a)是一个包含环路的网络拓扑结构,图6.11(b)是经过计算后产生的一个逻辑上无环路的生成树。

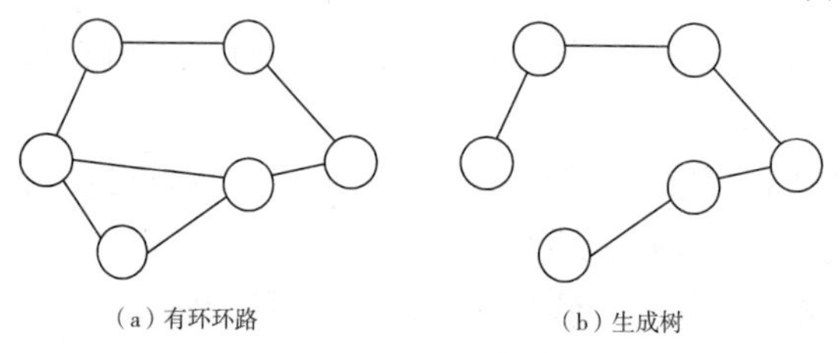

图6.11　环路及其生成树

生成树算法通过交换机和交换机之间的一系列协商,构造出一个生成树。支持生成树的交换机每个端口最终可以有两种状态,即转发状态和阻塞状态。处于转发状态的端口转发数据帧,而阻塞端口则处于禁止状态,不能够进行数据帧的转发。如图6.9所示,如果将Y的E1端口设置为阻塞端口,那么整个环路就不存在了。阻塞端口可以与转发端口相互转换,如果交换机X突然宕机,根据生成树的重新计算,可以将Y的E1端口由阻塞状态切换为转发状态,这样链路就又可以正常工作了。

4. 数据帧转发方式

交换机在转发数据帧时有一个“火车站效应”。在一个小火车站,每天通过它的列车被分为3类:一类是特快列车,为了节省时间,特快列车在小站上并不停留,而是根据目的地在变换轨道后快速通过;一类是快车,在小站短暂停留,经过简单检修后通过;一类是慢车,需要在小站停留很长的时间,经过全面的检修和资源补充后,变换轨道缓慢通过。相应这3种情况,交换机也存在3种数据帧的转发方式。

(1) 存储转发方式。正如进站的慢车一样,数据帧在进入使用存储转发方式的交换机后会停留一段时间。交换机在这段时间内对帧进行全面的差错检测。如果接收到的帧是正确的,则根据帧的目的地址确定发出的端口号,也就是变换轨道,最后转发出去。这种交换方式的优点是具有帧差错检测的能力,增加了数据通信的可靠性,并能支持不同速率端口之间的帧转发；而缺点是数据帧在交换机中停留和延迟的时间较长。

(2) 直通方式。正如特快列车一样，在直通方式中，数据帧进入交换机后，只要被交换机检测出目的地址字段，就能立即被转发出相应端口，不做任何检错操作，也不管这一数据帧是否出错。这种交换方式的优点是交换延迟时间短，但缺乏差错检测能力，数据通信的可靠性较差。

(3) 无碎片转发方式。无碎片转发方式就如进站的快车，数据帧进入使用该种方式的交换机后，稍作停留。在交换机对帧的前 64 字节检错后，如果前 64 字节正确，则转发出去。这种方法对于短的帧来说，交换延迟时间与直通交换方式比较接近，而对于长数据帧来说，由于它只对帧的地址字段与控制字段进行了差错检测，因此延迟时间与存储转发方式相比将会减少。图 6.12 显示了 3 种转发方式的相互关系。

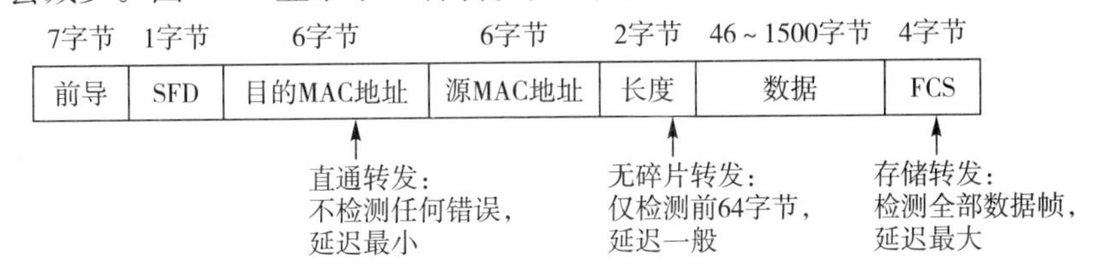

图 6.12　3 种转发方式

6.4　路由器、三层交换机与网关

随着网络互联规模的逐渐扩大，单一广播域中的用户数逐渐增多，造成网络可用带宽减少、网络速率降低以及网络安全等各方面问题，分割广播域变得越来越重要。正因为如此，路由器由互联多个网络而逐渐应用到了需要分割单一广播域的网络中。随着路由器的广泛应用，传统路由器的软路由交换形成了网络传输的瓶颈，三层交换机的出现则很好地解决了这一问题。

6.4.1　路由器

1. 路由器概述

路由器工作在 OSI 的网络层，主要功能是路径选择和数据转发。路由器通过路由协议选择到达目的网络的最佳路径，并将这些最优路径放在路由表中，然后根据路由表进行分组的转发工作。

路径选择功能是通过路由协议实现的，而路由协议包括静态和动态两种形式。静态路由协议是在路由器中通过命令指定路径，配置简单，但当网络结构发生变化时，静态路由不能够主动适应网络的变化情况，适用于小规模的网络。动态路由协议通过网络中路由器相互交换路由信息，动态地生成路由表，能够自适应网络结构的变化，适用于大规模的网络环境。

2. 路由器结构

目前，路由器通常采用交换式结构，包括输入端口、交换结构、路由选择处理机、输出端口 4 个部分。

如图 6.13 所示，路由选择部分也称为控制部分，核心构件是路由选择处理机。其任务是根据所选定的路由选择协议构造出路由表，同时定期地和相邻路由器交换路由信息，不断地更新和维护路由表。

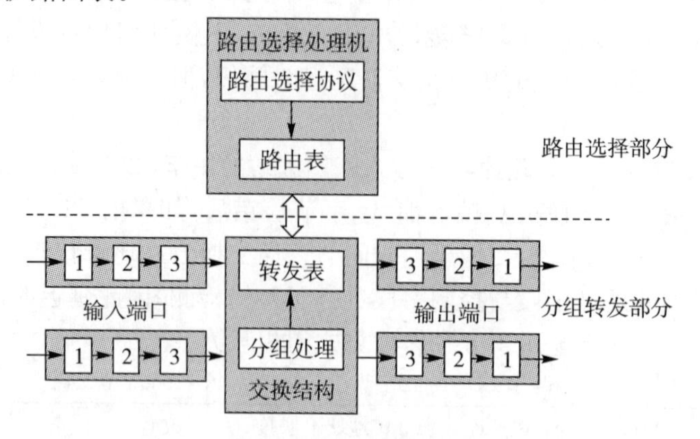

图 6.13　路由器的结构

交换结构又称为交换组织，它的作用就是根据路由表对分组进行处理，将某个输入端口进入的分组从一个合适的输出端口转发出去。

在路由器的输入和输出端口都各有 3 个方框，用方框中的 1、2、3 分别代表物理层、数据链路层和网络层的处理模块，物理层进行比特的接收；数据链路层则按照该层协议接收帧；在将帧的首部和尾部剥去后，分组就被送入网络层的处理模块。若接收到的分组是路由器之间交换路由信息的分组(如 RIP 或 OSPF 等)，则将这种分组送交路由器的路由选择部分中的路由选择处理机。若接收到的是数据分组，则按照分组首部中的目的地址查找路由表，根据得出的结果，经过交换结构到达合适的输出端口。

路由器通过分组的目的 IP 地址在网络中转发分组，如图 6.14 所示，这与交换机缓存中的 MAC 地址表类似，路由器对分组的转发是以路由表为依据的。在路由表中至少包含 3 项内容，以 RIP 协议为例，路由表中包含目的网络地址、下一跳出口和到达目的网络的跳数。假设网络 10.1.0.0 发送数据给 10.4.0.0 网络中的某个主机，则具体的数据转发过程如下。

(1) 当路由器 A 收到此分组时，读取分组头部的目的 IP 地址；然后根据目的地址查找自己的路由表，路由器发现到达网络 10.4.0.0 的分组需要从 A 的 E1 端口发出，从 E1 端口将分组发送出去。从路由表中还可发现，到达目的网络需要经过两跳(即经过路由器 B 和 C)。

(2) 从图中可知，由路由器 A 的 E1 端口发出的分组会被处于同一子网的路由器 B 的 E0 端口接收到。虽然可能经过了多个路由器，但分组在转发过程中目的 IP 地址不会改变，路由器 B 同样会读取分组的目的 IP 地址，根据自己的路由表，可将分组从 E1 端口发出。

(3) 这样，分组又会被路由器 C 接收到并再次重复相同的过程。只不过路由器 C 中 10.4.0.0 的路由表项跳数为 0，说明该网络直接连接在路由器 C 上，不需要再被传递给其他的路由器。

在图 6.14 中，如果路由器 B 的路由表中没有关于网络 10.4.0.0 的表项，那么整个数据转发过程是否能够正常进行呢？答案是否定的。当分组到达路由器 B 时，路由器 B 会由于找不到匹配的发出端口而丢掉该分组。由以上的分组转发过程可知，网络中的路由器会单独处理它所接收到的每个分组，所有路由器一起合作才可以完成分组的传输。在图 6.14 所示的网络中，路由器 A、B 和 C 都有了对整个网络的统一认知，这种认知状态称为“路由收敛”。

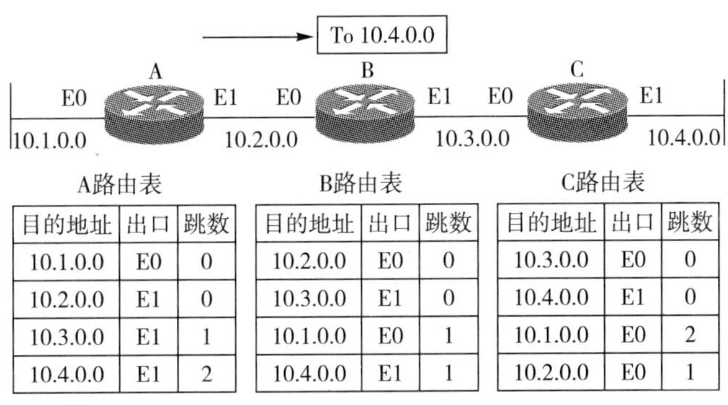

A路由表

目的地址	出口	跳数
10.1.0.0	E0	0
10.2.0.0	E1	0
10.3.0.0	E1	1
10.4.0.0	E1	2

B路由表

目的地址	出口	跳数
10.2.0.0	E0	0
10.3.0.0	E1	0
10.1.0.0	E0	1
10.4.0.0	E1	1

C路由表

目的地址	出口	跳数
10.3.0.0	E0	0
10.4.0.0	E1	0
10.1.0.0	E0	2
10.2.0.0	E0	1

图 6.14　“路由收敛”

3. 路由器工作过程

分组转发的细节如图 6.15 所示。

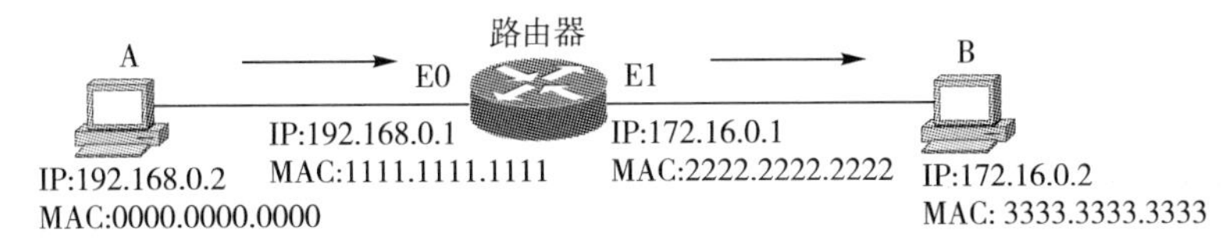

图 6.15　路由器工作过程

设主机 A 经过路由器访问主机 B 上的 Web 服务，具体的过程如下。

(1) 主机 A 应用层中的 HTTP 协议产生应用层数据，该数据经过表示层和会话层的格式转换，以及会话控制处理后被交付给主机 A 的传输层，如图 6.16 所示。

(2) 在传输层，应用层的数据被分成若干段，每段分别传输。由于 HTTP 协议需要使用传输层的 TCP 协议进行端到端可靠的数据传输，所以每段数据被封装在 TCP 段中，其中，TCP 头部包括源端口、目的端口、序列号、确认序列号等；目的端口为 HTTP 协议的熟知端口 80。

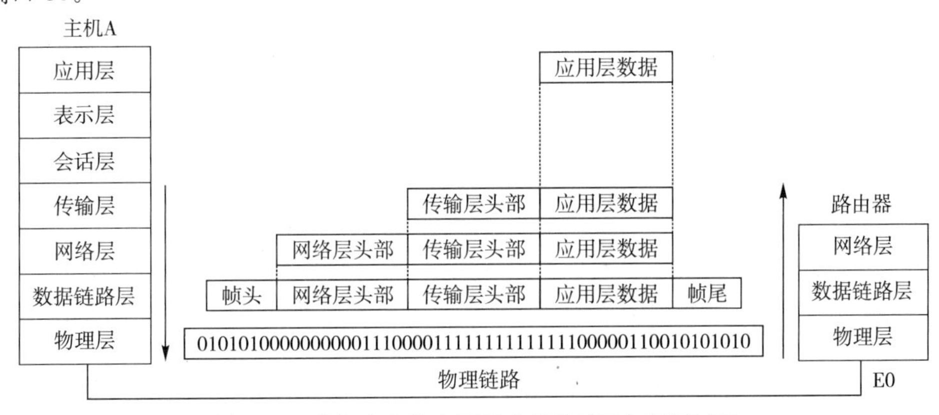

图 6.16　分组由主机 A 到路由器的封装与解封过程

(3) 封装好的数据段被交付给网络层的因特网协议(IP),然后IP协议会使用IP头部将传输层的数据封装起来,形成分组。其中,IP头部包含了源IP地址、目的IP地址。在本例中源IP地址为发送方主机A的IP地址192.168.0.2,目的IP地址是接收方主机B的IP地址172.16.0.2。为描述方便,在本章中所有的IP地址均表示为私有地址。

(4) 网络层的分组一经创建,IP协议将判断目的IP地址是处在本地网络中,还是处在不同的网络上。很显然,根据目的IP地址172.16.0.2,很容易判断这是一个网络间的数据转发,随后这个分组将被发送给主机A的默认网关,这样,这个数据包才可能被路由到远程网络。

(5) 在实际网络配置时,按照如图6.15所示的网络结构,主机A的默认网关是192.168.0.1,即与之直连的路由器端口E0的IP地址,要能够将分组发送到自己的默认网关,必须知道路由器E0端口的硬件地址。因为E0端口与主机A在同一个物理网络内,需要使用MAC地址来进行通信。

(6) 主机A首先检查自己的ARP缓存,查看默认网关的IP地址是否已经解析为硬件MAC地址。如果已经被解析,即已知E0端口的MAC地址,那么分组会被交付给自己的数据链路层;如果A的缓存中尚没有E0的硬件地址,那么主机A会向本地局域网发送一个ARP广播,来请求IP为192.168.0.1的硬件地址,当然,路由器将会响应这个请求,并向主机A提供E0端口的MAC地址,然后主机A将缓存这个地址。

(7) 完成MAC地址请求后,网络层的分组和目的方的硬件地址会被交付给数据链路层,封装分组的工作将会开始,一个数据帧将会产生。该数据帧头部的目的MAC地址会被设置成E0的MAC地址,即1111.1111.1111,源MAC地址就是主机A的MAC地址0000.0000.0000。需要注意的是,在形成数据帧时,数据链路层除了加上帧头外,还需要在帧尾加上循环冗余校验(CRC)的FCS字段。当接收方收到该帧后可以通过FCS字段检验所收数据的正确性。

(8) 当数据帧封装完成后,这个帧将被交付到物理层,以一次一位的方式发到物理介质上。

(9) 路由器的E0端口接收物理介质上的比特流,在物理层上重建数据帧,并将此帧提交给数据链路层。

(10) 路由器的数据链路层对数据帧运行CRC算法,并核对保存在该帧FCS字段中的值。如果这两个值不相匹配,则表示数据帧在传输过程中可能产生了错误,此帧将被丢弃;如果CRC的值与FCS字段中的值匹配,则表示数据帧传输无差错,数据帧中的目的MAC地址将会被检查,以证明目的硬件地址与路由器E0的MAC地址相吻合。如果MAC地址不相同,则表示该帧不是发送给E0端口,路由器仍然会将该帧丢弃,只有在CRC的值和目的MAC地址匹配的情况下,数据链路层才会接收此帧并进行下一步处理。在该层,数据帧将被解封装,帧头和帧尾将被剥离,分组从该帧中抽出。根据以太网类型字段中列出的上层协议(本例中为IP协议),分组将被数据链路层递交给网络层的IP协议。

(11) 路由器的网络层接收递交上来的分组,并检查其目的IP地址。路由器会发现该分组的目的IP地址为主机B的地址172.16.0.2,然后会检索自己的路由表以寻找匹配的路由表项，以决定从哪一个端口发送出去，本例中分组的发出端口为 E1。需要注意的一点是，路由器只是查看分组的目的 IP 地址，并没有改变分组的第三层地址信息，包括源 IP 地址和目的 IP 地址。

（12）目前分组仍然在路由器的网络层。现在讨论的过程是分组如何从路由器传输到主机 B 的应用层。如图 6.17 所示，当路由器决定从 E1 端口发出该分组后，分组就被交换到 E1 的缓冲区内，然后路由器检查自己的 ARP 缓存，看是否存在主机 B 的 MAC 地址。它的过程与第 6 步中主机 A 获取路由器 E0 端口的 MAC 地址相似。

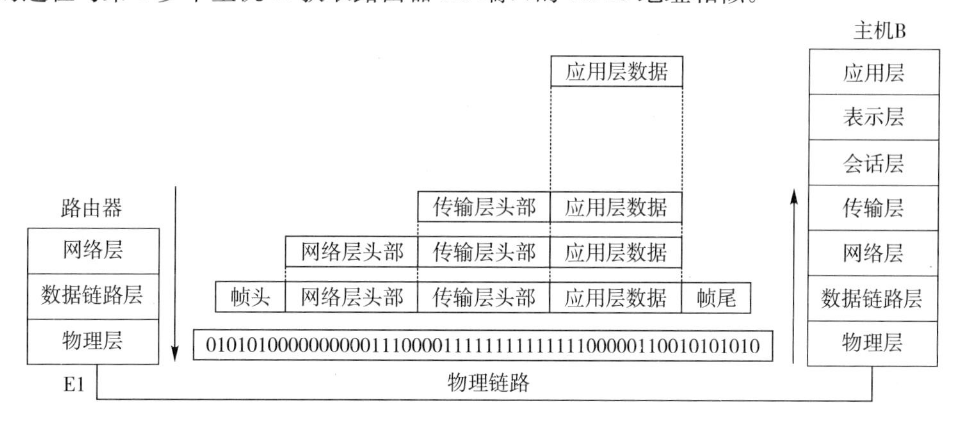

图 6.17　分组由路由器到主机 B 的封装与解封过程

如果缓存中已存在 B 的硬件地址，那么分组和目的硬件地址一起被交付给自己的数据链路层。

如果硬件地址没有被解析，路由器的 E1 端口将在本局域网中发送一个 ARP 广播请求，以期获得 172.16.0.2 的 MAC 地址。主机 B 接收到此请求后会使用自己的 MAC 地址响应 E1，这样路由器就获得了目的 MAC 地址。在将分组和目的硬件地址交付给数据链路层的同时，路由器会将该硬件地址放入自己的 ARP 缓存，留待下一次使用。

（13）在路由器的数据链路层，分组地址和目的硬件地址将被封装入一个数据帧内。该帧的目的 MAC 地址设置为 B 的硬件地址，即 3333.3333.3333，源 MAC 地址就是 E1 端口的硬件地址 2222.2222.2222。当然，在帧尾还会有本数据帧的 FCS 字段。之后，该帧会被传送到物理层，并以比特流的形式发送给主机 B。

（14）当主机 B 在物理层接收到比特流，并重建数据帧后，就会将该帧递交到数据链路层。在数据链路层同样会运行 CRC，并检查该帧的 FCS 字段是否与 CRC 的值匹配。只有在匹配后才能检查帧的目的 MAC 地址字段来发现是否是发给主机 B 的。这样的检查是非常严格的，当两组检查中只要有一个不匹配，主机 B 会立即丢弃该帧，而不做任何处理。如果全部匹配，分组将会从该数据帧中解封，并被递交到主机 B 的网络层。

（15）在网络层，IP 协议只对网络层头部运行 CRC 校验，然后会检查分组的目的 IP 地址。由于 IP 地址为 172.16.0.2，这就是 B 主机的 IP，即该包确实是发送给主机 B 的，主机 B 会做下一步处理。如果 B 主机收到一个与自己地址不匹配的目的 IP 地址分组，则主机 B 会丢弃该分组。由于在 IP 包的协议字段中显示的上层协议值为 6，为 TCP 协议，网络层在剥离该层头部后，会将数据段上交给传输层的 TCP 协议。

(16) 在传输层,TCP 协议使用 CRC 检验数据段中所有的数据,包括报头和数据字段,然后检查数据段上层协议的端口,在本例中为 HTTP 协议的 80 端口。传输层会解封数据段中的数据,并对多个数据段中的数据进行重组形成应用层数据,递交给应用层的 HTTP 协议。

至此,由主机 A 发送数据给主机 B 的过程就结束了。主机 B 返回给主机 A 数据的过程基本相似,在此不再赘述。对此过程还需要做进一步的讨论。

(1)IP 地址与 MAC 地址的关系。IP 地址放在网络层 IP 分组的首部,MAC 地址放在数据链路层帧的首部。前者是在抽象的互联网络中标识主机的方式,而后者是在本地局域网中定位主机的标识。路由器在互联网络中只根据分组的目的 IP 地址进行数据包转发,而不是 MAC 地址,而交换机是通过目的 MAC 地址进行数据帧的转发。

大家可能会产生这样的问题:既然在网络上传送的帧最终是按照 MAC 地址找到目的主机的,那么为什么不直接使用硬件地址进行通信呢?

这是因为全世界存在各式各样的网络,它们使用了各种不同的硬件地址体系,要使这些异构网络能够相互通信,就必须进行非常复杂的硬件地址转换工作,而这几乎是不可能做到的。但统一的 IP 地址把这个复杂问题解决了,使用 IP 地址屏蔽了复杂的网络底层结构,屏蔽了异构网络间的硬件地址差异。

(2)地址的变化情况。在不同网络间进行数据传输的过程中,分组的目的 IP 地址和源 IP 地址是始终保持不变的。路由器是数据转发的中间节点,在路由器的第三层上仅仅是查看分组的目的 IP 地址,然后转发分组,但 IP 地址并没有被改变。而 MAC 地址用于本地网络间的数据通信,为了能在本地局域网中正确地传输数据帧,必须使用二层的硬件地址,所以数据帧的目的 MAC 地址和源 MAC 地址在穿越每个局域网段时都会发生改变。图 6.18 表示了上述过程中二、三层地址的变化情况。

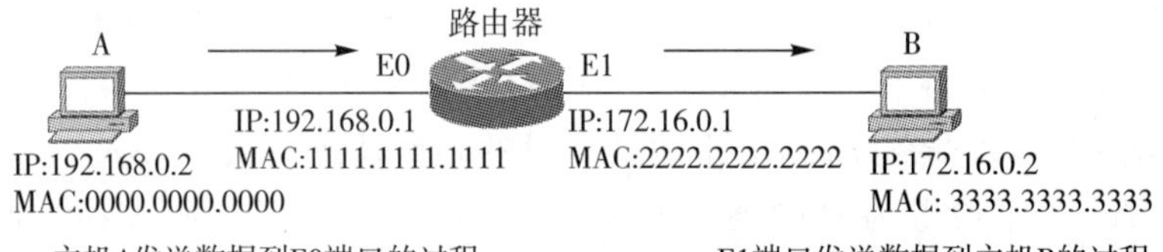

主机A发送数据到E0端口的过程

层次	源地址	目的地址
三层	A:192.168.0.2	B: 172.16.0.2
二层	A: 0000.0000.0000	E0: 1111.1111.1111

E1端口发送数据到主机B的过程

层次	源地址	目的地址
三层	A:192.168.0.2	B: 172.16.0.2
二层	E1: 222.2222.2222	B: 333.3333.3333

图 6.18　二、三层地址的变化

(3)数据单位。数据链路层的单位是数据帧,它是在网络层的整个分组上加上帧头和帧尾形成的。所以说,分组就是帧的数据部分。同样,IP 分组的数据部分是传输层的数据段,每一层在对上层交付的数据进行封装时,并不关心封装数据的具体内容,如数据链路层给 IP 包加上帧头和帧尾,它并不需要知道 IP 头部中的目的 IP 地址和源 IP 地址,更不需要知道 IP 分组中封装的传输层的数据。

4. 路由器、交换机和集线器比较

路由器工作在 OSI 的第三层,它使用分组的目的 IP 地址进行数据转发,将分组从一个网络转发到另一个网络。通常意义上的网络互联指的就是通过路由器互联，路由器互联的网络保持了逻辑上的独立性，包括网络类型、编址方案等。确切地说，仅仅在网络间有数据传输需求的时候路由器才被使用，各网络间并没有直接的联系。

默认时，路由器可以用来分割广播域，路由器每个端口所连接的网络就是一个单独的广播域。通常意义上，一个 LAN 就是一个广播域，这里所谓的广播域是指 LAN 中所有设备的集合，这些设备收听该网络中所有的广播。当网络中一台主机发送广播时，网络上的每个设备必须收听并且处理此广播，即使这个广播对该设备没有任何的作用。可见，当广播域中广播数量很大时，每个设备都忙于处理广播，会影响正常的数据处理，降低网络的性能。所以对广播域进行分隔是非常必要的，路由器就可以完成这样的任务。

交换机工作在 OSI 第二层，严格意义上说，交换机不是用来互联多个网络的，它们是用来增强互联 LAN 的功能的，即为 LAN 中的用户提供更多的带宽的。如果多个 LAN 通过交换机互联在一起，那么就共同组建了一个更大的 LAN，也就是说它们属于同一个广播域。这一点与路由器有明显的区别。交换机可以分割冲突域，但不能分割广播域。

集线器工作在 OSI 的第一层，仅仅提供了物理层上比特的整形、放大的功能，通常用于延伸 LAN 的范围。集线器既不能分割广播域，也不能分割冲突域。连接在集线器上的所有主机既属于同一个冲突域，又属于同一个广播域。集线器会导致网络中的拥塞增加，降低网络带宽，如今已经很少有人使用集线器了。表 6.1 列出了各类设备的冲突域和广播域的情况。

表 6.1　设备的冲突域和广播域

设备类型	工作层次	分割冲突域	分割广播域
集线器	物理层	否	否
交换机	数据链路层	是	否
路由器	网络层	是	是

下面通过一个具体的实例来说明广播域和冲突域。如图 6.19 所示，路由器的 3 个端口分别连接了 LAN，实质上，每个 LAN 都是一个独立的广播域。对于不同的广播域都有自己独立的编制方案，在 LAN 2 中，如果主机 E 发送一个广播，那么该广播只能够被同一个 LAN 2 中的主机 F、G、H 收到，而在另一个广播域 LAN 0 中的主机 I 就不可能收到 E 的广播，因为当广播到达路由器 E2 端口时，该广播会被 E2 丢弃。

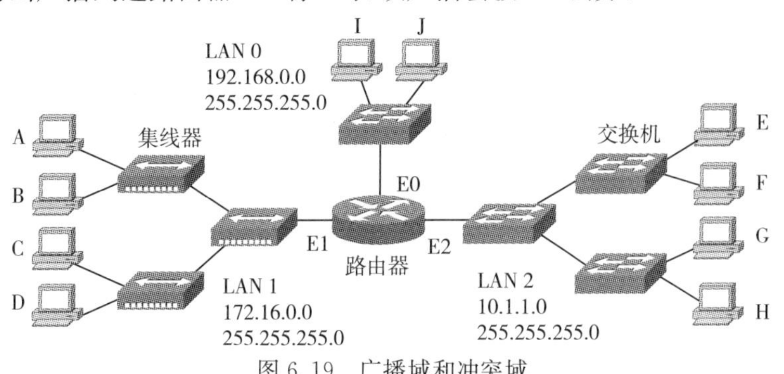

图 6.19　广播域和冲突域

LAN 1 是由 3 个集线器组成的一个大的冲突域。在该冲突域中不允许有两台主机同时发送数据,否则会产生冲突。如果主机 A 发送数据的同时,主机 D 也发送数据进入网络,那么冲突就必然产生,由于 LAN 1 连接在路由器的 E1 端口,所以 LAN 1 又是一个广播域。

LAN 2 是由 3 个交换机组成的广播域。交换机的每个端口就是一个单独的冲突域,而主机 E、F、G、H 分布在不同的冲突域中,在通信过程中不会产生相互影响。当主机 E 与 G 通信时,F 和 H 也可以同时进行数据发送。

6.4.2 三层交换机

1. 三层交换机概述

随着网络数据流量的快速增长和业务数据模式的改变,越来越多的数据需要在 LAN 内部传输。如果使用路由器互联 LAN,穿越路由器的数据流将大大增加。这时,由传统路由器低速、复杂所带来的网络瓶颈问题就凸现出来。第三层交换技术的出现很好地解决了 LAN 中数据流跨网段引起的低转发速率、高延时等网络瓶颈问题。

三层交换机是一个带有路由功能的二层交换机,但它是二者的有机结合,并不是简单地把路由器叠加在二层交换机上。三层交换机是通过网络层地址决定数据转发的路由,再使用二层的 MAC 地址进行快速数据转发的设备。其功能是由硬件实现的,使用专用集成电路(application specific integrated circuit,ASIC)芯片,以经济的价格直接在高速硬件上实现复杂的路由功能。

2. 三层交换机与路由器比较

首先,相对于传统路由器而言,三层交换机具有快速的数据交换能力。依靠 ASIC 加速对包的转发和过滤,使得高速下的线性路由和服务质量都有了可靠的保证。而传统路由器路由功能的实现主要是基于软件,IP 分组途经每个路由器时需经过排队、协议处理、寻址和选择路由等软件处理环节,延时加大,容易产生网络瓶颈。

其次,从支持的协议类型和端口上比较,路由器支持多种类型的网络互联,包括 ISDN、Frame-Relay、X. 25、ATM、SMDS 等。同时它也为不同类型的网络提供了丰富的端口种类。这种特性使路由器非常适合在复杂的 WAN 互联时使用。三层交换机是由二层交换机发展起来的,而且其发展过程中一直遵循为 LAN 服务的指导思想,支持的协议类型也较为简单,没有过多地引入其他端口类型,且只提供与 LAN 有关的端口,比如以太网端口、ATM 局域网仿真端口等。

需要注意的是,随着路由器技术和交换机技术的不断发展与融合,它们之间的差距在逐渐地缩小,甚至还出现了“路由器最终替代三层交换机,还是三层交换机最终取代路由器”的争论。路由器采用了交换结构的设计技术,大大提高了数据转发速率,中、高端路由器也出现在 LAN 互联中,三层交换机也逐渐丰富了自己的功能,增加了不同的 WAN 端口,如 POS、ATM、El/E3 等,从而使通过三层交换机实现 WAN,特别是 MAN 的互联成为可能。当前许多网络供应商的第三层交换机与路由器已经不再有严格的区别。例如,Cisco (思科)公司的 Catalyst 6500 系列交换机与其 7600 系列的路由器几乎成了同一个产品,如图6. 20所示。它们有相同的机架式结构,有可以通用的交换引擎、管理模块及各种业务模块等。

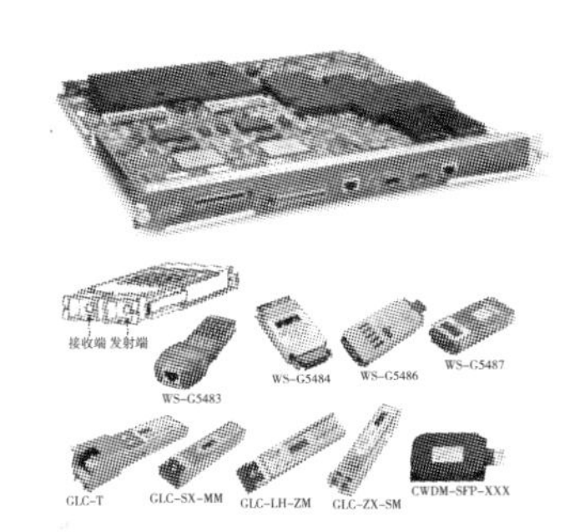

图 6.20　Cisco Catalyst 6500 全系列三层交换机、模块与接口

3. 性能参数和三层交换机的选择

目前，三层交换机在局域网建设过程中得到了广泛的应用。用户在选择交换机时，首先应该详细了解网络的基本状况，如网络的主要应用、网络节点数以及节点分布情况等，然后决定需要的交换机种类、数量和价格。其次，了解厂商的研发能力与核心技术实力以及售后服务情况，设备的品牌及市场认可程度。最后，从交换机体系结构、包转发率、背板带宽、端口速率等多方面深入分析和综合比较。交换机的性能参数在第 4 章已做了详细的说明。

从交换机的模块化程度划分，可将其分为固定式交换机和模块化交换机。在选购交换机时需要注意，固定式交换机可整机购买，而不需额外购置其他附属模块接口卡。对于模块化交换机来说，分模块购买，每个模块单独计价。按照模块功能可以分为 5 类，分别是管理模块(含 IOS)、交换引擎模块、电源模块、风扇模块以及业务模块。各模块通过高性能的交换矩阵相互连接。在选购时，前 4 类模块是交换机的基本配置，用户必须购买，而业务模块可以根据需要选用。这样的模块化设计增加了设备购置的灵活性，也在一定程度上保护了用户的投资。购买时需要列出所需模块的清单。表 6.2 列出了 Cisco Catalyst 6509 的配置清单。可以看出该交换机配置了支持 10 G 和千兆以太网的业务模块，并在管理交换引擎、电源等重要部件上都配置了冗余模块。

表 6.2　Cisco Catalyst 6509 配置清单

订货号	说　明	数量	备　注
WS-C6509	Catalyst 6500 9-slot chassis，15RU，no PS，no Fan Tray	1	捆绑组件
WS-SUP720-3B	Catalyst 6500/Cisco 7600 Supervisor 720 Fabric MSFC3 PFC3B	2	管理引擎
S733ZLK9-12218SXD	Cisco CAT6000-SUP720 IOS IP W/SSH/3DES	1	思科 IOS
WS-CAC-3000W	Catalyst 6500 3000W AC power supply	2	电源模块
CAB-AC-2500W-INT	Power Cord，250Vac 16A，INTL	2	电源线
WS-C6K-9SLOT-FAN2	Catalyst 6509 High Speed Fan	1	风扇模块
WS-X6704-10GE	Cat6500 4-port 10 Gigabit Ethernet Module (req. XENPAKs)	1	10 G 模块
XENPAK-10GB-LR	10GBASE-LR XENPAK Module	4	10 G LR
WS-X6724-SFP	Catalyst 6500 24-port GigE Mod：fabric-enabled (Req. SFPs)	1	千兆模块
GLC-LH-SM	GE SFP，LC connector LX/LH transceiver	10	千兆 SFP
WS-SVC-FWM-1-K9	Firewall blade for 6500 and 7600，VFW License Separate	1	防火墙模块

4. 局域网设计和三层交换机的应用

在局域网的设计过程中,分层设计的指导思想被广泛应用。分层设计的概念来源于工业界,其目的是将复杂的网络设计问题分解为多个层次上更小、更容易解决的问题。这里的分层设计概念与网络体系结构的OSI分层模型以及TCP/IP的分层模型是不同的。前者着重实际的物理网络建设和规划,而后者则着重逻辑上的网络体系结构理论的研究和协议的实现。这两者的概念不要混淆。如图6.21所示,网络设计的层次化模型包括核心层、分布层、接入层等3个层次。

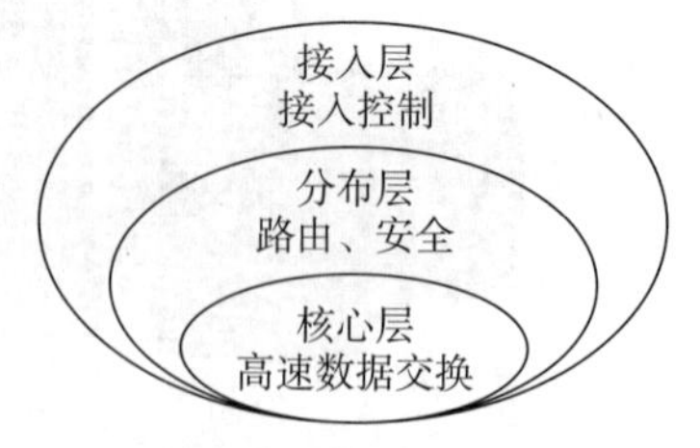

图6.21　网络分层设计

(1) 核心层,就是网络的核心,其任务是可靠、迅速地传输大量的数据流。穿越核心层的数据流对大多数用户来说是公共的,如果核心层出了故障,整个网络都会受到影响,因此核心层的可靠性、容错性就成了一个突出的问题。核心层的设计原则如下。

① 高可靠性。在设计核心层时一定要实现高可靠性,可以采用冗余和容错多种技术来保证,如增加设备、模块、链路的冗余等。

② 高转发速率。在核心层,任何影响数据转发速率的行为都是不允许的,如不允许设置访问控制列表、策略路由以及QoS等。当然,核心层也要选择收敛时间短的路由协议,如果路由表收敛慢的话,快速和有冗余的数据链路就没有意义了。

核心层设备一般都是由高端的三层交换机和路由器实现。例如,Cisco公司的Catalyst 6500系列交换机和7600系列路由器,Cisco 12000系列路由器可以满足更高的要求。华为的产品可以选择NE80E系列、锐捷的产品可选择S9600等。

(2) 分布层,又称汇聚层,它是核心层和接入层的通信点。分布层的主要任务如下。

① 访问控制的实现,比如访问控制列表、包过滤和排序。

② 网络安全和网络策略的实现,包括地址翻译和防火墙。

③ 在VLAN之间进行路由。

④ 定义广播域和组播域。

满足以上任务需求的三层交换机较多,分布层设备的选择相对要容易一些,但要注意,分布层的设备容易成为网络的瓶颈。在选择设备之前需要对分布层的网络流量进行监控,根据结果选择相应的产品。Cisco公司的分布层设备主要是Catalyst 4500和3700系列三层交换机。华为的分布层设备有S5600系列。

(3) 接入层,又称桌面层。其主要任务是控制用户和工作组对互联网资源的访问。由于接入层设备首先是面向用户的,所以首先要考虑的是接入用户的数量,以确定需要的端口数;其次,要考虑的是用户带宽以及分布层交换机提供的带宽;最后是安全性,是否需要管理等。在LAN中,接入层交换机一般为二层交换机,如Cisco的Catalyst 2970系列交换机,华为公司的S3900等都得到了广泛的应用。

在选择各层次网络设备的时候,如果选择同一个厂家不同系列的产品可能会容易一些。设备制造商一般会对自己的产品按照不同的网络规模和分层设计模式进行大致的分类,这样可以帮助用户更好的选择设备。如图6.22所示,是Cisco公司的全系列交换机产品。目前,很少有公司能够提供从接入层到核心层的全线产品,Cisco公司就是其中的一家,在国内还有华为、锐捷等厂家。

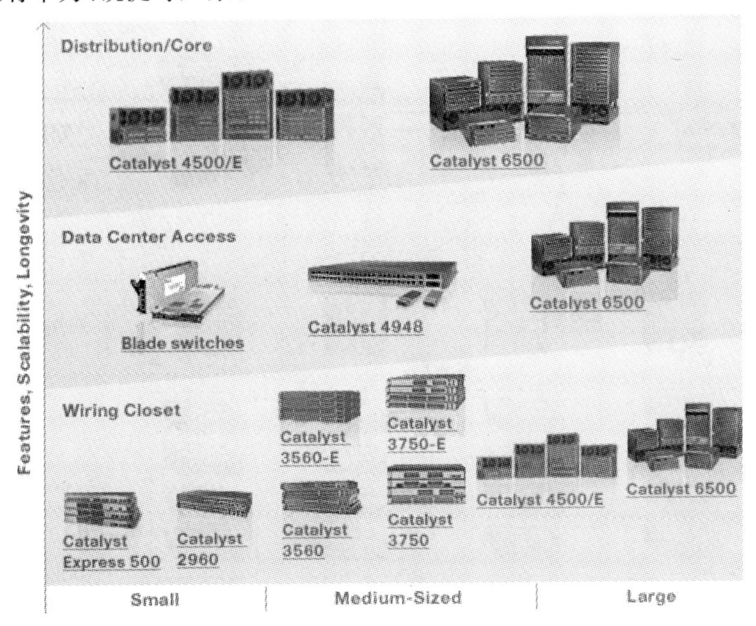

图6.22　Cisco公司的全系列交换机产品

3个不同的层次是否意味着需要3个不同的交换机分布在各个层次上呢?回答是否定的。分层设计只是逻辑上的设计方法,在实际的组网中用户可以将某两层合并。例如,不部署分布层设备,将该层的功能放在核心层上完成,在实际的网络实现中也是可以的。但如果这样的话,核心层的路由压力会增加,需要在核心层交换机上加大投资,或者更新设备模块,或者重新选择稳定、可靠、性能更高的设备,以缓解这种压力。选择哪一种方式,是购置分布层设备还是升级核心层设备,需要用户根据自己的情况选择。

如图6.23所示是典型的校园网拓扑图,采用的是Cisco公司全系列产品。在网络核心层使用两台Catalyst 6509三层交换机,Catalyst 6500系列为企业园区网和电信运营商网络设立了新的IP通信和应用支持标准,具有优越的性能,在网络建设中,得到了广泛应用。Catalyst 6509背板带宽可达720 Gbps,第三层包转发率最高可达450 Mpps,支持MAC地址条数达96 000,路由项达1 000 000 (IPv4)/ 500 000 (IPv6),并具备万兆以太网32端口、千兆以太网576端口、快速以太网1152端口的高端口密度。

在此方案中两台核心交换机通过万兆双链路达到设备与链路的冗余。分布层采用Cisco 4500系列交换机,提供工作组级的接入,同时与核心层设备实现千兆双链路冗余连接。接入层采用Cisco 2970交换机负责用户接入。在出口设计上采用电信、教育网的双出口设计,互为备份。该校园网中的主要服务器直接接入网络核心层设备,有利于网络用户的高速访问。

局域网的外连设计(即提供一个高速、安全的 Internet 连接)是非常重要的,其有关内容将在6.5节中介绍。

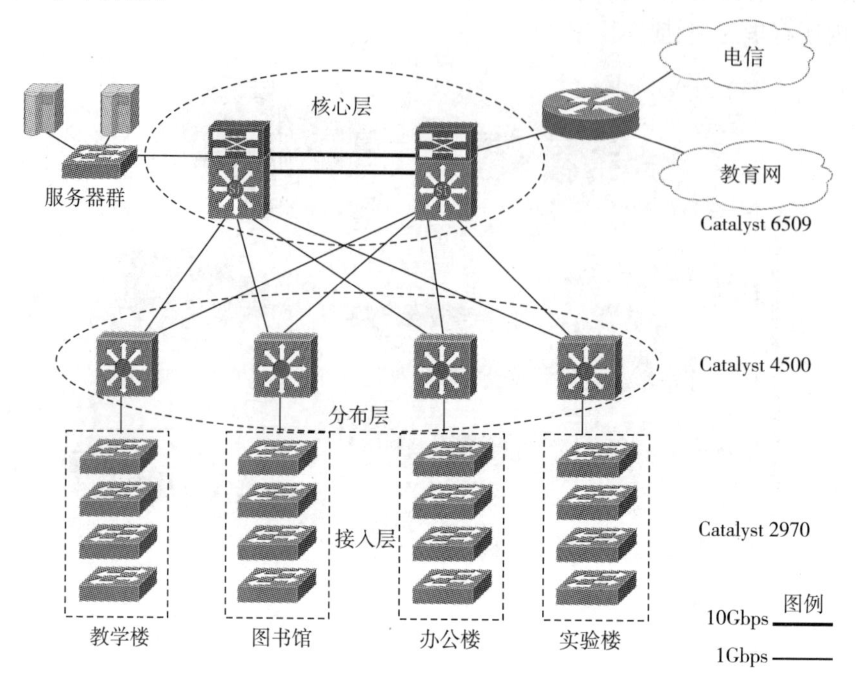

图6.23　三层交换机组网拓扑图

6.4.3　网　关

前面介绍的网络互联设备,如集线器、交换机和路由器,都用于三层或三层以下的子网互联,互联后的网络仍然属于通信子网的范畴。采用这些设备互联两个或多个网络时,都要求互相通信的用户节点具有相同的高层(传输层至应用层)和通信协议(如TCP/IP协议等)。如果两个系统的高层和通信协议不同,则无论是网桥还是路由器都无法保证不同网络用户之间的有效通信。

执行高层协议的转换,或者实现不同体系结构的网络协议转换的互联设备称为网关,有时也称为信关或协议转换器。由于高层协议非常丰富和活跃,一些新的高层协议不断产生,而且在实际的网络应用中,所有的应用系统并不能都使用同一个协议,因此网关的作用是很重要的。当在使用不同协议的系统之间进行通信时,可以用网关进行协议的转换,使之能交流信息。

根据网关的功能可以将其分为3类,即协议网关、应用网关、安全网关。协议网关通常在使用不同协议的网络区域间做协议转换;应用网关用于实现各类应用数据的转换,如邮件系统的邮件网关等;安全网关是各种安全技术的融合,具有重要且独特的保护作用,其范围从协议级过滤到十分复杂的应用级过滤,如防火墙等。

由于历史的原因,在早期的因特网中,术语“网关”也指路由器。从前面路由器的工作过程可以知道,如果本地网络中的某一主机需要与外部网络通信,它首先需要将自己的数据发送给连接自己的路由器,然后由路由器转发数据。在这里,路由器扮演着数据“关口”

的作用,因此,路由器又被称为"网关"。随着网络技术的发展,路由器丰富了自己的功能,它能将局域网分割成若干网段,互联局域网与广域网,并将各广域网互联而形成因特网,这样,路由器就失去了原有的单纯作为主机网关的概念,然而术语"网关"仍然沿用了下来,直到现在我们仍将直接连接主机的路由器接口称为"网关",其 IP 地址即为主机的默认网关。

6.5 广域网互联技术

随着局域网技术的发展,以太网技术逐渐居于主导地位。与局域网技术不同,在广域网技术中并没有哪一种互联技术像以太网一样成为绝对的主流。

6.5.1 广域网的特点

使用前面几节介绍的网络互联设备和技术,可以使机关、企事业单位内部的各物理网络实现互联,形成一个统一的网络。在此基础上,还可以使内部网与外部网互联,以便使内部的网络用户可以访问外部的网络资源,或使得相距很远的分支机构之间可以互通信息。即形成 LAN-WAN 或 LAN-WAN-LAN 的网络互联形式。其中,WAN 即为广域网,又称远程网,它有如下特点。

(1) 覆盖范围广,覆盖距离可达数十千米以上,甚至数万千米以至全球范围。

(2) 一般需要利用公用通信网络提供的信道进行数据传输,网络结构比较复杂。

(3) 传输速率一般低于局域网。但是在 Internet 爆炸式增长和多媒体应用需求的推动下,广域网技术迅速发展。目前,广域网的传输速率已达 10 Gbps 以上,已经可以与局域网相媲美。

6.5.2 广域网连接方式

1. 小型局域网或个人用户连接广域网的方式

(1) 电话拨号。电话拨号连接方式是借助公用交换电话网(public switch telephone network,PSTN),通过电话线以拨号方式接入网络的广域网连接方法,主要用于个人计算机接入 Internet 或本地局域网。电话拨号使用普通的电话线,传输的是模拟信号,通信双方都必须使用调制解调器,如中国电信的 163、169 等。这种服务的优点是使用方便、通信距离远(凡是通电话的地方都可以连接),而缺点是传输速率比较低,约为 9.6～56 kbps,且数据通信与电话不能同时进行,目前已很少使用。

(2) 综合业务数字网(integrated services digital network,ISDN)。ISDN 技术出现于 20 世纪 80 年代,90 年代后期开始盛行,又被称为"一线通"。它可以通过普通电话线支持话音、数据、图形、视频等多种业务的通信。基本速率提供 2B+D 信道,适合个人使用,每个 B 信道的速率为 64 kb/s,D 信道主要用于传输信令,D 信道的速率为 16 kb/s。根据不同的标准,集群速率可以提供 23B+D 信道和 30B+D 信道,B 和 D 信道的速率均为 64 kb/s,适合小型局域网连接广域网使用,数据传输速率分别达到 T1 1.544 Mbps 和 E1 2.048 Mbps。由于传输速率不是很高,现正在被 ADSL 等替代。

(3) 非对称数字用户线(asymmetric digital subscriber line,ADSL)。ADSL 是数字用

户线的一种，是一种调制技术，可利用电话线进行高速数据传输，也允许数据和语音同时传输，电话线上传输的是模拟信号。ADSL 是一种点对点的通信技术，数据传输速率不对称，下行速率约为 1.5～8 Mbps，上行速率最高为 1 Mbps，最大传输距离为 5.5 km。由于上网方便、传输速率快，已成为目前最流行的个人上网方法。

(4) 线缆调制解调器(Cable Modem)。线缆调制解调器是近几年发展起来的又一种个人计算机接入网络的新技术，是以有线电视使用的宽带同轴电缆(75 Ω)作为传输介质，利用有线电视网提供高速数据传输的广域网连接技术。除了提供视频信号外，还能提供语音、数据等宽带多媒体信息业务。它具有上下行不对称的特性，上行速率768 kbps，最高可达 10 Mbps，下行速率最高达 38 Mbps，传输距离可达 42.2 km。在使用 Cable Modem 技术时，由于原有的有线电视系统是单向传输的，因此需对有线电视系统进行双向改造，Cable Modem 技术也是一种正待普及的广域网技术。

2. 大中型局域网连接广域网的方式

(1) 分组交换数据网(packet switched data network，PSDN)，即 X.25 网。PSDN 是一种包交换的公共数据网，由于使用 X.25 协议标准，故也称 X.25 网，诞生于 20 世纪 70 年代，是最早的广域网技术之一。它采用虚电路和数据报两种工作方式，可靠性高、误码率低，但由于传输速率低，一般约为 9.6～64 kbps，已经逐渐被淘汰。

(2) 公共数字数据网(digital data network，DDN)。DDN 是我国电信部门专为国内用户提供的具有不同传输速率(64 kbps～2 Mbps)的数字专线租用服务而建立的公共网络系统，由 DDN 交换机和传输线路(光缆和双绞线等)组成，1994 年开通后被普遍使用，采用欧洲标准，使用多路复用技术，将信道分为多条带宽为 64 kbps 的逻辑信道，用户可申请的速率为 $64\times N$ kbps($N=1\sim32$)，用户使用点到点专用链路，信道上传输的是数字信号，具有损耗小、抗干扰、质量高、线路可利用率高和传输距离远等优点。

(3) 帧中继。帧中继是出现于 20 世纪 80 年代，近几年才兴起的一种公用数据交换网，类似于 X.25，也采用分组交换技术，传输速率约为 64 kbps～2 Mbps，最高可达 34 Mbps。它采用永久虚电路和交换虚电路技术，可实现点对点和点对多点通信，由于与 ATM 技术兼容，可同时提供 ATM 和帧中继业务。

(4) 基于 SONET/SDH 的分组传输(packet over SDH/SONET，POS)。POS 是一种可以提供高带宽的广域网连接技术。它将 IP 协议直接运行于同步数字体系(synchronous digital hierarchy，SDH)之上，允许路由器直接通过 SDH 或同步光纤网(synchronous optical network，SONET)的帧发送 IP 分组，最后通过光通道传输。POS 技术具有带宽利用率高、传输速度快(155 Mbps～10 Gbps)、传输距离远(2～40 km)的优点，是当前正广泛应用的一种技术。

(5) 卫星通信网。卫星通信是利用人造地球卫星为空中微波中继站，实现两个或多个地面站之间的点对点或点对多点的通信，能同时提供电话、电视和数据通信业务。卫星通信组网有覆盖面广、传输速率快、损耗小、传输质量高等优点，适宜作为大型数据网的主干网。我国的 CERNET 就使用 2 Mbps 卫星通信信道，作为 CERNET 主干网的备份传输线路，提供给边远的学校、科研机构和教育部门使用。

6.6　综合布线技术

综合布线技术是建筑技术与信息技术相结合的产物，是计算机网络工程的基础。综合布线系统包括工作区子系统、水平干线子系统、管理间子系统、垂直干线子系统、建筑群子系统和设备间子系统。

6.6.1　综合布线概述

1. 综合布线系统的概念

综合布线系统(premises distribution system，PDS)是指在一座大楼或楼群建设中设计和安装的传输线路系统。这种传输线路能支持语音、数据、图形、图像和影视等多媒体信息的传输。一般来说，现代综合布线系统应包括计算机网络、电话、传真、有线电视、消防和安全监控等弱电系统的布线系统，即综合了多种的布线系统，如楼宇自动化系统、通信自动化系统、办公自动化系统、有线电视系统、计算机网络系统，这些系统以计算机网络为核心，其他系统的信息都可以借助计算机网络系统进行传送。

综合布线系统的兴起与发展，是在计算机技术和通信技术发展的基础上进一步适应社会信息化和经济国际化的需要。综合布线系统常用标准包括ANSI/TIA/EIA-568A(北美标准)、ISO/IEC11801(国际标准)、CELENECEN50173(欧洲标准)等。我国于2007年10月1日批准实施了《综合布线系统工程设计规范》(编号为GB 50311－2007)和《综合布线系统工程验收规范》(编号为GB 50312－2007)，同时废止了2000年制定的同名规范。

2. 综合布线技术的发展

近年来，随着Internet网络和信息高速公路的发展，办公自动化、多媒体技术和计算机网络的应用迅速普及和发展。在办公楼和居民生活小区等的建设中，如何将语音、数据、图形、图像和影视等多媒体信息的传输结合起来进行综合布线，建设智能大楼和智能小区成了建筑工程必须考虑的问题。

传统的布线系统与设备的位置相关，设备安装在哪里，传输介质就要铺设到哪里，并且传统布线对于各个不同的系统方法也不同，如电话、传真、有线电视和安防等系统采取的是单独布线的方法。综合布线系统根据各系统的特点按照建筑物的结构，将建筑物中所有可能放置设备的位置都预先布置线缆，然后再根据实际连接设备的情况，通过调整内部跳线，将所有设备连接起来，同一条线路的端口可以连接不同的设备，如电话机、传真机、终端或微型机、打印机等各种设备。

“智能大楼”这个名词是随着建筑物综合布线系统的应用出现的一个新概念。“智能大楼”的概念是随着计算机与现代通信技术的迅速发展而产生的。它将计算机通信、信息服务和大楼安全监控等集成在一个系统中。最早的智能大楼建设出现在1984年美国的哈特福德市的一座旧式大楼的改造工程中，这幢大楼内安装了局域网，用来对大楼空调、电梯、照明、防火、防盗等设施采用计算机监控。在设计大楼传输线路时，将局域网布线系统与大楼安全监控的信息传输线路集成在一起，当时这项工程引起了人们的高度重视，此后世界上许多国家都开始对智能大楼的概念与实现方法进行研究，并着手制定各自的智能大楼标准。

目前还没有统一的智能大楼定义。一种定义认为:智能大楼是通过对建筑物的结构、系统、服务与管理4个基本要素进行最优组合,旨在为用户提供一个投资合理、高效、安全与便利的工作环境。另一种定义则比较具体:智能大楼是在大楼建设中建立一个独立的局域网,在楼外与楼内的交汇处安装配线架,利用楼内垂直电缆竖井作为布线系统的主轴管道,在每个楼层建立分线点,通过分线点在每个楼层的平面方向布置分支管道,并通过这些分支管道将传输介质连接到用户所在的位置。最终用户的位置上可以连接PC机、各种工作站、打印机、电话机、传真机、门禁、报警器、空调设备等,甚至可以是生产设备。这样的一种集成环境能为用户提供全面的信息服务功能,同时能随时对大楼所发生的任何事情自动采取相应的处理措施。

"智能小区"也是最近几年才出现的新概念,它是随着Internet网络应用和多媒体技术的迅速普及,家庭上网和在家办公用户的日益增多而出现的。在小区建设中,房地产开发商只需要多投入1%的投资,进行智能小区综合布线,就会带来数倍的利润。因此,智能小区建设已经成为小区建设的新热点。

智能小区与智能大楼的主要区别在于智能小区是以独门独户为基本单位的,并且每户都有许多房间,因此布线系统必须以分户管理为特征。一般来说,智能小区的每一户的每一个房间的配线都应该是独立的,用户可以很方便地管理自己的住宅。另外,智能小区与办公大楼布线的另一个差别是智能小区布线需要传输的信号种类较多,不仅有语音和数据,而且还有有线电视、楼宇对讲等。因此,智能小区的每个房间的信息点较多,需要的端口类型也较丰富。由于以上特点,智能小区综合布线系统最好选用专门的智能布线系统产品,如我国的普天公司、美国西蒙公司等的智能小区系列产品。

6.6.2 综合布线系统的组成与设计要点

综合布线系统包括布置在楼群中的所有电缆、光缆及各种配件,如转接设备、各类用户端设备端口,以及与外部网络的端口等,但它并不包括各种交换设备和终端设备。完整的综合布线系统一般应由工作区子系统、水平干线子系统、管理间子系统、垂直干线子系统、建筑群子系统和设备间子系统等6个部分组成,如图6.24所示。6个组成部分相互配合,便可以形成结构灵活、适合多种传输介质与多种信息传输的综合布线系统。

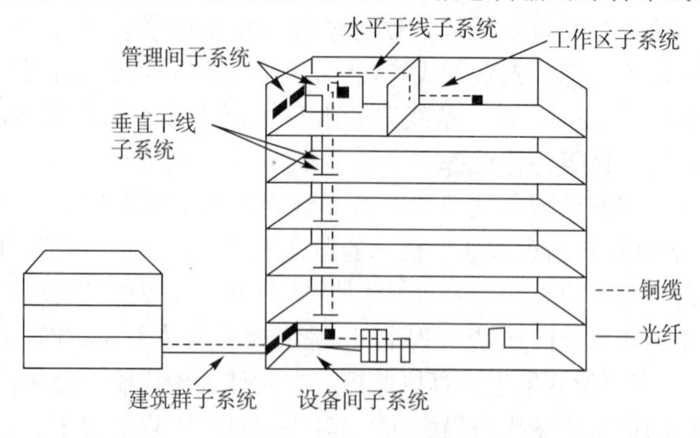

图6.24　综合布线系统

1. 工作区子系统

工作区子系统，又称服务区子系统或用户端子，是整个布线系统最接近用户的端口。工作区子系统将用户设备连接到布线系统中，主要包括各种信息插座及相关配件和把用户设备连接到信息插座的各种跳线等。目前最常用的信息插座有匹配双绞线的 RJ-45 插座和连接电话的 RJ-11 插座等。信息插座有墙上型、地面型和桌上型等，其中，地面型要避免安放在人们经常走动或易被损坏的地方，以免因为人为原因造成线路损坏。

工作区子系统中所使用的连接器必须具备有国际 ISDN 标准的 8 位端口，能接受楼宇自动化系统所有低压信号以及高速数据网络信息和数字音视频信号等。工作区子系统设计时要注意：

(1) 从 RJ-45 插座到设备的连线使用的双绞线一般不超过 5 m。

(2) RJ-45 插座须安装在墙上不易碰到的地方，插座距离地面 30 cm 以上。

(3) 插座和插头的接线标准要一致，不要接错。

2. 水平干线子系统

水平干线子系统，又称水平子系统或平面楼层子系统，它从管理间子系统的配线架到连接工作区子系统的信息插座，一般为星形拓扑结构。它与垂直干线子系统的区别在于：水平干线子系统总是在一个楼层上，且与信息插座和管理间连接，如果水平干线子系统与设备间处在同一楼层，水平干线子系统就可以直接连接到设备间。考虑到工作区子系统所连设备的多样性，水平干线子系统的通信介质也是多种多样的，主要有超 5 类或 6 类双绞线，根据需要，也可以采用屏蔽双绞线和光纤。

水平干线子系统设计，涉及水平子系统的传输介质和部件集成，主要有以下 6 点。

(1) 确定线路走向，一般根据建筑物的物理位置和施工难易度来确立。

(2) 确定线缆、槽、管的数量和类型。

(3) 确定电缆的类型和长度。

(4) 订购电缆和线槽。

(5) 如果打吊杆走线槽，则要统计需要的吊杆数。

(6) 如果不用吊杆走线槽，则要统计需要的托架数。

信息插座的数量和类型、电缆的类型和长度一般在总体设计时便已确立，但考虑到产品质量和施工人员误操作等因素，订购时要留有余地。

3. 管理间子系统

管理间子系统，又叫布线配线子系统，位于水平干线子系统与垂直干线子系统之间。它是连接水平干线子系统与垂直干线子系统的设备，主要有配线架、集线器、交换机、机柜和电源等。在高层建筑物中，每层或每隔一层都应该有一个管理间子系统；它是实现综合布线系统灵活性的关键所在。

大型建筑物中的布线系统管理是一件复杂、烦琐的工作。据统计，每年大型建筑物内约有 35%的设备需要变换位置。除此之外，办公室要调整，部门要变迁，因此布线系统的变迁也在所难免。如果缺乏必要的调整手段，必然要经常增补布线系统，这样不仅会增加不必要的工作量，干扰正常的工作秩序，而且有可能造成布线系统的混乱。管理间子系统可以通过各种跳线方便地调整各个区域内的线路连接关系。当需要调整布线系统时，可以通过管理间子系统的跳线来重新配置布线的连接顺序,它可以将一个用户端子跳接到另一个设备或用户端子上,甚至可以将整个楼层的线路跳接到另一个线路上。

光纤在布线系统中也得到了越来越多的应用。值得注意的是:管理间子系统中光纤的接续与连接均需专用的设备与技术,并要严格按照规程操作以免损坏光纤。一般来说,光纤接续分为永久接续与连接器接续两种,永久接续用于光纤之间的连接,连接器接续用于光纤与光器件之间的连接。

在设计管理间子系统时需要注意以下问题。

(1) 配线架的配线对数可由管理的信息点数决定。

(2) 配线架一般由光纤配线盒和铜线配线盒组成。

(3) 管理间子系统应有足够的空间放置配线架、机柜、集线器和交换机等。

(4) 对集线器和交换机等要配有专用的稳压电源或 UPS 电源。

(5) 管理间要保持一定的温度和湿度,以利于设备的保养。

4. 垂直干线子系统

垂直干线子系统,又称骨干子系统或垂直竖井子系统,是整个综合布线系统的骨干部分,是高层建筑物中垂直安装的光纤、双绞线等各种电缆以及相关支撑硬件的组合。垂直干线子系统负责连接管理间子系统到设备间子系统,它也提供建筑物垂直干线间的路由。

垂直干线子系统包括从设备间子系统经垂直竖井到各楼层管理间子系统的缆线。设备间子系统的核心设备通过垂直干线子系统连接各管理间子系统,然后再将所有的水平干线子系统连接在一起,满足所有工作区子系统所连接的所有节点设备之间相互通信的要求。

垂直干线子系统一般是垂直安装的,典型的安装方法是将垂直电缆或光纤贯穿于建筑物各层的竖井之中,也可以安装在通风管道中。因为垂直干线子系统包含了许多通信电缆和其他设备,其本身有一定的自重,在安装过程中一定要考虑这个问题,以防因为重力而造成电缆接触不良。在具体施工时,常用的方法是让电缆固定于垂直竖井的钢铁支架上,以保证电缆的正常安装状态。

同时,因为垂直干线子系统是各种传输介质与多种信号的混合体,应该考虑抗干扰问题。垂直干线子系统要贯穿建筑物的每一层,在建筑物设计阶段就应预留竖井与连接子系统用的房间。选择垂直竖井位置时应尽量避开强干扰源,如电梯操作间、动力电系统等。在选用垂直干线子系统的通信介质时,一方面要考虑满足用户的需要,另一方面要尽量选用高可靠性、高传输率、高带宽的介质。根据目前的情况,应该优先考虑光纤。除此以外,垂直干线子系统的设计还应注意以下几点。

(1) 连接室外远距离的光缆选用单模的,室内可以选多模的。

(2) 垂直干线光缆的拐弯处不要直角拐弯,应有相当的弧度,以防光缆受损。

(3) 确定每层干线的实际要求。

(4) 需要考虑整个大楼布线的防雷击措施。

5. 建筑群子系统

建筑群子系统,又称楼宇子系统或户外子系统,它将各个楼房的楼内系统连接为一体,形成更大范围的综合布线系统,如校园综合布线系统。建筑群子系统也是户外信息进入楼内的信息通道。建筑群子系统主要包括用于连接楼群之间的通信线路和设备,如电缆、光纤、电气保护设备等。为了适应各种信息交换的要求，建筑群子系统除了使用各种有线的连接手段外，还可以使用其他通信手段，如微波、无线电通信系统等。

建筑群子系统在室外铺设光缆或电缆一般有3种方法：地下管道铺设、直埋铺设和架空方式铺设，或者是这3种方式的任意组合。在选择线缆时需要注意3种铺设方式的不同。

由于建筑群子系统的安全性直接影响整座大楼布线系统的安全，因此安装各种电气保护装置是必需的。为了避免雷电等强电流进入楼群破坏设备，必须安装避雷和过流保护装置，以保证楼内系统处于绝对安全的环境中。

建筑群子系统进入大楼时，通常在入口处经过一次转接再接入楼内的系统，这主要是因为楼内与楼外的通信介质通常具有不同规格，在转接处可以安装电气保护装置。当进行综合布线设计时，必须严格执行各种电气保护与安装标准。

建筑群子系统和户内系统的转接处需要专门的房间或墙面，这要视建筑物的规模与安装设备的多少而定。对于大型建筑物，至少要留有一间专用房间，一般的小系统中，留有一面安装设备的墙面即可，在这间房间或墙面上安装的设备主要有各种跳接线系统、分线系统、电气保护装置及各种专用传输设备，如多路复用器、光端机等。对于大多数建筑物而言，将户外的所有连接集中到一处，这样就有可能造成彼此之间的干扰，因此要考虑屏蔽设备之间的干扰问题。对于尚未施工的建筑物，应在设计阶段考虑建筑群子系统的设计，并分配适当的连接位置。而对于那些已完工的建筑物，情况就比较复杂，应尽量在不影响其他部分的情况下选择安装建筑群子系统的部位。

6. 设备间子系统

设备间子系统，又称设备子系统，是整个楼房综合布线系统的核心，它通过其他子系统把各种公共系统的多种不同设备互联起来，其中包括邮电部门的光缆、同轴电缆、交换机等。设备间子系统一般安装在网络中心或其他控制中心机房内，所以又称机房子系统。机房是指集中安装大型通信设备、交换机、各种网络服务器或控制设备的场所。

设备间子系统集中有大量的通信线缆，同时也是建筑群子系统与户内系统汇合连接处，因此，它往往兼有管理间子系统的功能。由于设备间子系统中的设备对于整个系统至关重要，因此在进行布线系统安装时，一定要综合考虑配电系统与设备的安全因素（如防雷、接地、散热）等。

选择设备间子系统的位置，是一个非常重要的问题。因为设备间子系统的位置直接影响着综合布线系统的结构、造价、安装与维护的难易，以及整个综合布线系统的可靠性，因此在选择设备间位置时，应充分考虑到它与垂直干线子系统、管理间子系统以及建筑群子系统的连接难易，应尽量避开强干扰源（如发电机、电梯操作间、中央空调等）。设备间本身应该有较好的空调与通风环境，保证一定的温度与湿度，地面应采用有一定架空高度的防静电地板，装饰材料应为防火材料等。

习题 6

一、选择题

1. 集线器传输的数据单位是________。
   A. 比特　B. 数据帧　C. 分组　D. 段
2. 路由器传输的数据单位是________。
   A. 比特　B. 数据帧　C. 分组　D. 段
3. 交换机通过数据帧的________来转发数据帧。
   A. 源 IP 地址　B. 目的 IP 地址　C. 源 MAC 地址　D. 目的 MAC 地址
4. 路由器通过内部的________来转发数据。
   A. IP 地址表　B. 路由表　C. MAC 地址表　D. ARP 表
5. 工作区子系统线缆长度不超过________米。
   A. 5　B. 90　C. 500　D. 10 000
6. 交换机分割________。
   A. 广播域　B. 冲突域　C. 自治域　D. 系统域
7. 三层交换机工作在 OSI 模型的________层。
   A. 一　B. 二　C. 三　D. 四
8. 非屏蔽双绞线使用的接口标准是________。
   A. RJ-45　B. F/O　C. AUI　D. BNC
9. ________不是路由器的功能。
   A. 第二层的特殊服务　B. 路径选择
   C. 隔离广播　D. 安全性与防火墙
10. 网桥的功能是________。
    A. 网络分段　B. 隔离广播　C. LAN 之间互联　D. 路径选择
11. 下列描述错误的是________。
    A. 集线器工作在 OSI 参考模型的第一、二两层
    B. 集线器能够起到放大信号,增大网络传输距离的作用
    C. 集线器上连接的所有设备同属于一个冲突域
    D. 集线器支持 CSMA/CD 技术

二、填空题

1. 计算机网络按照传输距离可以分为________、________和广域网。
2. 网络层的数据单位是________,物理层的数据单位是________。
3. 路由器工作在 OSI 的________,交换机工作在 OSI 的________。
4. 路由器最基本的功能包括________和________。
5. 交换机通过________建立 MAC 地址表,通过________转发数据帧。
6. 交换机的三种转发方式是存储转发方式、________、________。
7. 吞吐量包括________和________。
8. 网关可分为________、________和________三种。

9. 综合布线系统包括________、________、________、________、________和________。

10. 网桥路径选择的方法有________和________。

11. 交换机二层环路会造成________、重复帧、________。

三、问答题

1. 描述集线器的具体工作过程及其工作特点。

2. 简述交换机的工作过程。交换机是以目的MAC地址转发数据帧的，考虑一下，交换机在工作过程中，其自身需要配置MAC地址吗？

3. 简述路由器的分组转发过程。

4. 简述综合布线系统中各子系统的基本要求。

5. 路由器很少收到以自己IP为目的地址的分组，在哪些情景下路由器会收到发送给自己的分组呢？

6. 图6.19中广播域、冲突域的个数分别是多少？

7. 二层交换机与路由器有什么区别？

四、设计题

1. 某学校需要建立一个学生机房，计划100台机器和一个文件服务器。现在用24口100 Mbps的以太网交换机。请回答下列问题。

(1) 需要交换机的数量是多少？

(2) 交换机间网络拓扑应采用何种形式？画出最优的网络拓扑结构。

(3) 交换机间的连接称为什么？

2. 路由器和PC机的IP地址如下图所示，请回答以下问题。

(1) 在配置PC0、PC1的IP地址信息时，其默认网关分别是什么？

(2) PC0、PC1可以配置的IP地址范围是什么？

(3) 将路由器换成交换机并保持PC0、PC1的IP地址信息不变，两机器间可以直接通信吗？在用以太网交换机连接的情况下，改变PC1的IP地址为172.16.0.3，两机器间可以直接通信吗？为什么？

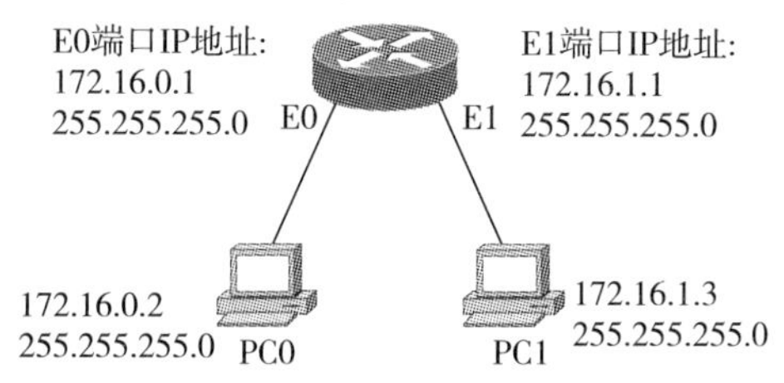

3. 设计一个中型校园网，采用交换式以太网结构。该校园网连接5栋教学楼、3栋实验楼、2栋办公楼和1栋图书馆。网络中心设在图书馆2楼，校园网有2个出口，1条接电信网络，1条接教育网。由于各建筑物距离超过3 km，所以采用光纤连接。通过在网上查阅资料，或电话咨询网络设备供应商以及系统集成商，设计一个合适的网络方案，进行设备选型、画出网络拓扑结构图，并在图中标出所用的网络设备、链路速率以及校园网服务器位置。

传输层

传输层是OSI模型的第4层，是整个网络体系的核心层次。其主要职能是在源主机和目标主机之间提供可靠的、性价比合理的数据传输服务，并且与当前所使用的具体物理网络完全独立。当然针对一些特殊的应用，也存在一些传输层协议提供有效但不可靠的数据传输服务。

7.1 传输层概述

传输层是理解分层协议的关键。从通信的角度看，传输层通过下面的网络层提供的服务，实现独立于当前具体物理网络的数据传输任务，它是面向通信部分的最高层；而从信息处理的角度看，传输层向它上面的应用层提供通信服务，实现各种具体的应用，它是用户功能中的最低层。传输层是网络体系的核心层次，如图7.1所示。

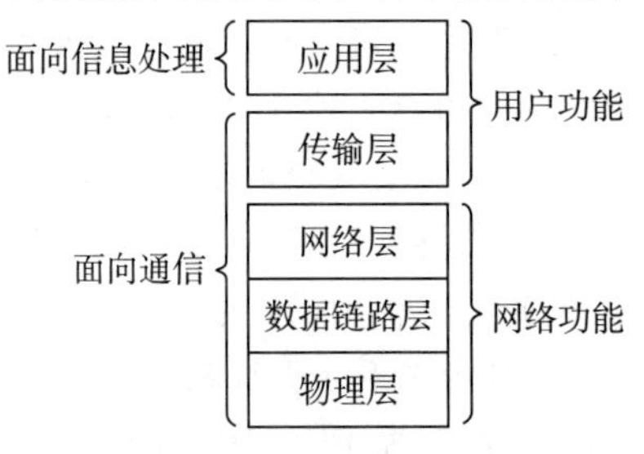

图7.1 传输层是网络体系的核心层次

在通信子网中没有传输层，传输层只存在于通信子网之外的主机中，即资源子网中。

7.1.1 提供给高层的服务

传输层最终的目的是向它的高层用户(通常是应用层中的进程)提供可靠的、性价比合理的数据传输服务。为了达到这个目标，传输层是使用其低层，即网络层，提供的服务，同时通过本层的传输协议来完成数据传输的功能。在这里完成传输层功能的硬件或软件就称为传输实体。传输层、网络层和高层用户之间的逻辑关系如图7.2所示。

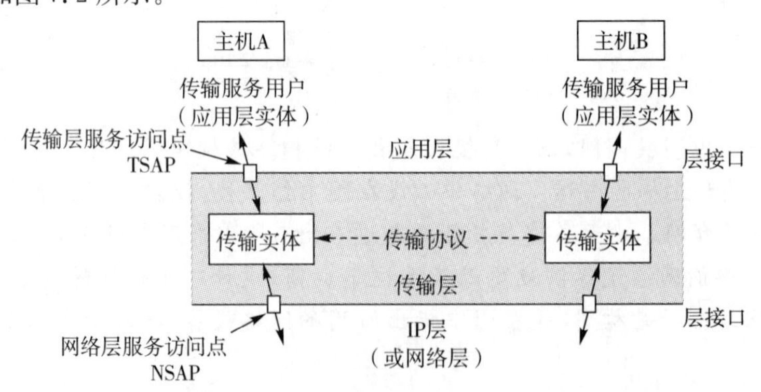

图7.2 传输层、网络层和高层的关系

传输层提供两种类型的服务：面向连接的传输服务和无连接的传输服务。面向连接的传输服务是一种可靠的服务，整个连接生存周期包括建立连接、数据传输和释放连接3个阶段，这种方式和面向连接的网络服务非常相似。另外，无连接的传输服务和无连接的网络服务也非常相似。

既然传输层服务和网络层服务如此相似，那为什么还要设立这两个独立的层呢？它们能不能合并成一个层呢？答案是否定的。原因如下。

首先，传输层只存在于通信子网之外的主机中，传输层的代码完全运行在用户的机器上。但是网络层主要运行在承运商控制的路由器上（至少对于广域网是如此），因此用户在网络层上并没有真正的控制权，所以他们不可能用最好的路由器，或者在数据链路层上用更好的错误处理机制来解决网络服务质量低劣的问题。解决这一问题的唯一办法就是在网络层之上增加一层，即传输层。传输层的存在使传输服务比网络服务更可靠，分组的丢失、残缺甚至网络复位都可以被传输层检测到，并采取相应的补救措施。而且，因为传输服务独立于网络服务，可以采用一个标准的原语集作为传输服务，而网络服务则取决于不同的网络，网络不同服务可能有很大的不同，因此可以说，传输层的存在可以提供更高质量的信息传输能力。

其次，从网络层来看，通信的两端是两个主机，IP数据报的首部明确地标识了这两个主机的IP地址。严格地讲，两个主机间进行通信，实际上就是两个主机中的应用进程相互通信。网络层虽然实现了把分组由源主机送到了目标主机，但是这个分组还停留在目标主机的网络层，还没有交付给主机中对应的应用进程。而从传输层来看，其通信的真正端点就是主机中的应用进程，传输层就是为运行在不同主机上的进程之间提供逻辑通信的，这也是要设立传输层的原因。

因此，传输层提供的是端到端的通信服务，在一个主机中经常有多个应用进程同时分别和另一个主机中的多个应用进程进行通信。例如，某用户在使用网页浏览器查找一个网站的信息时，其主机的应用层运行浏览器的客户进程。如果在浏览网页的同时，用户还要用电子邮件给网站反馈意见，那么主机的应用层还要运行电子邮件的客户进程。如图7.3所示。主机A的应用进程AP1和主机B的应用进程AP3通信，与此同时，应用进程AP2与对应的应用进程AP4通信。因此，传输层的一个基本功能就是复用和分用。应用层不同进程的报文通过不同的端口（在后面将详细讨论端口的概念）向下交到传输层，复用后再向下通过使用网络层提供的服务传输出去，当报文沿着图中的虚线到达目标主机后，目标主机的传输层就使用分用功能，通过不同的端口将报文分别交付到相应的应用进程。

从这里可以看出，网络层和传输层有很大的区别：网络层为主机之间提供逻辑通信，而传输层为应用进程之间提供端到端的逻辑通信。当然，传输层还具有网络层无法替代的许多其他重要功能。例如，传输层还要对收到的报文进行差错检测，能够弥补网络层服务质量的缺陷等。

通常，传输实体也称为传输服务提供者，而使用传输服务的用户（主要是应用层的应用实体）称为传输服务用户。传输服务接入点（transport service access point，TSAP）和网络服务接入点（network service access point，NSAP）都是层与层之间交换信息的抽象接口，在图7.2中已经将它们表示出来了。

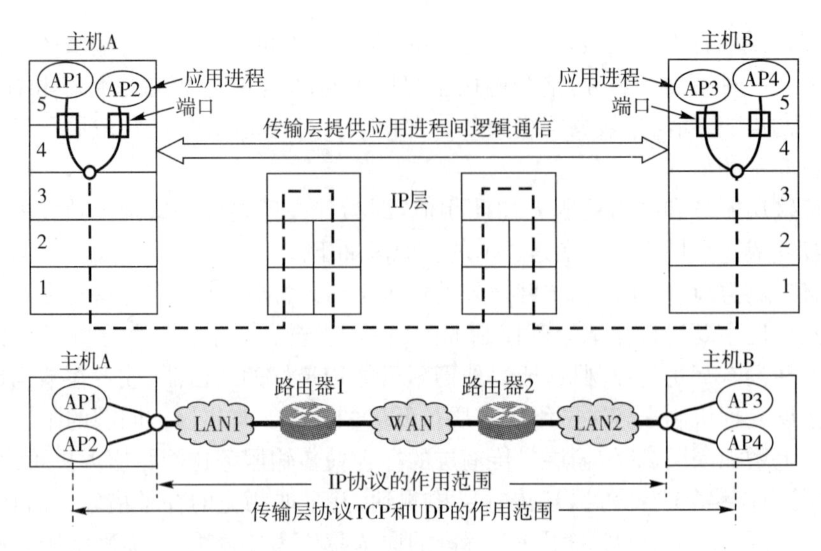

图 7.3　传输层提供端到端的服务

7.1.2　服务质量

计算机网络中，性能问题是非常重要的。当成百上千台计算机相互连接起来的时候，无法预知结果的复杂交互过程是很常见的，而这种复杂性常常会导致很差的网络性能。对于传输层而言，传输层服务质量是十分重要的概念，它衡量了传输层的总体性能。什么是传输层服务质量呢？传输层服务质量就是指在传输两节点之间看到的某些传输连接的特征，是传输层性能的度量，反映了传输质量及服务的可用性。传输层的要求是弥补网络层服务质量的缺陷。如果网络层的服务质量比较高，那么传输层实现起来就比较简单；如果网络层服务质量比较低，那么就要求传输层实现比较复杂的功能，这样才能使数据传输的服务质量达到一定的高度。

那么，传输层服务质量是如何衡量呢？这可以使用某些可数值化的参数来表达传输层服务质量。如表 7.1所示。

表 7.1　传输层服务质量参数表

连接建立延迟
连接建立失败概率
吞吐量
传输延迟
残留差错率
保护性
优先性
回弹率

(1)连接建立延迟是指开始发出连接建立请求到连接建立被证实(连接建立成功)这两个事件之间的时间差。通常这个时间差越短越好，时间差越短说明传输服务质量越高。

(2)连接建立失败概率是指在最大延迟时间内，由于某种原因(如网络阻塞、内存空间不够、内部故障等)而使连接建立失败的可能性。

(3)吞吐量是指一定时间内在一条传输连接上传输的用户数据字节数。一般吞吐量用每秒字节数表示。在一条传输连接上可以有两个方向的吞吐量。

(4)传输延迟是指从发送方开始传输数据到这个数据被接收方收到为止这两个事件之间的时间差，这个时间差越短越好。同样，也可以有两个方向的传输延迟。

(5)残留差错率是指传输连接上错误的数据传输量占全部传输的数据量的比例。虽然从理论上说，这个比例应该为0，因为传输层的主要功能之一就是要提供可靠服务，但实际上这是很难的。

(6)保护性是指提供安全数据传输的一种能力。安全数据传输包括防止非法的数据截取和修改等操作。

(7)优先权是指某些数据的传输连接要比其他传输连接更重要，从而保证这些数据优先传输的能力；而且，一旦发生网络阻塞，具有高优先权的传输连接将优先获得网络资源。

(8)回弹率是指由于某种原因(如内部原因或网络阻塞)而自发终止传输连接的可能性。

传输层服务质量不是由单方面决定的，一般它需要连接的双方有一个协商的过程。如图7.4所示。

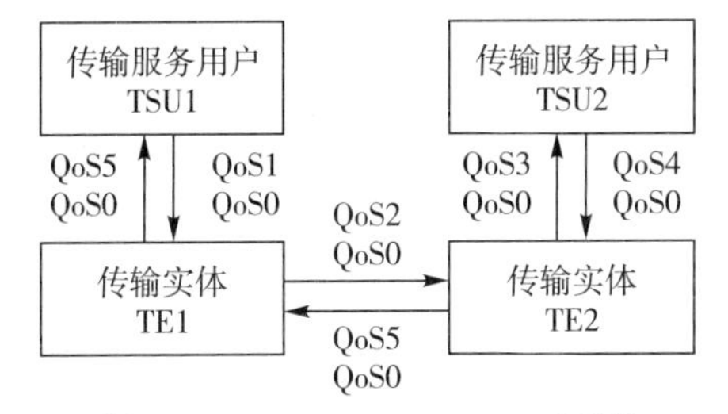

图7.4 传输服务质量协商过程

传输服务用户TSU1在请求传输连接时，会指出各种服务质量参数的期望值QoS1和最低可接受值QoS0，传输实体TE1在收到这个传输连接请求后，可能马上就判别出其中某些参数是不能达到的，于是传输实体TE1会立即给传输服务用户TSU1发回连接请求失败信息，并指明哪些参数不能达到。如果传输实体TE1能达到所有期望的QoS参数，则向目标传输实体TE2发出连接请求；如果传输实体TE1收到连接请求后发现虽然不能达到期望值QoS1，却可以达到一个比较低但高于QoS0的服务质量QoS2，这时传输实体TE1则会向目标传输实体TE2发出连接请求，同时传递相应的服务质量参数QoS2和QoS0。

如果目标传输实体TE2能够接受源传输实体TE1的QoS2，则将QoS2和QoS0传递给传输服务用户TSU2；如果目标传输实体TE2不能接受源传输实体TEl的QoS2，但能接受一个比最低QoS0高的服务质量QoS3，则目标传输实体TE2向传输服务用户TSU2传递服务质量参数QoS3和QoS0。

类似地，如果TSU2不能接受TE2的QoS3，但能接受一个比最低QoS0高的服务质量，即QoS4，则用QoS4来响应这个连接请求。最终，通信双方会确定一个大家都能接受的服务质量QoS5，目标传输实体TE2会以QoS5和QoS0响应源传输实体TEl的连接请求，这整个过程就称为QoS的协商。

一旦QoS协商成功，这个传输服务质量将在这个连接的生存周期内一直有效，直到连接被释放。一般而言，高的传输服务质量所要求的费用也比较高，这样就可防止用户提出过高的要求。

7.1.3 多路复用技术

将若干个会话复用到少数的连接、虚电路或物理链路上，这种做法在网络体系结构的几个层上都有使用。在传输层上，对多路复用的需求来自多个方面。例如，如果一台主机上只有一个网络地址可以使用，那么，这台主机上所有的传输连接都必须使用这唯一的一个地址。当一个传输协议数据单元(transport protocol data unit，TPDU)进来的时候，传输实体需要使用某一种方法来指明应该将它交给哪一个进程。这种情形被称为向上多路复用，如图 7.5(a)所示，4 个不同的传输连接全都使用了同样的网络连接(即 IP 地址)与远程主机进行通信。

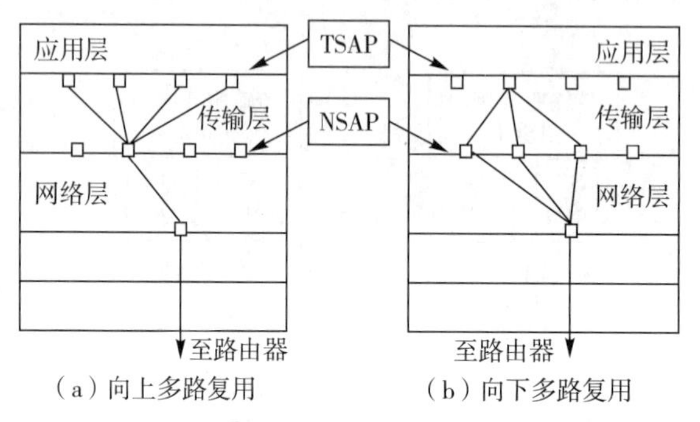

图 7.5 多路复用

多路复用机制之所以在传输层上非常有用，还有另外一个原因。例如，假设一个子网的内部使用了虚电路，并且每条虚电路上都有最大数据速率限制。如果一个用户所需要的带宽超过了一条虚电路所能够提供的带宽，那么，一种办法是打开多个网络连接，并且采用轮询方法将流量分布到这些网络连接上，如图 7.5(b)所示。这种操作方法被称为向下多路复用。如果打开 k 个网络连接，则实际的带宽增加至 k 倍。一个有关向下多路复用的常见例子是使用 ISDN 线路的家庭用户。这条线路提供了两个独立的连接，每个 64 kbps，使用这两个连接来呼叫一个 Internet 供应商，并且将流量分布在两条链路上就有可能达到 128 kbps 的有效带宽。

就现实应用来说，向上多路复用的使用往往是出于费用上的考虑。一般而言，网络服务收费以网络连接为标准，多条传输连接复用一条网络连接，可以在满足吞吐量的情况下尽量减少费用。

向下多路复用的目的是提高吞吐量。一般来说，多条网络连接上的吞吐量大于一条网络连接上的吞吐量。当然，吞吐量也不是无限制的，若两个节点之间有一条物理链路相连，那么传输连接的吞吐量不会超过该链路的容量。

7.2 互联网传输协议

Internet 的传输层上的两个主要协议 TCP 和 UDP 都是基于网络层的协议 IP，如图 7.6 所示。

按照 OSI 的术语，两个对等传输实体在通信时传送的数据单元称为传输协议数据单元。但在TCP/IP体系中，则根据所使用的协议是TCP还是UDP，分别称之为TCP报文段或UDP报文(或用户数据报)。

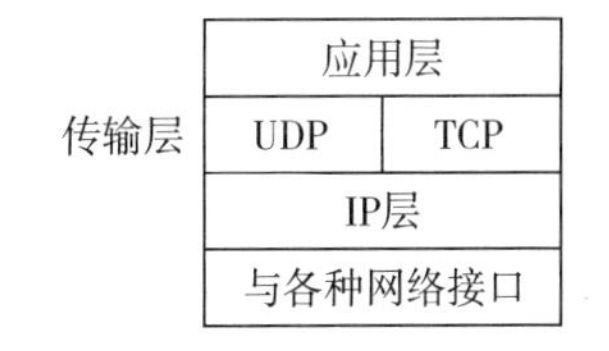

图7.6　TCP/IP体系中的传输层协议

UDP协议在传送数据之前是不需要先建立连接的。远地主机的传输层在收到UDP报文后，也不需要给出任何确认，因此，是一种不可靠的交付。虽然UDP不提供可靠交付，但在某些情况下UDP却也可以是一种最有效的工作方式，UDP基本上只不过是在IP数据报的基础上再加一个很短的首部。

TCP协议则提供面向连接的可靠服务。在传送数据之前双方必须先建立连接，数据传送结束后还要释放连接，因此是一种可靠的交付。TCP不提供广播或多播服务。由于TCP要提供可靠的面向连接的传输服务，因此不可避免地要增加许多额外的开销，如确认、流量控制、计时器以及连接管理等。这些不仅使TCP报文段的首部要增大许多，还要占用许多的处理机资源。表7.2给出了一些使用传输层协议(UDP或TCP)的应用层协议。

表7.2　使用UDP和TCP的各种应用和应用层协议

应　用	应用层协议	传输层协议
域名转换	DNS	UDP
简单文件传送	TFTP	UDP
路由选择	RIP	UDP
IP地址配置	BOOTP，DHCP	UDP
网络管理	SNMP	UDP
远程文件服务器	NFS	UDP
IP电话	专用协议	UDP
流式多媒体通信	专用协议	UDP
多播	IGMP	UDP
电子邮件	SMTP	TCP
远程终端接入	TELNET	TCP
万维网	HTTP	TCP
文件传送	FTP	TCP

7.2.1　TCP简介

TCP是TCP/IP体系中面向连接的传输层协议，提供全双工的服务。虽然给它提供服务的IP层网络服务是不可靠的，但TCP协议的目的是在这个不可靠的网络服务基础上，实现一个可靠的端到端字节流的传输服务。另外，由于互联网络规模大，网络种类繁多，网络的拓扑结构及流量特性很复杂且动态变化，因此，TCP必须设计为能够动态地适应互联网络的这些特性，并且当面对多种失败的时候仍然表现出足够的鲁棒性。

TCP 最初由 RFC 793 定义,随着时间的推移,存在一些错误和不完善的地方,而且在某些领域的需求也发生了变化,于是在后继的 RFC 1122 中定义了 TCP 协议的修改和改进,在 RFC 1323 中又进一步定义了 TCP 的扩展。

每台支持 TCP 协议的终端都有一个 TCP 传输实体,它负责管理 TCP 流并提供与 IP 层的接口。TCP 传输实体从本地进程接收用户数据流,将它们划分成不超过 64 kB 的段(在实践中,通常被划分的每段数据流长度不超过 1 460 数据字节),然后每个段封装在一个单独的 IP 数据报中传输。当包含 TCP 数据的数据报到达目的终端时,TCP 数据被递交给 TCP 传输实体,然后 TCP 传输实体将收到的数据重新恢复成字节流交给上层。

由于 IP 层的网络服务是不可靠的,即不保证数据报传输的可靠性和顺序,因此,TCP 需要判断超时的情况,并且根据需要可能重新传输数据报。即使被正确递交的数据报,也可能存在错序的情况,这时,作为 TCP 的责任,必须要把接收到的报文段按照正确的顺序重新装配成用户的消息。简而言之,TCP 必须提供差错控制和排序的功能,提供可靠性,这也正是大多数用户所期望的而网络层又没有提供的服务。

7.2.2 TCP 服务模型

TCP 是使用连接来进行通信的(具体 TCP 连接的建立和释放过程将在 7.2.6 节中详细讨论)。当一个应用进程希望与另一个远程的应用进程建立连接的时候,除了要知道对方的主机地址外,它还必须知道要连接到对方哪个应用进程上,从而实现"端—端"通信。在传输层上通常使用的方法是为那些能够监听连接请求的进程定义 TSAP,在 Internet 中,这些访问点就称为端口。同样地,在网络层上的访问点就称为 NSAP,IP 地址就是 NSAP 的特例。

图 7.7 显示了 NSAP、TSAP 和传输连接之间的关系。应用进程(包括客户端和服务器端)可以将自己关联到一个 TSAP 上,以便与远程的 TSAP 建立连接,每个连接需要途经每台主机上的 NSAP。采用 TSAP 的目的是:在有些网络中,每台计算机只有一个 NSAP,但是可能有多个传输端点共享此 NSAP,所以它需要某一种方法来区分这些传输端点。

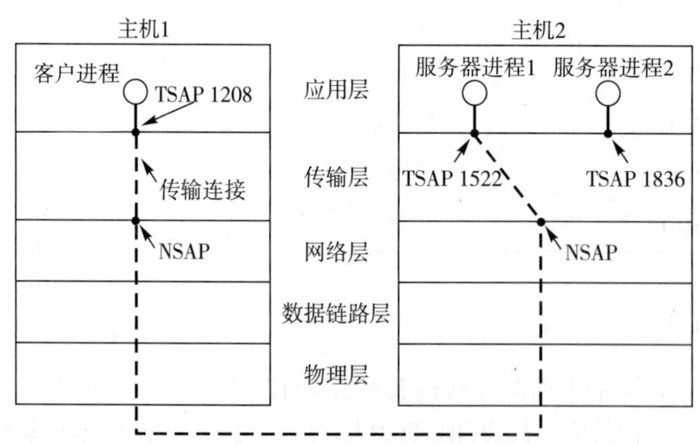

图 7.7　NSAP、TSAP 和传输连接之间的关系

假设图 7.7 是这样的一个情境:主机 1 是客户端,主机 2 是服务器端。在主机 2 上运行有一个时间服务器进程,向全网提供时间查询服务。设主机 2 上的时间服务器进程将

自己关联到 TSAP 1522 上，以等待外来的连接请求。当然，一个进程如何将自己关联到一个 TSAP 上，已经不属于网络模型的范畴，而完全取决于本地的操作系统了，常见的是采用 LISTEN 原语。设主机 1 上的客户进程将自己关联到 TSAP 1208 上。这时假设主机 1 上的应用进程希望知道当前的时间，其过程如下。

(1)主机发出一个 CONNECT 请求，将 TSAP 1208 作为源端口，将 TSAP 1522 作为目的端口。

(2)主机 1 上的传输实体在本地机器上选择一个主机地址(如果它不止一个的话)，并在主机 1 与主机 2 之间建立一个网络连接。使用该网络连接，主机 1 的传输实体就能与主机 2 的传输实体进行通话了。

(3)应用进程发出一个请求，提出希望知道当前的时间。

(4)主机 2 上的时间服务器进程收到请求后，决定是否愿意接受这个连接，如果它同意，该传输连接便建立成功，于是时间服务器进程以当前的时间作为响应。

(5)最后，传输连接被释放。

在主机 2 上很可能还有其他的服务器进程也已经被关联到相关的一些 TSAP 上，如图 7.7 所示，可以看到同时在主机 2 上还有一个服务器进程 2 被关联到 TSAP 1836 上，它们也在等待着由同一个 NSAP 进入的连接请求。那么主机 1 上的应用进程如何知道时间服务器进程是被关联到 TSAP 1522 上的呢?

常用的处理方法有两种。

第一，对于一些少数且关键的服务器进程(例如 Web 服务器)，它们被连接请求的频率高，而且一旦连接上以后维持的时间一般也比较长，可以将这些典型服务器进程与熟知的 TSAP 永久地关联起来。TSAP 和服务进程往往被罗列在一些知名的文件中，如 UNIX 系统中的/etc/services 文件，该文件中列出了哪些服务器进程被永久地关联到哪些端口上。而对于一般的绝大多数的服务器进程，客户进程通常只需要跟它们进行一个较短时间的通话，而且这些服务器进程往往没有熟知 TSAP，甚至这些服务器进程一直都很少被使用。如果让这样的一些服务器进程各自都主动地、全天候地监听一个 TSAP，会造成很大的资源浪费。对此采用的解决方案是不再让每个存在的服务器进程都去监听一个独立的 TSAP，而是让每台提供服务的主机只运行一个特殊的进程服务器，此进程服务器为那些较少被使用的服务器提供代理功能，同时监听一组 TSAP，以等待外来的连接请求。当需要某种服务的客户进程通过执行 CONNECT 开始连接到服务器主机。如果被要求的服务器进程是典型的服务器进程，则直接通过熟知 TSAP 进行连接；如果没有专门的服务器进程在等待，则被连接到进程服务器上，如图 7.8(a)所示。进程服务器接到了进来的请求之后，它启动与该请求对应的服务器进程，并允许它继承自己与客户进程已有的连接，然后新的服务器进程执行客户请求的工作，而进程服务器则回去继续监听新的连接请求，如图 7.8(b)所示。

第二，采用端口映射器或目录服务器。端口映射器保存了服务名和 TSAP 之间的对应关系。当客户要了解某一服务的 TSAP 时，它与端口映射器建立连接(端口映射器有通用的 TSAP 地址)，发送过来一个报文，指明服务的名称，端口映射器则将该服务所对应的 TSAP 返回给用户。接下来，用户释放与端口映射器的连接，再与期望的服务建立一个新的连接。

在这个模型中,当一个新的服务被创建的时候,它必须向端口映射器注册,并把它的映射端口(通常是一个 ASCII 字符串)和 TSAP 告诉端口映射器。端口映射器将这份信息记录到它的内部数据库中。所以,以后当用户查询的时候,就可以知道答案了。

可以发现,端口映射器的功能非常类似于电话系统中 114 查号服务台的接线员,她们提供的是从名字到电话号码之间的映射关系。如同在电话系统中一样,很重要的一点,端口映射器所使用的 TSAP,一定是众所周知的;就好比不知道查号服务的电话号码 114 也就根本无法查到想要的号码了。

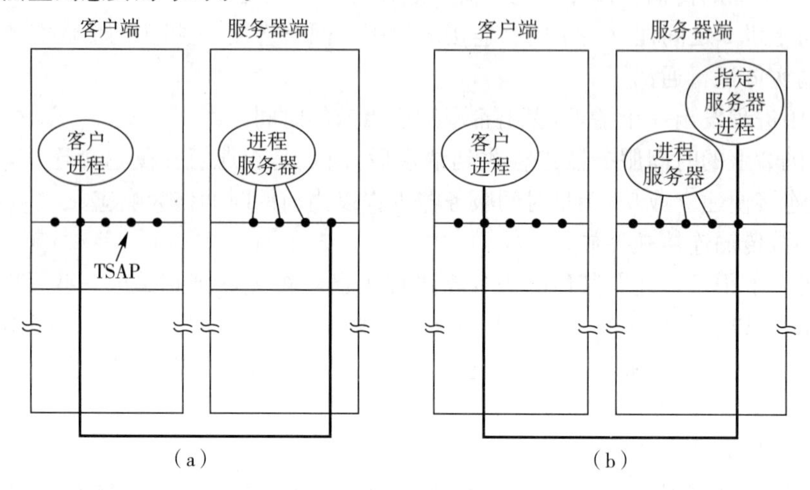

图 7.8　TSAP 解析

为了区分不同主机中的进程,TCP/IP 协议簇将主机的 IP 地址与端口结合起来,定义为通信的一个端点,称之为套接字。由于每一条传输连接有两个端点,因此每一条传输连接都是用一对唯一的套接字来标识。而每个套接字是使用一对整数(host,port)来标识,如图 7.9 所示。其中,host 是该主机的 IP 地址,port 是该主机上的一个 16 位二进制位串(称之为端口号)。例如,套接字(128.10.2.3,25)表示的就是 IP 地址为 128.10.2.3 的主机上的 25 号端口。端口的作用就是让应用层的各种应用进程都能把数据通过相应的端口向下交付给传输层,以及让传输层知道,应当把报文段中的数据向上,通过合适的端口交付给应用层相应的进程。从这个意义上讲,端口是用来标志应用层的进程的。

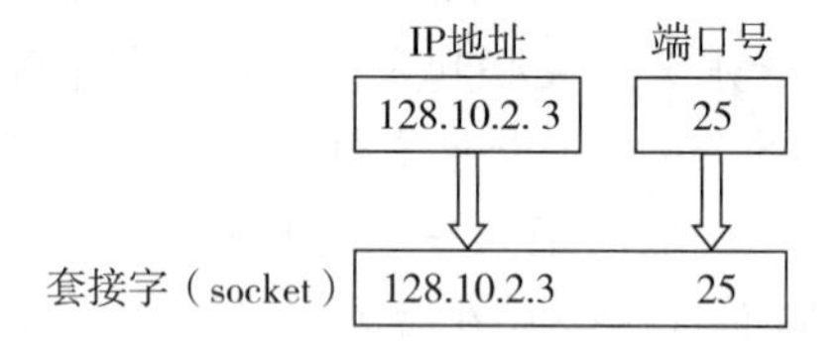

图 7.9　套接字和端口、IP 地址的关系

对于不同的计算机,端口的具体实现方法可能有很大的差别,因为它取决于计算机的操作系统。但无论在什么操作系统中,端口号都是用 16 位二进制位串进行标识的。它只具有本地意义,只是为了标识本地计算机应用层中的某进程。

端口号是用 16 位二进制位串表示的,因此对一个计算机来说可允许有 65 536 个端口号,它们共分为 3 类。

第一类,熟知端口,其数值为 0~1 023。这类端口由 ICANN 负责分配给一些常用的应用层程序固定使用。读者可以在 www.iana.org 上找到所有熟知端口的列表。目前已经分配了 300 多个,表 7.3 列出了一些最为常用的端口号。

表 7.3 一些已被分配的熟知端口

端口号	协 议	用 途
21	FTP	文件传输
23	Telnet	远程登录
25	SMTP	电子邮件
53	DNS	域名系统
69	TFTP	简单文件传输协议(Trivial FTP)
79	Finger	查询有关一个用户的信息
80	HTTP	万维网(World Wide Web)
110	POP3	远程电子邮件访问
119	NNTP	USENET 新闻

第二类,登记端口,其数值为 1 024～49 151。这类端口是由 ICANN 控制的,使用这个范围的端口必须在 ICANN 登记,以防止重复。

第三类,动态端口,其数值为 49 152～65 535。这类端口是留给客户进程选择作为临时端口。

所有的 TCP 连接都是全双工的,并且是点到点的。所谓全双工,意味着同时可在两个方向上传输数据;而点到点则意味着每个连接恰好有两个端点。TCP 并不支持多播或者广播传播模式。

一个 TCP 连接就是一个字节流,而不是消息流。端到端之间并不保留消息的边界。例如,如果发送进程将 4 个 512 字节的数据块写到一个 TCP 流中,那么,在接收进程中,这些数据可能是按 4 个 512 字节块的方式被递交,也可能是 2 个 1 024 字节的数据块,或者是 1 个 2 048 字节的数据块,或者其他的方式。接收方是无法获知这些数据被写入字节流时候的单元大小的。

7.2.3 TCP 协议

在这一小节中,将概述性地介绍一下 TCP 协议。

TCP 协议中的一个关键特征是 TCP 连接上的每个字节都是有编号的,即都有它自己独有的 32 位序列号,这为确认机制和窗口机制提供了方便。

每台支持 TCP 协议的终端都有一个 TCP 传输实体,它负责管理 TCP 流,并提供与 IP 层的接口,发送端和接收端的 TCP 传输实体以 TCP 报文段的形式交换数据。TCP 报文段由一个 20 字节的固定首部、(可选的)选项首部以及零个或多个字节的数据部分组成。TCP 报文段的大小由 TCP 软件决定,它可以将多次写操作中的数据积累起来,放到一个报文段中发送,或者是将一次写操作中的数据分割到多个报文段中发送。当然,报文段的长度受两个因素制约:① 每个报文段,包括 TCP 首部在内,必须符合 IP 层的 65 515 字节净荷大小限制;② 每个网络都有一个最大传输单元 MTU,每个数据段必须适合于 MTU。在实践中,MTU 通常是 1 500 字节(以太网的净荷大小),它常常也就决定了 TCP 报文段的最大长度为 1 480 字节(因为 IP 首部占用 20 字节)。

TCP 传输实体使用的基本协议是滑动窗口协议,当发送方传送一个报文段的时候,它同时也启动一个定时器。当该报文段到达目标端的时候,接收方的 TCP 实体回送一个确认报文段(如果接收方有数据要发送,则可以在确认报文段中包含数据,否则就不包含数据,仅起确认作用)。其中,确认号的数值等于接收方期望接收的下一个数据字节的序列号。如果发送方在定时器超时之前都没有收到接收方的确认报文段,则发送方再次发送原来的数据段。尽管这个协议听起来非常简单,但是它涉及许多非常微妙的细节,如 TCP 的超时值定为多少,如何进行流量控制和拥塞控制,如何优化 TCP 的性能等,这些都是 TCP 协议的重要内容,后面将具体介绍。

另外,由于 IP 层不保证数据报传输的可靠性和顺序,因此,即使被正确传送到的 TCP 报文段,也可能存在错序的情况,例如可能发生这样的情形:接收方已经收到字节序号为 3 001～5 000,但它们却不能被确认,因为字节序号为 2 500～3 000 的报文段还没有到达,也许要等好久它们才能到达。这时作为 TCP 的责任,它必须要把接收到的报文段按照正确的顺序重新装配成连贯的数据。

TCP 必须做好应对这些可能出现问题的准备,并且采用有效的方法来解决这些问题。尽管面临各种各样的网络问题,但研究人员还是做了大量的努力来优化 TCP 流的性能。

7.2.4 TCP 报文段头

一个 TCP 报文段分为首部和数据两部分,如图 7.10 所示。TCP 首部由固定首部和可选的附加选项组成。TCP 数据部分理论上长度最多可达 65 535－20－20＝65 495 个字节,此式中的第一个 20 是指 IP 首部,第二个 20 是指 TCP 固定首部。无任何数据的 TCP 报文段也是合法的,它通常被用于确认或控制消息。应当指出,TCP 的全部功能都体现在它首部中各字段的作用。因此,必须弄清 TCP 首部各字段的作用,才能掌握 TCP 的工作原理。

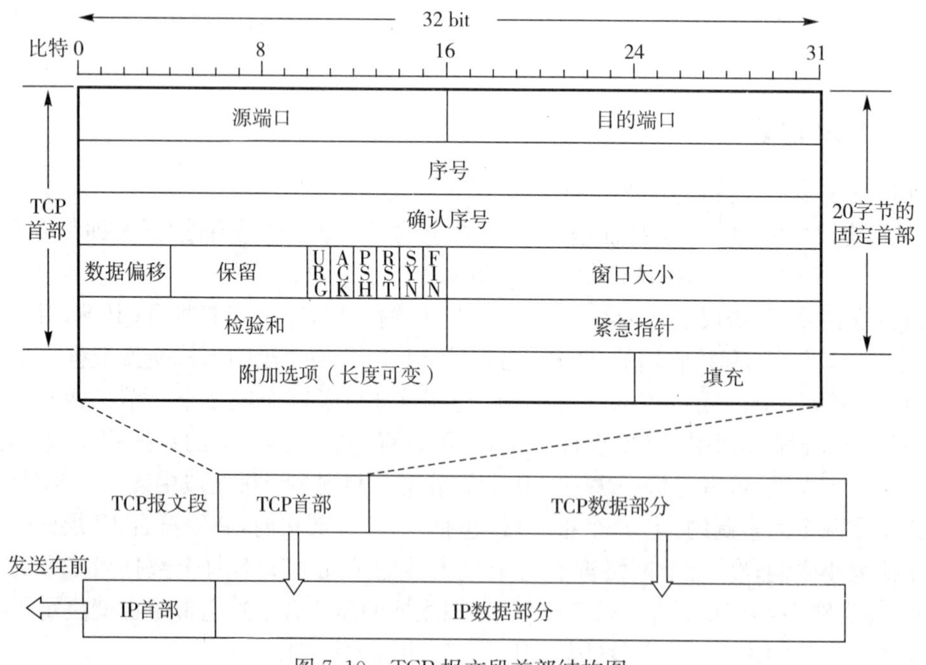

图 7.10　TCP 报文段首部结构图

TCP报文段首部的前20个字节是固定的，称之为固定首部，后面有4N字节是可选的附加选项（N取自然数）。因此TCP首部的最小长度是20字节。下面将逐个介绍TCP首部各字段的长度和作用。

（1）源端口和目的端口：各占2个字节。端口是传输层与应用层的服务接口，它们分别与源IP地址和目的IP地址一起标识一个TCP连接的两个端点，传输层的复用和分用功能都要通过端口才能实现。

（2）序号：占4个字节。如前所述，TCP连接上的每个数据字节都是有编号的，即都有其独有的32位序列号。序号从0开始，到$2^{32}-1$结束，共2^{32}个序号。TCP是面向字节流的，TCP传送的报文可看成连续的数据流，在一个TCP连接中传送的数据流中的每一个字节都对应着一个序号。整个数据流的起始序号在连接建立时设置，序号字段中的值指的是本报文段所发送的数据流的第一个字节的序号。例如，某报文段序号字段值为401，而携带的数据共有200字节，这就表明本报文段的数据流的第一个字节的序号为401，最后一个字节的序号为600。显然，对于下一个报文段的数据序号应当从601开始，因此下一个报文段的序号字段值应为601。

（3）确认序号：占4个字节，是接收方期望收到的发送方下一个报文段中起始数据字节的序号。例如，B正确接收了A发送过来的一个报文段，其序号值是401，数据长度为200字节，这表明B已经正确接收到了A发送过来的序号在401到600之间的数据。那么，接下来B期望收到A的下一个报文段中起始数据序号是601，因此B在发送给A的确认报文段中将确认序号设置为601。

（4）数据偏移：占4位，它指出TCP报文段的数据起始处距离TCP报文段的起始处有多远。这实际上就等价于TCP报文段首部的长度。由于TCP报文段首部长度不固定（有定长为20字节的固定部分和不定长的4N字节的附加选项部分），因此设立数据偏移字段是必要的。但应注意，“数据偏移”的单位不是字节而是32位字（即偏移单位为4个字节），由于4位二进制数能表示的最大十进制数值是15，因此数据偏移的最大值为$4\times15=60$字节，这就是TCP首部的最大长度。

（5）保留部分：占6位，保留为今后使用，目前都设置为0。这个部分已经保留了超过四分之一个世纪的时间而仍然原封未动，这样的事实正好说明了当初TCP的设计者们考虑得非常周到，几乎没有协议需要利用这个保留位来修正原始设计中的错误。

（6）6个控制位：用以说明报文段的性质。它们的作用如下。

① 紧急URG：紧急标志位。当URG=1时表明紧急指针字段有效。它负责告诉系统此报文段中有紧急数据，应尽快传送，而不要按原来的排队顺序来发送。例如，要发送一个程序到远方主机上运行，已经发送了很长的部分，但后来发现了一些问题，需要取消该程序的运行，于是用户从键盘发出中断命令（Ctrl+C）。如果不使用紧急标志，那么这两个字符将存储在接收端TCP缓存的末尾。只有当所有的数据被处理完后这两个字符才被交付给接收应用进程，这样就浪费了许多时间和资源。当URG置为1时，发送应用进程就会告诉发送TCP这个报文段里的内容是紧急数据，于是发送TCP就会将这个报文段插入其他普通数据报文段的最前面。紧急数据到达接收方后，接收TCP也优先处理紧急数据。当所有紧急数据都被处理完后，TCP就告诉应用程序恢复到正常操作。值得注意的是，即使窗口值为0时也可以发送紧急数据。另外，紧急URG要与首部中的紧急指针字段（后面介绍）配合使用。

② 确认 ACK:确认标志位。当 ACK=1 时,表明报文段中确认序号字段有效,这时可以理解当前发送的报文段为确认报文;当 ACK=0 时,表明确认序号字段无效。

③ 推送 PSH:当两个应用进程进行交互通信时,有时一端的应用进程希望在键入一个命令后立即就能够得到对方的响应。在这种情况下,发送方 TCP 就可以设置 PSH 位为 1,并立即创建一个报文段发送出去。接收 TCP 收到 PSH 为 1 的报文段后,则应尽快地交付给接收应用进程,而不再等整个接收缓存都填满了后才向上交付。

④ 复位 RST:复位标志。当 RST=1 时,表明 TCP 连接中出现严重差错(如主机崩溃),这时必须释放当前连接再重新建立一个新的传输连接。另外,RST 置 1 还可以用来拒绝接收一个非法报文段,或拒绝建立一个连接。

⑤ 同步 SYN:建立连接标志。建立连接过程中,在客户端发出请求建立连接的报文段中:SYN=1,ACK=0;在服务器端表示接收建立连接的报文段中:SYN=1,ACK=1。所以可用 SYN 来区分与建立连接有关的报文段,而用 ACK 进一步区分是连接请求还是连接接收。

⑥ 终止 FIN :释放连接标志。当 FIN=1 时表示此报文段的发送方的数据发送已经结束,并要求释放传输连接。注意,这是单方面请求释放连接,仍然允许对方发送数据。

(7)窗口 WIN:占 2 个字节。窗口的值在 0 和 $2^{16}-1$ 之间。窗口字段用来控制对方发送的数据量,单位为字节。TCP 连接的接收端根据设置的缓存空间大小确定自己可以接收的数据量,然后通过窗口字段通知对方以确定对方的发送窗口的上限。例如,假设一个 TCP 连接的两端分别为 A 和 B,A 向 B 发送数据,若 B 的接收缓存中只有 400 字节的空间,则 B 在发送给 A 的确认报文段中将窗口 WIN 设置为 400,就是告诉 A 的 TCP:"你(A)在未收到我的另外确认前所能发送的数据量的上限,就是本报文段首部窗口 WIN 中的值。"如果该字段的值为 0,则表示要求发送方停止发送,过后可以用一个该字段不为 0 的报文段来恢复发送。

(8)检验和:占 2 个字节。检验和字段给 TCP 提供了额外的可靠性。它检验的范围包括首部、数据和伪首部。TCP 报文段首部中检验和的计算方法有些特殊。在计算检验和时,要在 TCP 报文段之前增加 12 个字节的伪首部。所谓"伪首部"是指这种伪首部并不是 TCP 报文段真正的首部,它仅仅是在计算检验和时,临时和 TCP 报文段连接在一起,得到一个临时的 TCP 报文段。检验和就是针对这个临时的 TCP 报文段来计算的。伪首部既不向下传送也不向上递交,而仅仅是为了计算检验和。

伪首部的前 2 个字段分别为源 IP 地址和目的 IP 地址,长度均为 4 个字节。伪首部的第 3 个字段长度为 1 个字节,值为 0;第 4 个字段长度为 1 个字节,是 IP 首部中的协议字段的值,对于 TCP,其协议字段值为 6;第 5 个字段长度为 2 个字节,值为 TCP 报文段的长度。图 7.11 给出了 TCP 伪首部各字段的内容。

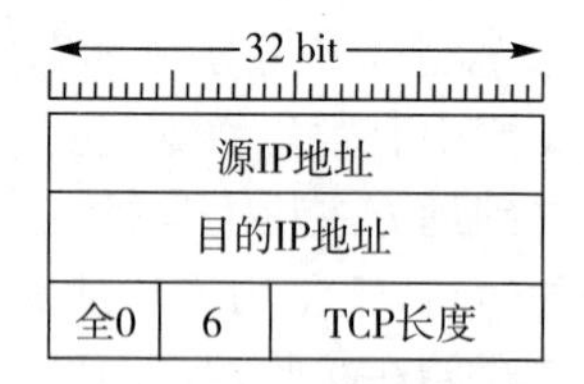

图 7.11　TCP 报文段伪首部结构图

TCP 计算检验和的方法和计算 IP 数据报首部检验和的方法类似。但不同的是 IP 数据报的检验和只检验 IP 数据报的首部,而 TCP 的检验和则是把临时增加的伪首部、TCP 首部和数据这 3 部分都检验了。

具体检验方法为:在发送方,首先,把全 0 放入检验和字段,再把伪首部以及 TCP 报文段看成是由许多 16 位的字串接起来的。若 TCP 报文段的数据部分长度不是 $4N$(N 为正整数)字节的整数倍,则要填充一个全0字串在后面直至其长度为4N字节(填充的全0字节不发送)。然后,按二进制反码计算出这些16位字的和,将此和的二进制反码写入检验和字段后,发送该TCP报文段。在接收方,对于收到的TCP报文段增加伪首部(以及可能的填充全0字节),按二进制反码计算出这些16位字的和。当无差错时,其结果应为全1;否则就表明出现传输错误,接收方应丢弃这个错误的TCP报文段(当然也可以上交给应用层,但应附上出现了差错的警告)。这种简单差错检验方法的检错能力并不强,但它的好处是简单,处理起来比较快。

(9)紧急指针:紧急指针指出在本报文段中紧急数据一共有多少个字节,它和URG配合使用。

(10)附加选项:长度可变。附加选项字段提供了一种增加额外设置的方法,在普通的TCP首部中不需要这些额外的设置。在附加选项中,TCP只规定了一种选项,即最大数据段长度(maximum segment size,MSS)。在连接建立过程中,每个主机都可以声明自己能够接收的最大值,也可以知道对方能够接收的最大值。即MSS告诉对方TCP:“我的缓存所能接收的报文段中最大长度是MSS个字节。”附加选项是可选的,如果主机没有使用这个选项,则缺省使用MSS的默认值是536。另外,连接两个方向上的MSS可以不相同。

图7.12是使用Wireshark截获的TCP报文,TCP报文段首部数据段在数据包中显示如图右边所示,分别标号如下,❶源端口号占2个字节:d268;❷目的端口号占2个字节:0050;❸序号字段占4个字节:7fce e50e;❹确认序号字段占4个字节:00000000。图左边部分同样显示TCP报文段首部数据段(二进制表示),如标号所示;❺数据偏移:1000;❻保留:000000;❼URG=0、ACK=0、PSH=0、RST=0、SYN=1、FIN=0。

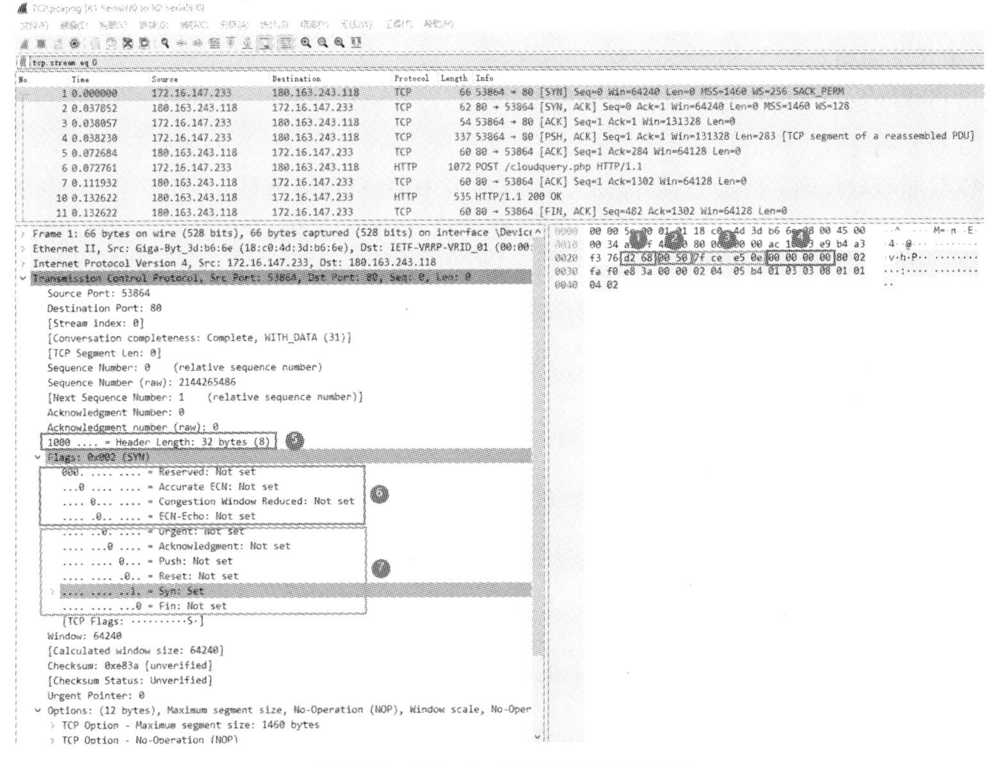

图7.12　Wireshark截获的TCP报文

7.2.5　TCP 连接管理

TCP 是面向连接的协议。面向连接的传输服务是一种可靠的服务，整个连接生存周期包括建立连接、数据传输和释放连接三个阶段。TCP 的连接管理就是使传输连接的建立和释放都能正常地进行。

1. 建立 TCP 连接

建立一个连接，听起来似乎很容易，但是它实际上却出奇的烦琐。初看起来，好像一个传输实体只要给目标端发送一个连接请求报文段，然后等待对方返回一个确认报文段就可以了。而实际上网络的拥塞或者其他的不确定性，都可能导致这些报文段出现丢失或者长时间在网络间游荡而延迟到达，甚至重复到达。这些事件一旦发生，如果不加以约束，则可能导致严重的后果。例如，一个用户与一家银行建立一个连接，并发送消息告诉银行要将一大笔钱转到另一个用户账户下，然后释放连接。假如仅仅由于网络问题导致连接请求丢失，最后连接没有建立起来，从而导致交易没有成功，则由此而造成的后果还不算很严重。而如果是出现这些分组都被复制并保存在子网中，当第一次的连接被释放以后，所有的分组又都会从子网中冒出来，并且按序到达目标端，请银行建立一个新的连接，转一笔钱(第二次)，然后释放连接。银行无法辨别这些重复的分组，它必须假定这是第二笔独立的交易，所以再转账一次。如果继续出现重复的分组到达，则会再次转账，那么用户的损失将是无法想象的。

在建立连接过程中必须解决这些延迟的重复分组，同时将重点放在"以可靠的方法来建立连接"的算法上，利用这些算法避免发生以上情形。

产生这个问题的原因是网络中存在延迟的重复分组。因此，在建立连接过程中要解决以下三个问题。

(1)要使每一方都能够确认对方的存在。

(2)要允许双方协商一些参数(如最大报文长度 MSS、最大窗口、服务质量等)。

(3)能够对传输实体资源(如缓存大小、连接表中的项目等)进行分配。

TCP 连接的建立是一个不对称的过程，也就是 TCP 连接的两方中，一端的应用进程处于主动方式(执行 CONNECT 原语)，另一端的应用进程处于被动方式(执行 LISTEN 原语)。主动发起连接建立的应用进程称为客户，而被动等待连接建立的应用进程称为服务器，这称为客户—服务器模式。TCP 协议中使用"三次握手"方法建立连接。如图 7.13 所示。

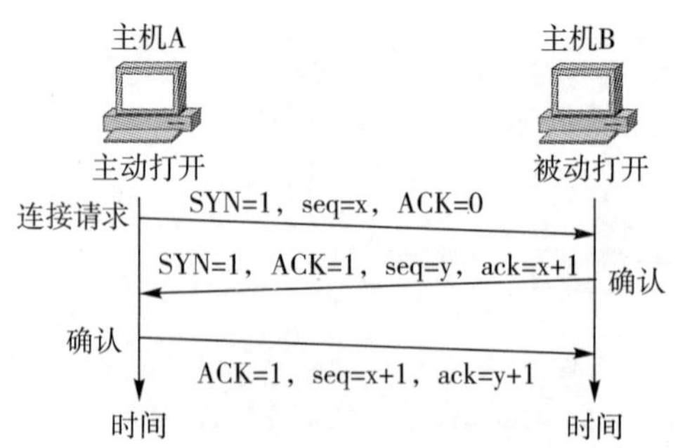

图 7.13　用三次握手建立 TCP 连接

设主机 B 中运行 TCP 的服务器进程，它通常执行 LISTEN 和 ACCEPT 原语，在指定的端口上不断监听是否有客户进程要发起连接请求。如有，要立即作出响应。

设在主机 A 中运行客户进程。当它想要和主机建立一个连接时，它要先向主机 B 发出一个 CONNECT 原语，给出想要连接的 IP 地址和端口号、可以接收的最大 TCP 段长度，以及可选的用户数据（如口令）等。CONNECT 原语发出一个序号 seq＝x、SYN＝1、ACK＝0 的连接请求报文段，然后等待回答。

主机 B 收到连接请求报文段后检查本地是否有进程在目的端口上监听，如果没有，就发出一个 RST＝1 的 TCP 报文段，拒绝建立连接；如果有，就将数据交给监听的进程，该进程决定是接收还是拒绝连接。如果接收连接，则执行 ACCEPT 原语，即返回一个序号 seq＝y、确认序号 ack＝x＋1、SYN＝1、ACK＝1 的确认报文段进行响应。注意这里设置 seq＝y 是如果主机 B 也有数据想要传送到主机 A 上的情形，如果主机 B 没有数据要发送，而仅仅是给主机 A 返回一个确认，则该确认报文段中 seq＝0。

主机 A 的 TCP 收到主机 B 的确认后，也要向主机 B 返回确认。即再发出一个序号 seq＝x＋1、确认序号 ack＝y＋1 和 ACK＝1 的确认报文。TCP 的标准规定：即使报文段中没有数据，SYN＝1 的报文段（如主机 A 发送的第一个请求报文段）也要消耗一个序号。因此，这里主机 A 发送的第二个报文段的序号 seq＝x＋1。

主机 A 的 TCP 应同时通知上层应用进程连接已经建立，接下来就可以进行数据传输了。请注意，当主机 A 向主机 B 发送第一个数据报文段时，其序号仍为 x＋1，因为前一个确认报文段并不消耗序号，其中 SYN＝0，而不是 SYN＝1。

当运行服务器进程的主机 B 的 TCP 收到主机 A 的确认后，也要通知其上层应用进程连接已经建立。

为什么建立连接要发送第三个报文段呢？这主要是为了防止已失效的连接请求报文段突然又传送到了主机 B，导致产生错误。

所谓“已失效的连接请求报文段”是指这样的情况：主机 A 发出连接请求，但等待很长时间后都未收到确认（可能丢失，也可能是由于网络阻塞在某个网络节点处滞留时间过长），于是主机 A 再重传一次连接请求，这次收到了确认，建立了连接。数据传输完成后，就释放该连接。这个传输过程中主机 A 共发送了两次连接请求报文段，其中第二个到达了主机 B，完成了传输过程。那么如果第一个报文段是由于在某个网络节点滞留时间长而不是丢失，则会延时到达主机 B，假设它到达的时间是在主机 A 和主机 B 的传输过程已经完成后，那么这就成了一个失效的请求报文段。但主机 B 收到此失效的连接请求报文段后，误认为是主机 A 又发出一次新的连接请求，于是就向主机 A 发出确认报文段，同意建立连接，主机 A 由于没有要求建立连接，因此不会理睬主机 B 的确认，也不会向主机 B 发送数据，但主机 B 却以为传输连接就这样建立了，并一直等待着主机 A 发送数据。这样主机 B 的许多资源就白白浪费了。

采用“三次握手”的办法就可以防止上述现象的发生。在第二个连接试图建立时，由于主机 A 不会向主机 B 的确认发出确认（即第三个报文段），主机 B 就收不到确认，连接最终也就没有建立起来。

2. 三次握手 TCP 报文解析

假设同样是主机 A 想要与主机 B 建立一个 TCP 连接,下面通过 Wireshark 截获的 TCP 报文来解析三次握手协议,如图 7.14 所示。

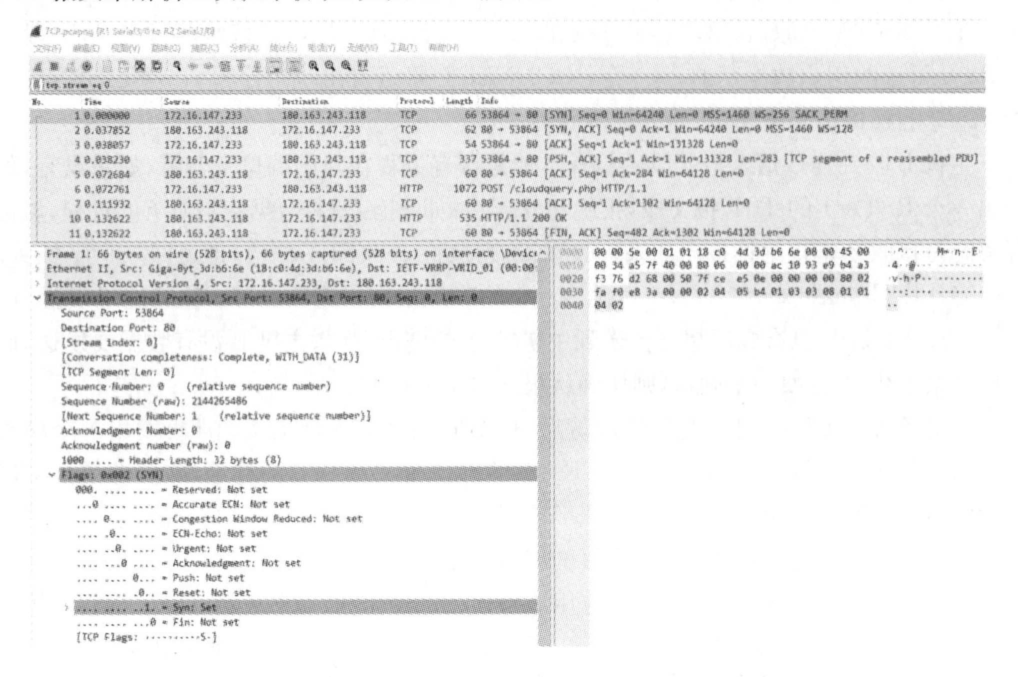

图 7.14 Wireshark 截获的三次握手 TCP 报文

第一行对应的是第一次握手报文,其中[SYN]表明为握手的开始标志。主机 A 向主机 B 发送一个标志位 SYN=1 且含有初始化序列值 Seq=0 的数据包,开始建立会话,在初始化过程中,通信双方还在窗口大小 Win、最大报文段 MSS 等方面进行协商。同时 Source Port 为 53864,Destnation Port 为 80,打开第一行下拉菜单,会出现更详细的解析。

第二行对应的[SYN,ACK]对应的是第二次握手报文,是对建立的确认,主机 B 向主机 A 发送包含确认值的数据段,其值等于所收到的序列值加 1,即 ACK=1,其自身的序列号 Seq=0,源端口号为 80,目的端口号为 53864。

第三行对应的是第三次握手报文,源端向目的端发送确认值 Seq=1,ACK=1(发送端接收到的序列值加 1),这样,就完成了三次握手。

3. 释放 TCP 连接

在数据传输结束后,通信的双方就可以发出释放连接的请求。

释放连接有两种方式:非对称释放连接和对称释放连接。非对称释放连接是电话系统的工作方式,当某一方挂机的时候,整个连接就中断了。对称释放连接的方法是把连接看成两个独立的单向连接,并要求每一个单向连接可以单独释放。

非对称释放连接方法较为粗暴,可能会导致数据丢失。如图 7.15 所示,在连接被建立起来后,主机 A 发送一个数据报文段 DATA1,它正确地到达了主机 B,并且主机 B 返回了一个确认报文。然后,主机 A 又发送另一个数据报文段 DATA2。但这次不幸的是,主机 B 在第二个数据报文段 DATA2 到达之前就释放了连接,结果导致整个连接都被释放了，于是第二个数据报文段丢失。

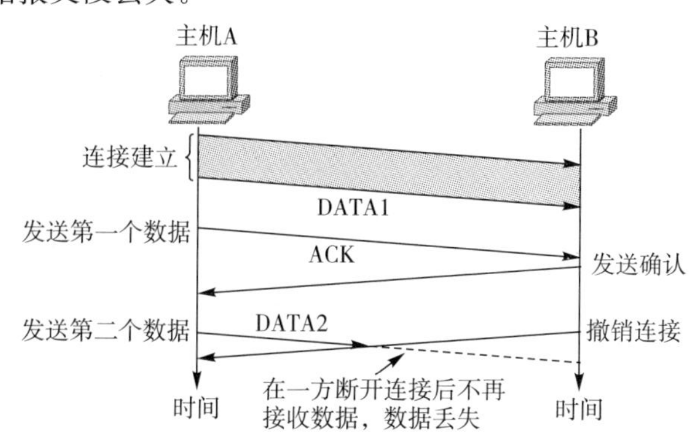

图 7.15　非对称释放连接方法中有的数据会丢失

很显然，用户需要一个更加安全的释放连接协议以避免数据丢失。常采用的一种方法就是对称释放连接方法。

当连接两端的每个进程有固定数量的数据要发送，并且清楚地知道何时发送完这些数据的时候，用对称释放连接方法可以很好地完成任务。对称释放连接方法的过程如图 7.16 所示。

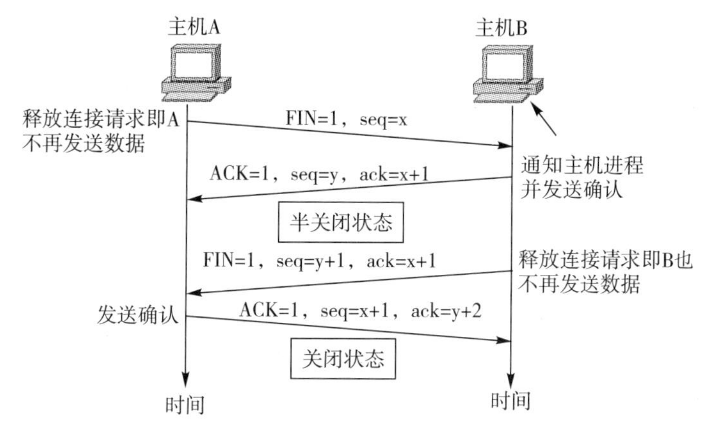

图 7.16　对称释放连接方法

由于 TCP 连接是全双工的，为了理解 TCP 连接的释放过程，可以将一个 TCP 连接看成一对单工连接。每个单工连接被单独释放，两个单工连接相互之间独立。任何一方(假设为主机 A)想要释放连接时，可发送一个 FIN=1 的 TCP 报文段，表示主机 A 已经没有数据要发送给主机 B 了。当这个报文段被主机 B 确认后，A 向 B 方向的连接就释放了。这时，连接处于半关闭状态，即 B 向 A 方向上可能还在继续无限制地传送数据。只有当主机 B 向主机 A 也发送了 FIN=1 的 TCP 段，并得到了主机 A 的确认后，这条 TCP 连接才彻底释放了。通常情况下彻底释放一个 TCP 连接需要 4 个 TCP 报文段：每个方向一个 FIN 和一个 ACK。然而第一个 ACK 和第二个 FIN 有可能合并在一个报文段中，因此有时只需要 3 个 TCP 报文段。

不过,对称释放连接协议并不总是可以正确地工作,它存在一个著名的两军问题,如图7.17所示。

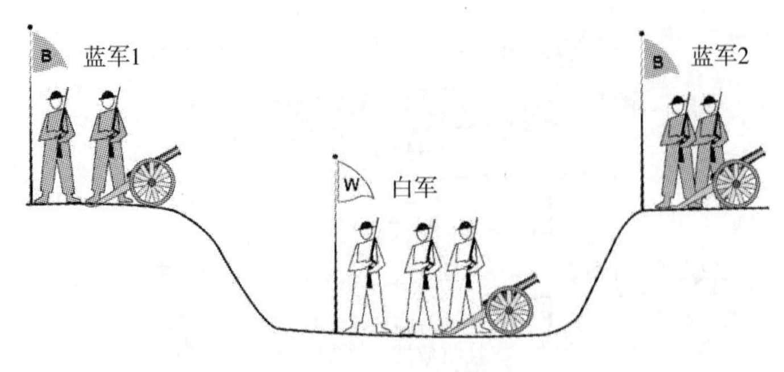

图7.17　两军问题

一支白军被围困在一个山谷中,两旁的山上都是蓝军。白军的实力超过了两旁任何一支蓝军单独的力量,但是两支蓝军联合起来的实力则又超过了白军。如果任何一支蓝军单独向白军发起攻击,蓝军将会被击败;然而,如果两支军队同时向白军发起攻击,蓝军将会胜利。两支蓝军希望能同时发起攻击,然而,它们唯一的通信方式是派传信兵穿过山谷传递消息,而在穿越山谷的时候士兵可能会被抓住,从而导致消息丢失(蓝军必须使用一条不可靠的通信信道)。那么,是否存在一个让蓝军必胜的方法?

假设蓝军1的指挥官发送这样一条消息给蓝军2的指挥官:"我建议我们明日正午12点整发起进攻,收到请回信。"现在假设该消息到达了蓝军2的指挥官处,蓝军2指挥官同意这个建议,于是发送一个确认消息:"我同意我们明日正午12点整发起进攻,收到请回信。"再假设这个消息也安全地回到了蓝军1的指挥官处,那么这个进攻会如期进行吗?可能仍然不会,因为蓝军2的指挥官还在等待着对他的确认的确认。如果这个回信没有送过来,则可能说明蓝军1将不会发动进攻,所以对他来说,贸然发动进攻将是致命的。而对蓝军1的指挥官则是同样的问题,即使他发送了确认,也一样未必会发起进攻,因为他在发出确认后,也要再次等待确认回来。这样,就陷入了一个等待确认的循环之中。所以最终的结果是蓝军的进攻未必会如期进行。

为了看清楚两军队问题与释放连接问题之间的相关性,只要用"断开连接"来代替上面问题中的"发起进攻"就可以了。如果任何一方一定要在确定另一方已经做好了断开连接的准备之后才准备断开连接的话,那么,断开连接的操作将永远都不可能发生。

在实践中,为避免释放请求的报文丢失,在每发送一个报文段的同时还需要使用一个定时器。当一方发送了一个FIN=1的报文段后,如在两倍最大分组寿命的生存期内没有收到确认,报文的发送方就直接释放连接;另一方在随后的一段时间里将收不到任何数据,其定时器超时后也将释放连接。这样的处理并不能完全杜绝再出现数据丢失,但是,已经满足通常情况下连接管理的要求了。

4. 有限状态机

建立连接和释放连接所要求的步骤可以用一个有限状态机来表达。该状态机的11种状态如表7.4所示,在每一种状态中,都存在一些合法的事件。当合法事件发生的时候,可能需要采取某个动作;当其他事件发生的时候,则报告一个错误。

表 7.4　TCP 有限状态机中存在的状态

状　态	说　明
CLOSED	没有活动的连接或者未完成的连接
LISTEN	服务器正在等待进来的连接请求
SYN_RCVD	一个连接请求已经到达;等待 ACK
SYN_SENT	应用程序已经开始打开连接
ESTABLISHED	正常的数据传输状态
FIN_WAIT_1	一方请求释放连接
FIN_WAIT_2	另一方已经同意释放连接
TIME_WAIT	等待所有的分组逐渐消失
CLOSING	双方试图同时关闭连接
CLOSE_WAIT	另一方已经发起了释放连接的过程
LAST_ACK	等待所有的分组逐渐消失

每个连接都从 CLOSED 状态开始。当它执行了一个被动的打开操作(LISTEN),或者一个主动的打开操作(CONNECT)时,它就离开 CLOSED 状态。如果另一端执行了相对应的操作,则连接被建立起来,当前状态变成 ESTABLISHED。连接的释放过程可以由任何一方发起,当释放完成的时候,状态又回到了 CLOSED。

有限状态机如图 7.18 所示,其包含了 TCP 连接可能处于的所有状态及各状态可能发生的变迁。图中每一个方框都是 TCP 可能具有的状态,方框中的字即 TCP 标准使用的状态名,状态之间的箭头表示可能发生的状态变迁。箭头旁边的字,表明是什么原因引起这种变迁,或表明发生状态变迁后又出现什么动作。注意,有 3 种不同的箭头:粗实线箭头表示对客户进程的正常变迁,粗虚线箭头表示对服务器进程的正常变迁,细线箭头表示非正常变迁。

为了更好地理解这幅图,下面进行简单的解释。

从初始状态 CLOSED 开始。设主机的客户进程发起连接请求(主动打开),这时本地 TCP 实体就创建传输控制模块(transmission control block,TCB),发送一个 SYN=1 的报文,因而进入 SYN_SENT 状态。应注意的是,可以有好几个连接代表多个进程同时打开,因此,状态是针对每一个连接的。当收到来自进程的 SYN 和 ACK 时,TCP 就发送“三次握手”中的最后一个 ACK,接着就进入连接已经建立的状态 ESTABLISHED,这时就可以发送和接收数据了。

当应用进程结束数据传送时,释放已建立的连接。设运行客户进程的主机的本地 TCP 实体发送 FIN=1 的报文,等待着确认 ACK 的到达,这时状态变为 FIN_WAIT_1(见图 7.18 中主动关闭的虚线方框中左上角),当其收到确认 ACK 时,则表示一个方向的连接已经关闭了,状态变为 FIN_WAIT_2。

若是运行客户进程的主机收到运行服务器进程的主机发送的 FIN=1 的报文后,会响应确认 ACK,这时另一条连接也关闭了,但是 TCP 还要等待一段时间(此时间取为报文段在网络中存在寿命的两倍)才会删除原来建立的连接记录,返回到初始的 CLOSED 状态,这样做是为了保证原来连接上面的所有分组都从网络中消失。

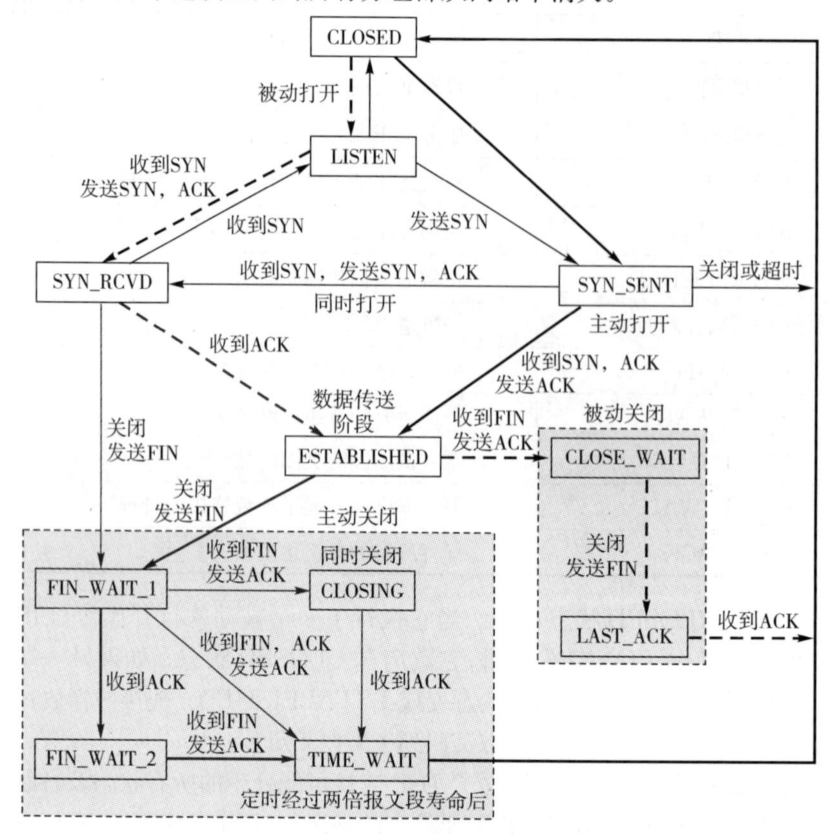

图 7.18　TCP 的有限状态机

现在从服务器进程来分析状态图的变迁(图 7.18 中粗虚线箭头)。服务器进程发出被动打开,进入听状态 LISTEN。当收到 SYN=1 的连接请求后,发送确认 ACK,并使报文中的 SYN=1,然后进入 SYN_RCVD 状态。收到“三次握手”后的最后一个确认 ACK 后,转入 ESTABLISHED 状态,进入数据传送阶段。

当客户进程的数据已经传送完毕,就发送出 FIN=1 的报文给服务器进程(见图 7.18 中标有被动关闭的虚线方框),进入 CLOSE_WAIT 状态。服务器进程发送 FIN 报文段给客户进程,状态变为 LAST_ACK 状态。当收到客户进程的 ACK 时,服务器进程就释放连接,删除连接记录,状态回到初始的 CLOSED 状态。

还有其他一些状态变迁,例如,连接建立过程中的 LISTEN 到SYN_SENT或 SYN_SENT 到 SYN_RCVD,读者可试着自行分析。

7.2.6　TCP 传输策略*

TCP 协议是面向字节流的,它把应用层交下来的长报文(考虑到 IP 层 65 515 字节净荷大小限制和每个网络都有一个最大传输单元 MTU 值的限制,长报文也有可能被划分成许多较短的报文段)看成一个个字节组成的数据流,并为每一个字节单独进行编号。在连接建立后,双方 TCP 要商定初始序号,TCP 每次发送的报文段首部中的序号字段内容,表示该报文段中紧临首部的第一个数据字节的序号。

TCP发送的确认报文段，是接收方对于所有按序收到的数据流返回给发送方的一个确认。接收方返回的确认报文段中确认序号是已按序收到的数据的最高序号加1，即确认序号表示接收方期望下次收到的报文段中第一个数据字节的序号，且保持连续。例如，接收方已经收到了1至700号、801至1 000号、1 201至1 500号，已按序收到的数据流序号是1～700，那么这时发送的确认报文段中确认序号应该是701，而不是其他。

TCP之所以传输可靠就是因为使用了序号和确认机制。在TCP发送一个报文段时，它同时也会在自己的重传队列中存放一个副本，并启动一个计时器。若收到该报文段的确认，则删除此副本；若在计时器超时之前没有收到确认，则重传此报文段的副本。TCP的确认并不保证数据已由应用层交付给了端用户，而只是表明在接收方的TCP收到了发送方发送的报文段。

由于TCP连接能提供全双工通信，因此，通信中的每一方都不必专门发送确认报文段，即报文段中只有一个确认序号，而没有任何的数据。它们可以在传送数据时顺便把确认信息捎带传送，这样可以提高传输效率。

接下来将详细地讨论TCP的发送和确认机制。

在发送方，TCP一般是根据以下3种基本机制来控制报文段的发送时机。第一种机制是TCP维持一个变量，它等于接收方确认报文段中的MSS，这个数值给出了接收方的最大数据接收能力，因此，只要发送方发送缓存从发送进程中得到的数据已达到MSS字节，就能组装成一个TCP报文段，然后发送出去。第二种机制是当发送方的应用进程指明要求发送一个报文段时，即使用了TCP的推送(PUSH)操作，则TCP立即将这个报文段单独发送出去。第三种机制是当发送方的一个计时器期限到了，说明某一个已发送出去的报文段在规定时限之内没有收到确认，于是发送方就把该计时器所对应的报文段副本从重传队列中取出，再次发送出去。

在接收方，当接收方的接收缓存已经装满数据，就会返回一个确认，并设置窗口(WIN)的值为0，这时发送方不能够再正常发送数据段了。但这里有两种意外情形允许发送方继续发送报文段：一是紧急数据仍可以发送，如要中断远程机器上运行的某一个进程；二是发送方可以发送一个1字节的数据段，要求接收方重申窗口大小和下一个准备接收的数据字节序号，这是为了避免当一个返回窗口信息的确认丢失之后发生死锁的情形。

TCP的研究和开发人员发现，当收发两端的应用程序以不同的速率工作时，软件性能可能会出现严重的问题，举两例说明之。

情形一：一个交互式用户使用一条TELNET连接(传输层为TCP协议)，应用进程要求对用户的每次击键都作出响应。用户每击键一次，即发出一个字符，加上20字节的TCP首部后，可得到21字节长的TCP报文段。再加上20字节的IP首部，形成41字节长的IP数据报后传送到接收端，接收方TCP立即发出确认，又返回一个40字节长(假定没有数据发送，因此仅由20字节的IP首部和20字节的TCP首部组成)的确认IP数据报。若用户又要求远地主机回送这一字符来回显，则又要传输一个41字节长的IP数据报和40字节长的确认IP数据报。这样，用户仅敲一次键盘，发送一个字符，在传输线路上就需传送总长度为162字节，共4个报文段的数据，对于带宽紧缺的场合，这种处理方法显然并不合适。

针对情形一，在TCP中广泛使用Nagle算法来解决。Nagle的建议非常简单：若发送方应用进程采用把要发送的数据以每次一个字节的方式发送到发送方 TCP 缓存中的方式，则发送方就将其第一个字节先发送出去，然后将其余的字节缓存起来，直到送出去的那个字节返回确认为止。然后发送方将所有发送缓存中的字节放在一个 TCP 报文段中发送出去，并且对随后到达的字节继续进行缓存。只有在收到对前一个报文段的确认后才继续发送下一个报文段。这样，如果用户敲键很快而网络又很慢，每个报文段就能包含相当数量的字节，从而大大提高所用网络带宽的效率。另外，算法还规定，当发送方到达缓存的字节已达到其窗口大小的一半或已达到最大报文长度时，也选择立即发送这一个报文段。

情形二：接收方的接收缓存已满，于是发送方停止继续发送数据过来。这时假设接收进程每次只从接收缓存中读取 1 个字符，这样接收缓存空出 1 个字节空间。但是接收方仍会向发送方发送确认，并将窗口设置为 1，于是发送一个长度为 40 字节的确认 IP 数据报。接着，发送方发来只有 1 个字节的数据字符，但长度为 41 字节的 IP 数据报。这时，接收方接收缓存区又满了，所以，接收方对这 1 个字节的数据段进行确认，并设置窗口大小为 1。这个过程会不断重复，导致大量的带宽浪费。我们把这种引起 TCP 性能退化的问题称为糊涂窗口综合征，它针对的是接收方。

针对情形二，TCP 中广泛使用 Clark 算法来解决。Clark 的解决方案是禁止接收方发送 WIN 大小是 1 个字节的确认。如果接收缓存仅空出 1 个字节的空间，则发送方必须等待一段时间，直到接收缓存有了一定数量的可用空间之后才发出确认。这个“一定数量的可用空间”一般是指接收方缓存已有能容纳一个 MSS 的空间，或者接收方的缓存区一半已空。当然，针对糊涂窗口综合征问题，若发送方不发送太小的数据段也会对这个问题有所帮助，即使用 Nagle 算法。

Nagle 算法和 Clark 算法针对糊涂窗口综合征的解决方案是相互补充的。Nagle 算法试图解决由于发送方每次向 TCP 只传送一个字节而引起的问题，Clark 算法则试图解决由于接收方每次从 TCP 流中只读取一个字节而引起的问题。这两种算法都是有效的，而且可以一起工作，要达到的目标都是发送方不要发送太小的数据段，接收方也不要请求太小的数据段。

接收端的 TCP 实体除了向发送方宣告具有较大值的窗口以外，还可以进一步提高性能。与发送端的 TCP 一样，接收端的 TCP 也可以缓存数据，所以它可以阻塞上层应用进程的 READ 请求，直至它有大块的数据可以提供。这样做可以减少调用 TCP 的次数，从而减少额外开销。当然，这样做也增加了响应的时间。但是，对于像文件传输这样的非交互式应用来说，效率可能比单个请求的响应时间更加重要。

接收方的另一个问题是如何处理乱序但无差错的报文段，TCP 对此未作明确规定，而是让 TCP 的实现者自行确定。它将不按序的报文段直接丢弃，或者先将它们暂存于接收缓存中，待所缺序号的报文段收齐后再一起上交应用层。如有可能，采用后一种策略对网络的性能会更好些。例如，接收方已经正确接收了 1 至 700 号，801 至 1 000 号，1 201 至 1 500号的报文段，则接收方可以将序号 801 至 1 000 号，1 201 至 1 500 号的报文段先进行暂存，而发回确认号为 701 的确认报文段。当发送方重传的序号为 701 至 800 的报文段正确到达接收方后，接收方就再发回确认号为 1 001 的确认，这样就提高了传输效率。

7.2.7 TCP流量控制和拥塞控制*

1. TCP流量控制

在Internet中,流量控制是指防止快速的发送进程“淹没”慢速的接收进程的过程。流量控制是属于端到端的。

TCP采用大小可变的滑动窗口机制来进行流量控制。在每个确认的TCP报文段中,除了指出已经接收到的数据字节序号之外,还包括一个窗口通告,窗口字段中写入的数值就是接收方给发送方设置的发送窗口数值的上限,窗口的单位是字节。

发送窗口在一个TCP连接建立时由双方商定,但在通信的过程中,接收方可根据自己的接收缓冲区的剩余情况,动态地调整自己的接收窗口,并通知对方,以使对方的发送窗口和自己的接收窗口一致,窗口值既可增大也可减小。这种由接收方控制发送方的做法,是计算机网络中流量控制经常使用的方法。

图7.19给出了可变的滑动窗口的示意图。假设A和B之间建立一条TCP连接,A发送数据给B。B将会分配一块缓冲区,用来缓存从对方接收的TCP数据,称为接收缓冲区,设其大小为RecvBuffer。B的用户进程会不断从这个接收缓冲区里读取传输过来的数据,因此,接收缓冲区中空闲区域会发生变化,即接收窗口会动态变化。B还需要维持两个变量LastByteRead和LastByteRcvd:变量LastByteRead是B的用户进程最近一次从缓冲区读取走的最后一个字节的位置,而变量LastByteRcvd是B的TCP最近一次从网络上接收到并放入到缓冲区中的最后一个字节的位置,这样,可以知道接收窗口RecvWindow的大小为

$$\text{RecvWindow}=\text{RecvBuffer}-(\text{LastByteRcvd}-\text{LastByteRead})$$

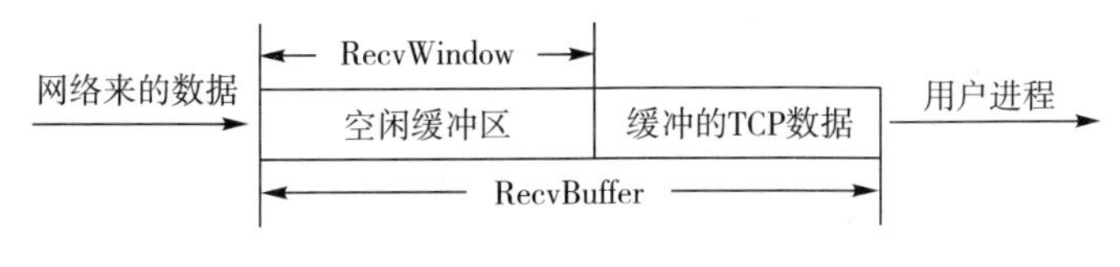

图7.19 TCP的滑动窗口

发送端A也需要维持两个变量:LastByteSent和LastByteAcked。变量LastByteSent是A最近一次从发送缓冲区中取出发送的最后一个字节的位置,LastByteAcked则是从B处返回的确认序号。因此,LastByteSent－LastByteAcked即为A发送的,但是还没有得到确认的数据的大小。这时,只要保证A所发送的那些还没有得到确认的数据不会超过接收窗口大小,B就不会被A发送的数据所淹没。即保证

$$\text{LastByteSent}-\text{LastByteAcked}\leqslant \text{RecvWindow}$$

举一个TCP使用确认号和窗口大小来实现流量控制的例子,如图7.20所示。注意,图7.20中ACK表示首部中的ACK位,ack表示首部中确认序号字段的值。

设主机A和B的连接已经建立完毕,双方商定的初始窗口值是500,再设每一个报文段的数据字段的长度为100字节,数据报文段序号的初始值为1。

可以看到,在传输过程中主机B进行了3次流量控制。第一次将窗口减小到300字节,第二次又减少为200字节,最后减至0,即不允许对方再发送数据了,直到主机B重新发出一个新的窗口值为止。还可以看到,B向A发送的3个报文段标注了ACK=1,因为

只有在 ACK 设置为 1 时确认序号字段才有意义。

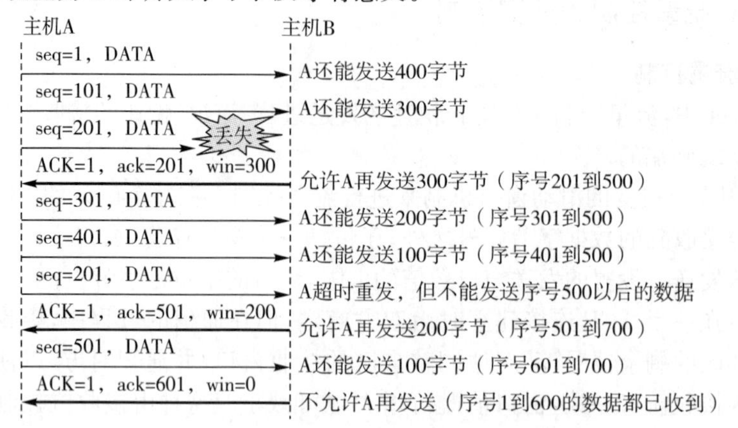

图 7.20　利用可变窗口进行流量控制举例

利用发送窗口调节发送方向网络传输分组的速率，不仅是为了使接收方来得及接收，而且还是为了对网络进行拥塞控制。因为如果发送端发出的报文过多，则会使网络负荷过重，会引起报文段传输的时延增大。但报文段时延的增大，又将使主机不能及时地收到确认，于是会重传更多的报文段，又会进一步加剧网络的拥塞。因此，为了避免发生拥塞，主机应当降低发送速率。

2. TCP 拥塞控制

当一个网络面对的分组负载超过了它的处理能力时，拥塞就会发生，路由器便会丢弃数据包。从这个角度看，拥塞控制的目标就是将网络中的分组数量维持在一定的水平，若网络中的分组数量超过这个水平，网络的性能就会急剧恶化。

Internet 的拥塞控制措施在网络层和传输层上都有，在网络层上路由器通过观察队列长度的变化(在一个已拥塞的网络中，队列长度在很长一段时间内按指数规律增长)来检测拥塞，并使用 ICMP SOURCE QUENCH 报文通知主机；在传输层上，TCP 协议根据数据包的超时来判断网络中出现了拥塞，并自动降低传输速率。TCP 的拥塞控制措施是最主要的，因为解除拥塞最根本的办法还是降低数据传输速率。

TCP 一般使用超时来检测拥塞，因为端点通常不知道什么原因或在什么地方发生了拥塞，对于端点来说，拥塞就是表现为延时增加。但是超时有两个原因，一是数据包传输出错被丢弃；二是拥塞的路由器把数据包丢弃，很难区分是哪种原因。将超时都归咎于拥塞是否合理，要看具体的网络环境：在目前的固定网络中，由于大多数长距离的主干线都是光纤，误码率很低，由于传输错误造成分组丢失的情况相对较少，所以将超时作为拥塞的标志是合理的；但是在无线移动网络中，由于无线链路的误码率很高，传输容易出错，加之节点在切换链路的过程中也会丢失数据包，这时将超时作为拥塞标志就不合适了。TCP 最初是针对固定网络来设计的，因此它考虑的是第一种情况，但当将 TCP 应用于无线移动网络时，必须做一些修改才能使用。

TCP 拥塞控制方法也是基于滑动窗口协议的。它通过限制发送方注入报文的速率来达到拥塞控制的目的。由于发送方的主机在确定发送报文段的速率时，既要根据接收方的接收能力，又要从全局考虑不要使网络发生拥塞，所以对于每一个 TCP 连接都要维护以下两个窗口。

(1)接收窗口(receiver window,记为 rwnd):这是接收方根据其目前的接收缓存大小所许诺的最新的窗口值,是来自接收方的流量控制。接收方将此窗口值放在 TCP 报文段首部中的窗口字段,传送给发送方。

(2)拥塞窗口(congestion window,记为 cwnd):这是发送方根据自己估计的网络拥塞程度而设置的窗口值,是来自发送方的流量控制。

发送方的发送窗口的上限值取决于接收窗口 rwnd 和拥塞窗口 cwnd 中的较小值,应按如下公式确定。

$$发送窗口的上限值=\min(rwnd,cwnd)$$

这个公式告诉用户:当 rwnd<cwnd 时,达到接收方的接收能力限制发送窗口的最大值。但当 rwnd>cwnd 时,达到网络的拥塞限制发送窗口的最大值。举个例子,发送方收到接收方的确认中说“可以发送 8 kB”,但发送方知道,超过 4 kB 的突发数据就会阻塞网络,那么,发送方就只发送 4 kB;另一方面,如果接收方说“可以发送 8 kB”,而发送方知道,即使是多达 32 kB 的突发数据也可以很容易地通过网络,那么,发送方仍将按照对方的要求发送完整的 8 kB 数据。

在发送方,维持的接收窗口值需根据接收方返回确认中的窗口大小来确定。

发送方确定拥塞窗口的原则是:只要网络没有出现拥塞,发送方就使拥塞窗口再增大一些,以便把更多的分组发送出去;但若网络出现拥塞(出现超时),发送方就使拥塞窗口减小一些,以减少注入网络中的分组数量。

为了在传输层进行拥塞控制,1999 年公布的互联网建议标准[RFC 2581]定义了 4 种算法,即慢开始(slow-start)、拥塞避免(congestion avoidance)、快重传(fast retransmit)和快恢复(fast recovery)。接下来逐一地介绍这些算法。

慢开始算法的原理是:当一个连接被建立起来的时候,发送方立即使用一个较大的发送窗口,把发送缓冲区中的全部数据字节都注入网络中,那么就有可能引起网络拥塞。经验证明,较好的方法是先试探一下,即由小到大逐渐增大发送方的拥塞窗口数值。通常在刚刚开始发送报文段时,将拥塞窗口初始化为该连接上当前使用的 MSS。然后,它会发送一个最大的报文段,如果该报文段在定时器超时之前被确认,则它将拥塞窗口增加一个 MSS 的字节数,从而使拥塞窗口变成两倍的 MSS,然后发送两个报文段;如果这两个报文段中的每一个也都被确认了,则拥塞窗口再增加两个 MSS…,当拥塞窗口达到 n 倍 MSS 的时候,如果发送的 n 个报文段也都被及时确认的话,则拥塞窗口再增加 n 个 MSS 所对应的字节数。实际上,每一批被确认的报文段都会使拥塞窗口加倍。拥塞窗口一直呈指数增长,直至发生超时,或者达到接收窗口的大小。这里是指如果一定大小的突发数据,比如说1 024、2 048 和 4 096 字节,都可以被正常地传送过去,但 8 192 字节的突发数据却发生了超时,拥塞窗口就应该被设置为 4 096 字节以避免拥塞。

以上是慢开始算法,可以发现它实际上一点也不慢。慢开始的“慢”,是指在发送方开始发送数据时设置 cwnd 很小,即起点低,以致向网络中注入的分组数大大减少。这对网络出现拥塞是个非常有力的措施。

实际中慢开始算法往往还未等到出现超时就已停止使用,改用拥塞避免算法。因此,TCP 连接还需要设置另一个状态参数,称之为慢开始门限。它的用法如下。

- 当 cwnd＜ssthresh 时，使用上述的慢开始算法；
- 当 cwnd＞ssthresh 时，停止使用慢开始算法而改用拥塞避免算法；
- 当 cwnd＝ssthresh 时，使用慢开始算法，或者拥塞避免算法。

拥塞避免算法的原理是：使发送方的拥塞窗口每经过一个往返时延 RTT 就增加一个 MSS 的大小（而不管在时间 RTT 内收到了几个 ACK）。这样，cwnd 将是按线性规律缓慢增长，比慢开始算法中拥塞窗口的增长速率要缓慢得多。

无论在慢开始阶段还是在拥塞避免阶段，只要发送方发现网络出现拥塞（其根据就是没有按时收到 ACK 或是收到了重复的 ACK），就要将 ssthresh 设置为出现拥塞时的发送窗口值的一半（但不能小于 2 个 MSS）。这样设置的考虑是：既然出现了网络拥塞，就要减少向网络注入的分组数，并将 cwnd 重新设置为一个 MSS，并执行慢开始算法。这样做的目的是要迅速减少主机注入网络中的分组数，使得发生拥塞的路由器有足够时间把队列中积压的分组处理完毕。

图 7.21 显示了具体的拥塞控制过程。

（1）当 TCP 连接进行初始化时，将拥塞窗口置为 1 个 MSS。设慢开始门限的初始值为 16 个 MSS 长度。由于发送方的发送窗口不能超过 min（rwnd，cwnd）。因此，假定接收方窗口足够大，开始时发送窗口的数值等于拥塞窗口的数值。

（2）在开始执行慢开始算法时，cwnd 的初始值为 1 个 MSS，之后发送方每收到一个对新报文段的确认 ACK，就要将发送方的拥塞窗口增加 1 个 MSS，然后开始下一次的传输。因此，在开始阶段 cwnd 会随着传输次数按指数规律增长。当 cwnd 增长到 ssthresh 时，开始执行拥塞避免算法，进入第二阶段，拥塞窗口按线性规律增长。

（3）假定当拥塞窗口的数值增长到 24 个 MSS 时，网络出现超时（表明网络拥塞了）。进入第三阶段。首先将 ssthresh 值调整为 12 个 MSS（即出现拥塞时的发送窗口值的一半），并且将拥塞窗口再重新设置为 1 个 MSS，再次开始执行慢开始算法，当 cwnd＝12 时改为执行拥塞避免算法。

注意：“拥塞避免”并非指完全能够避免拥塞，而是指在拥塞避免阶段将拥塞窗口控制为按线性增长，使网络不容易出现拥塞。

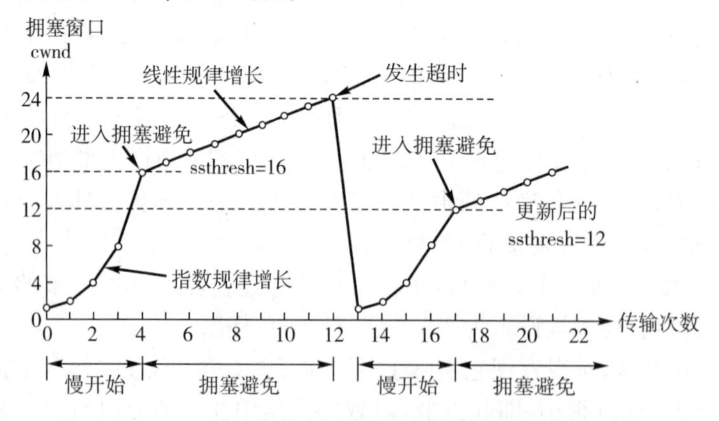

图 7.21　慢开始和拥塞避免算法的实现举例

慢开始和拥塞避免算法是在 TCP 中最早使用的拥塞控制算法。但后来人们发现这种拥塞控制算法还需要改进，因为有时一条 TCP 连接会因为等待重传计时器的超时而空闲较长的时间。为此后来又增加了两个新的拥塞控制算法，这就是快重传和快恢复。

快重传算法规定：发送方只要连续收到3个重复的ACK即可断定有分组丢失了，此时应立即重传丢失的报文段，而不必继续等待为该报文段设置的重传计时器的超时。下面结合一个例子来说明快重传的工作原理，如图7.22所示。

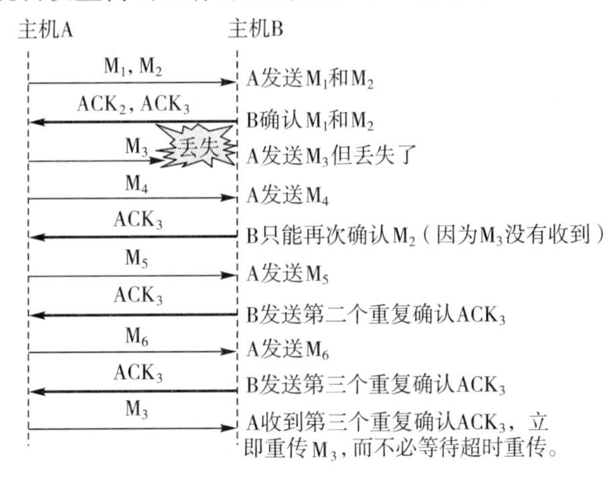

图7.22 快重传算法的示意图

假定发送方A会发送报文段M_1～M_6共6个报文段。接收方B每收到一个报文段后都要立即发出相应序号加1的确认ACK。

当接收方收到了M_1和M_2后，就发出确认ACK_2和ACK_3。假定由于网络拥塞使M_3丢失了，接收方接下来收到下一个M_4，发现其序号不对，但仍收下放在缓存里，同时发出确认，不过发出的确认仍是ACK_3。这里要注意，此时不能发送ACK_5，否则表明接收方已经收到了M_3和M_4。发送方收到ACK_3的确认后，就知道M_3还没到达接收方，但还不确定M_3是因为网络拥塞而已经丢失，还是滞留在网络的某处，再经过一段时延后才能到达接收方。于是发送方继续发送M_5和M_6。接收方收到了M_5和M_6后，也还是分别发出重复的确认ACK_3。这样，发送方一共收到了接收方的4个ACK_3，其中后3个都是重复的，于是根据快重传算法，发送方立即重传丢失的报文段M_3，而不再继续等待为M_3设置的重传计时器的超时。不难看出，快重传并非取消重传计时器，而是尽早重传丢失的报文段。

与快重传配合使用的还有快恢复算法。在早期还未使用快恢复算法的时候，发送方若发现网络出现拥塞，将拥塞窗口降低为1个MSS长度，然后执行慢开始算法。但这样做不能使网络很快地恢复到正常工作状态。因此，后来研究推出了快恢复算法，可较好地解决了这一问题。

快恢复算法的具体步骤如下。

(1)当发送方收到连续3个重复的ACK时，重新设置ssthresh。这一点和慢开始算法是一样的。

(2)与慢开始算法不同之处是拥塞窗口cwnd不是被设置成1个MSS，而是被设置为ssthresh+3·MSS，这样做的理由是：如果发送方收到3个重复的ACK，就表明有3个分组已经离开了网络，它们不会再消耗网络的资源。这3个分组已经停留在接收方的缓存中(从接收方发送出3个重复的ACK就可知道)。可见，现在网络中并不是堆积了分组，而是减少了3个分组，因此，将拥塞窗口扩大些并不会加剧网络的拥塞。

(3)若收到重复的 ACK 为 n 个($n>3$),则设置 cwnd 为 ssthresh$+n\cdot$MSS。

(4)若发送窗口值还允许发送报文段,按拥塞避免算法继续发送报文段。

(5)若收到了确认新的报文段的 ACK,则将 cwnd 缩小到 ssthresh。

在采用快恢复算法时,慢开始算法只有在 TCP 连接建立时才使用。实践证明,采用这样的流量控制方法将使得 TCP 的性能有明显的改进。

7.2.8 TCP 计时器*

TCP 使用多个定时器来辅助其完成工作,其中最重要的是重传定时器。当 TCP 实体每发送一个 TCP 报文段的时候,它同时也会启动一个重传定时器。如果在定时器超时之前该报文段被确认,则定时器被停止;否则重发该报文段,并重新启动定时器。现在的问题是定时器的值(超时间隔)设为多长才合适?

第3章在介绍数据链路层的 ARQ 协议时,也曾经使用过重传定时器。由于数据链路层协议通常运行在局域网(主要是以太网)环境下,其期望的延迟是高度可预测的(方差很小),所以定时器可以被设置为比期望的确认到达时间稍微大一点即可。

TCP 通常运行在互联网环境下,发送的报文段可能只经过一个高速率的局域网,也有可能是经过多个低速率的广域网,另外,数据报所选择的路由还可能会发生变化,这些都会导致报文传输时间分布在比较大的范围内,使 TCP 的重发机制较为复杂。如图7.23所示为数据链路层和传输层(TCP)的往返时延(从数据发出到收到确认所经历的时间)概率分布的对比。

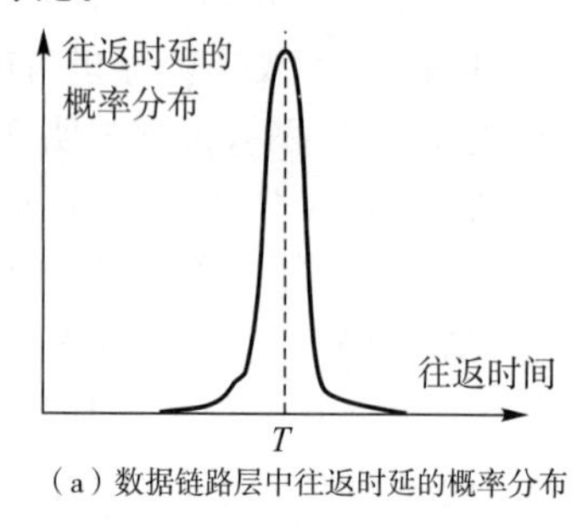

(a)数据链路层中往返时延的概率分布

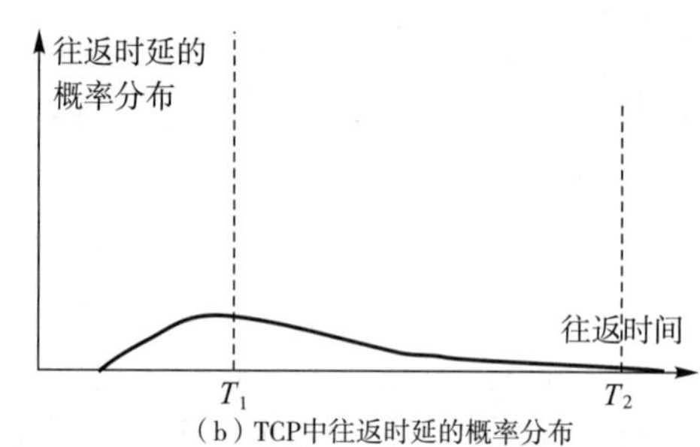

(b)TCP中往返时延的概率分布

图7.23 往返时延概率分布比较

可以看出,数据链路层往返时延的方差很小,设置超时时间为 T 即可。但传输层往返时延的方差很大,若设置超时时间为 T_1,则显得超时设置得太短,会引起很多报文段不必要的重传,使网络负荷增大;但若将超时时间选为 T_2,则又显得把超时时间设置得过长,使得网络的传输效率降低许多。

那么,传输层的超时计时器的重传时间究竟设置为多大才合适?TCP 采用了一种自适应算法,这种算法记录每一个报文段发出的时间,以及收到相应的确认报文段的时间。这两个时间之差就是报文段的往返路程时间(round trip time,RTT)。TCP 实体在发送一个 TCP 段后,会启动一个重发定时器,若定时器超时则触发重传机制,若在超时前得到确认,则终止定时器,计算出该段的来回时间 M,然后根据以下公式修正 RTT,得到平均 RTT:

$$平均RTT=\alpha\cdot RTT+(1-\alpha)M$$

这里 α 是修正因子，取值范围为：$0 \leqslant \alpha < 1$。它决定 RTT 的历史值在计算中所占的比例，一般取 $\alpha = 7/8$。

即使有了一个好的平均 RTT 值，要选择一个合适的超时重传时间间隔仍然不是一件很容易的事情。正常情况下，TCP 使用 $\beta \cdot RTT$ 作为超时重传间隔，但难点在于如何选择 β。最初，总是取 β 为 2，但经验表明，常数值是不够灵活的，因为当发生变化时它不能够灵活地作出反应。

1988 年，Jacobson 提出来让 β 与确认到达时间概率密度函数的标准偏差成正比，即大的变化意味着大的 β，反之亦然。他还建议使用平均偏差作为标准偏差的粗略估计。在他的算法中，要求 TCP 实体维护一个被平滑的偏差变量 D，为来回时间的测定值与估计值之间的偏差。当得到 RTT 的最新估计值之后，用以下公式修正变量 D：

$$D = \alpha D + (1 - \alpha) |RTT - M|$$

这里的 α 和估计 RTT 的 α 可以相同也可以不同。虽然 D 并不完全等同于标准偏差，但实际上它已经足够好了，而且 D 的求值比标准偏差要容易多了，这是个很大的优势，因此，现在大多数 TCP 实现都使用 Jacobson 算法。

最后按以下公式设置超时重传时间间隔

$$timeout = RTT + 4 \times D$$

理论上，测定一个来回时间样本是很简单的，只需把收到确认时的时间值减去发送这个报文段的起始时间值即可，但实现起来相当复杂。举个例子，如图 7.24 所示，发送方传送一个 TCP 报文段 1。假设计时器的重传时间到了，还没有收到确认，于是重传此报文段，即图中的报文段 2，经过了一段时间后，发送方收到了确认报文段 ACK，现在的问题是：如何判断此确认报文段是对原来的报文段 1 的确认，还是对重传的报文段 2 的确认？这种现象被称为确认二义性。由于报文段 1 和报文段 2 是完全一样的，因此，发送方就无法正确判断出返回的确认是针对哪一个的，而正确的判断对确定平均 RTT 的值有很大影响。

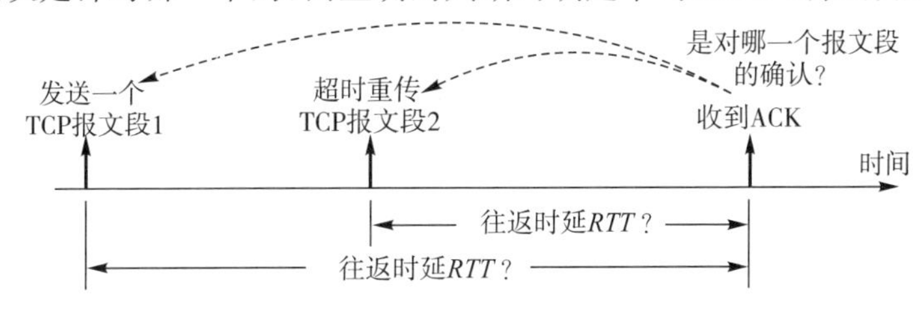

图 7.24　确认二义性

分析：若发送方把确认作为对报文段 1 的确认，而实际上它是对重传报文段 2 的确认，那么计算出的 RTT 和重传时间都会偏大；同样，若发送方把确认作为是对重传报文段 2 的确认，而实际上它是对最先的报文段 1 的确认，则计算出的 RTT 和重传时间都会偏小。

针对以上所述，Karn 提出了一个解决的方法：在计算平均 RTT 时，只要报文段重传了，就不采用其往返时延样本，这样得出的平均 RTT 和重传时间就比较准确。这就是 Karn 算法。

但是简单的 Karn 算法（即完全忽略对应于重传报文段的样本）也会导致失败，因为如果忽略重传对来回时间的影响，就不能修改估计值，会造成反复重传的循环。因此，要对 Karn 算法作出一些修正，即要求发送方使用定时器补偿策略把超时重传的影响估计在内。

具体做法是:每当重传一个报文段时,TCP就增加超时间隔,当然要规定一个上限值。大多数的TCP实现采用如下公式:

$$new-timeout=\gamma \cdot timeout$$

其中γ是一个常数因子,典型值为2。

一般而言,当互联网出现异常情况时,Karn算法并不使用当前的来回时间估计值来计算超时间隔。它使用来回时间估计值来计算初始的超时间隔,再在每次重传时对超时间隔进行补偿,直到成功地传输一个报文段为止。在发送后续的报文段时,这个超时间隔保持不变。最后,当某个报文段没有重传就被确认以后,再重新计算来回时间估计值并设定相应的超时间隔。实践表明,Karn算法在分组丢失率很高的网络上也能很好地工作。

7.2.9 UDP协议简介

Internet传输层上另一个主要的协议是UDP。UDP和TCP不同,它是一种无连接方式的、不可靠的传输协议,即不需要连接建立和连接释放过程,没有流量控制、拥塞控制,UDP数据报在传输过程中可能会丢失,可能会失序,可能会延迟等。总之它是一个非常简单的传输层协议。可以这样说,UDP仅仅是在IP提供的服务基础上增添了多路复用和分用的功能,一些只有一个请求和一个响应的客户/服务器应用(如DNS)通常使用UDP。

那为什么UDP还被广泛应用呢?因为虽然UDP协议只提供不可靠的交付,但它的开销小,在某些方面有其特殊的优点。

(1)UDP是无连接的,即发送数据之前不需要建立连接,结束数据发送后也不需要有释放连接过程,因此减少了开销和发送数据之前的时延。

(2)UDP是尽最大努力交付的,即不保证可靠交付,同时也不使用拥塞控制,因此,主机上不需要维持具有许多参数的、复杂的连接状态表。

(3)由于UDP没有拥塞控制,因此,网络出现的拥塞也不会使源主机的发送速率降低。这对某些实时应用是很重要的。许多的实时应用(如IP电话、实时视频会议等)要求源主机以恒定的速率发送数据,并且允许在网络发生拥塞时丢失一些数据,但却不允许数据有太大的时延。UDP正好适合这种要求。

(4)UDP是面向报文的。也就是说,UDP对应用程序交下来的报文不再划分成若干个分组来发送,也不会把收到的若干个报文合并后再交付给应用程序。

(5)UDP支持一对一、一对多、多对一和多对多的交互通信。

(6)UDP用户数据报的首部只有8个字节,比TCP报文段的首部至少是20个字节要短,大大减小了网络开销。

和TCP报文段一样,一个UDP用户数据报也是由两部分组成:一个8字节的首部和一个数据部分。其首部很简单,如图7.25所示,由4个字段组成,每个字段都是两个字节。各字段意义如下。

① 源端口用于标识源主机内的通信端点。当应用层要发送一个消息时,通过源端口传送到传输层,并形成相应的数据报。

② 目的端口用于标识目的主机内的通信端点。当一个UDP数据报到达时,它的数据域部分将交给与目的端口相连接的应用进程。

③ 长度指出UDP用户数据报的总长度,包括报头长度和数据域长度。

④ 检验和检验的范围包括首部和数据这两部分。与前面介绍 TCP 报文段首部中检验方法一样，在计算 UDP 的检验和时，在 UDP 用户数据报的前面也要加 12 个字节的伪首部，伪首部的格式与 TCP 中介绍的一样，只不过在这里要将伪首部中第 4 个字段的 6 改为 17(因为 UDP 的协议号是 17)，将第 5 字段的 TCP 长度改为 UDP 长度。检验和是一个可选项，不选时该项设置为 0。

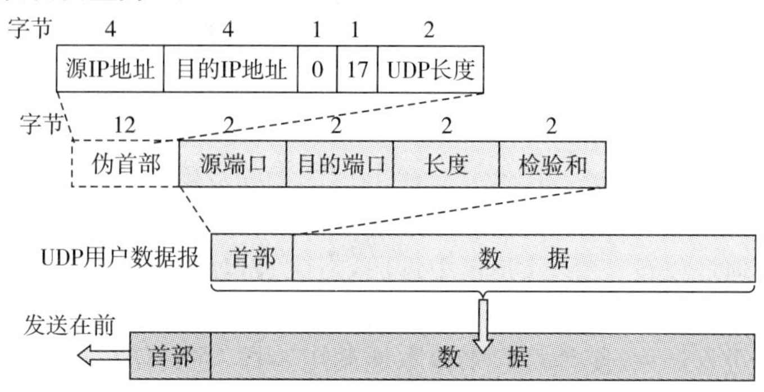

图 7.25　UDP 用户数据报的首部和伪首部

图 7.26 是使用 Wireshark 截获的 UDP 报文，此报文数据长度 len=55，可以看到传输层协议使用 UDP，数据大小为 55 个字节，UDP 报文 63 个字节，UDP 用户数据长度=UDP 数据报长度-UDP 首部长度，即 UDP 首部长度为 63-55=8 个字节。源端口：0f b4H，目的端口：1f 40H，长度：00 3fH，校验和：8c 41H。

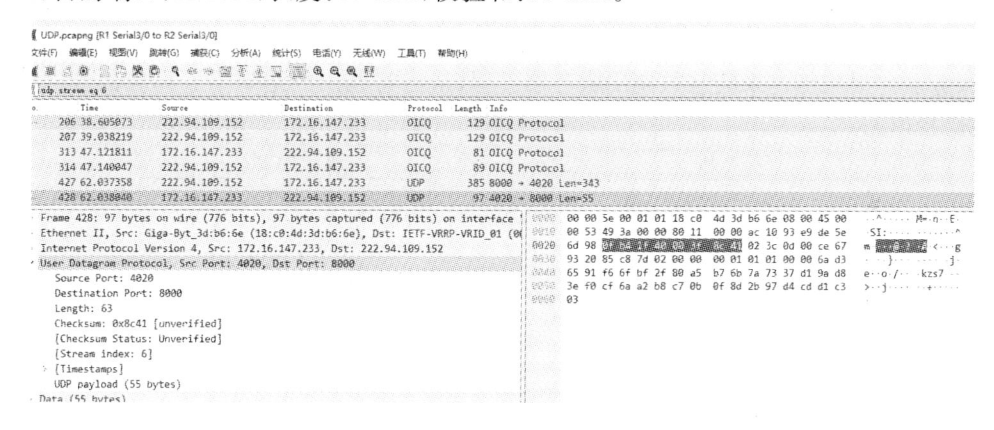

图 7.26　Wireshark 截获的 UDP 报文

下面介绍 UDP 广泛应用的两种情形。

1. 远程过程调用

从某种意义上说，将一个消息发送给远程主机然后得到回应，很像程序设计语言中的函数调用情况，在这两种情形中都是给出一些参数然后获得一个结果。这种观察使得人们试图将通过网络的“请求-应答”式交互设计成过程调用的形式。而编写过客户/服务器应用软件的人都知道这类编程很困难，因为除了完成通常的任务外，还必须处理通信方面的问题。虽然可以利用标准的 API，如套接字接口来完成许多必需的功能，但套接字调用需要程序员指定许多低层细节，如名称、地址、协议和端口号等。事实上网络的“请求-应答”式交互设计中大多数的细节代码都是可重用的，因此程序员一般使用自动工具来创建客户和服务器,最早的这种工具之一就是远程过程调用(remote procedure call,RPC)。

RPC是允许本地的程序调用远程主机上的过程。当机器A上的进程调用机器B上的一个过程时,机器A上的调用进程会被挂起,而机器B上被调用的过程则开始执行。参数信息从调用方传输到被调用方,过程的执行结果则是沿反方向传递回来。对于程序员而言,所有的消息传递都是不可见的。远程过程调用技术目前已经成为许多网络应用的基础,按照传统的概念,调用过程称为客户,被调用的过程称为服务器。

使用RPC后,程序员可以把注意力集中到如何解决问题上,而不是计算机网络或通信协议上,这使得网络应用软件的编写更加容易。比如,应用程序想知道与某个主机名对应的IP地址,可以执行过程get _IP _address (host _name),该过程会向域名服务器发送一个UDP包,给出需要解析的主机名,然后挂起等待服务器的回答。服务器收到请求包后查找IP地址,将地址放在一个UDP包中返回,当应答包到达客户进程时,客户进程获得IP地址,然后将结果返回给调用者。当然,所有这些细节都是对程序员屏蔽的。

为实现远程过程调用,使其看起来像本地调用一样,在最简单的形式中,为了调用一个远程过程,客户程序必须绑定一个小的库过程,这个库过程称为客户存根,它位于客户地址空间中,但是代表了服务器过程。类似地,服务器需要绑定一个称为服务器存根的库过程。正是这些过程,隐藏了从客户到服务器的过程调用的远程特性。

执行RPC过程中,实际的步骤如图7.27所示。步骤1是客户进程首先调用客户存根,这是一个本地的过程调用,其参数按照常规的方式进行压栈;步骤2中,客户存根将参数装进一个消息中(称参数组装),并执行一个系统调用来发送消息;步骤3中,系统内核负责将消息发送至服务器;步骤4中,系统内核将收到的消息传递给服务器存根;步骤5中,服务器存根用传过来的参数调用服务器过程,最后将调用的结果沿着相反的方向按相同的路径返回。

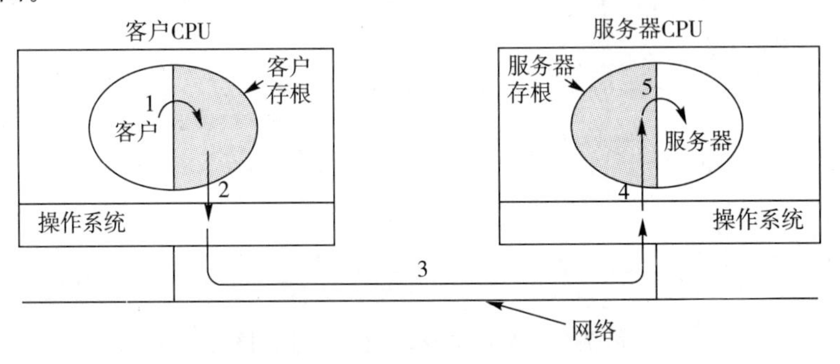

图7.27 RPC调用

这里,客户进程和客户存根在同一个进程和地址空间,服务器进程和服务器存根也在同一个进程和地址空间,客户机和服务器上进行的都是本地过程调用,而控制线程的转移则是利用客户/服务器进程交互实现的。按照这种方式,网络通信的输入和输出并不是在套接字上完成的,而是通过模拟一个普通的过程调用实现了网络通信的。

需要注意,客户进程传递的参数必须与服务器进程的形参相同,即调用必须含有正确的参数个数,而且每个参数的类型必须与形参所声明的类型相同。这就对RPC的使用有了一些限制,如不能传递指针类型的参数,不能使用全局变量,不能远程调用像printf这样参数个数及类型都不定的过程等。

最后还要说明，虽然RPC不一定非得使用UDP，但RPC和UDP是一对非常好的搭配，事实上，UDP也常用于RPC。但是，如果参数或结果超过最大的UDP长度，或者要求的操作是不能被安全重复的（如增加计数器的值），这时就不能使用UDP，而必须建立TCP连接，并在TCP连接上发送请求。

2. 实时传输协议

客户/服务器模式的RPC是UDP广泛应用的一个领域，另一个领域就是实时多媒体应用。尤其是随着Internet广播电台、Internet电话、音乐点播、视频会议、视频点播和其他的多媒体应用越来越普及，人们发现每一种应用都在重复设计几乎相同的实时传输协议。人们逐渐认识到，为多媒体应用制定一个通用的实时传输协议是一种很好的想法，因此就诞生了实时传输协议（real-time transport protocol，RTP），目前该协议也已经得到了广泛的应用。

RTP在协议栈中的位置如图7.28所示，它被设计为在用户空间实现并运行于UDP之上。实时传输协议RTP的操作方式如下：多媒体应用通常由多个流组成（如多个音频、视频、文字流，可能还包括其他的流），这些流被送入到RTP库中，而RTP库位于多媒体应用的用户空间中；接着，RTP库将这些流复用到RTP分组中，同时对它们进行编码；然后，这些RTP分组被填充到一个套接字中。在套接字的另一端（套接字的下面接口部分，位于操作系统的内核中）生成UDP分组，这些UDP分组被嵌入到IP分组中。如果当前计算机是在以太网上，则这些IP分组被放到以太网帧中以便传输出去，图7.28显示了这种情况下的协议栈，RTP分组的封装情况如图7.29所示。

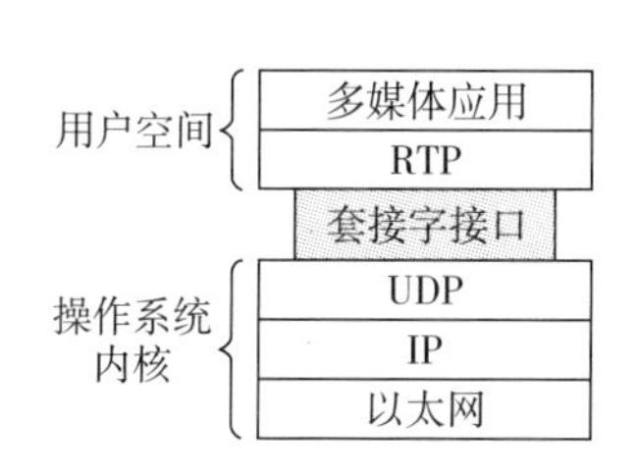

图7.28　RTP在协议栈中的位置

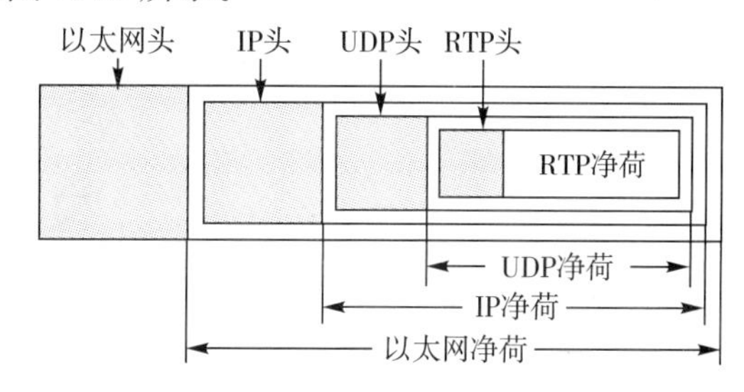

图7.29　RTP分组的封装情况

这种设计的结果很难说清RTP到底位于哪一层。虽然RTP运行在用户空间并被链接到应用程序上，但它是一种通用的、独立于应用并且只提供传输功能的协议，所以可将它看成是一种在应用层上实现的传输协议。

RTP的基本功能是将多个实时数据流复用到一个UDP报文流中。这个UDP流可以被发送到一台目标主机（单播传输模式），也可以被发送到多台目标主机（多播传播模式）。由于RTP使用的是普通的UDP包，这些包不会被路由器特殊处理，所以它们在传输过程中无法保证传输的可靠性和较小的延迟抖动。

在RTP流中发送的每个分组都被赋予一个序号，这些序号是连续递增的。这种编号机制使得接收端可检测出不按顺序的交付或数据丢失。如果发现分组丢失了，接收端可以通过插值法来近似地估计出已被丢失的中间值。重传是不合适的，因为重传的分组可能到达得很晚，而到那时已经不再有用了。因此，RTP没有流量控制、差错控制、确认以及请求重传的机制。

RTP分组的载荷可以包含多个样本,这些样本可以用应用程序希望的任何编码算法进行编码。为了允许数据流交织,RTP定义了几种类型的流(profile),对于每一种流都允许采用多种编码格式。RTP头中有一个载荷类型域,由数据源用来指明载荷使用的编码算法。

除了编码以外,许多实时应用还需要另一种设置,即时间戳机制。RTP的思路是:允许源端将一个时间戳与每个分组中第一个样本的采样时间关联起来。这里的时间戳是相对于整个流的起始时间,它的绝对值没有意义,重要的是各个RTP包中时间戳的差值。这个机制允许接收端选择回放时间,可以将收到的数据先进行缓存,然后在回放时间到来时播放样本。由于播放时间与包含样本的数据分组什么时候到达没有关系,因此,时间戳可以消除延迟抖动。除此之外,时间戳还允许多个流相互之间进行同步。例如,一个数字电视程序可能有一个视频流和两个音频流,两个音频流中的内容可能是立体声广播,也可能是电影节目中的两个语言声道,从而让观众有选择语言的机会。每个流分别来自不同的物理设备。只要这些从不同物理设备中出来的数据流使用相同的计数器产生时间戳,那么这些流在接收端就可以同步播放出来。

RTP还有一个伴生的协议,称为实时传输控制协议(real-time transport control protocol,RTCP),它负责处理反馈、同步和用户界面,但不传输任何数据。反馈用来向发送方的编码程序报告延迟、延迟抖动、带宽、拥塞等网络特性,以便编码程序能够根据网络的状态随时调整数据速率,以获得尽可能好的应用服务质量。

RTCP也能处理流之间的同步。RTCP还提供了一种命名数据源的方法,这些信息可以显示在接收者的屏幕上,从而让接收者知道现在正在和谁通话。

习题 7

一、选择题

1. 传输层是整个网络体系的核心层次,它处于OSI模型中的第________层(从下往上数)。
   A. 2　　B. 3　　C. 4　　D. 5
2. 计算机网络最本质的活动是分布在不同地理位置的主机之间的________。
   A. 数据交换　　B. 网络连接　　C. 进程通信　　D. 网络服务
3. 传输层的作用是向源主机与目的主机进程之间提供________数据传输。
   A. 点到点　　B. 点对多点　　C. 端到端　　D. 多端口之间
4. 设计传输层的目的是弥补通信子网服务的不足,提高传输服务的可靠性与保证________。
   A. 安全性　　B. 进程通信　　C. 保密性　　D. 服务质量QoS
5. 下列参数不属于传输层服务质量参数的是________。
   A. 连接建立延迟　　B. 保护性　　C. 优先权　　D. 速率
6. 考虑到进程标识和多重协议的识别,网络环境中进程通信要涉及两个不同主机的进程,因此一个完整的进程通信标识需要一个________来表示。
   A. 半相关　　B. 三元组　　C. 套接字　　D. 五元组

7. 传输层中的端口号分为3类，即熟知端口、登记端口和________。
A. 永久端口　B. 确认端口　C. 客户端口　D. 动态端口

8. TCP报文段中确认序号字段的作用是________。
A. 本报文段所发送的数据流的第一个字节的序号
B. 接收方期望收到的发送方下一个报文段中起始数据字节的序号
C. TCP报文段首部的长度值
D. 通知发送方以确定发送方的发送窗口的上限值

9. 在TCP传输过程中，为解决糊涂窗口综合征问题而广泛使用的算法是________。
A. Nagle算法　B. Clark算法　C. 慢开始算法　D. Kam算法

10. 来自运行UDP的传输层的数据单元一般称为________。
A. 用户数据报　B. 报文段　C. 消息　D. 帧

11. 下列网络协议中，________的传输层协议使用的是TCP协议。
A. TFTP　B. DNS　C. RIP　D. TELNET

12. 在TCP/IP模型中，主机采用________标识，主机上运行的进程采用________标识。
A. 端口号，主机地址　B. 主机地址，IP地址
C. IP地址，主机地址　D. IP地址，端口号

13. TCP是一个面向连接的协议，采用________技术来实现可靠数据流的传输。
A. 超时重传和确认机制　B. 确认机制
C. 超时重传　D. 丢失重传和重复确认

14. TCP协议采用滑动窗口协议解决了________。
A. 端到端的流量控制
B. 网络的拥塞控制
C. 端到端的流量控制和网络的拥塞控制
D. 网络的差错控制

15. 在TCP协议中，建立连接时被置为1的标志位和所处的字段是________。
A. ACK，保留　B. SYN，保留　C. ACK，偏移　D. SYN，控制

二、填空题

1. 从网络层来看，通信的两端是两个主机；而从传输层来看，通信的两端是主机中的________。

2. 在传输层常用到的多路复用技术有________和________。

3. 根据应用的不同，传输层有两种不同传输协议，即________和________。

4. 一个TCP报文段中的数据部分最多为________个字节。

5. 在TCP协议中建立连接是通过使用________方法实现的。

6. 在TCP协议中，数据传输结束后，通信的双方就可以发出释放连接的请求。释放连接有两种方式________和________。

7. TCP采用大小可变的________机制来进行流量控制。

8. 在TCP传输过程中，为避免网络发生拥塞，每一个TCP连接都要维护两个窗口，即________和________。

9. 为了在传输层进行拥塞控制，定义了4种算法，即________、拥塞避免算法、________和快恢复算法。

10. 在传输层为设置超时计时器的重传时间，往往要先计算出报文段的平均往返时延，其公式为：平均 $RTT=\alpha \cdot RTT+(1-\alpha)M$，其中修正因子一般取值为________。

11. 在TCP连接中，如果已经接收了500字节的数据，那么在发送回的数据包头中，确认号为________。

12. 在TCP报文段的格式中，首部的最小长度是________。

三、简答题

1. 简述网络层和传输层的异同点。

2. 什么是服务质量(QoS)？网络传输过程中常见的QoS参数有哪些？

3. 对TCP/IP的传输层的两个协议UDP和TCP进行比较，说出它们的异同点。

4. 端口和套接字有什么不同？为什么要引入这两个概念？

5. 什么是"三次握手"协议？请简述"三次握手"协议。

6. 试用具体例子说明为什么在传输连接建立时要使用"三次握手"协议？如不这样做可能会出现什么情况？

7. 试说明著名的两军问题的主要内容。将它延伸一下：若存在 n 支军队，且假定任何两支军队之间的联合协定都足以取得胜利，是否存在一个必胜的协议？

8. 主机A和主机B使用TCP通信。在B发送过的报文段中，有这样连续的两个：ACK=120和ACK=100。这可能吗(即前一个报文段确认的序号大于后一个的)？试说明理由。

9. 简述TCP的发送和确认机制。Nagle算法和Clark算法分别针对什么情况，它们是如何执行的？

10. 简述TCP的流量控制机制。

11. 简述TCP的拥塞控制机制。

12. 设TCP的ssthresh的初始值为8(单位为报文段)。当拥塞窗口上升到12时网络发生超时，TCP使用慢开始和拥塞避免算法。试分别求出从第1次到第15次传输的各拥塞窗口大小。

13. 设TCP使用的最大窗口为64 kB，即64×1024字节，而传输信道的带宽可认为是不受限制的。若报文段的平均往返时延为20ms，问所能得到的最大吞吐量是多少？

14. 一个TCP连接下面使用256 kbit/s的链路，其端到端时延时为128 ms。经测试，发现吞吐量只有120 kbit/s。试问发送窗口是多少？假定应答分组长度和其他协议开销不计。

15. 在TCP/IP的传输层中重传定时器的重传时间一般采用一种自适应算法，试简述该算法。

16. 什么是Karn算法？在TCP的重传机制中，若不采用Karn算法，而是在收到确认时都认为是对重传报文段的确认，那么最终会导致什么样的结果？

17. UDP协议提供不可靠的交付服务，那么UDP有哪些方面的应用优点？

18. 为什么在TCP首部中有一个数据偏移字段，而UDP的首部中就没有这个字段？

19. 接收方收到有差错的UDP用户数据报时应如何处理？

四、综合应用题

1. 在一个1Gb/S的TCP连接上，发送窗口大小为65 535 B，单程延迟时间等于10 ms。问可以取得的最大吞吐率是多少？线路效率是多少？

2. 有一个TCP连接，当它的拥塞窗口大小是64个分组大小时超时，假设该线路的往返时延RTT是固定的3 s，不考虑其他开销，即分组不丢失，该TCP连接在超时后处于慢开始阶段的时间是多少秒？

3. TCP连接的ssthresh的初始值设置为8MSS，当拥塞窗口上升到12时，网络发生了超时。TCP使用慢开始和拥塞避免算法。试分别求出第1轮次到第15轮次传输的各拥塞窗口的大小，并说明拥塞窗口的每一次变化。

第8章 Chapter 8 应用层

应用层是网络体系结构中的最高层，应用层也称为应用实体(application entity，AE)，它由若干个特定应用服务元素(SASE)和一个或多个公用服务元素(CASE)组成。每个SASE提供特定的应用服务，例如文件传送接入与管理(file transfer access and management，FTAM)、消息处理系统，电信函处理系统(message handling system，MHS)、虚拟终端协议(virtual terminal protocol，VTP)等；而CASE提供最基本的服务，主要为应用进程通信、分布系统提供最基本的控制机制。应用层的任务是通过应用进程间的交互完成特定的网络应用，应用层协议定义的是应用进程间通信和交互的规则，如DNS、HTTP、FTP等。

8.1 域名系统(DNS)

域名系统(domain name system，DNS)是域名解析服务器的意思，DNS是因特网的一项核心服务，它作为可以将域名和IP地址相互映射的一个分布式数据库，能够使用户更方便地访问互联网，而不用去记住能够被机器直接读取的IP数串。

DNS在互联网的作用是：把域名转换成为网络可以识别的IP地址。互联网上的网站无穷多，不可能记住每个网站的IP地址，这就产生了方便记忆的域名管理系统DNS，它可以把输入的好记的域名转换为要访问的服务器的IP地址。例如：在浏览器地址栏输入www.auts.edu.cn，它会自动转换成为211.86.224.61。

8.1.1 域名和主机名

域名是Internet网络上的一个服务器或一个网络系统的名字。在全世界，没有重复的域名。域名的形式是以若干个英文字母和数字组成，由“.”分隔成几部分，如IBM.COM就是一个域名。.中国和.com的管理机构是不同的，中文后缀是由中国互联网信息中心(China Internet Network Information Center，CNNIC)管理的，英文后缀是由NSI公司管理的。

域名系统和IP地址的结构一样，都采用了层次结构。整个Internet被划分成了多个顶级域，网络信息中心NIC规定了每个顶级域的域名。常见顶级域名如表8.1所示。

表8.1 顶级域名分配表

顶级域名	域名类型
com	商业组织
edu	教育机构
gov	政府部门
int	国际组织
mil	军事部门
net	网络支持中心
org	各种非营利组织
国家代码	国家

国家代码都可以作为一个顶级域名出现，例

如 cn 代表中国，uk 代表英国，fr 代表法国等。域名的大小写不敏感，例如“edu”和“EDU”表示的域名相同，成员名最长可达 63 个字符，路径全名不能超过 255 个字符。

所有的顶级域下面都可以去申请多级域名，每个顶级域都控制分配它下面的域。例如，中国互联网信息中心负责管理我国的顶级域，它将 cn 域划分成了组织模块和地理模块，在组织模块中 ac 表示科研机构，com 表示商业组织，edu 表示教育机构，gov 表示政府部门，int 表示国际组织，net 表示网络支持中心，org 表示非营利组织。在地理模块中按照直辖市和省划分，如 bj 表示北京，sh 代表上海，tj 代表天津，ah 代表安徽等。

Internet 域名空间的结构如图 8.1 所示。域名从名字到地址的转换也可以参照命名树分布式实现，域名转换的可靠性和效率有很大的保障。

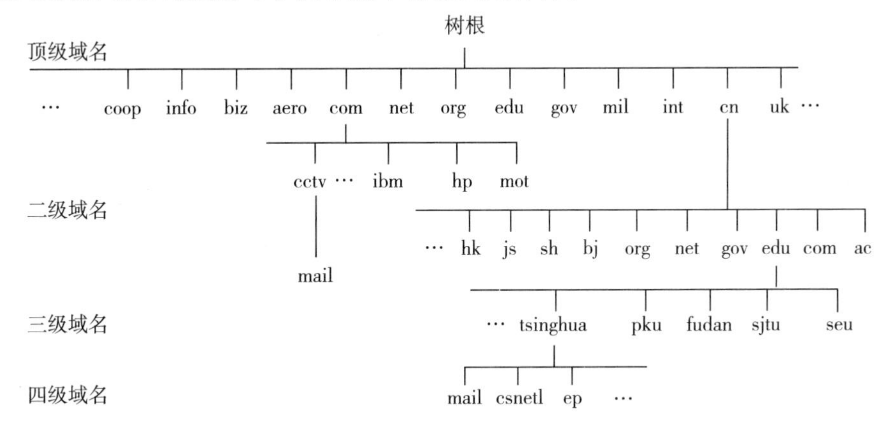

图 8.1 域名空间的树状结构

一个域名下可以有多个主机名，域名下还可以有子域名。例如，域名 abc. com 下，有主机 server1 和 server2，其主机全名就是 server1. abc. com 和 server2. abc. com。

8.1.2 域名注册和管理

Internet 的 IP 地址、域名、协议号码都是由一个非营利国际组织 ICANN（Internet Corporation for Assigned Names and Numbers）分配和管理的。这个组织管理着根域名服务器。与域名相关的服务包含两项：域名注册和域名解析。域名必须先注册后，才能使用，没有注册的域名是无效的。域名注册的过程就是接受申请域名的管理机构，在管理该域的 DNS 服务器的数据库中添加一条不重复的域名到 IP 地址的映像记录，域名服务器必须对应一个固定的 IP 地址，由于在顶级域名服务器上这些名字解释记录的生存时间一般是 2 天，因此 IP 地址改变至少需要 48 h 才会完全生效。如果你的服务器 IP 地址确实需要改变，必须保证新地址和旧地址之间至少有 48 h 的衔接期。另外，注册过程仅仅是在顶级服务器上开设了一个指针，具体的解释工作还需要在授权服务器上进行配置。

成功注册了域名之后，域名的日常管理就是对各种域名记录的配置和管理。下面对常用的 3 种域名记录进行一个简单的介绍。这 3 种域名记录类型分别是 A 记录（地址记录）、CNAME 记录（别名记录）和 MX 记录（邮件服务器记录）。前两种主要是将一个域名解释成一个 IP 地址，用于几乎所有的 TCP/IP 通信。后一种是将一个域名解释成一个邮件服务器的域名，只用于 SMTP 通信过程。

在开始之前需要简单说明一下,DNS系统将域名解释成IP地址其本质是名字翻译工作。虽然在TCP/IP环境下最后基本上都会转换成IP地址,但是DNS允许通过不同的类型让同一个名称拥有不同的含义。比如同样的oray.net这个名称在Web/FTP通信过程中对应的是一个地址,在SMTP通信中则变成一个邮件服务器。DNS服务器进行名字解释的时候依赖的是一个数据文件。每个域名都有一个独立的数据文件,这个文件包括了该域名所有的名称、名称对应的类型和对应的类型数据。DNS规定的名称类型有近20个,不过常用的除了下面介绍的3种外,还有SOA(start of authority)记录和NS(name server)记录。

(1)A记录(地址记录):这是最简单的一种记录,是用来指定主机名(或域名)对应的IP地址记录。用户可以将该域名下的网站服务器指向到自己的web server上。同时也可以设置该域名的二级域名。

(2)CNAME记录(别名记录):也被称为规范名字。这种记录允许将多个名字映射到同一台计算机。例如,有一台计算机名为"host.mydomain.com"(A记录),它同时提供WWW和MAIL服务。为了便于用户访问服务,可以为该计算机设置两个别名:WWW和MAIL。这两个别名的全称就是"www.mydomain.com"和"mail.mydomain.com"。实际上它们都指向"host.mydomain.com"。当用户拥有多个域名需要指向同一服务器IP的工作时,用户可以将一个域名作为A记录指向服务器IP,然后将其他域名作为别名指向先前作为A记录的域名上,当用户的服务器IP地址变更时,可以不必一个一个地更改域名指向,只需要更改A记录的那个域名,其他作为别名的那些域名的指向便会自动更改到新的IP地址上。

(3)MX记录(邮件服务器记录):是邮件交换记录。它指向一个邮件服务器,用于在电子邮件系统发邮件时,根据收信人的地址后缀来定位邮件服务器。例如,当Internet上的某用户要发一封信给user@mydomain.com时,该用户的邮件系统通过DNS查找mydomain.com这个域名的MX记录,如果MX记录存在,用户计算机就将邮件发送到MX记录所指定的邮件服务器上。

8.1.3 域名解析服务

人们习惯记忆域名,但机器间互相只认IP地址,域名与IP地址之间的转换工作称为域名解析。域名解析需要由专门的域名解析服务器来完成,整个过程是自动进行的。域名的正向解析是将主机名转换成IP地址的过程,域名的反向解析是将IP地址转换成主机名的过程。通常很少需要将IP地址转换成主机名,即反向解析。反向解析经常被一些后台程序使用,用户看不到。在此过程中域名服务器(name server)和解析器(resolver)是服务系统中的核心。

域名服务器是用以提供域名空间结构及信息的服务器程序。域名服务器可以缓存域名空间中任一部分的结构和信息,但通常特定的域名服务器包含域名空间中一个子集的完整信息和指向能用以获得域名空间其他任一部分信息域名服务器的指针。域名服务器分为几种类型,常用的是:主域名服务器(primary server),存放所管理域的主文件数据;备份(辅)域名服务器(secondary server),提供主域名服务器的备份,定期从主域名服务器读取主文件数据进行本地数据刷新;缓存服务器(cache-only server),缓存从其他域名服务器获得的信息，加速查询操作。几种类型的服务器可以并存于一台主机，每台域名服务主机都包含缓存服务器。

解析器的作用是应客户程序的要求从域名服务器抽取信息。解析器必须能够存取一个域名服务器，直接由它获取信息或是利用域名服务器提供的参照，向其他域名服务器继续查询。解析器一般是用户应用程序可以直接调用的系统例程，不需要附加任何网络协议。

下面简单讨论一下域名的解析过程。这里要注意两点。

第一，主机向本地域名服务器的查询一般采用递归查询(recursive query)。递归查询是指：如果主机所询问的本地域名服务器不知道被查询域名的 IP 地址，那么本地域名服务器就以 DNS 客户的身份，向其他根域名服务器继续发出查询请求报文(替该主机继续查询)，而不是让该主机自己进行下一步的查询。因此，递归查询返回的查询结果或者是要查询的 IP 地址，或者是报错信息，表示无法查询到所需的 IP 地址。

第二，本地域名服务器向根域名服务器的查询通常采用迭代查询(iterative query)。迭代查询的特点是这样的：当根域名服务器收到本地域名服务器发出的迭代查询请求报文时，要么给出所要查询的 IP 地址，要么告诉本地域名服务器："你下一步应当向哪一个域名服务器进行查询"。然后让本地域名服务器进行后续的查询(而不是替本地域名服务器进行后续的查询)。根域名服务器通常是把自己知道的顶级域名服务器的 IP 地址告诉本地域名服务器，使本地域名服务器再向顶级域名服务器查询。顶级域名服务器在收到本地域名服务器的查询请求后，要么给出所要查询的 IP 地址，要么告诉本地域名服务器下一步应当向哪一个权限域名服务器进行查询，本地域名服务器就这样进行迭代查询。最后，知道了所要解析的域名的 IP 地址，然后把这个结果返回给发起查询的主机。当然，本地域名服务器也可以采用递归查询，这取决于最初的查询请求报文的设置要求使用哪一种查询方式。

DNS 使用客户机/服务器的机制实现域名解析，具体过程如下：由需要进行域名解析的客户应用程序调用本地的解析器，发出要解析的域名，客户端指定的 DNS 解析服务器回答解析的 IP 地址给解析器，解析器再把它返回给客户应用程序。

DNS 的工作流程如图 8.2 所示。

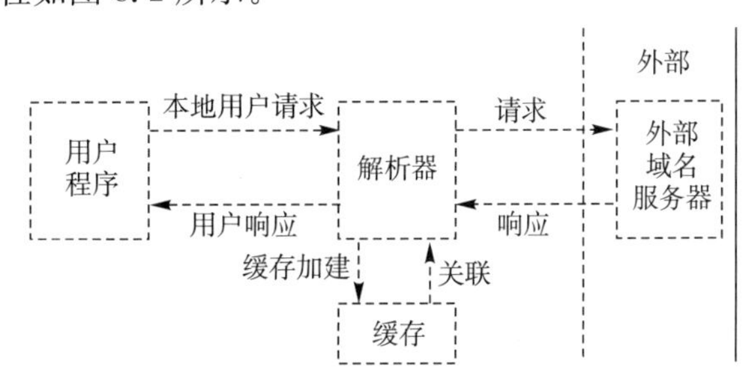

图 8.2　DNS 工作流程

最后，分析 www.edu.cn 是怎样被解析成 IP 地址的。

(1) 在浏览器地址栏中输入 www.edu.cn。

(2) 所使用的计算机将 www.edu.cn 的解析请求传给 ISP 的域名服务器。

(3) ISP的域名服务器查找它的数据文件或cache中是否有www.edu.cn的数据。若有,将www.edu.cn所对应的IP地址传给计算机。若没有,则进行下一步。

(4) ISP的域名服务器向根服务器发送请求“.cn由谁来解析?”,根服务器将.cn顶级域名服务器的IP地址返回给ISP的域名服务器,ISP的域名服务器根据传回的参数向.cn域名服务器发送请求“.edu.cn的IP地址是什么?”,.cn域名服务器向ISP的域名服务器传回.edu.cn域名服务器的IP地址。

(5)ISP的域名服务器再向.edu.cn域名服务器查询www.edu.cn主机的IP地址。获得此IP地址后,ISP的域名服务器将这个参数写入cache,并向用户所使用的计算机传回此IP地址。这一系列的工作仅通过一个叫UDP的单向传送协议来完成,速度极快。

(6) 所使用的计算机根据传回的IP地址访问到www.edu.cn。

8.1.4 Internet域名和URL

域名具有唯一性,这使得Internet的域名资源非常有限。从技术上讲,域名只是Internet用于解决地址对应问题的方法。

Internet域名注册由设在美国的Internet信息管理中心(InterNIC)和它设在世界各地的分支机构进行审核。如要申请.com以外的顶级域名,必须向InterNIC提交一份申明符合申请资格标准的报告。理论上,Internet域名的注册没有任何限制,只要所注册的域名尚未被注册过即可。注册可以通过相应的机构或其代理进行。

与Internet域名关联的另一个概念就是统一资源定位器(uniform resource locator, URL)。

URL地址格式排列为:scheme://host:[port] /[path]/[filename],例如:

http://www .auts.edu.cn/domain/HXWZ就是一个典型的URL地址。它从左到右由下述部分组成:

(1)Internet资源类型(scheme):如“http://”表示WWW服务器,“ftp://”表示FTP服务器,“gopher://”表示Gopher服务器,而“news:”表示Newsgroup新闻组。

(2)服务器地址(host):指出资源所在的服务器域名。

(3)端口(port):对某些资源的访问来说,需给出相应的服务器端口号。

路径(path):指明服务器上某资源的位置(其格式与DOS系统中的格式一样,通常由“目录/子目录/文件名”构成)。与端口一样,路径并非总是需要的。

(4)文件名(filename):资源的文件名。

8.2 万维网(WWW)

万维网(world wide web,WWW)并非某种特殊的计算机网络,而是一个大规模的、联机式的信息储藏所,也被称为“Web”或“3W”。万维网用链接的方法能非常方便地从互联网上的一个站点访问另一个站点(也就是所谓的“链接到另一个站点”),从而主动地按需获取丰富的信息。WWW是通过互联网获取信息的一种应用,用户所浏览的网站就是WWW的具体表现形式,但其本身并不是互联网,只是互联网的组成部分之一。

8.2.1 WWW服务模型

WWW是由位于瑞士日内瓦的欧洲粒子物理实验室(European Organization for Nuclear Research,CERN)的Tim BernerS-Lee最初于1989年3月提出的,WWW以超文本技术为基础,用面向文件的阅览方式替代通常的菜单列表方式,提供具有一定格式的文本、图形、声音、动画等。通过将位于Internet网上不同地点的相关数据信息有机地编织在一起,WWW提供一种友好的信息查询接口,用户仅需提出查询要求,而到什么地方查询及如何查询则由WWW自动完成。因此,WWW带来的是世界范围的超级文本服务,只要操纵电脑的鼠标,就可以通过Internet从全世界任何地方调来用户所希望得到的文本、图像(包括活动影像)和声音等信息。WWW的成功在于它制定了一套标准的、易为人们掌握的超文本标记语言(hyper text mark-up language,HTML)、统一资源定位器(uniform resource locator,URL)和超文本传送协议(hypertext transfer protocol,HTTP)。

WWW从本质上说是一种客户机/服务器模式的技术,作用是整理和储存各种WWW资源,并响应客户端软件的请求,把客户所需的资源传送到Windows XP(或Windows 98)、Windows NT、UNIX或Linux等平台上。WWW将大量的信息分布在整个因特网上。每台计算机上的文档都独立进行管理,对这些文档的增加、修改、删除或重新命名都不需要通知因特网上成千上万的节点,这样,WWW文档之间的连接经常会不一致。浏览器就是在用户计算机上的WWW客户程序。WWW文档所驻留的计算机则运行服务器程序,因此,这台计算机称为"万维网服务器"。客户程序向服务器发出请求,服务器程序向客户程序送回客户所要的WWW文档。

图8.3画出了五个万维网上的站点,它们可以相隔数千公里,但都必须连接在互联网上。每一个万维网站点都存放了许多文档。在这些文档中,有一些地方的文字是用特殊方式显示的(如用不同的颜色,或添加了下划线),而当我们将鼠标移动到这些地方时,鼠标的箭头就变成了一个"手"的形状。这就表明这些地方有一个链接(这种链接有时也称为超链),如果我们在这些地方点击鼠标,就可以从这个文档链接到可能相隔很远的另一个文档。经过一定的时延(几秒钟、几分钟甚至更长,取决于所链接的文档的大小和网络的拥塞情况),在我们的屏幕上就能将远方传送过来的文档显示出来。例如,站点A的某个文档中有两个地方1和2可以链接到其他的站点,当我们点击链接1时,就可链接到站点B的某个文档,若点击2则可链接到站点E,站点B的文档也有两个地方3和4有链接,若点击链接3就可链接到站点D,而点击链接4就链接到站点E,但从E的这个文档已不能继续链接到其他任何的站点,站点D的文档中有两个地方5和6有链接,可以分别链接到A和C。

客户端这种庞大的文档集合通常简称为页面。每一个页面可以包含指向因特网中其他相关页面的链接。用户可以跟随一个链接转到所指向的页面,通过这种方法浏览数以千计的相互链接的页面,指向其他页面的也被称为使用了超文本。

在服务器端都有一个服务器进程监听TCP 80端口,看是否有客户需要连接。在连接建立起来后,每当客户发出一个请求,服务器就发回一个应答,然后释放连接。允许这种连接合法的请求和应答的协议称为HTTP。

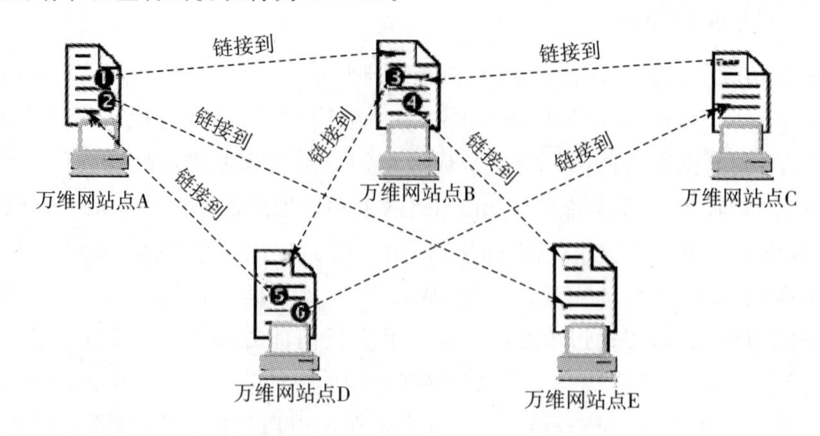

图8.3 万维网提供分布式服务

8.2.2 超文本传输协议(HTTP)

HTTP是WWW浏览器和WWW服务器之间的应用层通信协议,也是用于分布式协作超文本信息系统的、通用的、面向对象的协议。

由于HTTP是基于请求/响应范式的(相当于客户机/服务器)。一个客户机与服务器建立连接后,发送一个请求给服务器,请求方式的格式为:统一资源标识符、协议版本号,紧接着是多用途互联网邮件扩展类型(Multipurpose internet mail extensions,MIME)信息,包括请求修饰符、客户机信息和可能的内容。服务器接到请求后,给予相应的响应信息,其格式为一个状态行,包括信息的协议版本号、一个成功或错误的代码,紧接着是MIME信息,包括服务器信息、实体信息和可能的内容。

HTTP不同于其他基于TCP的协议。在HTTP中,一旦一个特殊的请求(或者请求的相关序列)完成,连接通常被中断。另一个HTTP的安全版本称为HTTPS。HTTPS支持任何的加密算法,只要此加密算法能被双方所理解。

目前在WWW中使用的是HTTP/1.0的第6版,HTTP/1.1的规范化工作正在进行之中,而且,HTTP-NG(next generation of HTTP)的建议已经提出。

HTTP的主要特点可概括如下。

(1) 支持客户/服务器模式。

(2) 简单快速。客户向服务器请求服务时,只需传送请求方法和路径。请求方法常用的有GET、POST,每种方法规定了客户与服务器联系的类型。由于HTTP简单,使得HTTP服务器的程序规模小,因此通信速度很快。

(3) 灵活。HTTP允许传输任意类型的数据对象。正在传输的类型由Content-Type加以标记。

(4) 无连接。无连接的含义是限制每次连接只处理一个请求。服务器处理完客户的请求,并收到客户的应答后,断开连接。采用这种方式可以节省传输时间。

(5) 无状态。HTTP是无状态协议。无状态是指协议对于事务处理没有记忆能力。缺少状态意味着如果后续处理需要前面的信息,则它必须重传,这样可能导致每次连接传送的数据量增大。另一方面,服务器不需要先前信息时其应答较快。

多数 HTTP 通信是由一个用户代理初始化,并且包括一个申请源服务器上资源的请求。最简单的情况是在用户代理(user agent,UA)和源服务器(O)之间通过一个单独的连接来完成(见图 8.4)。

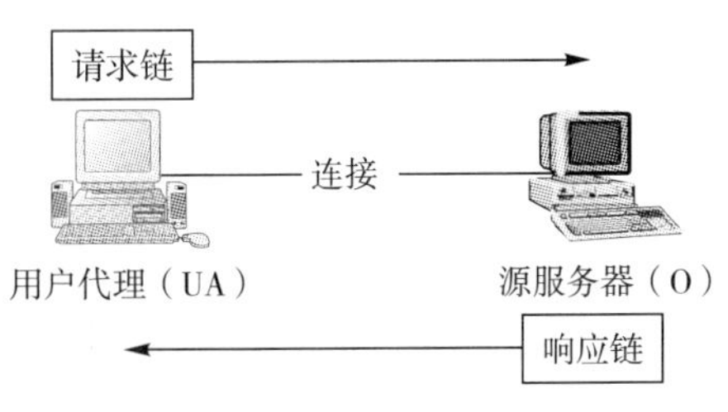

图 8.4　直接连接

当一个或多个中介出现在请求/响应链中时,情况就变得复杂一些。中介有三种:代理、网关和通道。一个代理根据 URL 的绝对格式来接受请求,重写全部或部分消息,通过 URL 的标识将已格式化过的请求发送到服务器。网关作为其他服务器的上层,是一个接收代理,并且如果必要的话,可以把请求翻译给下层的服务器协议。一个通道作为不改变消息的两个连接之间的中继点,当通信需要通过一个中介(如防火墙等)或者是中介不能识别消息的内容时,通道经常被使用。

图 8.5 所示表明了在用户代理(UA)和源服务器(O)之间有 3 个中介(A、B 和 C)。一个通过整个链的请求或响应消息必须经过 4 个连接段。尽管在图 8.5 中是线性的,但是每个参与者都可能从事多重的、并发的通信。例如,B 可能从许多客户机接收请求而不通过 A,或者不通过 C 把请求送到 O,同时它还可能处理 A 的请求。

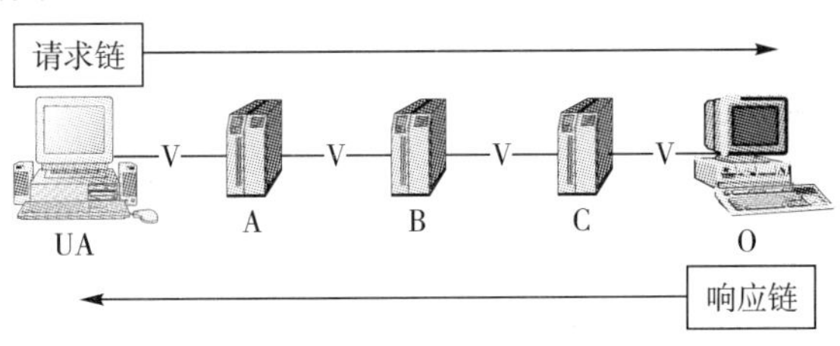

图 8.5　通过中介连接

任何针对不作为通道的汇聚可能为处理请求启用一个内部缓存,缓存的效果是请求/响应链被缩短,条件是沿链的参与者之一具有一个缓存的响应作用于那个请求。图 8.6 说明结果链,其条件是针对一个未被 UA 或 A 加缓存的请求,B 有一个经过 C 而来自 O 的一个前期响应的缓存拷贝。

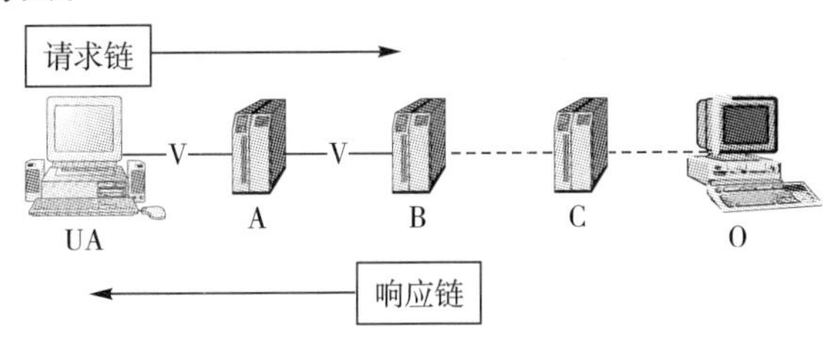

图 8.6　连接中有缓存请求

在Internet上,HTTP通信通常发生在TCP/IP连接之上。缺省端口是TCP 80,但其他的端口也是可用的。这并不预示着HTTP协议在Internet或其他网络的其他协议之上才能完成,HTTP只预示着一个可靠的传输。

基于HTTP协议的客户/服务器模式的信息交换过程如图8.7所示,它分4个过程:建立连接、发送请求信息、发送响应信息、关闭连接。

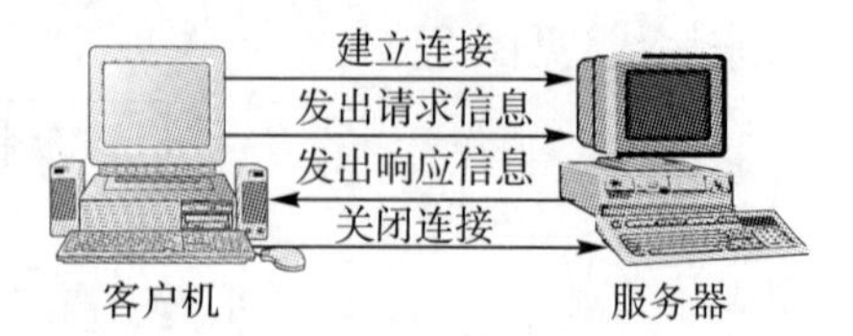

图8.7　会话过程

在WWW中,"客户"与"服务器"是一个相对的概念,只存在于一个特定的连接期间,在某个连接中的客户在另一个连接中可能作为服务器。WWW服务器运行时,一直在TCP 80端口(WWW的缺省端口)监听,等待连接的出现。

下面列出的是常用的HTTP 1.1状态代码及其含义。

- 100 Continue:初始的请求已经接受,客户应当继续发送请求的其余部分。
- 101 Switching Protocols:服务器将遵从客户的请求转换到另外一种协议。
- 202 Accepted:已经接受请求,但处理尚未完成。
- 301 Moved Permanently:客户请求的文档在其他地方,新的URL在Location头中给出,浏览器应该自动地访问新的URL。
- 400 Bad Request:请求出现语法错误。
- 404 Not Found:无法找到指定位置的资源。
- 405 Method Not Allowed:请求方法(GET、POST、HEAD、DELETE、PUT、TRACE等)对指定的资源不适用。
- 500 Internal Server Error:服务器遇到了意料不到的情况,不能完成客户的请求。

8.2.3 超文本标记语言(HTML)

1. HTML的定义

HTML是WWW的描述语言,由Tim BernerS-Lee提出。设计HTML语言是为了能把存放在一台电脑中的文本或图形与另一台电脑中的文本或图形联系在一起,形成有机的整体,人们不用考虑具体信息是在当前电脑上还是在网络中的其他电脑上。这样,只要用鼠标在某一文档中点取一个图标,Internet就会马上转到与此图标相关的内容上去,而这些信息可能存放在网络的另一台电脑中。

HTML文本是由HTML命令组成的描述性文本,HTML命令可以说明文字、图形、动画、声音、表格、链接等。HTML的结构包括头部、主体两大部分。头部描述浏览器所需的信息,主体包含所要说明的具体内容。

WWW上的一个超媒体文档称为一个页面。个人在万维网上开始点的页面称为主页或首页。主页中通常包括指向其他相关页面或其他节点的指针(超级链接)。在逻辑上将视为一个整体的一系列页面的有机集合称为网站。

HTML是一种规范,一种标准,它通过标记符号来标记要显示的网页中的各个部分。网页文件本身是一种文本文件,通过在文本文件中添加标记符,可以告诉浏览器如何显示其中的内容(如:文字如何处理、画面如何安排、图片如何显示等)。浏览器按顺序阅读网页文件,然后根据标记符解释和显示其标记的内容,对书写出错的标记将不指出其错误,且不停止其解释执行过程,编制者只能通过显示效果来分析出错原因和出错部位。需要注意的是,对于不同的浏览器,对同一标记符可能会有不完全相同的解释,因而可能会有不同的显示效果。

HTML 之所以称为超文本标记语言,是因为文本中包含了所谓“超级链接”点。所谓超级链接,就是一种 URL 指针,通过激活(点击)它,可使浏览器方便地获取新的网页。这也是 HTML 获得广泛应用的最重要的原因之一。

由此可见,网页的本质就是 HTML,通过结合使用其他的 Web 技术(如:脚本语言、CGI、组件等)可以创造出功能强大的网页。因此,HTML 是 Web 编程的基础,即万维网是建立在超文本基础之上的。

2. HTML 文件的整体结构

一个网页对应于一个 HTML 文件,HTML 文件以. htm 或. html 为扩展名,可以使用任何能够生成 TXT 类型源文件的文本编辑器来产生 HTML 文件。

标准的 HTML 文件都具有一个基本的整体结构,即 HTML 文件的开头与结尾标志,以及 HTML 的头部与实体两大部分,有 3 个双标记符用于页面整体结构的确认。

(1) <HTML>和</HTML>双标记符。<HTML>标记符说明该文件是用 HTML 来描述的,它是文件的开头,而</HTML>则表示该文件的结尾,它们分别是 HTML 文件的始标记符和尾标记符。

(2) <HEAD>和</HEAD>头部标记符。这 2 个标记符分别表示头部信息的开始和结尾。头部中包含的标记是页面的标题、序言、说明等内容,它本身不作为内容来显示,但影响网页显示的效果。头部中最常用的标记符是标题标记符<TITLE>和</TITLE>,它用于定义网页的标题,它的内容显示在网页窗口的标题栏中,网页标题可被浏览器用作书签和收藏清单。

(3) <BODY>和</BODY>正文标记符。网页中显示的实际内容均包含在这 2 个正文标记符之间。正文标记符又称为实体标记符。

一个不包含任何内容的基本网页文件框架如表 8.2 所示。

表 8.2 基本网页的内容解释

<HTML>	标记网页的开始
<HEAD>	标记头部的开始
<TITLE>	
文档标题	头部元素描述,如文档标题等
</TITLE>	
</HEAD>	标记头部的结束
<BODY>	标记页面正文开始
页面主体内容描述	页面实体部分
</BODY>	标记正文结束
</HTML>	标记该网页的结束

当然,如果不使用以上基本框架结构,而直接使用在实体部分中出现的标记符,在浏览器下也可以解释执行。

3. 正文标记的使用

每种 HTML 标记符在使用中可带有不同的属性项,用于描述该标记符说明的内容,显示不同的效果。正文标记符<BODY>提供表 8.3 所示属性,作用是改变文本的颜色及页面背景。

表 8.3　BODY 中提供的属性

BGCOLOR	用于定义网页的背景色
BACKGROUND	用于定义网页背景图案的图像文件
TEXT	用于定义正文字符的颜色,默认为黑色
LINK	用于定义网页中超级链接字符的颜色,默认为蓝色
VLINK	用于定义网页中已被访问过的超链接字符的颜色,默认为紫红色
ALINK	用于定义被鼠标选中,但未使用时超链接字符的颜色,默认为红色

例如:＜BODY BGCOLOR＝″＃000000″ TEXT＝″＃FFFFFF″＞标记将定义页面的背景色为黑色,正文字体显示为白色。

以上属性使用中需要对颜色进行说明。在 HTML 中,可使用 2 种方法说明颜色属性值,即颜色名称(英文名)或颜色值。其中,颜色值用 6 个十六进制数来分别描述红、绿、蓝三原色的方法,称为 RGB 值,每 2 个十六进制数表示一种颜色。使用颜色值时,应在值前冠以"＃"号。

使用图案代替背景颜色,可以使页面更生动、美观。例如:＜BODY BACKGROUND＝″image. gif″＞可将图像文件 image. gif 所表示的一幅图像作为页面的背景,若图像幅面不够大,则将图像重复平铺在窗口中。

4. HTML 字符集

HTML 在网页中除了可显示常见的 ASCII 字符和汉字外,还有许多特殊字符,它们一起构成了 HTML 字符集。有两种情况需要使用特殊字符:一是网页中有特殊意义的字符,如＜和＞;二是键盘上没有的字符。

HTML 字符可以用一些代码来表示,代码可以有两种表示方式,即字符代码(命名实体)和数字代码(编号实体)。字符代码以"&"符号开始,以分号结束,其间是字符名;数字代码也以"&"符号开始,以分号结束,其间是"＃"号加编号。

5. HTML 的有关约定

在编辑 HTML 文件和使用有关标记符时有一些约定或默认的要求。

(1) 文本标记语言源程序的文件扩展名默认使用 htm 或 html。在使用文本编辑器时,注意修改扩展名,而常用的图像文件的扩展名为 gif 和 jpg。

(2) HTML 源程序为文本文件,其列宽可不受限制,即多个标记可写成一行,甚至整个文件可写成一行。若写成多行,浏览器一般忽略文件中的回车符(＜PRE＞标记指定除外)。对文件中的空格通常也不按源程序中的效果显示,可使用特殊符号" "表示非换行空格。表示文件路径时使用符号"/"分隔,文件名及路径描述可用双引号(也可不用)括起。

(3) 标记符中的标记元素用尖括号括起来,如:＜A＞、＜/A＞,带斜杠的元素表示该标记说明结束。大多数标记符必须成对使用,以表示作用的起始和结束;标记元素忽略大小写,即＜a＞与＜A＞作用相同。许多标记元素具有属性说明,可用参数对元素做进一步的限定,多个参数或属性项说明次序不限,其间用空格分隔即可。一个标记元素的内容可以写成多行。

(4) 标记符号(包括尖括号、标记元素、属性项等)必须使用半角的西文字符,而不能使用全角字符。

(5) HTML注释由惊叹号表示，注释内容由"<！ ——"至"——>"符号结束，注释内容可插入文本中任何位置。任何标记若在其最前插入惊叹号，即被标识为注释，不予显示。

8.2.4　表单和公共网关接口

表单可以让用户从信息提供者那里提取页面信息，也可以将自身的信息返回给信息提供者。在HTML 2.0中出现了表单。表单中包括输入框和按钮，最常见的表单有一些供用户输入文本的文本框、复选框、提交按钮等。

1. 表单标记符<FORM>的使用

<FORM>表单用方法(Method)和行为(Action)来描述表单应该如何处理用户输入到表单中的数据。Method属性告诉WWW服务器怎样将输入的数据传送到服务器端，即选择表单的传送协议，其取值有get和post这两种。Action属性为表单指定CGI程序，即当用户按下提交按钮Submit后，服务器调用什么应用程序来处理，它是<FORM>必须指定的属性。

如果Method属性规定为get(为缺省值)，输入数据将送至WWW服务器，通过环境变量和服务器端程序的命令行参数，输入数据从WWW服务器传送到应用程序。因为当调用应用程序时，操作系统对环境变量和命令行参数的数量有限制，所以get属性值较少使用。如果Method定义为post，WWW服务器提供操作系统的标准输入，把数据传送到应用程序处理，这样做是没什么限制的。因此，大多数<FORM>表单选用post参数。

<FORM>属性设置方法为：

<FORM method="post" action="aaa. asp">

<FORM>表单可以很简单，只有一个输入域，也可以很复杂，如有按钮、检查框等。最常使用的<FORM>表单元素标记有3种：INPUT、SELECT和TEXTAREA。

(1) <INPUT>标记符。<INPUT>的作用是在表单中建立各种输入域。其主要的属性有name、value、type 3个。name用来表示不同的输入域，value用来给输入域设定初值，type用来确定可接受的输入域的类型。

type属性可定义为text(单行文本域)、password(口令域)、radio(圆形单选域)、checkbox(复选框)、reset(复位按钮)、submit(提交按钮)、range(范围域)和hidden(隐藏域)。

- 单行文本域(框)中可以用Size参数规定输入框的可见长度，用maxlength设置用户可输入的最大字符数量。
- 口令域与文本域设置类似，区别在于将用户的输入用"*"号来代替，以便保密。
- 圆形单选域用来设置从一组选项中选中一项，即单选框。
- 复选框是一个允许编程的双值输入域，用户在一个单独的选取框中只能在两种可能的选项中选择。每个检取框是一个正方形小框，一组检取框可以从中选出多项。
- 复位按钮用于返回初始值(或缺省值)，复位按钮有两个可选属性：name和value。name为按钮的名字，value定义了按钮显示时的称号。
- 提交按钮用于确认用户输入并送交系统处理。

- 范围域是一个单行文本域,域中的值限制在一个数值范围内,用于HTML中。
- 隐藏域是WWW数据库应用程序用来保存信息的,用户看不到它的数据。

以下是一个含有表单的网页实例。

```
<HTML>
<BODY>
<h2>登录界面:</h2>
<form method="post" action="aaa.asp">
请输入你的用户名:<br>
<INPUT TYPE="text" name="guestname" size=16><br>
输入你的地址:<br>
<INPUT TYPE="text" name="Add" size=35 maxlength=60><br>
填上密码:<br>
<INPUT TYPE="password" name="HD"><br>
选择你的性别:<br>
<INPUT TYPE="radio" name="sex" value="男">男
<INPUT TYPE="radio" name="sex" value="女">女<br>
选择你的爱好:<br>
<INPUT TYPE="checkbox" name="MS1" value="游泳">游泳
<INPUT TYPE="checkbox" name="MS1" value=" 旅游">旅游
<INPUT TYPE="checkbox" name="MS1" value="上网">上网
<INPUT TYPE="checkbox" name="MS1" value=" 新闻">新闻<br>
<INPUT TYPE="submit" value="提交">
<INPUT TYPE="reset" value="重填">
</form>
</BODY>
</HTML>
```

(2) 多项选择<SELECT>标记符。当需要使用滚动列表和下拉菜单时,可使用<SELECT>标记符。<SELECT>通过使用<option>标记符可以定义列表项,支持multiple、name、size这3种属性。

multiple允许用户同时选择多个选项,name用来指定该SELECT元素的名字,size用来指定用户一次可见到的列表项数目。<option>元素支持2种可选属性:selected和value。selected指定一个初始选项,value指定用户选择某选项后的返回值。

(3) 多行文本域<TEXTAREA>标记符。当需要为用户提供一个较大的文本输入区域时,可用<TEXTAREA>标记符来建立一个多行文本区。<TEXTAREA>使用cols、rows和name这3种属性。cols用于定义文本区的列数,rows用于定义文本区的行数,name为该区域的名字。

以下是一个含有表单的网页实例。

```
<HTML>
<BODY>
<h2>登录界面:</h2>
<form method="get" action="aaa.asp">
```

```
请输入你的用户名:<br>
<INPUT TYPE="text" name="guestname" size=16><br>
输入你的地址:<br>
<INPUT TYPE="text" name="Add" size=35 maxlength=60><br>
填上密码:<br>
<INPUT TYPE="password" name="HD"><br>
选择你的性别:<br>
<INPUT TYPE="radio" name="sex" value="男">男
<INPUT TYPE="radio" name="sex" value="女">女<br>
选择你的爱好:<br>
<INPUT TYPE="checkbox" name="MS1" value="游泳">游泳
<INPUT TYPE="checkbox" name="MS1" value=" 旅游">旅游
<INPUT TYPE="checkbox" name="MS1" value="上网">上网
<INPUT TYPE="checkbox" name="MS1" value=" 新闻">新闻<br>
请你选择打开网页的背景颜色:
<select name="color">
<option selected value="ffffff">白色
<option value="ffff00">黄色
<option value="00ff00">绿色
<option value="F0FFFF">天蓝色
</select><br>
请输入你的个人说明:<br>
<textarea name="text" rows=3 cols=50>
我叫
来自
就读于
喜欢
最好的朋友是
行了,就写这么多吧.
</textarea><br>
<INPUT TYPE="submit" value="提交">
<INPUT TYPE="reset" value="重填">
</form>
</BODY>
</HTML>
```

2. 其他相关标记符的使用

(1) <BUTTON>标记符。<BUTTON>标记符可用来创建3种按钮:提交按钮、重置按钮和普通按钮。其语法如下。

<BUTTON NAME="" VALUE ="" TYPE="submit|button|reset"> </BUTTON>

包含在按钮中的信息可以是文本字符或图像。其中,NAME用于指定控件名称,VALUE用于指定控件的初值,TYPE用于指定按钮的类型。按钮的类型可以是submit、button或reset。

下列 HTML 标记符说明了如何在表单中用<BUTTON>标记符创建按钮。

```
<HTML>
<HEAD>
<Title>使用 BUTTON 标记符</Title>
</HEAD>
<Body>
<H2>表单-BUTTON 标记符的使用</H2>
<FORM METHOD=POST ACTION="aaa.asp">
请输入姓名：
<INPUT TYPE="text" NAME="name" SIZE=30 VALUE=" "><P>
<BUTTON name="submit" value="submit" type="submit">
<IMG src="./image/提交按钮.gif" alt="提交"></BUTTON>
<BUTTON name="reset" type="reset">重置
<IMG src="./image/重置按钮.gif" alt="重置"></BUTTON>
</FORM>
</Body>
</HTML>
```

(2) 设置标签。为了使用方便,如果将与控件相关的文本字符设置为标签,则单击该字符时,即选中该控件。

设置标签使用标记符<LABEL>,它用属性 FOR 指定控件的 ID 名。<LABEL>的使用语法如下。

<LABEL FOR="控件的 ID 名">标签文本字符</LABEL>

下列 HTML 代码使用了 2 个带有标签的文本框,用户既可以通过单击文本框,也可以通过单击标签文字来获得文本框的输入焦点。

```
<HTML>
<HEAD><Title>控件的标签</Title></HEAD>
<Body>
<FORM METHOD=POST ACTION="aaa.asp">
<TABLE>
<TR><TD><LABEL for="fname">请输入您的姓名：</LABEL>
<TD><INPUT type="text" name="name" id="fname">
<TR><TD>
<LABEL for="lname">请输入您的代号：</LABEL>
<TD><INPUT type="text" name="number" id="lname">
</TABLE>
</FORM>
</BODY>
</HTML>
```

3. 公共网关接口(CGI)

公共网关接口(common gateway interface,CGI)可以让 HTML 文件在客户机和服务器之间建立一种交互性关系,使信息网关、反馈机制、访问数据库、订货和查询等一系列灵活复杂的操作可以实现。例如,现在的个人主页上大部分都有一个留言本,其工作模式为:先由用户在客户端输入一些信息,如姓名;接着用户按一下“留言”按钮(到目前为止工作都在客户端),浏览器就把这些信息传送到服务器的CGI目录下特定的cgi程序中,于是cgi程序在服务器上按照预定的方法对信息进行处理,这里假定将用户提交的信息存入指定的文件中;然后cgi程序给客户端发送一个信息,表示请求的任务已经结束,此时,用户在浏览器里将看到“留言结束”的字样。整个过程结束。

其交互流程如图8.8所示,应用CGI程序实际上就是对CGI的一种调用。要执行程序时,用一种方法向服务器提出请求,此请求定义了程序如何接收数据。

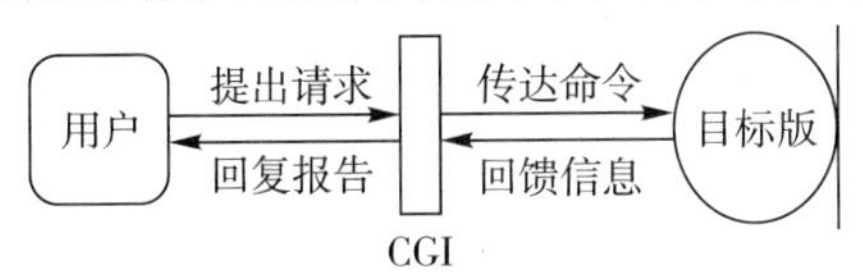

图8.8　CGI与用户交互

8.2.5　可扩展标记语言(XML)

1. XML

可扩展标记语言(extensible markup language,XML),是一种与平台无关的表示数据的方法。简单地说,使用XML创建的数据可以被任何应用程序在任何平台上读取,甚至可以通过手动编码来编辑和创建XML文档,因为XML与HTML一样,都是建立在相同的基于标记技术基础之上的语言。

(1)XML简化了数据交换。因为不同组织(乃至同一组织的不同部门)很少就单一工具集形成标准,所以要使应用程序相互交流,需要进行大量的工作。使用XML,每个实体可以创建单一的实用程序,该实用程序将该实体的内部数据格式转换成XML,反之亦然。

(2)XML支持智能代码。因为可以使XML文档结构化,以标识每个非常重要的信息片段(以及这些片段之间的关系),所以可以编写无需人工干预就能处理这些XML文档的代码。

2. XML文档规则

前面学过HTML文档,熟悉了使用标记来标注文档文本的基本概念。现在来介绍XML文档的基本规则,并讨论用于描述它们的术语。

关于XML文档,有一点很重要:XML规范需要解析器拒绝任何没有遵守基本规则的XML文档。大多数HTML解析器接受随意的标记,它们会猜测文档作者的意图。为了避免一般的HTML文档中松散结构所造成的混乱,XML的创造者们决定从一开始就强制文档结构。在XML中文档类型定义(DTD)指定了XML文档的标记。简而言之,DTD指定可以在文档中存在的元素、这些元素可以具有的属性、在元素内部元素的层次结构以及元素在整个文档中出现的顺序。

(1) 无效、有效以及格式良好的文档。无效文档没有遵守XML规范定义的语法规则。如果开发人员已经在DTD或模式中定义了文档能够包含什么,而某个文档没有遵守那些规则,那么这个文档将是无效的。

有效文档既遵守XML语法规则,也遵守在其DTD或模式中定义的规则。

格式良好的文档遵守XML语法,但没有遵守DTD或模式中定义的规则。

(2) 根元素。XML文档必须包含在一个单一元素中,这个单一元素称为根元素,它包含文档中所有文本和所有其他元素。在下面的示例中,XML文档包含在一个单一元素

<greeting>中。注意,文档有一行注释在根元素之外,那是完全合乎规则的。

```
<? xmlversion="1.0"? >
<! --A well-formed document -->
<greeting> Hello,World! </greeting>
```

下面是一个不包含单一根元素的文档。

```
<? xmlversion="1.0"? >
<! --An invalid document -->
<greeting> Hello,World! </greeting>
<greeting> Hola,el Mundo! </greeting>
```

不管该文档可能包含什么信息,XML解析器都会拒绝它。

(3) 元素不能重叠。下面是一些不合乎规则的标记。

```
<! --NOTlegalXMLmarkup -->
<p>
  <b>I <i>really love
  </b>XML. </i>
</p>
```

如果在 <b> 元素中开始了 <i> 元素,则必须在 <b> 元素中结束 <i> 元素。如果希望文本 XML 以斜体出现,那么需要添加第二个 <i> 元素以更正标记。

```
<! --legalXMLmarkup -->
<p>
   <b>I
     <i>really love
     </i>
   </b>
   <i>XML. </i>
</p>
```

XML解析器只接受这种标记,而大多数 Web 浏览器中的 HTML 解析器对于两者都接受。

(4) 结束标记是必需的。不能省去任何结束标记。下面这个示例中,标记是不合乎规则的,因为没有结束段落(</p>)标记。尽管这在 HTML 中(以及某些情况下在 SGML 中)是可以接受的,但 XML 解析器将拒绝它。

```
<! --NOT legalXMLmarkup --> <p>Yada yada yada... <p>Yada yada yada...<
p>...
```

如果一个元素不包含标记,则称为空元素;HTML 换行(<br>)和图像(<img>)元素就是两个例子。在 XML 文档的空元素中,可以把结束斜杠放在开始标记中。下面的两个换行元素和两个图像元素对于 XML 解析器来说是一回事。

```
<! --Two equivalent break elements -->
<br></br>
<br />
<! -- Two equivalent image elements -->
<img src="../img/c.gif"></img>
<img src="../img/c.gif" />
```

(5) 元素是区分大小写的。在 HTML 中，<h1>和<H1>是相同的；在 XML 中，它们是不同的。如果试图用 </H1> 标记结束 <h1> 元素，将会出错。在下面的示例中，顶部的标题是不合乎规则的，而底部的则是正确的。

```
<! --NOT legalXMLmarkup -->
<h1>Elements are case sensitive</H1>
<! --legalXMLmarkup -->
<h1>Elements are case sensitive</h1>
```

(6) 属性必须有用引号括起的值。XML 文档中的属性有两个规则：属性必须有值，那些值必须用引号括起。

比较下面的两个示例。顶部的标记在 HTML 中是合乎规则的，但在 XML 中则不是。为了在 XML 中取得相同结果，必须给属性赋值，而且必须把值放在引号中。可以使用单引号，也可以使用双引号，但要始终保持一致。

示例 1：

```
<! --NOT legalXMLmarkup -->
<ol compact>
```

示例 2：

```
<! -- legalXMLmarkup -->
<ol compact="yes">
```

如果属性值包含单引号或双引号，则可以使用另一种引号来括起该值(如 name="Doug'scar")，或使用实体"""代表双引号，使用"'" 代表单引号。实体是一个符号(如 ")的，XML 解析器会用其他文本代替该符号(如 ")。

(7) XML 声明。大多数 XML 文档以 XML 声明作为开始，它向解析器提供了关于文档的基本信息。建议使用 XML 声明，但它不是必需的。如果有的话，那么它一定是文档中的第一样东西。

声明最多可以包含 3 个名称——值对(许多人称它们为属性，尽管在技术上它们并不是)。version 为使用的 XML 版本，目前该值必须是 1.0。encoding 为该文档所使用的字符集。下面的声明中引用的 ISO-8859-1 字符集包括大多数西欧语言用到的所有字符。如没有指定 encoding，XML 解析器会假定字符在 UTF-8 字符集中，这是一个几乎支持世界上所有语言的字符和象形文字的 Unicode 标准。

```
<? XMLversion="1.0" encoding="ISO-8859-1" standalone="no"? >
```

最后，standalone(可以是 yes 或 no)定义了是否可以在不读取任何其他文件的情况下处理该文档。例如，如果 XML 文档没有引用任何其他文件，则用户可以指定 standalone="yes"。如果 XML 文档引用其他描述该文档可以包含什么的文件(后面会详细介绍这些文件)，则可以指定 standalone="no"。因为 standalone="no" 是缺省的，所以很少会在 XML 声明中看到 standalone。

(8) XML 文档中的其他项。

① 注释。注释可以出现在文档的任何位置。注释以"<! --"开始，以"-->"结束。注释不能在结束部分以外包含双连字符"--"。除此之外，注释可以包含任何内容。最重要的是，注释内的任何标记都被忽略。下面是包含注释的标记。

```
<! --Here's a PI for Cocoon: -->
```

② 处理指令。处理指令是为使用一段特殊代码而设计的标记。在下面的示例中,有一个用于 Cocoon 的处理指令(有时称为 PI),Cocoon 是来自 Apache 软件基金会(Apache Software Foundation)的 XML 处理框架。当 Cocoon 处理 XML 文档时,它会寻找以 cocoon-process 开头的处理指令,然后相应地处理 XML 文档。在该示例中,type="sql" 属性告诉 Cocoon 在 XML 文档包含一个 SQL 语句。

```
<? Cocoon-process type="sql"? >
```

③ 实体。无论 XML 处理器在何处找到字符串“&dw;”,它都会用字符串 developerWorks 代替该实体。XML 规范还定义了 5 个可以用来替代不同特殊字符的实体。这些实体如下。

- <:代表小于符号。
- >:代表大于符号。
- ":代表双引号。
- &apos:代表单引号(或撇号)。
- &:代表“与”符号。

(9) 名称空间。XML 的能力来自它的灵活性,即可以定义自己的标记来描述数据,如表示个人姓名和地址的样本 XML 文档。如何分辨某个特定的 <title> 元素指的是人、书籍还是一份财产呢? 可以使用名称空间来表示。使用名称空间需要定义一个名称空间前缀,然后将它映射至一个特殊字符串。下面介绍如何定义这 3 个 <title> 元素的名称空间前缀。

```
<? XMLversion="1.0"? >
<customer _summary
? xmlns:addr=
XMLns:books="http://www.zyx.com/books/"
XMLns:mortgage=
>
...
<addr:name>
<title>Mrs.</title>...
</addr:name>
...
...
<books:title>Lord of the Rings</books:title>
...
...
<mortgage:title>NC2948-388-1983</mortgage:title>
...
```

在该示例中,3 个名称空间前缀是 addr、books 和 mortgage。注意,为特定元素定义名称空间,意味着该元素的所有子元素都属于同一名称空间。第一个 <title> 元素属于 addr 名称空间,因为其父元素 <addr:Name> 属于该名称空间。

8.3　其他应用协议

8.3.1　电子邮件(E-mail)

同文件传输应用一样,电子邮件(E-mail)也是最早出现在ARPANET中的应用,是传统邮件的电子化,又称电子信箱、电子邮政,是一种用电子手段提供信息交换的通信方式,也是全球网络使用最普遍的一项服务。它的诱人之处在于传递迅速,在ARPANET上,几秒钟就可以完成美国东西海岸间的邮件传递,风雨无阻,比人工邮件更加迅速。与最常用的日常通信手段——电话系统相比,电子邮件在速度上虽然不占优势,但它不要求通信双方同时在场:假如收方不在,系统可以留下一份文电(message)拷贝,到他上机时通知他。这是电话系统做不到的,而打电话时对方不在的情况有半数以上。另外,电子邮件还可以进行一对多的邮件传递,同一邮件可以一次发送给许多人。最重要的是,电子邮件是整个网络系统中直接面向人与人之间信息交流的系统,它的数据发送方和接收方都是人,极大地满足了大量存在的人与人通信的需求。

基于上述优点,电子邮件深受用户欢迎。出乎ARPANET设计者意料,人与人之间电子邮件的通信量一开始就大大超出进程间的通信量,使电子邮件成为ARPANET上最繁忙的业务。

电子邮件不是一种"终端到终端"的服务,而是被称为"存储转发式"服务,这正是电子信箱系统的核心,利用存储转发可进行非实时通信,属于异步通信方式,即信件发送者可随时随地发送邮件,而不要求接收者同时在场,即使对方现在不在,仍可将邮件立刻送到对方的信箱内,且存储在对方的电子邮箱中。接收者可在他认为方便的时候读取信件,不受时空的限制。在这里,"发送"邮件意味着将邮件放到收件人的信箱中,而"接收"邮件则意味着从自己的信箱中读取信件,信箱实际上是由文件管理系统支持的一个实体。因为电子邮件是通过邮件服务器(mail server)来传递文件的。通常,mail server是执行多任务操作系统UNIX的计算机,它提供24小时的电子邮件服务,用户只要向mail server管理人员申请一个信箱账号,就可使用这项快速的邮件服务。每份电子邮件的发送都要涉及发送方与接收方,发送方就是客户端,而接收方就是服务器,服务器含有众多用户的电子信箱。发送方通过邮件客户程序,将编辑好的电子邮件向邮局服务器发送。邮局服务器识别接收者的地址,并向管理该地址的邮件服务器发送消息。下面介绍电子邮件系统中的简单邮件传输协议和邮局协议(post office protocol,POP)。

1. 简单邮件传输协议(SMTP)

SMTP能够保证电子邮件的可靠和高效传送。TCP/IP协议的应用层中就包含SMTP,但事实上它与传输系统和机制无关,仅要求一个可靠的数据流通道。它可以工作在TCP上,也可以工作在NCP、NITS等协议上。在TCP上,它使用端口25进行传输。SMTP的一个重要特点是可以在可交互的通信系统中转发邮件。

SMTP提供了一种邮件传输的机制,当收件方和发件方都在一个网络上时,可以把邮件直传给对方;当双方不在同一个网络上时,需要通过一个或几个中间服务器转发。SMTP首先由发件方提出申请,要求与接收方SMTP建立双向的通信渠道,收件方可以是最终收件人,也可以是中间转发的服务器,收件方服务器确认可以建立连接后,双方就可以开始通信。图8.9是SMTP的模型示意图。

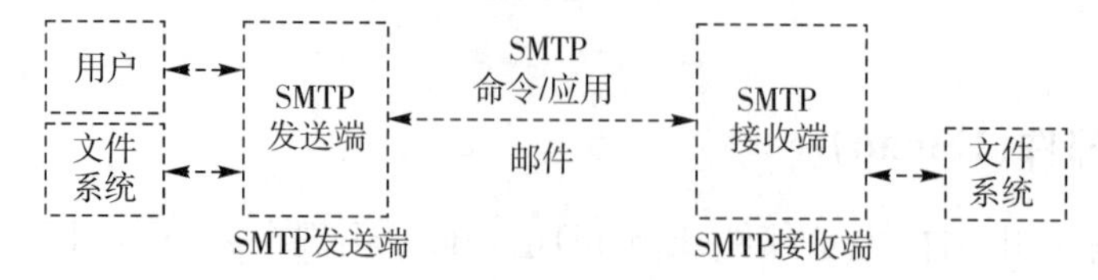

图8.9 SMTP模型

发件方SMTP向收件方发送MAIL命令,告知发件方的身份,如果收件方接受,就会回答OK。发件方再发出RCPT命令,告知收件人的身份,收件方SMTP确认是否接收或转发,如果同意就回答OK,接下来就可以进行数据传输了。通信过程中,发件方SMTP与收件方SMTP采用对话式的交互方式,发件方提出要求,收件方进行确认,确认后才进行下一步的动作。整个过程由发件方控制,有时需要确认几回才可以。

2. 邮局协议(POP)

POP适用于C/S结构的脱机模式的电子邮件协议,目前已发展到第3版,称为POP3。脱机模型不能在线操作,当客户机与服务器连接并查询新电子邮件时,被该客户机指定的所有将被下载的邮件,都会被程序下载到客户机。下载后,电子邮件客户机就可以删除或修改任意邮件,而无需与电子邮件服务器进一步交互。

在POP3协议中有3种状态:认可状态、处理状态和更新状态。当客户机与服务器建立联系时,一旦客户机提供了自己身份并成功确认,即由认可状态转为处理状态,在完成相应的操作后客户机发出quit命令,进入更新状态,更新完成后重返认可状态。

8.3.2 文件传输协议(FTP)

1. 文件传输协议(FTP)

什么是FTP呢?FTP是TCP/IP协议簇中的协议之一。该协议是Internet文件传送的基础,它由一系列规格说明文档组成,目标是提高文件的共享性,提供非直接使用远程计算机,使存储介质对用户透明和可靠高效地传送数据。简单地说,FTP就是完成两台计算机之间的拷贝,从远程计算机拷贝文件至自己的计算机上,称之为“下载”文件;若将文件从自己计算机中拷贝至远程计算机上,则称之为“上传”文件。在TCP/IP协议中,FTP使用的TCP端口号为21,Port方式数据端口为20。

2. FTP服务器和客户端

同大多数Internet服务一样,FTP也是一个客户/服务器系统。用户通过一个客户机程序连接至在远程计算机上运行的服务器程序。依照FTP协议提供服务,进行文件传送的计算机就是FTP服务器,而连接FTP服务器,遵循FTP协议与服务器传送文件的计算机就是FTP客户端。用户要连上FTP服务器,就要用到FTP的客户端软件,通常Windows自带“ftp”命令,这是一个命令行的FTP客户程序,另外,常用的FTP客户程序还有CuteFTP、Ws_FTP、Flashfxp、LeapFTP等。

3. FTP用户授权

(1)用户授权。要连上FTP服务器(即“登录”),必须要有该FTP服务器授权的账号,即只有在有了一个用户标识和一个口令后才能登录FTP服务器,享受FTP服务器提供的服务。

(2)FTP地址格式如下:

ftp://用户名:密码@FTP服务器IP或域名:FTP命令端口/路径/文件名

上面的参数除FTP服务器IP或域名为必要项外,其他都不是必需的。以下地址都是有效FTP地址。

ftp://list:list@foolish.6600.org

ftp://list:list@foolish.6600.org:2003

ftp://list:list@foolish.6600.org:2003/soft/list.txt

(3)匿名FTP。互联网中有很大一部分FTP服务器被称为"匿名"FTP服务器。这类服务器的目的是向公众提供文件拷贝服务,不要求用户事先在该服务器进行登记注册,也不用取得FTP服务器的授权。匿名文件传输能够使用户与远程主机建立连接并以匿名身份从远程主机上拷贝文件,而不必是该远程主机的注册用户。用户使用特殊的用户名"anonymous"登录FTP服务,可访问远程主机上公开的文件。许多系统要求用户将E-mail地址作为口令,以便更好地对访问进行追踪。匿名FTP一直是Internet上获取信息资源的最主要方式,在Internet成千上万的匿名FTP主机中存储着海量文件,这些文件包含了各种各样的信息、数据和软件。用户只要知道特定信息资源的主机地址,就可以用匿名FTP登录获取所需的信息资料。虽然目前使用WWW环境已取代匿名FTP成为最主要的信息查询方式,但是匿名FTP仍是Internet上传输分发软件的一种基本方法,如red hat、autodesk等公司的匿名站点。

4. FTP的传输模式

FTP协议的任务是从一台计算机将文件传送到另一台计算机,它与这两台计算机所处的位置、连接的方式,甚至是否使用相同的操作系统无关。假设两台计算机通过FTP协议对话,并且能访问Internet,可以用FTP命令来传输文件。虽然每种操作系统在使用上有某些细微的差别,但是每种协议基本的命令结构是相同的。

FTP的传输有两种方式:ASCII传输模式和二进制传输模式。

(1)ASCII传输方式。假定用户正在拷贝的文件包含简单ASCII码文本,当文件传输时FTP通常会自动地调整文件的内容,以便把文件解释成另外那台计算机存储的文本文件格式。

(2)二进制传输模式。在二进制传输中,要保存文件的位序,以保证原始文件和拷贝文件是逐位一一对应的,即使目的地机器上包含位序列的文件是没意义的。例如,Macintosh以二进制方式传送可执行文件到Windows系统,在对方系统上,此文件不能执行。但如果你在ASCII方式下传输二进制文件,即使不需要也仍会转译,这会使传输稍微变慢,也会损坏数据,使文件变得不可用(在大多数计算机上,ASCII方式一般假设每一字符的第一有效位无意义,因为ASCII字符组合不使用它。)如果传输二进制文件,所有的位都是重要的;如果知道这两台机器是同样的,则二进制方式对文本文件和数据文件都是有效的。

5. FTP的工作方式

FTP支持两种工作方式:一种方式称为Standard模式(即PORT方式,主动方式);一种是Passive模式(即PASV,被动方式)。Standard模式FTP的客户端发送PORT命令到FTP服务器,Passive模式FTP的客户端发送PASV命令到FTP服务器。FTP工作原理如图8.10所示。

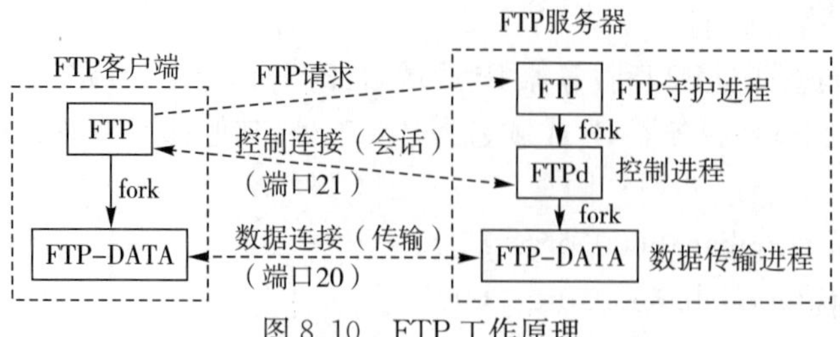

图8.10　FTP工作原理

下面介绍这两种方式的工作原理。

(1)Standard模式。FTP客户端首先和FTP服务器的TCP 21端口建立连接,通过这个通道发送命令。客户端需要接收数据的时候在这个通道上发送PORT命令,PORT命令中包含了客户端用什么端口接收数据。在传送数据的时候,服务器端通过自己的TCP 20端口连接至客户端指定的端口发送数据。FTP服务器必须和客户端建立一个用来传送数据的新连接。

(2)Passive模式。在建立控制通道时与Standard模式类似,但建立连接后发送的不是PORT命令,而是PASV命令。FTP服务器收到PASV命令后,随机打开一个高端端口(端口号大于1 024),并且通知客户端在这个端口上传送数据的请求,客户端连接FTP服务器端口,然后,FTP服务器将通过这个端口进行数据的传送,这个时候FTP服务器不再需要建立一个新的和客户端之间的连接。

很多防火墙在设置的时候都是不允许接受外部发起的连接的,所以许多位于防火墙后或内网的FTP服务器不支持PASV模式,因为客户端无法穿过防火墙打开FTP服务器的高端端口。而许多内网的客户端不能用PORT模式登录FTP服务器,因为从服务器的TCP 20无法和内部网络的客户端建立一个新的连接,因此无法工作。

8.3.3　远程登录(Telnet)

Telnet协议可以工作在任何主机(任何操作系统)或任何终端之间。RFC854[Postel和Reynolds1983a]定义了该协议的规范,其中还定义了一种通用字符终端称为网络虚拟终端(network virtual terminal,NVT)。NVT是虚拟设备,连接的双方(客户机和服务器),都必须把它们的物理终端和NVT进行相互转换。换言之,不管客户进程终端是什么类型,操作系统必须把它转换为NVT格式。同时,不管服务器进程的终端是什么类型,操作系统必须能够把NVT格式转换为终端所能够支持的格式,如图8.11所示。

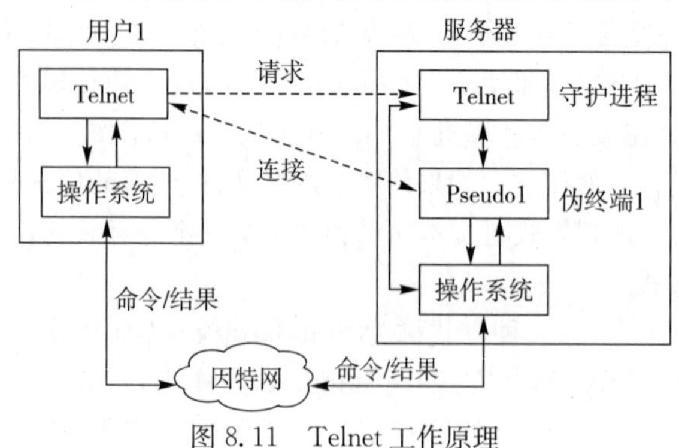

图8.11　Telnet工作原理

8.3.4　网络新闻组

1. 什么是新闻组

新闻组,简单来说就是一个基于网络的计算机组合,这些计算机被称为新闻服务器。不同的用户通过一些软件可连接到新闻服务器上,阅读其他人的消息并参与讨论。新闻组是一个完全交互式的超级电子论坛,是任何一个网络用户都能进行相互交流的工具。

2. 新闻组的优点

新闻组和WWW、电子邮件、远程登录、文件传送同为互联网提供的重要服务。在国外,新闻组账号和上网账号、E-mail账号一起并称为三大账号,由此可见其使用的广泛程度。由于种种原因,国内的新闻服务器数量很少,各种媒体对于新闻组介绍也较少,用户大多局限在一些资历较深的老网民或高校校园内。不少用户对新闻组则只知其名,不知其实。新闻组是一种高效而实用的工具,它具有四大优点。

(1) 信息海量。据有关资料介绍,目前国外有新闻服务器5 000多个,据说最大的新闻服务器包含39 000多个新闻组,每个新闻组中又有上千个讨论主题,其信息量之大难以想象,就连WWW服务也难以相比。

(2) 直接交互性。在新闻组上,每个人都可以自由发布自己的消息,不管是哪类问题、多大的问题,都可直接发布到新闻组上和成千上万的人进行讨论。这似乎和BBS差不多,但它比BBS多出两大优势:一是可以发表带有附件的"帖子",传递各种格式的文件;二是新闻组可以离线浏览。但新闻组不提供BBS支持的即时聊天,也许这就是新闻组在国内使用不广的原因之一。

(3) 全球互联性。全球绝大多数的新闻服务器都连接在一起,就像互联网本身一样。在某个新闻服务器上发表的消息会被送到与该新闻服务器相连接的其他服务器上,每一篇文章都可能漫游到世界各地。这是新闻组的最大优势,也是网络提供的其他服务项目所无法比拟的。

(4) 主题鲜明。每个新闻组只要看它的命名就能清楚它的主题,所以在使用新闻组时其主题更加明确,往往能够一步到位,而且新闻组的数据传输速度与网页相比要快得多。

3. 新闻组的命名规则

国际新闻组在命名、分类上有其约定俗成的规则。新闻组由许多特定的集中区域构成,组与组之间成树状结构,这些集中区域就被称为类别。目前,在新闻组中主要有以下几种类别。

- comp:关于计算机专业及业余爱好者的主题,包括计算机科学、软件资源、硬件资源和软件信息等。
- sci:关于科学研究、应用或相关的主题,一般情况下不包括计算机。
- soc:关于社会科学的主题。
- talk:一些辩论或人们长期争论的主题。
- news:关于新闻组本身的主题,如新闻网络、新闻组维护等。
- rec:关于休闲、娱乐的主题。
- alt:比较杂乱,无规定的主题,任何言论在这里都可以发表。
- biz:关于商业或与之相关的主题。

- misc:其余的主题。在新闻组里,所有无法明确分类的东西都称为misc。

新闻组在命名时以句点间隔,通过上面的主题分类,可以一眼看出新闻组的主要内容。

8.3.5 电子公告板(BBS)

电子公告板(bulletin board system,BBS),最早是用来公布股市价格等类信息的,当时BBS连文件传输的功能都没有,而且只能在苹果计算机上运行。早期的BBS与一般街头和校园内的公告板性质相同,只不过是通过电脑来传播或获得消息而已。一直到个人计算机开始普及之后,有些人尝试将苹果计算机上的BBS转移到个人计算机上,BBS才开始渐渐普及开来。近些年来,由于爱好者们的努力,BBS的功能得到了很大的扩充。

目前,通过BBS可随时取得国际最新的软件及信息,也可以通过BBS来和别人讨论计算机软件、硬件、Internet、多媒体、程序设计以及医学等各种有趣的话题,更可以利用BBS刊登一些“公司产品”启事。

BBS通常为用户提供以下服务。

(1)阅读电子公告板的文章。

(2)留言。在BBS的各个分话题中,使用者可以将自己的意见、问题张贴在公告栏上,同时可以回应他人的文章。留言通常为文本,但一般也支持多媒体数据的链接。

(3)在线讨论。

(4)收发电子邮件。

(5)软件数据交换,用户可以通过BBS上传和下载各种软件或数据。

习题 8

一、选择题

1. 不是电子邮件服务优点的是________。

   A. 方便迅捷　B. 实时性强　C. 费用低廉　D. 传输信息量大

2. 正确的电子邮件地址是________。

   A. inhe. net@wangxing　B. wangxing. inhe. net

   C. inhe. net. wangxing　D. wangxing@inhe. net

3. 不是电子邮件系统提供的服务功能的是________。

   A. 创建与发送电子邮件　B. 接收电子邮件

   C. 通知电子邮件到达　D. 账号、邮箱管理

4. 完成远程登录的TCP/IP协议是________。

   A. SMTP　B. FTP　C. SNMP　D. TELNET

5. 配置DNS服务器正确的是________。

   A. 使用IP地址标识　B. 使用域名标识

   C. 使用主机名标识　D. 使用主机名加域名标识

6. WWW起源于________。

   A. 加州大学伯克利分校　B. 贝尔实验室

   C. 斯坦福大学　D. 欧洲粒子物理实验室

7. 要在Internet上使用FTP，需要与其他FTP服务器建立连接，那么，下列选项中不能用来建立一个FTP程序的是________。
   A. 在命令方式下，输入：FTP服务器主机名
   B. 在命令方式下，输入：FTP IP地址
   C. 先输入FTP，当系统加入FTP服务状态后使用open命令建立一个主机连接，格式为：open ftp服务器主机名或IP地址
   D. 在命令方式下，输入：open ftp服务器主机名和IP地址
8. 不属于FTP文件传输特点的是________。
   A. 允许匿名服务
   B. 交互式用户界面
   C. 允许客户指定存储数据的类型和格式
   D. 权限控制
9. 不属于CGI标准中规定的CGI脚本程序中可以使用的标题行是________。
   A. 程序所在路径　B. 内容类型　C. 状态　D. URL地址
10. 在WWW服务器和浏览器之间传输数据主要遵循的协议是________。
   A. HTTP　B. TCP　C. IP　D. FTP
11. 关于FTP主要应用功能的叙述正确的是________。
   A. FTP是用户和远程主机相连，从而对主机内的各种资源进行各种操作，如文件的读、写、执行、修改等
   B. FTP的功能类似于Telnet
   C. FTP的主要功能在于文件传输，但FTP客户端在一定的范围内也有执行、修改等其他文件的功能
   D. FTP是用户同远程主机相连，类似于远程主机的仿真终端用户，从而应用远程主机内的资源
12. WWW是Internet上的一种________。
   A. 服务　B. 协议　C. 协议集　D. 系统

二、填空题

1. 为了解决具体的应用问题而彼此通信的进程称为________。
2. Internet的域名系统DNS被设计成为一个联机分布式数据库系统，并采用________模式。
3. ________是一个简单的远程终端协议。
4. WWW服务器和浏览器之间采用________协议进行通信。
5. 一个E-mail地址为abc@auts.edu.cn，其中________是它的域名。
6. HTML字符可以用一些代码来表示，代码可以有2种表示方式。即________和________。
7. 超文本传输协议(HTTP)是________和________之间的应用层通信协议。
8. FTP的传输有两种方式：________和________。
9. DNS常用的三种域名记录，这三种域名记录类型分别是________、________和________。

10. 在XML中________指定了XML文档的标记。

11. DNS服务器的作用是:将________转换为________。

12. Internet上的域名查询分为两种方式,分别是________和________。

三、问答题

1. 什么是解析器?

2. 为什么要安装次名称服务器?

3. FTP服务和TFTP服务之间的主要区别是什么?

4. 什么是XML语言?

5. Internet的域名结构是怎样的?

6. 什么叫网络虚拟终端(NVT)?

7. 简述文件传送协议(FTP)的特点。

8. 什么是简单邮件传输协议?

9. www.auts.edu.cn是怎样被解析成IP地址的?

10. 域名系统的主要功能是什么?

11. DNS有哪两种域名解析方式?简述两种方式的区别和特点。

第9章 Chapter 9 网络管理与信息安全

网络提供给用户的功能越多,它的复杂程度就会越高,网络出错也就会越多。但是减少网络所提供的功能,对用户来说显然是不能接受的。所以,没有切实可行的网络管理和信息安全,网络将会变得无法运行。网络信息安全是计算机网络的机密性、完整性和可用性的集合,在分布网络环境中,对信息载体和信息的处理、传输、存储、访问提供安全保护,以防止数据或信息内容被非授权使用和篡改。

9.1 网络管理基础

随着计算机和通信技术的飞速发展,网络管理技术已成为重要的前沿技术。例如,对公用交换网,网络管理通常指实时网络监控,以便在不利的条件下(如过载、故障),使网络的性能仍能达到最佳。又如,狭义的网络管理仅仅指网络的通信量管理,而广义的网络管理指网络的系统管理。网络管理功能可概括为OAM&P,即网络的运行(operation)、处理(administration)、维护(maintenance)、服务提供(provisioning)等所需要的各种活动。有时也只考虑前3种,即把网络管理功能归结为OAM。

网络管理通常用到以下术语。

• 网络元素:网络中具体的通信设备或逻辑实体,又称网元。

• 对象:通信和信息处理范畴里可标识的,拥有一定信息特性的资源。应注意,这里所用的"对象"与面向对象系统中所定义的对象并不完全一样。

• 被管理对象:被管理对象指可使用管理协议进行管理和控制的网络资源的抽象表示。例如,一个层的实体或一个连接。

• 管理信息库(management information base,MIB):MIB是网络管理系统中的重要构件,它由一个系统内的许多被管对象及其属性组成。MIB实际上就是一个虚拟数据库。这个数据库提供有关被管理网络元素的信息,而这些信息由管理进程和各个代理进程共享,MIB由管理进程和各个代理进程共同使用。

• 综合网络管理(integrated network management,INM):用统一的方法在一个异构网络中管理多厂商生产的计算机硬件和软件资源,也称为一体化网络管理。

ISO很早就在OSI的总体标准中提出了网络管理标准的框架ISO 7498-4。ITU-T在网络管理方面也紧密地和ISO合作,制订了与ISO 7498-4相对应的X.700系列建议书。

ISO和ITU-T制订的两个重要标准是:

• ISO 9595 ITU-T X.710,公共管理信息服务定义CMIS。

• ISO 9596 ITU-T X.711,公共管理信息协议规格说明CMIP。

9.1.1 网络管理的功能

在实际网络管理过程中,网络管理的功能非常广泛。在OSI网络管理标准中定义了网络管理的五大功能:配置管理、性能管理、故障管理、安全管理和计费管理。这五大功能是网络管理最基本的功能。事实上,网络管理还应该包括其他一些功能,比如网络规划、网络操作人员的管理等。不过除了基本的网络管理五大功能,其他的网络管理功能实现都与具体的网络实际条件有关,因此只需要关注OSI网络管理标准中的五大功能。

1. 配置管理

(1) 配置信息的自动获取:在一个大型网络中,需要管理的设备是比较多的,如果每个设备的配置信息都完全依靠管理人员的手工输入,那么工作量是相当大的,而且还存在出错的可能性。对于不熟悉网络结构的人员来说,这项工作甚至无法完成。因此,一个先进的网络管理系统应该具有配置信息自动获取功能。即使在管理人员不是很熟悉网络结构和配置状况的情况下,也能通过有关的技术手段来完成对网络的配置和管理。在网络设备的配置信息中,根据获取手段大致可以分为三类:一是网络管理协议标准的MIB中定义的配置信息(包括简单网络管理协议SNMP和通用管理信息协议CMIP);二是不在网络管理协议标准中有定义,但是对设备运行比较重要的配置信息;三是用于管理的一些辅助信息。

(2) 自动配置、自动备份及相关技术:配置信息自动获取功能相当于从网络设备中"读"信息,相应的,在网络管理应用中还有大量"写"信息的需求。同样根据设置手段对网络配置信息进行分类:一是可以通过网络管理协议标准中定义的方法(如SNMP中的set服务)进行设置的配置信息;二是可以通过自动登录到设备进行配置的信息;三是需要修改的管理性配置信息。

(3) 配置一致性检查:在一个大型网络中,网络设备众多,而且由于管理的原因,这些设备很可能不是由同一个管理人员进行配置的。实际上,即使是同一个管理员对设备进行的配置,也会由于各种原因导致配置不一致性问题。因此,对整个网络的配置情况进行一致性检查是必需的。在网络的配置中,对网络正常运行影响最大的主要是路由器端口配置和路由信息配置,因此,要进行一致性检查的也主要是这两类信息。

(4) 用户操作记录功能:配置系统的安全性是整个网络管理系统安全的核心,因此,必须对用户进行的每一配置操作进行记录。在配置管理中,需要对用户操作进行记录,并保存下来。管理人员可以随时查看特定用户在特定时间内进行的特定配置操作。

2. 性能管理

(1) 性能监控:由用户定义被管对象及其属性。被管对象类型包括线路和路由器,被管对象属性包括流量、延迟、丢包率、CPU利用率、温度、内存余量。对于每个被管对象,系统定时采集性能数据,自动生成性能报告。

(2) 阈值控制:可对每一个被管对象的每一条属性设置阈值,对于特定被管对象的特定属性,可以针对不同的时间段和性能指标进行阈值设置;可通过设置阈值检查开关,控制阈值检查和告警,提供相应的阈值管理和溢出告警机制。

(3) 性能分析:对历史数据进行分析,统计、整理和计算性能指标,对性能状况作出判断，为网络规划提供参考。

(4) 可视化的性能报告：对数据进行扫描和处理，生成性能趋势曲线，以直观图形反映性能分析的结果。

(5) 实时性能监控：提供了一系列实时数据采集、分析和可视化工具，对流量、负载、丢包、温度、内存、延迟等网络设备和线路的性能指标进行实时检测，可任意设置数据采集间隔。

(6) 网络对象性能查询：可通过列表或按关键字检索被管网络对象及其属性的性能记录。

3. 故障管理

(1) 故障监测：主动探测或被动接收网络上的各种事件信息，并识别出其中与网络和系统故障相关的内容，对其中的关键部分保持跟踪，生成网络故障事件记录。

(2) 故障报警：接收故障监测模块传来的报警信息，根据报警策略驱动不同的报警程序，以报警窗口/振铃(通知一线网络管理人员)或电子邮件(通知决策管理人员)发出网络严重故障警报。

(3) 故障信息管理：依靠对事件记录的分析，定义网络故障并生成故障卡片，记录排除故障的步骤和与故障相关的值班员日志，构造排错行动记录，将“事件－故障－日志”构成逻辑上相互关联的整体，以反映故障产生、变化、消除的整个过程的各个方面。

(4) 排错支持工具：向管理人员提供一系列的实时检测工具，对被管设备的状况进行测试并记录下测试结果以供技术人员分析和排错；根据已有的排错经验和管理员对故障状态的描述给出对排错行动的提示。

(5) 检索/分析故障信息：浏览并以关键字检索查询故障管理系统中所有的数据库记录，定期收集故障记录数据，在此基础上给出被管网络系统、被管线路设备的可靠性参数。

4. 安全管理

安全管理的功能分为两部分，首先是网络管理本身的安全，其次是被管理的网络对象的安全。

(1)网络管理本身的安全。网络管理过程中，存储和传输的管理和控制信息对网络的运行和管理至关重要，一旦泄密、被篡改和伪造，将给网络造成灾难性的破坏。网络管理本身的安全由以下机制来保证。

① 管理员身份认证。管理员身份认证采用基于公开密钥的证书认证机制，为提高系统效率，对于信任域内(如局域网)的用户，允许使用简单口令认证。

② 管理信息存储和传输的加密与完整性。Web 浏览器和网络管理服务器之间采用安全套接字层传输协议，对管理信息加密传输并保证其完整性，内部存储的机密信息(如登录口令等)也是经过加密的。

③ 网络管理用户分组管理与访问控制。网络管理系统的用户(即管理员)按任务的不同分成若干用户组，不同的用户组中有不同的权限范围，对用户的操作由访问控制检查，保证用户不能越权使用网络管理系统。

④ 系统日志分析。记录用户所有的操作，使系统的操作和对网络对象的修改有据可查，同时也有助于故障的跟踪与恢复。

(2)网络对象的安全管理有以下功能。

① 网络资源的访问控制。通过管理路由器的访问控制链表,完成防火墙的管理功能,即从网络层(IP)和传输层(TCP)控制对网络资源的访问,保护网络内部的设备和应用服务,防止外来的攻击。

② 告警事件分析。接收网络对象所发出的告警事件,分析网络安全相关的信息(如路由器登录信息、SNMP认证失败信息),实时向管理员告警,并提供历史安全事件的检索与分析机制,及时地发现正在进行的攻击或可疑的攻击迹象。

③ 主机系统的安全漏洞监测。实时监测主机系统的重要服务(如WWW、DNS等)状态,提供安全监测工具,搜索系统可能存在的安全漏洞或安全隐患,并给出弥补措施。

总之,网络管理通过网关(即边界路由器)控制外来用户对网络资源的访问,以防止外来攻击;通过对告警事件的分析处理,发现正在进行的可能攻击;通过安全漏洞检查来发现存在的安全隐患,以防患于未然。

5. 计费管理

(1) 计费数据采集。计费数据采集是整个计费系统的基础,但计费数据的采集往往受到采集设备硬件与软件的制约,也与进行计费的网络资源有关。

(2) 数据管理与数据维护。计费管理人工交互性很强,虽然有很多数据维护系统可自动完成,但仍然需要人为管理,包括交纳费用的输入、联网单位信息维护,以及账单样式决定等。

(3) 计费政策制定。由于计费政策经常灵活变化,因此实现用户自由制定输入计费政策尤其重要,需要一个制定计费政策的友好人机界面和完善的实现计费政策的数据模型。

(4) 政策比较与决策支持。计费管理应该提供多套计费政策的数据比较,为政策制定提供决策依据。

(5) 数据分析与费用计算。利用采集的网络资源使用数据、联网用户的详细信息以及计费政策,计算网络用户资源的使用情况,并计算出应交纳的费用。

(6) 数据查询。提供给每个网络用户关于自身使用网络资源情况的详细信息,网络用户根据这些信息可以计算、核对自己的收费情况。

9.1.2 简单网络管理协议(SNMP)

1. SNMP 简介

SNMP首先是由IETF的研究小组为解决Internet上的路由器管理问题而提出的。SNMP的设计原则是简单性和扩展性:简单性是通过信息类型限制、请求响应或协议而达成的;扩展性是通过将管理信息模型与协议、被管理对象的详细规定分离而实现的。SNMP是目前TCP/IP网络中应用最为广泛的网络管理协议。1990年5月,RFC 1157定义了SNMP的第一个版本SNMPv1。RFC 1157和另一个关于管理信息的文件RFC 1155一起,提供了一种监控和管理计算机网络的系统方法。因此,SNMP得到了广泛应用,并成为网络管理的事实上的标准。SNMP在20世纪90年代初就得到了迅猛发展,但同时也暴露了明显的不足。如难以实现大量的数据传输、缺少身份验证和加密机制。因此，1993年发布了SNMPv2，它具有以下特点。

- 支持分布式网络管理。
- 扩展了数据类型。
- 可以实现大量数据的同时传输，提高了效率和性能。
- 丰富了故障处理能力。
- 增加了集合处理功能。
- 加强了数据定义语言。

但是，SNMPv2并没有完全实现预期的目标，尤其是安全性能没有提高。如身份验证(用户初始接入时的身份验证、信息完整性的分析、重复操作的预防)、加密、授权和访问控制、适当的远程安全配置和管理能力等都没有实现。1996年发布的SNMPv2c是SNMPv2的修改版本，功能增强了，但是安全性能仍没有得到改善，继续使用SNMPv1的基于明文密钥的身份验证方式。IETF SNMPv3工作组于1998年1月提出了互联网建议RFC 2271-2275，正式形成SNMPv3。这一系列文件定义了包含SNMPv1、SNMPv2所有功能在内的体系框架和包含验证服务和加密服务在内的全新的安全机制，同时还规定了一套专门的网络安全和访问控制规则；可以说，SNMPv3是在SNMPv2基础之上增加了安全和管理机制。

SNMP的基本功能包括监视网络性能、检测分析网络差错和配置网络设备等。在网络正常工作时，SNMP可实现统计、配置和测试等功能；当网络出故障时，可实现各种差错检测和恢复功能。虽然SNMP是在TCP/IP基础上的网络管理协议，但也可扩展到其他类型的网络设备上。

SNMP的网络管理系统包括以下关键元素：管理站、代理者、管理信息库和网络管理协议。管理站一般是一个分立的设备，也可以利用共享系统实现。管理站作为网络管理员与网络管理系统的接口，它的基本构成有：一组具有分析数据、发现故障等功能的管理程序；一个用于网络管理员监控网络的接口，将网络管理员的要求转变为对远程网络元素的实际监控的能力；一个从所有被管网络实体的MIB中抽取信息的数据库。

网络管理系统中另一个重要元素是代理者。装备了SNMP的平台，如主机、网桥、路由器及集线器均可作为代理者工作。代理者对来自管理站的信息请求和动作请求进行应答，并随机地为管理站报告一些重要的意外事件。

网络资源被抽象为对象进行管理。但SNMP中的对象是表示被管资源某一方面的数据变量。对象被标准化为跨系统的类，对象的集合被组织为管理信息库(management information base，MIB)。MIB作为设在代理者的管理站访问点的集合，管理站通过读取MIB中对象的值来进行网络监控。管理站可以在代理者处产生动作，也可以通过修改变量值改变代理者的配置。图9.1所示就是一个标准的SNMP模型。

管理站和代理者之间通过网络管理协议通信，SNMP通信协议主要包括以下能力。

- Get：管理站读取代理者对象的值。
- Set：管理站设置代理者对象的值。
- Trap：代理者向管理站通报重要事件。

在标准中,没有特别指出管理站的数量及管理站与代理者的比例,应至少要有两个系统能够完成管理站功能,以提供冗余度,防止故障。

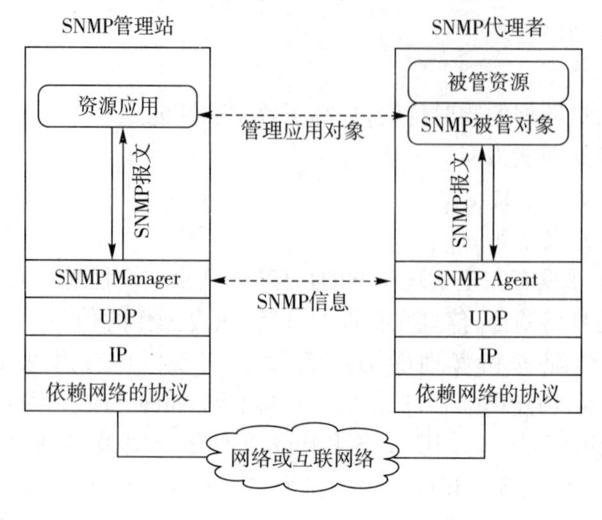

图 9.1　SNMP 模型

2. 管理信息库(MIB)

管理信息库(MIB)指明了网络元素所维持的变量(即能够被管理进程查询和设置的信息)。MIB 给出了一个网络中所有可能的被管理对象的集合的数据结构。SNMP 的管理信息库采用和域名系统 DNS 相似的树型结构,它的根在最上面,根没有名字。图 9.2 所示的是管理信息库的一部分,它又被称为对象命名树。

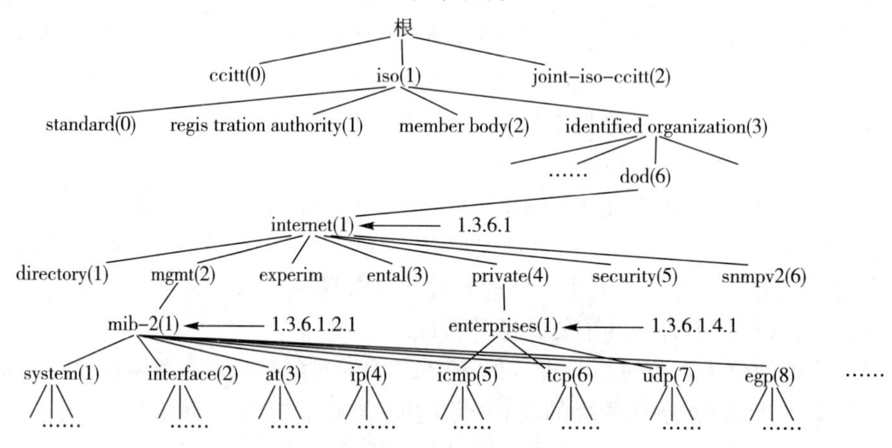

图 9.2　MIB 管理信息库(对象命名树)

对象命名树的顶级对象有 3 个,即 ISO、CCITT 和这两个组织的联合体。在 ISO 的下面有 4 个节点,其中的一个(标号 3)是被标识的组织。在其下面有一个美国国防部的子树(标号 6),再下面就是 Internet(标号 1)。在讨论 Internet 中的对象时,可只画出 Internet 以下的子树,并在 Internet 节点旁边标注上{1. 3. 6. 1}即可。

在 Internet 节点下面的第二个节点是 mgmt(管理),标号 2。再下面是管理信息库,原先的节点名是 mib;1991 年定义了新的版本 MIB-Ⅱ,节点名现改为 miB-2,其标识为

{1.3.6.1.2.1}或{Internet(1).2.1}。这种标识为对象标识符。

最初的节点mib将其所管理的信息分为8个类别，见表9.1。现在的miB-2所包含的信息类别已超过40个。

表9.1　MIB管理的信息类别

类　别	标号	包含的信息
system	(1)	主机或路由器的操作系统
interfaces	(2)	各种网络接口及它们的测定通信量
address translation	(3)	地址转换(例如ARP映射)
ip	(4)	Internet软件(IP分组统计)
icmp	(5)	ICMP软件(已收到ICMP消息的统计)
tcp	(6)	TCP软件(算法、参数和统计)
udp	(7)	UDP软件(UDP通信量统计)
egp	(8)	EGP软件(外部网关协议通信量统计)

应当指出，MIB的定义与具体的网络管理协议无关，这对于厂商和用户都有利。厂商可以在产品(如路由器)中包含SNMP代理软件，并保证在定义新的MIB项目后该软件仍遵守标准。用户可以使用同一网络管理客户软件来管理具有不同版本的MIB的多个路由器。当然，一个没有新的MIB项目的路由器不能提供这些项目的信息。

这里要提一下MIB中的对象{1.3.6.1.4.1}，即enterprises(企业)，其所属节点数已超过3 000个。如IBM为{1.3.6.1.4.1.2}，Cisco为{1.3.6.1.4.1.9}，Novell为{1.3.6.1.4.1.23}等。世界上任何一个公司、学校只要发电子邮件到iana-mib@isi.edu进行申请即可获得一个节点名。各厂家就可以定义自己的产品的被管理对象名，使它能用SNMP进行管理。

3. SNMP的5种协议数据单元

SNMP规定了5种协议数据单元，用来在管理进程和代理之间实现信息的交换。

- get-request操作：从代理进程处提取一个或多个参数值。
- get-next-request操作：从代理进程处提取紧跟当前参数值的下一个参数值。
- set-request操作：设置代理进程的一个或多个参数值。
- get-response操作：返回的一个或多个参数值。这个操作是由代理进程发出的，它是前面3种操作的响应操作。
- trap操作：代理进程主动发出的报文，通知管理进程有某些事情发生。

前面的3种操作是由管理进程向代理进程发出的，后面的2种操作是代理进程发给管理进程的；为了简化起见，前面3种操作简称为get、get-next和set操作。图9.3描述了SNMP的这5种报文操作。注意，在代理进程端是用熟知端口161接收get或set报文，而在管理进程端是用熟知端口162来接收trap报文。

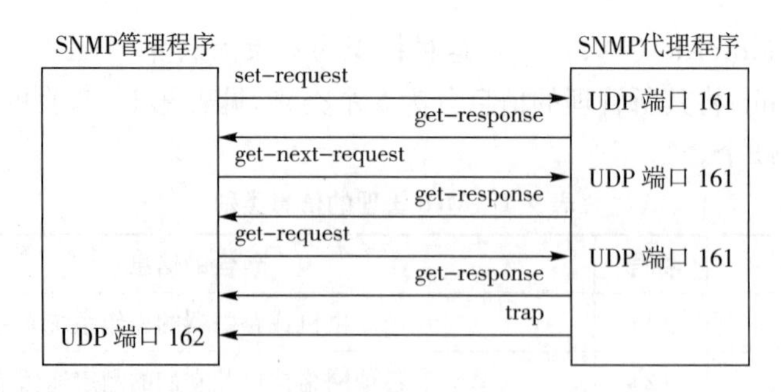

图 9.3　SNMP 的 5 种报文操作

图 9.4 所示是封装成 UDP 数据报的 5 种操作的 SNMP 报文格式。可见一个 SNMP 报文共有 4 个部分组成,即公共 SNMP 首部、get/set 首部、trap 首部和变量绑定。

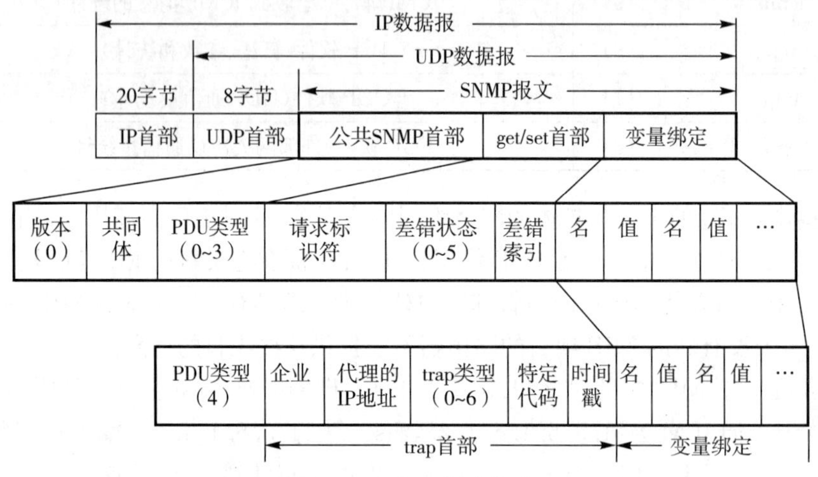

图 9.4　SNMP 报文格式

(1)公共 SNMP 首部。

① 版本:写入版本字段的是版本号减 1,对于 SNMP(即 SNMPV1)则应写入 0。

② 共同体:共同体就是一个字符串,作为管理进程和代理进程之间的明文口令,常用的是字符串"public"。

③ PDU 类型:根据 PDU 的类型,填入 0～4 中的一个数字,其对应关系如表 9.2 所示。

表 9.2　PDU 类型

PDU 类型	名　称
0	get-request
1	get-next-request
2	get-response
3	set-request
4	trap

(2)get/set 首部。

① 请求标识符:这是由管理进程设置的一个整数值。代理进程在发送 get-response 报文时也要返回此请求标识符。管理进程可同时向许多代理发出 get 报文,这些报文都使

用 UDP 传送，先发送的有可能后到达。设置请求标识符可使管理进程能够识别返回的响应报文对应于哪一个请求报文。

② 差错状态：由代理进程回答时填入 0～5 中的一个数字，见表 9.3 的描述。

表 9.3　差错状态描述

差错状态	名　字	说　　明
0	noError	一切正常
1	tooBig	代理无法将回答装入到一个 SNMP 报文之中
2	noSuchName	操作指明一个不存在的变量
3	badValue	一个 set 操作指明一个无效值或无效语法
4	readOnly	管理进程试图修改一个只读变量
5	genErr	某些其他的差错

③ 差错索引：当出现 noSuchName、badValue 或 readOnly 的差错时，由代理进程在回答时设置一个整数，它指明有差错的变量在变量列表中的偏移。

(3)trap 首部。企业填入 trap 报文的网络设备的对象标识符。此对象标识符肯定是在图 9.2 的对象命名树上的 enterprise 节点{1.3.6.1.4.1}下面的一棵子树上。

① trap 类型：此字段正式的名称是 generic-trap，共分为 7 种(见表 9.4)。

表 9.4　trap 类型描述

trap 类型	名　字	说　　明
0	coldStart	代理进行了初始化
1	warmStart	代理进行了重新初始化
2	linkDown	一个接口从工作状态变为故障状态
3	linkUp	一个接口从故障状态变为工作状态
4	authenticationFailure	从 SNMP 管理进程接收到具有一个无效共同体的报文
5	egpNeighborLoss	一个 EGP 相邻路由器变为故障状态
6	enterpriseSpecific	代理自定义的事件，需要用后面的"特定代码"来指明

当使用上述类型 2、3、5 时，在报文后面变量部分的第一个变量应标识响应的接口。

② 特定代码：指明代理自定义的时间(若 trap 类型为 6)，否则为 0。

③ 时间戳：指明自代理进程初始化到 trap 报告的事件发生所经历的时间，单位为 10 ms。

(4)变量绑定。它指明一个或多个变量的名和对应的值。在 get 或 get-next 报文中，变量的值应忽略。

4. 管理信息结构(structure of management information，SMI)

简单网络管理协议 SNMP 中，数据类型并不多。下面讨论这些数据类型，而不关心这些数据类型在实际中是如何编码的。

(1)INTEGER：一个变量虽然定义为整型，但也有多种形式。有些整型变量没有范围限制，有些整型变量定义为特定的数值(如 IP 的转发标志就只有允许转发时的或者不允许转发时的这两种)，有些整型变量定义一个特定的范围(如 UDP 和 TCP 的端口号为从 0 到 65 535)。

(2)OCTER STRING:0或多个8 bit字节,每个字节值在0～255之间。对于这种数据类型和下一种数据类型的BER编码,字符串的字节个数要超过字符串本身的长度,且这些字符串不是以NULL结尾的字符串。

(3)Display String:0或多个8 bit字节,但是每个字节必须是ASCII码。在MIB-Ⅱ中,所有该类型的变量不能超过255个字符(0个字符是可以的)。

(4)OBJECT IDENTIFIER:NULL代表相关的变量没有值,例如,在get或get-next操作中,变量的值就是NULL,因为这些值还有待到代理进程处去取。

(5)IpAddress:4字节长度的OCTER STRING,以网络序表示的IP地址,每个字节代表IP地址的一个字段。

(6)PhysAddress:OCTER STRING类型代表物理地址(如以太网物理地址为6个字节长度)。

(7)Counter:非负的整数,可从0递增到$2^{32}-1$(4 294 967 295)。达到最大值后归零。

(8)Gauge:非负的整数,取值范围为从0到4 294 967 295(或增或减)。达到最大值后锁定直到复位。例如,MIB中的tcpCurrEstab就是这种类型的变量的一个例子,它代表目前在ESTABLISHED或CLOSE_WAIT状态的TCP连接数。

(9)TimeTicks:时间计数器,以0.01秒为单位递增,但是不同的变量可以有不同的递增幅度。所以在定义这种类型的变量的时候,必须指定递增幅度。例如,MIB中的sysUpTime变量就是这种类型的变量,代表代理进程从启动开始的时间长度,以多少个百分之一秒的数目来表示。

(10)SEQUENCE:这一数据类型与C程序设计语言中的“structure”类似。一个SEQUENCE包括0个或多个元素,每一个元素又是另一个ASN.1数据类型。例如,MIB中的UdpEntry就是这种类型的变量,它代表在代理进程上目前“激活”的UDP数量(“激活”表示目前被应用程序所用),该变量中包含2个元素。

① IpAddress类型中的udpLocalAddress,表示IP地址;

② INTEGER类型中的udpLocalPort,从0到65 535,表示端口号。

SEQUENCEOF是一个向量的定义,其所有元素具有相同的类型。如果每一个元素都具有简单的数据类型,如整数类型,那么就得到一个简单的向量(一个一维向量);但是当SNMP在使用这个数据类型时,其向量中的每一个元素是一个SEQUENCE(结构),因此可以将它看成一个二维数组或表。

5. SNMPv2协议

简单性是SNMP标准取得成功的主要原因。在大型的、多厂商产品构成的复杂网络中,管理协议的明晰是至关重要的,但同时这又是SNMP的缺陷所在——为了使协议简单易行,SNMP简化了不少功能,如:

(1)没有提供成批存取机制,对大块数据的存取效率很低。

(2)没有提供足够的安全机制,安全性很差。

(3)只在TCP/IP协议上运行,不支持别的网络协议。

(4)没有提供manager与manager之间通信的机制,只适合集中式管理,而不利于进行分布式管理。

(5)只适于监测网络设备,不适于监测网络本身。

针对这些问题,对它的改进工作一直在进行。1991年11月,推出了远程监视(remote monitoring,RMON)MIB,加强SNMP对网络本身的管理能力。使得SNMP不仅可以管理网络设备,还能收集局域网和互联网上的数据流量等信息。1992年7月,针对SNMP缺乏安全性的弱点,又公布了Secure SNMP(S-SNMP)草案。

1993年初,又推出了SNMP Version 2,即SNMPv2(推出了SNMPv2以后,SNMP就被称为SNMPv1)。SNMPv2包容了以前对SNMP所做的各项改进工作,除保持了SNMP清晰性和易于实现的特点以外,功能更强,安全性更好,具体表现为:

- 提供了验证机制、加密机制、时间同步机制等,安全性大大提高。
- 提供了一次取回大量数据的能力,效率大大提高。
- 增加了manager和manager之间的信息交换机制,从而支持分布式管理结构。由中间(intermediate)manager来分担主manager的任务,增加了远地站点的局部自主性。
- 可在多种网络协议上运行,如OSI、Appletalk和IPX等,适用多协议网络环境(但它的缺省网络协议仍是UDP)。

卡内基梅隆大学(SNMPv2标准的制定方之一)的Steven Waldbusser测试结果表明,SNMPv2的处理能力明显强于SNMPv1,大约是SNMPv1的15倍。

SNMPv2一共由12份协议文本组成(RFC1441-RFC1452),已被作为Internet的推荐标准予以公布。它支持分布式管理。一些站点可以既充当manager又充当agent,同时扮演两个角色。作为agent,它们接受更高一级管理站的请求命令,这些请求命令中一部分与agent本地的数据有关,直接应答即可。另一部分则与远地agent上的数据有关,这时agent就以manager的身份向远地agent请求数据,再将应答传给更高一级的管理站;它们起的是proxy(代理)的作用。

6. SNMPv3协议

RFC 2271定义的SNMPv3体系结构体现了模块化的设计思想,可以简单地实现功能的增加和修改。

SNMPv3主要有3个模块:信息处理控制模块、本地处理模块和用户安全模块。

(1)信息处理和控制模块。信息处理控制模块在RFC 2272中定义,它负责信息的产生和分析,并判断信息在传输过程中是否要经过代理服务器等。在信息产生过程中,该模块接收来自调度器的PDU,然后由用户安全模块在信息头中加入安全参数。在分析接收的信息时,先由用户安全模块处理信息头中的安全参数,然后将解包后的PDU送给调度器处理。

(2)本地处理模块。本地处理模块的功能主要是进行访问控制,处理打包的数据和中断。访问控制是指通过设置代理的有关信息使不同的管理站的管理进程在访问代理时具有不同的权限,它在PDU这一级完成。常用的控制策略有两种:限定管理站可以向代理发出的命令或确定管理站可以访问代理的MIB的具体部分。访问控制的策略必须预先设定。SNMPv3通过使用带有不同参数的原语来灵活地确定访问控制方式。

(3)用户安全模块。与SNMPv1和SNMPv2相比,SNMPv3增加了3个新的安全机制:身份验证、加密和访问控制。其中,本地处理模块完成访问控制功能,而用户安全模块则提供身份验证和数据保密服务。身份验证是指代理(管理站)接到信息时,首先必须确认信息是否来自有权的管理站(代理),并且信息在传输过程中是否被改变。实现这个功能要求管理站和代理必须共享同一密钥。管理站使用密钥计算验证码(它是信息的函数),然后将其加入信息中。而代理则使用同一密钥从接收的信息中提取出验证码,从而得到信息。加密的过程与身份验证类似,也需要管理站和代理共享同一密钥来实现信息的加密和解密。

9.2 网络信息安全概述

计算机网络是信息传输中不可缺少的基础设施,也是信息网中承担传输和交换信息的公用平台。然而,计算机系统及通信线路的脆弱性使计算机网络的安全受到潜在威胁。如何更有效地保护重要的信息数据、提高计算机网络系统的安全性已经成为一个关系国家安全和社会稳定的重要问题。

9.2.1 网络安全隐患与对策

开放性、交互性和分散性是计算机网络与生俱有的特征,人们信息通信和资源共享的需求也由此得到满足。然而,正是因为互联网具有上述特征,尤其是计算机系统及通信线路具有脆弱性,才产生了许多安全问题,给网络信息安全带来很大的威胁。大多数安全问题都是由某些恶人企图获得某种利益而故意制造的。如窃取机密的、隐私的信息;攻击系统,使系统不能提供正常的服务;对系统进行破坏性攻击,造成系统崩溃;篡改数据等。

网络信息安全主要表现在系统的保密性、完整性、真实可靠性、不可抵赖性以及可控制性等方面。

(1)保密性是保证信息只为授权用户使用的特性,以防止信息泄露给非授权用户。保密性是在可靠性和可用性的基础上,保障信息安全的重要手段。常用的技术有物理保密、信息加密、用户身份鉴别等手段。

(2)完整性是防止信息未经授权地擅自改变的特性,即网络信息在存储或传输的过程中保持不被偶然或蓄意修改、删除、乱序、伪造和丢失。保持信息完整性的主要技术有:可靠的通信协议、校验纠错编码、用户身份鉴别、数字签名、消息摘要、公证等。

(3)真实可靠性是指系统能够完成规定的功能并确保信息可靠。真实可靠性主要表现在硬件可靠性、软件可靠性以及环境可靠性等方面,真实可靠性与网络信息安全的保密性和完整性有密切关系。

(4)不可抵赖性是指建立有效的责任机制,防止用户否认其行为,这一点在电子商务中是极其重要的。

(5)可控制性是指授权机构对信息的内容以及传播具有控制能力的特性,可以控制授权范围内信息的流向以及方式。

网络安全并不是靠个别的先进技术就可以实现的,它依赖于构建一个完整的网络安全体系。网络通信所依赖的每一个元素(包括网络、操作系统、应用程序、用户、数据等)的每一个环节出现安全漏洞,都可能造成整个安全体系的崩溃。

目前,计算机网络的安全性主要通过隔离技术、防火墙技术、网络防病毒技术、加密技术、网络管理技术等一系列的手段来实现。网络安全涉及的内容既有技术方面的问题,也存在管理方面的问题。技术方面主要侧重于防范外部非法用户的攻击,管理方面则侧重于内部人为因素的管理。

9.2.2　病毒与防范

计算机病毒是指编制或者在计算机程序中插入的破坏计算机功能,或者毁坏数据,影响计算机使用,并能自我复制的一组计算机指令或者程序代码。

计算机病毒的危害主要表现在三方面:一是破坏文件或数据;二是抢占系统资源,造成系统运行缓慢甚至瘫痪;三是破坏操作系统等软件或计算机主板等硬件,造成计算机无法启动。

1. 常见的计算机病毒

(1)系统病毒。此类病毒是传统定义的病毒,以直接破坏系统正常工作为目的。系统病毒的破坏是多种多样的,有的破坏计算机的系统程序,导致系统故障频发,甚至不能正常运行和关机;有的耗费系统资源,使得计算机反应变慢,甚至完全无法运行正常的程序;更严重的还可以破坏计算机硬件。此类病毒常常频繁变种,甚至可以直接与杀毒软件对抗,阻止杀毒软件的运行。系统病毒危害极大,受到的关注最多。

(2)特洛伊木马病毒,简称木马病毒。木马病毒与系统病毒的一个重大区别在于木马病毒通常不能自我复制。木马病毒表面上以正常的程序形式存在,继承了与用户相同的、唯一的优先权和存取权。它能够在不触犯系统任何安全规则的情况下进行非法活动,系统本身不能区分木马病毒和合法程序。木马病毒一般不是直接以破坏作为目的,而是为了获取用户主机上某些服务的控制权,并由此窃取用户机密、隐私信息,或者利用这些控制权达到其他目的,尤其是为了获得经济上的利益。近年来,木马病毒成为比系统病毒更为常见,也更难防治的病毒,为广大网民深恶痛绝。

(3)蠕虫病毒。蠕虫病毒是通过网络复制自身的程序来传播的病毒。蠕虫病毒已经成为目前最流行的恶意程序,它通常借助电子邮件、网页浏览、漏洞攻击等多种手段入侵系统,最大的特点是传播极为迅速,造成多米诺骨牌效应,在很短的时间内遍布全球,给网络通信带来沉重的负担甚至造成网络的堵塞。典型的蠕虫病毒有“冲击波”“震荡波”等。

(4)流氓软件或恶意软件。严格来说,流氓软件不符合我们国家对病毒的定义,但是流氓软件带来的骚扰也使得网民们极为反感。在社会舆论的支持和监督下,流氓软件已经得到了较好的控制。

2. 计算机病毒的防治

计算机系统一旦被病毒入侵,就会带来不可预计的危害。预防病毒侵入、阻止病毒传播和及时消除病毒是一项非常重要的工作。计算机病毒防治应采取“预防为主,及时杀毒”的策略,计算机病毒防治要做好以下几方面工作。

(1)安装杀毒软件和防火墙。杀毒软件和防火墙能自动监控来自计算机外部的威胁,有效防止病毒侵入计算机。尤其要注意的是,杀毒软件和防火墙具有一定的滞后性,只有及时升级才能查杀最新的病毒,因此要及时升级。

(2)严格管理制度,养成个人良好的使用计算机系统的习惯。严格管理和监测来自网络和光盘、U盘的数据和文件,不随意打开不明的邮件(尤其是附件),不到来历不明的网站下载软件等。

(3)备份系统,经常备份数据,把病毒的危害降到最低。

防毒是主动的行为,主要表现在监测行为的动态性和防范方法的广谱性。防毒是从病毒的寄生对象、内存驻留方式、传染途径等病毒行为入手进行动态监测和防范。一方面要防止外界病毒向机内传染,另一方面要抑制现有病毒向外传染。防毒是以病毒的机理为基础,防范的目标不仅是已知的病毒,还包括按现有机理设计的未来新病毒或变种病毒。

杀毒是被动的,只有发现病毒后,对其剖析、选取特征串,才能设计出该“已知”病毒的杀毒软件;发现新病毒或变种病毒时,又要对其剖析、选取特征串,才能设计出新的杀毒软件。杀毒软件不能检测和消除研制者未曾见过的未知病毒,甚至对已知病毒的特征串稍作改动,就可能无法检测了。

9.3 数据加密算法

目前人们面临的计算环境和过去有很大的变化,许多数据资源能够依靠网络来远程存取,而且越来越多的通信依赖于公共网络(如 Internet),而这些环境并不能保证实体间的通信安全,数据在传输的过程中可能被其他人读取或篡改。

加密将防止数据被查看或修改,并在原本不安全的信道上提供安全的通信信道,达到以下目的。

(1) 保密性:防止用户的标识或数据被读取。

(2) 数据完整性:防止数据被更改。

(3) 身份验证:确保数据发自特定的一方。

9.3.1 数据加密的一般原理

长久以来,人们发明了各种各样的加密方法。为便于研究,通常把这些方法分为传统加密方法和现代加密方法两大类。前者的特点是采用单钥技术,即加密和解密过程中使用同一密钥,所以它也称为对称式加密方法;而后者的特点是采用双钥技术,也就是加密和解密过程中使用两个不同的密钥,它也称为非对称式加密方法。数据加密的基本过程就是对原来为明文的文件或数据按某种算法进行处理,使其成为不可读的一段代码,通常称为“密文”,只有在输入相应的密钥之后才能显示出其本来内容,通过这样的途径达到保护数据不被人非法窃取、阅读的目的。该过程的逆过程为解密,即将该编码信息转化为原来数据的过程。

所谓明文,即指原始的或未加密的数据。通过加密算法对其进行加密,加密算法的输入信息为明文和密钥。而密文则是明文加密后的格式,是加密算法的输出信息。加密算法是公开的,而密钥则是不公开的。密文不应为无密钥的用户理解,用于数据的存储以及传输。

例:明文为字符串:AS KINGFISHERS CATCH FIRE。

为简便起见,假定所处理的数据字符仅为大写字母和空格符。假定密钥为字符串:ELIOT。

加密算法为:

步骤1 将明文划分成多个密钥字符串长度大小的块(空格符以“+”表示)。

AS+KI NGFIS HERS+ CATCH +FIRE

步骤2 用00～26范围的整数取代明文的每个字符,空格符=00,A=01,…,Z=26。

0119001109 1407060919 0805181900 0301200308 0006091805

步骤3 与步骤2一样对密钥的每个字符进行取代。

0512091520

步骤4 对明文的每个块,将其每个字符用对应的整数编码与密钥中相应位置的字符的整数编码的和模27后的值取代。

0604092602 1919152412 1317000720 0813021801 0518180625

步骤5 将步骤4的结果中的整数编码再用其等价字符替换。

FDIZB SSOXL MQ+GT HMBRA ERRFY

如果给出密钥,该例的解密过程就很简单。对于一个恶意攻击者来说,在不知道密钥的情况下,利用相匹配的明文和密文获得密钥究竟有多困难?对于上面的简单例子,答案是相当容易的,但是,复杂的加密模式同样很容易设计出。理想的情况是采用的加密模式使得攻击者为了破解密文所付出的代价应远远超过其所获得的利益。这种加密模式的可接受的最终目标是:即使是该模式的发明者也无法通过相匹配的明文和密文获得密钥,从而也无法破解密文。

常用的加密方法有两种:“对称加密”(也称为常规加密)和“非对称加密”(也称为公共密钥加密)。首先需要说明数据块和数据流加密的概念。数据块加密是指把数据划分为某一特定长度的数据块,再分别进行加密。数据块之间的加密是相互独立的,因此,如果内容相同的数据块重复出现,密文也会呈现出某种规律性,从而会降低破译的难度。数据流加密是指使用加密后的密文前面的部分,来参与报文后面部分的加密。这种方法的好处是数据块之间的加密不再独立,即使有相同的数据重复出现,密文也不会呈现出明显的规律性,从而提高破译的难度。改进的传统加密方法便是应用了这种思想,这类方法常被划为使用传统加密技术的现代加密方法。

1. 数据加密标准

数据加密标准(data encryption standard,DES)是一种块加密,它通过使用56位的密钥对64位数据块进行操作。DES已通过广泛的分析和测试,并被认为是一种非常安全的系统。DES可以通过两种不同方式进行操作:“电子代码登记”(electronic code book,ECB)和“密码块链接”(cipher block chaining,CBC)模式。在ECB模式下,DES每次使用相同的56位密钥对64位数据块进行操作。这样,每组被加密的64位数据块独立于其余的数据。在CBC模式下,在加密之前,每64位数据块与在它前面的64位数据块进行“异或”运算,这就可以保证当相同的64位数据块与在它前面的64位数据块出现在被发送邮件的不同位置上时,它将被加密成不同的值。

2. 3层DES

3层DES(triple-DES)是DES的改进加密算法,它使用2把密钥对报文做3次DES加密,效果相当于将DES密钥的长度加倍。3层DES克服了DES 56位短密钥的显著缺点。本来,3层DES是通过3次使用DES算法来对数据进行编码加密,在每一层上都使用不同的密钥,这样就可以用一个3×56=168位的密钥进行加密,但许多密码设计者认为168位的密钥已经超过实际需要了,所以便在第1层和第2层中使用相同的密钥,产生一个有效的112位的密钥长度。之所以没有直接采用2层DES,是因为2层DES并不是十分安全的,它对一种称为“中间可遇”的密码分析攻击形式来说是极为脆弱的,所以还是采用3层DES更为安全。

3. RC2和RC4

RC指Rivest Code,它是以发明人美国麻省理工学院的Ron Rivest教授的姓氏命名的,由RSADSI公司发行,是不公开的专有算法。RC2和RC4使用可变长度(1至1 024位)的密钥实现不同级别的保密性。RC2采用的是数据块加密算法,RC4采用的是数据流加密算法。由于它们的具体算法不公开,所以没有人知道它们的可靠性到底能达到何种程度。

4. 数字摘要

数字摘要也是由Ron Rivest教授设计的,也被称为安全哈希编码法(secure Hash algorithm,SHA)或MD5(MD standards for message digest)。该编码法采用单向哈希函数将需加密的明文“摘要”成一串128位的密文,这一串密文也称为数字指纹(finger print),它具有固定的长度。而且不同的明文摘要成密文时,其指纹结果也是不同的,而相同明文的摘要必定相同。这样,这串摘要便可以成为验证明文是否是“真身”的“指纹”了。SHA其实就是RC方法的一种实现。

5. 国际数据加密算法

国际数据加密算法(international data encryption algorithm,IDEA)是1990年瑞士的James Massey、Xuejia Lai等人发表的一个数据块加密算法。该算法使用128位的密钥,能够有效地消除试图穷尽搜索密钥的可能攻击。

6. 基于硬件的加密

为克服软件加密算法在容易复制、容易尝试方面的不足,人们又开发了基于硬件的加密算法。如美国国家安全局为使用Clipper芯片,秘密开发了一个民用加密算法SkipJack,采用80位的密钥,使得穷尽搜索密钥不可行,而且由于在Clipper芯片的硬件中人为地加进了一些“机关”设置,也增加了破解难度。

9.3.2 对称密钥算法

对称加密也被当作秘密密钥加密,这是因为数据的发件人和收件人都必须共享密钥,是一种单钥密码系统,其加密运算、解密运算使用的是同样的密钥。因此,通信双方都必须获得这把钥匙,并保持钥匙的秘密性。

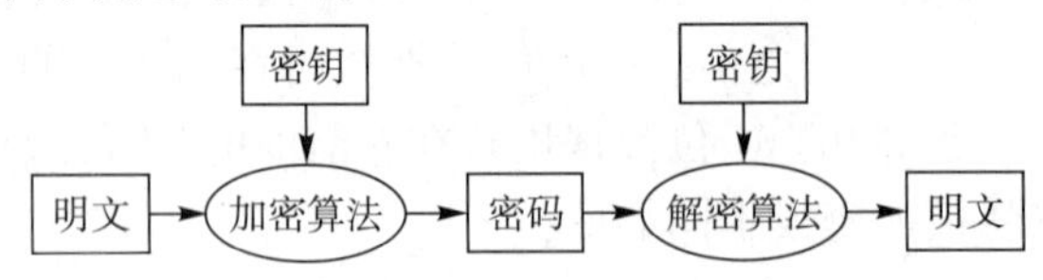

图9.5 对称加密数据流程

对称加密的数据流程如图9.5所示,对称加密的数学公式为:

$$密文数据=F(数据,密钥)$$

同时有一个反函数,形式为:

$$明文数据=F'(密文数据,密钥)$$

因此,对称加密即使函数和反函数是公开的,没有密钥也不可能复原明文。

单钥密码系统的安全性依赖于以下两个因素：第一，加密算法必须是足够强的，仅仅基于密文本身去解密信息在实践上是不可能的；第二，加密算法的安全性依赖于密钥的秘密性，而不是算法的秘密性，因此，没有必要确保算法的秘密性（事实上，现实中使用的很多单钥密码系统的算法都是公开的），但是一定要保证密钥的秘密性。

从单钥密码的这些特点容易看出它的主要问题有两点：第一，密钥量问题。在单钥密码系统中，每一对通信者都需要一对密钥，当用户增加时，必然会带来密钥量的成倍增长，因此，在网络通信中，大量密钥的产生、存放和分配将是一个难以解决的问题。第二，密钥分发问题。单钥密码系统中，加密的安全性完全依赖于对密钥的保护，但是由于通信双方使用的是相同的密钥，人们又不得不相互交流密钥。所以为了保证安全，人们必须使用一些另外的安全信道来分发密钥。如用专门的信使来传送密钥，这种做法的代价是相当大的，甚至可以说是非常不现实的，尤其在计算机网络环境下，人们使用网络传送加密的文件，却需要另外的安全信道来分发密钥，显而易见，这是非常不明智的。

9.3.3　公开密钥算法

正因为单钥密码系统存在如此难以解决的缺点，发展一种新的、更有效、更先进的密码体制显得更为迫切和必要。在这种情况下，出现了一种新的公钥密码体制，它突破性地解决了困扰着无数科学家的密钥分发问题。事实上，在这种体制中，人们甚至不用分发需要严格保密的密钥。这次突破同时也被认为是密码史上 2000 年来自单码替代密码发明以后最伟大的成就。这一全新的思想是美国斯坦福大学的两名学者 Diffie 和 Hellman 在 20 世纪 70 年代提出的。该体制与单钥密码最大的不同是：在公钥密码系统中，加密和解密使用的是不同的密钥。这两个密钥之间存在着相互依存关系：用其中任一个密钥加密的信息只能用另一个密钥进行解密。这使得通信双方无需事先交换密钥就可进行保密通信。其中，加密密钥和算法是对外公开的，人人都可以通过这个密钥加密文件发给收信者，这个加密密钥又称为公钥（public key，PK），而收信者收到加密文件后，可以使用自己的解密密钥解密，这个密钥是由自己私人掌管的，并不需要分发，因此又称为私钥（secret key，SK）。这就解决了密钥分发的问题。

为了说明这一思想，可以考虑如下的类比：假设存在两个在不安全信道中通信的人，其中，Alice 是收信者，Bob 是发信者，他们希望能够安全的通信而不被他们的敌手 Oscar 破坏。Alice 想到了一种办法，她使用了一种锁（相当于公钥），这种锁任何人只要轻轻一按就可以锁上，但是只有 Alice 的钥匙（相当于私钥）才能够打开。然后 Alice 对外发送无数把这样的锁，任何人想给她寄信时，只需找到一个箱子，然后用一把 Alice 的锁将其锁上再寄给 Alice，这时候除了拥有钥匙的 Alice，任何人（包括 Bob）都不能再打开箱子。这样，即使 Oscar 能在通信过程中截获这个箱子，找到 Alice 的锁，没有 Alice 的钥匙，他也不能打开箱子。而 Alice 的钥匙并不需要分发，这样 Oscar 也就无法得到这把“私人密钥”。图 9.6 和 9.7 显示了公钥的加密流程。

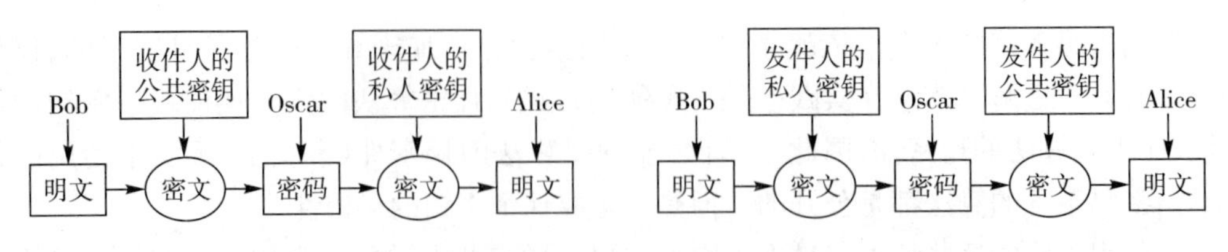

图 9.6　非对称加密流程 A　　　　图 9.7　非对称加密流程 B

图 9.6 所示加密明文数据使用的是收件人的公共密钥,收件人使用他的私人密钥解密密文,保证只有指定的收件人能解密邮件。

图 9.7 所示是另一种非对称加密方法。在这里,文本使用发件人的私人密钥加密,并使用发件人的公共密钥解密。如果预期的明文能提前知道,那么这种方法就为数字签名提供了基础。这里的邮件只能来自特殊的发件人,这是因为只有他才是私人密钥的拥有者。

从以上的介绍可以看出,公钥密码体制的思想并不复杂,而实现它的关键问题是如何确定公钥和私钥及加/解密的算法,即如何找到"Alice 的锁和钥匙"的问题。假设在这种体制中,PK 是公开信息,用作加密密钥,而 SK 是需要由用户自己保密,用作解密的密钥。加密算法 E 和解密算法 D 也都是公开的。虽然 SK 与 PK 是成对出现,但却不能根据 PK 计算出 SK。它们须满足以下条件。

(1) 加密密钥 PK 对明文 X 加密后,再用解密密钥 SK 解密,即可恢复出明文,或写为:$D_{SK}(E_{PK}(X))=X$。

(2) 加密密钥不能用来解密,即 $D_{PK}(E_{PK}(X))\neq X$。

(3) 在计算机上可以容易地产生成对的 PK 和 SK。

(4) 从已知的 PK 实际上不可能推导出 SK。

(5) 加密和解密的运算可以对调,即 $E_{PK}(D_{SK}(X))=X$。

从上述条件可看出,公开密钥密码体制下,加密密钥不等于解密密钥。加密密钥可对外公开,使任何用户都可将传送给此用户的信息用公开密钥加密发送,而该用户唯一保存的私人密钥是保密的,也只有它能将密文复原、解密。虽然解密密钥理论上可由加密密钥推算出来,但这种算法设计在实际上是不可能的,或者虽然能够推算出,但要花费很长的时间,所以将加密密钥公开也不会危害密钥的安全。

这种体制思想是简单的,但是,如何找到一个适合的算法来实现这个系统,是一个真正困扰密码学家们的难题,因为既然 PK 和 SK 是一对存在着相互关系的密钥,那么从其中一个推导出另一个就是很有可能的。如果敌手 Oscar 能够从 PK 推导出 SK,那么这个系统就不再安全了。因此,如何找到一个合适的算法生成合适的 PK 和 SK,并且使得从 PK 不可能推导出 SK,正是迫切需要密码学家们解决的难题。这个难题甚至使得公钥密码系统的发展停滞了很长一段时间。

为了解决这个问题,密码学家们考虑了数学上的单向陷门函数,它的非正式定义如下。

Alice 的公开加密函数应该是容易计算的,而计算其逆函数(解密函数)应该是困难的(对于除 Alice 以外的人)。许多形式为 $y=f(x)$ 的函数,对于给定的自变量 x 值,很容易计算出函数 y 的值,而由给定的 y 值,在很多情况下,依照函数关系 $f(x)$ 计算 x 值是十分困难的。这种难于求逆的函数，通常称为单向函数。在加密过程中，用户希望加密函数 E 为一个单向的单射函数，以便可以解密。虽然目前还没有一个函数能被证明是单向的，但是有很多单射函数被认为是单向的。

例如，有如下一个函数被认为是单向的，假定 n 为两个大素数 p 和 q 的乘积，b 为一个正整数，那么定义 f：

$$f(x)=x^b \bmod n$$

（如果 $gcd(b,\varphi(n))=1$，那么这就是以下要说的 RSA 加密函数）。

如果要构造一个公钥密码体制，仅给出一个单向的单射函数是不够的。从 Alice 的角度看，并不需要加密算法 E 是单向的，因为它需要用有效的方式解密所收到的信息。因此，Alice 应该拥有一个陷门，其中包含容易求出 E 的逆函数的秘密信息。也就是说，Alice 可以有效解密，因为它有额外的秘密知识，即 SK，能够提供给解密函数 D。因此，称一个函数为一个单向陷门函数，如果它是一个单向函数，并且具有特定陷门的知识，容易求出其逆。

对于函数 $f(x)=x^b \bmod n$，能够知道其逆函数 f^{-1} 有类似的形式 $f(x)=x^a \bmod n$，对于合适的取值 a。陷门就是利用 n 的因子分解，有效地算出正确的指数 a（对于给定的 b）。

为方便起见，使用特定的某类陷门单向函数，随机选取一个陷门单向函数 f 作为公开加密函数，其逆函数 f^{-1} 是秘密解密函数，就能够实现公钥密码体制。

根据以上关于陷门单向函数的思想，学者们提出了许多种公钥加密的方法，它们的安全性都是基于复杂的数学难题。根据所基于的数学难题，至少有以下 3 类系统目前被认为是安全和有效的：一是大整数质因子分解系统，代表性的有 RSA，二是椭圆曲线密码体制（elliptic curve cryptosystem，ECC），三是离散对数系统，代表性的有数字签名算法（digital signature algorithm，DSA）。

RSA 是一种非对称加密算法，英文全称是 Rivest-Shamir-Adleman，由罗纳德·李维斯特（Ron Rivest）、阿迪·萨莫尔（Adi Shamir）和伦纳德·阿德尔曼（Leonard Adleman）在 1977 年提出。RSA 是他们三人姓氏开头字母拼在一起组成的。它的安全性基于大整数质因子分解的困难性，而大整数质因子分解问题是数学上的著名难题，至今没有有效的方法予以解决，因此可以确保 RSA 算法的安全性。RSA 系统是公钥系统的最具有典型意义的方法，大多数使用公钥密码进行加密和数字签名的产品和标准使用的都是 RSA 算法。RSA 算法是第一个既能用于数据加密也能用于数字签名的算法，因此它为公用网络上信息的加密和鉴别提供了一种基本的方法。它通常是先生成一对 RSA 密钥，其中之一是保密密钥，由用户保存；另一个为公开密钥，可对外公开，甚至可在网络服务器中注册。人们用公钥加密文件发送给个人，个人就可以用私钥解密接收。为提高保密强度，RSA 密钥至少为 500 位长，一般推荐使用 1 024 位。

该算法基于下面的两个事实，这些事实保证了 RSA 算法的安全有效性。

- 已有确定一个数是不是质数的快速算法。
- 尚未找到确定一个合数的质因子的快速算法。

1. RSA 算法的工作过程

(1) 任意选取两个不同的大质数 p 和 q，计算乘积 $r=p\cdot q$。

(2) 任意选取一个大整数 e,e 与 $(p-1)\cdot(q-1)$ 互质,整数 e 用作加密密钥。

注意:e 的选取是很容易的,例如,所有大于 p 和 q 的质数都可用。

(3) 确定解密密钥 d:$d\cdot e=1$ modulo $(p-1)\cdot(q-1)$。根据 e、p 和 q,可以容易地计算出 d。

(4) 公开整数 r 和 e,但是不公开 d。

(5) 将明文 P(假设 P 是一个小于 r 的整数)加密为密文 C,计算方法为:

$$C=P^e \text{ modulo } r$$

(6) 将密文 C 解密为明文 P,计算方法为:

$$P=C^d \text{ modulo } r$$

然而,只根据 r 和 e(不是 p 和 q)要计算出 d 是不可能的。因此,任何人都可对明文进行加密,但只有授权用户(知道 d)才可对密文解密。

下面举一个简单的实例来说明该算法的工作过程,显然,在这里只能取很小的数字。但是如上所述,为了保证安全,在实际应用上所用的数字要大得多。

例:选取 $p=3$,$q=5$,则 $r=15$,$(p-1)\cdot(q-1)=8$。选取 $e=11$(大于 p 和 q 的质数),通过 $d\cdot e=1$ modulo 8,计算出 $d=3$。

假定明文为整数 13。则密文 C 是:

$$\begin{aligned} C &= P^e \text{ modulo } r \\ &= 13^{11} \text{ modulo } 15 \\ &= 1{,}792{,}160{,}394{,}037 \text{ modulo } 15 \\ &= 7 \end{aligned}$$

复原明文 P 是:

$$\begin{aligned} P &= C^d \text{ modulo } r \\ &= 7^3 \text{ modulo } 15 \\ &= 343 \text{ modulo } 15 \\ &= 13 \end{aligned}$$

因为 e 和 d 互逆,公开密钥加密方法也允许采用这样的方式对加密信息进行“签名”,以便接收方能确定签名不是伪造的。

假设 A 和 B 希望通过公开密钥加密方法进行数据传输,A 和 B 分别公开加密算法和相应的密钥,但不公开解密算法和相应的密钥。A 和 B 的加密算法分别是 ECA 和 ECB,解密算法分别是 DCA 和 DCB,ECA 和 DCA 互逆,ECB 和 DCB 互逆。若 A 要向 B 发送明文 P,不是简单地发送 ECB(P),而是先对 P 施以解密算法 DCA,再用加密算法 ECB 对结果加密后发送出去。

密文 C 是:

C =ECB(DCA(P))

B 收到 C 后,先后施以解密算法 DCB 和加密算法 ECA,得到明文 P。

```
ECA(DCB(C))
  =ECA(DCB(ECB(DCA(P))))
  =ECA(DCA(P))          /* DCB 和 ECB 相互抵消 */
  =P                    /* DCA 和 ECA 相互抵消 */
```

这样B就确定报文确实是从A发出的，因为只有当加密过程利用了DCA算法，用ECA才能获得P，只有A才知道DCA算法，即使是B也不能伪造A的签名。

2. 对称密钥算法和非对称密钥算法的不同之处

（1）加/解密时采用的密钥的差异。对称密钥算法加/解密使用同一个密钥，或者能从加密密钥很容易推出解密密钥；而非对称密钥算法加/解密使用不同密钥，从其中一个很难推出另一个密钥。

（2）算法上的区别。

① 对称密钥算法采用分组加密技术，即将待处理的明文按照固定长度分组，并对分组利用密钥进行数次的迭代编码，最终得到密文。解密的处理同样，在固定长度密钥控制下，以一个分组为单位进行数次迭代解码，得到明文。而非对称密钥算法采用一种特殊的数学函数——单向陷门函数，即从一个方向求值是容易的，而其逆向计算却很困难，或者说是计算不可行的。加密时对明文利用公钥进行加密变换，得到密文。解密时对密文利用私钥进行解密变换，得到明文。

② 对称密钥算法具有加密处理简单、加/解密速度快、密钥较短、发展历史悠久等特点，非对称密钥算法具有加/解密速度慢、密钥尺寸大、发展历史较短等特点。

（3）密钥管理安全性的区别。对称密钥算法由于其算法是公开的，其保密性取决于对密钥的保密。由于加/解密双方采用的密钥是相同的，因此密钥的分发、更换困难。而非对称密钥算法由于密钥已事先分配，无需在通信过程中传输密钥，安全性大大提高，也解决了密钥管理问题。

（4）安全性的差别。对称密钥算法由于其算法是公开的，其安全性依赖于分组的长度和密钥的长度。非对称密钥算法安全性建立在所采用单向函数的难解性上，如椭圆曲线密码算法，许多密码专家认为它是指数级的难度。从已知求解算法看，160位的椭圆曲线密码算法安全性相当于1 024位的RSA算法。

9.4　常用网络安全技术举例

20世纪90年代后期，人们开始认识到，计算机网络安全的重要性，开始对计算机网络安全进行研究，下面介绍几种常用的网络安全技术。

9.4.1　身份鉴别

身份鉴别的过程就是证明某人身份的过程。在网络通信中，网络中的许多元素之间，比如路由器和客户/服务器进程之间都要相互进行身份鉴别。

面对一个恶意的主动入侵者，要验证其身份是非常困难的。一般身份鉴别系统主要包括用户与服务器间的身份鉴别、服务器与服务器之间的身份鉴别以及用户之间的身份鉴别，其中主要以用户和服务器之间的身份鉴别最为普遍。

典型的用户与服务器之间进行身份鉴别的系统由两方组成：一是示证者，提出身份鉴别请求；二是验证者，验证示证者提供的身份鉴别信息的正确性和有效性。必要时会有可信的第三方,即公正方参与调解纠纷。典型身份鉴别系统的组成如图9.8所示。

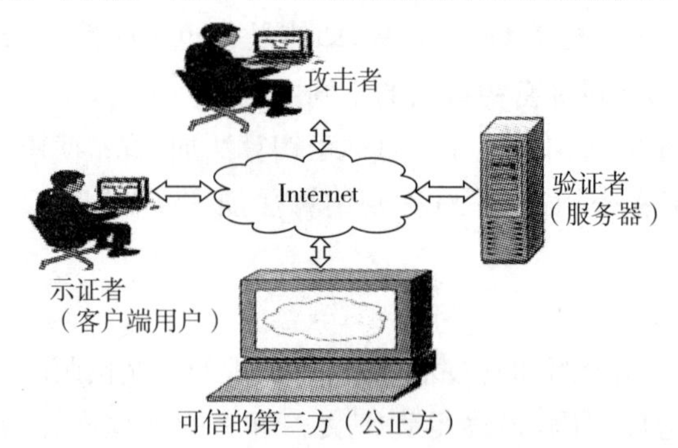

图9.8 典型身份鉴别系统的组成

1. 传统的身份鉴别技术

传统系统使用的身份鉴别技术主要有如下两种类型。

(1)个人识别码及密码:两者可以组合使用,也可以单独使用。这种方式的关键是用户需要牢记某一特定信息(识别码、密码),一旦用户本人遗忘,即无法证明自身身份,就会被拒之门外。若识别码(密码)被他人获悉,则他人可轻易假冒合法用户的身份进入受控区域。目前,基于这一身份鉴别机制的门禁/出入控制系统仍在普遍使用。不难看出,这种门禁/出入控制系统的安全性、易用性存在极大的问题,一旦非法入侵者假冒合法用户进入受控区域,系统的审计核查机制根本无法发现非法入侵事件的发生,更无从提供非法入侵者的相关信息。

(2)IC卡/感应式ID卡/RFID卡证件(以下简称电子卡证件):与前一类型相比,这种方式显然有了明显进步。合法用户只需要持卡即可进入控制区域,因此不会存在因忘记个人识别码或密码而无法进入的问题。这一身份鉴别技术存在的问题如下。

① 电子卡证件存在被伪造的可能。

② 无法确保持卡人就是证件真正的所有者,换言之,电子卡证件可能被他人借用或冒用。

③ 人工查验存在出错或是徇私舞弊的可能,同时持卡人有可能进入非授权区域。

④ 电子卡证件遗失会给合法持卡人带来极大的不便。

由于存在电子卡被借用、冒用的可能,因此人员出入的原始记录难以进行事后审计,从而导致系统的审计核查机制失效。据有关统计,目前基于电子卡证件的门禁/出入控制系统占据了市场的大部分份额。

2. 生物认证技术

生物认证技术是一项新兴的安全技术,也是21世纪最有发展潜力的技术之一。生物认证技术将信息技术与生物技术相结合,具有巨大的市场发展潜力。比尔·盖茨曾预言:“以人类生物特征——指纹、语音、面相等方式进行验证的生物识别技术在今后数年内将成为IT产业最为重要的技术革命。”可见其发展前景和市场潜力之巨大。

与上述两种传统的身份鉴别技术相比,基于人体生物特征识别技术的安全性显然要高得多。从统计意义上来说,人类的指纹、掌形、虹膜等生理特征都存在唯一性,因此这些特征都可以成为鉴别用户身份的依据。基于指纹识别技术的门禁/出入控制系统(指纹锁)数年前已经研制成功并投放市场。从指纹锁的实际应用情况来看,该技术还存在如下几个方面的问题。

(1) 需要用户配合的程度高。用户在指纹采集过程中需要直接接触指纹采集仪,容易产生被侵犯的感觉,导致用户对指纹识别技术的接受度降低。

(2) 部分用户的指纹难以采集,存在较高的系统拒绝录入问题。

(3) 实验表明,合法用户的指纹存在被他人复制的可能,这无疑降低了整个系统的安全性。

(4) 系统若出现异常情况,单凭指纹信息难以得知进入人员的真实身份。这给系统的审计、核查带来了难度。

掌形、虹膜识别技术的识别精度一般来说比指纹识别系统要高,但仍然存在要求用户配合的程度高、侵犯性较强、使用专用设备、价格昂贵等缺点。

在典型应用环境下,人脸识别技术的识别精度可以达到与指纹识别技术相当的程度,而其用户友好性明显要高于其他的几种生物特征识别技术,其适中的价格、优越的性能更能获得用户的认可。

人脸识别系统的最大特点是隐蔽性和非强迫性。它不需要你按手印,也不需要你眼睛注视等配合动作,从某种意义上说,它的识别是在你不知不觉的行为中完成的。因此,它可以广泛运用于国家安全、军事保卫、公安司法、边境、民航、金融、保险等重要领域,当然也可用于单位考勤、居家保安等方面,具有很大的开发价值。

随着 Internet 的飞速发展,电子商务、电子政务等网络应用也得到了广泛的应用。在虚拟的网络环境里如何确认用户的真实身份,成了网络应用的关键所在。自 2005 年 4 月 1 日起,《中华人民共和国电子签名法》正式实施,为电子商务等应用提供了法律保障。现有电子银行的安全机制完全依赖于用户账号/密码/数字证书。反病毒专家认为,尽管网上银行应用了多种安全防范机制,如数字证书、防火墙、入侵检测等,虽然从理论上讲是安全的,但是这种安全机制主要应用在服务器上,对客户端的安全却疏于防范。因此,许多类似于网银大盗的木马病毒都是通过客户端盗取用户账号和密码,从而盗取网上银行资金的。账号/密码作为一种私密信息,理应仅为合法用户一人掌握,但实际上却可以被复制/传播,不管这种传播是有意还是无意泄露,抑或非法盗取。数字证书的窃取难度虽然较大,但仍然无力阻止物理上可接触该证书的非法攻击或某类黑客攻击。一旦非法人员窃取合法的账号/密码/数字证书后,网上银行交易系统的安全机制便形同虚设,事后审计结果也无从知晓交易人员的真实身份。因此,账号/密码/数字证书机制实际上无法防止他人非法盗取或非法授权。随着网络病毒和黑客工具的泛滥,网上银行的安全形势将面临更加严峻的挑战。目前,网上银行最需要考虑的是如何保证客户端的安全。中国互联网络信息中心近日公布的相关调查报告显示,不愿选择网上银行的客户中有 76%是出于安全考虑。安全因素已经成为阻碍网上银行业务发展的瓶颈,解决这一问题迫在眉睫。生物识别技术作为一种更为安全可靠的身份认证手段,可以考虑将其与网上银行现有安全机制进行融合,以解决目前网上银行安全机制存在的诸多问题。

9.4.2 数字签名

所谓“数字签名”是通过某种密码运算生成一系列符号及代码组成电子密码进行签名,代替书写签名或印章。对于这种电子式的签名还可进行技术验证,其验证的准确度是一般手工签名和图章的验证无法比拟的。“数字签名”是目前电子商务、电子政务中应用最普遍、技术最成熟、可操作性最强的电子签名方法。它采用了规范化的程序和科学化的方法,用于鉴定签名人的身份以及对一项电子数据内容的认可。它还能验证出文件的原文在传输过程中有无变动,确保传输电子文件的完整性、真实性和不可抵赖性。

数字签名在ISO7498-2标准中定义为:“附加在数据单元上的一些数据,或是对数据单元所作的密码变换,这种数据和变换允许数据单元的接收者用以确认数据单元来源和数据单元的完整性,并保护数据,防止被人(例如接收者)伪造。”美国电子签名标准(DSS,FIPS186-2)对数字签名作了如下解释:“利用一套规则和一个参数对数据计算所得的结果,用此结果能够确认签名者的身份和数据的完整性。”按上述定义的公钥基础设施(public key infrastruction,PKI)可以提供数据单元的密码变换,并能使接收者判断数据来源及对数据进行验证。

PKI的核心执行机构是电子认证服务提供者,即通称为证书授权中心(certificate authority,CA),PKI签名的核心元素是由CA签发的数字证书。它所提供的PKI服务就是认证、数据完整性、数据保密性和不可否认性。它的做法就是利用证书公钥和与之对应的私钥进行加/解密,并产生对数字电文的签名及验证签名。数字签名利用公钥密码技术和其他密码算法,生成一系列符号及代码组成电子密码进行签名,代替书写签名和印章。这种电子式的签名还可进行技术验证,其验证的准确度是手工签名和图章验证无法比拟的。这种签名方法可在很大的可信PKI域人群中进行认证,或在多个可信的PKI域中进行交叉认证,它特别适合互联网和广域网上的安全认证和传输。

在文件上手写签名长期以来被用作签名者身份的证明,或表明签名者同意文件的内容。实际上,签名体现了以下几个方面的保证。

(1) 签名是可信的。签名使文件的接收者相信签名者是慎重地在文件上签名的。

(2) 签名是不可伪造的。签名证明是签字者而不是其他人在文件上签的字。

(3) 签名不可重用。签名是文件的一部分,不可能将签名移动到不同的文件上。

(4) 签名后的文件是不可变的。在文件签名以后,文件就不能改变。

(5) 签名是不可抵赖的。签名和文件是不可分离的,签名者事后不能声称他没有签过这个文件。

在计算机上进行数字签名并使这些保证能够继续有效,还存在一些问题。

首先,计算机文件易于复制,即使某人的签名难以伪造,但是将有效的签名从一个文件剪辑和粘贴到另一个文件是很容易的。这就使这种签名失去了意义。

其次,文件在签名后也易于修改,并且不会留下任何修改的痕迹。

有几种公开密钥算法都能用作数字签名,这些公开密钥算法的特点是不仅用公开密钥加密的消息可以用私钥解密,而且反过来用私人密钥加密的消息也可以用公开密钥解密。其基本协议很简单。

(1) Alice用她的私钥对文件加密,从而对文件签名。

(2) Alice 将签名后的文件传给 Bob。

(3) Bob 用 Alice 的公钥解密文件,从而验证签名。

在实际过程中,这种做法的准备效率太低了。为了节省时间,数字签名协议常常与单向散列函数一起使用。Alice 并不对整个文件签名,而是只对文件的散列值签名。

在下面的协议中,单向散列函数和数字签名算法是事先协商好的。

(1) Alice 产生文件的单向散列值。

(2) Alice 用她的私人密钥对散列加密,以此表示对文件的签名。

(3) Alice 将文件和散列签名送给 Bob。

(4) Bob 用 Alice 发送的文件产生文件的单向散列值,同时用 Alice 的公钥对签名的散列解密。如果签名的散列值与自己产生的散列值匹配,则签名是有效的。如图 9.9 所示。

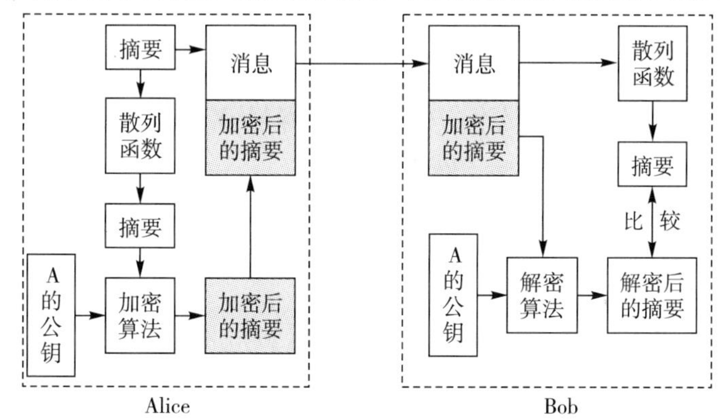

图 9.9　数字签名协议原理

由于两个不同的文件具有相同的 160 位散列值的概率为 $1/2^{160}$,所以在这个协议中使用散列函数的签名与使用文件的签名是一样安全的。

下面看一个数字签名的应用例子。

现在 Alice 向 Bob 传送数字信息,为了保证信息传送的保密性、真实性、完整性和不可否认性,需要对要传送的信息进行数字加密和数字签名,其传送过程如下。

(1) Alice 准备好要传送的数字信息(明文)。

(2) Alice 对数字信息进行哈希运算,得到一个信息摘要。

(3) Alice 用自己的私钥对信息摘要进行加密得到 Alice 的数字签名,并将其附在数字信息上。

(4) Alice 随机产生一个加密密钥(数据加密标准 DES 密钥),并用此密钥对要发送的信息进行加密,形成密文。

(5) Alice 用 Bob 的公钥对刚才随机产生的加密密钥进行加密,将加密后的 DES 密钥连同密文一起传送给 Bob。

(6) Bob 收到 Alice 传送过来的密文和加过密的 DES 密钥,先用自己的私钥对加密的 DES 密钥进行解密,得到 DES 密钥。

(7) Bob 用 DES 密钥对收到的密文进行解密,得到明文的数字信息,然后将 DES 密钥抛弃(即 DES 密钥作废)。

(8) Bob 用 Alice 的公钥对 Alice 的数字签名进行解密,得到信息摘要。

(9) Bob用相同的哈希算法对收到的明文再进行一次哈希运算,得到一个新的信息摘要。

(10) Bob将收到的信息摘要和新产生的信息摘要进行比较,如果一致,则说明收到的信息没有被修改过。

9.4.3 数字证书

1. 什么是数字证书

数字证书就是互联网通信中标志通信各方身份信息的一系列数据,提供了一种在Internet上验证身份的方式,其作用类似于司机的驾驶执照或日常生活中的身份证。它是一个由权威机构CA发行的,人们可以在网上用它来识别对方的身份。数字证书是一个经CA数字签名,包含公开密钥拥有者信息以及公开密钥的文件。最简单的证书包含一个公开密钥、名称以及CA的数字签名。一般情况下证书中还包括密钥的有效时间、发证机关的名称、该证书的序列号等信息,证书的格式遵循ITUT X.509国际标准。

一个标准的X.509数字证书包含以下内容。

(1) 证书的版本信息。

(2) 证书的序列号,每个证书都有一个唯一的证书序列号。

(3) 证书所使用的签名算法。

(4) 证书的发行机构名称,命名规则一般采用X.500格式。

(5) 证书的有效期,现在通用的证书一般采用UTC时间格式,它的计时范围为1950—2049。

(6) 证书所有人的名称,命名规则一般采用X.500格式。

(7) 证书所有人的公开密钥。

(8) 证书发行者对证书的签名。

2. 为什么要用数字证书

基于Internet网的电子商务系统技术使在网上购物的顾客能够极其方便轻松地获得商家的信息,但同时也增加了某些敏感或有价值的数据被滥用的风险。买方和卖方对于在因特网上进行的一切金融交易运作都必须是真实可靠的,并且要使顾客、商家和企业等交易各方都具有绝对的信心,因此Internet电子商务系统必须保证具有十分可靠的安全保密技术。也就是说,必须保证网络安全的四大要素,即信息传输的保密性、数据交换的完整性、发送信息的不可否认性、交易者身份的确定性。

(1) 信息的保密性。交易中的商务信息均有保密的要求。如信用卡的账号和用户名被人知悉,就可能被盗用,订货和付款的信息被竞争对手获悉,就可能丧失商机。因此在电子商务的信息传播中一般均有加密的要求。

(2) 交易者身份的确定性。网上交易的双方很可能素昧平生,相隔千里。要使交易成功首先要确认对方的身份,对商家,要考虑客户端不能是骗子,而客户也会担心网上的商店是不是一个玩弄欺诈的黑店。因此,能方便而可靠地确认对方身份是交易的前提。对于为顾客或用户开展服务的银行、信用卡公司和销售商店,为了做到安全、保密、可靠地开展服务活动,都要进行身份认证的工作。对有关的销售商店来说,他们对顾客所用的信用卡的号码是不知道的,商店只能把信用卡的确认工作完全交给银行来完成。银行和信用卡公司可以采用各种保密与识别方法，确认顾客的身份是否合法，同时还要防止发生拒付款问题，以及确认订货和订货收据信息等。

(3) 不可否认性。由于商情的千变万化，交易一旦达成是不能被否认的。否则必然会损害一方的利益。如订购黄金，订货时金价较低，但收到订单后，金价上涨了，如收单方能否认收到订单的实际时间，甚至否认收到订单的事实，则订货方就会蒙受损失。因此，电子交易通信过程的各个环节都必须是不可否认的。

(4) 不可修改性。交易的文件是不可被修改的。如上例所举的订购黄金，供货单位在收到订单后，发现金价大幅上涨了，如其能改动文件内容，将订购数 1t 改为 1g，则可大幅受益，那么订货单位可能就会因此而蒙受损失。因此，电子交易文件也要做到不可修改，以保障交易的严肃和公正。

人们在感叹电子商务的巨大潜力的同时，不得不冷静地思考，在人与人互不见面的计算机互联网上进行交易和作业时，怎么才能保证交易的公正性和安全性，保证交易双方身份的真实性。国际上已经有比较成熟的安全解决方案，那就是建立安全证书体系结构。数字安全证书提供了一种在网上验证身份的方式。安全证书体制主要采用了公开密钥体制，其他还包括对称密钥加密、数字签名、数字信封等技术。

可以使用数字证书，通过运用对称和非对称密码体制等密码技术建立起一套严密的身份认证系统，从而保证信息除发送方和接收方外不被其他人窃取、信息在传输过程中不被篡改、发送方能够通过数字证书来确认接收方的身份、发送方对于自己的信息不能抵赖。

3. 数字证书原理介绍

数字证书采用公钥体制，即利用一对互相匹配的密钥进行加密、解密。每个用户自己设定一把特定的仅为本人所知的私有密钥(私钥)，用它进行解密和签名，同时设定一把公共密钥(公钥)并由本人公开，为一组用户所共享，用于加密和验证签名。当发送一份保密文件时，发送方使用接收方的公钥对数据加密，而接收方则使用自己的私钥解密，这样信息就可以安全无误地到达目的地了。通过数字的手段保证加密过程是一个不可逆过程，即只有用私有密钥才能解密。在公开密钥密码体制中，常用的一种是 RSA 体制。公开密钥技术解决了密钥发布的管理问题，商户可以公开其公开密钥，而保留其私有密钥。购物者可以用人人皆知的公开密钥对发送的信息进行加密，安全地传送给商户，然后由商户用自己的私有密钥进行解密。

用户也可以采用自己的私钥对信息加以处理，由于密钥仅为本人所有，这样就产生了别人无法生成的文件，也就形成了数字签名。采用数字签名，能够确认以下两点。

- 保证信息是由签名者自己签名发送的，签名者不能否认或难以否认。
- 保证信息自签发后到收到为止未曾作过任何修改，签发的文件是真实文件。

数字签名具体做法如下。

(1)将报文按双方约定的哈希算法计算，得到一个固定位数的报文摘要。在数学上保证：只要改动报文中任何一位，重新计算出的报文摘要值就会与原先的值不相符。这样就保证了报文的不可更改性。

(2)将该报文摘要值用发送者的私人密钥加密，然后连同原报文一起发送给接收者。产生的报文就称为数字签名。

(3)接收方收到数字签名后,用同样的哈希算法对报文计算摘要值,然后与用发送者的公开密钥进行解密解开的报文摘要值相比较,如相等则说明报文确实来自所称的发送者。

4. 证书与证书授权中心

CA作为电子商务交易中受信任的第三方,承担公钥体系中公钥的合法性检验的责任。CA为每个使用公开密钥的用户发放一个数字证书,数字证书的作用是证明证书中列出的用户合法拥有证书中列出的公开密钥。CA的数字签名使得攻击者不能伪造和篡改证书。它负责产生、分配并管理所有参与网上交易的个体所需的数字证书,因此,是安全电子交易的核心环节。

由此可见,建设CA,是开拓和规范电子商务市场必不可少的一步。为保证用户之间在网上传递信息的安全性、真实性、可靠性、完整性和不可抵赖性,不仅需要对用户的身份真实性进行验证,也需要有一个具有权威性、公正性、唯一性的机构,负责向电子商务的各个主体颁发并管理符合国内、国际安全电子交易协议标准的电子商务安全证书。

5. 数字证书的应用

数字证书可以应用于互联网上的电子商务活动和电子政务活动,其应用范围涉及需要身份认证及数据安全的各个行业,包括传统的商业、制造业、流通业的网上交易,以及公共事业、金融服务业、工商税务、海关、政府行政办公、教育科研单位、保险、医疗等网上作业系统。

9.4.4 防火墙

防火墙是一种重要的网络防护设备。从专业角度讲,防火墙位于两个(或多个)网络间,实施网络之间访问控制的一组组件集合。作为网络安全中最常用和最基本的设备,防火墙在内部网络和外部网络的通信通道上建立了一个访问控制点,控制了内部网络和外部网络之间的相互访问。将防火墙内的网络称为"可信赖的网络",将防火墙外部的网络称为"不可信赖的网络"。从网络发往计算机的所有数据都要经过防火墙的判断处理后,才能决定是否把这些数据交给计算机,如果发现有害数据,防火墙就会拦截下来,实现对计算机的保护功能。防火墙阻止某种类型的信息从外部网络进入内部网络的同时,也允许另一种类型的信息从内部网络进入外部网络。也就是说,防火墙能够允许或阻止出入网络的信息流。它能够有效地监控可信赖的内部网络和不可信赖的外部网络之间的任何活动,从而保证了内部可信赖网络的安全性。

一般来说,防火墙具有以下几种功能。

(1) 允许网络管理员定义一个中心点来防止非法用户进入内部网络。

(2) 可以很方便地监视网络的安全性,并报警。

(3) 可以作为部署网络地址转换(network address translation,NAT)的地点,利用NAT技术,可将有限的IP地址动态或静态地与内部的IP地址对应起来,缓解地址空间短缺的问题。

(4) 审计和记录Internet使用费用的一个最佳地点。网络管理员可以在此向管理部门提供Internet连接的费用情况,查出潜在的带宽瓶颈位置,并能够依据本机构的核算模式提供部门级的计费。

(5) 可以连接到一个单独的网段上,从物理上和内部网段隔开,并在此部署WWW服务器和FTP服务器,将其作为向外部发布内部信息的地点,从技术角度来讲,这就是所谓的停火区。

目前常见的防火墙主要可分为3类。

1. 包过滤防火墙

包过滤，就是在网络中适当的位置，依据系统内设置的过滤规则，对数据包实施有选择的通过。包过滤技术的优点是速度快、费用低、设置简洁、实现方便、并对用户透明。但是附加的过滤工作会降低网络性能和传输效率。一方面，对一些非常复杂的访问控制目标，很难定义出精确的过滤规则；另一方面，如果定义过滤规则过多、过于复杂，就会使包过滤防火墙吞吐量下降而严重影响网络性能。

(1)第一代包过滤防火墙：静态包过滤防火墙。这种类型的防火墙根据定义好的过滤规则审查每个数据包，以便确定其是否与某一条包过滤规则匹配。包过滤规则是基于数据包的报头信息进行制订的。报头信息中包括IP源地址、IP目标地址、传输协议(TCP、UDP、ICMP等)、TCP/UDP目标端口、ICMP消息类型等。包过滤类型的防火墙要遵循的一条基本原则是“最小特权原则”，即明确允许那些管理员希望通过的数据包，禁止其他的数据包。图9.10所示的是简单包过滤防火墙。

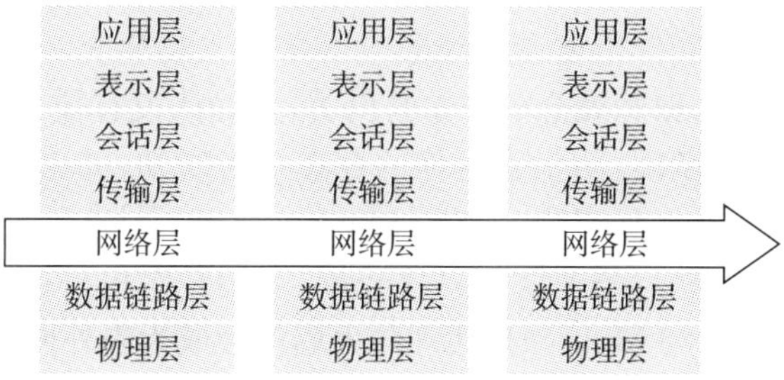

图9.10　简单包过滤防火墙

(2)第二代包过滤防火墙：动态包过滤防火墙。这种类型的防火墙采用动态设置包过滤规则的方法，避免了静态包过滤所具有的问题。这种技术后来发展成为所谓包状态监测技术。采用这种技术的防火墙对通过其建立的每一个连接都进行跟踪，并且根据需要可动态地在过滤规则中增加或更改。图9.11所示的是动态包过滤防火墙。

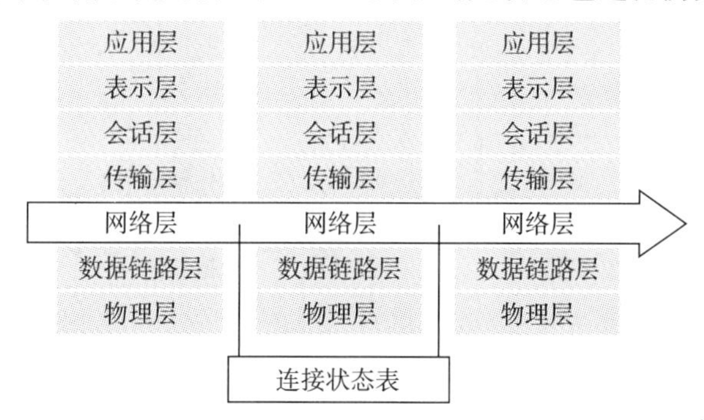

图9.11　动态包过滤防火墙

2. 代理型防火墙

代理型防火墙是内部网与外部网的隔离点，起着监视和隔绝应用层通信流的作用。它通过对各种应用服务分别设立代理的方法，在应用层对网络攻击进行防范。它的主要特点是根据应用层的状态信息，而不是根据分组的头信息，实现更加灵活和严格的安全策略。图9.12所示的是传统代理型防火墙。

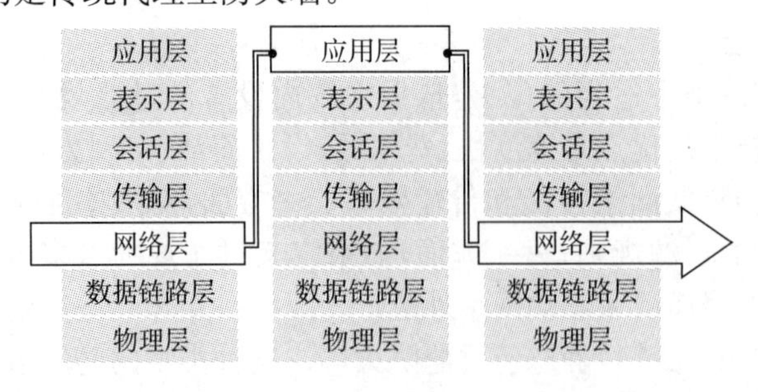

图9.12 传统代理型防火墙

代理型防火墙最突出的优点是安全。由于每一个内外网络之间的连接都要通过代理(Proxy)进行接入和转换,并通过专门为特定的服务(如HTTP)编写的安全化的应用程序进行处理,然后由防火墙本身提交请求和应答,没有给内外网络的计算机任何直接会话的机会,避免入侵者使用数据驱动类型的攻击方式入侵内部网。包过滤类型的防火墙是很难彻底避免这一漏洞的。就像你要向一个陌生的重要人物递交一份声明一样,如果你先将这份声明交给你的律师,律师就会审查你的声明,在确认没有什么负面的影响后才会由他交给那个陌生人。在此期间,陌生人对你的存在一无所知,如果要对你进行侵犯,他面对的将是你的律师,而你的律师当然比你更加清楚该如何对付这种人。

代理型防火墙的最大缺点是速度相对比较慢,当用户对内外网络网关的吞吐量要求比较高(如要求达到75～100 Mbps)时,代理防火墙就会成为内外网络之间的瓶颈。所幸,目前用户接入Internet的速度一般都远低于这个数字。在现实环境中,要考虑使用包过滤类型防火墙来满足速度要求的情况,大部分是高速网之间的防火墙。

自适应代理技术是在商业应用防火墙中实现的一种革命性的技术。它可以结合代理型防火墙的安全性和包过滤防火墙的高速度等优点,在毫不损失安全性的基础之上将代理型防火墙的性能提高10倍以上。组成这种类型防火墙的基本要素有两个:自适应代理服务器与动态包过滤器。图9.13所示的是自适应代理防火墙。

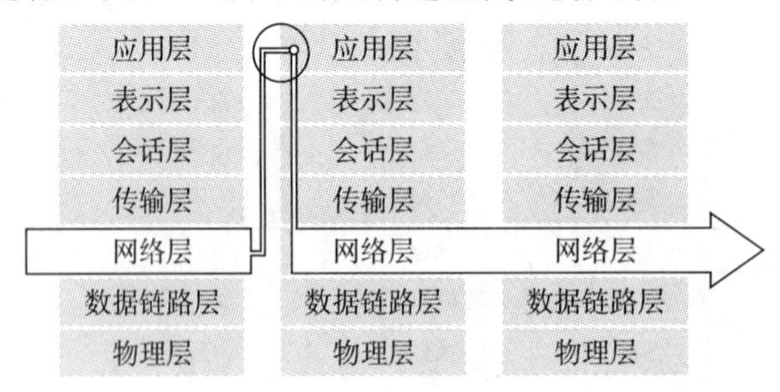

图9.13 自适应代理防火墙

在自适应代理与动态包过滤器之间存在一个控制通道。在对防火墙进行配置时,用户仅仅将所需要的服务类型、安全级别等信息通过相应代理的管理界面进行设置就可以了。然后,自适应代理就可以根据用户的配置信息,决定是使用代理服务从应用层代理请求还是从网络层转发包。如果是后者,它将动态地通知包过滤器增减过滤规则,满足用户对速度和安全性的双重要求。

3. 复合型防火墙

复合型防火墙将数据包过滤和代理服务结合在一起使用。

由于防火墙中的安全政策是由企业中的网络管理员(后简称网管)来制定的,因此,网管的人为因素显得尤为重要。

复合型防火墙是指综合了状态检测与透明代理的新一代防火墙,可以检查整个数据包的内容,根据需要建立连接状态表,把防病毒、内容过滤整合到防火墙里,其中,还包括VPN、IDS 功能,多单元融为一体,是一种新突破。常规的防火墙并不能防止隐蔽在网络流量里的攻击,在网络界面对应用层扫描,把防病毒、内容过滤与防火墙结合起来,这体现了网络与信息安全的新思路。它在网络边界实施 OSI 第 7 层的内容扫描,实现实时地在网络边缘部署病毒防护、内容过滤等应用层服务措施。

9.4.5　Web 的安全性技术(SSL)

安全套接字层(secure sockets layer,SSL)被广泛应用在 Internet 和 Intranet 的服务器产品和客户端产品中,用于安全传送数据,集中到每个 Web 服务器和浏览器中,从而保证用户都可以与 Web 站点安全交流。

SSL 通信示意如图 9.14 所示。

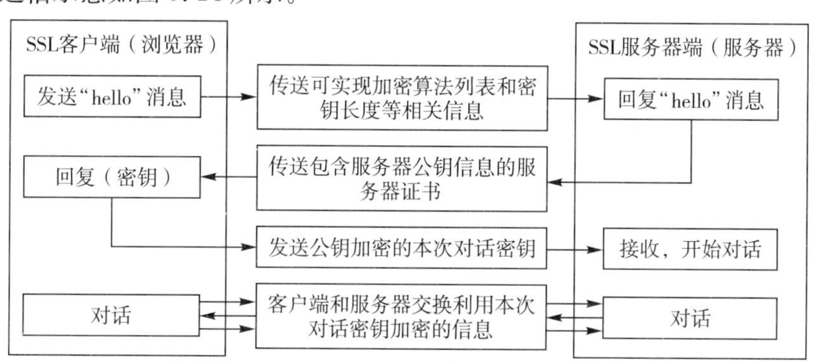

图 9.14　SSL 通信示意图

为了说明方便,称客户端为 B,服务器端为 S。

(1)B→S(发起对话,协商传送加密算法)。

B:你好,S! 我想和你进行安全对话,我的对称加密算法有 DES 和 RC5,我的密钥交换算法有 RSA 和 DH,摘要算法有 MD5 和 SHA。

(2)S→B(发送服务器数字证书)。

S:你好,B! 那我们就使用 DES－RSA－SHA 这对组合进行通信,为了证明我确实是S,现在发送我的数字证书给你,你可以验证我的身份。

(3)B→S(传送本次对话的密钥)。

(检查 S 的数字证书是否正确,通过 CA 机构颁发的证书验证了 S 证书的真实有效性后。生成了利用 S 的公钥加密的本次对话的密钥发送给 S)。

B:S,我已经确认了你的身份,现在将我们本次通信中使用的对称加密算法的密钥发送给你。

(4)S→B(获取密钥)。

(S用自己的私钥解密获取本次通信的密钥)。

S:B,我已经获取了密钥。我们可以开始通信了。

(5)S↔B(进行通信)。

说明:一般情况下,当B是保密信息的传递者时,B不需要数字证书验证自己身份的真实性,如电子银行的应用,客户只需要将自己的账号和密码发送给银行,银行的服务器需要安装数字证书来表明自己身份的有效性。在某些B2B应用,服务器端也需要对客户端的身份进行验证,这时客户端也需要安装数字证书,以保证通信时服务器可以辨别出客户端的身份,验证过程类似于服务器身份的验证过程。

下面通过一个例子来讲解如何通过SSL协议来访问安全网页,例如访问中国银行网站,如图9.15所示。

图9.15　SSL应用示意图

用户注意到,在浏览器的地址栏的开头是https而不是http,在浏览器的右下角有一把锁,说明已经建立起SSL加密通道。在上述过程中,http层首先将请求转换成http请求,然后SSL层通过TCP和IP层实现了浏览器和服务器的握手,服务器层获得密钥,最后,TCP层与服务器之间建立了加密通道,实现了双方安全交换信息的目的。

在SSL通信中,首先采用非对称加密交换信息,使得服务器获得浏览器端提供的对称加密的密钥,然后利用该密钥进行通信过程中信息的加密和解密。为了保证消息在传递过程中没有被篡改,可以用哈希编码来加密,确保信息的完整性。

服务器数字证书主要颁发给Web站点或其他需要安全鉴别的服务器,证明服务器的身份信息。同样,客户端数字证书可用于证明客户端的身份。

习题 9

一、选择题

1. 数字签名要预先使用单向哈希函数进行处理的原因是________。
   A. 多一道加密工序使密文更难破译
   B. 提高密文的计算速度
   C. 缩小签名密文的长度，加快数字签名和验证签名的运算速度
   D. 保证密文能正确的还原成明文
2. 加密和解密是________层的功能。
   A. 传输　　B. 会话　　C. 表示　　D. 应用
3. 传统加密中，________是公开的。
   A. 加密　　B. 解密　　C. 加密和解密　　D. 没有
4. 网络安全的基本属性是________。
   A. 机密性　　B. 可用性　　C. 完整性　　D. 以上 3 项都是
5. SNMP 的管理模型由________等 3 部分组成。
   A. 管理者、代理　　B. 管理者、代理、委托代理
   C. 管理者、代理和管理信息库　　D. 管理信息库、管理信息结构和管理协议
6. SNMP 实现管理功能的方式是________。
   A. 仅使用轮询的方式　　B. 仅使用事件驱动的方式
   C. 使用轮询与事件驱动结合的方式　　D. 以上都不对
7. 访问控制是指确定________以及实施访问权限的过程。
   A. 用户权限　　B. 可给予哪些主体访问权利
   C. 可被用户访问的资源　　D. 系统是否遭受入侵
8. CA 属于 ISO 安全体系结构中定义的________。
   A. 认证交换机制　　B. 防业务流量分析机制
   C. 路由控制机制　　D. 公证机制
9. 数据保密性安全服务的基础是________。
   A. 数据完整性机制　　B. 数字签名机制
   C. 访问控制机制　　D. 加密机制
10. SSL 产生会话密钥的方式是________。
    A. 从密钥管理数据库中请求获得
    B. 从每一台客户机分配一个密钥的方式
    C. 随机由客户机产生并加密后通知服务器
    D. 由服务器产生并分配给客户机
11. 以下关于数据加密算法的描述错误的是________。
    A. 对称加密的加密运算和解密运算使用的是同样的密钥
    B. 非对称加密算法中，加密密钥和解密密钥不同
    C. 非对称加密算法中，公钥是不能公开的
    D. 非对称加密算法中，用公钥加密的信息也可用私钥解密

12. 简单网络管理协议的英文简称为________。

A. SMTP　　B. SNMP　　C. POP3　　D. RIP

13. 网络管理的功能不包括________。

A. 配置管理　　B. 故障管理　　C. 用户管理　　D. 计费管理

二、填空题

1. 网络安全的威胁可以分为两大类:________和________。

2. 在________攻击中,攻击者只是观察通过某一个协议数据单元PDU,而不干扰信息流。

3. ________攻击是指攻击者对某个连接中通过的PDU进行各种处理。

4. 所谓________密码体制,即加密密钥与解密密钥是相同的密码体制。

5. 主动攻击又可进一步划分为________、________和________3种。

6. 所谓________密码体制,就是使用不同的加密密钥与解密密钥,是一种由已知加密密钥推导出解密密钥在计算上是不可行的密码体制。

7. 通常有两种不同的加密策略,即________加密与________加密。

8. SNMP的组成有________、________、________。

9. 数字签名是利用________和其他密码算法生成一系列符号及代码组成电子密码进行签名,代替书写签名和印章。

10. 与SNMPv1和SNMPv2相比,SNMPv3增加了3个新的安全机制,分别是________、________、________。

11. 目前常见的防火墙主要分为________防火墙、代理防火墙和复合型防火墙。

12. ________是由一个权威机构——CA发行的,人们可以在网上用它来识别对方的身份。

13. 网络管理的功能包括________、________、________、________和计费管理。

三、问答题

1. 计算机网络安全主要包括哪几个方面的问题?

2. 简述常规密钥密码体制中替代密码和置换密码的原理。

3. 简述公开密钥算法的特点。

4. SNMP代理的功能是什么?

5. SNMP管理器的功能是什么?

6. 什么是管理信息库(MIB)?

7. 网络安全服务包括几方面的内容?

8. 什么是防火墙?防火墙具有哪些功能?

9. 防火墙有几种,各具有什么特点?

10. SSL信息加密过程如何?

11. 对称密钥算法和非对称密钥算法有何不同?

第10章 Chapter 10 网络新技术专题

计算机网络发展迅猛，一些新技术层出不穷，出现较早的实用技术也在日益更新着版本和特性，以适应网络的发展。本章挑选几个热门的新技术进行简单介绍。

10.1 虚拟专用网(VPN)

虚拟专用网(virtual private network，VPN)是企业网在 Internet 等公共网络上的延伸，它通过一个私用的通道来创建一个安全的私有连接。VPN 技术是利用开放型网络作为信息传输的媒体，通过隧道封装技术、信息加密技术以及用户认证技术等实现用户信息通过公共网络环境进行安全传输。VPN 技术与防火墙等基于边界网络的网络安全技术是互补的，防火墙技术侧重于对私有网络内部资源的访问进行控制，而 VPN 则侧重于提供跨越防火墙安全访问私有网络资源。安全性保障和企业成本的大幅度降低所带来的巨大市场潜力已使 VPN 成为 Internet 应用的一个热点。

10.1.1 VPN 出现的背景

Internet 的出现为信息的交换带来了很大的方便，更给社会带来了极大的经济效益。但与此同时，Internet 的开放性也给黑客和网络犯罪提供了可乘之机。Internet 犯罪主要包括非法访问、窃听和篡改。

目前，我国各级政府、企业都在建设自己的内部网以提高自身的工作效率和竞争力。随着工作业务的不断扩大，网络规模也在扩大，有些甚至超过了城域网而真正成为广域网。如果按照传统的方式来建造自己的专用广域网或城域网，昂贵的费用是任何一个单位都无法承受的。因此，通常通过公众信息网进行内部网络互联。

公众信息网是对整个社会开放的公众基础网络，具有覆盖范围广、速度快、费用低、使用方便等特点，但同时也存在安全性差的问题。因为 Internet 是一个全球性和开放性的、基于 TCP/IP 技术的、不可管理的国际互联网络。因此，基于 Internet 的商务活动就面临非善意的信息威胁和安全隐患。用户通过公众信息网传输的信息，在传输过程中随时可能被偷看、修改和伪造，使信息的安全性和可靠性降低。因此通过公众信息网进行内部网络互联尽管能够大幅地降低组网的成本，但也带来了重大的安全隐患。解决这一矛盾的方法之一就是采用 VPN 技术。

VPN 出现于 Internet 盛行时期，成为网络界的新热点是形势使然。可以说，用户的需求是 VPN 技术诞生的直接原因。

(1) 随着远程办公用户和便携式计算机用户的增加，这些用户需要随时随地连接到企业网络，由此而引起的远程连接成本和网络复杂性可想而知。

(2) 随着企业的收购和合并愈演愈烈，再加上企业本身的发展壮大与跨国化，每家企业的分支机构不仅越来越多,而且它们的网络基础设施互不兼容也更为普遍。

(3)企业之间的合作及企业与客户之间的联系也日趋紧密,这些合作和联系是动态的,总是处在变化和发展之中,这种关系也要靠网络来维持和加强,这不但带来了网络的复杂性,还带来了网络的管理和安全性问题。

VPN技术就是在这种形势下应运而生的。它使企业能够在公共网络上创建自己的专用网络。于是,企业网络想连接到哪里都可以,保密性、安全性、可管理性的问题也容易解决,还可以降低网络的使用成本。由于VPN是在Internet上临时建立的安全专用虚拟网络,用户节省了租用专线的费用,在运行的资金支出上,除了购买VPN设备之外,企业所付出的仅仅是向企业所在地的ISP支付一定的上网费用,这也是VPN价格低廉的原因。

顾名思义,VPN不是真正的专用网络,但能实现专用网络的功能。VPN是建立在公众网络基础上的专用数据网络通信技术。在VPN中,两点之间不是传统的专用网所需的物理链路。VPN有两层含义:首先,它是虚拟的网,即没有固定的物理连接,网络只有在用户需要时才建立;其次,它是利用公众网络设施构成的专用网,专用是指用户可以为自己定制符合自己需求的网络。

由上可知,VPN使企业网络几乎可以无限延伸到地球的每个角落,它能够充分利用现有网络资源,提供经济、灵活的联网方式,为用户节省设备、人员和管理所需的投资,降低用户的电信费用,从而以安全、低廉的网络互联模式为包罗万象的应用服务提供发展的舞台。它是利用公众网资源为客户构成专用网的一种服务,使用户感觉好像直接和他们的个人网络相连。

VPN兼备了公用网和专用网的许多特点,将公用网可靠的性能、丰富的功能与专用网的灵活、高效结合在一起,是介于公用网与专用网之间的一种网络。

从服务应用上看,VPN大致可以分为三类:远程访问虚拟网(Access VPN)、企业内部虚拟网(Intranet VPN)和企业扩展虚拟网(Extranet VPN)。这三种类型的VPN分别与传统的远程访问网络,企业内部的Intranet以及企业网和相关合作伙伴的企业网所构成的Extranet相对应。

1. Access VPN

Access VPN是指企业员工或企业的小分支机构通过公网远程拨号的方式构筑的虚拟网。Access VPN能使用户随时随地以其所需的方式访问企业资源。Access VPN包括模拟拨号、综合业务数字网、X数字用户线路、移动IP和电缆技术,能够安全地连接移动用户、远程工作者或分支机构。如果企业的内部人员移动办公或有远程办公需要,就可以考虑使用Access VPN。

2. Intranet VPN

Intranet VPN是指企业的总部与分支机构间通过公网构筑的虚拟网。Intranet VPN通过一个使用专用连接的共享基础设施,连接企业总部、远程办事处和分支机构,VPN拥有与专用网络相同的政策,包括安全、服务质量、可管理性和可靠性。Intranet VPN是解决内联网结构安全、连接安全和传输安全的主要方法。

3. Extranet VPN

Extranet VPN是指企业间发生收购、兼并或企业间建立战略联盟时,不同企业网络通过公网来构筑的虚拟网。Extranet VPN通过一个使用专用连接的共享基础设施,将客户、供应商、合作伙伴或兴趣群体连接到企业内部网。VPN 拥有与专用网络相同的政策，包括安全、服务质量、可管理性和可靠性。Extranet VPN 是解决外联网结构安全、连接安全和传输安全的主要方法。

通常把 Access VPN 称为拨号 VPN，将 Intranet VPN 和 Extranet VPN 统称为专线 VPN。

VPN 与 VLAN 也是有区别的。VLAN 是指在交换局域网的基础上，采用网络管理软件构建的可跨越不同网段、不同网络的端到端的逻辑网络。VLAN 是一个广播域，与用户的物理位置没有关系。一个 VLAN 组成一个逻辑子网，即一个逻辑广播域，它可以覆盖多个网络设备，允许处于不同地理位置的网络用户加入一个逻辑子网中。VLAN 是建立在物理网络基础上的一种逻辑子网，因此，建立 VLAN 需要相应的支持 VLAN 技术的网络设备。当网络中的不同 VLAN 间进行相互通信时，需要路由的支持，这时就需要增加路由设备——路由器或三层交换机。VLAN 是一种标志交换技术，在第二层实现，设置与识别由网络设备（主要是交换机）负责，对用户是不可见的，用户在这种技术的实施环境里处于被动的角色。VPN 则是一种封装、加密的综合技术，在第三层实现，设置与识别由终端设备（VPN 设备）负责，是一种由用户主动实施的技术。再者，VLAN 实施需要沿途设备配合，实施范围跨度不可能太大，顶多就是城域网；相比之下 VPN 技术的实施范围就大多了，它几乎可以在 Internet 的任何角落实施，也具有 VLAN 技术无可比拟的可移动性和可扩展性，但 VPN 的实施依靠互联网，数据暴露在外，安全性主要依赖加密技术，安全级别为算法级。

10.1.2　VPN 的工作原理

VPN 系统使分布在不同地方的专用网络可在不可信任的公共网络（如因特网）上安全通信。它采用复杂的算法来加密传输的信息，使得需要受保护的数据不会被窃取。一般来说，其工作流程大致如下。

(1)要保护的主机发送不加密信息到连接公共网络的 VPN 设备。

(2)后者根据网络管理员设置的规则，确认是否需要对数据进行加密或让数据直接通过。

(3)对需要加密的数据，VPN 设备对整个数据包（包括要传送的数据、发送端和接收端的 IP 地址）进行加密并附上数字签名。

(4)VPN 设备加上新的数据包头，其中包括目的地 VPN 设备需要的安全信息和一些初始化参数。

(5)VPN 设备对加密后数据、鉴别包以及源 IP 地址、目标 VPN 设备 IP 地址进行重新封装，重新封装后数据包通过虚拟通道在公网上传输。

(6)当数据包到达目标 VPN 设备时，数字签名被核对无误后数据包被解密。

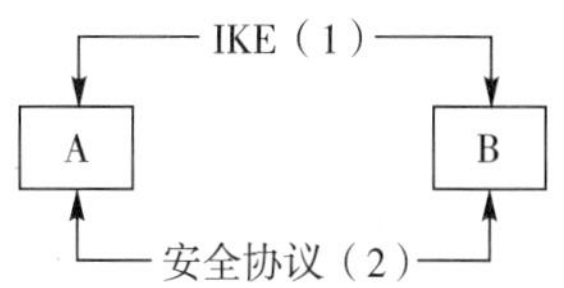

图 10.1　VPN 的工作过程

VPN 涉及很多关于网络和密码学方面的知识，也可以用一个简单的假想过程来说明 VPN 的工作过程，如图 10.1 所示，A 作为发起方向 B 发出 VPN 连接的请求。首先，A 与 B 通过因特网密钥交换（Internet key exchange，IKE）过程在应用层协商一组用来加密通信的密钥信息,然后,A 与 B 就可以在协商成功后的一段时间应用这组密钥信息进行安全协议下的加密的可靠的通信。

VPN 的用途是加密通信,以确保通信双方的内容不会被外人知道。这个目的可以通过很多方法来实现。网络环境是符合 OSI 标准的开放的分层结构,基于这种条件,在网络的几个层次上都可以实现 VPN 的功能。以下是 VPN 实现的几种方式。

(1)点到点隧道协议(point-to-point tunneling protocol,PPTP)。PPTP 协议是最早被用来设计 VPN 的协议之一,是一种支持多协议 VPN 的网络技术,通过该协议,远程用户能够通过 Windows 操作系统以及其他装有点对点协议的系统安全访问公司网络,并能拨号连入本地 ISP,通过 Internet 安全连接到公司网络。PPTP 是被广泛用于拨号连接的 VPN,搭建在 PPP 协议之上,利用 PPP 的功能通过因特网建立一条指向目的站点的隧道来实现远程访问。PPTP 提供 PPTP 客户机和 PPTP 服务器之间的加密通信,通过 PPTP,客户可采用拨号方式接入 Internet。目前,PPTP 协议基本已被淘汰。

(2)第二层隧道协议(layer two tunneling protocol,L2TP)。L2TP 是国际标准隧道协议,它结合了 PPTP 协议以及第二层转发协议(layer 2 forwarding protocol,L2F)的优点,能以隧道方式使 PPP 包通过各种网络协议。L2TP 对 PPP 连接作了延伸:它的起点和终点并不是远程主机和 ISP 的拨号服务设备,这种虚拟的 PPP 连接起始于远程主机,终止于公司企业网的网关。从表面上看,远程主机和公司企业网的网关好像处于同一子网中。L2TP 定义了利用公共网络设施封装传输链路层 PPP 帧的方法。现在,Internet 中的拨号网络只支持 IP 协议,而且必须使用注册 IP 地址,而 L2TP 可以让拨号用户支持多种协议,如 IP、IPX、AppleTalk,且可以使用保留网络地址,包括保留 IP 地址。但是 L2TP 没有任何加密措施,更多是和 IPSec 协议结合使用,提供隧道验证。

(3)IP 安全协议(IP security protocol,IPSec)。IPSec VPN 是基于网络层实现的 VPN,准确地说应该是基于 IP 协议实现的 VPN。IPSec 是兼容 IP 协议的一种安全策略,IPSec VPN 网络建设的成本比较低。

(4)多协议标记交换(multi-protocol label switching,MPLS)。MPLS VPN 是基于数据链路层实现的 VPN,通信双方的信息在数据链路层的层次上对数据进行加密,对于以太网而言,它就是在一个将以太网帧中帧头后面的所有信息都加密的方式。这种 VPN 对数据加密的深度大,对于每一个数据包加密保护的信息多,而且适合用硬件实现,所以可以提供较高的通信速度。但是用硬件实现需要自行设计新的具有 MPLS 功能的路由器,对于构建大规模的 VPN 网络还需要对网络基础设施做比较大的改动,建设成本比较高。

(5)安全套接字层(security socket layer,SSL)。SSL 可以实现在应用层的 VPN 功能,它可以直接对需要保密的通信数据进行加密,实现简单,容易扩展。但是这种形式只能应用于 HTTP 的服务,大大限制了它可以提供的服务种类。

10.1.3 VPN 的特点

与传统的网络结构相比,基于 VPN 的网络具有以下特点。

1. 通信安全

安全问题是 VPN 的核心问题。VPN 使用隧道技术、加解密技术、密钥管理技术、用户与设备身份认证技术等保证通信的安全性。隧道技术为用户提供无缝的、安全的、端到端的连接服务,确保信息资源的安全。加解密技术是VPN在将数据进行打包传输时,防止非法获取者拦截、浏览或篡改数据所进行的操作。密钥管理技术的主要任务是在公用数据网上安全地传递密钥而不被窃取。身份认证技术指用户与设备双方在公用网络上交换数据前,必须先核对证书无误后,双方才开始交换数据的技术。

正是因为VPN能通过安全的数据通道将加密的技术数据和关键性的商务应用及数据进行传输,企业或政府才可以通过基于Internet的VPN实现远程办公、远程交流等。

2. 成本低

使用VPN实现远程办公、远程商务洽谈、签订合同等工作,不仅节约了大量的时间,还节省了大量的办公费用,大大减少了用户所要承担的网络维护和设备费用。

3. 覆盖地域广泛

到目前为止,Internet几乎遍布全球,其接入点也是无处不在。只要有Internet的地方,就可以通过VPN设备或软件构成企业或部门各分支机构及总部的VPN,从而可以对关键性的数据进行安全传输。而运用专线来实现安全传输不仅费用高昂,而且接入点不容易寻找。

4. 可扩展性强

由于Internet广泛存在,应用VPN技术可以非常方便地增加或减少用户。而专线则不同,虽然减少接入点比较简单,但如果要增加用户,就必须寻找新的接入点,并且需租用或架设新的网络。

5. 便于管理

企业或部门可以将VPN的解决方案外包给运营商,将全部精力集中到自身的发展上。当然企业或部门本身仍需完成一定的网络管理任务,一个完善的VPN管理系统是必不可少的。对企业或部门而言,VPN管理的目标为:减小网络风险,具有高扩展性、经济性、高可靠性等。VPN管理主要包括安全管理、设备管理、配置管理、访问控制列表管理、QoS管理等内容。

10.1.4　VPN的实现技术

要使数据顺利地被封装、传送及解封装,通信协议是保证的核心。VPN隧道协议主要有:PPTP、L2TP和IPSec。实现VPN的关键技术主要包括:安全隧道技术、密码技术、用户认证技术和访问控制技术。

1. 安全隧道技术

安全隧道技术通过将待传输的原始信息经过加密和封装处理后再嵌套装入另一种协议的数据包并送入网络中,像普通数据包一样进行传输。经过这样的处理,只有源端和宿端的用户对隧道中的嵌套信息进行解释和处理,对于其他用户而言,嵌套信息是无意义的信息。这里采用的是加密和信息结构变换相结合的方式,而非单纯的加密技术。由于受到Internet网络中IP地址资源短缺的影响,各企业内部网络使用的多为私有IP地址,从这些地址发出的数据包是不能直接通过Internet传输的,而必须代之以合法的IP地址。有多种方法可以完成这种地址转换,如静态IP地址转换、动态IP地址转换、端口替换、数据包封装等,对于VPN而言,数据包封装(隧道)是最常用的技术。数据包封装发生在VPN的发送节点,此时,需将原数据包打包,添加合法的外层IP包头,可通过公网将该包传送到接收端的VPN节点,该节点接收后进行拆包处理,还原出原报文后传输给目标主机。几乎所有的VPN技术均采用了数据包封装技术。

2. 密码技术

密码技术即加密隐蔽传输信息、认证用户身份等,是实现网络安全的最有效的技术之一。加密网络可以防止非授权用户的搭线窃听和入网,并有效对付恶意软件。数据加密通过各种加密算法来实现。

IPSec协议通过ISAKMP/IKE/Oakley协商确定几种可选的数据加密算法,如数据加密标准(data encryption standard,DES)、3DES等。

IPSec是实现VPN隧道技术的核心,是一个范围广泛、开放的VPN网络安全协议。它不是一个独立的安全协议,而是一个数据包。IPSec协议为网络通信提供透明的安全服务,保护TCP/IP通信免遭窃听和篡改,可以有效抵御网络攻击,同时保持易用性。IPSec有两个基本目标:一是保护IP数据包安全,二是为抵御网络攻击提供防护措施。

IPSec结合密码保护服务、安全协议组和动态密钥管理三者来实现上述两个目标。这不仅能为企业局域网与拨号用户、域、网站、远程站点以及Extranet之间的通信提供强有力且灵活的保护,而且还能用来筛选特定数据流。

IPSec是一种基于端对端的安全模式。这种模式有一个基本前提假设,就是假定数据通信的传输媒介是不安全的,因此,通信数据必须经过加密,而掌握加解密方法的只有数据流的发送端和接收端,两者各自负责相应的数据加密和解密处理。

IPSec基本工作原理是:发送方在数据传输前(即到达网线之前)对数据实施加密,在整个传输过程中,报文都是以密文方式传输,直到数据到达目的节点,才由接收端对其进行解密。IPSec对数据的加密是以数据包而不是以整个数据流为单位,这不仅更灵活,也有助于进一步提高IP数据包的安全性。通过提供强有力的加密保护,IPSec可以有效防范网络攻击,保证专用数据在公共网络环境下的安全性。网络攻击者要破译经过IPSec加密的数据,即使不是完全不可能,也是非常困难的。根据不同类别数据对于保密需求的不同,IPSec策略中有多种等级的安全强度可供选择。使用IPSec可以显著地减少或防范前面谈到过的几种网络攻击。

3. 用户认证技术

用户认证技术能防止对数据的伪造和篡改,采用一种称为“摘要”的技术。“摘要”技术主要将一段长的报文通过函数变换,映射为一段短的报文即摘要,两个不同的报文具有相同的摘要几乎不可能。该特性使得摘要技术在VPN中有验证数据的完整性和用户认证两种用途。在正式的隧道连接开始之前需要确认用户的身份,以便系统进一步实施资源访问控制或用户授权。用户认证技术是相对比较成熟的一类技术,因此可以考虑对现有技术的集成。

4. 访问控制技术

访问控制技术对出入局域网的数据包进行过滤,即传统的防火墙功能。由于防火墙和VPN均处于公网出口处,在网络中的位置基本相同,而其功能具有很强的互补性,因此一个完整的VPN产品应同时提供完善的网络访问控制功能,这可以在系统的安全性、性能及统一管理上带来一系列的好处。由VPN服务的提供者与最终网络信息资源的提供者共同协商确定特定用户对特定资源的访问权限,以此实现基于用户的细粒度访问控制,以实现对信息资源的最大限度保护。

10.2　IP组播技术*

当今社会已经进入信息时代，网络技术飞速发展。许多多媒体应用，如视频会议、大规模协作计算、用户群的软件升级、网络代理、站点的镜像和高速缓存等，都依赖于从一台主机向多台主机或者从多台主机向多台主机发送同一信息的能力。但是在Internet上分发信息的主机的数目可以达到数十万台，发送信息需要很高的带宽，这大大超出了单播的能力，因而一种能最大限度地利用现有带宽的技术——组播技术出现了。本节主要介绍有关组播的一些技术。

10.2.1　组播的概念

虽然IP广播允许一个主机把一个IP报文发送给同一个网络的所有主机，但是由于不一定是所有的主机都需要这些报文，这又可能浪费大量网络资源。正是在这种情况下组播技术应运而生，它的出现解决了一个主机如何向特定的多个接收者发送消息的问题。

组播是在发送者和接收者之间实现点到多点的网络连接，是指一个发送者将数据包同时发送给多个接收者的通信方式。一个发送者同时给多个接收者传输相同的数据，也只需要复制一份相同的数据包。它提高了数据传送效率，减少了骨干网络出现拥塞的可能性。组播技术主要用于视频会议等应用场合，这些应用需要将一份数据同时发送给多个用户。组播技术具有带宽利用率高、减轻主机和路由器的负担、避免目的地址不明确所引起的麻烦等优点。这里不讨论MAC层的组播，只对IP组播技术进行介绍。

IP组播通信介于IP单播和IP广播通信之间，并且能使主机发送IP信息包到IP网络中任何一组特定的主机上。这些主机都具有一种特定的IP地址，称之为IP组播组地址；支持组播的路由器会转发IP组播信息包至所有具有该组播地址的主机的接口上。当一台源主机向多台目的主机发送同一数据时，主机只发送该数据的一份拷贝，网络在每个接收者最后可能存在的一跳复制它，在一个给定的网络上每个包只存在一次。

(1)组播要解决发送给谁的问题。按不同的应用项目(如体育、文艺、娱乐、学习等)进行分组，组成员要通过互联网组管理协议(internet group management protocol，IGMP)向组播路由器进行注册登记，用户主机发出请求，提出具体组播地址。为发送一份IP组播数据包，发送者要确定一个合适的组播地址，这个地址代表一个组。然后，组播数据通过普通的IP发送将操作发送出去。

(2)组播要解决如何接收组播信息的问题。有时在同一个网段中有多个组播组的成员。对于信息的发送方来说相当简单，但对于接收方却十分复杂。为了能够正确地接收感兴趣的组播信息数据包，主机上的应用首先要申请成为特定组播组的成员。这种申请通过IGMP传送到本网段上的路由器完成，如有必要，相关的信息还可能要传送到发送方的路由器，这取决于使用的组播路由协议。这一步完成后，接收主机的网络接口卡开始侦听与新组播组地址相关的数据链路层组播地址。路由器把由发送方送来的组播数据包一跳一跳地发送到有接收者的网段上的路由器，局域网路由器根据组播信息包中的组地址转换出与它相关的数据链路层地址，并用这个地址建立数据链路层的报文。接收方的网络接口卡和网络驱动程序侦听这个地址，收到该组播包后，将IP层的组播数据包取出，传向上层 TCP/IP 协议堆栈,从而使数据适合用户的应用。

(3)组播要解决用户主机在注销对某个组的兴趣时如何通知组播路由器的问题。如果接收方使用的是 IGMPv2,则会主动地通知路由器注销对该组的兴趣。但是接收组播信息的用户如果是 IGMPv1 主机,就不会通知路由器注销。这时服务器要在一定时间后向本网段发出查询,接收主机的应答,若无用户应答,路由器就认为不再有接收者,不会再向该网段上转发组播信息。

(4)组播要解决信息的转发问题。路由器根据所使用的组播路由协议建立组播转发树,根据该转发树进行组播信息的转发。当某个处于转发树中的路由器收到一个组播信息后,要对转发的组播包进行拷贝和转发。如果路由器为最后一跳,组播包就以广播的方式传送到该网段中各主机接收者。

10.2.2 组播组和组播地址

在组播通信方式中,组播组的概念是很重要的。所谓组播组是指某系统或用户指定方式下协同工作的多个节点的集合。组播组内的节点称为组播组的成员,也称为成员节点或组播节点,成员节点可以动态地加入或者离开组播组。任何组播组都有一个很重要的性质:当数据包发送到该组后,组内所有的成员要么都接收它,要么都不接收。

IP 组播地址不像 IP 单播地址那样唯一地标识单个 IP 主机,而是指定了一个 IP 主机组。

IP 地址方案专门为组播划出一个地址范围,在 IPv4 中为 D 类地址,范围是 224.0.0.0 到 239.255.255.255,并将 D 类地址划分为局部链接组播地址、预留组播地址、管理权限组播地址。在 IPv6 中为组播地址提供了许多新的标识功能,图 10.2 为 IPv4 和 IPv6 的组播地址格式,其中 IPv6 中特殊域的定义见图 10.3。

局部链接地址:224.0.0.0～224.0.0.255,用于局域网,路由器不转发属于此范围的 IP 包。

预留组播地址:224.0.1.0～238.255.255.255,用于全球范围或网络协议。

管理权限地址:239.0.0.0～239.255.255.255,组织内部使用,用于限制组播范围。

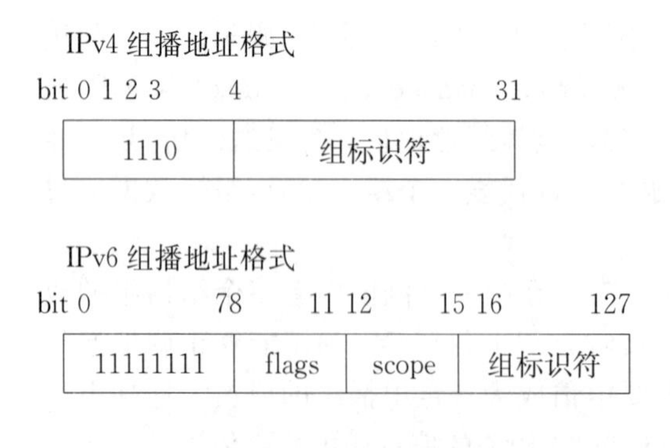

图 10.2 IP 组播地址格式

域	值	定 义
flags	0000	永久组播地址
	0001	动态组播地址
scope	0001	本地节点
	0010	本地链路
	0101	本地网点
	1000	本地组织
	1110	全局组播地址
	其他	保留或未指定

图 10.3 IPv6 中特殊域定义

10.2.3 互联网组管理协议(IGMP)

互联网组管理协议 IGMP 是组播理论的重要部分之一,它在组播主机与其直接相连的路由器之间建立一种通信机制,报告主机成员关系,以完成组播用户组的管理。

IGMP 是局域网范围内本地组播路由器与主机之间的交互机制，主机用来向组播路由器说明对哪一个组播组感兴趣。IGMP 运行于主机和与主机直接相连的组播路由器之间，IGMP 实现的功能是双向的：一方面，通过 IGMP，主机通知本地路由器希望加入并接收某个特定组播组的信息；另一方面，路由器通过 IGMP 周期性地查询局域网内某个已知组的成员是否处于活动状态（即该网段是否仍有属于某个组播组的成员），实现所连网络组成员关系的收集与维护。

从 1991 年第一个 IGMP 版本出现开始，IGMP 一直在不断发展和完善。到目前为止，IGMP 已有 3 个版本。IGMPv1 中定义了基本的组成员查询和报告过程；1997 年 11 月，IGMPv2 被批准作为 IETF 的标准，IGMPv2 在 IGMPv1 的基础上添加了组成员快速离开的机制；2000 年 6 月，IGMPv3 标准问世，IGMPv3 中增加的主要功能是成员可以指定接收或指定不接收某些组播源的报文。当前，IGMPv1 和 IGMPv2 都还在广泛使用。

1. IGMPv1

RFC1112 中定义了 IGMPv1，它对 IGMPv1 消息格式、查询过程、报告抑制机理、查询路由器、加入过程和离开过程都进行了详尽的定义。

（1）IGMPv1 消息格式。IGMP 消息在 IP 数据包内传送，并用 IP 协议号 2 来标识。传送 IGMP 消息时设置 IP 存活时间（TTL）字段值为 1，因此 IGMP 消息处于本地范围，并且不会被路由器转发。IGMPv1 的消息格式如图 10.4 所示。

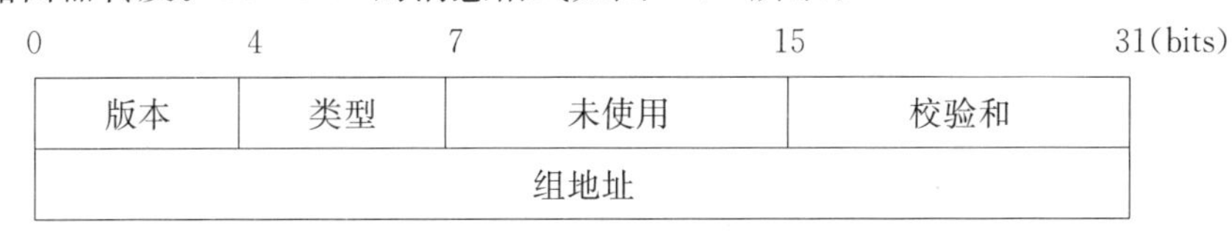

图 10.4　IGMPv1 消息格式

版本字段包含 IGMP 的版本信息，因此为 1。类型字段标识消息的类型，在 IGMPv1 中，有成员关系查询和成员关系报告两种信息类型，值分别为 0 和 1。校验和字段共 16 位，是 IGMP 信息的反码之和的反码，在进行校验和计算时，该字段为 0。组地址字段在用于成员关系查询时为零，并被主机忽略，在用于成员关系报告时组地址字段包含组播地址。

（2）IGMPv1 查询－响应过程。IGMPv1 主要使用“查询－响应”模式，此种模式允许组播路由器确定哪一个组播组在本地子网中有效。本地路由器（查询器）周期性地（默认值是每 60 秒一次）向局部子网组播组（224.0.0.1）的所有主机发送 IGMPv1 成员关系查询。所有主机收到 IGMPv1 成员关系查询后，某一主机会首先向路由器发送成员关系报告，告知路由器它想加入的组播组，子网中的其他主机也能收听到此成员关系报告。如果它想加入的也是此组播组，由于报告抑制机理，不再发送成员关系报告；否则，它会向路由器发送成员关系报告，告诉路由器想要加入的组播组。经过这样的查询－响应过程，路由器就知道了本地子网中主机想要加入的组播组。

（3）报告抑制机理。当主机收到 IGMP 成员关系查询时，会对它已经加入的每一个组播组启动一个倒计数报告计时器。各个报告计时器初始值为零与最大响应时间之间的一个随机数，默认为 10 秒。如果报告计时器终止，主机为报告计时器有关的活动组播组传送 IGMP 成员关系报告。如果主机知道另一个主机在发送 IGMP 成员关系报告，它将删掉与接收成员关系报告有关的报告计时器,从而抑制组成员关系报告的发送。

(4)IGMPv1 查询器。在一个有多个路由器的子网中,有一个以上的路由器发送 IGMPv1 查询是一种带宽的浪费,在这种情况下最好指定一个路由器作为查询器。但是在 IGMPv1 没有指定如何选择查询器,而是依据第三层 IP 组播路由协议为子网指定路由器作为查询器。

(5)IGMPv1 加入过程。当主机想加入组播组的时候,它会立即向想要加入的组播组发送一个或多个成员关系报告,即使 IGMPv1 向本地的组播路由器通知它想开始接收特定组播组的组播信息流。主机想加入组播组的时候,并不需要等到收到本地路由器的成员关系查询之后才发送加入组信息,而是立即发送。

(6)IGMPv1 脱离过程。在 IGMPv1 中,当主机想要离开组播组的时候,它不需要向本地路由器发送信息,而是可以直接离开。脱离组播组之后,主机停止处理组播组信息,并且不再对本地路由器的成员关系查询作出响应。

2. IGMPv2

IGMPv2 标准的制定是为了克服在实验中发现的 IGMPv1 的缺点。IGMPv2 包含了以下一些新的特征。

(1)查询选择过程。为 IGMPv2 的路由器提供选择查询路由器的能力,而不用依赖组播路由协议来进行。

(2)最大响应时间字段。查询消息的新字段,允许查询路由器指定最大查询一响应时间。本字段允许对查询一响应过程进行调整来控制响应突发性和微调离开延迟。

(3)指定组查询消息。允许查询路由器对某个指定的组而不是所有的组执行查询操作。

(4)离开组信息。为主机提供了一种可以通知网络中的路由器它希望离开组的方法。当某个主机离开组播组的时候,如果它是响应组成员关系报告查询的最后一个主机,它将向所有路由器的组播组(224.0.0.2)发送离开组信息。

IGMPv2 消息格式如图 10.5 所示。

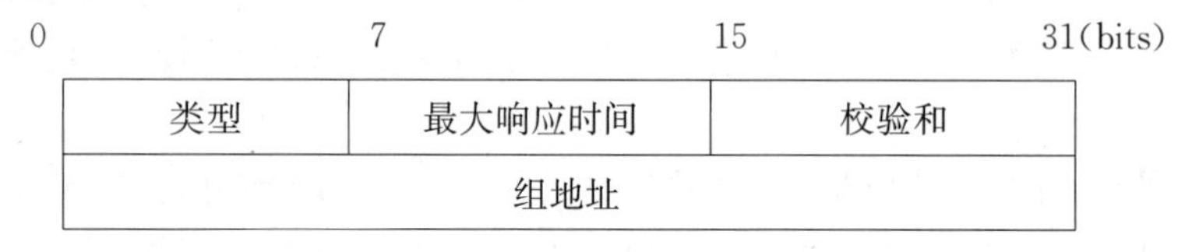

图 10.5　IGMPv2 消息格式

(5)类型字段。在 IGMPv2 中,有 4 种消息类型用于主机和路由器之间,分别是成员关系查询(类型代码=0x11)、版本 1 的成员关系报告(类型代码=0x12)、版本 2 的成员关系报告(类型代码=0x16)和离开组(类型代码=0x17)。

• 最大响应时间字段:在 IGMPv1 的信息格式中本字段没有使用,它仅用于成员关系查询消息和指定主机可以等待查询消息响应的最大时间值(以 0.1s 为单位),默认值是 100(10s)。

• 校验和字段:同 IGMPv1 一样。

• 组地址字段:在发送常规查询时被设置成零,以区别于指定组查询,在发送指定组查询时,此字段为将要查询的组播组地址。当成员关系报告或者离开组消息发送时,本字段设置为目标组播组地址。

3. IGMPv3

第3版的IGMP在2000年7月成为标准，与IGMPv1和IGMPv2相比，它最大的特点是多了“源过滤”机制。主机通过向本地路由器发送报告，告诉路由器自己想要接收信息的组播组，组播路由器就可以有选择地将组播信息发送给各个主机，使得主机成员有更大的权力支配它们在网络上想要接收到的资源。

IGMPv3有两种消息格式：成员关系查询消息和成员关系报告消息。同前两个版本相比，IGMPv3的消息格式复杂了许多，并且查询和报告消息格式也大相径庭。

IGMPv3成员关系查询消息格式如图10.6所示。

0　　7　　15　　31(bits)

类型	最大响应时间	校验和
组地址		
未使用		源数目
源地址 1		
源地址 2		
……		
源地址 N		

图10.6　IGMPv3成员关系查询消息格式

IGMPv3成员关系查询消息的类型值为0x11，最大响应时间和校验和同IGMPv2。当发送常规组查询时，组地址字段为0；当发送指定组查询或指定组和源查询时，组地址为所要查询的组播组地址。保留字段在发送时被设为0，在接收时可忽略。源数目字段指定在当前的查询中源地址的数目，在常规查询和指定组查询时为0；在指定组和源查询时为非零的值。源数目受网络中最大传输单元(maximum transmission unit，MTU)的限制，如在一个MTU为1 500的以太网中，IP协议头占用24字节，IGMP填充到源数目字段要占用12字节，则给源地址留下1 464字节可用，这就限制了源地址列表最多能有366项(1 464÷4=366)。

IGMPv3成员关系报告消息格式如图10.7所示。

0　　7　　15　　31(bits)

类型	保留	校验和
保留		组记录数目(M)
组记录[1]		
组记录[2]		
……		
组记录[M]		

图10.7　IGMPv3成员关系报告消息格式

IGMPv3成员关系报告消息的类型值为0x22。保留字段在发送消息时设为0，在接收时不起作用，校验和字段同前文所述。组记录数据字段指定了在报告中组记录的个数。

每一个组记录块又包含发送报告出去的端口上的组播组的发送者的成员关系信息。组记录块的结构如图10.8所示。

0 7	15	31(bits)
记录类型	附加数据长	源数目(*N*)
组地址		
源地址[1]		
源地址[2]		
……		
源地址[*N*]		
附加数据		

图10.8 IGMPv3成员关系报告组记录格式

10.2.4 组播路由协议

单播路由关心的是数据包的目的地址,根据目的地址来进行数据包的转发。组播关心的却是源地址,即从该接口上接收到发往某一组的数据包,判断发送该数据包的组播源是否可以合法地通过该接口:如果合法,则进行相应的转发;如果不合法,则抛弃该数据包。这就是组播路由协议中的逆向路径转发。另外,组播数据包从源到各个目的地,与单播数据包的单一直线路径不同,形成的是一棵转发树,组播转发树是在组播中数据从源主机到接收方的传输流所形成的路径。组播转发树描述了IP组播数据包在网络里经由的路径。

虽然组播具有一些单播无法比拟的优越性,但是组播必须借助特殊的组播路由器来实现。现在一些标准路由器具有组播路由器的功能,但是在过去很长一段时间内,标准路由器不具备这样的功能,这也是组播在过去很长一段时间内未能得到大规模应用的原因之一。

组播路由器工作方式为:它每隔一定的时间就向其所在的LAN上的主机发送一条链路层组播消息。主机收到这些消息之后,回送应答消息,在应答消息中报告它们愿意接收哪些组的组播消息。这些查询和应答分组使用了IGMP协议。

目前主要的组播路由协议采用以下几种。

1. 距离向量多播路由协议

距离向量多播路由协议(distance vector multicast routing protocol,DVMRP)是第一个得到广泛使用的组播路由协议,在组成员稠密的场合效率较高,已经广泛地应用在组播骨干网上。

它允许组播路由器相互之间传递群组成员关系和选路信息,定义了IGMP的一种扩展形式,指定了额外的IGMP报文类型,允许路由器声明组播群组中的成员关系、退出一个组播群组以及查询其他路由器。该协议采用距离矢量路由算法得到网络的拓扑信息,在转发组播数据包时,使用反向通路转发(reverse path forwarding,RPF)算法,在骨干网上采用隧道技术,使组播通信得以在支持组播的子网之间实现。由于骨干网的飞速发展,

DVMRP导致大量路由控制分组定期在网络中扩散，其开销限制了网络规模的发展。为此提出分层DVMRP，按照区域分割的方式对骨干网进行多层管理，区域内组播可以按照任何协议进行，而区域间组播由边界路由器在DVMRP协议下进行。由于采用组播协议的层次叠加，减少了路由控制信息的开销。

2. 开放最短通路优先的多播扩展协议

开放最短通路优先的多播扩展协议(multicast extension for open shortest path first protocol，MOSPF)使用开放最短通路优先协议(open shortest path first，OSPF)的拓扑数据库为每个源站形成一个转发树，采用需求驱动的方式。需求驱动的方式指的是路由器并不是先转发数据报直到传播了否定信息才停止转发，而是在接收到肯定的信息后才开始沿相应的路径传播数据。这种方式的缺陷在于传播选路信息的代价太大：一个区域中所有路由器都必须维护每个群组的成员信息。而且，该信息必须是同步的，以确保每个路由器的数据库完全一致。最后的结果会导致MOSPF发送的通信量较少，但比数据驱动的协议发送了更多的选路信息。值得注意的是，MOSPF协议只在一个区域内有效，在互联网上其效率相当低下。

从名称可以看出，以上两种协议分别是对单播路由距离向量路由协议(distance vector routing protocol，DVRP)和OSPF的扩展。

3. 基于核心的转发树协议

基于核心的转发树协议(core based tree，CBT)为所有的组成员建立一个单独的、共享的转发树，而不是与某个单独的源相关的转发树，组播信息在该共享树上进行发送和接收。用一个核心路由器来构造该共享树，其他路由器通过向核心路由器发送加入消息来形成共享树的分支。CBT构造的共享树是双向的：如果组播源的第一跳路由器已经在该共享树上，则直接将组播信息转发到共享树上的所有分支；如果组播源的第一跳路由器不在该共享树上，组播源将组播信息单播到核心路由器上，再根据构造的共享树进行转发。

这样可以大大减少路由器上存储的组播转发状态信息，同时，由于不用进行洪泛，可以作为域间的组播路由协议使用。但是使用CBT也有一定的局限性，相对于RPF而言，它引进了额外延迟。由于所有的组播信息都要通过核心路由器进行转发，核心路由器可能会成为网络的瓶颈，这是因为不同主机使用相同的连接发送信息和报文到核心路由器，容易引起网络拥塞，当组播组的成员增加时，共享转发树导致端到端的时间延迟增加，因此，CBT不适用于实时应用。

4. 协议无关多播

协议无关多播(protocol independent multicast，PIM)包括两种：密集模式协议无关多播(protocol independent multicast-dense mode，PIM-DM)和稀疏模式协议无关多播(protocol independent multicast-sparse mode，PIM-SM)，这两种协议分别采用数据驱动和需求驱动，因此分别适用于局域网和广域网环境。

PIM-DM适用于带宽、时延小的网络。它使用了类似于DVMRP的剪枝方法。首先使用RPF把每个数据报广播到每个群组，只有收到明确剪枝请求时才停止发送数据。它和DVMRP最大的区别在于PIM可以假设得到的信息。为了使用RPF，PIM-DM密集模式需要传统的单播选路信息，即必须知道每个目的站的最短路径。但是，与DVMRP不同的是，PIM-DM不包含传播常规路由的工具，而是假设路由器也使用了一个常规选路协议来计算每个目的站的最短路径，把路由填入选路表，并负责维护该路由。因此，路由器可以使用任何一个单播协议来维护正确的路由，这也正是"协议无关"的来由。

与之相反的是PIM-SM。可以将其视为对CBT基本概念的扩展。与CBT类似，PIM-SM是需求驱动的。因此，PIM-SM指定了一个称为会聚点的路由器，其功能等价于一个CBT核心。当主机加入一个组播群组时，本地路由器向集中点(rendezvous point, RP)单播一个加入请求，沿路径的路由器都会检查这个报文。如果有路由器已经是树的一部分，该路由器就会截取该报文并应答，从而为每个群组建立了一棵共享转发树，会聚点就是转发树的根。PIM-SM与CBT的主要差别在于：PIM-SM有能力通过重新配置来优化连接。另外，PIM-SM包含了一个工具，能够让路由器在到源站的共享树和源转发树之间进行切换。通常这种切换是由通信量触发的：当来自特定源站的通信量超过了预设的阈值，路由器就开始建立最短路径。

以上组播路由协议分为两类：一类是基于源的组播分发树协议，另一类则是基于源的组播分发树协议。基于源的组播分发树是指组播路由以组播数据源为根节点，以接收者为叶子节点建立的最短路径转发树。组播共享分发树则是先选出一个共享树根(通常称之为会聚点)，把需要发送的信息通过单播传送到该节点上，再由该节点沿组播分发树将数据分发到各个终端。这两种组播分发树不同点在于：前者的最短路径建立在组播数据源和各接收者之间，而后者的最短路径建立在共享树根和各接收者之间。

图10.9是组播路由协议的分类情况。

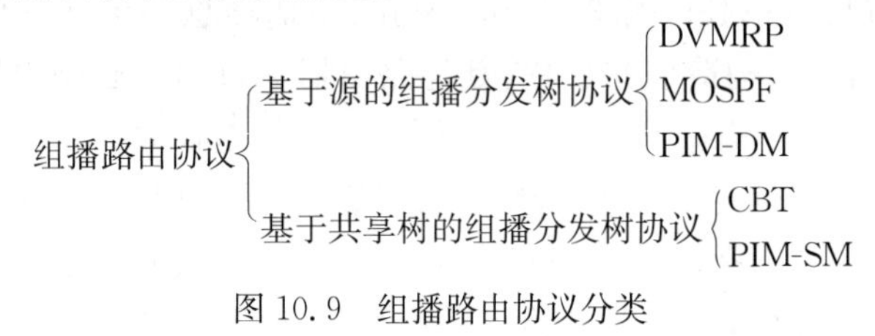

图10.9　组播路由协议分类

10.2.5　组播应用和发展

IP组播技术有效地解决了单点发送多点接收的问题，实现了IP网络中点到多点的高效数据传送，能够大量节约网络带宽，降低网络负载。作为一种与单播和广播并列的通信方式，组播更重要的意义在于：它可以很方便地提供一些新的增值业务，包括在线直播、网络电视、远程教育、远程医疗、网络电台、实时视频会议等。

组播从1988年提出到现在已经经历了30多年的发展，许多国际组织对组播的技术研究和业务开展了大量的工作。随着互联网建设的迅猛发展和新业务的不断推出，组播也必将走向成熟。尽管目前端到端的全球组播业务还未大规模开展，但是具备组播能力的网络数目正在增加。一些主要的ISP已运行域间组播路由协议进行组播路由。在IP网络中多媒体业务日渐增多的情况下，组播有着巨大的市场潜力，组播业务也将逐渐得到推广和普及。

组播的优势在于：效率高、网络流量佳、服务器和CPU负荷低、性能优、冗余流量少。分布式应用等组播的应用范围非常广阔，只要涉及多接收者问题时都可以采用组播。通常说来，采用组播后的网络性能大大高于采用单播时的性能。

近年来，由于网络飞速发展以及组播技术不断进步，组播的应用范围也呈现出了持续扩展的趋势，以下是典型的组播应用领域。

1. 军 事

战场情况瞬息万变。如果前线将作战情况逐级向上报告，那么当总部接收到报告时，可能战况已经变化。而组播就能很好地应对这种情况，前线可以在第一时间将作战情况上报给各级指挥部以及友军，供首长制定作战方案或者让友军明白我部现在的情况。当作战方案制定以后，总部可通过组播将作战方案下达到各个下级，在第一时间调动部队。在军事上，安全级别要求极高。如果一项技术没有足够的安全保障措施，无论它多么先进都是不会被采用的。

2. 多媒体应用

在网络多媒体中的应用是组播目前最主要的应用领域，组播在多媒体中的应用主要体现在一对多或多对多的音频或音频/视频会议上。音频会议允许多个会议参加者交互共享音频，音频/视频会议可以实现多个参与者交互共享音频/视频。在音频、视频会议应用中，已经有许多成熟系统得到开发和应用。组播在生活中最典型的应用是视频会议，对于跨国公司来说，总部可能需要召集分布在其他国家或地区的首脑共同商讨发展事宜，如果采用单播技术，主干网上数据冗余度将很大，而组播就完全避免了这种情况。另一种与之相似的情况是远程教育，教师需要将培训的视频内容发往各个学员，当学员数量很大时，组播的优势将更加明显。远程教育的安全级别相对要低一些，而跨国公司会议涉及商业机密，所以安全级别也比较高。

3. 数据分发

数据分发是IP组播应用的一个新热点。通过使用IP组播，可能采用"推"模式进行文件和数据库的更新，可以同实现对一点数据的多点备份或一份数据发送实现多点的数据更新和软件的升级。由于数据的分发要求数据传送的正确率较高，但组播是靠UDP协议来传送的，并不能保证数据的可靠性。这意味着IP组播数据报在传输中可能丢失、延迟、重复以及乱序到达，因而可靠的组播传输仍是一个有待研究的领域。IP组播在数据分发方面的应用也有一定的限制，尤其是在跨域间的组播，数据的可靠性更不能保证。

4. 实时数据组播

实时数据组播是IP组播技术应用比较广的领域。视频点播、体育或其他节目在网上的直播等都属于这一应用领域。另外一个典型的例子就是在证券交易所中股票信息到交易大厅各个工作站的数据分发。证券交易中心需要在第一时间将交易指数发给各个交易参与者。在数据量很大的情况下，组播具有单播无法比拟的性能优势。通常说来，股票交易信息对保密性要求很低，甚至没有保密要求。但是，由于该数据具有权威性和指导性，收到该信息的成员需要对这些数据进行认证，以确定它是否来源于证券交易中心。

5. 网络游戏

所有网络游戏都是基于点到点的连线方式，当连接用户数量较多时，网游服务器的负荷会比较重，对网络的带宽消耗也比较大，这就使得每台网游服务器同时能连接的用户量存在很大的限制。使用IP组播技术可以在很大程度上减少网络负载，增加服务器可同时支持上线玩家的数量，使得成千上万的玩家通过Internet在游戏中同时战斗成为现实。

10.3 移动 IP 技术*

随着各种支持移动计算的设备,如笔记本电脑、平板电脑以及智能手机等,广泛使用和无线网络技术的不断发展,基于网络的移动计算的需求和重要性也随之不断升温,移动IP协议也就出现了。

10.3.1 移动 IP 协议概述

1. 移动性问题

用户移动程度不同,在网络设计时需要解决的问题也不同。相对于网络中的用户来说,物理上移动的用户有不同的情况,其程度取决于他在网络连接点之间如何移动。在图10.10中移动程度谱的左端,用户也许带着一台装有无线网卡的笔记本在一座建筑物内移动,从网络的观点来看,如果使用了相同的无线链路,无论位置在哪里,该用户均不是移动的。另一种情况是用户将笔记本关机,带着它从办公室回到家里,并重新开机接入无线网络,该用户也是移动的,但在这个过程中他没有什么网络应用需要保持。往该移动程度谱的另一端看,当用户坐在一列飞驰的列车上以飞快的速度穿过多个无线接入网,并希望在整个过程中保持与一个远程服务器的不间断网络连接,这个用户则肯定具备高移动性。

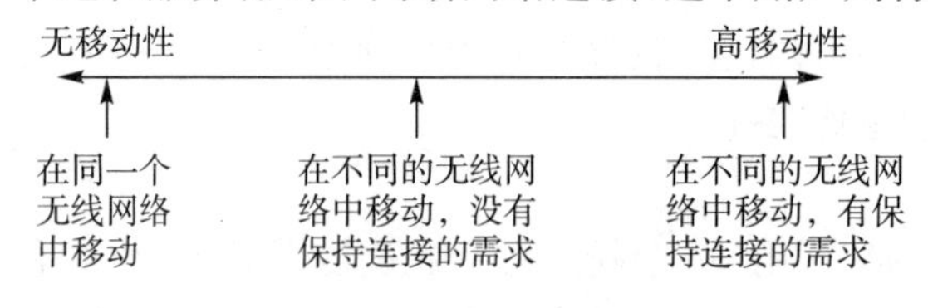

图10.10 用户移动程度谱

2. 移动中的 IP 地址问题

假设用户带着笔记本从办公室回到家里,并重新开机接入无线网络。如果他只想看看新闻或者是收发电子邮件等,那么网络访问中的IP地址是否固定显得并不重要,因为用户可以通过动态主机配置协议(dynamic host configuration protocol,DHCP)等方式从ISP那里获得可以上网的IP地址。

但有些时候需要使用保持不变的IP地址。这里可以从手机通信过程中的"漫游"得到启发,如果用户需要到不同移动服务区的外地出差,那么在出差的过程中肯定不希望手机号码发生改变。如果因为换了不同的服务区,而不得不改变手机号码,那么朋友可能就没有办法联系到自己或者自己需要将新的号码通知给朋友,这样的情况不是我们所期望的。同样,在上面的讨论中,用户正在飞驰的列车上通过无线网络接入公司的VPN来查看今天的财务报表,我们知道,在TCP/IP的网络通信过程中IP地址必须保持固定,否则通信将重新开始。试想,当列车穿越到另一个无线网络的覆盖区域而必须更改IP地址时,就只能从公司的VPN中退出,当获得新的IP地址后,需要重新登录VPN,再重新打开财务报表。当列车穿越多个无线网络时,所做的工作就只能是退出、登录、再退出,无法完成正常工作。可见在这样的应用需求中,保持一个IP地址的固定是多么重要。

移动IP技术就是以应用透明的方式为移动计算机用户提供无缝移动和"网络漫游"

服务，使他们从一个地方到另一个地方，保持 IP 地址固定而不中断网络连接，获得如同在本地网络中一样的服务。

3. 移动 IP 中的基本概念

移动 IP 协议由因特网工程任务组（IETF）以征求意见稿（request for comments，RFC）形式于 1996 年首次发布，其正式名称为“IP 移动性支持”，在后来的 RFC 文档中和网络界，人们习惯地称之为“移动 IP 协议”。

下面通过一个类比说明移动 IP 技术中几个重要的概念。一位青年从家里搬出，在公寓居住，并经常更换住址。如果一个老朋友想与他联系，怎样才能找到他呢？常用的办法是与其家庭联系，因为这位青年通常会将他目前的地址告诉家里，其家庭有一个永久的地址，因此他的朋友可通过他的家庭获取他的流动地址。当然，这位朋友与青年的通信可能是间接的，即先将信件发给其父母，再转交给该青年；也可能是直接的，该朋友得到了地址后就直接将信件发到了青年现在的住址。

移动 IP 使用类似的方法实现通信者和移动节点之间的通信。移动 IP 使用了如图 10.11 所示的基本概念。

(1) 本地网络：指在网络环境下，移动节点的固定“居所”，在图 10.11 中，指的是 172.16.1.0/24。

(2) 本地地址：流动青年固定的家庭住址，由节点所属的本地网络分配的固定 IP 地址，在整个移动过程和通信过程中保持不变，使得移动节点从逻辑上看始终在本地网络上，在图 10.11 中指的是 172.16.1.3。

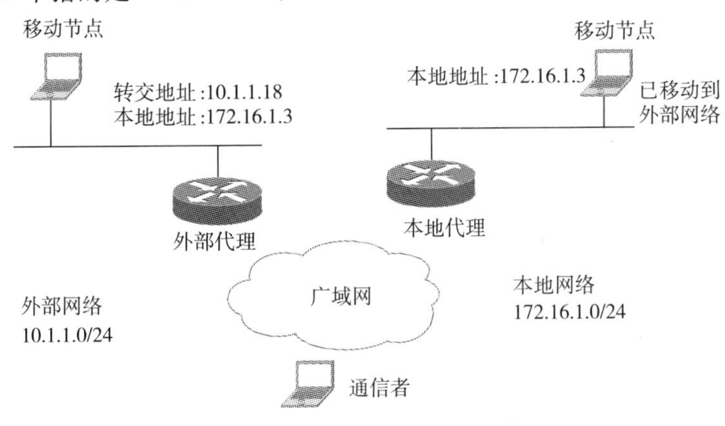

图 10.11　移动 IP 中基本元素

(3) 本地代理：位于本地网上的一个路由器，维持移动节点当前位置信息的列表，当移动节点不在本地网时，可按照移动节点当前位置信息将相关的数据包转发给移动节点所在外部网上的一个路由器，为移动节点提供默认路由服务。在图中指的是本地网络的边缘路由器。

(4) 外部网络：在网络环境下，移动节点流动的临时“居所”，在图 10.11 中指的是 10.1.1.0/24。

(5) 转交地址(care of address，COA)：又称外部地址，流动青年当前房屋的住址，即移动节点在外部网络中的 IP 地址，即 10.1.1.18。

(6) 外地代理：位于外部网上的一个路由器，为移动节点提供默认路由服务，负责将移动节点的当前位置向本地网(本地代理)通告和注册,以及为来自本地代理转发给移动节点的数据包提供最后的传送服务。在图中指的是外部网络的边缘路由器。

(7) 通信者:就是上例中想与青年通信的老朋友,是希望与移动节点通信的实体。

引入以上概念和实体,移动IP将移动性问题转化为"地址转发"问题给予解决。

10.3.2 代理发现

代理发现机制可以使移动节点发现所处网络中的代理实体,通过代理实体提供的信息判断自己当前所在的网络是本地网络还是外地网络,当移动节点处于外地网络时,代理发现机制可以提供一个临时的转交地址。代理发现可以通过代理通告或代理请求两种方式来实现。

1. 代理通告

在新网络中,移动节点必须发现能够给它提供IP地址的移动代理(包括本地代理和外部代理)的位置。而代理通告是指移动代理使用路由器发现协议向外通告它的存在。代理周期性地在所连接的链路上广播一个路由器发现的扩展因特网控制消息协议(Internet control message protocol,ICMP)报文,如图10.12所示,相当于代理定期在网络上向所有节点发布"我是代理,我在这"的消息。

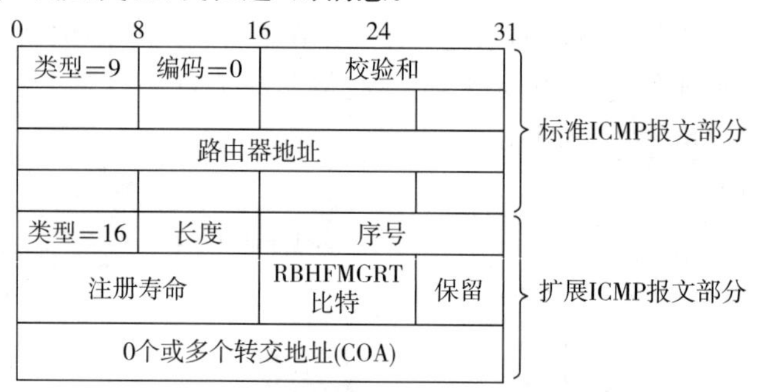

图10.12 移动代理通告的扩展ICMP报文

移动节点监听代理在网络上广播的代理公告消息,并根据收到的代理公告判断自己当前的位置。如果它发现自己在本地网上,则继续以正常方式工作。当移动节点判断出自己在外部网时,通过接收到的代理公告信息,获得一个临时的转交地址。扩展ICMP报文的重要字段如下。

(1) 本地代理比特(H),表明该代理是它所在网络的本地代理。

(2) 外部代理比特(F),表明该代理是它所在网络的外部代理。

(3) 注册需求比特(R),表明在该网络中的某个移动节点必须向某个外部代理注册。

(4) 转交地址(COA)字段,由外部代理提供的一个或多个转交地址。移动节点接收到代理通告后,选择这些地址中的一个作为其转交地址。

2. 代理请求

代理请求是指移动节点不等待接收代理通告,主动在所处网络中广播一个类型为10的ICMP报文,即代理请求报文。收到该请求后,代理将直接向该移动节点单播一个代理通告,当移动节点收到该通告后,就像收到一个未经请求的代理通告一样,后续过程同上。

10.3.3　移动 IP 中的注册

移动 IP 中的注册是指移动节点与外部代理向移动节点的本地代理注册或取消注册转送位址(care-of address,CoA)的过程。类似于流动青年将自己新的地址告诉其家里,在他再次更换地址后还要考虑把新的地址告诉家里,并把旧的地址撤销。如图 10.13 所示,通过以下 5 个步骤来完成。

(1) 外部代理周期性地发送代理通告广播,并被新加入网络的移动节点收到。

(2) 移动节点收到外部代理的通告以后,会在报文中选择一个转交地址,图 10.13 中为 10.1.1.18。为了保证这个转交地址不再被分配给其他的移动节点,该节点必须向外部代理发送 IP 注册报文,开始注册请求。注册报文中包括其获得的转交地址(10.1.1.18)、节点的本地地址(172.16.1.3)、本地代理地址(172.16.1.1)以及请求注册的时间和注册标识。

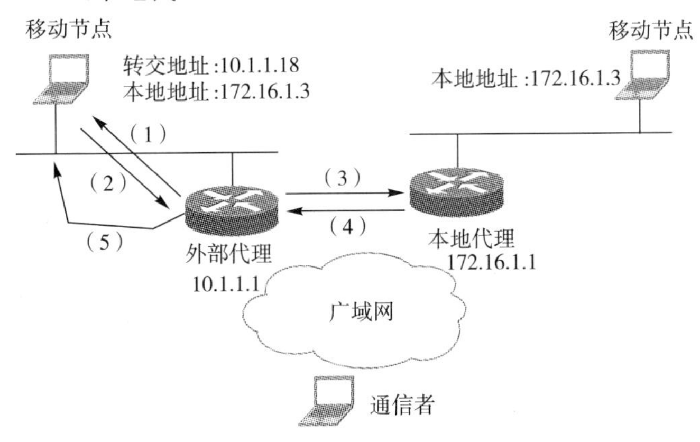

图 10.13　移动 IP 中的注册过程

(3) 外部代理接收注册请求报文,记录移动节点的本地 IP 地址。同时,外部代理也获得了移动节点的本地代理的 IP 地址。通过这个地址,外部代理向本地网络的本地代理发送一个移动 IP 注册报文。该报文中包含移动节点的转交地址(10.1.1.18)、本地地址(172.16.1.3)、本地代理地址(172.16.1.1)、外部代理地址(10.1.1.1)以及注册时间和注册标识。

(4) 本地代理接收外部代理的注册请求并验证真伪,同时把移动节点的转交地址和本地地址绑定在一起,即在本地代理内形成 10.1.1.18 与 172.16.1.3 的地址对。然后,本地代理向外部代理发送注册响应消息。此后,在移动 IP 路由中,发往本地地址的数据包将被本地代理转发给转交地址对应的移动节点。

(5) 外部代理接收到来自本地代理的注册响应消息后,将移动节点加入其来访者列表,并向移动节点转发注册响应消息。

10.3.4　移动 IP 的路由

当通信者向移动节点发送数据包时,也可以采取间接选路和直接选路的两种方式。下面重点讨论一下间接选路的过程。

(1) 如图 10.14 所示,当通信者需要与移动节点通信时,它将发送一个 IP 包到移动节点,该数据包的目的地址为移动节点的本地地址 172.16.1.3,源地址为通信者 IP 地址

192.168.1.1。数据包首先会被处于网络边缘的本地代理路由器(172.16.1.1)接收到。

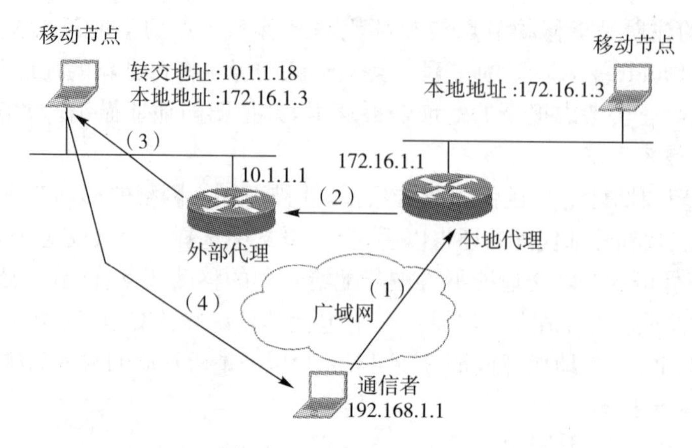

图 10.14 移动 IP 的路由

(2) 本地代理捕获该 IP 包,根据目的 IP 地址查找它所维护的移动节点地址绑定表,找到移动节点所对应的转交地址为 10.1.1.18。

(3) 数据包的传递对于应用程序来说应该是透明的。所以需要保持通信者发来的数据报的完整性。本地代理将通信者的原始、完整的数据包封装在一个新的数据包中,该数据包的目的地址是移动节点的转交地址 10.1.1.18,然后发送出去。这个封装过程通常被称作隧道过程。注意,本地代理并没有改变原始数据包的目的 IP 地址。

(4) 封装过的 IP 包到达移动节点所在的外部网络后,外部代理(10.1.1.1)对其进行拆包处理,得到原始的数据包,按照移动节点的链路层地址将数据包转发给移动节点。

(5) 当移动节点向通信者发送数据包时,不需要按照原路返回,只需将数据包直接发送给外部代理,接着外部代理将按照正常的 IP 路由模式将数据包直接进行转发。该数据包的本地地址作为源地址,通信者的地址作为目的地址。

以上描述是针对移动节点从本地网络到一个外部网络的情况。在移动 IP 的路由分析过程中,还需要考虑移动节点连续穿越多个网络的情况。假设移动节点连接到外部网络 A,获得了一个转交地址,且正在接收本地代理间接选路而来的数据包。现在节点又移动到外部网络 B 中,并获得了 B 网络的新的转交地址。然后,本地代理重新将数据包转交给网络 B。对于网络用户来说,移动的过程应该是透明的,即移动前后,数据包都由相同的本地代理选路,数据流没有被中断。但是,网络层的实际情况是这样的吗?实际上,移动节点从网络 A 断开连接,再连接到网络 B,转交地址已经发生了改变,本地代理不得不为新的转交地址重新选路,重新发送数据。当移动节点在网络之间移动时,由于存在一定的延迟,将会导致很少的数据包丢失,不过丢失的数据包将会由上层协议进行恢复。

另外,间接选路的方法存在一个低效的问题,又称三角路由问题,即在通信者与移动节点之间如果存在一条更有效的路由,发往移动节点的数据包也要先发给本地代理,然后再发往外部网络。目前,很多研究者正在着手解决三角路由的优化问题。当然,也可以采用直接选路的方式来克服三角路由问题。

直接选路的方法中,通信者所在网络中的通信者代理先知道移动节点的转交地址,然后通信者代理以类似于本地代理执行的隧道方式，将数据包直接封装传递给移动节点的转交地址。这种方法虽然直接选路克服了三角选路问题，但是却引入了额外的复杂性。目前，在移动 IP 的实现过程中，大多采用的还是间接选路方式。

10.3.5　移动 IP 的基本操作过程

当节点在本地网时，通信过程并不发生改变。当节点移动到外部网时，它将当前位置通过外部代理以转交地址的形式在本地代理注册(类似于青年将现在的住址告诉他的家里一样)，由于其本地地址保持不变，与之通信的节点仍然可以按照移动节点的本地地址将数据包发送到移动节点的本地网上(类似将信件发给青年的父母家)，这时候即使移动节点已不在本地网，本地代理仍会负责接收相关的数据包并按照转交地址转发给移动节点(父母转发信件给青年)。这样，移动节点位置的改变对与之通信的节点来说保持了透明性，也就保证了通信过程的持续性。

移动 IP 的基本操作过程，包括代理发现、向本地代理注册和数据报间接选路 3 个部分。在上面的描述中，讨论了 3 个部分中的每个细节，下面总结通信者和移动节点的具体通信过程。

(1) 在代理发现过程中，移动节点通过接收的代理通告判断自己是否在外部网络中。如果发现处于外部网络时，移动节点就进入注册过程。节点通过外部代理与其本地代理建立连接并进行注册，即通知本地代理自己当前获得的转交地址。本地代理需要为移动节点的本地地址和转交地址做绑定，并对移动节点的注册作出回应。

(2) 通信节点按照移动节点的本地地址发送数据包。

(3) 本地代理截获发送给移动节点的数据包，执行隧道封装处理后，按照移动节点的转交地址转发出去。

(4) 外部代理对接收到的数据包进行拆包处理，并将通信节点发送给移动节点的原始数据包传送给移动节点。

(5) 移动节点发送的响应报文，以及移动节点主动与通信节点进行通信时发送的数据包，无需经过本地代理，直接发送给通信节点，而不再由移动节点的本地代理转发。

10.4　物联网与云计算

10.4.1　物联网的概念

物联网的概念最早出现于比尔・盖茨于 1995 年出版的《未来之路》一书。在该书中，比尔・盖茨已经提及物联网的概念，只是当时受限于无线网络、硬件及传感设备的发展，并未引起世人的重视。1998 年，美国麻省理工学院创造性地提出了当时被称作 EPC 系统的“物联网”的构想。1999 年，美国 Auto-ID 首先提出“物联网”的概念，称“物联网”主要建立在物品编码、RFID 技术和互联网的基础上。同年，在美国召开的移动计算和网络国际会议提出，“传感网是下一个世纪人类面临的又一个发展机遇”。2003 年，美国《技术评论》提出传感网络技术将是未来改变人们生活的十大技术之首。2005 年，在突尼斯举行的信息社会世界峰会上，国际电信联盟(ITU)发布了《ITU 互联网报告 2005：物联网》，正式提出了“物联网”的概念。我国政府也高度重视物联网的研究和发展。2009年,时任国务院总理温家宝在无锡视察时发表重要讲话,提出“感知中国”的战略构想,表示中国要抓住机遇,大力发展物联网技术。

物联网的英文名为 internet of things(IOT)。显然,物联网就是“物物相连的互联网”,其含义有:第一,物联网的核心和基础仍然是互联网,是在互联网基础上延伸和扩展的网络;第二,其用户端延伸和扩展到了任何物品与物品之间,进行信息交换和通信。

物联网虽然还没有一个精确且公认的定义,但其所涉及的技术众多,是一个新型的交叉学科,涉及计算机、网络信息安全、软件工程、电子通信、人工智能、信息管理、大数据等。当前,面向大众化的物联网应用已经渗透到人们的日常生活中,在各行各业发挥着重要作用。

10.4.2 物联网的体系架构

物联网作为一种形式多样的复杂系统聚合概念,几乎涉及了信息技术自下而上的每一个层面。物联网一般被公认有三个层次:底层是用来感知数据的感知层;第二层是负责数据传输的网络层;最上层则是面向用户的应用层。物联网的三层架构如图10.15所示。

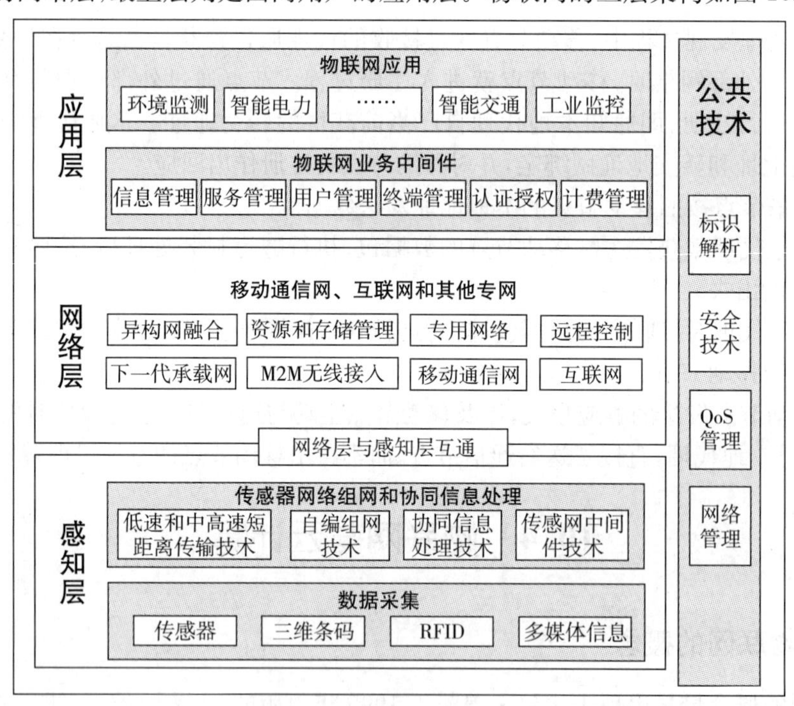

图10.15 物联网三层架构

感知层主要负责信息的采集和获取。这一层通过各种传感器、射频识别技术、二维码等手段,实现对物品信息的实时采集和识别。感知层就像是物联网的“眼睛”和“耳朵”,让我们能够感知到现实世界中的各种数据。

网络层负责将感知层采集到的信息传输到应用层。这一层通过各种网络协议和技术,如Wi-Fi、ZigBee、LoRa等,实现数据的传输和通信。网络层就像是物联网的“神经系统”,将各个智能设备连接起来,实现信息的传递和交流。

署环境。核心层功能可以通过 OS kernel、超级监督者、虚拟机监视器或集群中间件实现抽象服务。提供知识即服务(knowledge as a service,KaaS)给分布式应用的部署者。

(3)资源架构层:是指在核心层之上部署的分布式应用,提供基本的分布式资源服务。本层提供的基本分布式资源服务包括分布式计算服务、分布式存储服务和网络通信服务。

(4)开发平台层:是指提供软件开发、测试、部署和管理等服务的平台。平台层具有定制化、自动化和智能化特点,可提高开发人员的效率和应用程序的稳定性。平台层是各类云服务承载的基础,通过统一的云平台可实现对计算、存储、网络资源池的集群化统一管理,可基于底层 IT 资源实现各类数据库、中间件、通用或专用能力组件等各类云组件的统一化管理。

(5)应用层:是指通过开发平台提供的开发环境和市场需求,开发出来的各种应用程序,如数据库服务、邮件服务、Web 应用服务和桌面服务等。应用层可根据不同行业和领域的需求进行定制和扩展,帮助企业或个人实现业务流程的自动化和优化,提高工作效率,降低成本。

10.4.6　云计算的关键技术

云计算是一种以数据为中心的数据密集型超级计算技术,其目标是以低成本的方式提供高可靠、高可用、规模可伸缩的个性化服务。为了实现这个目标,通常需要虚拟化技术、资源池技术、分布式海量数据存储技术等关键技术的支持。

1. 虚拟化技术

虚拟化的概念在 20 世纪 60 年代首次出现,利用它可以对稀有的大型机硬件进行分区。虚拟化技术是云计算系统的核心组成部分之一,是将各种计算及存储资源充分整合和高效利用的关键技术。云计算的虚拟化技术不同于传统的单一虚拟化技术,它是涵盖整个 IT 架构的,包括资源、网络、应用和桌面在内的全系统虚拟化。通过虚拟化技术可以实现将所有硬件设备、软件应用和数据隔离开来,打破硬件配置、软件部署和数据分布的界限,实现 IT 架构的动态化和资源集中管理,使应用能够动态地使用虚拟资源和物理资源,提高系统适应需求和环境的能力。虚拟化技术具有资源分享、资源定制和细粒度资源管理等特点。

2. 资源池技术

资源池技术是云计算中重要的核心技术之一,它可以将多个物理资源(如服务器、存储设备和网络设备等)组成一个资源池,并根据需求动态分配资源给用户。例如,当一个用户需要使用计算资源时,资源池技术可以根据需求从资源池中分配一定的计算资源和存储资源给该用户,从而保证了用户业务的稳定性和可靠性。此外,资源池技术还可以实现资源的动态扩展和缩减,从而保证了资源的充分利用。云计算基于资源池实现资源的统一配置管理,通过分布式的算法进行资源的分配,消除物理边界,提升资源利用率。云计算区别于单机虚拟化技术的重要特征是通过整合分布式物理资源形成统一的资源池,并通过资源管理层(管理中间件)实现对资源池中虚拟资源的调度。

3. 分布式海量数据存储技术

云计算系统由大量服务器组成,同时为大量用户服务,因此,云计算系统采用分布式存储的方式存储数据,它可以将数据分散存储在多个节点上,保证数据的安全性和可靠性。同时,分布式文件系统还支持动态扩展和容错处理,可以满足云计算中海量数据的存储需求。云计算系统中广泛使用的数据存储系统是 Google 的 Google 文件系统(Google file system,GFS)和 Hadoop 团队开发的 GFS 的开源实现——Hadoop 分布式文件系统(Hadoop distributed file system,HDFS)。值得注意的是,大数据技术目前在处理交易系统的时候,较之传统的数据库存储方式,每秒交易量的表现还差很远,因此大数据多用于分析系统,而在线实时交易还是采用数据库方式。

习题 10

一、选择题

1. 在生成树协议(STP)中,根交换机是根据________来选择的。

   A. 最小的 MAC 地址　　B. 最大的 MAC 地址

   C. 最小的交换机 ID　　D. 最大的交换机 ID

2. IPSec VPN 安全技术没有用到________。

   A. 隧道技术　B. 加密技术　C. 入侵检测技术　D. 身份认证技术

3. 以下关于 IP 组播的说法不正确的是________。

   A. IP 组播采用组地址的方式

   B. IP 组播适合视频和多媒体的网上播放

   C. 在 IP 组播环境中,数据包的目的地址是一个

   D. IP 组播是一种保存带宽的技术

4. 以下关于组播地址的说法正确的是________。

   A. D 类地址被分配为组播地址,前 4 个二进制位为“1110”

   B. D 类地址范围是 224.0.0.0～239.255.255.255

   C. D 类地址范围是 224.0.0.0～240.0.0.0

   D. D 类地址由 IANA 分配

5. 以下不属于物联网关键技术的是________。

   A. 传感器技术　B. 模拟技术　C. 射频识别技术　D. 通信技术

6. 工业界经常将 RFID 系统分为________、天线和标签三大组件。

   A. 阅读器　B. 扫描仪　C. 转换器　D. 主机

7. 云计算是对________技术的发展与应用。

   A. 并行计算　B. 网格计算　C. 分布式计算　D. 三个选项都是

8. 云架构可分为________两大部分。

   A. 服务部分与管理部分　　B. 服务部分与应用部分

   C. 管理部分与维护部分　　D. 维护部分与应用部分

二、填空题

1. VPN 可以通过________、________、________、________、________等方式来实现。

2. 与传统网络结构相比,基于 VPN 的网络具有________、________、________、________和________等特点。

3. RFID标签根据是否内置电源，可以分为三种类型：________标签、主动式标签和半主动式标签。

4. 混合云把________和________进行整合，吸纳二者的优点，给企业带来真正的云服务。

三、问答题

1. 叙述VPN的主要功能。
2. 为什么要在Internet中使用组播？
3. 试分析VLAN与VPN的区别。
4. 简述VPN加密通信的工作流程。
5. 简述组播与广播的区别。
6. 什么是“三角路由”问题？移动IP是如何解决该问题的？
7. 简述移动IP的基本操作过程。
8. 简述物联网的三个层次。
9. RFID基本组成部分有哪些？并说明各个部分的作用。
10. 简述云计算的三种服务模式以及它们之间的关系。

参考文献

Reference

[1] 高传善,毛迪林,曹袖. 数据通信与计算机网络[M]. 2 版. 北京:高等教育出版社,2004.

[2] 刘云浩. 物联网导论[M]. 北京:科学出版社,2010.

[3] 桂小林. 物联网技术导论[M].2 版.北京:清华大学出版社,2018.

[4] 奥扎赫·Orzach. Wireshark 网络分析实战[M]. 古宏霞,孙余强,译. 北京:人民邮电出版社,2015.

[5] 陈红松. 云计算与物联网信息融合[M]. 北京:清华大学出版社,2017.

[6] 李春杰. 计算机网络[M]. 北京:科学出版社,2017.

[7] 骆焦煌,许宁. 计算机网络技术与应用实践[M]. 北京:清华大学出版社,2017.

[8] 石鉴,肖观浜. 计算机网络基础[M]. 2 版. 北京:高等教育出版社,2018.

[9] 谢钧,谢希仁. 计算机网络教程[M]. 5 版. 北京:人民邮电出版社,2018.

[10] 李伯虎. 云计算导论[M]. 北京:机械工业出版社,2018.

[11] 谢希仁. 计算机网络[M]. 8 版. 北京:电子工业出版社,2021.

[12] 符欲梅,梁艳华. 计算机网络技术[M]. 重庆:重庆大学出版社,2019.

[13] 邢彦辰. 数据通信与计算机网络[M]. 3 版. 北京:人民邮电出版社,2020.

[14] 吕云翔,柏燕峥,许鸿智,等. 云计算导论[M]. 2 版. 北京:清华大学出版社,2020.

[15] 辛海涛. 计算机网络[M]. 北京:北京理工大学出版社,2021.

[16] 穆德恒. 计算机网络基础[M]. 北京:北京理工大学出版社,2021.

[17] 杨心强. 数据通信与计算机网络教程[M]. 3 版. 北京:清华大学出版社,2021.

[18] 韩立刚. 计算机网络教程:微课版.自顶向下方法[M]. 北京:人民邮电出版社,2020.

[19] 安德鲁·S.特南鲍姆. 计算机网络[M]. 潘爱民,译. 6 版. 北京:清华大学出版社,2022.

[20] 詹姆斯·F.库罗斯,基思·W.罗斯. 计算机网络自顶向下方法:原书第 8 版[M]. 陈鸣,译. 北京:机械工业出版社,2022.